U0341768

# 采 矿 手 册
## 第 1 卷

《采矿手册》编辑委员会 编

北 京

冶 金 工 业 出 版 社

2019

**图书在版编目(CIP)数据**

采矿手册. 第1卷/《采矿手册》编辑委员会编. —北京：
冶金工业出版社，1988.12(2019.1重印)

ISBN 978-7-5024-0374-4

Ⅰ. 采… Ⅱ. 采… Ⅲ. 矿山开采—技术手册
Ⅳ. TD8-62

中国版本图书馆 CIP 数据核字（2007）第 147805 号

出 版 人 谭学余
地 址 北京市东城区嵩祝院北巷39号 邮编 100009 电话 (010)64027926
网 址 www.cnmip.com.cn 电子信箱 yjcbs@cnmip.com.cn
责任编辑 王梦梦 美术编辑 王耀忠 版式设计 张 青
责任校对 刘 倩 李文彦 责任印制 李玉山
ISBN 978-7-5024-0374-4

冶金工业出版社出版发行；各地新华书店经销；北京虎彩文化传播有限公司印刷
1988 年 12 月第 1 版，2019 年 1 月第 8 次印刷
787mm×1092mm 1/16；29.25 印张；1 插页；701 千字；434 页
**272.00 元**

冶金工业出版社 投稿电话 (010)64027932 投稿信箱 tougao@cnmip.com.cn
冶金工业出版社营销中心 电话 (010)64044283 传真 (010)64027893
冶金工业出版社天猫旗舰店 yjgycbs.tmall.com
（本书如有印装质量问题，本社营销中心负责退换）

采砚手册

总结我国采煤技术的
成就和经验，加速我国采
煤工业的发展。

王德家
一九八七·十二·十一日

第四章　曾卓乔　王太学　贺承炽　谢逢暹　陈正阳　周继富
第五章　刘邦祥　李玉田　许一民　孙有嚞　邓宗武

# 《采矿手册》第一卷审稿人员

## （按姓氏笔画排列）

# 前　　言

中国有几千年的采矿历史,是世界上的采矿大国之一。中华人民共和国成立三十八年来,采矿工业在开采方法、工艺设备和管理等方面均取得了巨大的成就,采矿科学技术蓬勃发展。为了全面总结我国采矿技术的成就和先进经验,给从事有色金属、黑色金属、核燃料、化学原料和建筑材料等行业的采矿工程师提供一部实用的技术参考书,以进一步促进采矿工业的发展,经中国有色金属工业总公司、冶金工业部、中国核工业总公司(原核工业部)、化学工业部和中国非金属矿工业总公司(原领导单位国家建筑材料工业局)有关采矿部门领导的充分酝酿和协商,于1985年7月决定组织力量编写我国第一部《采矿手册》。

《采矿手册》是一部大型工具书,是根据国家有关采矿工业的方针、政策、法令、标准以及许多矿山在生产和建设中行之有效的经验,本着全面性、系统性、先进性、科学性、特别是实用性的原则编写的。在内容上是以总结国内矿山广大职工积累起来的丰富的生产建设和管理经验为主,并结合国情需要选入部分国外矿山成熟的先进技术和经验,以及开始使用和正在研究的带方向性、实用性的新技术。在编写格式上力图做到文、图、表并茂;介绍典型实例,便于读者参照使用;对采矿基础理论和有关计算公式阐述简明扼要,力避繁琐。《采矿手册》主要供现场采矿工程师和管理干部使用,也可供从事与矿山生产有关的科研、设计等部门的工程技术人员和院校师生参考。

《采矿手册》全书共四十一章,外加附录,分七卷出版,总篇幅约600余万字。第一卷包括总论;地质与矿床;矿山地质;矿山测量;矿山地面总体布置。第二卷包括岩石力学;凿岩工程;爆破工程;采场运搬及溜井放矿;岩层支护与加固;井巷工程。第三卷包括露天开采;露天矿边坡工程;砂矿床露天开采;溶浸、水溶、热熔采矿及盐湖矿床开采;海洋采矿。第四卷包括矿床开拓;采矿方法分类与选择;空场采矿法;充填采矿法;崩落采矿法;矿柱回采和采空区处理;采场地压控制;特殊条件下的开采。第五卷包括地面运输及转载;地下运输;矿井提升;矿山压气;矿山供电及照明;设备管理维修;矿山自动化和检测仪表。第六卷包括矿山安全工程;矿山通风;矿山防排水;矿山防灭火;矿山卫生工程;矿山环境工程。第七卷包括矿山技术经济研究和评价;采矿系统工程;矿石质量管理与资源综合利用;矿山管理;附录。

《采矿手册》的编写工作,是在中国有色金属工业总公司、冶金工业部、中国核工业总公司、化学工业部和中国非金属矿工业总公司有关领导的关心和支持下,在《采矿手册》编委会直接领导下,由《采矿手册》总编辑部具体组织进行的。许多矿山、科研、设计、院校等单位参加了编写工作,撰写和审稿的专家教授共计500余人。此外,有关的矿山和厂家为本书提供了大量的实例和技术资料;机械、军工、电力等部门也给予了许多帮助。特别是方毅同志为本书写了书名,王鹤寿同志写了题词,高扬文同志写了序言。在此,对以上单位、专家及领导深表谢意。由于这是第一次编写这样的大型工具书,缺乏经验,加之编者水平所限,错误和不足之处在所难免,敬希读者批评指正,请将意见寄长沙矿山研究院《采矿手册》总编辑部,以便再版时修正。

# 《采矿手册》总目录

# 目　　录

# CONTENTS

# 序

人类要从自然界索取财富，才得以生存和发展。自然界财富之源，不外乎土壤、水、大气和矿石。人类所需要的千百万件物品，包括生产资料和生活资料，尽管千差万别，但都取之于四种材源，有的是它们的加工品。人类不可能在非物质的基础上创造物质财富。因此如何开发利用诸多自然财富，就成为人类生活中第一个重大课题。人类为此已奋斗了几十万年，积累了丰富的经验，发明创造了许许多多新的科学理论和工艺技术，发现了许许多多利用自然财富的规律。开发利用自然财富的手段越来越多，并达到了很高水平，今后还会日新月异地向前迈进。人类认识和利用自然财富的过程没有完结，也永远不会完结。

人类为了总结自己的实践经验，向更高阶段发展，一代又一代写了无数的科学技术著作。这项工作也永远不会完结。现在送到读者面前的是一套我们至今已达到的认识各种矿物（不包括煤炭），开发各种矿物的巨著——《采矿手册》。这是由中国有色金属工业总公司、冶金工业部、核工业部、化学工业部和国家建材总局五个工业部门，包括其所属的主要科研院所、大专院校、矿山企业共500多名专家、学者，积五年之久撰写审改而成的。它是我国第一部总结我国开发矿业技术成就，总结先进经验，介绍国外先进技术，带有采矿业全书性质的手册；它是一部理论与实践相结合，深度与广度兼顾的具有中国特色的适用性较强、较广的大型工具书。它的出版对促进我国矿业开发和矿山科学技术进步，培养矿山科技人才，必将大有裨益。

张济中同志要我为《采矿手册》写一个序言，可能他是看中了我是一个老矿山工作者。的确，我从1952年担任中央有色金属工业管理总局局长开始，后又担任冶金工业部副部长，到1985年从煤炭工业部部长岗位上离休。三十余年足迹遍及有色金属矿、铁矿、非金属矿、煤矿，虽称不上专家，但多少对中国的矿业有所了解。趁此手册出版之际，谈谈个人对开发矿业的意见，与专家、学者、矿山企业的领导者、科学技术人员共商。

从出土的用石头制作的工具和陶器用具可以看出，人类很早就会运用矿物，制造生产工具，生活器皿和防卫武器。到了青铜时代，人类已能利用金属矿物进行冶炼加工，制造更有效的工具、器皿、武器。这是人类发展史上一大跃进，标志着人类已从野蛮时代跨入文明时代。世界古国进入青铜时代有早有晚，我国是较早的国家之一。我国矿业开发历史悠久，最早就掌握科学开发工艺。从湖北大冶铜录山发掘出的古矿遗址看到，在3000年以前，我国已能凿井从矿坑中开采铜矿。二千多年前开采技术如支护、排水、运输、提升、自然通风等已很完善。至于利用地表的铜矿还要早得多。出土的铜器已经证明，我国不是在殷商时期而是在夏代以前已进入青铜时期。距今已有4700年。我国开采铁矿、使用铁器，史书和出土文物说明是在春秋时期，而我则认为春秋时期我国已经比较熟练地掌握开矿和冶铁的技术。从最初认识铁矿到能够冶炼铁，在古代要有一个很长的过程，因此我国最初开采铁矿和冶铁可能早于春秋时代，这将有待于考古学家用实物证明。和铜矿、铁矿同时开发的还有许多矿物，如砂金、铅矿、锡矿、汞矿等。我国古代开发和利用矿物的技术，曾达到很高水平，这是我们先人对人类文明所做的重大贡献之一。

18 世纪在英国发生"产业革命"之后，西方国家把机械引入矿山作业，代替手工挖掘和运输，再加上炸药、雷管、导火索的应用，通风机械化，使采矿工艺发生了根本性的变化，从此各种矿石的开采量成十倍、百倍、千倍的增长。西方资本主义国家所以能够在二百多年间把社会生产力提高到空前高度，在最近几十年实现了工业、农业、科学技术、国防和家庭日常生活用品现代化，矿业就是它的最重要的物质基础。不可能设想没有大量的钢铁、有色金属、煤炭、石油、非金属矿物制品，它们能够走上现代化。

我国的采矿业在漫长的时间里，没有发生像西方国家那样由手工业转变为机械化作业的革命性变革。虽然老早使用了炸药，但凿岩、运输，仍沿用古代的手工操作，通风仍采取自然通风。这就使本来居于先进地位的我国采矿业，落于西方国家的后面。19 世纪末、20 世纪初，我国一些接触西方文化的有识之士，曾企图把西方的采矿设备、工艺引进中国，发展我国近代采矿业，他们也确实引进了一些，建设了几个规模较小的矿山，但由于政治腐败，帝国主义势力的阻挠，没有能够发展起来。

我国近代矿业所以发展不起来，根本原因是因为长期封建制度统治，我国社会基本上是自足自给的自然经济，商品经济发展不起来，不能推动和促进科学技术的发展。鸦片战争后，帝国主义势力侵入中国，掌握了中国的经济命脉，企图把中国变成它的商品市场，压制中国的民族资本。国民党统治时期发展起的官僚资本，实行垄断政策，它开发的一些矿山，大部分仍然采用落后的工艺技术。由于矿业落后，其他工业，特别是重工业，始终未能充分发展起来。这一段殖民地、半殖民地、半封建的惨痛历史，是中华民族的一个大悲剧。

无论是帝国主义、官僚资本还是民族资本开办的矿业，都对工人采取高压政策，在政治上剥夺一切权利，在经济上实行残酷的剥削，中国矿工像奴隶一般过着痛苦不堪的生活，生命毫无保证。成千上万的矿工，一批一批惨死在矿坑里，或被集体杀害，至今尚留下埋葬矿工的万人坑！

有压迫就有反抗。中国矿工在争取民族解放和人民民主革命斗争中，是打先锋的。1882 年在开平煤矿就爆发了中国矿工最早的罢工。中国共产党建党初期领导者与组织者李大钊、毛泽东、刘少奇、王尽美、李立三等，都曾领导过矿工的斗争。中国革命从工人运动开始，扩展到农民运动，而后走上武装斗争，以乡村包围城市，于 1949 年取得彻底的、完全的胜利。帝国主义、封建主义、官僚资本主义三座大山被推倒，中华人民共和国宣告成立，中国人民从此站起来了，受苦受难的矿工得到解放。我国政府顺利接收了帝国主义和官僚资本开办的矿山，只用了 3 年时间，迅速恢复了生产。接着于 1953 年开始第一个五年计划。对一部分民族资本开办的矿山，实行了社会主义改造。

第一个五年计划，以发展重工业为主，矿山的开发，放在重要地位。改造了旧矿山，新建了一大批新矿山，而对于群众赖以为生的集体的、个体的小矿山，政府给以扶植。这一时期建设的大型矿山如抚顺、阜新的露天煤矿、鞍山、本溪的露天铁矿，白银厂的露天铜矿以及一批机械化开采的各种不同矿种的矿井，所采用的工艺、设备，都达到当时世界先进水平。

时间过了 38 年，中国矿业不断发展壮大，以每年开采的矿量来衡量，中国已成为世界矿业大国。1987 年中国生产铁矿原矿 1.57 亿吨，各种有色金属、稀有金属矿石 6000 万吨，非金属矿的开采量远远超过金属矿量。我国还独立开发了铀矿。我国地质勘探工作,三十几年来也有了突飞猛进的发展,目前拥有几十万人的地质勘探队伍。各种矿山、地质的科研院所、大专院校和矿山机械制造厂,规模宏大,门类齐全。我国矿业方面的专家、学者、科学技术人才,无论数量和质量,都不逊于任何一个国家。

特别值得提出的,我国幅员广大,在 960 万平方公里的土地上,蕴藏的矿产资源非常丰富,已探明的煤炭、各种矿石的储量数以千亿吨计。这是三十多年来我国矿业大发展的基础,也是今后继续大发展的有利条件。我国煤炭资源预测约有 3 万亿吨,居世界前列,而且煤种齐全。我国铁矿已探明储量四百多亿吨,虽然多数是含铁 30% 左右的贫矿,但由于选矿新技术的发展,多数是可以利用的。我国有色金属、稀有金属、稀土金属矿等,多数储量丰富,有几种(钨、锑、镁、稀土)矿物居世界首位。我国耐火材料、水泥的原料,建筑原料不仅储量大,而且质量优良。总而言之,世界上已知矿种,在我国不但都有发现,而且绝大多数都有可供开采的储量。世界上有不少矿产资源丰富的国家,但像我国这样品种齐全的国家并不多,这是我国一大优势。

中国矿业发展的道路并不是平坦的。在取得伟大成绩的同时,也遇到一些挫折和工作上的失误。挫折和失误主要发生在两个时期。一是 1958~1960 年三年大跃进时期,在翻番的高指标的高压下,曾发生过几千万人上山找矿、挖矿,虽然找到一些新矿点,但一时出现过几万个小矿点,滥挖、滥采,使煤炭、铁矿、有色金属矿资源遭受很大破坏,得不偿失。正规的矿山,也因为突击产量,设备大量损坏,剥离、掘进落后,出现严重失调现象。这种不正常的情况,迫使我们在 1961 年不得不进行大的调整。根据统计,在调整开始时,露天铁矿共欠剥离量约 3300 万吨,有色金属矿山欠掘进 100 万米。矿山使用的汽车绝大部分"趴窝"。调整时期由于大量民工下山,小矿点废弃,正规矿山要检修设备,补还剥(掘)欠账,矿石产量大幅度下降。铁矿从 1960 年的 1.1279 亿吨降到 1963 年的 2339 万吨,有色金属矿石产量也下降 50%。这次挫折和失误教育了广大矿山工作者,使大家聪明起来。我们没有在困难面前低头,而是在总结教训的基础上,奋力进行调整,只用了三年多的时间,就把大量设备修复起来,把剥(掘)比例调整到正常水平,从 1964 年矿石产量开始回升,胜利结束了调整工作。

第二次大挫折是在 1966 年开始的"文化大革命"十年动乱期间。林彪"四人帮"反革命集团,为了实现他们的篡党、夺权的阴谋,迫害各级领导干部和科学技术人员,大肆鼓吹"停产闹革命",使全国工业包括各类矿山生产建设遭受严重的破坏,刚刚调整好的矿山元气大伤,造成矿山第二次大失调。这一次损失不只是物质的,更主要的是人才被摧残,思想被搅乱,相当多的矿山企业领导权也被造反派头头所把持。粉碎"四人帮"后,又被迫进行一次大调整。从整顿领导班子、落实政策、建立生产秩序和规章制度、整修设备、补还剥(掘)欠账等各方面,进行了大量工作,才扭转了被动局面。

一次又一次挫折和失误,教育了中国人民。中国共产党十一届三中全会及以后一个时期,清理了历时二十多年的左倾路线和方针、政策,制定了符合中国实际的马克思主义的思想、政治、组织路线,开创了中国历史发展的新纪元。总路线基本内容是以经济建设为中心,代替了以阶级斗争为纲,坚持四项原则,坚持改革开放。在新的路线指引下,开始了广泛而深入的农村改革和城市经济体制改革。党的第十三次代表大会是一次改革和开放的大会,把政治体制改革提到议事日程,使改革由经济领域深入到政治领域。

改革、开放，为中国矿山注入新的活力，矿山的发展速度正在加快，技术面貌正在发生重大变化，一批采用世界采矿新工艺、新技术、新设备的矿山，正在兴建。中美合作开发的山西平朔安太堡露天煤矿在这方面树立了一个榜样。它的开发规模为年产煤 1533 万吨，属于世界大型煤矿。它所采用的工艺、设备、管理，达到世界先进水平，建设速度也达到世界先进水平。劳动生产率达到美国大型露天煤矿的水平。辽宁的本溪南芬露天铁矿、江西的德兴铜矿，都引进了国外先进大型设备，改造了旧矿山。德兴铜矿目前开发规模已达年产原矿石 1000 万吨，今后要达到 2000 万吨以上。一批井下开采的矿山，包括煤矿、铁矿、有色金属的工艺和设备，也正在逐步接近世界先进水平。矿山的管理体制、分配政策、劳动政策也在进行重大改革，正在推动我国矿业向前迈进。最近八年煤炭、铁矿石、有色金属矿石产量大幅度增长，矿山建设周期大大缩短，充分说明改革、开放政策具有强大的生命力。

那么中国矿业还有没有问题呢？有的。任何事物发展都不可能一帆风顺，总要出现这样那样的问题和困难。新的观念、新的方针和政策，总会遇到旧观念和习惯势力的阻挠，发生新的矛盾。在相当长的时期内不可能没有斗争，甚至还会出现局部反复。八年来我的亲身经历和所见所闻，对这方面深有体会和感受。但我相信，适应时代潮流的新思想、新观念，总要战胜旧思想、旧观念。改革、开放的方针、政策，总要战胜过时的旧方针、政策，对促进生产力发展的有活力的管理体制，总要战胜僵化的体制。

对中国矿业存在的问题和如何对待这些问题，作为一个老矿山工作者，愿意奉上一孔之见，与中国矿业界的同志共商。我认为当前中国矿业面临的问题，有以下几个方面：

一、足够认识开发矿业的重要性的问题。矿业既然是经济发展的基础，那么它在国民经济中的地位就是非常重要的。在国家短期、中期、长期社会经济发展计划中，怎样对待矿业问题，就成为影响中国经济发展、"四化"建设的大问题。我国有许多同志包括领导同志是看清了这一点，很重视矿业的开发。第一个五年计划，就安排的比较妥贴，矿业与加工业均衡发展。大跃进时期，只重视了群众上山挖矿，而对正规矿山建设重视不够，结果调整时期矿石产量大下。最近几年赵紫阳同志多次强调矿山工作，有过不少指示，这是针对过去经验教训而来的。可是开发矿业的重要性，还未被深刻认识。重视加工工业而忽视矿业的倾向，长期以来没有得到纠正，矿业与加工工业的关系，未能真正理顺，这从"吃进口矿"一个侧面可以说明。这几年每年进口铁矿石都在 1000 万吨以上，铜精矿和氧化铝每年也进口几十万吨，连宝山钢铁厂的炼焦煤也用外汇买进来了。我并不反对进口，在中国经济和世界经济的关系越来越密切的时候，有进有出，发展贸易往来，以他人的所有补自己的所缺，是必不可少的。这是开放政策具体体现。封闭政策是错误的。现在的问题是这些矿物是不是中国无法生产非进口不可？或者非进口这么多不可？炼焦煤是中国的优势，本是出口物资，是不应该进口的。铁矿石虽然中国矿含铁量低，但在选矿技术已过关的情况下，应当发展中国的铁矿，少进口外国矿。鞍山、本溪、冀东等地区，都有大规模开采铁矿的条件，全国许多省（区），都有铁矿资源，有的虽无建设大矿的条件，但可以中开、小开。本国资源不尽可能去开发，张着嘴吃外国矿，当然省事，但如果吃惯了，吃懒了，就会为今后发展带来麻烦。似应想到当中国生产一亿吨钢时，怎样解决矿石这样的大问题。至于铜矿、铝矿，中国并不匮乏，不像有些缺乏资源国家那样，非依赖进口不可。中国铜矿和铁矿有些类似，大部分都是含铜品位低的贫铜矿，因而基本建设一次投资大。但如果大规模开发，特别是采取资源综合回收，不是单打一，经济效益并不低，至于说社会效益，省下的大量外汇，国家将会大受其益，效益是显而易见的。中国铝矿产资源丰富，虽然是硬铝矿（一水铝），但生产工艺已经过关，建设投资和生产成本，并不高于外国，更应大量开发，摆脱依赖国外进口的局面。中国的其他有色金属、稀有金属、稀土金属资源也都非常丰富，开发出来，再进一步加工，不但可以满足国内需要，还可以出口，换取外汇。中国黄金资源，多数省（区）都有，更应广泛开发，这对增加国家储备，增强国家支付能力，有重大作用。总而言之，矿产资源是我国聚宝盆，这项财富的优势，还未充分利用，它的作用还未被社会特别是决策机关所深刻认识，这不能不说是一件憾事。

二、按矿物资源分布区域，制订以矿产为基础的工业规划问题。矿物赋存在地下，在没有开采出来以前是不可能从一个地方搬到另一个地方。开采出来之后，因为量大，如要搬运，也需很大运力。这是矿业的一个基本特点。在我国还有另一个特点，矿物的储量在全国分布很不均匀，有的地区某一种矿物或几种矿物多，而另一地区却很少，或根本没有。这两个特点决定了在制定我国经济发展规划时，必须充分考虑我国矿产资源分布的不同情况，以求得尽可能合理、合乎客观规律。如果在这方面铸成大错，是很难改变过来的。我国在这方面有成功的经验，也有失算的教训。我国钢铁厂的建设，过去曾有靠近铁矿和靠近煤矿两个不同意见，经过测算还是靠近铁矿比较合理。鞍山、本溪、马鞍山、包头、武汉、攀枝花是靠近铁矿的典型例子。70 年代后期、80 年代初，吸收国外经验，在远离原料、燃料基地的沿海地区，利用水运之便，建设了上海宝山钢铁厂，依靠长江、大海运来原料、燃料，运出产品。两种方案虽然各有优缺点，但大体上是可以并行的。但沿海建厂也应考虑原料、燃料运输之远近。当然建设钢铁基地，还有其他条件要考虑，经济效益的好坏，取决于多种因素，但原料、燃料的运输问题，是首先要考虑的基本条件，是不能忽视的，因为它对钢铁厂的经济效益起着举足轻重的作用。再如我国铝业，建国初期铝厂都建在铝矿附近，就近利用资源，减少运输量。随着水电站的建成，一部分大型铝电解厂，建到水电站附近，黄河上游的青海、甘肃，成为我国重要的炼铝基地。利用廉价的水电炼铝，是无可非议的，但黄河上游的水电站，远离中国铝矿产地和经济发达需要铝的地区，炼铝厂所需的氧化铝，需从河南、山西运去，还有相当大的一部分从国外进口的氧化铝，须从海港运去。从东到西，运距远者两千多公里、近者也有一千多公里。虽然运量不算太大，但在交通运输十分紧张的中国，也构成一个难题，而且也影响铝厂的经济效益。而铝锭或其加工产品，又要从西方到东方，一来一往，增加了产品的成本。如能把大铝厂向东靠拢，建在水电所能达到的电网区域内，经济效益和社会效益肯定会有所提高。又如我国的火力发电站，虽然在煤矿附近也建设了一批坑口电站，而且也把建坑口电站作为一条方针，但实施的结果，却是更强调把电站建设在远离煤矿的电力负荷中心。黑龙江东部和西部（内蒙东部）都有煤炭基地，但大电站却建在哈尔滨、齐齐哈尔、佳木斯、牡丹江等城市，造成煤炭运输紧张局面。一方面煤炭在矿区积压，一方面电站用煤朝不保夕，只得再花一部分投资改造铁路。在华北地区，虽在煤炭产地的大同朔县建设了电站，但又在北京、天津建设电站，晋煤大量外运，使本来十分紧张的运输紧上加紧，曾有一个时期被迫用汽车长途运输煤炭，显然这是很不经济的。我举这些例子，只不过提醒发展经济的宏观决策者，应更好地研究一下矿业开发与发展经济有机的内在联系，不受条条、块块分割的影响，以免造成长期的、不可克服的不经济、不合理的问题。

三、处理好国家、集体、个体办矿问题，以促进中国矿业的发展。矿产资源为国家所有，这是宪法规定了的。但我国农民历来有开矿的传统，而且有些农民以矿业为生的。无论铁矿、有色金属矿、金矿、非金属矿，都有大量农民办的矿点和中小型矿山，成为矿业开发举足轻重的一支力量。三中全会后，在开放、搞活的方针指导下，不但村、乡（镇）集体办矿雨后春笋般发展起来，而且出现大量个体矿点，或私人合股矿点。全国铁矿产量1986年是 1.4945 亿吨，其中集体、个体采矿 2524 万吨，占总产量的 15％。有色金属矿和黄金矿，集体办的矿山采矿量也很大，分别占 15％ 和 28％。至于各种非金属矿，大部分是集体和个体办的小矿山开采出来的。这种国营、集体、个体一起办矿，是我国矿业一大特点，不但为国家政策所允许，而且集体、个体矿山，还得到国家的扶植和优惠待遇。这既是我国处于社会主义初级阶段多种经济形态同时存在的具体体现，也是合乎客观规律，顺乎民意的。何谓合乎客观规律，顺乎民意，表现在什么地方？首先表现在中国矿源十分丰富，而且分布广泛，为集体、个体办矿提供了可能性与有利条件。第二，中国幅员辽阔，而交通非常不便，单靠长途运输数量很大的国营矿的产品，是解决不了各地需要的。而靠就地采矿，就近运输，就近使用，就成为必要的和合理的，非走这条路不可。第三，国家财政困难，投入开发矿产的资金有限度，单靠建设国营矿山是满足不了各地需要的。而集体办、个体办，投资省，见效快，集资方便，不需要国家投大量资金，就可以生产大量产品，补国营矿山之不足，社会效益是很明显的。第四，靠山吃山，靠水吃水，这是自然规律，中国可耕地少，特别在山区，土地贫瘠，单靠土地种植农作物，解决不了农民富裕问题，更谈不上过上小康生活。而利用当地资源优势发动和组织农民办矿，既有利于国家，更有利于农民，使山区人民能够很快地脱贫致富。以上四点就是客观规律和民意的所在。

但是集体和个体采矿业的发展，也带来许多问题。一是滥挖滥采，破坏资源；二是农民涌入国营矿区，与大矿争资源，影响大矿生产；三是安全条件不好，事故多，伤亡大；四是产生大量雇工现象。这些问题是在开放、搞活采矿业必然要产生的，问题是如何对待，如何解决这些出现的问题。有些同志看到发生的副作用，就忧虑起来，大声疾呼，要求制止群众采矿。我认为这是行不通的。摆在矿业界同志面前的，不是因噎废食，而是加强领导和管理，做到既能促进农民采矿业发展，又能减少和避免副作用的发生。煤炭部过去对集体、个体办矿，提出"几准，几不准"和一系列疏导、整顿、管理的措施，起了较好的作用，一部分集体矿经过改造，已成为相当正规，基本上能保证安全生产的矿山。对个体矿，提倡联合办矿，并要求留有一定生产基金，反对吃光分光，整顿好了一部分滥挖滥采的小窑。对一些连最起码安全条件都不具备的小矿，限期整顿或停止开采。这样做的结果，产量不是减少了，反而逐年有所增加。国家《矿产资源法》的颁布，使集体和个体办矿有法可循，有利于资源的合理开发。国营、集体、个体共同开发各种矿产资源，在中国将长期存在，并且还会继续发展。如何引导，使之健康发展，是中国矿业界的一个大方针，大政策，切不可等闲视之。总之，既不能用强制手段加以限制，又不能完全放任自流。

四、发展矿业的技术政策问题。采用什么样的技术开发我国矿产资源是矿业兴衰的大问题。我国延续二十年"左"的指导方针特别是十年动乱的破坏，影响了矿山新技术的应用和推广，使我国矿山技术落后于世界矿业先进国家二十多年。万不可只看到我国某一个矿山或某一项、某几项技术是先进的，就认为我国矿山技术已达到世界先进水平。矿山技术落后，不是指那些采用土法开采的小矿山，我国农民办的大量小矿山，在一个较长时期内，是以手工劳动为主，不能奢求这些矿山实现现代化生产。我说的落后，是指那些国营大矿山。技术落后主要表现在设备落后。三十多年来，我国矿山设备，无论是露天采装运设备或井下掘进采矿设备的研制工作，始终处于半自流状态，没有一个部门负责研究制造全套设备。有时临时组织起来，也没有投入很大力量，打打停停，直到最近几年才开始抓大型露天矿设备的引进、消化、制造工作。至于井下采、掘、运设备，凿井设备，虽然联合搞了一阵子，但没有解决多大问题，后来依然各搞各的。从不重视矿山设备这个侧面，也可以看出我国并没有把矿业开发放在应有的重要位置上。至今我国大型矿山基本上（少数例外）仍采用五六十年代甚至更早制造的设备。露天矿多数还是用 4 立方米电铲，60 吨翻斗车箱，中、小型电机车和中小型矿用汽车。有些矿引进了一些大型汽车，但没有和挖、装设备、修路设备、维修设备配起套来，因而不能发挥大型汽车的效率。至于高效率的索斗铲、轮斗铲采用的更少。井下矿山设备，不但掘进、采矿、清碴运输、装载、修路、安全监测的整体机械化程度很低，而且单机也多是落后的。

由于设备落后，规格品种又不齐全，影响矿山采用先进的工艺。在矿山设计上是有什么设备用什么设备，工艺将就设备，而不是根据矿山地质条件、矿体赋存状况、储量等等不同情况，采用不同的先进工艺，使设备服从工艺，因而大矿不能大开，年产千万吨的露天矿和五百万吨级井下矿寥寥无几。由于设备落后，大矿采用小型设备，用人很多，生产效率很低，同等产量的矿山，我国用的人比国外矿多五倍、十几倍甚至更多。人多带来一系列生活、子女就业等社会问题。由于设备落后，事故多，人员伤亡大，成为矿山一大祸害，影响矿山形象，人们害怕到矿山工作，招工困难。就是在矿山工作的职工中，也有很多人不安心。矿山在社会失去吸引力，对矿业发展是很不利的。

矿山的技术设备长期落后，影响着人们的观念，认为办矿山就是"人海战术"，用不着大型先进的设备，用不着开大型矿山，特别是和中国人口多这一特点结合起来，更振振有词。前两年竟把国家已决定开发的大型露天矿停止下来，就是这种旧观念起的作用。更有甚者，竟有人把引进国外先进的设备、工艺，认为是崇洋媚外，提出"要警惕出李鸿章"。还有一种伴生的观念，认为矿山发生事故是不可避免的，"打仗哪能不死人！"种种旧观念，严重影响中国矿山现代化的进程，这是必须认真对待的。

五、矿山管理体制改革与增强矿山活力问题。我国矿山落后和管理体制也有很大关系。目前我国矿山管理体制已开始改革，这是矿业界一件大事。进一步深化改革，还需要解决一些重大问题。我国现行矿山管理体制是按不同矿种，采取按条条管理的办法。煤矿、铁矿、有色金属矿、化工原料矿、建筑材料矿分属不同的工业部门，各搞各的，缺少横向联系，工艺、技术很少交流。前几年当我还在煤炭工业部部长的岗位上时，曾倡议建立全国性的采矿协会，先从交流技术开始，打破条条分割的现状，但没有得到拥有矿业部门响应。在国际上有一个"世界采矿大会国际组织委员会"，中国是会员国之一，但我们这个会员国是空头的，只有出席会议的代表，没有相应的组织。世界采矿大会国际组织委员会，每年都召开两次组织委员会，每三四年召开一次大会，矿业界的科学研究专家、学者、矿山企业家、矿山设备制造企业家等聚集一堂，交流技术和经验，展览新设备和仪器，很受各国矿业界欢迎。而我国作为一个矿业大国，在各种协会、学会多得不可胜数的情况下，竟没有一个全国性的矿业协会，实在是一件憾事。

管理体制上的弊端，不但影响技术的发展，更影响资源的综合利用和合理开发。我国的矿藏多是共生矿，如能综合回收，一个矿顶两个或几个矿，经济效益是很可观的。可是条条分割的体制，决定了各部门、各矿山各采各自需要的矿，本部门不需要的矿多废弃不采，造成很大浪费。这种例子很多：如铜矿中含铁，有色金属矿山只注意回收铜矿，而不注重铁矿的回收，浪费了铁的资源。同样，铁矿中含铜，铁矿也只注意回收铁，而把铜的资源浪费了。有色金属矿中含有多种共生矿，也往往在采矿或选矿中，只注意回收其中的一两种。攀枝花的钒钛磁铁矿，主要回收铁，钒只是回收一小部分，钛则大部分流失到尾矿和铁渣中。包头铁矿中的稀土，也只是这几年开始大量回收。海南岛铁矿中的钴，已经喊了多年，始终没有重视起来。

当然综合回收有技术问题，但主要不是技术问题，而是条条分割造成的片面性。如果重视起来，没有不可攻克的技术关。条条分割还有一个弊端，如煤、电，煤、铁本可以联营，建筑材料，耐火材料也可以联营，但都因为各搞各的，缺乏共同利益，联合不起来，这就大大影响了社会效益。解决条条分割的弊端，只有从改革管理体制入手，把各类采矿部门看作一个矿业整体，组建矿业集团和矿业与其他行业联营集团，综合经营，综合回收，这样矿山的经济效益和社会效益，必将大大提高。

矿山企业缺少经营自主权，在经济上大多数也缺乏自我改造、自我发展能力，也是影响我国矿山发展重大问题之一。从管理体制上看，我国国营矿山企业被牢牢地束缚在上级行政部门手中，不但没有计划、产品销售的自主权，而且劳动工资、招工、干部提升、罢免、调动等也没有自主权，连开拓工艺、技术也由上级审定。有些事情上级应当管，但矿山与工厂不同，它的生产受自然条件的制约，可变性很大，如果没应变的能力，一切都听命于上级行政机关，就会大大削弱矿山企业领导者的经营积极性和工作的创造性，对矿山的发展是很不利的。最近几年对这种僵化的体制也开始改革，采取承包方式和矿长负责制，扩大企业自主权，情况已有很大变化。但矿山企业的改革落后于工厂企业，依然缺少适应矿山特点的一套深化改革措施，矿山企业的自主权依然较少，很不适应新的形势。

我国矿产品价格偏低（少数例外），企业赢利少，还有相当一部分企业是亏损户。矿山企业自己能支配的资金很少，很难进行较大的技术改造，改善矿工的物质、文化生活，也感到吃力。矿山是一边采矿一边开拓，每产一吨矿石，就要剥离若干立方米废石，或掘进若干米巷道，敷设和安装相应的生产设施。花在这方面的资金，我国是以吨矿（煤）为基数，提出一定比例的维简费，保证简单再生产。但在实际上，一来维简费比例偏低，二来各矿情况不同，比例固定，苦乐不均，使一些地质条件复杂的矿山，维持简单再生产都感到困难。还有，随着矿山生产的发展，地表塌陷和占用土地的问题越来越多，如何合理解决这些与农民有直接关系的问题，国家没有立法，矿山企业也无费用来源，经常发生纠纷，影响矿山正常生产。所有这些问题，都是亟待解决的。解决的方法，当然只能靠：一、改革矿山管理体制，扩大企业自主权；二、改革产品价格，增加矿山收入，增加矿山自我改造、发展的活力；三、对涉及面广，企业无力解决的问题，国家要立法，依法协调处理各方面的关系。总而言之，要使矿山企业能够运用自如地按照矿山客观规律管理矿山，我国各类矿山才会生机盎然地向前迈进。

《采矿手册》是一部技术手册，是集技术之大成。我所写的内容，范围比较广泛，但也没有出矿山的范围，算是对手册一个补充。至于是否到点子上，观点是否正确，是否符合实际，只能由读者去评论了。

编写这部《采矿手册》，是一项浩瀚的工程，我从编写提纲中看到它包括了矿业技术各个方面，是一部很有实用价值，又能提高全国采矿技术理论水平的好书。我仅向参加编写的专家、学者、工程技术人员、出版发行的同志致以真挚的敬意，感谢大家为发展中国矿业做了一件大好事。

高扬文

1987 年 9 月 30 日

# 第1章 总 论

## 1.1 采矿与采矿学

### 1.1.1 采矿

开采矿产资源的过程和作业称为采矿。采矿工业是一种最基本的原料工业，它的活动必然会增加社会的物质财富[1~3]。

本《采矿手册》涉及的采矿活动范围包括黑色金属、有色金属、放射性元素、化学工业原料与建筑材料等金属和非金属矿物的开采。

矿床的开采方式分为三大类。第一类为露天开采，它需要先将矿体上覆的岩土剥离，然后开采矿体。硬岩矿物的露天开采多采用台阶式机械化开采（见第 12 章）。砂矿也常用露天开采，它包括台阶式机械化开采、水力机械化开采、采砂船开采等方法（见第 14 章）。第二类为地下开采，用于开采剥采比过大或者地表需要保护因而不宜于采用露天开采的矿床。它需要从地表掘进井巷到达矿体然后采矿。根据采场地压管理的特点，地下采矿方法可分为空场采矿法（见第 19 章）、充填采矿法（见第 20 章）和崩落采矿法（见第 21 章）三种。第三类为特殊开采，它包括溶浸、水溶、热熔、盐湖采矿（见第 15 章）和海洋采矿（见第 16 章）等。

矿床开发过程如图 1-1 所示，包括采前工作和采矿生产工作两部分。本《采矿手册》着重对采矿生产工作的方法和工艺进行了详尽的阐述，而对采前工作特别是探矿工作只作简要介绍。

采矿工业的生产过程和生产环境，与其他工业相比，具有下列特点[1]：

（1）矿山建设的地点为矿床产地所决定，矿址不像工厂厂址可以自由选择，而是往往要在交通、水源、动力、生活等外部条件非常不利的地点建矿，因此矿山建设的外部设施工程量大，投资较多，周期较长；且矿山的生产年限，受工业储量的限制，一般比工厂的为短，闭坑时还会带来许多善后处理问题。但采矿工业除了矿山生产时直接创造巨大的经济效益之外，还会带来繁荣地区经济、缩小城乡差距等一系列社会效益。

（2）采矿作业需要经常为自己准备生产条件。它不像工厂生产，一经建成，在一相当长时间内生产能力可保持不变；而是通过回采作业，每天都在消失生产能力。因此，一个矿山需要经常进行开拓和采矿准备工作，不断创造或补充生产能力；为了保持矿山正常生产，必须使开拓、采准、回采等工作的强度互相协调，并使开拓和采准保持一定的超前关系。否则，如露天矿不及时进行剥离和掘沟，地下矿不及时进行开拓和采准切割，就会造成采掘（剥）失调，迫使矿山减产。

（3）各矿山的矿床地质赋存条件复杂多样，开采条件互不相同；即使在同一矿山这些条件也因地而异；加之采矿作业的工作面不像工厂的工作场地固定不变，而是每时每日都在随着作业面的推进而变换地点，这更增加了矿山作业条件的多变性。因此，必须加强生产矿山的地质勘探工作；矿山开采的方法和工艺必须多样化，因地制宜，合理采用，而不应强求一致，推广某一特定技术；矿山企业在矿山开采的各过程中都必须加强采矿试验研究工作，还必须随着矿山的日益延深与扩大（这种延深与扩大往往导致采矿作业日益艰难，成本日益增加）而进行及时的矿山改建或扩建。只有这样，才能适应矿山作业条件的变化，不断提高生产效率，降低成本，增加产品的竞争能力。

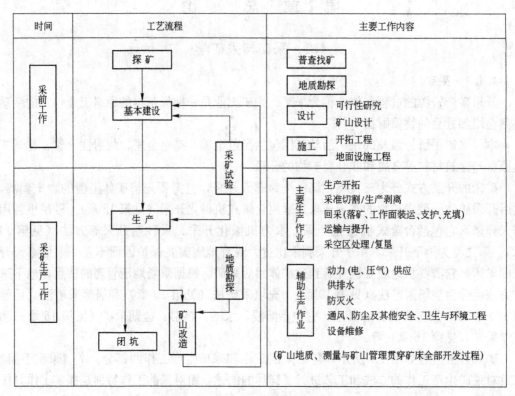

图 1-1 矿床开发过程

（4）采矿生产过程只有矿石的破碎与搬运，不可能提高其有用矿物的含量。相反的由于开采时不可避免地会混入废石而使矿石贫化，同时有部分矿石不能采出，损失于地下。某些非金属矿（如石墨、云母、水晶、金刚石、石棉等）在采矿过程中还会破坏其晶体，使产品的使用价值降低。因此，降低矿石的贫化率和损失率，保护特定非金属矿产的晶体，是采矿生产中重要的质量要求。

（5）采矿作业受客观自然条件的限制，尤其是地下采矿，更是如此，故在当前，采矿还是一种劳动量较大，工作条件不良，安全性差，实现综合机械化和自动化较困难的工业。因此更应特别注意安全作业，改善劳动保护和环境条件，对开采有放射性的矿床尤其应重视防护工作。

由于上述特点，使矿山管理工作更加复杂化。因此加强科学管理，提高矿山工作者的管理水平，比其他任何工业更为重要。在这方面可挖掘的潜力是很大的。

### 1.1.2 采矿学

采矿学是研究有用矿物开采的理论、方法、工艺及管理的一门应用性科学。尽管很早以前采矿就为人们提供了衣食住行的原料，但以前人们只是把采矿视为一门技艺，自从本世纪以来，由于将数学和物理学等自然科学的成就应用到采矿各过程，一些重要的采矿技术和经济问题得到定量的科学解答，特别是矿山岩石力学、矿内空气学、爆破力学、矿山系统工程等方面取得重大的进展，因而形成了与矿山生产相关的从地质至采矿工艺技术以及经济、生态等方面结合起来的一门独立的科学。它主要的研究内容有[1,4]：

（1）矿山地质与测量。研究金属和非金属有用矿物矿床的成因、产状、赋存条件等，矿山工程地质与水文地质，生产勘探技术与工艺，矿山测量，矿产储量评价、保护与监督等。

（2）矿山岩石力学。研究岩石的物理力学性质、原岩应力及矿床开采中发生的力学过程，地下开挖空间与露天边坡的稳定性，地压显现规律和围岩与支护相互作用原理，岩层的加固与支护方法，地表沉降，岩层移动和岩爆等的预测及控制等。

（3）岩石破碎及工艺。研究岩石的可钻性、可爆性和可切割性以及它们对于破碎能耗和效果的关系，不同岩石条件下最优凿岩爆破参数，爆轰动力学和爆破地震学，井巷钻进与炮孔凿岩的技术与工艺，工业炸药的研制及其性能测定与有效利用，岩石破碎新方法等。

（4）矿山建设方法与工艺。研究大规模土石方工程的工艺与技术，井巷与硐室的施工工艺与技术，通风、排水、供气、供电、照明等系统的管线敷设的工艺与技术，矿山地面设施的施工工艺与技术等。

（5）露天开采方法与工艺。研究露天矿总体设计理论，露天剥离、掘沟与采矿相互关系的理论，露天矿生产规模与采装设备合理配套的理论，露天开采工作过程的工艺与技术。露天砂矿开采方法与工艺等。

（6）地下开采方法与工艺。研究地下矿总体设计理论，地下矿开拓、采矿准备和回采相互关系的理论，地下矿生产规模与采装运设备合理配套的理论，地下采矿方法合理选择的原则，地下采矿工作过程的工艺及技术，放矿理论，降低采矿作业的矿石损失与贫化的途径等。

（7）特殊采矿方法与工艺。研究不同矿物在特定的物理、化学或生物作用下的特性；研究对不同矿床溶浸、水溶、热熔的技术及工艺；研究盐湖的开采技术及工艺；研究深海底部沉积矿床和热液矿床的开采工艺与技术，海底基岩下矿床的特殊开采工艺及技术，海滨砂矿的特殊开采工艺与技术以及海水中采取有用矿物的工艺及技术等。

（8）矿山机械化与自动化。研究矿山采掘与运输等机械设备的特殊要求与工作机理；矿山生产过程机电设备最优配套，矿山开采过程自动化遥控与监测的理论和装置，综合机械化与全自动化的理论与装置，矿山设备维修制度与工艺以及设备更新的理论等。

（9）矿山系统工程与管理工程。研究矿山开发过程的优化；研究电子计算机在矿山设计与作图，工艺过程控制以及计划与管理等方面的应用；研究矿山计划、组织与管理；研究矿床经济评价、工业指标、采矿技术经济分析以及矿床开采综合成本分析等。

（10）采矿安全与卫生工程。研究矿山火灾、水患、岩石冒落、爆破事故等的发生原因及其防治；研究人机工程学及自动控制技术，减少人为工业事故；研究矿山作业产生的有害因素对矿工健康的影响及有害因素的监测；研究以通风为主要手段的综合预防措施；研究职业病的发生原因及预防措施。

（11）矿山环境工程。研究矿区大气污染物的控制原理、净化措施与大气质量评价；研究矿山废水与酸性水的形成机理与防治措施，矿山水的循环应用和地下水资源的保护；研究矿山噪声源的控制和噪声的测定与综合治理；研究矿山废石和尾矿的治理及综合利用；研究矿山地面保护、复垦工程和恢复景观等。

## 1.2 采矿工业对人类及社会经济发展的重要意义

矿产品是发展和建设社会物质文明的关键和基础。从史前到现在，它一直在为人类的衣食住行及其他必需品提供着原料。其作用之大和影响之深，只要从人类学家和历史学家都以对矿物的利用来命名人类文明发展的各个阶段——旧石器时代、新石器时代、青铜器时代、铁器时代以及目前的原子时代——就可以显而易见了。所以许多历史学家和人类学家都高度重视矿产品对于人类进步和社会经济发展的重要作用，指出"人类的进步是以利用矿物的能力来衡量的"、"现代人类几乎是完全依赖矿物王国而生存"、"在工业文明的发展中，矿产品被认为是人类的主要物质原料"等。这些赞扬之词，对矿物来说是并不过分的[5]这是因为：

（1）采矿工业是许多工业的基础，它为许多工业提供原材料[6~8]。

采矿工业是冶炼和加工工业的基础，它为冶炼和加工工业提供原矿石。没有采矿，冶炼及加工工业也就成为无米之炊。

经冶炼及加工后的金属原材料是建筑工业、运输工业、通用机械工业等赖以存在的基础。以重量计，金属总消耗量中的90%以上是钢铁。几乎所有大型建筑物是钢结构或钢筋混凝土建成的，它约占钢的消耗量的30%。钢铁是车辆、船只和其他运输工具的主要材料，年消耗量占钢铁总量的1/4以上。通用机械工业耗用钢材总量的20%。此外如石油、天然气和化学工业所用的容器、管道以及食品工业的罐头盒等耗用的钢铁数量亦很大。为了改进钢铁的质量，还需要锰、镍、铬、钼、钴、钨、钒、钛、铌、钽等金属以制成特殊钢或合金钢等。

每年铝的消耗量有1/4以上用于运输工业，1/6用于建筑工业，10%左右用于电气工业，1/3以上用于包装工业。

近年铜的消耗量有一半以上用于电气工业，1/5用于通风机械工业，1/6用于建筑工业，10%左右用于运输工业。

锌的消耗量有1/3用于建筑工业，20%用于运输工业，20%用于电气和机械工业。

几乎有60%的铅耗用于电池、电缆包皮、保险丝等电器工业上。

建筑工业需要大量的非金属矿物，石灰石、黏土、石膏是生产水泥的主要原料；高岭土用于制白水泥、面砖、油毡、屋面材料；花岗石、大理石等用作饰面材料等。

近四分之一世纪以来，许多新兴工业迅速发展，虽然有的金属（如钢铁等）或矿产品可用化学合成物质来代替。但矿产品的作用不是因此而降低了，相反的由于新兴工业的发展，要求矿产品的品种更多了，数量更大了。

在化学工业上需要大量的铅板和铅管用作制酸设备的部件；在制造无机化学产品硝酸、过氧化氢和有机化学产品乙烯、苯胺等时需要铂族金属作催化剂；合成纤维工业、石油化学工业以及制碱工业的反应塔、蒸馏塔、热交换器、阀门等设备与部件需要含钛金属的材料；钨用于制酸工业的过滤器和离心机；汞的硫酸盐是制乙醛的催化剂；生产橡胶时需要含镁、锌或硒等物质作硫化促进剂或硬化剂等。

在石油工业上，作为钻井用的泥浆加重剂，耗用了世界上绝大部分生产的重晶石；石油精炼需要大量的铼、稀土金属、天然碱；此外还需钾的化合物作航空汽油的热处理和铂族金属作优质航空汽油的催化剂；四乙铅加在汽油内可起到防爆作用。

在电子工业的设备部件上，每年要耗用大量的纯金（美国约占全国金的耗用量的20%，日本高达30%）以及银、钽和铍、镉等的合金或化合物。锆合金、钛粉和锂等用于吸收真空管中的微量气体；锗和硅是重要的半导体材料；云母是电气器材的重要绝缘材料。

在电影、电视以及无线电传真工业上，用铯制的光电池是其重要部件，稀土金属用作电影机的自热炭精，特别是其中铈与钇是制造彩色显像管不可缺少的原材料，镉是电视和无线电传真的光电管的重要材料，铊可作红外光作用很灵敏的光电管，硒主要用于制造整流器、光电管、讯号装置、谐振放电器以及电视元件，无氧铜用来制造超高频电子管，锌可制微晶锌板供传真之用。

在核工业方面，铀和钍是最重要的原料；硼、镉、铪和某些稀土元素（如钇）是重要的控制材料；石墨是常用的慢化剂；铍是制成减速器很好的材料；锆、铝或镁的合金是反应堆重要的结构材料；此外镍、钛、铌、钒等合金在核工业中都有重要的用途。

在航天工业中需要铍作宇宙飞船和火箭的保护壳及一些部件、飞机的圆盘制动器等；铍也是火箭与喷气式飞机的高能燃料的添加原料；钛和锆的硼化物制成陶瓷金属可用来生产火箭的喷嘴和燃料室的内衬等；锂-6是火箭和新型喷气式飞机的重要燃料；碘可作火箭燃料的添加剂；金属铯粉可作离子火箭发动机的推进剂；渗银的钨用以制造火箭固体燃料的喷管；钼、镍、铬、铂、铋、钽、锆、铼等金属或合金都是制造火箭、飞机等有关部件的重要材料。

在轻工业方面，陶瓷、釉和玻璃等工业耗用大量的砂岩、硅砂和长石；约有一半的硒用于玻璃及颜料等制造业；硼也是主要用于玻璃、陶瓷、釉以及肥皂与清洁剂等产品；钛矿石用于制造颜料、釉及玻璃等；镉有一半左右用于油漆及涂料；锌、锑、铅、钴、锂、稀土、萤石、重晶石等在制造陶瓷、玻璃、颜料、染料、油漆或釉等轻工业方面每年都有较大的消耗量；此外铅锑锡合金以及铋等是印刷活字的重要材料；食品罐头及涂料筒每年耗用的锡将近锡全部耗用量的1/3。

农业三大化学肥料的主要原料除一部分氮肥可取自空气中的氮以外，其余的都来自采矿工业；此外如用硫制硫酸铵肥、白云岩制钙镁磷肥与粒状化肥等。砷的化合物用于除草剂、植物干燥剂以及木材防腐剂等；铜、锌的化合物以及萤石制的氟化物等都是重要的杀虫剂；汞化合物可作种子媒染剂；铀在农业上利用其放射性同位素研究植物光合作用、施肥效果等。

在医药方面，有不少西药是靠矿物原料制成的，即使中药也采用矿产品，如石膏、辰砂、雄黄、雌黄、磁石、明矾等。美国和日本牙科用的金要占他们国家每年金消耗量的10％以上，美国在牙科以及其他医疗方面用的铂占其年消耗量的15％，骨科用的金属材料有镍铬不锈钢、钴铬钼合金以及钛合金等。众所周知，钴、镭等放射性同位素还是治疗癌的重要手段。

在安全与环保工程中，近年日益采用锑的化合物作防燃剂。美国1985年在这方面用的锑竟占该年美国锑的总耗量的60％。铂作为汽车净化排放物的催化剂，用量增长极快。石棉一向被认为是防火、隔热、隔音的重要材料。

（2）采矿工业在国民经济中占有相当重要的地位。采矿工业在国民经济中所占的地位虽然随着近年来许多新兴工业的发展而有所下降，但它仍然是许多国家国民经济的重要支柱。

我国自解放以来，矿业得到迅速发展。1985年矿业总产值（包括燃料）约600亿元，居世界第四位。虽然它在我国工业年产值的比重中只占7％，但以这些初级产品为基础的原材料工业及有关加工工业的产值却占工业年产值的60％。因此，矿业已成为我国社会主义经济的重要支柱。我国矿业对积累资金、发展国内经济，做出了较大的贡献。由于我国工业发展速度较快，还须进口不少矿产品，但也有许多矿产品可供出口，对平衡外贸收支起到了重要的作用。

在国外，美国 1985 年金属和非金属矿产品（不包括燃料）总产值为 240 亿美元，经加工成原钢、粗铜、水泥与化肥等产品后，产值达 2440 亿美元[6]。加拿大 1983 年金属和非金属（不包括燃料）矿产品的年产值达到全国人口平均 435.6 加元/人[9]。澳大利亚、巴西、玻利维亚、南非、赞比亚、博茨瓦纳等国家都是以矿产品的出口为其经济的重要命脉，分别占全国出口总额的 44%～95%，并为各国人民提供了就业的机会[12,13]。

矿业对社会发展所起的作用是显而易见的。欧洲 17 至 18 世纪时的工业革命与取自美洲丰富的矿产资源是分不开的。美国 19 世纪初从卡罗来纳州、佐治亚州逐步向田纳西州、新墨西哥州开发黄金，最后于 1848 年在加利福尼亚州发现最大的金矿床，出现世界上著名的"黄金热"，因而引起了美国西部的迅速开发与繁荣。澳大利亚的大力开发，始于 19 世纪中叶，是加利福尼亚黄金热的继续[8]。我国像鞍山、本溪、攀枝花、铜陵、白银、金川、个旧等城市的建设与繁荣，也完全是由于开发了当地矿产资源。

（3）矿产品是巩固国防的重要战略物资。矿产品特别是金属矿产品是重要的战略物资，这是人所共知的。军舰、大炮、坦克、飞机，需要大量的钢铁和各种镍、钼和钨、铬、钒、钛等金属及其合金；核装备少不了铀、稀土金属和石墨复合材料等；制造枪弹和炮弹需要黄铜、铅、砷、锑等合金；镁、锂、锆、锶等还是制造燃烧弹、照明弹等的重要原材料，压电水晶广泛用于自动武器、超音速飞机、导弹、核武器等的导航与遥控设备；蓝石棉具有防丙种射线和净化原子污染空气的用途，等等。所以自古以来，不少战争起因于争夺矿产资源，而每个屹立于世界的独立国家更需要发展矿业，以巩固国防，增强抵御外侮的能力。我国于 1958 年起开发铀矿，依靠自己的力量，在 1964 年爆炸了第一颗原子弹，1967 年爆炸了第一颗氢弹，1970 年第一艘核潜艇下水，目前我国已拥有一支战略核武器威慑力量，为保卫我国国防，保卫世界和平起到了重大的作用。

## 1.3 当前世界主要矿产品的产销情况

### 1.3.1 世界主要矿产品的产量

表 1-1 列出了 1981～1985 年世界主要金属矿物和非金属矿物的年平均产量。为了对比，也列出了 1951～1955 年的年平均产量，可以看出：

（1）在过去 30 年中，总的来说，所有矿产品的产量都有增长，其中金属矿产品以钒、铂族金属和铝土矿增加最快，1981～1985 年的平均年产量分别为 1951～1955 年的平均年产量的 9.22 倍、7.89 倍和 5.46 倍，也即是年增长率分别达 7.7%、7.1% 和 5.8%；其次为菱镁矿、镍和钼等矿产品；再次为铁、铜、钴、铬、锌、锰、铋、银、铅等矿产品；锑、汞、锡、金、钨等只稍高于 50 年代初期的生产水平。

（2）在过去 30 年中，非金属矿物的增长速度，总的来说，比金属矿物的增长速度快，如非金属矿产量最大的磷矿石增长了 4 倍多，其他矿种都增长了 1 倍以上。

（3）铜和铁的增长速度很近似，其年增长率为 3.6% 左右。由于这两种矿石占金属矿石总产量的比例极大，故全世界近 30 年来金属矿石产量的年增长率约在 4% 左右（考虑到开采品位的下降），又由于非金属矿物的年增长率超过金属矿物的年增长率，故全世界每

**表 1-1 世界主要矿产品 1981～1985 年年平均产量及其与 1951～1955 年年平均产量的对比**[6,8,10,11,14,15]

| 矿产品名称 | 1981～1985 年矿山平均年产量（t） | 20 世纪 80 年代初主要生产国家或地区 | 1951～1955 年矿山平均年产量（t） | 1981～1985 年平均年产量为 1951～1955 年平均年产量的倍数 |
|---|---|---|---|---|
| 金 | $1.380 \times 10^3$ | 南非、苏联、加拿大、美国、中国 | $1.076 \times 10^3$ | 1.28 |
| 银 | $1.201 \times 10^4$ | 墨西哥、秘鲁、苏联、美国、加拿大 | $6.693 \times 10^3$ | 1.79 |
| 铂族 | $2.136 \times 10^2$ | 苏联、南非、加拿大 | $2.706 \times 10^1$ | 7.89 |
| 铜 | $7.967 \times 10^6$ | 智利、美国、苏联、加拿大、赞比亚 | $2.812 \times 10^6$ | 2.83 |
| 铅 | $3.345 \times 10^6$ | 苏联、美国、澳大利亚、加拿大、秘鲁、中国 | $1.969 \times 10^6$ | 1.70 |
| 锌 | $6.266 \times 10^6$ | 加拿大、苏联、澳大利亚、秘鲁、墨西哥 | $2.685 \times 10^6$ | 2.33 |
| 锡 | $2.224 \times 10^5$ | 马来西亚、泰国、印尼、玻利维亚、中国、苏联 | $1.902 \times 10^5$ | 1.17 |
| 汞 | $6.616 \times 10^3$ | 苏联、西班牙、中国、美国、阿尔及利亚 | $5.723 \times 10^3$ | 1.16 |
| 锑 | $5.326 \times 10^4$ | 中国、玻利维亚、南非、苏联、墨西哥 | $4.990 \times 10^4$ | 1.07 |
| 菱镁矿 | $1.456 \times 10^7$ | 苏联、中国、朝鲜人民民主共和国、奥地利、希腊 | $4.010 \times 10^6$ | 3.63 |
| 铝土矿 | $8.005 \times 10^7$ | 澳大利亚、几内亚、牙买加、苏联、巴西 | $1.466 \times 10^7$ | 5.46 |
| 铁 | $5.115 \times 10^8$ | 苏联、巴西、澳大利亚、中国、美国 | $1.771 \times 10^8$ | 2.89 |
| 锰 | $8.329 \times 10^6$ | 苏联、南非、巴西、加蓬、中国、澳大利亚 | $3.600 \times 10^6$ | 2.31 |
| 镍 | $7.079 \times 10^5$ | 苏联、加拿大、澳大利亚、新加利多尼亚、印尼、古巴 | $2.005 \times 10^5$ | 3.53 |
| 铬 | $2.729 \times 10^6$ | 南非、苏联、阿尔巴尼亚、津巴布韦、土耳其 | $1.086 \times 10^6$ | 2.51 |
| 钴 | $2.831 \times 10^4$ | 扎伊尔、赞比亚、苏联、澳大利亚、新加利多尼亚 | $1.125 \times 10^4$ | 2.52 |
| 钨 | $4.466 \times 10^4$ | 中国、苏联、韩国、玻利维亚、澳大利亚 | $3.203 \times 10^4$ | 1.39 |
| 钼 | $9.112 \times 10^4$ | 美国、智利、加拿大、苏联、秘鲁、中国 | $2.812 \times 10^4$ | 3.24 |
| 钒 | $3.208 \times 10^4$ | 南非、苏联、中国、芬兰、美国 | $3.478 \times 10^3$ | 9.22 |
| 钛 | $2.850 \times 10^6$ | 澳大利亚、加拿大、南非、挪威、苏联 | $1.104 \times 10^5$ | 2.59 |
| 铋 | $3.957 \times 10^3$ | 澳大利亚、墨西哥、秘鲁、日本、美国、中国 | $1.905 \times 10^3$ | 2.08 |
| 锂 | $2.277 \times 10^3$ | 苏联、津巴布韦、中国、美国、巴西 | 不详 | |
| 稀土金属 | $3.97 \times 10^4$ | 美国、澳大利亚、中国、印度、苏联 | 不详 | |
| 铀（含 $U_3O_8$ 量）① | $5.781 \times 10^4$ | 苏联、加拿大、美国、南非、澳大利亚 | 不详 | |
| 重晶石 | $6.517 \times 10^6$ | 中国、美国、苏联、墨西哥、印度 | $2.041 \times 10^6$ | 3.19 |
| 硼（含 $B_2O_3$ 量） | $9.367 \times 10^5$ | 美国、土耳其、苏联、阿根廷、中国 | 不详 | |
| 萤石 | $4.581 \times 10^6$ | 墨西哥、蒙古、苏联、中国、南非 | $1.216 \times 10^6$ | 3.77 |
| 磷矿石 | $1.409 \times 10^8$ | 美国、苏联、摩洛哥、中国、突尼斯 | $2.800 \times 10^7$ | 5.03 |
| 钾盐矿（含 $K_2O$ 量） | $2.712 \times 10^7$ | 苏联、加拿大、民主德国、联邦德国、法国 | $6.105 \times 10^6$ | 4.44 |
| 硫磺 | $5.210 \times 10^7$ | 苏联、美国、加拿大、波兰、中国、日本 | $2.456 \times 10^7$ | 2.12 |
| 石膏 | $7.814 \times 10^7$ | 美国、加拿大、法国、伊朗、西班牙、中国 | $2.719 \times 10^7$ | 2.87 |
| 石墨 | $5.813 \times 10^5$ | 中国、苏联、印度、韩国、墨西哥、奥地利 | $1.960 \times 10^5$ | 2.97 |
| 石棉 | $4.302 \times 10^6$ | 苏联、加拿大、南非、赞比亚、中国 | $1.515 \times 10^6$ | 2.84 |
| 工业金刚石 | $7.048 \times 10^6$ | 扎伊尔、苏联、博茨瓦纳、南非、澳大利亚 | 不详 | |
| 云母 | $2.400 \times 10^5$ | 美国、苏联、印度、加拿大、法国 | $1.270 \times 10^5$ | 1.89 |
| 盐 | $1.674 \times 10^8$ | 美国、苏联、中国、联邦德国、加拿大 | $5.987 \times 10^7$ | 2.80 |

注：各金属矿产品除特别注明者外均为矿山产品的金属含量。

① 1983～1984 年平均产量。

年采矿量的增长速度仍然是较大的。

（4）值得指出的是，近 30 年来亚非拉各发展中国家矿产品产量的增长速度要比发达国家的增长速度为快。例如发展中国家的铁矿石产量从 50 年代初只占世界产量的 16.9%，而到 80 年代初上升到 37.5%，铜的产量从 43.6% 上升到 53.0%，磷矿石的产量从 39.6% 上升到 42.5% 等。

### 1.3.2 世界主要矿产储量的丰富程度

全世界各种矿产的储量，迄今为止，还有多少？它为今后采矿工业的发展提供需求量的丰富程度如何？人类是否会受到矿产资源枯竭的威胁？这些都是人们所关心的问题。限于技术问题和人为因素，要想知道世界上各矿种的确切储量数字是不容易的。

表 1-2 将各矿种的现有探明储量按可供今后开采的年限划分为极丰富、丰富和一般三类，每类中的各矿种也基本上是按开采年限长短的顺序排列的。它基本上反映了各矿种可供今后开采的丰富程度。所谓现有"探明储量"不包括预测储量，更不包括未揭露的资源[6]。开采年限是按现有地质储量除以当前全世界的年产量计算的。表中极丰富的矿种的开采年限约在 100 年以上，丰富的矿种约可采 50～100 年，而一般矿种的可采年限小于 50 年。

**表 1-2 各矿种可供今后开采的丰富程度[6]**

| 类 别 | 说 明 | 矿 种 |
|---|---|---|
| 1 | 极丰富（可采年限约在 100 年以上） | 稀土金属、锂、硼砂、钾盐矿、钒、菱镁矿、锰、铝土矿、钴、磷矿、铂族金属、铬、钛、镍、钼、铁 |
| 2 | 丰富（可采年限在 50～100 年） | 锑、钨、萤石、铜、铋、镉、重晶石、铀、硫磺 |
| 3 | 一般（可采年限在 50 年以下） | 铅、锌、汞、金、银、石棉、金刚石、锡 |

从表中看出，全世界各矿种的储量除极个别的外，是相当丰富的。特别值得提出的是，根据近 40 年来的实践，由于勘探技术的进步，勘探出来的储量的年增长率有些甚至比矿山生产的年增长率还大。也就是说，除掉生产消耗的地质储量外，每年还可净增一定数量的地质储量。表 1-3 列出 20 世纪 40 年代至 70 年代几种主要有色金属世界地质储量的增长情况可资说明[7]。

但是由于矿产资源分布不均匀，个别国家或地区会遇到某些矿产资源的奇缺。例如，根据美国矿业局《1986 年矿产商品简报》的资料分析[6]，全世界铬的储量分别有 84% 和 11% 为南非和赞比亚所有；铂族金属的储量南非和苏联分别占 81% 和 17%；锰的储量南非和苏联分别占 71% 和 21%；稀土金属储量中国和美国分别占 79% 和 11%；钼的储量美国和智利分别占 45% 和 21%；锂的储量玻利维亚和智利分别占 66% 和 16%；钾的储量加拿大占 57%，苏联占 22%；磷的储量摩洛哥占 59%，美国占 16%；南非和苏联占有金的储量约 2/3；而铌的储量仅巴西即占有 88%。因此：

(1) 任何国家为了发展本国的经济，必须重视矿产品的外贸，互通有无，才能满足国民经济生产建设的需要。

(2) 保护矿产资源、提高采矿回采率和降低贫化率、加强矿产资源的综合利用极为

**表 1-3 近 40 年铜、铅、锌（均为金属量）和铝土矿地质储量的增长情况** （单位：万吨）

| 矿 种 | 铜 | 铅 | 锌 | 铝土矿 |
|---|---|---|---|---|
| 40 年代 | 9100 | 3100～4500 | 5400～7000 | 160500 |
| 50 年代 | 12400 | 4500～5400 | 7700～8600 | 322400 |
| 60 年代 | 28000 | 8600 | 10600 | 1160000 |
| 70 年代 | 54300 | 15700 | 24000 | 2270000 |
| 50 年代至 70 年代地质储量年增长率（%） | 7.5 | 5～5.75 | 4.75～5.25 | 9.75 |
| 50 年代至 70 年代矿山生产的年增长率（%） | 3.75 | 1.75 | 2.75 | 7 |

重要,被列为许多国家的基本国策。

(3) 不同国家都将各自缺乏的矿种列入关键性和战略性的物资来对待,保有必要的贮备量,同时进行代用品的研究,发展和利用本国资源丰富的材料。

### 1.3.3 80年代初期主要矿产品的销售情况

表 1-4 1980~1984年主要矿产品世界贸易统计[10,11]

| 矿产品名称 | 1980~1984年全世界年平均出口量(t) | 主要出口国家或地区 | 主要进口国家或地区 |
|---|---|---|---|
| 铁矿石 | $3.484 \times 10^8$ | 巴西、澳大利亚、苏联、加拿大、印度、利比里亚、瑞典、南非 | 日本、联邦德国、美国、比利时-卢森堡、意大利、波兰、法国 |
| 锰矿石 | $8.91 \times 10^6$ | 南非、加蓬、苏联、澳大利亚、巴西、印度 | 日本、法国、挪威、波兰、捷克、联邦德国、美国 |
| 铜矿石、铜精矿及冰铜、海绵铜等(金属含量) | $3.11 \times 10^6$ | 菲律宾、西班牙、加拿大、印尼、澳大利亚、巴布亚-新几内亚、智利 | 日本、联邦德国、韩国、比利时-卢森堡、西班牙 |
| 铅精矿(金属含量) | $1.01 \times 10^6$ | 秘鲁、加拿大、澳大利亚、南非、摩洛哥 | 日本、联邦德国、法国、比利时-卢森堡、西班牙 |
| 锌精矿(金属含量) | $3.60 \times 10^6$ | 秘鲁、澳大利亚、加拿大、瑞典、爱尔兰 | 日本、联邦德国、法国、比利时-卢森堡、荷兰、意大利 |
| 铝土矿 | $3.22 \times 10^7$ | 几内亚、澳大利亚、牙买加、巴西、希腊、圭亚那 | 美国、日本、联邦德国、苏联、加拿大、意大利 |
| 菱镁矿 | $1.985 \times 10^6$ | 希腊、捷克、中国、朝鲜人民民主共和国、奥地利 | 苏联、联邦德国、波兰、日本、法国、奥地利 |
| 钨精矿 | $4.92 \times 10^4$ | 中国、澳大利亚、玻利维亚、韩国、葡萄牙、泰国、加拿大 | 美国、苏联、联邦德国、奥地利、日本 |
| 锡矿石(金属含量) | $1.89 \times 10^4$ | 澳大利亚、新加坡、玻利维亚、阿根廷、英国、扎伊尔 | 英国、马来西亚、荷兰、西班牙、联邦德国 |
| 锑矿石(金属含量) | $4.36 \times 10^4$ | 玻利维亚、泰国、中国、南非、澳大利亚、墨西哥 | 法国、英国、美国、日本、比利时-卢森堡 |
| 汞(金属) | $3.624 \times 10^3$ | 西班牙、中国、阿尔及利亚、联邦德国、墨西哥 | 美国、联邦德国、沙特阿拉伯、印度、比利时-卢森堡 |
| 磷矿石 | $4.555 \times 10^7$ | 摩洛哥、美国、苏联、约旦、多哥、秘鲁 | 法国、加拿大、波兰、西班牙、日本、比利时-卢森堡 |
| 重晶石 | $2.76 \times 10^6$ | 中国、摩洛哥、泰国、爱尔兰、印度 | 美国、联邦德国、委内瑞拉、英国、墨西哥 |
| 萤石 | $1.94 \times 10^6$ | 中国、墨西哥、南非、泰国、西班牙 | 美国、日本、联邦德国、加拿大、苏联 |
| 石棉 | $1.93 \times 10^6$ | 加拿大、苏联、南非、津巴布韦、意大利 | 美国、日本、联邦德国、法国、尼日利亚 |
| 石墨 | $2.08 \times 10^5$ | 中国、韩国、墨西哥、奥地利、马达加斯加 | 日本、美国、联邦德国、英国 |
| 云母 | $5.20 \times 10^4$ | 印度、中国、美国、法国、英国、西班牙 | 英国、日本、联邦德国、美国、法国、荷兰 |

表 1-4 列出了 80 年代初期世界范围内各主要矿产品的外贸总额和主要出口国家与进口国家。从表中可以看出，第三世界多是矿产品的出口国家，而发达国家则往往依赖国外的矿产品，其中美国、日本以及欧洲经济共同体国家更是如此。表 1-5 列出了这些国家对国外矿产品的依赖程度。

**表 1-5　美国、欧洲经济共同体及日本对进口矿产品的依赖程度[6,16]**

$$\left(\text{进口依赖程度},\% = \frac{\text{净进口量}^{①}}{\text{视在消耗量}^{②}} \times 100\right)$$

| 矿产品名称 | 美国（%）<br>（1985 年） | 欧洲经济共同体（%）<br>（1984 年） | 日本（%）<br>（1984 年） |
|---|---|---|---|
| 金 | 31 | 99 | 94 |
| 银 | 64 | 84 | 19 |
| 铂族 | 92 | 100 | 98 |
| 铜 | 27 | 99 | 89 |
| 铅 | — | 75 | 72 |
| 锌 | 69 | 67 | 54 |
| 锡 | 72 | 88 | 96 |
| 汞 | 57 | 100 | — |
| 锑③ | 45 | 95 | 100 |
| 铝土矿及铝氧 | 97 | 63 | 100 |
| 铁矿石 | 22 | 87 | 99 |
| 锰 | 100 | 95 | 96 |
| 镍 | 68 | 93 | 100 |
| 铬 | 73 | 90 | 99 |
| 钴 | 95 | 99 | 100 |
| 钨 | 68 | 90 | 80 |
| 钼 | — | 100 | 96 |
| 钒③ | 46 | 100 | 100 |
| 钛③ | 40 | 100 | 100 |
| 钽 | 92 | 100 | 100 |
| 铌 | 100 | 100 | 100 |
| 铀③ | 不详 | 75 | 100 |
| 镉 | 55 | 40 | 0 |
| 锂③ | 0 | 100 | 100 |
| 锶 | 100 | 40 | 100 |
| 重晶石 | 69 | 3 | 39 |
| 硼砂③ | 0 | 100 | 100 |
| 萤石③ | 89 | 25 | 100 |
| 磷矿石 | 0 | 99 | 100 |
| 钾盐 | 77 | 9 | 100 |
| 硫磺 | 5 | 38 | 0 |
| 石棉 | 71 | 44 | 98 |
| 云母 | 100 | 100 | 100 |
| 石膏 | 38 | 0 | 4 |
| 硅 | 23 | 73 | 100 |
| 硒 | 54 | 99 | 0 |

① 净出口量＝进口量－出口量＋库存调给量；

② 视在消耗量＝国内生产量（包括再生产品）＋净进口量；

③ 引自文献［9］，为 1981～1982 年数据。

## 1.4 中国采矿发展史

### 1.4.1 采矿的萌芽时期（西周以前）

中国社会自古至今使用矿产品的先后次序是石材、装饰矿物（包括玉石和颜料矿物）、燧石、陶土、铜、金、铁、煤、石油及铀。

中国采矿有文字可考的历史始于商代（公元前 16 世纪至前 11 世纪），但中国之有采矿活动还要早很多[17]。

迄今发现最早的采矿遗址，是山西怀仁镇鹅毛口石器制作场和广东南海县西樵山采石加工场，分别为自凝灰岩煌斑岩夹层挖采和从石洞帮壁撬掘石材，其年代据考古判定至迟在新石器时代早期，距今已历万年[21]。

关中和豫西一些早期仰韶文化遗址中出土的原始陶器，是采制黏土矿物的先声、距今有七八千年。

1978 年在甘肃兰州东乡马家窑出土的青铜小刀（含锡量为 6％～10％），是我国迄今发现的最早青铜器物。该遗址经碳-14 测定，其年代约距今 4700 年。

据记载，夏商周三代的采铜活动在晋南（中条山山脉）、豫西北丘陵和豫西陕东山区（从崤山、华山到终南山一带）。又据近年发掘大冶铜录山采矿遗址的鉴定，该地地下采矿始于 3000 多年前的商代晚期，而地下采矿之前，曾经有过相当长时间的露天开采，现已发现露天采场 7 个。它说明了夏商周三代的采铜工业不仅在中原也在长江流域进行。

西周以前（公元前 11 世纪以前），由于采掘工具多用石或木制（青铜的极少），选冶技术更低，故所采矿体除砂矿中的自然铜、自然金外，多为高品位矿石，而且大都不太坚硬，如铜矿体就是以孔雀石为主的次生富集氧化矿石居多。

商周之时已设矿官。但商之"货人"是包括矿冶等手工业在内的一个财货贸易部门；周的"卝人"（卝为古矿字）则是已明确分工的"掌金玉锡石之地"的采矿管理机构，需要矿石时"取之""以供器物"，不用时封存于地下"为之守禁"[19]。卝人机构中还有"中士"、"下士"、"府"、"史"、"胥"、"徒"等技术管理职责的分工，这既说明了当时社会阶层的分化与劳动分工，也反映出矿业有相当大的发展。但进行采掘作业的则是不在机构编制之内的奴隶和罪犯。

我国古时采矿是和识矿找矿分不开的。《山海经·五藏山经》（春秋末年、即公元前 5 世纪成书）和《书·禹贡》（战国后期、即公元前 3 世纪成书）是总结中国从石器时代到早期铁器时代关于识矿与用矿资料的两种古文献。前者所记矿物达 89 种，其中金、银、铜、铁、锡等十种金属矿物产地有 170 多处，包括非金属矿物的玉石，怪石、垩土等则共有 309 处；并从找矿提出了"赤铜—砺石"、"黄金—银"、"铁—文石"等许多近代矿床学上的共生现象[20]。后者记录了全国某些矿产，对土壤的分类研究已具科学雏形。中国前人在这两本书中，对矿物岩石进行的系统研究远比外国早一两千年。中国关于"气"的学说及金属矿在地下生成的理论，是当时世界上先进的科学思想[19]。

### 1.4.2 采矿业初步形成体系时期（春秋至南北朝）

春秋（公元前 770 年至前 476 年）时期，中国开始进入铁器时代。早期铁矿遗址已发掘的有山东临淄（齐国故城）和河北兴隆古洞沟（燕国）及邯郸（赵国）等处。战国时代（公元前 475 年至前 221 年）冶铁业的兴盛在于大量制造农具和手工业工具，兵器则仍以青铜制的为主而铁制的很少，如秦统一六国主要是用铜兵器，故其时铜铁矿业均盛。

铜矿石产地，春秋战国时中原有晋南、豫西北和陕东，长江流域有铜录山，北有内蒙的林西。另外，在汉水、汝河与金沙江已开采砂金，在江陵发掘的金币郢爰、陈爰最高含金量达94%～98%；还有四川盆地西南缘的银矿，山东的登莱铅矿，四川涪陵的丹砂矿，也都在开采。

这一时期的采矿技术已有全面的发展。巷道的作用已由仅作回采演进到作开拓、采准及探矿之用。竖井（古称坑）可深到50～60m，断面从正方形进到矩形，面积达1.4～2m²。平巷高度可到1.5～1.8m，并能沿倾角掘进25°～70°的斜巷，特别是一种"浅井"和"短巷"相结合的阶梯式斜巷，最宜于探矿和采矿，又可兼作上下水平间的联络道。露天矿规模已相当大。最大的长500m、深17m，边坡还较为陡急。地下采矿方法已由竖坑法发展到巷道采矿法，下向梯段法，全面法和方框支架法。支架工艺相当先进，框式支架有榫接也有搭接，有竖分条方框和倾斜分层链式方框，横撑支架用得很长，巷道支架有鸭嘴与亲口结合的棚子，有的棚子已取消底梁[23]。

早期采矿常用的落矿技术火爆法，在我国矿山较普遍采用的年代不迟于春秋时期。采掘工具由春秋及以前时期的铜、石、木制进步到战国时的铁、木、石制；尤其是战国时的一种四棱尖锥状铁钻，可以采掘较坚硬的块状矿体。采掘工艺中出现了充填工艺。矿井提升使用了木辘轳，其木轴结构在战国时有很大改进，并可制动停车，是古代木制简单机械的先声。此外还有深井的自然分风、分段排水、采空区封闭以及用木制船形砂斗测定矿石品位追踪富矿等技术[23]。上述一系列成就比欧洲各国要早数百年甚至上千年。

秦统一中国（公元前221年）后，迁徙卓氏、孔氏等冶铁主到边远铁产地，进一步开发了南阳、临邛等冶铁中心。汉初，一些诸侯国的冶铁业实际操纵在豪强大族手中，汉武帝刘彻乃于元狩四年（公元前119年）实行盐铁官营，在全国四十郡设铁官49处，其中今山东12处，江苏7处，河南、陕西各6处，河北、山西各5处，四川3处，北京、辽宁、安徽、湖南、甘肃各1处。从铁官分布情况看，西汉冶铁业是在战国时期的基础上发展起来的，绝大部分在北方原来的齐、秦、燕、赵、魏、韩六国境内，长江以南广大地区只有桂阳郡（今湖南郴州）1处。

西汉（公元前206年至公元25年）冶铁、铸钱、煮盐三大工业以冶铁业为主导，大的铁官下辖若干个作坊，作坊在矿产地的则坑冶俱设。巩县铁生沟是已发掘的著名古矿冶遗址。年代为西汉中期到王莽时，河南是我国铁矿开发早、产地多的省份。铜产地以长江中下游最为重要，丹阳郡（今安徽宣城、丹阳一带）的坑冶著称其时，今江苏江都县的大铜山和仪征县的小铜山都曾是吴王刘濞采铜铸钱之地。汉文帝刘恒时邓通曾在今川西的雅安、荥经一带大规模采铜铸钱。司马迁在《史记·货殖列传》中指出铜铁两种矿藏遍布南中国千里之境，金、锡、丹砂主产江南，并说"长沙出连、锡"（"连"是铅锌矿石），记载着中国采锌之始。总之，秦和西汉是我国封建社会初期金属矿开采极盛的时期。西汉矿冶业的规模宏大，元帝刘奭时（公元前48年至前33年）"铸钱及诸铁官皆置吏、卒、徒，攻山取铜铁，一岁功十万人以上"（《汉书·贡禹传》）。《汉书》所记铜、铁矿山的开采深度有达数百米的。古代开采铁矿石的主要要求是有害杂质少，其次是品位高，以便直接炼出优质生铁。如风化淋滤形成的富铁矿和接触交代富铁矿，都是主要的开采对象。另外，在今河北承德地区的一处西汉铜矿遗址中，发掘有铁制手推四轮小车的车轮；这种小车对当时增产矿石和加深矿井是起了相当大的作用的。

东汉（公元 25 年至 220 年）铁官只有 34 处，分布略同西汉，但云南的 2 处是新设。东汉的铁制农具有很大发展。其铜矿也有新增，如徐州（今江苏铜山县）是有名的基地，中条山也开辟了新矿。此外，云南的锡、铅和银，四川、贵州的汞，川、滇的砂金，均有所发展。

煤在中国最早是用作颜料与染料而不是燃料。从史籍考证，燃料矿物的识用年代，煤至迟当在春秋战国，石油和天然气至迟当在秦汉之间。煤之始采并用于炼铁不应晚于冶炼业兴盛的战国时期，但迄今发现的最早遗址是巩县铁生沟及郑州古荥镇（西汉中期到晚期及东汉前期），而且所用燃料是木炭为主煤为辅。

魏（公元 220～265 年）、晋（公元 265～420 年）、南北朝（公元 420～589 年）时，北方长期动乱，但出于农、战之需，黄河中游的冶铁业仍具一定规模，并开发了今河南的陕县、泌阳几处铜矿和山西恒州（今大同县）的银矿，恢复了山东、陕西等地的旧铜矿、长江以南地区经济破坏较轻，矿冶业得到进一步发展，一般在郡县设冶令和丞。矿产地有今江苏、浙江和湖北境内众多的铁矿和大冶铜矿，四川广元与汉水的砂金，吴县的山金，湖南衡州和岭南一带的银。当时砂金开采已由露天的掘取法和垦土法发展到地下开采（据王隐《晋书·地道记》）。

这一时期内有关矿业的著作有：春秋时代齐国人著《管子》，其"地数"篇中不仅统计了铜铁等矿产地的数目千百个，而且记述了"上有赭者下有铁"、"上有慈石者下有铜金"等现代矿床学所证实的许多金属共生现象，限于当时的科技水平，它除了把铜和铁的硫化物混称作黄金或铜金以外，大体上都符合现代关于硫化物矿床的矿物分布理论。北魏郦道元在《水经注》中不仅载有全国（重点在北方）1252 条水道源流，而且调查了大量矿产；有的还记述了当时少数民族地区的矿冶盛况，如"河水"篇载"屈茨北二百里有山，夜则火光，昼日但烟，人取此山石炭冶此山铁，恒充三十六国之用"，说明当时新疆龟兹（今库车县一带）有大型煤矿和铁矿，就地冶铸，供应邻近的众多地区。

### 1.4.3 古代采矿业的兴盛时期（隋至元代）

隋（公元 581～618 年）、唐（公元 618～907 年）的经济是齐头发展长江、黄河两大流域。比秦汉时主要发展黄河流域远为繁荣，其矿冶业也空前兴盛。

隋代矿政的特点是收矿权为国有，大力开采铜矿，用以更换汉武帝时发行沿用太久的五铢钱。主要矿山有今湖北（如白纻山、今大冶县境）和安徽的铜，山东的金和广东的银，等等。

唐初近百年，民间分散的盐铁小手工业又渐为富商巨贾所垄断。在肃宗乾元（公元 758 年始）以后虽特置盐铁使，主管盐的专卖兼掌银铜铁锡的采冶，但其实只管收税，并不直接经营矿场与冶铸作坊。到唐代晚期文宗开成元年（公元 830 年），"山泽之利归州县刺史"，连特派大臣收税的制度也废除了。因此，民营矿冶大发展，比前代官营的刑徒充役或徭役制的劳动生产率大为提高。

唐初金银铜铁铅锡之冶 168 处，到中期增为 271 处（含矿场 251 处）。其中金矿场除山东 1 处外都在南方各省，铜矿场遍布全国 45 个州，银亦分布 28 个州、府。著名产地有武陵（今湖南常德）和邕州（广西境内）的金矿区，陕州平陆、安邑等县（今山西中条山区）和郴州的铜银矿区，鄂州铜铁矿区，山东莱芜铁矿区等。据《新唐书·食货志》记载，元和

（公元 806～820 年）初年"岁采银万二千两，铜二十六万斤，铁二百七万斤，锡五万斤，铅无常数"。这是我国最早载于正史的古代金属税额，实际产量还要大很多。唐代始大量生产胆铜，是中国溶浸法采铜的先声，地点在今安徽和江西[22]。唐代奉道教为国教，大搞炼丹，主要汞矿场在湖南的辰州、锦州（今麻阳）和四川的溱州（今綦江）、茂州（今茂县）。在元和四年（公元 809 年），炼丹家清虚子发明了黑火药。

北宋（公元 960～1126 年）前期，农业恢复快，工商业繁荣，其中矿业进一步发展。宋初矿山基本上是民营，国家只收税。政府在重要矿区或冶铸中心设"监"和"务"，主管收税和征集矿石（"监"即主监官的驻地；"务"是矿冶税务所或矿产收购站）。生产单位有"场"、"坑"和"冶"（"场"是采石场，"坑"即矿坑，一般每个场辖若干坑；"冶"是冶炼作坊），一个冶所需矿石往往由几个场供给；大抵置监之处必有冶，设务之处多有场[1]。铜锡铅银等矿产，矿坑比较固定，都有场有坑；而采掘风化堆积铁矿床或淘取河床砂金，一般无固定的采矿地点，也就不设场；尤其是铁冶在古代多是收购矿石集中冶铁，故只立冶而不置场。据《宋史·食货志》载，宋初全国"坑冶凡金银铜铁铅锡监、冶、场、务二百有一"处，英宗治平年间（公元 1064～1067 年）金属矿的坑冶总数又增加了几十处。总的来看，矿冶业的布局与唐代相近，但产量远远超过。如铁、铜、铅、银，集中在河北、江西、福建、广东四省开采；主要矿山有邢州綦村冶、磁州固镇冶（以上为铁矿）、韶州岑水场、巾子场、信州铅山场、饶州兴利场（以上为胆铜矿）、连州场、衢州场（以上为铅矿）、饶州德兴场、南剑州（以上为银矿），还有登州、莱州的金坑，沅州、信州等地的南方砂金，甘肃、陕西的水银，以及广西、湖南的朱砂等。神宗元丰元年（公元 1078 年），各种矿产的年收入量达到铁 550 万斤，铜 1460 万斤，锡 232 万斤，铅 919 万斤，银 21 万两，金 1 万两，水银、朱砂各 3000 斤。煤在宋代已普遍用作手工业（如炼铁）和日常生活中的燃料，而炼焦又始于南宋咸淳六年（公元 1270 年），其发明大大促进了冶铁业的发展。当时产煤地主要是山西，还有河南沁县和江苏徐州。北宋矿业兴盛的原因很多，主要是社会经济发展与统治者的需要，及采矿技术的进步。

南宋（公元 1127～1279 年）前期胆铜生产有发展。辽、西夏及金各少数民族政权的铁矿开采量大，技术水平亦高。

元朝（公元 1271～1368 年）立国后设洞冶总管府和淘金总管府统辖全国坑冶，还有鼓铸局、镔铁局、金银局等管理金属手工业和兵器制造，颁布矿业法规以保护官办矿场和恢复税收。矿冶以官营为主，由罪犯与在籍工匠服役，又设冶户、煽炼户、银户、淘金户按额纳课。也有民营坑冶，但随时可被收归官营。总的说，元代的铁、银、金矿仍有较大发展。元初的生铁年收入量在 500 万～1000 万斤之间，到至元十三年（公元 1276 年）达 1600 万斤，比宋代的最高年收入量提高近 1 倍；天历元年（公元 1328 年）银收入量 30 万两，数量与北宋初期相当；金的最高年产量约 3 万两，比宋代产金极盛的皇祐年间高出 1 倍[1]。但是，铜、锡、铅等经济及货币用金属的生产则比宋代减产了很多倍。元代主要的矿产地有：江、浙、赣、湘、鄂等南方各省和冀、鲁、晋"腹里"三省的铁，吉、辽、新疆的金，云南的铜，云南、江西的银和湖南的汞。

在从隋到元这 800 年间，我国古代采矿业获得大发展，不仅多种矿产达到上述空前的高产量，而且在技术上出现了如下的重大突破。

公元 6 世纪到 10 世纪初，广东肇庆端溪开采砚石已使用房柱采矿法，其矿房跨度为 1

丈，矿柱宽 6 尺，同时可回采三四个矿房。

始于唐代而盛于宋代的胆铜生产，到北宋末年其产量已占铜总产量的 20％，南宋增加到 85％。生产规模达 77 处沟槽，取铜 1 斤耗铁 2 斤 4 两，是先进的技术指标。

深井开凿始于战国而技术突破于北宋。四川盐井最初是用来采取地下岩盐层中之卤水熬制井盐；钻井工艺为绳索钻进法，但井口一直是周长三四丈的大口径。到北宋庆历、皇祐年间（11 世纪 40～50 年代），在五通桥和自贡才出现了小口径深井，称卓筒井，"卓筒"是直如竹筒之意；凿井用钻头为圆刃铁锉的中国式顿钻，井口如碗大（约 130mm），深数十丈，用木质套管或巨竹去节套接成为井壁；然后用较细的竹子制成水桶提取卤水，一桶可提数斗。这一机械冲击式钻井法是世界创举[1]，李约瑟考定此法于 11 世纪传入西方，对世界采矿和钻井工程的发展具有重大的贡献。

南宋福建建宁府松溪县瑞应场银矿"取银之法，每石壁上有黑路乃银脉，随脉凿穴而入，甫容人身，深至十数丈，烛火自照，所取银矿皆碎石。用臼捣碎，再上磨，以绢罗细，然后以水淘，黄者即石、弃去，黑者乃银，用面糊团入铅，以火煅为大片，即入官库。俟三两日再煎成碎银"。这说明了识矿、采矿、选矿和炼银的全部工艺过程。

南宋时北方金朝的铁矿开采技术成就很大，从黑龙江阿城五道岭古矿遗址看来，是用十几条沿矿脉走向的螺旋形斜坡道（宽 1.5m，高 2m）开采，其深度为 7～40m，都布置在脉内，遇矿体不规则处则用分支巷道开辟回采工作面。整个采区呈椭球状，符合现代地压管理的要求。估计共采出了铁矿石四五十万吨，规模很大。

北宋时撰有两本有关矿冶的著作：沈括于公元 1086～1093 年写的《梦溪笔谈》，现传本 26 卷，分 17 个门类计 609 条。条文内容涉及采矿冶金的散见于器用、异事、辩证、杂志、权智、药议等门类中。该书最早提出"石油"一词，对石油的性能、产地、开采和用途均有具体记述，书中对太阴玄精（龟背石）的描述，注意到了矿物的结晶形状、颜色、光泽、透明度、解理以及加热失去结晶水和潮解等性状。并对胆铜及湿法冶铜技术有详细记载[24]。

另一本为《浸铜要略》，是宋哲宗时（公元 1086～1100 年）张潜所著，记述从胆水提取铜甚详；其后裔张理献书于元朝廷，元末明初危素为此书作《浸铜要略序》，称书中胆铜法有"用费少而收功博"的经济价值。

### 1.4.4 古代采矿业的继续发展时期（明到清乾隆初叶）

明代（公元 1368～1644 年）初期吸取前代官办矿冶业的教训，尽量让百姓自由采冶，官收其税（对银矿尤其如此）；官办矿业仍役使在籍工匠、军夫和罪犯，但放松对工匠的控制。故明代前期约 90 年，民办的金银铜铁锡铅汞七种金属矿冶有大发展。全国矿冶业重心仍继续南移。铁的年收入量 1800 多万斤，其中湖广、江西两省占了 1000 万斤，今湖北大冶是主产地，后来广东佛山也是著名产地。在 15 世纪中叶还出现了我国封建社会最后一个采银高潮，主要银场分布在闽、浙、川、滇四省，年收银 13 万～18.3 万两，其中云南渐增到占总量一半以上。明代新兴的矿冶是采锌炼锌，其中湖南水口山铅锌矿盛采一时，宣德三年（公元 1428 年）铸造铜鼎约用金属锌 13000 斤[1]。其他矿产有皖、川、云、贵的铜及赣省的胆铜，桂、湘、云南的锡，以及云南的金和贵州的汞。湖南锡矿山锑矿也是明代开始采的，当时误认锑为锡。明代后期则因矿政积弊及矿工逃亡而减产。

在采矿技术方面，明代比宋代有所突破。陆容（明中叶时人）所撰《菽园杂记》，对浙西丽水地区的银铅锌脉矿的找矿、开采及加工作过详细记述，说明当时已准确掌握矿床产状规律，采深可达数百米，采冶方法仍分别是空场法和灰吹法，落矿却采用了爆破技术。据河北《唐县志》载，万历二十四年（公元1596年），县境矿山使用了"钻钢"即手工钻眼和"火爆石裂"使"山灵震惊"的爆破技术。这是世界上以凿岩爆破为主的采矿工艺的开始，说明中国矿山应用凿岩爆破术比国外早三分之一个或半个世纪。

宋应星于崇祯七年（公元1634年）撰写的《天工开物》，是我国古代头一部有采矿专篇著作的科技文献；该书分十八卷，其中五金、陶埏、燔石、丹青、珠玉等卷记载了三十几种金属和非金属矿产的开采与加工技术，保留了相当多的古代采矿资料，对地下矿藏的开采方法，包括坑硐的支护、充填、通风及瓦斯检测、提升等工艺，记录了许多劳动人民的发明创造，被国外誉为世界第一部农业与手工业生产的百科全书。

明崇祯时（公元1628～1644年）主张引进西方科技以富强国家。当时招聘来华的外国人中，先有意大利人毕方济建议聘请澳门的"精于矿路之儒"来传授探矿、采矿技术；后有日耳曼人汤若望在蓟督军前，除传授火器水利外，还讲采矿方法，这是外人来华第一次采矿学术交流活动。此事终因清兵入关而废。

清代（公元1616～1911年）初期戒于前代的矿工起义，禁止或限制民间开矿。至康熙二十一年（公元1682年）以理财四策之一而"开矿藏"，于公元1685年大采滇铜，一直到嘉庆（公元1796～1820年）中期是滇铜开采的极盛时代，最高年产量有1400万斤；由官方放本收铜，除抽取10%～20%的"课铜"外，另按官价收购抵偿工本。在云南铜矿（主要为氧化矿）和锡矿的开采中，大量采用了方框支架法，支架作业土名"架镶"。与现代六柱榫接的无甚差别，按支架间距之不同分为"寸步镶"和"走马镶"[25]。清初（约公元1700年）五通桥盐区钻凿深度达560m的盐井有数千口，最深的是1243m；其钻凿采用弹性杆，提升用井架及顶部的滑轮、侧部的辘轳和地面的大绞车，整个设备的动作原理与以后西方19世纪的顿钻相同[17]。

这时期的采矿文献，有孙廷铨的《颜山杂记》，记明清之际山东淄博煤矿先进技术甚详，并提出"凿井不两，行隧必双，令气交通，以达其阳"的井巷设计原则。田编霞的《黔书》记清初贵州汞矿和铅矿采矿工艺技术亦详。张泓的《滇南新语》最早记载了云南铜矿的地下开采技术。

中国的自然科学是从十六、十七世纪（即明代后期的武宗到神宗年间）开始落后于西方国家的[21]，而矿冶业的落伍则直到18世纪初叶即乾隆初年才开始。当时欧洲已发生产业革命，科学技术大进展，增加了对金属的需要。

### 1.4.5  采矿业发展缓慢时期（清乾隆初叶至解放前）

清初滇铜开采以后，铅、锌、锡和煤、铁等矿也允许民私采，抽税十分之二到三、四。但金银因不许私采，故在清代前期（公元1820年以前）只有一座甘肃敦煌金矿生产，年收"课金"800两。矿业重心已南移到湖南和云贵。主要矿产有云南东川、四川西部和湖南常宁、桂阳的铜，云南个旧、湖南郴州与广东的锡，云、贵和湖南（桂阳州、郴州）的铅锌，青海（都兰哈拉铅厂）、贵州威宁和云南（先后生产的有32个厂）的银，云南（金沙江、麻姑等6个厂）、贵州的金（盛采在公元1840年以后），贵州（开阳汞矿，明代盛采的万山汞矿已衰）、云南及湖南的汞，广东佛山和陕西汉中的铁，以及鲁、冀、晋、湘、粤各省的煤。总的说，清代矿业发展速度慢于明代，矿产地406处，总数虽接近于明代（420

处），但产量一般都下降，金银减产最多，只有铜铅锌比明代增产。

鸦片战争前后，清王朝经济、民族、阶段的矛盾重重，矿工生活困苦，矿业凋零，云南即因杜文秀回民起义（咸丰六年，公元 1850 年）而封禁了全省的铜矿[25]。

19 世纪 60 至 90 年代的 30 多年是"洋务运动"时期，中国政府第一次引进一批世界的近代技术设备。从 70 年代起兴办了一批矿冶企业，其中基隆煤矿是中国第一个用机器开采的近代采矿企业（1878 年投产，日产 300 t）；漠河金矿于 1887 年始采（1888 年中国产金达 43 万两，占世界总产量的 7%，居第五位）；汉阳铁厂和大冶铁矿于 1890 年兴建，是中国也是远东第一个近代钢铁联合企业；大冶铁矿拥有从德国购进的采掘设备和 30km 窄轨铁路，是中国第一座用机器开采的露天铁矿，在 1891 年即生产铁矿石 4 万吨；萍乡煤矿从唐宋到清代曾用土法开采，1898 年设萍乡煤矿局，年产煤最高达 90 万吨[1]。

清代的采矿著作还有中期的吴其濬撰、徐金生绘的《滇南矿厂图略》（1844 年刊），记云南采铜银技术很详，书末附有《天工开物·五金》、王松《矿厂采炼篇》、倪慎枢《采铜炼铜记》及王昶《铜政全书·咨询各厂对》等，可以说本书集古代地下采矿技术之大成，是研究采矿技术发展史的珍贵资料。清代末期有吴昇立著《自流井风物名实说》，比《东坡志林》、《天工开物》所记四川井盐的钻井及熬制技术更详。

在 19 世纪末本世纪初，一批铜、铅锌、锡、金、汞等有色金属企业逐步转用近代技术装备生产，同时也开发了锑、钨等资源，其中，1874 年恢复云南东川铜矿，1906 年出精矿。1911 年四川彭县铜矿、1912 年云南会泽铜矿相继产出精矿。湖南水口山是规模最大的近代铅锌矿，1904 年采用新法开采，1906 年建设老鸦巢斜井，1909 年建成新选厂。近代锡矿始于云南、广西、广东、湖南等省，以云南个旧最早（于 1889 年开始向国外出口锡）。还有湖南平江黄金洞金矿于 1889 年购置新法洗金机，1896 年广西桂平县采用新法炼金，山东招远、平度和广东增城也都用新法采金炼金。贵州铜仁汞矿于 1899 年用新法开采。湖南新化是近代锑矿的发源地，1897 年湖南官矿总局设新化锑矿局大规模开采锡矿山锑矿[1]。

与上述近代厂矿建设相适应，政府开始设立了矿业管理机构。首先是 1898 年清廷的路矿总局（北京），1903 年成立商部、总理全国矿政。1906 年商部与工部合并改为农工商部，在北京设矿务总办事局，各省设矿政调查局。民国元年（1912 年）成立实业部（后又改为工商部、农商部、农矿部等），内设矿政局。30 年代后期还成立了资源委员会主管矿业[1]。

从第一次世界大战前后起到 1949 年为止，中国近代的矿山企业在国内外战争的动荡中发展。首先起步的有南芬、鞍山、龙烟等铁矿，1918 年赣湘粤钨矿区年产钨砂 9872t，出口 9497t，1924 年四川会理铅锌矿用新法开采，1925 年全国产汞 400 t，1927 年云南锡业公司建马拉格竖井；1896～1934 年大冶共采出铁矿石 1200 万吨，其中 340 万吨供汉阳铁厂、860 万吨运往日本。1937 年抗日战争爆发，旧中国矿业风雨飘零。当时日本帝国主义者侵占了东北、华北、华中、华东的大批煤铁等矿产资源，国民党政府转向西南、华南、西北。从 1938～1945 年，国民党统治区总共仅产煤 4562 万吨，而日本帝国主义者在中国抢走的原煤却有 41950 万吨；国民党统治区共计产生铁 41.3 万吨、钢 4.5 万吨，而日本帝国主义者侵占的鞍钢在 1937 年一年就产生铁 70 万吨、钢 50 万吨、钢材 28.5 万吨[1]。

另一方面，中国共产党领导的解放区采用近代技术结合古代传统技术，发展了小型钢铁工业，开发了不少矿藏，其中有八路军总部军工部柳沟铁厂（1939 年）和阳泉铁厂（1948

年产铁 6500 余吨）。1945 年日本投降后，民主政府接管了一批煤矿，尔后又从国民党政府手中陆续接管了除台湾省以外的所有煤矿，在当时艰难的物质条件下逐步恢复生产。从 1946～1949 年 10 月，解放区约生产原煤 2000 万吨。东北解放区又于 1947 年成立金矿局，1948 年成立东北有色金属管理局，解放区在 1948 年生产的黄金超过万两。

## 1.5  新中国成立以来采矿工业及技术的发展

### 1.5.1  采矿工业的发展

我国矿产资源丰富，品种比较齐全，到目前为止，已探明储量的矿产达 130 多种，其中锑、钨、钼、汞、锡、钒、铁、稀土金属、菱镁矿、萤石、重晶石、磷、硼、石墨、石膏、膨润土等 20 多种矿产居世界前列，这些矿产资源为迅速发展我国的采矿工业提供了物质条件。

解放前，我国采矿工业技术落后，设备陈旧，生产不振，矿产资源遭受了严重的破坏。新中国成立 30 多年以来，对矿山建设很为重视，投资约达 300 亿元，使采矿工业的落后面貌得到了改变。

新中国矿山生产发展的过程是：解放头三年，主要是恢复生产，对个别矿山进行了改扩建。第一个五年计划时期，新建和扩建一大批矿山，矿石产量增长很快，为发展采矿工业打下了良好的基础。第二个五年计划开始时，采矿工业发展迅猛，但由于工作失误，造成采剥（掘）失调，致使 1960 年以后产量下降。自 1963 年至 1965 年进行了三年国民经济大调整，巩固了矿山原有生产水平，并有所提高。1966 年开始了第三个五年计划建设，但由于"文化大革命"的干扰，生产发展又遭受挫折。在第五和第六个五年计划时期，主要是在党的十一届三中全会以后，把工作重点转移到经济建设上来，采矿工业才又得到健康发展。1986 年 3 月国家颁布了《中华人民共和国矿产资源法》（见附录 1），1987 年 4 月国务院又制订了《矿产资源勘查登记管理暂行办法》、《全民所有制矿山企业采矿登记管理暂行办法》、《矿产资源监督管理暂行办法》等具体条例（分别见附录 2～4）。这些法规对合理利用矿产资源正在起着和将要起到良好的作用。

1985 年，我国除燃料矿产品外，年产各种金属及非金属矿石（不包括砂石）达到 5.9 亿吨。表 1-6 列出了"六五"期间主要矿种的平均年产矿石量（不包括地方中小型矿山的产量），为了与解放前后对比，也列出了 1949 年和解放初期（经济恢复时期和"一五"期间）的矿石年平均产量。从表中看出：1981～1985 年主要矿种的年平均矿石产量与 1949 年的比较分别超过了百余倍至数百倍，为经济恢复时期的 30 倍，"一五"期间的 6.3 倍。

我国矿山规模不断扩大，矿山数目急剧增加。据 1985 年对全国主要金属和非金属矿产统配矿山的统计，年产矿石 300 万吨以上的矿山有 15 座，年产矿石 100 万～300 万吨的矿山有 32 座，各主要矿种统配的露天矿和地下矿共达 332 座，见表 1-7。

### 1.5.2  露天开采技术的进步

露天采矿在我国采掘工业中得到优先发展。据 1985 年矿石量统计，露天开采比重，石灰石、菱镁矿、大理石为 100%，铁矿为 87%，有色金属矿和磷矿各为 50%，硫铁矿为 35%，铀矿为 20%。

#### 1.5.2.1  露天开采方法

为缩短基建周期、减少基建投资和降低生产剥采比，我国一些露天矿如南芬、东鞍

**表 1-6 我国"六五"期间主要金属和非金属矿石平均年产量及其与解放前后产量对比**

| 矿产名称 | 矿石年产量（万吨） | | | | "六五"期间与解放前后年产量的对比（倍） | | |
|---|---|---|---|---|---|---|---|
| | "六五"期间<br>(1981~<br>1985年) | 1949年 | 经济恢复时期<br>(1950~<br>1952年) | "一五"期间<br>(1953~<br>1957年) | 1949年 | 经济恢复<br>时期 | "一五"期间 |
| 序号 | I | II | III | IV | I/II | I/III | I/IV |
| **金属矿** 铁 矿 | 11787.0 | 59 | 311.3 | 1150.0 | 199.8 | 37.9 | 10.2 |
| 锰 矿 | 223.2 | 0.1 | 13.0 | 34.2 | 223.2 | 17.2 | 6.5 |
| 菱镁矿 | 249.4 | 1 | 21.2 | 49.5 | 249.4 | 11.8 | 5.0 |
| 铜 矿 | 1967.0 | 10 | 59.7 | 169.2 | 196.7 | 32.9 | 11.6 |
| 铅锌矿 | 821.4 | 3 | 31.7 | 121.8 | 273.8 | 25.9 | 6.7 |
| 铝土矿 | 227.8 | 0 | 0 | 24.0④ | — | — | 9.5 |
| 钨 矿 | 559.4 | 4 | 85.3 | 287.8 | 139.9 | 6.6 | 1.9 |
| 锡 矿 | 1022.8 | 6 | 19 | 1157.8 | 170.5 | 53.8 | 0.9 |
| 其他① | 1871.4 | 不详 | 130.3 | 270.2 | — | 14.4 | 6.9 |
| 小 计 | 18729.4 | 不详 | 671.6 | 3259.7 | — | 27.9 | 5.7 |
| **非金属矿** 磷 矿 | 1108.3 | 不详 | 1.67 | 13.5 | — | 663.7 | 82.1 |
| 硫铁矿 | 495.7 | 2 | 14.3 | 71.6 | 247.9 | 34.7 | 6.9 |
| 石灰石矿② | 1799.4 | 14.9 | 66.8 | 265.5 | 120.8 | 26.9 | 6.8 |
| 黏土矿 | 514.1 | 不详 | 24.9 | 70.0 | — | 20.6 | 7.3 |
| 石棉矿 | 13.6 | 0.06 | 0.4 | 1.9 | 226.7 | 34.0 | 7.2 |
| 石膏矿 | 474.0 | 0.98 | 5.2 | 26.1 | 483.7 | 91.2 | 18.2 |
| 滑石矿 | 102.4 | 0.23 | 2.4 | 6.8 | 445.2 | 42.7 | 15.1 |
| 高岭土矿 | 55.0 | 0 | 0 | 5.6⑤ | — | — | 9.8 |
| 石墨矿 | 22.2 | 0.09 | 0.83 | 2.7 | 246.7 | 26.7 | 8.2 |
| 其他③ | 580.3 | 不详 | 9.7 | 62.7 | — | 59.8 | 9.3 |
| 小 计 | 5165.1 | 不详 | 126.2 | 524.9 | — | 40.9 | 9.8 |
| 合 计 | 23894.5 | 不详 | 797.8 | 3784.6 | — | 30.0 | 6.3 |

① 包括钼、锑、汞、镍、铬、金、铀等矿；其中金矿 1983 年以后未计入产量，铀矿自 1960 年起才有产量；
② 石灰石矿为钢铁冶金辅助原料的产量，未包括化学工业和建筑材料部门的石灰石矿产量约 2 亿余吨；
③ 包括白云石、硅石、萤石、硼矿等矿，其中萤石矿自 1957 年起才有产量，硼矿自 1956 年起才有产量；
④ 铝土矿自 1954 年起才有产量；
⑤ 高岭土自 1955 年起才有产量。

山、大孤山、水厂等铁矿以及白银铜矿、昆明磷矿等都采用了分期分区开采方式，获得较好的经济效益。这些矿山以前都沿用缓工作帮坡角开采方式，70 年代以来，有的矿山已开始使用陡帮开采，对推迟剥离峰期，进一步均衡剥采比，取得显著的效果，且为分期分区采矿创造了良好的过渡条件。弓长岭铁矿独木采区改用陡帮开采后，1972~1982 年比过去五年平均年产矿石量提高一倍多，获经济效益 7800 余万元。湖南浏阳磷矿采用陡帮开采后，平衡了生产剥采比，保证了产量的接替。

我国露天矿开拓方法，按运输方式主要分为铁路运输和汽车运输。铁路运输在露天矿的使用量占主要地位，其中铁矿按产量计约占 60%；汽车运输开拓方式机动灵活，在我国化学原料和有色金属等露天矿得到极广泛的应用。近年，东鞍山等铁矿采用半固定式破碎机及带式输送机等设备实现了半连续运输的方式。石人沟铁矿和大孤山铁矿的带式输送机运输也已投产使用。

平硐溜井开拓在一些地形高差大的露天矿有较大的发展，大中型石灰石露天矿使用量

表 1-7　1985 年我国主要金属和非金属矿产统配矿山数目　　　　（单位：座）

| 矿产名称 | | >300万吨/年 | | 300~100万吨/年 | | 100~50万吨/年 | | 50~30万吨/年 | | 30~10万吨/年 | | <10万吨/年 | | 总计 | | 备注 |
|---|---|---|---|---|---|---|---|---|---|---|---|---|---|---|---|---|
| | | 露天 | 地下 | 露天 | 地下 | 露天 | 地下 | 露天 | 地下 | 露天 | 地下 | 露天 | 地下 | 露天 | 地下 | |
| 金属矿 | 铁矿 | 12 | | 7 | 4 | 10 | 4 | 7 | 6 | 16 | 16 | 12 | 9 | 64 | 39 | |
| | 锰矿 | | | | | | | | 1 | | 2 | 4 | 3 | 5 | 5 | |
| | 铬矿 | | | | | | | | | | 1 | | 1 | 1 | 1 | |
| | 菱镁矿 | | | 1 | | 2 | | | 1 | 1 | 7 | | | 4 | 0 | |
| | 铜矿 | 1 | | 2 | 3 | 1 | 9 | 4 | 3 | 1 | 1 | | 5 | 9 | 27 | |
| | 铅锌矿 | | | | | | 4 | | 2 | | 12 | | 4 | 0 | 22 | |
| | 铝土矿 | | | | | | 1 | | 3 | 2 | 1 | 2 | | 6 | 3 | |
| | 钨矿 | | | | | | 4 | | 7 | | 12 | | 7 | 4 | 30 | |
| | 锡矿 | 1 | | 1 | | | 4 | 1 | 3 | | 3 | | 1 | 4 | 11 | |
| | 钼矿 | | | | 1 | | 2 | | | 1 | 3 | | | 1 | 6 | |
| | 锑矿 | | | | | | | | 1 | | 1 | | | 0 | 2 | |
| | 汞矿 | | | | | | | | | | 1 | | 3 | 0 | 4 | |
| | 镍矿 | | | | 1 | | 1 | | 1 | | | | | 0 | 3 | |
| 非金属矿 | 磷矿 | | | 1 | 3 | 1 | 2 | | 2 | 2 | | | | 4 | 7 | |
| | 硫铁矿 | | | 1 | 1 | | | | 3 | 1 | 2 | | | 2 | 6 | |
| | 石灰石矿 | 1 | | 6 | | 4 | | 5 | | 2 | | | 1 | 18 | 1 | 仅冶金与化学矿山 |
| | 矾矿 | | | | | | | | | | 2 | | | 0 | 2 | |
| | 白云石矿 | | | 1 | | 2 | | 1 | | 4 | | 2 | | 10 | 0 | |
| | 石棉 | | | | | | | | | | | 2 | 8 | 3 | 8 | |
| | 石膏 | | | | | | | | 1 | 3 | 3 | | | 4 | 5 | |
| | 滑石 | | | | | | | | | | 1 | | 5 | 3 | 11 | |
| | 石墨 | | | | | | | | | | | 6 | 1 | 6 | 1 | |
| | 高岭土 | | | | | | | | | | | 1 | 2 | 1 | 2 | |
| | 膨润土 | | | | | | | | | | | | 2 | 1 | 2 | |
| 合　计 | | 15 | | 22 | 10 | 20 | 27 | 20 | 30 | 35 | 63 | 25 | 65 | 137 | 195 | |

占 80%。南芬铁矿的溜井系统，直径 6m，深度 450m，生产能力为 750 万吨/年。70 年代以来，对溜井结构参数、放矿口结构形式、溜井的磨损规律与井壁加固施工工艺、预防堵漏和跑矿等技术作了大量研究与改进工作。

露天矿山采用了许多新的掘沟方法和工艺。大孤山矿采用梭式调车"宽爆窄出"掘沟工艺，后又采用长臂铲下卧开段沟上装车法；大冶铁矿采用双铲联合交错分层掘沟法；大冶、南山、眼前山铁矿采用汽车-铁路联合运输掘沟工艺；白银铜矿采用无纵向段沟掘沟方法都不同程度地提高了掘沟速度。

此外，70 年代以来随着采用大区爆破，以及近年在岩石松软、节理发育的矿山采用无穿爆开采工艺，对露天采场参数，特别是平台布置都引起显著的变化。

我国砂矿开采历史悠久，过去只是用水力机械化开采砂锡和砂金，现已扩大到用于开采钛铁矿、锰矿、钽铌铁矿、锆英石、金刚石、黏土等矿物。近十余年来还使用采矿船开采砂金矿床。

我国近年已捞取了锰结核试样，开始开展深海矿床开采的研究工作。

我国正在积极发展热熔、水溶以及溶浸采矿。例如，泰安矿用钻孔热熔法开采自然硫，吴城矿用钻孔水溶法开采天然碱，铀矿开采正在推广应用堆浸技术和钻孔溶浸技术。

盐湖矿床是一种独特的矿床。青海察尔汗盐湖采用沟渠开采晶间卤水，晒制光卤石后采用抛料式采盐机开采的旱采工艺和采盐船开采光卤石的水采工艺，内蒙查干诺尔碱矿采用索斗铲开采技术，都取得良好效果。

### 1.5.2.2 露天开采设备

露天开采设备的发展，经历了由小到大、由低效到高效、由单机作业到主辅工序设备配套发展的过程。

我国露天矿穿孔设备自 60 年代起，相继研制成 YQ-150 型、KQ-150/200 型潜孔钻机，近几年又发展了 SQ-100J 型高压潜孔钻机。与钻机配套，相应地研制多种型号的冲击器和钻头，其中 W-200 型、J-200B 型已进入国际市场。

在研制潜孔钻机的同时，我国于 70 年代引进了 48R、60R 等型号的牙轮钻机。近年研制成钻压 35t 的 YZ-35 型高钻架牙轮钻机，已批量生产。钻压 55t 的 YZ-55 型牙轮钻机亦于 1985 年底通过技术鉴定。与此同时，研制并生产出 13 个规格 19 个品种的露天矿用牙轮钻头，除满足国内需要外，已开始进入国际市场。

我国露天矿装载设备，使用较多的是斗容 $1\sim4m^3$ 的电铲。70 年代引进了长臂铲、$7.6m^3$ 电铲。以后相继研制 $10m^3$、$12m^3$ 的 WK-10 型、WD-1200 型电铲在南芬、大孤山等铁矿使用。水厂铁矿、德兴铜矿还引进了斗容 $13m^3$ 的电铲。

我国已研制并推广了 $5m^3$ 前端式装载机和 $5.5\sim7.5m^3$ 液压挖掘机。孝义铝土矿近期采用松土机-铲运机的露天开采新工艺，实现铲装、运输和卸装一机化。晋宁磷矿等采用了 D8L、D9L 推土机（带犁松器）-前端式装载机-自卸汽车的无穿爆开采新工艺。

全国露天铁矿山拥有准轨铁路达 800 多公里。广泛使用粘重 80、100、150t 的直流电机车和 60t、100t 的铁路翻斗车。

我国自 50 年代以来，很多矿山使用国外进口载重量 25t 以下的自卸汽车。60 年代起研制 32t 自卸汽车。70 年代末引进 108t 和研制 100t 电动轮自卸汽车。80 年代又引进 154t 电动轮自卸汽车。常州冶金机械厂与国外合作制造的 MARK-36 型 154t 电动轮自卸汽车已在南芬铁矿使用。

50 年代铁路运输矿山采用排土犁排土，以后发展了电铲排土，推土机排土。近年，东鞍山铁矿研制和应用了带式输送机连续运输排土的新设备。

为实现露天矿辅助作业机械化，已研制成各种气动的、液压的、移动式的碎石机，各种装填铵油炸药、浆状炸药、乳化炸药的装药车，露天矿炮孔充填机，铰接式振动压路机，矿山多用洒水车以及工程地质勘察用的岩芯钻机等。

大型露天矿山已开始研制现代化生产指挥系统的通讯联络设备。德兴铜矿已配备图像监视系统和双工无线电话机。

### 1.5.2.3 露天爆破技术与器材

1956 年，白银铜矿首次成功地进行了万吨级炸药的硐室大爆破，爆破矿岩量 906 万立方米。并总结了地震波对构筑物、建筑物的影响，提出了我国采用的爆破地震波影响的安全距离。70 年代初，朱家包包铁矿也进行了万吨级炸药大爆破，爆下矿岩达 1140 万立方米。

露天矿的深孔爆破由 50 年代的单排孔秒差爆破发展到多排孔微差爆破，并应用了微差挤压爆破。以后又采用了大区多排孔微差爆破和大孔距、小抵抗线爆破等技术。

为了减少爆破对露天矿边坡稳定和周围建筑物的影响，70 年代采用了预裂爆破、光面爆破、缓冲爆破、定向爆破等控制爆破技术以及其他减震措施，取得较好的效果。

60 年代初研制成粉状铵油炸药和防水铵松蜡炸药、以后又制成多孔粒状铵油炸药，至今这类炸药占矿用炸药使用量的 70% 以上。与此同时，还发展了浆状炸药，在生产中得到了应用。70 年代末发展起来的新型防水乳化炸药是我国矿用炸药的一个突破。已研制成 20 多个品种，其中 EL、RJ 两系列的主要性能基本达到国外同类产品水平。具有连续乳化工艺和设备的乳化炸药制造车间已先后在许多矿山投产。乳化炸药混装车也在海南铁矿研究成功。

50 年代末至 60 年代初先后研制成 5 段、10 段微差电雷管，最近又制成 MG803-A 型 30 段高精度微差电雷管。为了防止爆破事故，70 年代中研制成无桥丝和低阻桥丝的两种抗杂散电雷管。70 年代末又研制成非电导爆管起爆系统，1985 年产量达亿米，在矿山应用，使爆破事故率降低了 40% 左右。

无起爆药微差电雷管的研制成功，改善了雷管在生产、运输、储存、使用过程中的安全性能，已在国内推广，并向瑞典诺贝尔公司转让技术。此外，还研制成功了静态爆破剂，已用于大理石开采及其他工业中。

### 1.5.2.4  矿山岩石力学在露天矿的应用

岩石力学研究成果已在我国露天矿山生产实践上发挥了重大的作用。

按岩石可钻性、爆破性和围岩稳定性的岩石分级方法已开始在生产上应用。

60 年代我国应用岩石构造理论与岩石流变理论在大冶铁矿对露天采场边坡稳定性问题进行了一系列试验研究。以后又应用极限平衡法和有限分析法在兰尖、朱家包包等铁矿评价了边坡稳定性。海南铁矿加强爆破测震和边坡位移监控等工作，对原设计的露天矿边坡角作了修改，获得了 5000 万元的经济效益。

### 1.5.3  地下开采技术的进步

#### 1.5.3.1  矿床开拓

我国地下矿山根据不同的矿体赋存条件、矿山地形地貌、技术经济条件而选用多种开拓方案。有色和黑色金属矿床多为急倾斜矿体，一般生产规模较大，因此，据不完全统计，采用竖井开拓占 50%，平硐与竖井联合开拓占 15%，平硐开拓占 20%，斜井开拓占 10%，其他占 5%。铀矿床倾斜矿体较多，且生产规模不大，故多采用斜井开拓。据统计，铀矿中用斜井开拓的矿山占地下矿山总数的 56%，竖井开拓占 32%，平硐开拓占 12%。

近 10 年来，许多矿山先后引进了无轨采矿设备，斜坡道已在小寺沟、尖林山、符山、大厂、凡口、三山岛等矿用于辅助开拓，初步显示出其优越性。

#### 1.5.3.2  井巷掘进

竖井掘进，五六十年代时，均采用人工或小型掘进设备施工，普通防水炸药（也使用少量硝化甘油炸药）爆破，木支护或木模浇灌整体混凝土支护，单层吊盘，掘砌单行作业，月平均掘进速度 10～20m。70 年代中期，研制成环形和伞形钻架，以及斗容 0.4～0.6m³ 抓岩机等较高效率的凿、装、提升、卸料设备，组成了机械化作业线，同时采用高威力防水炸药、中深孔（3～4m）光面爆破、锚喷支护、激光导向、坐钩式自动翻碴、短段掘砌、平行作业以及各种类型的金属活动模板和多层吊盘砌壁等一系列技术措施，取得了良好效果，一般矿山平均月进尺 25m 左右，1976 年凡口铅锌矿副井掘进最高月成井达 120.1m，连续 3 个月的总进尺超过 300m。

平巷掘进，解放初期基本上靠人工完成凿装运作业，以后发展为气腿子凿岩到近年的掘进钻车配以多台重型凿岩机凿岩，从 50 年代研制成华-1 型装岩机到铲插式和蟹爪式等多种耙取方式的装岩机直到无轨装运设备装岩、架线式或蓄电池式电机车运输，以及向-1 型自行矿车等等，形成了机械化掘进作业线；从掘砌（支护）顺序作业二次成巷施工方法，发展为采用掘砌（支护）平行作业一次成巷施工方法；从浅眼角锥掏槽、点火爆破，发展为较深炮眼直线掏槽，电力微差爆破和控制爆破等技术；并改善了通风、防尘、照明、防噪声等一系列作业条件；使掘进速度从平均月进尺不到 15～20m，普遍提高到 60～100m，采用机械化作业线作业的矿山，一般都达到 120～150m。浦市磷矿、新晃汞矿和马万水工程队分别于 1975 年、1976 年、1977 年创独头月进尺 903m、1056.8m 和 1403.6m 的纪录，跨进了世界先进的行列。

天井掘进，解放初期几乎全部采用木框式普通掘进法。60 年代初，研制和推广了具有效率高、木材省和通风条件较好的吊罐掘进法，但它在安全上仍有隐患。同期，引进和研制了爬罐，在镜铁山铁矿以及近年在大吉山钨矿应用。黄沙坪铅锌矿和八街铁矿等 30 多个矿山还成功地应用深孔一次凿岩分段爆破掘进法。近年研制成钻孔偏斜率小、效率较高的 KY-120 地下牙轮钻机用于钻中心孔，将有助于这种掘进法的推广。

斜井掘进技术近期有了长足的进步。铀矿、锰矿和铅锌矿都采用过多机凿岩、耙斗式装岩机装岩，箕斗提升和锚喷支护等一整套技术，使不少矿山的月进尺达到 120～200m 的先进纪录。

近十年来，开展了井巷钻进法的研究，取得可喜的进展。目前已有数十台不同型号的天井钻机在十多个金属和非金属矿山使用，先后钻进了近 200 条天井，钻进的最高天井为 140m，最大直径为 2m，一般月钻进速度为 80～100m，在中硬以下岩石中，钻进成本大体与普通掘进法相当。但竖井和平巷的钻进法尚处于试验阶段。

### 1.5.3.3　采矿方法

据 1985 年各部门重点矿山的统计，使用各类采矿方法采出矿石所占的比重见表 1-8。

表 1-8　1985 年各部门重点地下矿山使用各类采矿方法采出矿石所占比重（％）

| 采 矿 方 法 | 铁 矿 | 有色金属矿 | 铀 矿 | 化工原料矿 | 建 材 矿 |
|---|---|---|---|---|---|
| 空 场 法 | 5.9 | 34.5 | 14.3 | 60.6 | 51 |
| 充 填 法 | 0 | 19.1 | 54.8 | 0.9 | 21 |
| 崩 落 法 | 94.1 | 46.4 | 30.9 | 38.6 | 28 |

解放初期，大部分矿山采用浅眼留矿法和干式充填法，其次是全面法、房柱法、长壁法等。随着矿山机械化水平的提高和工艺技术的进步，一些劳动强度大，生产效率低，坑木消耗多，采矿成本高的采矿方法，如上向横撑支柱法、方框支柱充填法、分层崩落法等已很少使用，而一些高效率、高强度、低成本的深孔采矿方法（如阶段矿房法，分段崩落法，阶段崩落法）以及回采率高、贫化率小的尾砂与胶结充填法等逐步得到推广。目前，

我国常用的主要采矿方法有以下几种：

A 空场采矿法

建国初期浅眼落矿的留矿法应用甚广。50年代中，发展了深孔留矿法，后来又发展了许多变型方案，如全面留矿法、房柱留矿法、爬罐留矿法等。目前留矿法在有色金属矿山仍占较大的比重，但在铀矿山中因对辐射的防护条件不利，其应用范围日益缩小，在金矿中也因矿石损失贫化大而逐步被其他方法所代替。

全面法与房柱法在我国铜、锑、钼、磷、铀等矿用得较多。铀矿开采为了对辐射的防护和减少污染，常用混凝土支柱取代矿柱，效果很好。60年代初，锡矿山锑矿采用了杆柱房柱法，提高了矿石回采率。60年代后，发展了深孔房柱法，最近，开阳磷矿正在试验进路杆柱房柱法。

1955年华铜铜矿和金岭铁矿首先应用垂直扇形中深孔分段落矿的阶段矿房法（曾称分段采矿法），接着寿王坟铜矿应用潜孔凿岩的水平或垂直深孔的阶段矿房法。80年代初，凡口铅锌矿试验成功了VCR法等大量落矿采矿方法。

B 充填采矿法

充填法多用于铜、铅、锌、锑、镍、金、铀等有色金属和贵金属矿山。建国初期，多用干式充填和支架充填。60年代初，逐步采用尾砂和胶结充填后，凡口、金川等矿应用了机械化盘区充填采矿法，引进和研制了先进的采装运设备，建立了无轨采矿机械化充填新工艺。80年代初，发展了下向充填法以及长锚索和短锚杆联合护顶工艺，解决了松软矿石的回采问题。

在铀矿开采中，对充填法的底部结构、间柱形式、采场垫板、顺路天井支护、混凝土输送系统以及干式充填料输送方式等方面进行了改进，使回采工艺水平与采场生产能力都得到较大提高。为了解决含铀煤开采时存在的火、水、氡气、瓦斯、地压等问题，还采用了倾斜分层和倾斜进路充填法。

C 崩落采矿法

壁式崩落法在锰矿、煤系硫铁矿、黏土矿、铝土矿、铁矿等多用长壁方案，铀矿多用短壁和进路方案。

50年代向山硫铁矿和杨家杖子钼矿曾用低分段的无底柱分段崩落法采矿；1964年引进无轨采矿设备，在大庙铁矿试验应用了高分段的无底柱的分段崩落法实现了机械化开采。目前这种采矿方法已占地下铁矿产量的 $60\% \sim 70\%$，在化学矿山也获得广泛应用。为进一步提高采矿强度，降低贫化损失，改善通风条件，70年代后期又试验成功了高端壁双进路的无底柱分段崩落法。

有底柱分段崩落法于1959年在中条山铜矿开始试用，1960年易门铜矿也使用了这种方法，并发展成为阶段强制崩落法。目前有底柱分段崩落法在铜矿、钼矿、磷矿中被广泛采用，实现了深孔挤压爆破落矿，电耙或铲运机出矿。60年代初曾在易门铜矿试验过阶段自然崩落法，目前该法正在中条山铜矿和金山店铁矿试验使用。

在高温自燃的硫化矿床开采方面，采用了灌浆、封闭、充填采空区，加强通风、防火、灭火等措施，在铜陵松树山铜矿采用竖分条分段崩落法和向山硫铁矿采用低分段无底柱分段崩落法进行回采，都获得了较好的效果。

1.5.3.4 地下开采爆破技术

解放初期，采掘作业全用浅眼爆破，使用硝铵炸药和少量的硝化甘油炸药，明火点燃导火索起爆，爆破效率低，且易发生安全事故。

50年代中推广了电力起爆，60年代初推广了导爆索起爆和微差起爆。随后，在深孔落矿的采场中，推广了散装炸药、机械装填的挤压爆破技术；在扇形深孔中还采用了大密集系数的爆破技术、同排孔间交错装药对角线微差爆破和预装药技术等；进行了采场爆破模拟试验研究，探讨了合理爆破参数及不同炮孔排布方式，从而改善了爆破效果。80年代初，凡口铅锌矿在试验VCR采矿方法的采场，采用起爆弹-导爆索-导爆管-导爆索起爆系统，爆破效果良好，爆破后采场顶板和矿壁平整。

在天井掘进中，我国早在50年代末便开始试用一次凿岩、分段爆破的深孔爆破技术。近10多年来黄沙坪铅锌矿等在这方面技术有较快的进步，掘成的天井全高可达60m；桃林铅锌矿掘进盲天井采用导轨式凿岩机一次钻凿深孔、分段爆破，成井高度平均为12m；符山铁矿采用切割钻车凿岩，也取得同样效果。此外，在各类井巷掘进和硐室开挖中，推广了预裂爆破、光面爆破等控制爆破技术，对保证工程质量起到了重要作用。

解放后，在研制铵油炸药、浆状炸药和乳化炸药等矿用工业炸药，研制塑料导爆管非电起爆系统和无起爆药雷管，以及研制矿用炸药的加工与装填机械和爆破检测仪表等方面的成绩都是卓著的。例如我国是世界上最早在地下小直径炮眼落矿中应用乳化炸药的国家，我国研制的井下装药车小时生产率达500kg，起爆器可引发4000～5000发电雷管，爆破器材参数综合测试仪能测全爆速、电雷管延期时间，并能提供起爆电源。这些成就标志着我国矿用爆破器材已开始步入世界先进行列。

#### 1.5.3.5 矿山岩石力学与支护技术

应用矿山岩石力学研究了井巷围岩的应力应变状态及其与时间的关系、井巷围岩与支护互相作用的机制以及采场顶板和矿柱应力应变及位移，为合理选择巷道断面及支护形式提供了科学的依据。

应用矿山岩石力学还初步解决了如锡矿山锑矿、湘西金矿、刘冲磷矿、邵东石膏矿等缓倾斜矿床开采和盘古山钨矿、弓长岭铁矿、石人嶂钨矿等急倾斜脉状矿床开采中的地压控制技术和大面积地压活动的预报监测技术问题；也解决了井巷和硐室工程支护中的实际技术问题。后者如在张家洼铁矿区深埋软岩巷道、西石门铁矿粗破碎机硐室和金川镍矿高应力区岩石巷道所做的各项研究试验，都是通过深入研究岩石的膨胀性，流变性等工程岩体力学特性，系统观察岩体变形和支护构筑物的受力状况后，经回归分析，据以指导设计施工和评定围岩稳定，收到良好的效果。这种"位移监控法"正在推广发展中。为此目的所需用的整套岩体和支护量测仪器，如收敛计、位移计、量测锚杆、喷层应变计和岩石参数声波测定仪等，以及为采场岩层位移和采空区大冒落的一批观测监控仪表，也已研究成功并推广应用。

这些成就的实际应用，开始改变了过去矿山设计中对地下采矿方法的选择、采场构成要素的选定、以及回采顺序、支护方法、充填机理、地下开采岩石移动角的确定等单纯依靠经验类比的方法。

50年代，我国绝大多数矿山都应用木支架、砖、石料支护、整体浇灌、混凝土支护、钢筋混凝土整体式和装配式支护，以及金属支架等。60年代初发展了锚杆支护，随后又发展了喷射混凝土支护以及锚喷或锚喷网支护等，在矿山得到广泛应用，从而逐步代替了50年代传统的支护方式。

20 多年来,注浆技术的研究成果在矿山得到了广泛的应用,如凡口铅锌矿、英德硫铁矿、金州石棉矿等竖井掘进时的地面或工作面预注浆堵水,金岭铁矿和梅山铁矿等竖井局部涌水事故的处理,金川镍矿等采取注浆措施,加固不良岩层和穿过塌落区,以及水口山铅锌矿和张马屯铁矿的大面积帷幕注浆隔水等。在注浆设备和材料方面,研制成功单液和双液注浆设备以及水玻璃、木质素、脲醛树脂、环氧树脂等多类化学浆液材料,此外,近年还应用了旋喷注浆技术。

### 1.5.3.6　地下矿山机械化与自动化

30 多年来,我国地下矿山开采机械化与自动化的发展过程大体是:

国民经济恢复时期,从苏联引进了手持式气动凿岩机和小斗容铲斗式装岩机,在凿、装岩两项体力劳动强度很大的工序中实现了以简易设备替代手工作业。

第一个五年计划时间,从苏联引进整套矿山机械设备,并筹建矿山机械厂和研究机构,实现了低水平的机械化掘进和采矿。矿山自动化方面,开始装备了一些电气传动控制设备,如提升机的启动控制和电机车的速度控制设备等。

第二个五年计划和国民经济调整时期,开展了矿山采掘设备的全面仿制和局部创新工作。20 世纪 50 年代后期,仿制了苏联手持式、气腿式、支架式和向上式气动凿岩机、潜孔钻机,气动和电动铲斗式装岩机、小斗容抓岩机和低扬程小流量吊泵等;60 年代中期,大搞矿山机械化自行研制铲斗式装岩机、平巷掘进钻车、斗式转载机、槽式列车及吊罐等设备,形成了较低水平的采掘机械化作业线。此外,还从瑞典引进了当时较先进的气动采掘设备,对提高地下矿山采掘工业起了一定的作用。矿山自动化方面,对提升、运输、通风、排水等固定设备开展了较系统的研究,使矿山出现了一批继电器、接触器控制的简易自动化装置。

第三个和第四个五年计划期间,主要是进入 70 年代以后,在 60 年代机械化矿山试点的基础上,自行研制了多种独立回转式高效率凿岩机,平巷和采场钻车,竖井掘进钻架,各种斗容为 $0.4\sim0.6m^3$ 的抓岩机,车斗容积为 $0.2\sim0.4m^3$ 的自行式气动装运机,蟹爪、立爪和蟹立爪装载机,梭式矿车、振动出矿机等设备,形成了较高效率的机械化作业线。矿山自动化也有较大的发展。

第五个和第六个五年计划时期,地下矿山机械化和自动化水平得到了进一步提高。主要特点是设备品种更加齐全,单机效率和设备组合程度更高,有更多的辅助配套设备,形成了更完善的采掘机械化作业线。如研制出大直径高压潜孔钻机,井下小型牙轮钻机,液压凿岩机及其配套钻车,锚杆钻车,半湿式混凝土喷射机,锚喷组合列车,电动和柴油铲运机,遥控铲运机,以及各种电动和液压天井钻机等。这一时期矿山自动化发展的特点是:采用了以电子技术为基础的自动化装置和仪表;自动化的目的从单纯节约劳动力转变为提高生产效率、改善劳动条件和保证作业安全;自动化的对象从矿山固定设备转到采掘工作面和运输系统;加强了检测仪表的研制,并在大型设备(如卷扬机、天井钻机等)中应用先进的可控硅技术。

### 1.5.4　系统工程及电子计算机开始在矿山应用

60 年代初,我国开始了矿山系统工程的研究,应用运筹学排队论方法对露天矿山铁路运输问题进行探索。70 年代以来,开始开发露天矿可行性研究的计算机程序软件,完成了地质矿床模型、露天矿境界圈定、运输系统模拟与装运设备选择、长期采掘计划编制等一系列软件，1981 年冶金部主持通过技术鉴定，为露天矿可行性研究中应用电子计算机打下了良好基础。以后先后研制了更为完善的软件系统，应用于凹山、密云、德兴、大冶、厂坝等露天矿的开发可行性研究中。

由于矿山企业进行改革，强化管理，一些矿山对生产系统分析决策中应用电子计算机取得了不少进展，并取得较大的经济效益。如南京吉山铁矿因生产过程中的变化，要求相应调整矿山境界，用克立格法对原设计露天境界进行检验、进行多方案对比，在许多排列组合计算中选取最优方案，实施后每年可得经济效益 200 万元。类似方法还在太钢峨口铁矿对铁矿石工业指标的合理性进行研究，解放了生产力，使矿山达到设计年产量，由年亏损 400 万元转为赢利 400 万元。

利用计算机模拟方法评价并改进装运工艺系统。如大孤山铁矿模拟电铲-电机车系统，评价并提出所能达到的运输能力，找出其中薄弱环节加以改进。歪头山、石人沟、大宝山等铁矿也做过类似分析。地下矿山应用电子计算机对一些采矿方法进行模拟研究和通风网络的解算，也收到较好的效果。

用电子计算机编制长期开采进度计划和短期配矿计划开始在矿山使用。如石人沟铁矿已编制出适用于露天矿山编制年度开采计划用的计算机程序；黄沙坪铅锌矿、符山铁矿已编制出适用于地下矿山的程序。符山、水厂、大宝山等铁矿、船山石灰石矿研制应用了一批计算机配矿的程序。

微型计算机在矿山应用已贯穿到生产管理、设计计算各个环节中。不少矿山开发和应用了数据处理及辅助决策的应用软件。如攀枝花矿山公司、海南、东鞍山、梅山铁矿、德兴铜矿、大厂锡矿应用微机计算的范围有综合计划统计、销售与供应管理、库存管理、设备管理、财务管理、成本控制、工资管理、干部档案管理、生产调度等。有些设计院已将计算机辅助设计（CAD）技术应用于编制矿山长期开采进度计划，使采矿工程师免去绘图、计算储量等繁琐作业。

### 1.5.5　矿山安全环保技术的进步

贯彻安全生产、保证良好的工作条件和保护生态环境，是我国矿山企业管理的基本原则。解放以来，我国颁发了一系列矿山安全条例和环境保护规章（见 35.7 和 37.9），各部门、各矿山根据国家的要求进一步建立和健全了安全环保规章制度，加强了领导和专职机构，开展了安全与环保技术的科研工作。

#### 1.5.5.1　矿山安全技术

爆破是 50 年代导致矿山重大事故的主因之一。近 30 年来，研究了炸药爆炸时的物理化学反应和爆破的力学效应，因而能较准确地计算爆破地震效应和空气冲击波安全距离，也就能有效地防止爆破对构筑物的破坏和爆破飞石的危害；研究成功了能有效防止起爆引起伤亡事故的非电起爆系统，以及抗杂散电流雷管、无起爆药微差雷管等起爆器材，为爆破安全提供了物质基础；此外，还研究了杂散电流分布规律，硫化矿中的炸药自爆机理及对炸药库的防潮等方面的技术。这些成果对防止爆破安全事故的发生起了重要作用。

岩层破坏引起的安全事故占矿山事故的很大比率。在地下采矿方面，近期已能通过现场观测、实验室工作和理论分析，划定矿区地压活动的危险区；研制并普遍应用了地音仪、声波仪、光应力计、钻孔应力计、地震仪等仪器，对地压活动进行观测，近 10 多年来，锡矿山锑矿、巴里锡矿、石人嶂钨矿等，多次成功地预报了大面积地压活动；弓长岭、梅山、程潮和尖林山等铁矿进行采区顶板观测及空区处理问题的研究，通过各种仪器的观测分析，获得了可靠的资料，使顶板冒落规律的分析及监测顶板冒落情况有了科学依据，对分析地压活动及认识其规律性具有重要作用。

露天矿边坡的维护取得了重要的成就，70 年代，大冶铁矿先后对三个较大的滑体采取打抗滑桩，预应力锚杆和锚索，修筑混凝土护坡墙等措施进行边坡滑体局部加固获得成功，以后许多矿山又应用了削坡减载、坡面注浆、钻孔疏水等一系列边坡加固技术都取得良好的成效。某露天铀矿曾五次产生滑坡，通过以打钻孔桩为主的综合治理措施，得到治理。近年，我国研制成多点边坡位移自动记录仪等仪表，监测边坡，作过多次准确的滑坡预报。如大冶铁矿 1979 年 7 月成功地预报了该矿象鼻山北帮 2 万多立方米滑体的塌落，保证了矿山人员和设备的安全。德兴、永平、石录等铜矿和云浮硫铁矿等对泥石流的危害，提出了一系列的防治措施，也是很成功的。

此外，为防止竖井提升中跑罐、过卷扬和蹾罐等事故，改进了过卷扬保护装置，研制了卷扬机信号显示仪、卷扬信号发送器和接收器，研制了卷扬机的动力制动装置，均起到良好作用。

### 1.5.5.2　矿山卫生工程与环境保护

矿山通风的主要成就，一是全面实现了矿井机械化通风，并在通风系统上针对各矿的具体情况，研究建立了分区通风和棋盘式、梳式、上下行间隔式等通风网络结构，不断地完善了通风系统；二是对通风设备运转和系统参数的测定，成功地应用了遥控遥测技术；三是对局扇通风方式，特别是降低漏风系数和分支通风方面取得了较多的经验；四是研究提出了地温预热系统选择和预热巷道参数的设计计算方法，推广了入风流地温预热的经验，有效地解决了北方矿山冬季入风井冻结问题；五是对通风机械、自动风门及局扇消声装置的研制方面，也取得可喜的进展。

30 多年来，我国矿山工作者围绕减尘、降尘、排尘和防护等四个环节发展了以风、水为主的综合防尘措施，普遍采取了喷雾洒水、密闭及加强通风的措施，研制了多种除尘设备、测尘仪表和个体防护装置，结合管理工作，提出并推行了"水、风、密、管、护、教、宣、革"八字防尘方针。在防止氡气、铀矿等放射性物质和柴油设备的废气污染方面，铀矿和云南锡业公司等单位做了许多卓有成效的工作。由于这些努力，全国出现了一大批防尘、防毒和防污染的先进矿山，例如西华山钨矿的通风防尘与文明生产的经验，深受国外同行的重视。

对露天矿大型设备的单机防尘与空调技术进行了试验研究。如在牙轮钻机上安设了复合顺气流脉冲袋式除尘器，在电铲司机室安装了带有防尘与负离子发生器和半导体空调器等净化与空调装置。

80 年代起，白银露天矿在采场、地表及近空进行了长期系统的气象参数与污染强度的观测与分析，利用整套低空探测仪器，建立了我国第一个矿山大气污染气象观测站。大孤山铁矿深凹采场和大冶铁矿也相继进行了这方面的测定研究。

有计划地整治因采矿而破坏的土地，进行复垦植被、取得较好的效果和经验。如湖南601 矿复垦总面积达 83 万平方米，复垦率达 93.4%。永平铜矿和板潭锡矿的大面积植树造林和复垦工作，成效同样显著。此外，盘古山钨矿等的矿区绿化对改善矿山环境也是十分重要的。

### 1.5.6 采矿教育、科研与设计力量的壮大

建国以来，采矿教育、科研、设计事业也得到了蓬勃的发展，科技队伍不断壮大。

#### 1.5.6.1 教育事业的发展

东北地区解放后，人民政府即在夹皮沟金矿开办了采矿技术人员训练班，培养了新中国第一批采矿科技人员。建国后，相继创办了一批高等和中等矿业学校，1950年成立了东北工学院，1952年进行高校院系调整，成立了北京钢铁学院、中南矿冶学院（现名中南工业大学）等。至今，设有采矿专业的部属高等学校已有21所（见表1-9），并招收和培养了硕士和博士研究生，至于中等专科学校就更多了。此外，还开办了许多技工学校、职工业余学校和短期训练班等。从而培养和造就了一大批采矿专门人才和技术工人，扩大了矿山科技队伍，提高了矿业职工的素质。

表1-9 我国有采矿专业的高等学校、部属设计和科研机构

| 序号 | 高 等 学 校 | 部 属 设 计 院 | 部 属 研 究 院 |
|---|---|---|---|
| 1 | 东北工学院 | 北京有色冶金设计研究总院 | 长沙矿冶研究院 |
| 2 | 北京钢铁学院 | 长沙有色冶金设计研究院 | 长沙矿山研究院 |
| 3 | 中南工业大学 | 鞍山黑色冶金矿山设计研究院 | 冶金部安全环保研究院 |
| 4 | 昆明工学院 | 昆明有色冶金设计研究院 | 北京矿冶研究总院 |
| 5 | 西安冶金建筑学院 | 南昌有色冶金设计研究院 | 核工业部第六研究所 |
| 6 | 鞍山钢铁学院 | 长沙黑色冶金矿山设计研究院 | 马鞍山矿山研究院 |
| 7 | 包头钢铁学院 | 沈阳铝镁设计研究院 | 长春黄金研究所 |
| 8 | 江西冶金学院 | 蚌埠玻璃工业设计研究院 | 西北冶金研究院 |
| 9 | 武汉工业大学 | 秦皇岛玻璃工业设计研究院 | 咸阳非金属矿研究所 |
| 10 | 重庆大学 | 天津水泥工业设计研究院 | 合肥水泥研究设计院 |
| 11 | 衡阳工业学院 | 兰州有色冶金设计研究院 | |
| 12 | 广西大学 | 长春黄金设计院 | |
| 13 | 武汉钢铁学院 | 核工业部第四设计研究院 | |
| 14 | 广东工学院 | 苏州非金属矿工业设计研究院 | |
| 15 | 四川建筑材料工业学院 | 成都建筑材料设计院 | |
| 16 | 武汉化工学院 | 化工部化学矿山设计研究院 | |
| 17 | 沈阳黄金专科学校 | 化工部化学矿山规划设计院 | |
| 18 | 长沙有色金属专科学校 | 马鞍山钢铁设计研究院 | |
| 19 | 昆明有色金属专科学校 | 秦皇岛黑色冶金矿山设计研究院 | |
| 20 | 连云港化学矿业专科学校 | 南京水泥工业设计研究院 | |
| 21 | 山东建材专科学校 | 长沙化学矿山设计研究院 | |

#### 1.5.6.2 科研机构的创立

解放前的采矿科研机构仅有一个十余人的采矿研究室，50年代中期在长沙创建了我国第一批全国性的采矿科研专门机构，如长沙矿冶研究院和长沙矿山研究院等。现在，部属科研单位已达10所（见表1-9）。此外，一些省、市及大中型企业、高等矿业院校设立了采矿研究所。这些研究单位已拥有较高理论水平和综合研究能力的科研队伍，又有先进的试验装备和完善的实验手段，能独立完成大、高、精的国家重点科研项目。

我国采矿科技工作者，理论联系实际，面向生产，解决了一系列重大采矿技术难题，有的科研成果达到了国际先进水平。到1985年止，五个部门的采矿系统共获得了400多项部和国家级的科研成果奖。这些成果在矿山得到推广应用，促进了生产发展，得到较好的经济和社会效益。

1.5.6.3  设计力量的壮大

1953年我国组建了第一个有采矿专业的设计院，即北京有色冶金设计研究总院，1956年成立鞍山黑色冶金矿山设计院。1958年以后，各部门都建立了自己的矿山设计院。至目前，除各省、市和大型企业的设计院（处）外，五个部门直属的有采矿专业的设计单位就有21个（见表1-9）。这些设计院专业齐全，除承担国内大、中、小型的矿山设计工作外，还完成了援外的矿山设计任务。

1.5.6.4  学术活动与情报交流

新中国成立以来，广泛开展了采矿学术活动和情报交流，各部门都有群众性的学术团体——学会。对提高采矿技术水平起着重要的作用。

1956年成立了中国金属学会，随后成立了化学工业学会、铀矿冶学会、硅酸盐学会，1985年又成立了有色金属学会。每个学会都设有采矿学术委员会，领导开展采矿学术活动，进行国内外采矿学术交流，提供咨询决策，出版学术刊物与科普读物等工作。各学会（包括煤炭学会）每三年联合召开一次全国采矿会议，检阅采矿科技成果，探讨采矿业发展趋势。这些活动对促进采矿界多出成果，多出人才以及推动采矿工业的发展都做出了较大的贡献。

同时，各部门还按行业建立了采矿情报网（近年又在此基础上成立了中国采矿情报协作网），每年召开年会，举办学习班，先进技术讲座和情报交流会，做到互通情报，及时交流经验。

各部门还创办了多种采矿刊物和出版专题文献资料，主要有《有色金属（采矿部分）》、《金属矿山》、《铀矿冶》、《化工矿山技术》、《非金属矿》、《工业安全与防尘》、《爆破器材》、《国外金属矿采矿》、《国外采矿技术快报》、《金属矿业文摘》等期刊杂志，介绍国内外采矿科技成果、学术论文以及生产与科研动态等。

**1.5.7  采矿工业的进一步发展**

中国古代采矿工业曾经有过光辉灿烂的历史，但在近二百余年以来，发展缓慢，落后于西方的现代采矿工业。新中国成立以后，重视矿山建设，积极发展生产，改进技术，采矿工业获得很大进步，为社会主义经济建设提供了大量基础原料，做出了巨大贡献。但与国际先进水平相比，我国采矿工业还存在下列几个主要问题：

（1）矿山装备水平方面，大型露天矿尚缺乏性能良好、生产效率高的大型装载运输设备；地下矿山没有足够的机动灵活、适应性强、坚固耐用的无轨和液压设备；矿山设备品种单一，没有形成系列化产品；辅助作业设备不全，发挥不了主机设备的生产能力；备品配件供应困难，使国内新研制的设备，甚至从国外引进的成熟设备，也不能顺利应用；矿山作业的自动化水平更低。因此新的高效率的工艺尚未完全掌握推广。

（2）矿山管理方式不适应现代化生产的要求。我国当前还缺乏先进的科学管理手段（如供矿山管理应用的电子计算机及软件、先进的信息设备等），基本上尚停留在手工业的管理阶段；管理体制落后，从生产上需要的备品配件（如设备零件、钢钎、钎头等）、原材料（如炸药、水泥等）到职工及其家属的生活、医疗保健、文体活动、子女教育与就业等问题都需要矿山自行解决，没有发挥社会的力量办矿山，而是把矿山办成为行业齐全的市镇社会，因而加重了矿山的额外负担；另一方面又没有重视职工的技术培训，缺乏掌握先进技术的本能。

（3）矿山劳动生产率低。我国矿山劳动生产率，特别是全员劳动生产率与国外采矿工业发达国家比较要低数十倍，甚至更多。这不仅带来矿山大量非生产性开支，降低矿山经济效益，而且导致矿山开采强度低，建设周期长，积压资金等一系列缺点。

因此，必须针对上述问题，采用先进设备，改进开采工艺，提高设备的作业率，改革经营管理体制，实现科学管理，从而不断地提高劳动生产率，降低生产成本，提高资源回采率。深信随着"改革、开放"方针的继续贯彻，我国采矿工业必将获得进一步的蓬勃发展。

## 1.6 采矿的未来

据估计，今后相当一段时间，矿产资源完全可以满足人们的需要。预计在今后二三十年甚至上百年，人类的采矿活动仍将以大陆为主。但矿床开采条件将日益艰难复杂，矿石品位日益降低，因此，必然要采用特殊的开采技术。同时将会面向海洋，开发丰富的海底矿产资源。此外，探索星球采矿技术也可能兴起。但这要在比较遥远的未来方能变成现实。

### 1.6.1 露天采矿[28,37,41,42]

在技术经济合理的范围内，最大限度地增加开采深度，是露天采矿技术总的发展趋势。预计到本世纪末，一些大型金属露天矿，其开采深度可达 $600\sim800m$。此时，有关岩石力学、边坡稳定和通风排水等研究工作，将相应得到较大的发展。

为了解决露天矿进入深部开采以后，运输距离越来越大、剥离费用越来越高，以及地表的生态和环保等问题，今后在开采倾斜深矿床时，可能使用内部排土技术工艺，用分层开采矿床（在开采下部分层时重新铲掘剥离岩石），并将剥离岩石充填采空区。这是提高深露天矿开采技术经济效果的一个发展方向。

随着科学技术的进步，在本世纪末，一些露天矿可能采用新的采剥工艺、堆积方法和矿岩在生产过程中的加工方法，以便建立不排岩土或少排岩土的露天开采工艺，并尽最大可能提高矿岩的综合利用。

今后一二十年常规穿孔作业，牙轮钻机仍将占主要地位，但将普遍采用电子计算机自动控制穿孔工作制度参数。牙轮钻机和高压水射流（或激光等）联合穿孔的技术，在今后也颇有发展前途。

预计到 2000 年时，将出现更为高效、廉价而适应性强的新型炸药。非电起爆系统将普遍采用，应用微波照射起爆炸药也可能推广。此外还将广泛使用电子计算机进行爆破优化设计，以便根据不同岩性正确选取炸药类型、装药结构和合理的爆破参数，提高爆破效果，减少爆破震动，并计算从穿孔爆破、装载运输直至破碎、磨矿整个系统的效率、能耗和总体经济效益。

在本世纪末以前的挖掘装载设备，电铲仍将占据重要地位，但液压挖掘机将在比较松软的矿岩中广泛应用。在 2000 年以前，可能研制成功一种兼有单斗电铲、前端式装载机和液压铲各种技术优势的新型挖掘装载设备。

到 2000 年时，汽车运输在露天矿仍将广泛应用。今后汽车运输技术的发展，在很大程度上将借助电子计算机和空间技术的成果，其变革的重点将放在改进技术性能、节约油耗、减少废气污染和安全可靠上，以便不断提高运输效率并降低作业成本。随着科学技术的进步，100～160 t 级的机械传动汽车将有新发展，并将与同吨位的电动轮汽车展开激烈的竞争；而大吨位的架线式电动轮汽车（亦称双能源汽车），则将在柴油昂贵而电力资源比较丰富的地区推广使用。预计到 2000 年时，载重 30～60 t 的中小型自卸汽车仍将在中小型矿山广泛应用；载重 200～250 t 级的特大型汽车则将仅限于在少数特大型露天矿的上部水平剥离作业中工作；至于载重 110～150 t 或 180 t 级的大型汽车，则将广泛用于大型露天矿的下部水平或作业空间较大的区段。为了提高电铲和汽车的综合装运效率，在各种大型露天矿中还将全面推广电子计算机自动化调度汽车系统。

在某些运量较大、运距又很长的大型露天矿，由于铁路运费低廉、能耗较少而可靠性又较高，因此到 2000 年时仍将采用铁路运输（单一的或与汽车联合的），且在设备和工艺上还将进一步发展。其合理使用范围可达深度 300m 左右。发展途径将是采用电力牵引机组（黏重 360 t 以上）、大坡度（50‰～60‰）线路和露天矿内部隧道或外部堑沟，同时改进设备和线路设施，使各工序作业全盘机械化，并用电子计算机改善运行控制和调车作业。

在今后一段时间内，采场破碎-带式输送系统将成为深凹露天矿的一种重要运输形式。在工作平台较多的矿山，将继续采用"汽车-破碎机-带式输送机"运输系统，以充分发挥汽车运输的灵活性和带式输送机的优越性；在某些矿体赋存条件比较简单，工作线比较长而运输水平又比较少的大型露天矿，则可能取消汽车而直接采用"电铲（或前端式装载机）-移动式破碎机-带式输送机"这一新的工艺系统。上述运输系统将采用电子计算机进行监测和联锁控制。在某些露天矿的端帮还可能采用 30°～60° 的大倾角夹心式带式输送机，作为"采场内破碎-带式输送"系统的组成部分，将块度小于 250mm 的矿石转运到地面带式输送机运往选矿厂。

在 2000 年左右，某些软和中硬矿岩的露天矿，可能使用类似目前某些露天煤矿的"斗轮挖掘机-带式输送机"这一连续开采工艺，但其斗轮挖掘机的结构形式和工作状态将有较大改进，并在其轮斗的侧壁或前方装设圆盘式切割器、镐式刀盘或碎石松土器，在轮斗挖装时，预先将岩石切割碎裂。某些特大型坚硬矿岩露天矿则可能采用"'斗轮'挖掘机-带式输送机"这一连续装载-运输的工艺系统；但这要借助爆破工艺技术的改善和"斗轮"挖掘机结构强度的提高及其结构形式的改进，并在技术经济论证合理的条件下方能使用。

### 1.6.2 地下采矿[27,29,31,32,33,37,38,41]

当前世界上最深的地下矿山已在地表以下 4000 多米进行开拓，预计今后会继续加深。此时，有关运输、提升、地压管理、岩石力学、通风和降温等安全环保问题，将日益复杂和困难[26]。

今后地下采矿技术的发展，仍将以不断提高矿山生产效率和矿产资源的回收利用为中心，并尽量采用先进技术，减少基建投资和生产成本，同时最大限度地改进采矿作业的安全和环境保护工作。

预计在本世纪末以前，传统的地下采矿工艺和设备，将不断有所改进，而无爆破采矿和完全电气化的矿山，则可能在 2000 年以后出现，并将成为今后地下采矿技术的一个发展方向。

尽管各个地下矿山的地质条件不同，情况多变，但随着整个采矿工艺和设备的不断革新，其采矿方法必将根据矿山本身的具体条件而不断革新和改进，以寻求最经济合理的发展途径。

被誉为当代地下采矿技术重大发展之一的 VCR 法和 VRM 法，既有大量落矿法生产效率高的优点，又有充填法地压控制好、矿石损失贫化少的长处，目前已越来越引起人们的关注，预计今后将进一步优化和发展。瑞典 LKAB 公司在研究中的"2000 年的基律纳地下矿"准备建设 1000m 深的地下"露天矿"，采用大规模空场采矿-崩落采矿法，凿岩、爆破和装运作业，均用电视屏幕和计算机遥控，这是一项具有巨大想象力的工程。至于中厚以下急倾斜矿体的采矿技术，今后研究的焦点是寻求减少贫化率、提高经济效益的采矿方法，同时研制小型新设备以提高机械化水平。预计，在急倾斜中厚脉状矿体中，分层充填采矿法和分段凿岩阶段矿房法将有较大的竞争力。对于充填采矿法，今后的发展重点将是降低成本，并研究同时进行回采和充填两项作业，以提高生产率。

在发展大直径深孔落矿的采矿方法时，采场凿岩将进一步发展机身低矮而易于拆卸的高压潜孔钻机，其孔径可达 100～250mm，孔深可达 100～200m，整个凿岩工作将由电子计算机监控。破碎大块将不再使用炸药，而代之以液压碎石机或其他化学碎石剂。在 2000 年以前还可能使用硬岩连续采矿机，在一些矿山的一些区段取代传统的凿岩爆破法。

在 2000 年以前，柴油铲运机将逐步被电动铲运机取代。今后还将出现架线式（或架线-电缆联合）电动铲运机。

在 2000 年以前还可能使用电动液压操纵的连续装载机，亦用电子计算机进行监控，其生产效率可达常规铲运机的 5～10 倍。连续装载机具有灵活的履带式行走机构，可向链板输送机连续装矿，并可与移动式破碎机和带式输送机配套作业，形成连续装载运输系统。在某些条件下将取代井下汽车或铁路运输。未来的带式输送机将可实现水平拐弯，其提升倾角可超过矿石自然安息角而成为一种急倾斜提升运输工具。

在某些深度不大而距选矿厂又不远的矿山，采用斜坡道汽车开拓，直接从工作面将矿石运到选矿厂将有发展前途。但今后井下的汽车运输，将用电动汽车取代柴油汽车。电动汽车将以架线供电为主，辅以蓄电池供电，它可以到达柴油汽车能够到达的任何地方，并可提高运行速度，降低噪声和废气污染，减少通风费用和运输成本。

矿石将不经竖井用箕斗罐笼提升，除上述大倾角带式输送机和汽车斜坡道运输外，还可能出现矿浆管道运输。即将矿石在地下破碎、研磨后，用水力泵送到地表。在技术经济适宜时，还可建造地下选矿厂。

在未来地下矿的井巷掘进中，可能用钻进法逐步取代凿岩爆破法。目前国外一些地下金属矿山，不但已成功地使用天井钻机钻凿天井；而且还用天井钻机以扩孔方式钻成直径 6m、深 990m 的竖井，其导向孔的偏差仅 0.6％。预计今后在软岩中将可用竖井钻机全断面掘进，一次成井；而在硬岩中则将仿效天井钻进法先打导向孔然后扩成大断面井筒，此时将辅以高压水射流钻进成井。过去许多矿山采用多竖井开拓，今后则将尽可能用一条大直径的竖井开拓；过去采用多段提升的深井，今后则将尽可能采用深井单段提升。今后一些主提升井的直径可能增大到 12m 以上，而最大井深则可能达到 3000m，即使矿山深达到 4000～5000m 时也只需两段提升。至于平巷掘进，目前虽仍以普通凿岩爆破法为主，但到本世纪末或 2000 年以后，平巷联合掘进机将取得进一步的发展，特别是掘进机的机体及其刀具从结构到材质均将有较大变革，若再与高压水射流或激光等联合作业和电子计算机控制，不用凿岩爆破的平巷掘进法，终将在硬岩矿山得到实际应用。

综上所述，未来的地下矿山将出现重大的技术变革，不用炸药的无爆破机械连续采矿法可能实现，而不用柴油机的完全电气化的矿山也为期不远。

### 1.6.3 溶浸、水溶、热熔采矿及盐湖矿床开采[27,34,37,39]

溶浸采矿与常规采矿法相比，具有投资省、成本低、能耗少、建设周期短、劳动条件好和环境影响轻微等许多优点。特别是它可以充分利用矿产资源，不仅适于处理矿体或矿区边界以内的贫矿，崩落区或充填区内的残矿，老采空区残留的矿柱，地面的表外矿或过去堆存的低品位矿石和尾矿等潜在的矿产资源，回收其中有价值的成分；而且还可经济而有效地开发利用由于品位低、埋藏深、产状多变、成分复杂、选别困难等技术经济上的种种原因以致不能用常规方法开采的矿床。因此，近十余年来，溶浸采矿十分引人注目。目前国外许多采矿工业发达的国家用溶浸法所产铀量已超过用常规采选法处理的产铀量。美国用这种方法产出的铜达全国铜年产量的 18%～25%。特别是近年金价上升，许多国家用这种方法回收低品位金矿，日益增加。预计今后除对目前已进入工业生产的铀、铜、金、银四种金属的溶浸采矿进一步推广并完善其工艺外，还将使溶浸采矿的应用范围进一步扩大，可望在 2000 年以前，锰、镍、钴、铝的溶浸采矿法将有所突破，并投入工业生产。

近年来溶浸采矿最使人感兴趣的一个方面是采用细菌（即生物工程）来对付难以处理的矿石以及含有大量有毒共生矿物（如砷、汞和锑）的矿石和精矿。生物处理法不但可使矿石或精矿中的有用成分转变为更适于常规法浸出，而且可将有毒的共生矿物转化为危害性较小的副产品，从而提高了金属回收率并使环境污染减至最低限度。尽管这种回收工艺目前在工业上尚未得到广泛的应用，但已有一些技术开发公司长期在积极研究并已获得了若干享有专利的细菌浸出工艺流程。预计在本世纪末以前，这种生物处理法，将可在实际工业生产中推广应用。

近年来用堆浸-碳吸附-电积法回收金银的技术已臻成熟并已在工业生产中广泛应用，今后还将进一步完善和发展。在金矿的原地浸出和加工处理中用氰化物作为浸出剂，对地下水的污染和生态环境的危害较大，近年来对无氰浸出剂的研究工作正逐步取得进展，而且还可能找到更新的回收方法，预计用原地浸出金银矿物在今后颇有发展前途。

在非金属矿物中，用钻孔水溶法回采钾盐、岩盐和钻孔热熔法回采自然硫等技术上已经成熟，并积累了较丰富的工业生产经验，是今后的发展方向。预计今后将进一步强化其溶解手段，并在开采磷块岩、天然碱和芒硝等矿种方面扩大其应用范围。

盐湖矿床是固液共存、互相转化的一种特殊矿床，含有石盐、钾镁盐、硼、锂、芒硝、天然碱、钠硝石、水菱镁矿、铷、铯、溴、碘等矿物或化合物。预计随着现代化建设事业的发展，上述矿产必将更加广泛地进入到新的工业领域。因此进一步研究它们的固液态转化规律，改进旱采、水采工艺，研制更有效的开采设备（如采盐机、索斗铲等）将具有重要意义。

### 1.6.4 海洋采矿[27,35~37]

海洋矿产资源十分丰富，在世界 3.62 亿平方公里的海底总面积（占地球面积的 2/3以上）中，约有 15% 为锰结核所覆盖。从大陆架、大陆坡到大洋底蕴藏着大量的金属矿和非金属矿，其中还有一些可再生的自生矿物（如锰结核等）。

尽管海洋矿产资源受其构造特点、赋存条件、水深、离海岸距离和开采提升方法等经济技术条件的约束较大，目前还处于半工业性试验阶段。但今后随着科学技术的进展以及人类对某些矿产资源的日益需要，海洋采矿必将加速发展，并成为未来采矿的重要方向。

大陆架海底表层的矿产资源主要有海滨砂矿和砂砾。砂锡（锡石）是砂矿的重金属矿物代表，砂砾是世界上重要的骨料资源。目前开采海砂主要使用砂泵或戽斗法，由于泵吸扬程只有 40m 左右，其采场仅限于 20～30m 深的浅海处；今后为了开采更深处的海砂，需要进行赋存状态的调查及开采技术的开发研究。

大陆架海底基岩中的矿产资源主要有两种类型；一是金属矿和煤等固体矿物，另一是石油和天然气等流体矿物。此外，还有与岩盐丘地共生的硫磺和层状岩盐的可溶性矿物，固体矿物的开采一般要从海岸或人工岛上开凿很长的巷道，不论在技术上还是经济上都是难题，可溶性矿物的开采方法是通过钻孔输入过热水蒸气或过热水使之溶解，然后通过竖井提升到海面及地表。

分布在大陆架海底表层的海绿石、磷灰石和重晶石，在大陆坡上也有赋存，但由于水较深，其重要性不如大陆架。在水很深的地区受技术和经济方面的约束难以开采；而分布在水深 1000m 左右坡面上的矿产资源，在将来则有可能开采。

在海洋采矿中最有价值、最有希望而又最引人注目的是赋存在海洋底部的锰结核、富钴锰结壳和热液金属矿床。

海洋锰结核广泛分布于水深 3000～5000m 处的各大海洋底表层，呈未固结状、块状或层状，其总储量约 5000 亿吨；而在太平洋夏威夷群岛东南方的 C-C 富矿区，预计可作为第一代锰结核开采的工业储量约 230 亿吨，富含镍、铜、钴、锰等有用金属元素。其中有镍 2.9 亿吨（含镍 1.26%），铜 2.3 亿吨（含铜 1%），钴 0.6 亿吨（含钴 0.25%），锰 63.3 亿吨（含锰 27.5%）。这是目前最重要的潜在矿产资源。为此，近二十多年来，美国、法国、联邦德国、苏联和日本等工业发达国家，或自行组织勘探，或组成跨国集团进行勘查，并已在部分海域进行了采矿试验。海洋锰结核的开发系统包括海底集矿、水中提升、采矿船临时储矿、海陆运输及矿石处理等重要环节，目前重点研究的主要有流体方式采矿系统和连续绳斗式采矿系统两种，而前者似更受到重视。美国对海洋锰结核的开发预计在 90 年代末 21 世纪初可能达到商业生产阶段。日本工业技术院在 80 年代初制定了锰结核采矿系统研究开发计划（1981 至 1989 年），目前配合该项目的有关研究所正共同进行开发研究，预计在 2000 年左右可能投入工业性生产。但由于深海采矿是一种高风险高难度技术，而且围绕海洋锰结核的开采权问题，工业发达国家和发展中国家一直在进行斗争；此外，各国锰结核采矿集团之间在技术上也相互保密，无不希望各自能尽量获得国际海底富矿区，并早日进入商业生产。这虽有利于技术竞争，但也可能延缓技术开发的进程。

富钴锰结壳几乎全部分布在沿海岸 200 海里水域内深 1000～2000m 的海山坡面上，其含钴量一般为 0.25%～0.35%，有的甚至高达 1% 以上，由于钴是一种重要的战略物资，而且都在有关国家 200 海里经济专属区以内，因此在最近几年之内就有可能开发海上的富钴锰结壳。

海底热液金属矿床已发现的有高温热液中含有锌、铜、铁、银、金等重金属泥和固态金属硫化物矿床，后者赋存深度较浅，一般为 200～300m 左右，目前美国等正使用潜艇在东太平洋海膨区域进行勘查。而红海的重金属泥已由沙特阿拉伯-苏丹红海委员会受联邦德国等企业委托着手制定勘查与开发计划，并正在进行振动-虹吸方式的采矿试验。由于这些矿床的金属含量很高（含铜 10%，含锌 30%～55%），已成为引人注目的海洋资源，有关采矿方法的研究将是今后开发的重要课题。

# 参 考 文 献

1 中国大百科全书·矿冶，大百科全书出版社，1984，第37～39页、643～645页、827～843页

2 A Dictionary of Mining Minerals and Related Terms, ed. by P. W. Trush et al. U. S Government Printing Office, Washington, 1968, p. 715

3 采矿工程手册，第一分册，A. B. 卡明斯、I. A. 吉文主编，冶金工业出版社，1982，第1～16页

4 Ржевскии В. В., ИЗВ. ВУЗ. ГОРН. Ж., (1985), No. 5, 14

5 Economics of the Mineral Industries, 3rd Ed., ed. by W. A. Vogcly et al . AIME Inc., New York, 1985, p. 3～51

6 Mineral Commodity Summaries, 1986, ed. by U. S. Bureau of Mines, U. S. Government Printing Office, Washington, 1986

7 Crowson P., Minerals Handbook 1984～1985, Gulf Publishing Co., Houston, 1984

8 Minerals Facts and Problems, 1985 ed., ed. by Alivin W. Knoerr, U. S. Government Printing Office, Washington, 1986

9 Canadian Minerals Yearbook 1983～1984, Statistcal tables

10 Minerals Yearbook 1984, Vol. I., ed. by Bureau of Mines, U. S., U. S. Government Printing Office, Washington

11 World Mineral Statistics 1980～1984, ed. by British Geological Survey, London, 1986

12 Austin J. D., J. S. Afr. Inst. Min. Metall., 84 (1984), No. 10, 325

13 Walroad G. W., Kumar R., Options for Developing Countries in Mining Development, Mac-Millan Press, 1986, p. 8

14 Weber I. Pleschiutsehning I., Welt Bergbau Daten 1986, Wien, 1986

15 Minerals Yearbook 1960, Vol. I, ed. by Bureau of Mines, U. S. Dept. of Interior, U. S. Government Printing Office, Washington 1961

16 Morgan J. D., Min. Eng., 38 (1986), No. 4. 245

17 刘之祥、吴子振，中国古代矿业发展史，(1956) 未发表著作

18 白寿彝等，中国通史纲要，上海人民出版社，1980，第1～14、47～112页

19 吴子振，长沙矿山研究院季刊，6 (1986), No. 4, 42

20 袁珂，山海经校注，上海古籍出版社，1980，第1～180页

21 杜石然等，中国科学技术史稿，上册，科学出版社，1982，第8页

22 章鸿钊，古矿录，地质出版社，1954，第1～8页

23 杨永光等，有色金属，32 (1980), No. 4, 84

24 陈古遇，元刊梦溪笔谈，文物出版社，1975，卷24，第1～3页，卷25，第9页

25 严中平，清代云南铜政考，中华书局，1948，第1～2、50～60页

26 Anon, J. S. Afr. Inst, Min. Metall., 86(1986), No. 12, 511

27 童光煦，未来的金属采矿事业，(1986)，未发表著作

28 张键元，国外金属矿采矿，(1986), No. 11, 19

29 曹燮明，国外金属矿采矿，(1986), No. 11, 109

30 矿产地质动态，(1985), No. 5, 1

31 戴顿 S. H., 国外金属矿采矿，(1985), No. 9, 65

32 H. C. 叶夫列莫采夫，国外金属矿采矿，(1986), No. 6, 66

33 R. J. 伊万思，国外金属矿采矿，(1986), No. 11, 38

34 饶敦朴，国外金属矿采矿，(1984), No. 11, 63

35 周荷英，国外金属矿采矿，(1984), No. 10, 79

36 盛谷智之，国外金属矿采矿，(1986), No. 11, 141

37 《Project 2000》, U. S. Bureau of Mines, 1985

38 Sassos M. P, E & MJ, 187 (1986), No. 6, 36

39 Anon, Mining Journal, 308 (1986), No. 7867, 385

40 Cook D. R., Mining Engineering, 38 (1986), No. 2, 87

41 "Technical development and technical trends in World Mining," Mining Executive Seminar. May 1987

42 Atkinson T. et al, Transactions of IMM, Section A, Mining Industry, 96 (Apr. 1987), A5

# 第2章 地质与矿床

## 2.1 矿 物

### 2.1.1 矿物及其分类

矿物是由地质作用形成的天然单质或化合物。它具有相对稳定的化学成分，呈固态结晶者有确定的内部结构，少数呈液态（如水）、气态（如硫化氢），在一定物理化学条件范围内保持稳定状态。目前已命名的矿物约三千种。

一种或多种有经济意义的矿物集合体称为矿石。矿物或其集合体的化学成分或物理性质决定着矿石的用途，矿物的粒度和结构构造影响矿石的加工工艺，因而矿物研究是矿产开发的重要基础。

一般采用晶体化学分类法进行矿物分类。通常将矿物分为六大类：（1）自然元素；（2）硫化物及其类似化合物；（3）卤化物；（4）氧化物和氢氧化物；（5）含氧盐，包括硝酸盐类、碳酸盐类、硼酸盐类、硫酸盐类、硅酸盐类以及铬酸盐、钼酸盐、钨酸盐，磷酸盐、砷酸盐、钒酸盐类；（6）金属有机化合物。

### 2.1.2 矿物鉴定

鉴定矿物先从外表可见的特征入手。包括：（1）颜色；（2）条痕，即矿物粉末色；（3）光泽，即矿物表面对可见光反射的能力，由强而弱分为：金属光泽（如同金属抛光后的表面）、半金属光泽（如同陈旧的金属器皿表面）、金刚光泽（如同金刚石磨光面）、玻璃光泽（如同玻璃表面）、并因矿物解理和集合体习性不同而呈珍珠、油脂、树脂、丝绢、蜡状和土状光泽；（4）透明度；（5）硬度，常以十种不同硬度的矿物来表示等级（摩氏硬度）即1）滑石、2）石膏、3）方解石、4）萤石、5）磷灰石、6）正长石、7）石英、8）黄玉、9）刚玉、10）金刚石；（6）结晶习性；（7）解理；（8）断口；（9）比重；（10）磁性；（11）发光性，激发能量停止作用即停止发光的称荧光，还能继续发光一段时间的称磷光；（12）可燃性等等。此外还应注意矿物共生的规律。矿物简易鉴定索引列入表2-1。

为对矿物作进一步的研究，通常是采集标本磨制薄片（对透明矿物）或光片（对不透明矿物）、在偏光或反光显微镜下观察矿物的光学和物理性质，进行显微化学试验进一步鉴定矿物并观察矿物的粒度和嵌布关系。也可磨制光薄片观察透明和不透明矿物间的关系。取矿物碎片在浸油中作显微镜观察，是透明矿物鉴定的重要辅助方法。

对光学显微镜难以确切鉴定的矿物或较简单的矿物集合体，尚需采用一些更专门的方法。如差热分析（确定热谱以鉴定非金属矿物）、红外光谱分析（不适用于金属矿物）、X射线粉晶照相或晶体结构分析（确定晶体内部结构。后者不适用于矿物集合体）和电子显微镜观察（确定矿物外表形态）等。

一般情况下，可以挑取单矿物以一般的化学分析方法研究矿物的定量化学成分。但在矿物颗粒细小，或需要扫描特定面积内某些元素的分布状况、确定它们的赋存状态和相互关系的情况下，则必须磨制专门的光片，最好是进行无破损的电子探针分析，也可进行激光

表 2-1　矿物简易鉴定表[3]

| 条　痕 | 硬度 | 解理 | 颜色及其他特征 | 矿　物　名　称 |
|---|---|---|---|---|
| 黑色或金属彩色（金属光泽为主） | <5.5 | 明显 | 银白、锡白、铅灰、钢灰、铁黑色 | 石墨、辉钼矿、方铅矿、辉锑矿、自然铋、硫锑铅矿、硫锰矿、硫砷铜矿、角银矿 |
| | | 无 | | 辉银矿、辉铜矿、黝铜矿、黝锡矿、自然铂、粗铂矿、自然银、晶质铀矿、硼镁铁矿、软锰矿、铀黑、石墨、辉钼矿、钴土矿、钯铂矿 |
| | ≥5.5 | | | 辉砷钴矿、毒砂、钛磁铁矿、沥青铀矿、钛铁矿、磁铁矿、硬锰矿、褐锰矿、方钍矿、砷钴矿、硫钴矿、亮铱锇矿、砷铂矿 |
| | <5.5 | | 铜红、金黄、蓝、铜黄等金属彩色 | 铜蓝、自然铋、自然金、自然铜、斑铜矿、黄铜矿、镍黄铁矿、磁黄铁矿、红砷镍矿、红锌矿、碲金矿 |
| | ≥5.5 | | | 白铁矿、黄铁矿 |
| 褐、红、黄色（半金属光泽、金刚光泽） | ≤2.5 | | 红、褐 | 辰砂、雄黄、钴华、褐铁矿、粉末状赤铁矿、脂铅铀矿、深红银矿、淡红银矿 |
| | | | 黄 | 自然硫、雌黄、钨华、铋华、钼华、铅黄、锑华、粉末状硫镉矿、钙铀云母 |
| | 2.5～5.5 | | | 铬铅矿、彩钼铅矿、磷钇矿、硫镉矿、闪锌矿、黑钨矿、赤铜矿、钛铀矿、黄钾铁矾、水锰矿、砷锑银矿、硫锑银矿、烧绿石（黄绿石）、细晶石、易解石、黑稀金矿 |
| | ≥5.5 | | | 铬铁矿、赤铁矿、铌-钽铁矿、独居石、锐钛矿、板钛矿、黑稀金矿、易解石、晶质铀矿、金红石、锡石 |
| 蓝、绿色（非金属光泽） | <5.5 | | | 铜铀云母、钙铀云母、硅孔雀石、胆矾、镍华、孔雀石、蓝铜矿、臭葱石、绿泥石、暗镍蛇纹石、水绿矾、硅铍钇矿 |
| 无色、白色（非金属光泽） | ≤2.5 | | 有味感 | 钠硼解石、石盐、钾盐、芒硝、硼砂、光卤石、无水芒硝、泻利盐、钠硝石、杂卤石、天然碱 |
| | | | 无味感 | 滑石、叶蜡石、高岭石、多水高岭石、蒙脱石、蛭石、水白云母、白云母、黑云母、金云母、锂云母、铁锂云母、石膏、海绿石、蛇纹石、蓝铁矿、绿高岭石、水镁石 |
| | 2.5～5.5 | | 加盐酸冒泡，放出 $CO_2$ | 天然碱、方解石、白云石、菱镁矿、菱铁矿、菱锰矿、菱锌矿、菱锶矿、文石、白铅矿、毒重石、钡解石、氟碳铈矿 |
| | | 明显 | | 重晶石、天青石、硬石膏、杂卤石、异极矿、萤石、白钨、独居石、硅灰石、透闪石、一水软铝石、方柱石、红柱石、菱沸石、钠沸石、钙沸石、硼镁石、氟镁石、磷钇矿 |
| | | 不明显 | | 铅矾、蛇纹石、异极矿、杂卤石、硼镁石、铝土矿、明矾石、磷灰石、蛋白石、霞石、白榴石、白钨、磷酸氯铅矿、矾酸铅矿、砷酸铅矿、方沸石、菱沸石 |
| | ≥5.5 | 明显 | 黑、绿、蓝 | 阳起石、普通角闪石、斜方角闪石、普通辉石、紫苏辉石、顽火辉石、绿帘石、黝帘石、蓝晶石、钠铁闪石、透辉石、刚玉、霓石、锐钛矿、绿松石、蓝闪石、褐帘石、黄钇钽矿、铌钇矿 |
| | | | 无、白色或浅色 | 金红石、斜长石、透长石、正长石、钾微斜长石、天河石、锂辉石、黄玉、刚玉、方柱石、红柱石、硅线石、蔷薇辉石、钙霞石、斜方角闪石、一水硬铝石 |
| | | 不明显 | 形态呈一向或二向延长 | 石英（水晶）、十字石、绿柱石、电气石、符山石、板钛矿 |
| | | | 形态呈粒状 | 金刚石、尖晶石、硅镁石、橄榄石、白榴石、铯榴石，石榴子石、榍石、方钠石、黝方石、堇青石、日光榴石、β-石英、石英、锆石、香花石、方硼石 |
| | | | 形态呈隐晶、块状 | 褐钇泥矿、碧玉、玛瑙、石髓、燧石、葡萄石、软玉、硬玉 |

表 2-2　主要工业矿物一览表

| 矿种 | 矿物名称 | 化学成分 | 颜色 | 光泽 | 硬度 | 比重 | 晶系和习性 | 其他特征 | 主要用途 | 次要用途 |
|---|---|---|---|---|---|---|---|---|---|---|
| 铁 | 磁铁矿 | $Fe_3O_4$ | 铁黑 | 半金属 | 5.5~6 | 4.8~5.3 | 等轴、粒状、块状 | 强磁性 | 炼铁、炼钢 | 合成氨催化剂 |
| | 赤铁矿 | $Fe_2O_3$ | 铁黑-钢灰、褐红 | 金属-半金属 | 5.5~6 | 5~5.3 | 三方、板状、土状、鲕状 | | 炼铁、炼钢 | 颜料 |
| | 褐铁矿 | $Fe_2O_3 \cdot nH_2O$ | 黄褐、深褐 | 暗淡 | 1~5.5 | | 块状、钟乳状、土状 | | 炼铁 | |
| | 菱铁矿 | $FeCO_3$ | 浅褐、浅黄白 | 玻璃 | 3.5~4.5 | 3.9 | 三方、块状、结核状 | | 炼铁 | |
| | 鲕绿泥石 | $Fe_4AlS_3O_{10}(OH)_6 \cdot nH_2O$ | 深灰绿-黑 | 暗淡 | 3 | 3.03~3.4 | 单斜、鲕状集合体 | | 炼铁 | |
| 锰 | 软锰矿（黝锰矿） | $MnO_2$ | 黑 | 半金属-暗淡 | 2~6 | 5左右 | 四方、块状、粉末状 | | 铁合金 | 干电池、陶瓷氧化剂 |
| | 褐锰矿 | $Mn^{2+}Mn^{4+}O_3$ | 黑 | 半金属 | 6 | 4.7~5 | 四方、粒状、块状 | 弱磁性 | 铁合金 | |
| | 硬锰矿 | $mMnO \cdot MnO_2 \cdot nH_2O$ | 黑 | 半金属 | 4~6 | 4.4~4.7 | 钟乳状、块状 | | 铁合金 | |
| | 水锰矿 | $MnO_2 \cdot Mn(OHD)_2$ | 黑 | 半金属 | 3~4 | 4.2~4.3 | 单斜、隐晶块状 | | 铁合金 | |
| | 菱锰矿 | $MnCO_3$ | 玫瑰 | 玻璃 | 3.5~4.5 | 3.6~3.7 | 三方、粒状、结核状 | 解理完全 | 铁合金 | 合成工业原料 |
| 铬 | 铬铁矿 | $(Mg, Fe) Cr_2O_4$ | 黑 | 半金属 | 5.5 | 4.2~4.8 | 等轴、粒状、块状 | 微具磁性 | 炼铬、制铬盐 | 耐火材料 |
| | 铬尖晶石类 | $(Mg, Fe)(Cr, Al, Fe)_2O_4$ | 黑 | 金属 | 5.5~7.5 | 4~4.8 | 等　轴 | | 炼铬、耐火材料 | |
| 钒钛 | 钒磁铁矿（含钒磁铁矿） | $Fe^{2+}(Fe^{3+}, V)_2O_4$ | 铁黑 | 半金属 | 5.5~6 | 4.8~5.3 | 等轴、粒状、块状 | 强磁性 | 炼铁、钒 | |
| | 钛铁矿 | $FeTiO_3$ | 铁黑褐 | 半金属 | 5~6 | 4.72 | 三方、粒状集合体 | 微具磁性 | 炼钛 | |
| | 金红石 | $TiO_2$ | 褐红、黑褐 | 金刚-半金属 | 6 | 4.2~4.3 | 四方、粒状、块状 | | 炼钛 | 制焊条、钛白粉 |
| | 钛磁铁矿（富钛磁铁矿） | $Fe^{2+}(1+x)Fe^{3+} \cdot Ti_xO_4$ | 铁黑 | 半金属 | 5.5~6 | 4.8~5.3 | 等轴、粒状、块状 | 强磁性 | 炼铁、钛 | |
| 铝 | 一水硬铝石 | $\alpha \cdot Al_2O_3 \cdot H_2O$ | 白、黄褐、淡紫等 | 玻璃 | 6~7 | 3.3~3.5 | 斜方、细鳞片集合体 | 解理中等 | 炼铝、耐火材料 | 高铝水泥 |
| | 一水软铝石 | $\gamma \cdot Al_2O_3 \cdot H_2O$ | 白、微带黄 | 玻璃 | 3.5 | 3.01~3.06 | 斜方、块状 | 解理完全 | 炼铝、耐火材料 | 回收镓 |
| | 三水铝石 | $Al_2O_3 \cdot 3H_2O$ | 白、灰绿、浅红 | 玻璃 | 2.5~3 | 2.43 | 单斜、鳞片块状、结核 | 解理极完全 | 炼铝、耐火材料 | 回收镓 |
| | 霞石 | $(NaK_2O \cdot Al_2O_3 \cdot 2SiO_2)$ | 无、白、淡黄 | 玻璃 | 5~6 | 2.6 | 六方、粒状、块状 | | 炼铝、陶瓷、玻璃 | 水泥、回收钾 |

续表 2-2

| 矿种 | 矿物名称 | 化学成分 | 颜色 | 光泽 | 硬度 | 比重 | 晶系和习性 | 其他特征 | 主要用途 | 次要用途 |
|---|---|---|---|---|---|---|---|---|---|---|
| 铜 | 黄铜矿 | $CuFeS_2$ | 铜黄 | 金属 | 3~4 | 4.1~4.3 | 四方、块状、粒状 | 具良导电性 | 炼铜 | 铜 |
| | 斑铜矿 | $Cu_5FeS_4$ | 蓝紫斑状锖色 | 金属 | 3 | 4.9~5 | 等轴、粒状、块状 | | 炼铜 | 铜 |
| | 辉铜矿 | $Cu_2S$ | 铅灰 | 金属 | 2~3 | 5.5~5.8 | 斜方、烟灰状、块状 | 电良导体 | 炼铜 | 铜 |
| | 硫砷铜矿 | $Cu_3AsS_4$ | 钢灰—铁黑 | 金属 | 3.5 | 4.4~4.5 | 斜方、块状、粒状 | 解理完全 | 炼铜 | 铜 |
| | 黝铜矿 | $Cu_{12}Sb_4S_{13}$ | 钢灰—铁黑 | 金属、半金属 | 3~4 | 4.4~5.1 | 等轴、粒状、块状 | | 炼铜 | 铜 |
| | 孔雀石 | $Cu_2(CO_3)(OH)_2$ | 翠绿—黑绿 | 玻璃 | 3.5~4 | 3.9~4.1 | 单斜、葡萄状、块状 | | 炼铜、工艺雕刻 | 农药、颜料 |
| | 自然铜 | $Cu$ | 铜红 | 金属 | 2.5~3 | 8.5~8.9 | 等轴、树枝状、粒状 | 强延展性、良导电 | 炼铜、工艺雕刻 | |
| 铅 | 方铅矿 | $PbS$ | 铅灰 | 金属 | 2~3 | 7.4~7.6 | 等轴、粒状、块状 | 解理完全 | 炼铅、回收银 | 半导体、回收镉锗稼 |
| | 白铅矿 | $PbCO_3$ | 白 | 金刚 | 3~3.5 | 6.4~6.6 | 斜方、钟乳状、土状 | 解理完全 | 炼铅、回收银 | |
| 锌 | 闪锌矿 | $ZnS$ | 无、黄褐、棕黑 | 金刚 | 3~4 | 3.9~4 | 等轴、粒状 | 解理完全 | 炼锌 | 回收镉、铜等 |
| | 红锌矿 | $ZnO$ | 深红—橙黄 | 金刚 | 4~4.5 | 5.6~6 | 六方、粒状、块状 | 解理完全 | 炼锌 | 表面弹性波器件 |
| | 菱锌矿 | $ZnCO_3$ | 白、微带浅绿、浅黄 | 玻璃 | 5 | 4.1~4.5 | 三方、土状、钟乳状 | 解理完全 | 炼锌 | 回收钴、镉、铜 |
| | 异极矿 | $Zn_4(Si_2O_7)(OH)_2 \cdot H_2O$ | 白、蓝、绿 | 玻璃 | 4.5~5 | 3.4~3.5 | 斜方、钟乳状、块状 | 解理完全 | 炼锌 | |
| 镍 | 镍黄铁矿 | $(Fe、Ni)_9S_8$ | 古铜黄 | 金属 | 3~4 | 4.5~5 | 等轴、粒状 | 解理完全 | 炼镍 | 钴 |
| | 紫硫镍铁矿 | $Ni_2FeS_4$ | 紫 | 金属 | 4.5~5.5 | 4.5~4.8 | 等轴、细粒状集合体 | | 炼镍 | 钴 |
| | 针镍矿(针硫镍矿) | $NiS$ | 浅铜黄 | 金属 | 3~3.5 | 5.2~5.6 | 三方、纤维放射状 | | 炼镍 | 钴 |
| | 暗镍蛇纹石(硅镁镍矿) | $Ni_4(Si_4O_{10})(OH)_4 \cdot 4H_2O$ | 浅绿 | 暗淡 | 2~2.5 | 2.3~2.8 | 皮壳状、土状 | | 炼镍 | 钴 |
| 锡 | 黄锡矿(黝锡矿) | $Cu_2FeSnS_4$ | 带绿的钢灰、黄灰 | 金属 | 3~4 | 4.3~4.5 | 四方、块状、粒状 | 解理完全 | 炼锡、回收银 | 铜 |
| | 锡石 | $SnO_2$ | 腊黄、浅褐、黑 | 金刚 | 6~7 | 6.8~7 | 四方、块状、粒状 | | 炼锡 | 回收铌、钽 |
| 钨 | 黑钨矿(钨锰铁矿) | $(Fe、Mn)WO_4$ | 红褐—黑 | 半金属 | 4.5~5.5 | 7.1~7.5 | 单斜、板状、柱状晶体 | 解理完全、弱磁性 | 炼钨 | 回收钽、铌、钪 |
| | 白钨矿(钨酸钙矿) | $CaWO_4$ | 灰白、带浅黄、浅紫 | 油脂 | 4.5 | 5.8~6.2 | 四方、粒状 | 解理中等、浅蓝荧光 | 炼钨 | 激光发射材料 |

续表 2-2

| 矿种 | 矿物名称 | 化学成分 | 颜色 | 光泽 | 硬度 | 比重 | 晶系和习性 | 其他特征 | 主要用途 | 次要用途 |
|---|---|---|---|---|---|---|---|---|---|---|
| 钼 | 辉钼矿 | $MoS_2$ | 铅灰 | 金属 | 1 | 4.7~5 | 三方、六方、鳞片 | 解理完全、滑腻感 | 炼钼、铼 |  |
| 锑 | 辉锑矿 | $Sb_2S_3$ | 铅灰 | 金属 | 2~2.5 | 4.6 | 斜方、长柱状、放射状 | 解理完全、熔点低 | 炼锑 |  |
|  | 硫锑铅矿 | $Pb_5Sb_4S_{11}$ | 铅灰—铁黑 | 金刚 | 2.5~3 | 6.23 | 单斜、纤维状集合体 | 解理中等、性脆 | 炼铅、锑 |  |
| 汞 | 辰砂（朱砂） | $HgS$ | 猩红 | 金刚 | 2~2.5 | 8.09 | 三方、粒状、块状 | 解理完全 | 炼汞 | 医药、颜料 |
|  | 砷钴矿 | $(Co, Ni, Fe)As_{8\pm x}$ | 锡白—钢灰 | 金属 | 5.5~6 | 6.4~6.8 | 等轴、粒状、块状 |  | 炼钴、镍 |  |
|  | 辉砷钴矿（辉钴矿） | $CoAsS$ | 锡白（微带红） | 金属 | 5~6 | 6~6.5 | 等轴或斜方、粒、块状 |  | 炼钴 | 回收镍 |
| 钴 | 含钴黄铁矿 | $(Fe, Co)S_2$ | 浅铜黄 | 金属 | 6~6.5 | 4.9~5.2 | 等轴、粒状、块状 |  | 炼钴、制硫酸 | 回收镍、金 |
|  | 硫钴矿 | $Co_3S_4$ | 钢灰 | 金属 | 5~5.5 | 4.85 | 等轴、粒状、块状 |  | 炼钴 | 回收镍、铜 |
|  | 钴土 | $(Co, Ni)O \cdot MnO_2 \cdot nH_2O$ | 微带蓝的黑色 | 土状 | 低 | 3.1~3.7 | 土状、结核状 |  | 炼钴、镍 |  |
| 铋 | 辉铋矿 | $Bi_2S_3$ | 带铅灰的锡白色 | 金属 | 2~2.5 | 6.4~6.8 | 斜方、长柱状、针状 | 解理完全 | 炼铋 | 医药 |
|  | 自然铋 | $Bi$ | 银白 | 金属 | 2.5 | 9.7~9.83 | 三方、粒状、块状 | 弱延展性 | 铋原料 |  |
| 金 | 自然金 | $Au$（$Ag$>15%称银金矿） | 金黄 | 金属 | 2.5~3 | 15.6~19.3 | 等轴、粒状、树枝状 | 强延展性 | 金原料 |  |
|  | 碲金矿 | $AuTe_2$ | 铜黄—银白 | 金刚 | 2.5 | 9.1~9.4 | 单斜、细条片状、粒状 |  | 炼金、碲 |  |
| 银 | 自然银 | $Ag$ | 银白 | 金属 | 2.5 | 10.1~11.7 | 等轴、粒、块、树枝状 | 强延展性、电热良导体 | 银原料 |  |
|  | 辉银矿 | $Ag_2S$ | 铅灰 | 金属 | 2~2.5 | 7.2~7.4 | 等轴、长柱状、块状 | 弱延展性 | 炼银 |  |
|  | 深红银矿（硫锑银矿） | $Ag_3SbS_3$ | 黑红 | 金刚 | 2~2.5 | 5.77~5.86 | 三方、短柱状、粒状 |  | 炼银 | 回收锑 |
|  | 淡红银矿（硫砷银矿） | $Ag_3AsS_3$ | 鲜红 | 金刚 | 2~2.5 | 5.57~5.64 | 三方、块状、粒状 | 解理中等 | 炼银 | 激光原料 |
|  | 角银矿 | $AgCl$ | 浅绿色—暗色 | 金刚 | 1.5~2 | 5.55 | 等轴、块状、被膜状 |  | 炼银 |  |
| 铂族金属 | 自然铂 | $Pt$（$Fe$9%~11%称粗铂矿） | 银白—钢灰 | 金属 | 4~4.5 | 15~19 | 等轴、粒状 | 延展性、微磁性 | 铂原料 |  |
|  | 亮铱锇矿 | $(Ir_2Os)$（$Os$<35%称暗铱锇矿） | 锡白—浅灰 | 金属 | 6~7 | 17~21 | 六方、板状 | 解理完全、性脆 | 铂原料 |  |

续表 2-2

| 矿种 | 矿物名称 | 化学成分 | 颜色 | 光泽 | 硬度 | 比重 | 晶系和习性 | 其他特征 | 主要用途 | 次要用途 |
|---|---|---|---|---|---|---|---|---|---|---|
| 铂族金属 | 砷铂矿 | $PtAs_3$ | 锡白 | 金属 | 6~7 | 10.5~10.7 | 等轴 | | 炼铂 | |
| | 钯铂矿 | $(Pd,Fe)Pt$, $(Pt>7\%)$ | 银白—钢灰 | 金属 | 4~4.5 | 15~19 | 等轴、粒状 | 具磁性、导电 | 铂、钯原料 | |
| 稀有金属 | 锂辉石 | $LiAl(Si_2O_6)$ | 白—黄白 | 玻璃 | 6~7 | 3.1~3.2 | 单斜、粒状、板状 | | 炼锂 | 回收铯、稀土元素 |
| | 锂云母（磷云母） | $KLi_{1.5}Al_{1.5}[AlSi_3O_{10}](F,OH)_2$ | 淡紫、黄绿 | 玻璃 | 2~3 | 2.8~2.9 | 单斜、细鳞片 | 解理完全 | 炼锂 | 回收铯、铷、高温玻璃 |
| | 铁锂云母 | $KLiFeAl[AlSi_3O_{10}](F,OH)_2$ | 淡黄、褐绿 | 玻璃 | 2~3 | 2.9~3.2 | 单斜、片状集合体 | 解理完全 | 炼锂 | |
| | 磷铝锂石（磷铝石） | $LiAl(PO_4)(F,OH)$ | 乳白、蓝白 | 玻璃 | 5.5~6 | 3.11 | 三斜、细粒、放射状 | 解理完全中等 | 炼铷 | |
| | 绿柱石（绿宝石） | $Be_3Al_2(Si_6O_{12})$ | 白带绿、翠绿、黄 | 玻璃 | 7.5 | 2.9 | 六方、方柱状、粒状 | | 炼铍 | 宝石 |
| | 羟硅铍石（硅铍石） | $Be_4(Si_2O_7)(OH)_2$ | 无、浅黄 | 玻璃 | 6~7 | 2.6 | 斜方、细小板状、柱状 | 解理完全中等 | 炼铍 | |
| | 似晶石（硅铍石） | $Be_2SiO_4$ | 无、黄白、淡红 | 树脂 | 7.5~8 | 3 | 三方、粒状、放射状 | | 炼铍 | 宝石 |
| 有色金属 | 烧绿石（黄绿石） | $(Ca,Na)_2Nb_2O_6(OH,F)$ | 褐、黄、黄绿、黑 | 树脂 | 5~5.5 | 4.12~4.36 | 等轴、粒状、块状 | 强放射性 | 炼稀土、铌 | |
| | 细晶石 | $(Ca,Na)_2(Ta,Nb)_2O_6(OH,O,F)$ | 浅黄、褐 | 玻璃或树脂 | 5~5.5 | 5.9~6.4 | 等轴 | | 炼钽、铌、稀土 | 回收铯 |
| | 铌铁矿（钶铁矿） | $(Fe,Mn)(Nb,Ta)_2O_6$ | 铁黑、褐黑 | 半金属 | 6 | 5.2~6.25 | 斜方、短柱或板状 | | 炼铌 | 回收钽 |
| | 钽铁矿 | $(Fe,Mn)(Ta,Nb)_2O_6$ | 铁黑、褐黑 | 半金属 | 6 | 6.55~8.25 | 斜方、短柱或板状 | | 炼钽 | 回收铌 |
| | 锆英石（锆石） | $ZrSiO_4$（含铀钍高称曲晶石） | 褐黄、黄、灰、无色 | 金刚 | 7~8 | 4.7 | 四方、粒状 | 耐高温、耐腐蚀 | 炼锆、铪、制铪盐 | 铸造、回收镁 |
| | 铯榴石 | $Cs(AlSi_2O_6)\cdot H_2O$ | 无色 | 玻璃 | 6.5~7 | 2.86~2.9 | 等轴、块状 | | 提铯 | |
| | 天青石 | $SrSO_4$ | 浅蓝灰、无色 | 玻璃 | 3~3.5 | 3.9~4 | 斜方、粒状、钟乳状 | | 炼锶 | |
| | 碳酸锶矿（菱锶矿） | $SrCO_3$ | 无、浅绿、浅黄、浅灰 | 玻璃 | 3.5~4 | 3.6~3.8 | 斜方、粒状、纤维状 | | 炼锶 | |
| 稀土金属 | 油居石（磷铈镧矿） | $(Ce,La,Th)PO_4$ | 黄褐、蜜黄、蜜黄、棕 | 树脂 | 5~6 | 5.1 | 单斜、板状晶体 | 放射性、解理中等 | 炼铈、镧、钍 | |
| | 氟碳铈矿 | $(Ce,La)(CO_3)F$ | 黄、赤褐 | 玻璃-油脂 | 4 | 5 | 六方 | | 提铈 | |
| | 磷钇矿 | $(Y,Ce,Er)PO_4$ | 黄褐、赤黄 | 玻璃-油脂 | 4~5 | 4.4~5.1 | 四方、粒状、块状 | 解理完全、放射性 | 炼钇 | 提稀土 |
| | 硅铍钇矿 | $Y_2FeBe_2(SiO_4)_2O_2$ | 黑、绿黑 | 玻璃-树脂 | 6.5~7 | 4~4.65 | 单斜、粒状、块状 | 强放射性、溶于盐酸 | 炼钇 | |

续表 2-2

| 矿种 | 矿物名称 | 化学成分 | 颜色 | 光泽 | 硬度 | 比重 | 晶系和习性 | 其他特征 | 主要用途 | 次要用途 |
|---|---|---|---|---|---|---|---|---|---|---|
| 稀土金属 | 褐帘石 | $(Ce_3Fe_2Ca,Al)Si_3O_{12}$ | 褐—沥青黑色 | 树脂 | 5.5~6 | 3.2~4.2 | 单斜、常呈非晶质 | 放射性 | 炼铈、镧、钍 | |
| | 黄钇钽矿 | $YTaO_4$ | 灰、黄褐 | 暗淡 | 5.5~6.5 | 6.24~7.03 | 四方、粒状集合体 | | 提钽和稀土 | |
| | 铌钇矿 | $(FeCa)(Y,Er,U)(Nb,Ta)_4O_8$ | 松脂黑 | 树脂 | 5~6 | 5.2~5.7 | 单斜、常呈非晶质 | 放射性 | 提钇、铀、钽 | 回收钍、镥、稀土 |
| 铀 | 晶质铀矿（铀沥青） | $U_2 \cdot UO_7$ | 黑 | 半金属—树脂 | 5~6 | 8~10左右 | 等轴 | 强放射性 | 提铀 | |
| | 沥青铀矿（铀沥青） | $UO_2$ | 沥青黑 | 树脂—半金属 | 3~5 | 6.5~8.5 | 等轴、钟乳状、块状 | 强放射性 | 提铀 | |
| | 铀黑 | $UO_2 \cdot UO_3 \cdot PbO$ | 黑、灰黑、深灰 | 暗淡 | 1~4 | | 非晶质 | 强放射性 | 提铀 | |
| | 方钍石 | $(Th,U)O_2$ | 暗灰、黑 | 树脂—半金属 | 6.5~7 | 8.9~9.8 | 等轴 | 强放射性 | 炼铀、铀 | |
| 钍 | 钛铀矿 | $(U,Ca,Th,Y)(Ti,Fe)_2O_6 \cdot nH_2O$ | 黑、褐黄 | 树脂 | 4.5 | 4.5~5.4 | 单斜 | 强放射性 | 炼铀、钍、钛、稀土 | |
| | 铜铀云母 | $Cu(UO_2)_2(PO_4)_2 \cdot 12H_2O$ | 翠绿 | 玻璃 | 2.3~2.5 | 2.3~2.6 | 四方、鳞片状集合体 | 强放射性 | 炼铀 | |
| 耐火陶瓷 | 高岭石 | $Al_4(Si_4O_{10})(OH)_8$ | 白、杂色 | 暗淡 | 1 | 2.6 | 单斜或三斜 | 潮湿具可塑性 | 耐火、陶瓷、电瓷 | 造纸、橡胶、油漆 |
| | 多水高岭石（埃洛石、叙永石） | $Al_4(Si_4O_{10})(OH)_8 \cdot 4H_2O$ | 白、杂色 | 暗淡 | 1~2 | 2~2.2 | 单斜、土状 | | 陶瓷原料 | |
| | 蒙脱石（胶岭石、微晶高岭石） | $(Na,Ca)_{0.33}(Al,Mg)_2(Si_4O_{10})(OH)_2 \cdot nH_2O$ | 白、带浅红、浅绿 | 暗淡 | 1 | 2 | 单斜、土状 | 吸水性强（膨胀） | 纺织、橡胶、陶瓷 | 冶金球团 |
| | 伊利石（水白云母） | $KAl_2(OH)_2(AlSi_3O_4)$ | | 珍珠 | 1~2 | | 单斜、鳞片状块状 | 滑腻感 | 制陶 | |
| 玻璃原料 | 硅灰石 | $Ca_2Si_3O_4$ | 白微带灰—红 | 玻璃 | 4.5 | 5 | 三斜 | 解理完全 | 陶瓷 | |
| | 透闪石（纤维状者为石棉） | $Ca_2Mg_5(Si_4O_{11})_2(OH)_2$ | 白、浅灰 | 玻璃丝绢 | 5.5~6 | 2.9~3 | 单斜、放射状、块状 | 解理中等 | 石棉、新型玻璃 | |
| | 透辉石 | $CaMgSi_2O_6$ | 浅绿、浅灰 | 玻璃 | 5~6 | 3.3~3.4 | 单斜、粒状、放射状 | 解理中等 | 新兴陶瓷原料 | |
| | 蓝晶石 | $Al_3(SiO_4)O$ | 蓝、蓝灰 | 玻璃 | 6.5~7 | 3.56~3.68 | 三斜、扁平柱状 | 解理中等到完全 | 高级耐火材料 | 宝石 |
| | 红柱石 | $Al_2(SiO_4)O$ | 灰白、褐红 | 玻璃 | 7 | 3.1~3.2 | 斜方、柱状 | 解理中等到完全 | 高级耐火材料 | 彩石 |

续表 2-2

| 矿种 | 矿物名称 | 化学成分 | 颜色 | 光泽 | 硬度 | 比重 | 晶系和习性 | 其他特征 | 主要用途 | 次要用途 |
|---|---|---|---|---|---|---|---|---|---|---|
| 耐火陶瓷 | 硅线石 | $Al(AlSiO_5)$ | 灰、褐、灰绿 | 玻璃 | 7 | 3.23~3.25 | 斜方、放射状集合体 | 解理完全 | 高级耐火材料 | 陶瓷、油漆、造纸、建筑材料 |
| | 叶蜡石 | $Al_2(Si_4O_{10})(OH)_2$ | 灰白、带黄、绿红 | 玻璃 | 1~2 | 2.66~2.9 | 单斜、片状、隐晶质块状 | 挠性、滑感 | 耐火、绝缘材料 | 陶瓷、造纸、雕刻 |
| | 蛇纹石（纤维状者为石棉） | $Mg_6(Si_4O_{10})(OH)_8$ | 灰白、浅绿、黄绿 | 蜡状 | 2.5~3.5 | 2.4~2.5 | 单斜、斜方、块状 | | 耐火、化肥原料 | 雕刻、建筑材料 |
| | 橄榄石 | $(Mg, Fe)_2SiO_4$ | 橄榄绿、黄绿 | 玻璃 | 6.5~7 | 3.2~3.5 | 斜方、粒状集合体 | 解理完全 | 耐火材料 | 宝石 |
| | 菱镁矿 | $MgCO_3$ | 白、灰、黄 | 玻璃 | 4~4.5 | 2.9~3.1 | 三方、粒状集合体 | 解理完全 | 耐火材料 | 炼镁、镁盐水泥 |
| 玻璃原料 | 石英 | $SiO_2$ | 乳白、紫、淡红玫瑰 | 玻璃 | 7 | 2.65~2.66 | 三方、六方、柱状、块状 | | 玻璃、型砂陶瓷 | 光学、电器材料 |
| | 钾长石 | $KAlSi_3O_8$ | 肉红、黄褐、灰白 | 玻璃 | 6~6.5 | 2.57 | 三斜、板状 | 解理完全 | 玻璃、电瓷 | 制钾肥、磨料 |
| 熔剂 | 萤石（氟石） | $CaF$ | 黄、绿、蓝、紫、无 | 玻璃 | 4 | 3.18 | 等轴、粒状、块状 | 解理完全 | 搪瓷、制氢氟酸 | 搪瓷釉泥、光学材料 |
| | 白云石 | $CaMg(CO_3)_2$ | 灰白、带浅黄、浅绿 | 玻璃 | 3.5~4 | 2.8~2.9 | 三方、粒状、块状 | 解理完全 | 熔剂、耐火、化肥 | 制镁、镁盐、陶瓷、建材 |
| | 方解石 | $CaCO_3$ | 无、白、杂色 | 玻璃 | 3 | 2.6~2.8 | 三方、钟乳状、块状 | 解理完全 | 熔剂、水泥电石 | 光学材料、陶瓷 |
| 硫 | 黄铁矿 | $FeS_2$ | 浅铜黄 | 金属 | 6~6.5 | 4.9~5.2 | 等轴、粒状、块状 | | 制硫酸 | 回收金、钴 |
| | 白铁矿 | $FeS_2$ | 浅铜黄 | 金属 | 5~6 | 4.6~4.9 | 斜方、结核状、粒状 | | 制硫酸 | 钴 |
| | 磁黄铁矿 | $Fe_{1-x}S$ | 暗铜黄色 | 金属 | 4 | 4.6~4.7 | 六方或单斜、块状 | 具磁性 | 制硫酸 | 回收镍、钴 |
| | 自然硫 | $S$ | 浅黄色 | 金刚 | 1~2 | 2.05~2.08 | 斜方、块状 | | 硫磺原料 | |
| 肥料原料 | 钾盐 | $KCl$ | 无、乳白 | 玻璃 | 1.5~2 | 1.97~1.99 | 等轴、块状 | 咸而苦涩、易溶 | 钾肥和化工 | |
| | 光卤石 | $KMgCl_3 \cdot 6H_2O$ | 无、浅红、褐 | 油脂 | 2~3 | 1.6 | 斜方、粒状、块状 | 易潮解、味苦涩 | 制镁、钾 | 回收铷 |
| | 杂卤石 | $K_2Ca_2Mg(SO_4)_4 \cdot 2H_2O$ | 白、灰、带棕红、黄 | 玻璃 | 3.5 | 2.78 | 三斜、粒状、块状、纤维状 | 溶于水 | 化肥 | 铯 |
| | 钾盐镁矾 | $KMg(SO_4)Cl \cdot 3H_2O$ | 浅黄、灰白、红 | 玻璃 | 2 | 2.1 | 单斜、粒状 | 性脆易溶、味苦 | 化肥原料 | 化工、化肥原料 |
| | 钠硝石（智利硝石） | $NaNO_3$ | 白、淡黄、褐 | 玻璃 | 1.5~2 | 2.24~2.29 | 三方、块状、皮壳状 | 易溶、微咸 | 制碱、氮肥、硝酸 | 氧化剂、洁净剂 |
| | 钾硝石（硝石） | $KNO_3$ | 无、白 | 玻璃 | 2 | 1.99 | 斜方、皮壳状 | 易溶、微咸 | 制钾肥、硝酸 | 制钾肥、氮肥 |
| | 磷灰石 | $Ca_5(PO_4)_3(F, Cl, OH)$ | 灰、白、无、褐黄、淡绿 | 玻璃 | 5 | 3.2 | 六方、粒状、块状 | | 磷肥、回收稀土激光发射材料制磷 | 磷 |

续表 2-2

| 矿种 | 矿物名称 | 化学成分 | 颜色 | 光泽 | 硬度 | 比重 | 晶系和习性 | 其他特征 | 主要用途 | 次要用途 |
|---|---|---|---|---|---|---|---|---|---|---|
| 制碱 | 天然碱(碳酸钠石) | Na₃H(CO₃)₂·2H₂O | 灰白、灰黄 | 玻璃 | 2.5~3 | 2.11~2.14 | 单斜 | 易溶，味咸 | 制碱、玻璃原料 | 洗涤剂 |
| | 硼砂 | Na₂[B₄O₅(OH)₄]·8H₂O | 白、带浅灰、黄、浅蓝 | 玻璃 | 2~2.5 | 1.69~1.72 | 单斜、粒状、土状 | 易溶，甜涩味 | 提取硼 | |
| | 硼镁石 | Mg₂[B₂O₄(OH)](OH) | 白 | 玻璃 | 3~4 | 2.62 | 单斜、纤维状、粒状 | | 提取硼 | |
| | 硼镁铁矿 | (Mg,Fe)₂Fe(BO₃)O₂ | 炭黑、绿黑 | 丝绢暗淡 | 5 | 3.9~4 | 斜方、放射状、粒状 | | 制硼 | |
| | 电气石(碧玺) | Na(Fe,Mg,Li)₃Al₆(Si₆O₈)(BO₃)₃(OH)₄ | 黑、褐、玫瑰红、蓝绿 | 玻璃 | 7~7.5 | 2.9~3.2 | 三方、柱状 | 热电、压电性 | 激光、无线电、宝石 | 炼硼、硼肥、硬度材料 |
| | 明矾石 | KAl₃(SO₄)₂(OH)₆ | 白、带浅灰、浅黄、红 | 玻璃 | 3.5~4 | 2.6~2.8 | 三方、粒状、土状 | | 提取明矾 | 炼铝、钾肥、硫酸 |
| | 斜发沸石 | (Na,K,Ca)₂~₃Al₃(Al,Si)₂Si₁₃O₃₆·12H₂O | 无、白、浅红、褐 | 玻璃、丝绢 | 3.5~4 | 2.1~2.2 | 假单斜、板状、条状 | | 过滤剂、水泥 | 净化水 |
| | 丝光沸石 | (Na₂,K₂,Ca)(Al₂Si₁₀)O₂₄·7H₂O | 白、浅黄 | 丝绢、玻璃 | 3~4 | 2.12~2.15 | 斜方、放射状、束状、纤维状 | | 过滤剂、水泥 | 土壤改良剂 |
| 其他化工原料 | 菱砷(砷黄铁矿) | FeAsS | 锡白 | 丝绢、玻璃 | 5.5~6 | 5.9~6.2 | 单斜或三斜、粒状、块状 | 脆，敲打蒜臭味 | 炼砷 | 回收钴、金 |
| | 雌黄 | As₂S₃ | 柠檬黄 | 金刚-油脂 | 1~2 | 3.4~3.5 | 单斜、块状、粉末状 | 烧时蒜臭味 | 炼砷、颜料、焙磺 | 制药 |
| | 雄黄(鸡冠石) | AsS | 橘红 | 金刚 | 1.5~2 | 3.50 | 单斜、块状、土状 | | 炼砷、颜料、焙火 | 制药 |
| | 石盐 | NaCl | 无、灰白 | 玻璃 | 2.5 | 2.168 | 等轴、粒状、块状 | 易溶，味咸 | 制钠、盐酸 | |
| | 芒硝 | Na₂SO₄·10H₂O | 无、带黄、绿 | 玻璃 | 1.5~2 | 1.48 | 单斜、块状、皮壳状 | 味苦 | 化工 | 制钠、制草、染料 |
| | 泻利盐 | MgSO₄·7H₂O | 无、白 | 玻璃 | 2~2.5 | 1.68 | 斜方、块状、钟乳状 | 易溶，味苦咸 | 制镁、化工 | 医药、造纸、水泥玻璃陶等 |

续表 2-2

| 矿种 | 矿物名称 | 化学成分 | 颜色 | 光泽 | 硬度 | 比重 | 晶系和习性 | 其他特征 | 主要用途 | 次要用途 |
|---|---|---|---|---|---|---|---|---|---|---|
| 其他化工原料 | 胆矾 | $CuSO_4 \cdot 5H_2O$ | 蓝 | 玻璃 | 2.5 | 2.29 | 三斜，钟乳状、粒状 | 性脆 | 杀虫剂、化工 | 医药、化工等 |
| | 重晶石 | $BaSO_4$ | 无、灰、黄褐、黑 | 玻璃 | 3~3.5 | 4.3~4.5 | 斜方，厚板状 | | 加重剂、充填剂 | 医药、化工等 |
| | 毒重石（碳酸钡矿） | $BaCO_3$ | 无、微带灰、黄 | 玻璃 | 3~3.5 | 4.2~4.3 | 斜方，粒状、块状 | | 加重剂、充填剂 | 医药、化工等 |
| | 滑石 | $Mg_3(Si_4O_{10})(OH)_2$ | 淡绿、白、带浅黄 | 珍珠 | 1 | 2.7~2.8 | 单斜，叶片状、块状 | 能弯曲、滑感 | 填料 | 日用化工原料 |
| 其他建材 | 蛋白石（组成硅藻土） | $SiO_2 \cdot nH_2O$ | 蛋白、杂色 | 珍珠 | 5~5.5 | 1.9~2.5 | 非晶质，钟乳状、块状 | | 建材化工等 | 工艺材料 |
| | 石膏 | $CaSO_4 \cdot 2H_2O$ | 无、白、灰、红、褐 | 珍珠 | 2 | 2.3 | 单斜，块状、纤维状 | | 水泥、建筑、模型 | 陶瓷、造纸、油漆配料 |
| | 石墨 | $C$ | 黑 | 半金属 | 1 | 2.09~2.23 | 六方、三方、鳞片状 | 挠性、滑感 | 坩埚、电极、电刷耐火材料 | 铅笔芯、颜料 |
| | 海泡石 | $Mg_8[Si_{12}O_{30}](OH)_4 \cdot 12H_2O$ | 白、灰、浅黄 | 暗淡 | 2~2.5 | 2.2 | 单斜或斜方，致密块状 | 柔软、光滑 | 钻井泥浆脱色剂 | 滑润剂、黏合剂 |
| | 凹凸棒石 | $Mg_5[Si_4O_{10}(OH)]_4 \cdot 4H_2O$ | 无、浅绿 | | | | 单斜，土状 | | 钻井泥浆脱色剂 | 吸附剂、粘合剂 |
| 研磨材料 | 金刚石 | $C$ | 无、带黄、蓝褐、黑 | 金刚 | 10 | 3.47~3.56 | 等轴，自形晶粒 | | 切削、研磨材料 | 宝石 |
| | 刚玉 | $Al_2O_3$ | 蓝灰、黄灰 | 玻璃 | 9 | 3.95~4.1 | 三方，粒状、块状 | | 研磨材料 | 宝石 |
| | 黄玉 | $Al_2SiO_4(F,OH)_2$ | 无、带浅黄、浅绿 | 玻璃 | 8 | | 斜方，粒状 | | 研磨材料 | 宝石 |
| | 石榴子石 | $(Fe,Mg,Mn)_3(Al,Fe,Cr)_2(SiO_4)_3$ | 血红、红褐、鲜绿、黑 | 玻璃 | 6.5~7.5 | 3.1~4.3 | 等轴，粒状、块状 | | 研磨材料 | 宝石 |

显微光谱分析（是破损性的）。

### 2.1.3 主要工业矿物

按本章矿种排列顺序列人表 2-2。

## 2.2 岩 石

### 2.2.1 岩石分类及基本特征[5]

岩石是一种或多种矿物在地质作用中形成的天然集合体。一定种类的矿产与一定种类的岩石密切有关。根据成因、结构构造、矿物成分和化学成分，可把岩石分为三大类：岩浆岩、沉积岩和变质岩。各类岩石的基本特征见表 2-3。

### 2.2.2 岩浆岩分类及有关矿产[6]

**表 2-3 三大岩类岩石基本特征**

| 岩石种类 | 成岩作用 | 产 状 | 结构构造 | 矿物成分 | 化学成分 |
|---|---|---|---|---|---|
| 岩浆岩 | 地下深处溶解有挥发性组分的硅酸盐岩浆上升到地壳上层或冲出地表，冷凝固结而成 | 喷出岩：火山锥、熔岩流或熔岩被。次火山岩呈层状、脉状、似层状、钟状、透镜状、环状、柱状或筒状 侵入岩：岩床、岩盆、岩盖、岩墙、岩株、岩基、与围岩常呈突变接触。次火山岩和侵入岩常可交截层理 | 全晶质结构、玻璃质结构、半晶质结构、斑状结构、文象结构、条纹结构、反应边结构、包含结构、煌斑结构、辉长结构、辉绿结构 条带状构造、块状构造、斑杂构造、流动构造、流纹构造、似层状构造、气孔构造、杏仁状构造 | 石英、长石、黑云母、角闪石、辉石、橄榄石。特征矿物组合：无石英橄榄石为主为橄榄岩类；无石英，长石＋副长石为主为霞石正长岩类；极少量石英，斜长石为主为辉长岩类及闪长岩类；极少量石英，正长石为主为正长岩类；长石＋石英为花岗岩类 | $SiO_2 < 45$ 超基性岩（重量%）45～53 基性岩 53～66 中性岩 ＞66 酸性岩 $FeO > Fe_2O_3$：$Na_2O + K_2O > 6.9\%$ $CO_2$、$H_2O$ 含量极少 |
| 沉积岩 | 在不太高的温度和压力下，由风化作用、生物作用和某种火山作用形成的物质经过搬运、沉积、成岩作用，在地表和地表下不太深处形成 | 成层分布，有沉积特征如波痕和层理，化石普遍存在，与周围岩石往往成相变关系 | 碎屑结构、火山碎屑结构、泥状结构、粒屑结构、结晶粒状结构、生物结构 成层构造、层面构造、缝合线、叠锥、结核、叠层构造 | 石英、长石、氧化物矿物，氢氧化合物矿物，黏土矿物、盐类矿物、碳酸盐矿物 主要（造岩）矿物只有1～3种，不超过5～6种 | $Fe_2O_3 > FeO$；$K_2O > Na_2O$ 富含 $H_2O$ 和 $CO_2$ |
| 变质岩 | 地壳中已经形成的岩石，由于其所处地质环境的改变，在较高温度、压力和（或）较强动力环境下形成 | 多数分布在古老的结晶地块和构造活动带中，既可成区域性的广泛出露，也可成局部分布 | 碎裂结构、碎斑结构、糜棱结构、变晶结构、变余结构 变余构造、变成构造、（斑点状构造、板状构造、千枚状构造、片状构造、片麻状构造、条带状构造） | 红柱石、蓝晶石、硅线石、十字石、阳起石、透闪石、滑石、叶蜡石、蛇纹石、硬绿泥石、方柱石、硅灰石、符山石 纤维状、长柱状、针状矿物常呈规律的定向排列 含（OH）的矿物比岩浆岩更为发育 石英长石常见波状消光 | 与原岩的化学成分关系密切 |

表 2-4　岩浆岩分类及矿产[6]

| 酸度分类 | 超基性岩 | | | | 基性岩 | | | 中性岩 | | | 酸性岩 | |
|---|---|---|---|---|---|---|---|---|---|---|---|---|
| 碱度分类 | 钙碱性 | 偏碱性 | 过碱性 | 过碱性(碳酸) | 钙碱性 | 碱性 | 过碱性 | 钙碱性 | 钙碱性-碱性 | 过碱性 | 钙碱性 | 碱性 |
| 岩石类型 | 橄榄岩-苦橄岩类 | 金伯利岩类 | 霓霞岩-霞石岩类 | 碳酸岩类 | 辉长岩-玄武岩类 | 碱性辉长岩-碱性玄武岩类 | 碱性辉长岩-碱性玄武岩类 | 闪长岩-安山岩类 | 正长岩-粗面岩-二长岩-粗安岩类 | 霞石正长岩-响岩类 | 花岗岩-流纹岩类 | 花岗岩-流纹岩类 |
| $SiO_2$(重量%) | 38~45 | 20~38 | 38~45 | <20 | 45~53 | | | 53~66 | | | >66 | |
| $K_2O+Na_2O$(重量%) | <3.5 | | >3.5 | | 平均 3.6 | 平均 4.6 | 平均 7 | 平均 5.5 | 平均 9 | 平均 14 | 平均 6~8 | |
| $(K_2O+Na_2O)^2/SiO_2-43$ | <3.5 | | >3.5 | | <3.3 | 3.3~9 | >9 | <3.3 | 3.3~9 | >9 | <3.3 | 3.3~9 |
| 石英含量(体积%) | 不含 | | | | 不含 | | | 不 | 含 <20 | 不含 | 含 >20 | |
| 硅铝矿物种类及含量 — 似长石(霞石、方钠石、白榴石) | 不含 | 含量变化大 | | 可含少量碱性长石 | 不含 | 不含或少含 | 含 >5(体积%) | 不含 | 不含或少含 | 含 5~50(体积%) | 不含 | 不含 |
| 硅铝矿物种类及含量 — 斜长石、碱性长石(K、Na) | 不含 | 不含 | 可含少量碱性长石 | | 以基性斜长石为主 | 以碱性斜长石及基性斜长石为主，也含中长石、更长石 | | 中性斜长石可含碱性长石 | 碱性长石可含中性斜长石 | 碱性长石 | 碱性长石及中酸性斜长石 | 酸性长石 |
| 铁镁矿物种类 | 橄榄石、斜方辉石、单斜辉石、角闪石为主，角闪石次之 | 橄榄石、透辉石、镁铝榴石、金云母 | 碱性暗色矿物 | | 以辉石为主，可含橄榄石、角闪石 | 单斜辉石(含钛普通辉石、碱性辉石)为主，橄榄石也含较多 | | 角闪石为主，辉石、云母次之 | 碱性角闪石为主，富铁黑云母次之 | 碱性辉石、碱性角闪石为主，富铁云母次之 | 黑云母为主，角闪石次之，辉石较少 | 碱性角闪石、富铁黑云母为主，碱性辉石次之 |

续表 2-4

| 项目 | 超基性岩 钙碱性 | 超基性岩 偏碱性 | 超基性岩 过碱性 | 基性岩 钙碱性 | 基性岩 碱性 | 基性岩 过碱性 | 中性岩 钙碱性 | 中性岩 钙碱性-碱性 | 中性岩 过碱性 | 酸性岩 钙碱性 | 酸性岩 碱性 |
|---|---|---|---|---|---|---|---|---|---|---|---|
| 酸度分类 | 超基性岩 | | | 基性岩 | | | 中性岩 | | | 酸性岩 | |
| 铁镁矿物体积(%) | >70 | | 30~70 | 40~70 | | | 15~40 | | | <15 | |
| 代表性侵入岩 深成岩 | 纯橄榄岩、橄榄岩、二辉橄榄岩、辉石岩 | | | 辉长岩、苏长岩、斜长岩 | 碱性辉长岩 | 碱性辉长岩 | 闪长岩 | 正长岩、碱性正长岩 | 霞石正长岩 | 花岗岩、花岗闪长岩 | 碱性花岗岩 |
| 代表性侵入岩 浅成岩 | | 苦橄玢岩 | 霓霞岩、钙霞岩 | 辉绿岩、辉绿玢岩 | 碱性辉绿岩、碱性辉绿玢岩 | | 闪长玢岩 | 正长斑岩 | 霞石正长斑岩 | 花岗斑岩、花岗闪长斑岩 | 霓霞花岗岩 |
| 特征结构构造 | 显晶质结构、似斑状结构、等粒状结构、不等粒结构、块状构造 | | | | | | | | | | |
| 代表性喷出岩 | 苦橄岩、玻基纯橄岩、玻基橄辉岩、科马提岩 | 玻基辉橄岩 | 霞石岩 | 拉斑玄武岩、高铝玄武岩 | 碱性玄武岩 | 碱玄岩、碧玄岩、白榴岩 | 安山岩 | 粗面岩、粗安岩、碱性粗面岩 | 响岩 | 流纹岩、英安岩、黑曜岩、珍珠岩、松脂岩 | 酸性流纹岩、碱流岩 |
| （碳酸熔岩） | | | 碳酸熔岩 | | | | | | | | |
| 特征结构构造 | 隐晶质结构、玻璃质结构、斑状结构、气孔状构造、杏仁状构造、流纹状构造 | | | | | | | | | | |
| 主要有关矿产 金属 | 铬、镍、钴铂族 | | 铌、稀土、铝、铀 | 铜、镍、钴、钒、钛、铁、铬 | | | 铁、铜、金、银 | 稀有、放射性 | 稀有、稀土 | 稀有、锡、钨、铁、铅、锌、铜等 | 稀有、放射性、铜、钼、锌、金等 |
| 主要有关矿产 非金属 | 耐火材料、钙镁磷肥原料、石棉 | 金刚石 | 磷、钾 | 铸石、矿棉 | | | | | 斑脱岩、沸石岩、叶蜡石 | 明矾石、膨胀珍珠岩 | 膨胀珍珠 |

**表 2-5　沉积岩分类及矿产[7]**

**陆源沉积岩**

| 岩石类型 | 砾岩 | 砂岩 | 粉砂岩 | 泥质岩(页岩) |
| --- | --- | --- | --- | --- |
| 粒径(mm) | >2 | 2~0.05 | 0.05~0.005 | <0.005 |
| 物质组成 | 砾状结构 | 砂状结构 | 粉砂状结构 | 泥质结构 |
| 主要矿物 | 碎屑、杂基、胶结物；石英、长石(钾长石、斜长石)、云母 | | 金红石、蓝晶 | 酸性斜长 |
| 重矿物 | 锆石、独居石、榍石、石榴子石、十字石、电气石、黄玉石等 | | | |
| 填隙物质 | 杂基:细粉砂及黏土物质；胶结物:铁质、钙质、硅质、泥质 | | | |
| 主要矿产(金属) | 金、铜 | 铁 | 铌、钨、锡、铂 | 钽 |
| 主要矿产(非金属) | 建材石料、研磨材料、耐火材料 | | | 石油 |

**火山物源沉积岩**

| | 正常火山碎屑岩类 | | 向沉积碎屑岩过渡的火山碎屑岩类 | |
| --- | --- | --- | --- | --- |
| 类型亚类 | 向熔岩过渡的火山碎屑岩类 | 火山碎屑亚岩类 | 沉积火山碎屑岩亚类 | 火山碎屑沉积岩亚类 |
| 火山碎屑物含量 | 含量不定，一般约30%~50% | >90% | 90%~50% | 50%~10% |
| 成岩方式 | 熔岩胶结 | 压实 | 压实和水化学胶结 | |
| 集块(>64mm)组成 | 集块熔岩 | 火山集块岩 | 沉集块岩巨砾岩 | 凝集块岩(巨角砾岩) |
| 角砾(64~2mm)组成 | 角砾熔岩 | 火山角砾岩 | 熔结火山角砾岩 | 沉火山角砾岩 / 凝灰质角砾岩(角砾岩) |
| 火山灰(<2mm)组成 | 凝灰熔岩 | 熔结凝灰岩 | 凝灰岩 | 沉凝灰岩 / 凝灰质砂岩(粉砂岩、泥岩) |
| 主要矿产(金属) | 铁、锰、铜、铝、锌、铀 | | | |
| 主要矿产(非金属) | 钾、硼、硫、建材石料 | | | |

**内源沉积岩**

| | 蒸发岩 | 非蒸发岩 | 可燃有机岩(生物残体) |
| --- | --- | --- | --- |
| 岩石类型及主要矿物成分 | 盐岩(钾盐岩、石盐岩)、钾盐(钾盐镁矾)、石膏、硬石膏、天然碱、水碱、芒硝、硼砂 | 石灰岩(方解石)、白云岩(白云石)、磷块岩(磷灰石)、铁质岩(赤铁矿、针铁矿)、硅质岩(玉髓、蛋白石)、锰质岩(软锰矿、硬锰矿)、铝质岩(三水铝石、一水软铝石、一水硬铝石)、沸石质岩(沸石) | 煤、石油、油页岩、石煤 |
| 特征结构构造 | 结晶粒状结构、维晶结构、块状构造 | 粒屑结构、生物结构、晶粒结构、交代变晶结构、塑变结构；斑状结构、胶状结构、泥质结构、鲕状结构、块状构造、叠层状结构、带状构造 | |
| 主要矿产(金属) | 铁、汞、锑、铅、银、镍、钴、钼、铀、钒 | 锌、铜、铝、天青石、萤石 | |
| 主要矿产(非金属) | 石膏、硬石膏、萤石、水晶、冰洲石、石盐、钾盐 | | |

注:1. 砂岩按常见碎屑物进一步命名，如石英砂岩、长石砂岩、岩屑砂岩等。粉砂-泥质砂岩按混入物或胶结物进一步命名，如铁质粉砂岩、钙质泥岩；
2. 火山物源沉积岩有时按火山物成分进一步命名，如流纹质凝灰岩、安山质凝灰岩、火山角砾岩等。

**表 2-6　变质岩分类及矿产**

| 岩石名称 | 区域变质岩 岩石学特征 | 混合岩 岩石名称 | 混合岩 岩石学特征 | 接触变质岩 岩石名称 | 接触变质岩 岩石学特征 | 气液变质岩 岩石名称 | 气液变质岩 岩石学特征 | 动力变质岩 岩石名称 | 动力变质岩 岩石学特征 |
|---|---|---|---|---|---|---|---|---|---|
| 板岩类 | 主要含黏土矿物、细粒石英、绢云母、绿泥石。具泥质粉砂质结构,板状构造 | 注入混合岩类 | 基本为基体的矿物组合,新生的石英质脉体仅占次要地位。主要构造有角砾状构造、眼球状构造、分支脉状构造、条带状构造、肠状构造 | 斑点板岩类 | 具板状构造,重结晶作用不完全,具较多的残余原岩特征,出现少量的新生矿物,呈斑点状分布 | 蛇纹岩类 | 由超基性岩石经液气变代,使橄榄石、辉石,具变成蛇纹石、绢石,具网状、叶片状变晶结构,块状构造 | 构造角砾岩类 | 原岩受应力作用破碎成棱角状的碎块,在剪切力和重力影响下位移,被胶结后形成,胶结物往往是黏土、铁锰质等,有时也有很细的泥砂质 |
| 千枚岩类 | 主要含绢云母、石英、钠长石、绿泥石,具细粒鳞片变晶结构,千枚状构造 | | | | | | | | |
| 片岩类 | 主要含云母、绿泥石、阳起石、透闪石、石英、长石等,具中粗粒鳞片变晶结构,条带状构造,片状构造 | 混合片麻岩类 | 主要为新生的花岗质脉体,仅残留有变质的中某些不易变化的矿物。主要有片麻状构造,条带状构造或眼球状构造 | 角岩类 | 原岩特征已基本消失,出现细粒矿物紧密镶嵌的角岩结构,岩石致密坚硬 | 青磐岩类 | 由中基性火山岩及火山碎屑岩经液气变质成绿色块状或形,中细粒变晶结构,变余斑状,变余火山碎屑结构,块状,斑杂状,角砾状构造,主要矿物绿帘石,绿泥石等 | 压碎岩类 | 原岩受压碎变形作用后形成的碎裂化程度较高的岩石 |
| 片麻岩类 | 主要含长石、石英、云母、石榴子石等,具中粗粒变晶结构,片麻状,片状,条纹状构造或眼球状构造 | | | 接触片麻岩类 | 岩石的矿物组合和结构构造与区域变质的片岩,片麻岩相似 | | | 糜棱岩类 | 原岩受压碎,变形更为强烈,具明显的平行定向构造 |
| 长英质变粒岩类 | 主要含长石、石英、闪石、辉石、石榴子石、云母等,具粒状变晶结构,块状构造 | | | | | | | | |

续表 2-6

| | 区域变质岩 | | 混合岩 | | 接触变质岩 | | 气液变质岩 | | 动力变质岩 | |
|---|---|---|---|---|---|---|---|---|---|---|
| | 岩石名称 | 岩石学特征 | 岩石名称 | 岩石学特征 | 岩石名称 | 岩石学特征 | 岩石名称 | 岩石学特征 | 岩石名称 | 岩石学特征 |
| | 角闪质岩类 | 主要含角闪石、石英、斜长石，具变晶结构，片麻状、条带状构造 | 混合花岗岩类 | 矿物成分相当于花岗岩或花岗闪长岩，但其中可保留一定数量的暗色矿物 | 大理岩类 | 矿物组合和结构构造与区域变质大理岩类相似 | 云英岩类 | 酸性侵入岩石经气液交代形成，因而其矿物组合成其他代成，中粗粒鳞片花岗变晶结构，鳞片状构造，块状构造由比例不同的石英、白云母等为主组成 | 波状岩 | 在动力变质过程中，摩擦热生成的高温使岩石局部熔化并迅速冷动的产物 |
| | 麻粒岩类 | 主要含长石、辉石，具麻粒状结构，块状构造 | | | 矽卡岩类 | 中酸性侵入岩与钙镁质碳酸盐岩类接触交代作用形成。主要矿物石榴石、辉石、符山石、硅灰石等。不等粒变晶结构，块状、斑杂状构造 | 次生石英岩类 | 中酸性火山岩受热液作用的硅化变化的产物。主要矿物为石英、绢云母等，具显微粒状变晶结构，块状构造 | 构造片状岩 | 粒状矿物为主的岩石在动力变质过程中，矿物被压扁、拉长而形成的岩石 |
| | 榴辉岩类 | 主要含绿辉石、石榴石，具不等粒变晶结构，块状构造 | | | | | | （气液变质岩的原岩和新生矿物种类繁多，按主要新生矿物命名，以上仅为举例） | | |
| | 大理岩类 | 主要含重结晶的碳酸盐矿物，具粒状变晶结构，块状构造 | | | | | | | | |
| 主要矿产 金属 | 铁、铜、铀 | | 金、铀 | | 铁、钨、铜、铍、钼、锡；铅、锌、金、银；铜、铅、锌、铍 | | 锡、钨、铅、锌、铋、镍、钼；铜、铝、汞、锑、钨 | | 铀 | |
| | 铝、钴、钛、铌、钽、铀 | | | | | | | | | |
| 非金属 | 镁、磷、石棉、石墨 | | 刚玉、石榴石、石墨、磷灰石 | | 硼 | | 硫、石棉、水晶、重晶石、萤石、明矾石 | | 石棉、部分精石 | |

注：1. 区域变质岩以主要组成矿物命名具体岩石。例如黑云母斜长片麻岩、角闪斜长片麻岩、白云石大理岩等；

2. 注入混合岩与混合片麻岩以构造特点命名。如眼球状混合岩、阴影状混合岩等；

3. 接触变质岩按主要新生矿物具体命名，如黑云母斑点板岩、长石石英角岩、钙铁榴石砂卡岩等。

岩浆岩分类和有关矿产见表2-4。所列矿产归属于内生矿床，其中大部与岩浆期后气液活动有关，常与接触变质岩和气液变质岩紧密相伴。

除表2-4所列之外尚有如下重要岩石：（1）伟晶岩，是巨粒结晶的脉状岩石，其化学成分和矿物成分都与其相关的岩类近似。其中花岗伟晶岩与稀有和放射性矿产有关。一些白云母、水晶、黄玉、钾长石等非金属矿产也采自花岗伟晶岩。（2）煌斑岩，主要由暗色矿物组成斑晶的一类暗色脉岩，常按矿物组成具体命名，如云（母）斜（长）煌斑岩等。有些铜、钼多金属矿床的生成与煌斑岩的存在有关。

### 2.2.3　沉积岩分类及有关矿产[7]

根据沉积物质的来源、沉积方式及沉积环境，可将沉积岩分为陆源沉积岩、火山物源沉积岩和内源沉积岩。内源沉积岩的物质来源与水盆地内的溶解组分及生物作用有关，它又分为蒸发岩、非蒸发岩、可燃性有机岩三类。各类岩石特征及与之有关的矿产见表2-5。

火山喷发环境有海陆相之分，与之有关的矿化特点差别很大。判别海、陆相火山成因岩石的标志参见文献［7］。

石灰岩尚可根据结构和成因进一步分类。它对查明若干层控矿床的分布规律较有意义。我国广泛采用曾允孚（1980）的分类[7]。

### 2.2.4　变质岩分类及有关矿产[8]

根据变质岩形成的物理化学条件及结构构造，可将其分为区域变质岩、混合岩、接触变质岩、气液变质岩、动力变质岩五大类。各大类岩石特征及与之有关的矿产见表2-6。

变质岩研究工作中的一个重要问题是恢复原岩，首先是沉积岩、侵入岩和喷出岩。恢复原岩的途径有 5 个方面[9]：（1）地质产状和岩石组合；（2）矿物成分和矿物共生组合；（3）变余结构、构造；（4）岩石化学和地球化学特征；（5）副矿物形态。

## 2.3　地　　　层[10~13,59]

### 2.3.1　地层系统和地质时代

适用于全国的统一地层系统和地质时代列入表2-7。

在实际工作中还经常涉及地方性地层单元的划分和对比。地方性地层单元包括群、组、段。群是最大的地方性地层单位，包括很厚的组分不同的岩层，其范围通常相当于一个统，有时小于统，有时大于统以至相当于一个系，或更大。组是地方性的最基本的地层单元，一般相当于阶（统以下的全国统一的地层单位），或略小于阶，有时比阶的范围更大，达到与统相当的规模。组的重要涵义在于具有岩相、岩性和变质程度的统一性。组或由一种岩石构成，或包括一种主要岩石而兼有重复的夹层，或由两三种岩石反复重叠构成，还可能以很复杂的岩石组分为一个组的特征。段有时用于组的进一步划分，有时指一段具有特殊性的地层或含矿层位。

### 2.3.2　地层划分和对比的原则及途径

不同级别地层单元的划分主要根据五种彼此联系、相互制约的地质现象：（1）构造运动；（2）古地理的变化、表现为海陆分布、海陆地形和气候的变迁；（3）沉积和剥蚀作用的变迁；（4）岩浆活动和变质作用的出现；（5）生物界的变迁。

现代地层划分和对比方法有以下三类：

（1）岩性地质学方法：根据岩石类型、成分、结构、构造、颜色等的变化，以及与岩性

表 2-7　地质时代、地

| 地质时代、地层系统及符号 | | | 界限年龄 | 构造阶段 |
|---|---|---|---|---|
| 代（界） | 纪（系） | 世（统） | （百万年） | |
| 新生代（界）Kz | 第四纪（系）Q | 全新世（统）$Q_h$ | | 喜马拉雅构造阶段 |
| | | 更新世（统）$Q_p$ | 2.0 | |
| | 第三纪（系）R | 新第三纪（系）N | 上新世（统）$N_2$ | 5.1 | |
| | | | 中新世（统）$N_1$ | 24.6 | |
| | | 老第三纪（系）E | 渐新世（统）$E_3$ | 38.0 | |
| | | | 始新世（统）$E_2$ | 54.9 | |
| | | | 古新世（统）$E_1$ | 66±2 | |
| 中生代（界）Mz | 白垩纪（系）K | 晚白垩世（上统）$K_2$ | | 燕山构造阶段 |
| | | 早白垩世（下统）$K_1$ | 135±5 | |
| | 侏罗纪（系）J | 晚侏罗世（上统）$J_3$ | | |
| | | 中侏罗世（中统）$J_2$ | | |
| | | 早侏罗世（下统）$J_1$ | 200±5 | |
| | 三叠纪（系）T | 晚三迭世（上统）$T_3$ | | 印支构造阶段 |
| | | 中三迭世（中统）$T_2$ | | |
| | | 早三迭世（下统）$T_1$ | 235±5 | |
| 古生代（界）Pz | 晚古生代（界）$Pz_2$ | 二叠纪（系）P | 晚二迭世（上统）$P_2$ | | 海西（华力西）构造阶段 |
| | | | 早二迭世（下统）$P_1$ | 285±5 | |
| | | 石炭纪（系）C | 晚石炭世（上统）$C_3$ | | |
| | | | 中石炭世（中统）$C_2$ | | |
| | | | 早石炭世（下统）$C_1$ | 350±5 | |
| | | 泥盆纪（系）D | 晚泥盆世（上统）$D_3$ | | |
| | | | 中泥盆世（中统）$D_2$ | | |
| | | | 早泥盆世（下统）$D_1$ | 405±5 | |
| | 早古生代（界）Pz | 志留纪（系）S | 晚志留世（上统）$S_3$ | | 加里东构造阶段 |
| | | | 中志留世（中统）$S_2$ | | |
| | | | 早志留世（下统）$S_1$ | 440±10 | |
| | | 奥陶纪（系）O | 晚奥陶世（上统）$O_3$ | | |
| | | | 中奥陶世（中统）$O_2$ | | |
| | | | 早奥陶世（下统）$O_1$ | 500±10 | |
| | | 寒武纪（系）∈ | 晚寒武世（上统）$∈_3$ | | |
| | | | 中寒武世（中统）$∈_2$ | | |
| | | | 早寒武世（下统）$∈_1$ | 600±10 | |
| 元古代（界）Pt | 晚元古代（界）$Pt_3$ | 震旦纪（系）Z | | 800±50 | |
| | | 青白口纪（系） | | 1050±50 | |
| | 中元古代（界）$Pt_2$ | 蓟县纪（系） | | 1400±50 | |
| | | 长城纪（系） | | 1800±100 | |
| | 早元古代（界）$Pt_1$ | | | 2500±100 | |
| 太古代（界）Ar | | | | | |

注：1. 元古代（界）划分及前新生代界限年龄根据参考文献［14］；2. 新生代界限年龄根据［8］；3. 矿产时间

**层系统和矿产分布**

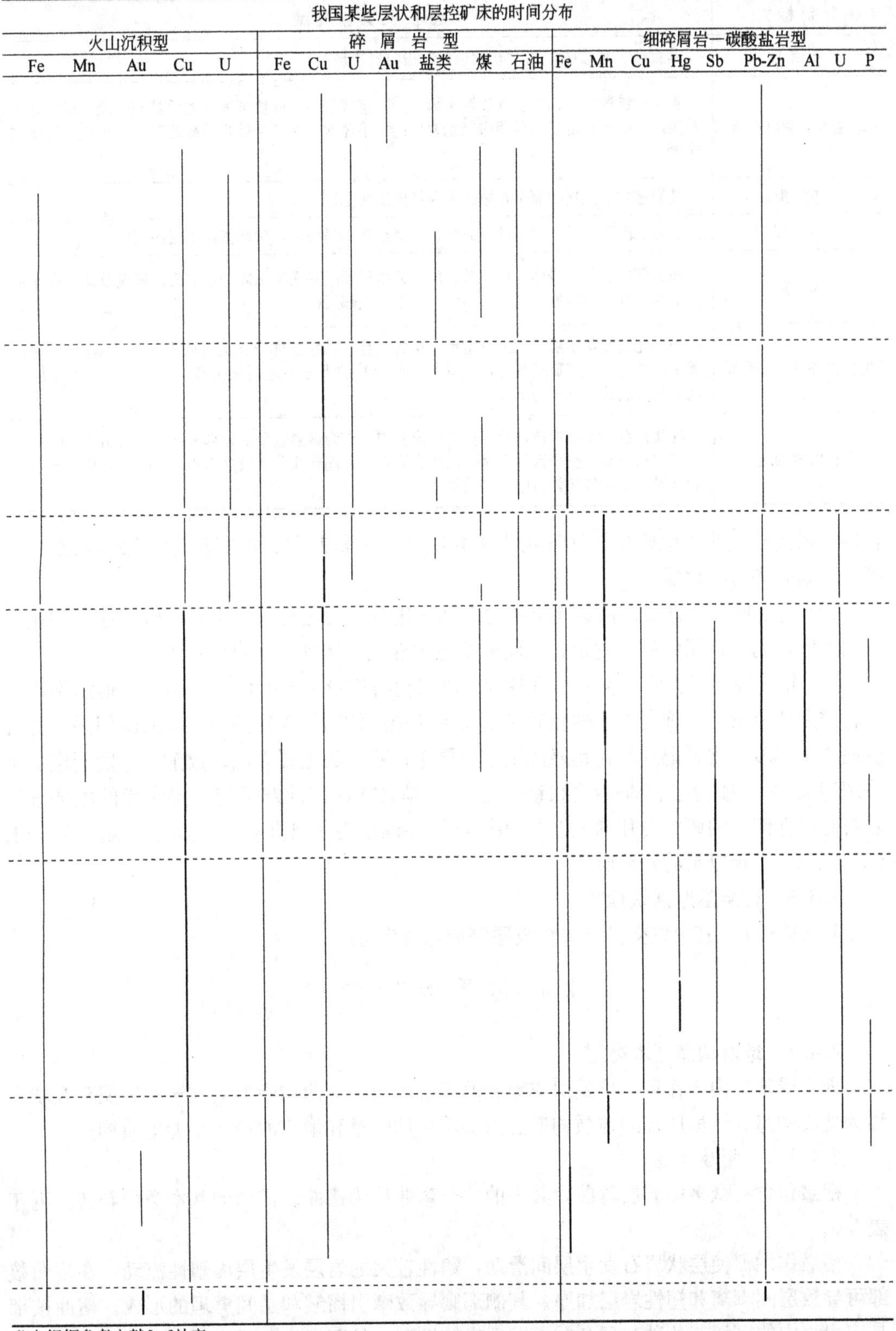

我国某些层状和层控矿床的时间分布

| 火山沉积型 | | | | | 碎屑岩型 | | | | | | | 细碎屑岩—碳酸盐岩型 | | | | | | | | |
|---|---|---|---|---|---|---|---|---|---|---|---|---|---|---|---|---|---|---|---|---|
| Fe | Mn | Au | Cu | U | Fe | Cu | U | Au | 盐类 | 煤 | 石油 | Fe | Mn | Cu | Hg | Sb | Pb-Zn | Al | U | P |

分布根据参考文献[15]补充。

表 2-8 地层层序判识标志

| 判 别 标 志 | 特 征 及 其 鉴 定 意 义 |
|---|---|
| 交 错 层 | 其弧形凹面总是向上，"切割顶面"指向岩层顶部 |
| 粒级层及其他沉积旋回 | 每一粒级层由下而上粒度逐渐由粗变细，组成物质由砂质渐变为泥质甚至钙质。规模远较粒级层大的沉积旋回亦可用来判别岩层的上下序次，注意从沉积韵律的观点分析地层层序和正倒 |
| 波 痕 | 波脊通常比波槽尖而窄，波脊尖端指向层面上部 |
| 泥 裂 | 在岩层平面上呈不规则的龟裂状；在横切面中呈楔形，尖端指向地层底面 |
| 印 痕 | 包括雨痕、动物脚印、虫痕等。雨痕的弧形凹陷的底部指向地层底面；爬虫及动物脚印痕迹的两旁有凸起的堆积物，其中间凹面指向底部层面 |
| 生物遗迹的生长形状 | 藻类化石的基本层凸起上方指示地层的上盘；其集合体分叉的开阔方向指着地层的上盘。藻类群体呈明显的珊瑚状时，其穹起（凸起）的上方为地层的上盘，凹面的下方为地层下盘，集体固着的基体为下盘 |
| 火山岩构造 | 枕状构造、绳状构造以及其他凸面形象均可作为熔岩流层面顶部的标志。火山熔岩的气孔或杏仁状构造若呈平行排列时，往往靠熔岩流上部气孔分布较多而密，下部少而稀。气孔呈管状时，管状分叉常指向下部层面 |

直接或间接有关的其他资料（地球物理测井曲线、沉积旋回、地震测量、化学元素分布等）来划分和对比地层；

（2）生物地层学方法：根据地层中的古生物化石（大化石和微化石）研究地层的相对排列次序，划分地层中的生物带，从而进行地方性或区域性地层对比；

（3）年代地层学方法：主要通过各种手段（化石记录、放射性年龄测定、地震剖面测量、磁极性测量等）确定地层的相对年代关系和地层的同位素年龄界限和时间间隔，并提供地质年代表。化石记录研究是寒武纪后地层年代确定的主要方法。放射性年龄测定通常采用钾-氩法、铷-锶法、铀-铅法和钐-钕法，这是目前确定前寒武纪地层时代的主要方法岩石磁极性倒转的研究可用来对比沉积顺序，并确定磁极性年代表，特别适用于年轻的（距今 8000 万年以来的）地层。

### 2.3.3 地层层序判识标志

列入表 2-8。其中以交错层和粒级层等标志较为可靠。

## 2.4 地 质 构 造[16~20]

### 2.4.1 地质构造基本类型

地壳受地球内力作用，导致组成地壳的岩层倾斜、弯曲和断裂，这样的岩层存在状态称为地质构造。这里所述的地质构造是指影响矿体位置和形态的中、小型地质构造。

#### 2.4.1.1 褶皱构造

褶皱包含有众多的岩层弯曲，其中的单个弯曲称为褶曲。褶曲的基本类型和特点列于表 2-9。

褶皱作用促使层状岩石发生层间滑动，塑性较大的岩层发生层内塑性流动，在褶曲核部可导致层间剥离和塑性岩层加厚。其侧部则导致牵引褶皱和层间劈理的形成。褶曲核部是应力集中的区域，各种节理和轴面劈理也较发育，甚至发生角砾岩化。

垂向应力作用也形成褶曲，其情况有所不同。

2.4.1.2 断裂构造

包括两旁岩石有明显错移的断层、两旁岩石无明显位移的裂隙即节理和密集的平行紧闭裂隙或潜在裂面即劈理。其基本类型和特征列于表2-9。

重要的断层运动可在其旁侧导生牵引褶皱、羽状裂隙即节理和断层伴生劈理。羽状张节理和剪节理的分布见图2-4。伴生劈理的分布特征与剪节理相似，见表2-9。

除上述构造应力场形成的地质构造之外，还有一些构造也有较重要的意义：

（1）岩层沉积-成岩期间形成的层面构造，以及岩层沉积间断面上的不整合构造和假整合构造等。

（2）岩浆侵入和喷发形成的接触带构造、火山构造以及岩浆岩内部的原生构造。

### 2.4.2 成矿前、成矿期和成矿后地质构造及其鉴别

2.4.2.1 成矿前构造

本章所指成矿前构造是在成矿作用发生之前已经存在，紧邻成矿之前有活动的构造，经常是控制矿床和矿体展布的基本地质因素。

各种沉积和沉积变质矿床的成矿前构造主要是指控制沉积盆地边缘以及盆地内控制成矿洼槽的断裂构造和岩溶构造。此种断裂之上覆盖含矿岩系，断裂中没有矿层以及含矿岩系的破碎角砾。岩溶洼陷则是储矿空间。

热液矿床的成矿前构造包括控制含矿岩浆侵入、喷发和矿液活动的断裂和褶皱构造，侵入体接触带构造，岩浆岩内的原生节理和构造裂隙，含矿岩浆侵入和喷发形成的横弯褶曲、穿窿和火山构造，以及赋矿地层的层面构造、假整合和不整合构造。成矿前构造内见有矿体、矿化和蚀变，或者被矿体和蚀变带切过；构造角砾为矿石矿物和脉石矿物充填交代；成矿元素原生晕沿断裂及其旁侧分布，断裂两侧矿化和蚀变显著增强。

2.4.2.2 成矿期构造

指成矿期间发生的构造变动，常常继承成矿前构造，但也有新生的，其中断裂显得十分重要。成矿期构造中形成的矿体、矿脉和蚀变体，交切早期形成的矿体、矿脉和蚀变体，交代和胶结早期形成的矿石角砾。

2.4.2.3 成矿后构造

指成矿作用以后发生的地质构造。其标志是褶皱使矿层弯曲，断层错断矿体；断裂带内含有矿石角砾，断裂旁侧的矿体被牵引褶皱和被羽状裂隙切割，矿体中见有断层错动面、断层泥或擦痕，矿体或蚀变矿化体与无矿围岩断层接触。

以上所述是简单的一次成矿作用的情况。有的矿区成矿作用有多次性。此时需分别对每一次的构造控矿因素进行细致分析。

### 2.4.3 地质构造的控矿作用

2.4.3.1 褶皱构造的控矿作用

形成时间与成矿期相同或接近而稍早的褶皱构造，对各类热液矿床有重要控制作用。它控制的矿体大多为整合矿体。它们往往赋存在背斜核部、背斜倾伏端、背斜轴向转折处、背斜轴面倾角变化部位、背斜与断裂交汇处，常位于物理力学性质不同的岩层界面上，形成鞍状、透镜状、囊状和脉状矿体。当成矿部位被不透水岩层覆盖时更有利。其次，背斜两翼层间滑动破碎带、假整合和不整合构造、层面构造，也形成层状和似层状

矿体

各类沉积矿床与其顶、底板沉积岩同时褶皱，层状矿体的块状矿石可因塑性流动在褶曲核部变厚加富，呈巨大的透镜体。但某些沉积矿床的矿体赋存在向斜槽部是由于矿体沉积于构造洼陷中，褶皱时成了继承性向斜之故。同样，某些火山穹窿在褶皱时成了继承性背斜，其中也可赋存早期火山热液沉积矿体。

### 2.4.3.2　断裂构造的控矿作用

成矿前和成矿期的断裂既是矿液的通道，又是矿液聚集的场所。各类热液矿床容矿断裂形成脉状矿体，容矿层间断裂形成层状矿体；容矿断裂走向上和倾向上的转折引张部位往往形成矿体的富厚部位。

成矿前和成矿期间断裂与断裂或断裂与褶皱的复合部，通常是含矿岩浆活动和矿液聚集的部位。

各类沉积矿床的成矿前断裂控制沉积洼陷的外形、沉积建造和矿层的分布；成矿期间的同生断裂使得沉积洼槽积聚厚大的含矿岩系和矿体。

成矿后断裂主要破坏矿体的完整性。但对某些多次成矿的矿床来说，早期的成矿后断裂可为后期成矿作用所利用。

### 2.4.3.3　火山构造和侵入体构造的控矿作用

对于岩浆热液和火山热液矿床来说，火山管道、爆发角砾岩筒，环状和放射状断裂控制管状和筒状矿体以及环状和放射状矿脉。岩体接触带凹部、超覆部和与断裂交切及复合部易成扁豆状矿体，附近易出现外接触带层状、似层状矿体。岩体顶盖上有时出现脉状矿体。对于岩浆矿床来说，原生节理常控制矿浆的贯入。

### 2.4.4　小构造判识与错失矿体的寻找

判别褶皱构造的基础是正确确定地层的层序（参阅 2.3）和产状。此外，轴面劈理及塑性岩层内的小褶和层间劈理可以帮助确定大褶曲轴的位置，和在褶皱时上下岩层的相对滑动方向（图 2-1、图 2-2）。

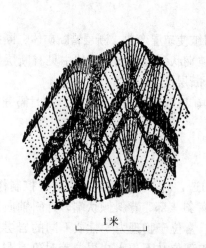

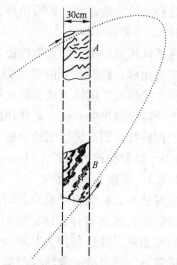

图 2-1　褶曲与轴面劈理的关系（注意呈扇　　　　　图 2-2　层内小褶曲与主褶曲的关系（岩
　　　形分布，极塑性层中呈倒扇形）　　　　　　　　　心，箭头示上部层滑移方向）

 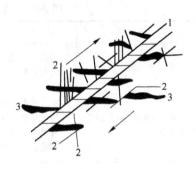

图 2-3　断层导生的牵引褶曲（注意厚度　　　　图 2-4　断层与派生剪节理、破劈理、张节理
　　　　变化，箭头示错移方向）　　　　　　　　　　的关系（箭头示错移方向）

1—断层；2—派生剪节理和破劈理；3—张节理

　　断层主要按其对地质体的错移进行判识。视断层发生的环境不同，断层面（或带）可分别伴有擦痕、擦沟、牵引褶曲、摩擦泥、角砾岩、破碎带、糜棱岩化带、劈理带、片理化带。在地表断层线常表现为沟谷，在井下断层带常是漏水带。

　　张节理一般短促而稀疏，裂隙面弯曲粗糙，无擦痕，呈开口状易被后期产物充填。剪节理一般伸展而较密集，裂隙面平直光滑，可有擦痕，通常闭合。这些特征在断层旁侧的羽状裂隙系中更为明显。

　　成矿后被断层错失的矿体可从下述途径考虑寻找：

　　（1）根据标志层的位移估计断层错移的方向和距离；

　　（2）根据断层产生的牵引褶曲（图 2-3），以及被错断岩层或矿石碎块的拖移情况估计断层错移的方向；

　　（3）根据矿层上下盘蚀变矿化特点的对比判断矿体错移方向；

　　（4）根据断层面上擦痕和擦阶的光滑方向估计断层错移方向；

　　（5）根据断层旁侧派生裂隙和劈理的分布（图 2-4）估计断层错移方向。一般说派生张节理，最易利用，它与断层相交的锐角指向即本盘错移方向。派生剪节理和劈理则因剪切面夹角的变化比较复杂。

## 2.5　成矿作用与矿床地质-工业类型的划分

### 2.5.1　成矿作用[21,22]

#### 2.5.1.1　风化-沉积作用

　　（1）已经形成的岩石受风化而变松软，化学上不稳定的组分分解移出，稳定组分重新组合而富集，某些移出的组分向下渗透，在原地潜水面下又再次沉淀富集，这些作用可形成风化-淋滤矿床。其中，在原地残留富集的常称风化壳型或红土型矿床，在潜水面下富集的则常称次生富集或淋积矿床。

　　（2）风化作用中分解出的稳定重矿物，在受地质营力搬运时可因重力分选而富集，此时形成砂矿床。如水流基本未参与搬运和分选，则在原地及其附近生成残积坡积或风化壳型砂矿；如地表径流参与搬运和分选，则在盲谷、洪积扇，河床、河漫滩和三角洲中生成洪积冲积砂矿；如浅滩上的波浪参与搬运和分选，则在海滩上形成海滨砂矿。延入海滨以外陆棚浅水部分的砂矿统称滨外砂矿。古代的河流和海滨砂矿因大陆上升而抬升，高于现

**表 2-9　小型地质构造基本类型的特征**

| | 划　分　原　则 | 基本类型名称及其特点 |
|---|---|---|
| 褶曲 | 基本类型 | 背斜：核部出露老地层，向翼部地层时代变新<br>向斜：核部出露新地层，向翼部地层时代变老 |
| | 按褶曲枢纽水平程度（褶曲长宽比） | 水平褶曲或线状褶曲：长宽比＞10<br>短轴褶曲（短轴背、向斜）：长宽比 10～3<br>穹窿（相应于背斜）：长宽比＜3<br>构造盆地（相应于向斜）：长宽比＜3 |
| | 按横剖面岩层产状 | 直立褶曲：两翼地层对称反向倾斜，正常产状<br>倾斜褶曲：两翼地层不对称反向倾斜，正常产状<br>倒转褶曲：两翼地层同向陡倾斜，一翼倒转产出<br>平卧褶曲：两翼地层同向缓倾斜，一翼转产出 |
| 断层 | 基本类型（斜向位移使用组合名词） | 平移断层：使地质体水平错移<br>正断层：使断层上盘相对下盘向下错移<br>逆断层：使断层上盘相对下盘向上错移<br>逆掩断层：位移特征同逆断层，断层面倾角＜45° |
| | 按断层群的组合形式 | 地堑：相向或相背的正或逆层间出现下降断块的构造<br>地垒：相背或相向的正或逆层间出现上升断块的构造<br>阶梯式断层：产状一致的正断层群，上盘梯式下降<br>叠瓦状断层：产状一致的逆断层群，上盘叠瓦状上升 |
| 节理 | 按力学成因 | 张节理、剪节理（参见正文） |
| | 按与岩层产状关系 | 走向节理、倾向节理、斜向节理、层面节理（节理面走向与岩层走向平行、垂直、斜交或与层面完全相合） |
| | 按与褶曲轴关系 | 纵节理、横节理、斜节理（节理面走向与褶曲轴走向平行、垂直或斜交） |
| 劈理 | 基本类型 | 流劈理：微细矿物定向排列而成的潜在裂面<br>破劈理：密集的平行剪裂面，间距小于 1cm，矿物无定向<br>滑劈理：切过早期流劈理的平行滑动面，矿物定向 |
| | 按与地质体关系 | 轴面劈理：大致平行褶曲轴面而略呈扇形和倒扇形分布，主要为流劈理及滑劈理<br>断层伴生劈理：为破劈理及流劈理，一组近于平行断层，其相交锐角指向本盘错移方向，另组大角度交切断层<br>层间劈理：褶皱作用中层间滑动导生的破劈理，与层面相交的锐角指示相邻岩层的滑动方向<br>顺层劈理 |

代河漫滩和海滨者常称阶地砂矿。

（3）进入水体的溶解组分，可因生物化学的吸取和沉淀作用以及化学沉淀作用而沉积。以后，在成岩过程中，和进入沉积物的碎屑物一起，还可发生再溶解、再迁移及再沉淀，此时形成沉积矿床。

（4）进入水体的易溶组分则只在泻湖或内陆凹地中由于强烈蒸发而形成盐湖并沉淀膏盐层，或经毛细管蒸发沉淀盐霜，称蒸发矿床。典型的蒸发矿床并不富含重金属。

2.5.1.2　地下热液的渗流作用

（1）深循环的地下水常是高纯氯化物卤水，有很强的溶解重金属的能力，它们受地热场的加温而渗流，萃取围岩中的金属，在围岩中充填或交代成矿，形成热卤水矿床。

（2）热卤水也可沿构造上升到达地表水体底部沉积成矿，形成热卤水沉积矿床，或补给某些盐湖和盐泉。

（3）如果地热场强度大，能使流体长期处于超临界状态（大于350℃），它必然同时引起岩石一定程度的变质，使流体成分受变质影响而富集 $CO$、$CO_2$、$HCO_3^-$ 等从而近于变质热液。这种热液的渗流也能富集某些重金属成矿。它们通常发生在主期变质之后，称为叠加变质热液矿床。

（4）最近还查明，地下热液还可参加沉积成岩矿床的成岩和成岩期后改造作用，形成陆源（热水）再造矿床。

### 2.5.1.3　岩浆（侵入）活动

（1）随着温度下降，岩浆中不同性质的组分如硅酸盐和硫化物等可因不混溶而分离，不同时期结晶的组分也可因重力和动力而发生聚集，这些都导致有用组分集中，在岩浆凝结过程中形成岩浆矿床；

（2）岩浆可以富含挥发组分，携带大量重金属络合物。侵入岩浆结晶过程中挥发组分聚集，形成含矿溶液。它向低温低压方向运动，在急剧减压、降温、或与介质起反应的条件下通过充填或交代围岩而成矿，形成岩浆气液矿床。其中，常因含矿岩石的不同而称为矽卡岩型（或接触交代型）、云英岩型、斑岩型、石英脉型矿床等。富含挥发组分的残余熔浆则形成伟晶岩矿床。

### 2.5.1.4　火山活动

（1）深部岩浆熔离形成的矿浆可以喷溢或爆发到地表，形成矿浆喷溢或爆发矿床。

（2）火山热液活动可以形成火山热液矿床。

（3）这种热液沿构造上升到达地表水体底部时则可形成火山热液沉积矿床，或补给某些盐湖、盐泉。后两类矿床的形成机制尚有尖锐的对立意见。

### 2.5.1.5　变质作用

（1）大多数变质作用本身只改变已形成金属矿床的矿物组合和结构构造，从而称之为受变质矿床（或沉积变质矿床）。对非金属则不然，它可以把高铝岩石变成刚玉、红柱石、矽线石、蓝晶石等矿床，把炭质岩石变为石墨矿床等，这些可称变成矿床。

（2）和金属矿产关系密切的是变质热液活动。前进变质作用是一个释放水和活动组分的过程，后者向低温低压方向渗流，并萃取原岩及其中气液相组分所含的金属，在一定的变质相带中以充填或交代的方式成矿，形成变质热液矿床。

很多成矿作用进程中伴有物理化学条件的演化，从而使过程显现出阶段性。同一过程在不同的矿化阶段往往生成不同的矿物组合，有特定的矿化元素。根据矿物组合体之间的穿插、交代和覆盖关系，区分各阶段的产物并查明其分布，是查明特定元素富集规律的基础。

还应注意，某些矿床是地质历史上相隔甚远的多种成矿过程叠置的结果，需要进行细致的具体分析。

### 2.5.2　矿床的地质-工业类型[65,66,68]

矿床是地壳中或地表矿石蕴藏的天然场所。它含有一个或相邻的多个矿体，在目前的技术、经济条件下，可以开采利用。

矿床分类办法很多,本章采用的是地质-工业分类。

矿床地质-工业类型划分的基本原则是:(1) 所考虑的仅限于在工业上有一定重要性的对象;(2) 要综合考虑影响采矿和矿石加工工艺的因素,如矿石的化学和矿物成分、结构构造、物理性质、矿体的产状、形态、含矿岩石和围岩等;(3) 要力求把这些因素与矿床产出的地质条件联系起来。

但在实际上,由于不同著者的着眼点以及各个矿种特点、研究历史和习惯用语不同,在矿床地质-工业类型的实际划分和命名方面差异是很大的;有的侧重于成因标志,有的侧重于形态,有的侧重于围岩,有的侧重于矿化成分。

### 2.5.3 工业对矿产质量的要求

工业对矿产质量的要求随时间、地点和矿床特点而变,需要经过调查研究和详细计算来确定。这方面的情况见于本书第 3 章和第 38 章。此外,下述材料可以帮助粗略估计某一矿产利用的可能性:

(1) 国家和有关工业部门颁发的矿产品标准,据此可以估计矿石能否不经选矿富集而直接为工业利用;

(2) 全国矿产储量委员会制定的各矿种地质勘探规范。其中,根据我国一般经济情况和技术-经济条件提出了矿石储量计算圈定矿体的参考指标或试算指标。

## 2.6 黑色金属矿床[23~25,71]

### 2.6.1 铁矿床

铁矿石按其使用特点划分类型,凡能直接入炉炼钢的称平炉富铁矿石,能直接入炉炼铁的称高炉富铁矿石,经富集后才能入炉的称贫铁矿石。平炉富铁矿石价值高,常见地下开采及长途运输;贫铁矿石一般多为露天开采。贫铁矿石中磁铁矿石易选,是开发的主要对象;其他类型贫铁矿难选,工业上较少利用。但最近鞍山对细粉状赤铁矿用弱磁—强磁—重选和弱磁—强磁—阴离子反浮选成功,取得品位为 65%～66% 的铁精矿,回收率达71%～76%,对赤铁矿石的应用具有重要意义。各类铁矿石除对一系列有害杂质含量尚有要求外,其基本质量要求(%)如下:

| 平炉富铁矿石 | 高炉富铁矿石 |
|---|---|
| 磁铁矿石 $TFe>50\sim55$,$SiO_2\leqslant12$ | $TFe>45\sim50$ |
| 赤铁矿石 $TFe>50\sim55$,$SiO_2\leqslant12$ | $TFe>45\sim50$ |
| 褐铁矿石 $TFe>45\sim50$,$SiO_2\leqslant12$ | $TFe>40\sim45$ |
| 菱铁矿石 | $TFe>35\sim40$ |
| 自熔性矿石$(CaO+MgO)/(SiO_2+Al_2O_3)=0.8\sim1.2$ | $TFe>35\sim38$ |

近年我国钢铁冶炼推行精料入炉,加强选矿,要求铁精矿含铁不低于 65%,相应高炉富铁矿入炉品位有提高,磁铁矿石均在 50% 以上。而易选磁铁矿石开采的边界品位则已下降至 14%～16%。

### 2.6.2 锰矿床

锰矿石主要有氧化锰矿及碳酸锰矿二类。含锰大于 45% 而含铁又低的质纯的软锰矿石最宜作放电锰。品位最低(8%～12%)的碳酸锰矿石宜于作熔剂。冶金用锰矿石质量变化范围很大。目前我国所用锰矿石的绝大部分需经过选矿。锰矿石价值主要取决于锰或锰铁含

表2-10 我国铁矿床地质-工业类型

| 矿床类型 | 地质特点 | 矿体形态及产状 | 矿石类型 | 主要矿石矿物 | 矿石质量特点 | 矿床规模 | 类型相对重要性 | 矿床实例 |
|---|---|---|---|---|---|---|---|---|
| 沉积变质型 | 主要产于太古界中到深变质火山沉积岩系中，为含铁石英岩，即鞍山式铁矿。偶见产于其中的变质热液成因富铁矿 | 层状、似层状或透镜状，矿体长数百米至数千米 | 磁铁石英岩、赤铁石英岩 | 磁铁矿、赤铁矿、假象赤铁矿、镜铁矿、褐铁矿 | 成分简单，含$Fe20\%\sim40\%$，少数有含$Fe45\%\sim65\%$的富矿，有害杂质含量低 | 特大至中小型 | 储量占世界铁矿的60%，我国铁矿的53%，其中全国富铁矿占全国富铁矿的13% | 辽宁弓长岭，河北迁安 |
| 沉积变质碳酸盐岩型 | 主要产于中下元古界碎屑-碳酸盐岩层中，变质程度浅，一般不超过绿片岩相 | 层状、似层状、透镜状，厚度变化大 | 磁铁矿石、赤铁矿石 | 磁铁矿、赤铁矿、褐铁矿、菱铁矿、磁黄铁矿、方铅矿 | 成分复杂，共生TR、Nb、Ta或Cu、Co或Pb、Zn，以富矿为主，含Fe一般$30\%\sim60\%$，有害杂质S、P、F等含量高 | 大、中型为主，少数小型 | 储量占全国铁矿总量的4%，其中富铁矿占全国富铁矿的14.5% | 内蒙白云鄂博、吉林大栗子、广东海南（石碌） |
| 接触交代型 | 矿体常与中生代中到酸性侵入岩（花岗闪长岩、花岗岩、石英闪长岩等）有关，多产在与碳酸盐岩层接触带砂卡岩中 | 层状、似层状、透镜状、囊状及不规则状，形态复杂 | 磁铁矿石 | 磁铁矿、赤铁矿、假象赤铁矿、黄铜矿、闪锌矿 | 较富，一般含$Fe35\%\sim60\%$，常含Cu、Co、Au较高，可综合利用 | 以中、小型为主，少数大型 | 储量占全国铁矿总量的8%，其中富铁矿占全国富铁矿的40% | 湖北大冶（铁山），山东张家洼，河北邯郸 |
| 岩浆钒钛磁铁矿型 | 多产于流层状辉长岩体中、下部，围岩普有时绿泥石化，规模与岩体大小和分异程度有关 | 似层状、脉状及透镜状，走向长$1000\sim2000$m，厚数米至数十米 | 钒、钛磁铁矿石 | 磁铁矿、钛铁矿、钛磁铁矿晶石、钛磁铁矿 | 含Fe一般为$22\%\sim42\%$，$TiO_2 6\%\sim15\%$，$V_2O_5$为$0.15\%\sim0.40\%$，P低S高，伴生Pt、Ni | 大、中型为主 | 储量占全国铁矿总量的14% | 四川攀枝花，河北大庙 |
| 海相火山岩型 | 产于地槽的海底火山喷发中心附近，与中性-中基性火山岩、细碧角斑岩系、火山碎屑岩有关，一般已变质 | 层状、似层状、透镜状，少数为脉群 | 磁铁矿石、镜铁矿石 | 磁铁矿、赤铁矿、镜铁矿、假象赤铁矿、黄铁矿、黄铜矿 | Fe一般$30\%\sim60\%$，常伴生V、Cu、Co，贫富兼有，并有自熔性矿石，含S高 | 大、中、小型 | 储量占全国铁矿总量的3.2%，其中富铁矿占全国富铁矿的8% | 云南大红山，甘肃镜铁山 |
| 陆相火山岩型 | 多见于侏罗-白垩纪断陷盆地内闪长岩与安山岩的破碎蚀变带中，矿石多具角砾状 | 似层状、透镜状及脉状 | 块状、角砾状磁铁矿石、浸染状磁铁矿石 | 磁铁矿、赤铁矿、假象赤铁矿、黄铁矿 | 多为富矿，品位$30\%\sim50\%$，多伴生磷灰石、Co、V、S | 中、小型为主 | 占全国铁矿总储量2.5%，其中富铁矿占全国富铁矿的11% | 江苏梅山 |
| 沉积型铁矿 | 元古代至中生代都有铁矿产出。多由砂岩、页岩和泥岩等构成含矿岩层，有的与煤，铝土矿、黏土矿等相伴 | 层状，厚度较薄 | 赤铁矿石、菱铁矿石 | 赤铁矿、菱铁矿、鲕绿泥石 | 主要为贫矿，含$Fe30\%\sim50\%$，多为难选矿石，多为P | 大、中、小型 | 储量占全国铁矿总量的12%，开采量只占4%，其中富铁矿占全国富铁矿的3.7% | 河北庞家堡，湖北火烧坪，湖南茶陵，四川綦江 |

表 2-11　某些铁矿山矿床概况

| 矿山名称 | 矿床地质工业类型 | 地质特征 | 矿体形态及产状 | 矿石类型及结构构造 | 主要矿石矿物 | 有益组分 | 有害组分 | 矿床规模 |
|---|---|---|---|---|---|---|---|---|
| 1. 辽宁弓长岭铁矿 | 沉积变质型 | 矿区由鞍山群石英岩-角闪岩建造组成，铁矿呈单斜层状分布上、下含矿带，富铁矿分布于中下含矿石带，富铁矿贫矿分布于中，受构造控制与混合岩化有关 | 层状、似层、倾角陡，延伸大 | 磁铁石英岩／赤铁石英岩，条带状；磁铁富矿石、块状构造 | 磁铁矿、赤铁矿、假象赤铁矿、镜铁矿、黄铜矿、黄铁矿 | TFe33.84　TFe27.82　TFe52.13~62.69 | S 0.129　P 0.039　SiO$_2$ 46.33　S 0.124~0.136　P 0.009~0.011　SiO$_2$ 7.75~19.52 | 大型（贫矿露天开采富矿地下开采） |
| 2. 河北迁安铁矿 | 沉积变质型 | 产在太古界迁西群水厂组紫苏黑云斜长片麻岩夹磁铁石英岩段内，强烈混合岩化，矿体多为混合花岗岩 | 层状，倾角较陡（40°~70°） | 磁铁贫矿石，条带状构造 | 磁铁矿假象赤铁矿 | TFe27~31.80（主体为 28% 左右） | S 0.04~0.074　P 0.33　SiO$_2$ 50.56~54.00 | 大型（露天开采） |
| 3. 内蒙白云鄂博铁矿 | 沉积变质碳酸盐型 | 产于元古界白云鄂博群白云岩，千枚岩地层中，位于花岗岩体外接触于钠闪岩化变质强烈，含稀有稀土元素，富铈贫钇 | 层状，似层，镜状，产状与围岩一致 | 磁铁贫矿石，致密块状，赤铁矿石条带和浸染状；磁铁富矿石和赤铁富矿石，块状 | 磁铁矿、赤铁矿、镜铁矿、黄铁矿、褐铁矿、方铅矿、黄铜矿、闪锌矿、辉铜矿、富铈氟碳铈矿、独居石、易解石、黄绿石 | TFe 48.0~53.26　RE$_2$O$_3$ 5~10　Nb$_2$O$_5$ 0.1~0.2（很多铁矿石和部分白云岩也是稀土矿） | S 0.2~2.0　P 0.24~5.0　F 5 78　S 0.5~1.58　P 0.39　F 4 48 | 大型（露天开采） |
| 4. 广东海南（石碌）铁矿 | | 铁矿体主要产于向斜轴部寒武系白云岩，透辉透闪岩和石英绢云母片岩中，矿体底部铜、钴可构成独立矿体 | 层状，似层状及透镜状，倾角 15°~55° | 赤铁富矿石（主体），块状，片状，鳞片状构造；赤铁分矿石（次要），条带状及浸染状 | | TFe 52.82~62.07　TFe36.00 | S 0.025~1.386　P 0.015~0.02　SiO$_2$ 9.71~19.28　S 0.516　P 0.023　SiO$_2$ 36.25 | 大型（露天开采） |

续表 2-11

| 矿山名称 | 矿床地质工业类型 | 地质特征 | 矿体形态及产状 | 矿石类型及结构构造 | 主要矿石矿物 | 矿石质量（%） | | 矿床规模 |
|---|---|---|---|---|---|---|---|---|
| | | | | | | 有益组分 | 有害组分 | |
| 5. 湖北大冶（铁山）铁矿 | 接触交代型 | 矿体分布严格受接触带产状控制，产于花岗闪长岩与灰岩接触带砂卡岩内 | 似层状、形态变化大。倾向北与接触带产状一致 | 磁铁富矿石、致密块状 | 磁铁矿、假象赤铁矿、菱铁矿、黄铜矿、含铜褐铁矿、赤铜矿、白铁矿 | TFe 54.42 Cu 0.54 Co 0.025 | S 2.567 P 0.048 | 大型（露天开采） |
| | | | | 磁铁贫矿石、浸染状 | | TFe 38.43 Cu 0.47 Co 0.025 | S 2.604 P 0.044 | |
| | | | | 赤铁富矿石、致密块状 | | TFe 57.60 Cu 0.47 Co 0.025 | S 0.568 P 0.039 | |
| 6. 山东张家洼铁矿 | 接触交代型 | 铁矿体位于闪长岩体长轴之端部及其两侧，在中奥陶统灰岩与闪长岩接触带砂卡岩中 | 似层状、透镜状、串珠状，倾角较缓 | 磁铁富矿石（主体）、致密块状、松散状 | 磁铁矿、次为赤铁矿、假象赤铁矿、黄铁矿、褐铁矿 | TFe 56.80（平炉富矿）48.96~50.00（高炉富矿） | S 0.01~1.00 P 0.01~0.04 | 大型（地下开采） |
| | | | | 磁铁贫矿石（次要）、块状 | | TFe25.00~45.00 Cu 0.01~0.05 Co 0.009~0.013 | | |
| 7. 河北大庙钒钛磁铁矿 | 岩浆钒钛磁铁矿型 | 岩矿与辉长岩、斜长岩组成之基性岩有关，矿石在晚期斜长辉长岩中呈浸染状，在早期斜长岩中呈团块入之致密块状 | 扁豆状、透镜状，呈雁行状排列，倾向南东，倾角70°左右 | 钒铁磁矿石、浸染状及致密块状 | 钛磁铁矿、钛铁矿、黄铜矿、铬铁矿 | TFe平均27.27 TiO$_2$5.0~15 V$_2$O$_5$0.055~0.71 CuO0.002~0.021 NiO.02~0.04 | | 中型（地下开采） |
| 8. 四川攀枝花钒钛磁铁矿 | | 矿床体多产于流层状辉长岩体的中下部，与橄榄石岩、辉长岩和辉石-辉长岩、赤长岩等有关 | 似层状、呈平行带状产出，浸染状和致密海绵状构造、结晶结构 | 钒钛磁铁矿石、浸染状和致密条带状 | 磁铁矿、钛铁矿、钛晶石 | TFe（平均）33.23 TiO$_2$11.68 V$_2$O$_5$0.30~0.60 CuO.018~0.042 NiO.012~0.042 CoO.016~0.029 Mn0.30 | S 0.051 P 0.018 | 大型（露天开采） |

续表 2-11

| 矿山名称 | 矿床地质工业类型 | 地质特征 | 矿体形态及产状 | 矿石类型及结构构造 | 主要矿石矿物 | 矿石质量（%） 有益组分 | 矿石质量（%） 有害组分 | 矿床规模 |
|---|---|---|---|---|---|---|---|---|
| 9. 江苏梅山铁矿 | 陆相火山岩型 | 铁矿赋存于闪长玢岩与安山岩接触带，富矿产在外接触带，贫矿产于闪长玢岩上部围绕富矿体的下部 | 透镜状，长轴方向为北东 20°，倾向北西 | 磁铁矿石、块状、角砾状、斑点状浸染状 | 磁铁矿、假象赤铁矿、黄铁矿、镜铁矿、白铁矿、黄铜矿、方铅矿、闪锌矿 | TFe（平均）43.38 $V_2O_5$ 0.205 Ga0.0016 | S 1.791 P 0.349 | 大型 （地下开采） |
| 10. 甘肃镜铁山铁矿 | 海相火山岩型 | 铁矿产于中上元古界浅变质火山沉积岩，主要为千枚岩或白云质大理岩中 | 层状、似层状或透镜状，产状较陡 | 镜铁菱铁混合矿石，条带状 | 镜铁矿、菱铁矿、褐铁矿、黄铁矿、黄铜矿 | TFe37.86~39.12 | S 0.76~1.11 P 0.012~0.017 $SiO_2$ 19.47~41.42 | 大型 （地下开采） |
| | | | | 菱铁矿石、块状 | | TFe33.74 | S 0.66 $SiO_2$ 22.16 | |
| | | | | 铁质千枚岩、条带状 | | TFe26.1 | S 0.25 P 0.021 $SiO_2$ 28.74 | |
| | | | | 铁白云岩、块状 | | TFe25.05 | S 0.59 P 0.015 $SiO_2$ 17.04 | |
| 11. 河北庞家堡铁矿 | 沉积型 | 长城系串岭沟砂页岩含矿，上部为黑绿色砂页岩，铁矿层集中于中部，下部为白色石英岩或页岩夹砂岩 | 薄层状 | 赤铁矿石（主体）、菱铁矿石、鲕状、肾状构造 | 赤铁矿、菱铁矿、黄铁矿 | TFe（平均）45 其中高炉富矿 51.31 | S 1.00 P 0.3 $SiO_2$ 18.0 | 中型 （地下开采） |

表 2-12 我国锰矿床地质-工业类型

| 矿床类型 | 地质特征 | 矿体形态及产状 | 矿石类型 | 主要矿石矿物 | 矿石质量特点 | 矿床规模 | 类型相对重要性 | 矿床实例 |
|---|---|---|---|---|---|---|---|---|
| 沉积型 | 成矿时代为前寒武纪至三叠纪,产在碳酸盐岩、泥质岩或硅岩与碳酸盐岩过渡部位。含锰岩系可分为:泥质岩型、泥质碳酸岩型;硅质碳酸岩型 | 层状、似层状、透镜状和矿饼状群 | 碳酸锰矿石及其氧化的氧化锰矿石 | 菱锰矿、方解石、锰白云石、硬锰矿、软锰矿 | 主要为碳酸锰矿,氧化锰矿次之。Mn 16%~39.0%有害杂质S、P较低 | 大、中、小型 | 储量占全国锰矿85% | 湖南湘潭,云南斗南,广西下雷,贵州铜锣井 |
| 受变质型 | 一般为沉积锰矿受区域变质或接触变质,也有火山沉积变质型锰矿床,为变质火山沉积岩含锰 | 层状、似层状、扁豆状、透镜状 | 碳酸锰矿石、铁锰矿石、硫锰-碳酸锰矿石(高硫型) | 菱锰矿、方锰矿、软锰矿、硬锰矿、锰石榴石、锰闪石、红锌铁锰矿、磁铁矿 | 矿物成分复杂,Mn 11%~43%,Fe 1%~21%,S高 | 中、小型为主、个别大型 | 储量不到全国锰矿的5% | 湖南棠甘山,四川虎牙,陕西黎家营 |
| 热液型 | 产在中酸性岩浆岩与围岩接触带或围岩的裂隙构造中 | 扁豆状、脉状、不规则状 | 磁铁硫锰方铅矿石 | 磁铁矿、硫锰矿、黄铁矿、方铅矿 | 矿石成分复杂,Mn10%~27%,Fe1.0%~29.0%, | 中、小型 | 储量占全国锰矿的1% | 湖南玛瑙山 |
| 风化型 | 包括:(1)含锰岩层及含锰多金属矿床风化锰帽;(2)含锰岩层风化壳中及下伏岩层的裂隙和溶洞内的淋滤型锰矿;(3)锰矿破坏就地堆积或短距离搬运的堆积型 | 似层状、透镜状、砂包状 | 氧化锰矿石 | 硬锰矿、软锰矿、水锰矿、褐锰矿、褐铁矿 | 矿石质量好,易采,Mn15%~40%,个别达50%,Fe3%~20%,有害杂质S、P低 | 中、小型为主,个别为大型 | 储量占全国锰矿的9%,为开采利用的重要类型 | 广西八一木主 |

量、锰铁比（高的才能炼高标号锰铁）、$SiO_2$ 含量（影响加工质量）、P 含量以及选矿性能。我国对多组分锰矿石有益组分的回收利用已取得了显著成果。对含金、银锰矿石，含钴、镍、铅锰矿石，含铅、锌、银、砷锰矿石等，已分别成功地回收了铜、铅、锌、镉、金、银、铁、钴、镍、锰等金属。

### 2.6.3　铬铁矿床

铬铁矿矿石主要工业矿物是铬铁矿（镁铬铁矿）、铝铬铁矿（硬铬尖晶石）、富铬尖晶石。前者铬铁比高，后二者则低，通过选矿也难以根本改变铬铁比。铬铁比大于 2.5 的矿石可用于冶金及化工，铬铁比小的则仅宜用于耐火材料（CaO<3%）和辉绿岩铸石。在 $SiO_2$<10%、P<0.07%、S<0.05% 的情况下，$Cr_2O_3$>32% 的矿石有可能直接使用，可称为富矿。低于此数则需选矿。贫矿石则可直接用于辉绿岩铸石工艺。铬铁矿床绝大部分产于基性和超基性岩侵入体中，极少产于其附近的残坡积砂矿中。

### 2.6.4　钒和钛矿床

我国钒矿储量大部分伴生于与基性岩有关的钒钛磁铁矿床中。其磁铁矿精矿含 $V_2O_5$ 常达 0.5%～0.7%，详见表 2-10 及表 2-11。另一部分钒储量含于下寒武统黑色页岩或石煤中，钒主要置换黏土矿物中的铝，矿体长数百至千米，厚 0.7～20m，$V_2O_5$ 平均 1% 左右，常与磷块岩及铀矿共生。目前仅少数地区以竖炉钠盐氧化焙烧-水浸出-酸沉粗钒-碱溶脱氨法流程小规模开发。国外钒的部分储、产量尚见于砂岩型含铜-钒铀矿床，极少见于金属矿床氧化带中。

我国钛的储、产量绝大部分也集中在与基性岩有关的钒钛磁铁矿床中（详见表 2-10 及表 2-11）。少部分钛来自金红石和钛铁矿砂矿，主要是海滨砂矿，其有用矿物含量可达 $10kg/m^3$ 左右，常为锆石、独居石共生的综合矿床。此外，在变质基性岩中尚见浸染状金红石矿床；在深变质铁质石英岩中尚见层状金红石矿床，其储、产量均不占重要地位。在国外，钛的储、产量主要来自前二类矿床，其中砂矿且占优势。极少数则来自霞石正长岩。

矿床地质——工业类型和某些矿山矿床概况详见表 2-10～表 2-14。

## 2.7　有色金属矿床[15,26～31,60,62,66～68,70,71]

有色金属矿产包括铝、镁、铜、铅、锌、镍、钨、锡、钼、锑、汞、铋、钴等十余种。金属量消费最多和产量最高的为铝，其次为铜、锌、铅，四者合计常占有色金属总产量的 95% 以上。其他金属的消费与生产的数量较少，但其价格则远较铝、铜、铅、锌为高。

### 2.7.1　铝矿床

铝矿石主要来自铝土矿矿床。在世界上以风化红土型矿床的三水型铝土矿为主，其加工耗电量低，比较优越。在我国和苏联则主要采自沉积型矿床的一水型铝土矿。铝土矿石的质量取决于含铝量及铝硅比，在不同地区的矿山其情况变化很大。优质铝土矿（Si、Fe、Ca、Mg、K、Na 低）以用作高级耐火材料的高铝黏土矿经济效益较好。在铝土矿缺乏的国家，如苏联还从霞石矿和明矾石矿提取铝。霞石矿主产品除铝外还有磷、碱和水泥等。明矾石矿除主产铝外还有钾肥、硫酸等。霞石矿和明矾石矿利用的合理性取决于综合考虑各种主产品的成本、需求和投资状况。

表2-13 某些锰矿山矿床概况

| 矿山名称 | 矿床地质工业类型 | 地质特征 | 矿体形态及产状 | 矿石类型及结构构造 | 主要矿石矿物 | 矿石质量①有益组分 | 有害组分 (%) | 矿床规模 |
|---|---|---|---|---|---|---|---|---|
| 1. 湖南湘潭锰矿 | 沉积型 | 锰矿产于下震旦统莲沱群含矿黑色页岩段底部，层状，层位固定 | 层状、似层状，倾角20°~50° | 碳酸锰矿石，层状构造，隐晶质结构 | 菱锰矿、钙方解石、硬锰矿、软锰矿 | Mn 22.90 TFe 2.32 | S 0.12 P 0.1~0.2 | 大型（地下开采） |
| 2. 云南斗南锰矿 | 沉积型 | 向斜两翼三叠系法郎组粉砂岩、泥岩、灰岩含锰。下部含锰层两个工业矿体，上部含锰层四个工业矿体 | 缓倾层状、陡倾透镜状、陡倾透镜状 | 氧化锰矿石，块状及条带状构造，细粒、微粒结构 | 褐锰矿、菱锰矿、水锰矿 | Mn 23.03 TFe 1.55 | S 0.096 P 0.056 SiO₂ 13.6 | 大型（露天转地下开采） |
|  |  |  |  | 次生氧化锰矿石 | 硬锰矿、软锰矿、偏锰酸石 | Mn 39.17 TFe 3.31 | S 0.032 P 0.04 |  |
| 3. 四川轿顶山锰矿 | 沉积型 | 矿体产于志留系下统底部层中，下盘为含钴砂页岩及灰岩，两层菱锰矿中夹含锰菱锰页岩 | 层状、层位稳定，倾角10°~15° | 碳酸锰矿、粒状、土状结构，条带状块状构造 | 菱锰矿、硬锰矿、黑锰矿、方解石 | Mn 31.85 TFe 3.99 Co 0.091 Ni 0.067 Pb 0.098 Zn 0.101 | P 0.025 S 0.69 SiO₂ 9.68 | 大型（地下开采为主。配合小露天开采） |
| 4. 陕西黎家营锰矿 | 火山沉积变质型 | 含锰岩系产于中碎屑-碳酸盐岩与火山岩互层中，近矿围岩为含锰硅质灰岩。锰矿三层，上盘为绢云母片岩及硅质岩，下盘为含锰硅质岩 | 层状、扁豆状，单斜，倾角30°~65° | 氧化锰矿石，致密块状、条带状构造，微晶粒状结构 | 褐锰矿、菱锰矿、软锰矿、水锰矿、赤铁矿 | Mn 22.99 TFe 1.94 | P 0.049 | 大型（地下开采） |
| 5. 湖南玛瑙山锰矿 | 热液型 | 在泥盆系棋梓桥组地层中，矿体大部出露地表，形态较规则，围岩为砂卡岩化、硅化和大理岩化 | 似层状，倾向东，倾角8°~30° | 氧化铁锰铝矿石，磁铁硫锰方铅矿石，含铝铁硫锰矿石，条带状构造，胶体结构 | 磁铁矿、褐锰矿、硬锰矿、软锰矿、硫锰矿、褐铁矿、方铅矿 | Mn 17.55 TFe 26.33 Po 2.51 Zn 0.28 Ag 100g/t | P 0.25 As 0.526 S 0.163~0.199 | 中型（露天开采） |

续表2-13

| 矿山名称 | 矿床地质工业类型 | 地质特征 | 矿体形态及产状 | 矿石类型及结构构造 | 主要矿石矿物 | 矿石质量① (%) 有益组分 | 有害组分 | 矿床规模 |
|---|---|---|---|---|---|---|---|---|
| 6. 广西八一锰矿 | 风化型 | 上石炭统马平组灰岩、下二叠统孤峰硅质岩、上二叠统合山组下部为含锰层，是形成堆积锰矿物的物质来源 | 似层状、囊状，形态不规则 | 氧化锰矿石，块状构造、微粒胶状环状结构 | 硬锰矿、软锰矿、水锰矿、褐锰矿、黑锰矿、偏锰酸矿、赤铁矿 | 凤凰矿区 Mn 28.7 TFe 10.36；思荣矿区 Mn 29.16 TFe 10.49 | P 0.091；P 0.085 | 中、小型（露天开采） |

① 矿石质量一栏除标明者外，其他单位为%。

**表 2-14　某些铬铁矿矿山矿床概况**

| 矿山名称 | 矿床地质特征 | 矿体形态及产状 | 矿石类型及结构构造 | 主要矿石矿物 | 矿石质量① (%) 有益组分 | 有害组分 | 矿床规模 |
|---|---|---|---|---|---|---|---|
| 1. 新疆萨尔托海铬铁矿 | 矿体产于侵入到中泥盆统地层的萨尔托海超基性体东部的斜辉橄榄岩、纯橄榄岩，个别矿体顶板为二辉橄榄岩，与围岩界线清楚，为渐变关系。围岩中见石棉，水镁石和菱镁矿 | 透镜状、囊状、串珠状和脉状矿体群，矿体与围岩产状基本一致 | 致密块状铬铁矿石、稠密浸染状铬铁矿石、块状、浸染状及网环状、条带状、中粒～细粒结构 | 铬尖晶石（为主）、针镍矿、黄铁矿、磁铁矿、针铁矿、砷镍矿～辉铜矿 | $Cr_2O_3$ 32.00~36.00　$Al_2O_3$ 22.19~22.98　$Fe_2O_3$ 2.95~3.66　FeO 9.31~10.4　Ni 0.21~0.29　Os、Ir、Ru 0.02~0.08 g/t | $SiO_2$ 3.45~6.58　CaO 0.016~0.24　MgO 18.24~18.93　S 0.03~0.1　P 0.008~0.01 | 小型（露天开采） |
| 2. 西藏东巧铬铁矿 | 矿体产于侵入中泥盆系的斜辉橄榄岩为主的含纯橄榄岩、斜辉橄榄岩及同源岩脉的超基性杂岩中 | 透镜状、脉状、扁豆状和不规则状，与围岩界线清楚 | 致密块状铬铁矿、浸染状铬铁矿，致密、稠密浸染状，半自形和他形半自形结构 | 铬尖晶石、磁铁矿、黄铁矿、镍黄铁矿、针镍矿、铂、针镍矿、铂族金属 | $Cr_2O_3$ 48.81~50.37　铬铁比: 3.56~3.91　$V_2O_5$ 0.12~0.16 | $SiO_2$ 2.0~7.0　0.027~0.049　P 0.003~0.009 | 中型（露天开采） |

① 矿石质量一栏除标明者外，其他单位为%。

### 2.7.2 铜、铅、锌及镍矿床

铜矿以斑岩型、火山岩型、沉积与沉积变质型矿床较为重要。在我国，矽卡岩铜矿亦占有重要位置。开采的铜矿床以硫化物矿石为主，其加工工艺简单，因而对矿石的品位要求较低。在我国东部，地下铜矿山矿区地质品位一般在 0.8%～1.0% 以上，露天铜矿山则在 0.5% 以上（未考虑共生矿产，下同）。国内外均极少开采氧化物和含氧盐（碳酸盐）矿石，因其难选，品位要求较高。个别矿山尚开采自然铜矿石。

铅、锌常共生，并伴生多种有用组分，多产于火山岩型、沉积变质型及碳酸盐岩型矿床中，组成多金属矿床。开采的铅、锌矿床也以硫化物矿石为主，氧化物和含氧盐矿石不占重要地位，其情况和开采的铜矿床相仿。在我国东部的地下硫化物矿山，矿区铅、锌地质品位合计一般在 4%～5% 以上。

世界上开采的镍矿床主要生产硫化物镍矿石和硅酸盐镍矿石。前者储量仅占次要地位，但由于易选，冶炼能耗低，其产量一直领先；后者储量巨大，但矿石处理能耗高，其产量仅占第二位，不过其开发利用有日益增长的趋势。我国目前只产硫化物镍矿石。硫化物镍矿石常共生铜和硫，并伴生钴、贵金属和硒、碲等，开采、加工时必须综合考虑。

### 2.7.3 钨、锡及钼矿床

钨矿主要产于石英脉型和矽卡岩型矿床中。开采的钨矿床有黑钨矿和白钨矿两种矿石。黑钨矿又称钨锰铁矿，是钨酸锰矿和钨酸铁矿两个端员的类质同象混合物，其矿石易选，历来为主要生产对象。我国至今仍主要开采黑钨矿矿石，目前南方地下矿山矿区 $WO_3$ 地质品位常在 1% 以上。白钨矿又称钨酸钙矿，矿石加工条件复杂些，但能在炼钢中直接投入冶炼钨钢。国外以生产白钨矿为主。

开采的锡矿床主要是锡石矿石。历史上以易采易选的砂锡矿为主。近些年来，滨外砂矿及花岗岩风化壳锡矿的开采量有所增长。随着长期大量开采，砂锡矿储量不断减少，采矿条件不断恶化，从而出现原生锡矿床的开采逐渐增加的趋势。我国南方地下原生锡石矿山的矿区锡地质品位常在 0.6% 以上。

钼矿主要产于斑岩及矽卡岩矿床中，开采的钼矿床以硫化钼为主。我国主要的露天钼矿山矿区钼地质品位近于 0.1%。在国外，斑岩铜矿石中的伴生和共生钼是钼的主要来源之一。

### 2.7.4 锑和汞矿床

锑和汞矿以层状型为主，其次为脉状型矿床。锑和汞可单独形成矿床，亦有共生于一个矿床中，并常与钨或金伴生。

开采的锑矿床也以硫化物矿石为主，我国南方主要锑矿山矿区地质品位在 3%～4% 左右。锑的氧化矿石难选，但当 Sb>3%～5% 时可以直接进行升华而获得 $Sb_2O_3$，Sb>10%～12% 时可直接冶炼。

开采的汞矿床主要生产辰砂矿石，美国汞矿老矿山发现的具经济价值的科尔德罗石（$Hg_3S_2Cl_2$）是值得注意的新的汞工业矿物。我国南方主要汞矿山矿区地质品位均在 0.15% 以上。

### 2.7.5 钴、铋和镁资源

独立的钴矿床极少。钴绝大部分呈类质同象存在于镍黄铁矿和黄铁矿中。这些含钴矿物与单独钴矿物作为其他矿床中的伴生或共生组分而同时回收。它主要分布于变质岩层状铜矿、红土镍矿、基性及超基性岩硫化铜、镍矿等矿床中，也常见于矽卡岩铁、铜矿，多金

表 2-15 铝矿床地质-工业类型

| 矿床类型 | 地质特征 | 成矿时代 | 矿体形态及规模 | 矿石类型及结构、构造 | 矿石主要矿物 | 矿石质量 | | | 矿床规模 | 类型相对重要性 | 矿床实例 |
|---|---|---|---|---|---|---|---|---|---|---|---|
| | | | | | | $Al_2O_3$ (%) | 铝硅比 | 伴生组分 | | | |
| 1. 沉积一水型铝土矿 | 产于沉积岩（主要为碳酸盐岩，次为硅酸盐岩，古侵蚀间断面上或岩溶洼地中 | 古生代至新生代，以石炭二叠纪及白垩纪为主 | 层状、似层状、透镜状。产状较缓，走向长可达1～5km，倾向宽0.5～1km，厚1～4m，尚有厚的透镜体及特厚漏斗状矿体 | 一水型铝土矿，致密块状，时有鲕状和豆状 | 以一水硬铝石、高岭石、一水软铝石为主，尚有伊利石、蒙脱石、叶蜡石、赤铁矿、黄铁矿、锐钛矿、金红石 | 40～70 | 3～15 | Ga, Ti, V, Ge, Li | 小、中、大型及特大型 | 我国重要，国外次要 | 河南张铝院、山东田庄 |
| 2. 红土三水型铝土矿 | 产于各种原岩的风化壳红土层中，可有短距离移动，其上为疏松沉积物覆盖 | 新生代为主，次为中生代 | 似层状、不规则状、斗篷状。产状平缓，分布面积广，厚数米至数十米 | 三水型铝土矿，松散土状，结核状及半固结状 | 以三水铝石为主，时有一水软铝石及一水硬铝石 | 30～61 | 6～45 | Ga, Ti, V, Ge | 中、大型及特大型 | 国外重要，我国次要 | 广东文昌，几内亚苏泊雷迪，澳大利亚韦帕 |
| 3. 风化堆积型铝一水土矿 | 产于第四系中，为沉积型铝土矿风化、破碎、短距离搬运堆积于岩溶洼地的产物 | 新生代 | 不规则状，厚数米至几十米，宽数十米至数百米，长500～4500m | 一水型铝土矿，堆积块状，假豆状、多孔状、粉末状 | 以一水硬铝石、高岭石、一水软铝石为主，少量生三水铝石 | 65～74 | 4～20 | Ga, Ti, V, Ge | 小、中、大型 | 次要 | 广西平果 |
| 4. 霞石铝矿 | 产于霞石正长岩体的磷灰石-霞石矿床或霞石岩矿床中 | 泥盆纪 | 岩体边部的透镜状，夹层状层体或岩体 | 霞石矿、磷霞岩、块状 | 霞石、磷灰石、含钛辉石、磁铁矿、钛铁云母 | 含霞石 35～55 / 含霞石 75～90 | | P, Ti, Zr, Nb, TR, Ga, Rb, V, K | 大、中型 | 次要 | 苏联希宾（X10⁶km） |
| 5. 明矾石铝矿 | 产于明矾石凝灰岩，凝灰砂岩岩层中 | 中生新生代为主 | 透镜状、脉状、层状。含矿层厚达175m，延长达1.5～2.6km | 明矾石矿、块状 | 明矾石（矿物含量40%～60%），石英为主，少量为黏土矿物（5%） | 16～18 | | S, K, P | 小、中型 | 次要 | 苏联亚-沙基亚-沙特尔，扎格利克 |

表 2-16　某些铝土矿矿山矿床概况

| 矿山名称 | 矿床地质-工业类型 | 地质特征 | 矿体形态、产状及规模 | 矿石类型及结构构造 | 矿石主要矿物 | 矿石质量 | | | 矿床规模 |
|---|---|---|---|---|---|---|---|---|---|
| | | | | | | Al₂O₃(%) | 铝硅比 | 伴生组分 | |
| 1. 洛阳铝矿张窑院矿区 | 沉积一水型铝土矿 | 矿层产于中石炭统太原组底部，底板为铝铁质黏土矿、黏土质页岩、炭质页岩 | 似层状，单个矿体长500～1000m，宽100～250m，平均厚7.53m，倾角10° | 一水型铝土矿，豆状结构，致密块状构造 | 主要为一水硬铝石，次为高岭石、水云母、少量蛇纹泥石、绿泥石、褐铁矿、石英、黄铁矿 | 70.29 | 7.38 | Ga | 中型（露天开采） |
| 2. 山东铝厂田庄铝矿 | 沉积一水型铝土矿 | 中石炭统本溪组底部，覆盖于奥陶系马家沟组灰岩不整合面之上 | 层状，长1500m，平均厚1.75m，埋深40～130m，倾角8°～10° | 一水型铝土矿，鲕状结构，致密块状构造 | 主要为一水硬铝石，灰白一灰色鲕状矿石质量较好，暗绿一黄绿色致密块状矿石质量较差 | 59.99 | 3.94 | Ga | 中型（露天转地下开采） |
| 3. 几内亚桑加雷迪铝土矿 | 红土三水型铝土矿 | 覆于泥盆纪或泥盆纪后的片岩上，成矿母岩为砂岩上，矿石为上部红色，中部白色，下部粉红色、灰色，以上至下三水型铝土矿渐少，一水型铝土矿渐多，Fe₂O₃增高 | 层状，厚12～22m | 三水型铝土矿，多孔状、结核状、碎屑状 | 主要为三水铝石，次为一水软铝石（勃姆石）、赤铁矿、针铁矿，含水针铁矿、高岭石及铌钽铝矿物 | 59.3～61 | 4.5 | Ga | 大型（露天开采） |

表 2-17　铜矿床地质-工业类型

| 矿床类型 | 地质特征 | 成矿时代 | 矿体形态及规模 | 矿石类型及结构构造 | 主要矿石矿物 | 矿石质量 | | 矿床规模 | 类型相对重要性 | 矿床实例 |
|---|---|---|---|---|---|---|---|---|---|---|
| | | | | | | Cu(%) | 伴生组分 | | | |
| 1. 基性和超基性岩铜镍矿 | 产于纯橄岩、辉橄岩、橄辉岩岩体中 | 主要为前寒武纪及中生代，及古生代次之 | 似层状、透镜状、脉状。沿走向可达1500m，倾向800～1000m，厚0.5～100m | 铜镍硫化矿，块状、浸染状、海绵陨铁状、角砾状 | 镍黄铁矿、黄铜矿、磁黄铁矿，偶见含钴黄铁矿代替镍黄铁矿 | 0.2～4.7 | Ni, Co, S, Pt族, Au, Ag, Se, Te, Zn | 中、大型 | 较重要 | 甘肃金川、加拿大萨德里、苏联诺里尔斯克 |

续表 2-17

| 矿床类型 | 地质特征 | 成矿时代 | 矿体形态及规模 | 矿石类型及结构构造 | 主要矿石矿物 | 矿石质量 | | 矿床规模 | 类型相对重要性 | 矿床实例 |
|---|---|---|---|---|---|---|---|---|---|---|
| | | | | | | Cu (%) | 伴生组分 | | | |
| 2. 辉长岩岩浆铁铜矿 | 产于含钛磁铁矿辉长岩中 | 新生代 | 细脉浸染透镜体，沿走向及倾向达百米，厚数十米 | 含V、Ti铁铜硫化矿，细脉浸染状 | 斑铜矿、黄铜矿、钛磁铁矿、含磷灰石 | 0.5~1.5 | Fe、Ti、P、Se、Te、Pd | 中、大型 | 次要 | 巴西卡拉伊巴(Caraiba) |
| 3. 岩浆岩铜矿 | 产于岩浆成因碳酸盐岩岩体中 | 前寒武纪 | 筒状网脉体，面积达0.5km²，深达300m以上 | 铁铜硫化矿，细脉浸染状 | 黄铜矿、斑铜矿、磁铁矿，并含磷灰石、斜锆石、方钍石 | 0.5~0.9 | Fe、P、U、Th、Au、Ag、Se、Te、TR、Zr | 中、大型 | 次要 | 南非帕拉博拉 |
| 4. 矽卡岩铜矿 | 产于中酸性岩(石英闪长岩、花岗闪长岩、斜长花岗岩、花岗岩)和碳酸盐类岩石内外接触带中 | 前寒武纪至新生代 | 似层状、透镜状、柱状及复杂形态，长、宽数十米到数百米，厚度变化大，直至呈轴形 | 含Au、Ag铁铜硫化矿，块状、浸染状 | 黄铜矿、黄铁矿、磁铁矿(或磁黄铁矿)，附近铜穴堆积中铜见碳酸铜或自然铜 | 0.8~5.0 | Fe、Au、Ag、Co、Mo、Se、Te、S | 中、大型 | 我国重要，国外次要 | 湖北铜绿山、河北寿王坟、广东阳春石录 |
| 5. 火山岩铜矿　a. 火山岩黄铁矿铜矿 | 产于变质海相火山岩(石英角斑岩、细碧岩等)中 | 古生代为主，次为前寒武纪，中、新生代较少 | 层状、透镜状的复杂的复合体，走向及倾向长数十到一二百米 | 铜硫化矿或锌铜硫化矿，块状、角砾状、浸染状、脉状 | 黄铁矿、闪锌矿、其他有磁黄铁矿、斑铜矿、砷黝铜矿、方铅矿 | 1.0~4.0 | Zn、S、Ag、Cd、Se、In、Tl、Te、Ge | 中、大型 | 较重要 | 甘肃白银厂、青海红沟 |
| b. 火山岩浸染铜矿 | 产于基性或酸性火山岩中 | 前寒武纪、古生代 | 层状、似层状，走向及倾向长数十到数百米，厚一至数十米 | 铜硫化矿或自然铜浸染状 | 黄铜矿、斑铜矿、自然铜 | 0.8~2.5 | Ag、Co | 中、大型 | 较重要 | 云南大红山、四川拉拉厂、山西落家河，美国苏必利尔 |
| 6. 斑岩铜矿 | 产于花岗岩斑岩、花岗闪长斑岩、二长斑岩、闪长玢岩等斑岩岩体和内外接触带中。围岩蚀变具分带性，发育青盘岩化、泥化、绢英岩化、矿化呈细脉状、浸染状及网脉状 | 新生代为主，中生代次之，古生代较少 | 环状、盆状、筒状、脉状，面积0.2至几平方公里，深达数百米 | 铜钼硫化矿，细脉浸染状 | 黄铜矿、辉钼矿、黄铁矿，有时见大量硫砷铜矿 | 0.4~1.5 | Mo、Re、Au、Ag、Se、Te、Co、S | 中、大、特大型 | 重要 | 江西德兴、智利丘基卡马塔 |

| 矿床类型 | 地质特征 | 成矿时代 | 矿体形态及规模 | 矿石类型及结构构造 | 主要矿石矿物 | 矿石质量 | | 矿床规模 | 类型相对重要性 | 矿床实例 |
| --- | --- | --- | --- | --- | --- | --- | --- | --- | --- | --- |
| | | | | | | Cu（%） | 伴生组分 | | | |
| 7. 脉状铜矿 | 产于各种岩石断裂带中的石英脉及硫化物脉 | 前寒武纪至新生代 | 脉状和脉带，走向及倾向长数十到数百米，厚一至十余米 | 含Au、Ag铜硫化矿，块状、浸染状 | 黄铜矿、黄铁矿或方铅矿、闪锌矿共生 | 1.5~6.0 | Au、Ag、Te、Pb、Zn、Bi | 小、中、大型 | 次要 | 江苏铜井、吉林二道洋岔，美国比尤特 |
| 8. 沉积变质铜矿　a. 沉积变质黄铁矿铜矿 | 产于沉积变质岩（千枚岩、硅质白云岩、石英岩）层中 | 前寒武纪、古生代 | 似层状、层状，长、宽可达一千至几千米，厚可达数十米至三百米 | 铜硫化矿、块状、浸染状、条带状 | 黄铜矿、黄铁矿、方铅矿、闪锌矿 | 1.0~3.2 | Pb、Zn、Ag、S | 大型、特大型 | 较重要 | 内蒙霍各气，澳大利亚芒特艾萨 |
| b. 沉积变质浸染铜矿 | 产于白云岩、大理岩、片岩、石英岩中 | 前寒武纪为主，古生代次之 | 层状、透镜状、扁豆状，长与宽为数百米到数公里，厚几米及一米至三十余米 | 含Ag铜硫化矿，浸染状、条带状 | 黄铜矿、斑铜矿、辉铜矿、极少数矿床以自然铜为主 | 1.0~6.0 | Ag、Re、Se、Te、Pb、Zn、Co | 大型、特大型 | 重要 | 云南东川、易门，扎伊尔-赞比亚铜矿带，苏联乌多坎 |
| 9. 砂页岩铜矿 | 产于未变质红层中的浅色砂岩及页岩层中 | 晚古生代至中生代 | 似层状、扁豆状、透镜状，矿层厚自小于一米至十余米，含矿层常有数层至几层 | 铜硫化矿，浸染状、条带状 | 辉铜矿为主，黄铜矿、斑铜矿、方铅矿，自然铜 | 1.0~3.0 | S、Pb、Ag、Mo、W | 小、中、大型、特大型 | 较重要 | 云南大姚、苏联杰兹卡兹甘，波兰卢宾 |

表 2-18　某些铜矿山矿床概况

| 矿山名称 | 矿床地质-工业类型 | 地质特征 | 矿体形态产状及规模 | 矿石类型及结构构造 | 主要矿石矿物 | 矿石质量 | | 矿床规模 |
|---|---|---|---|---|---|---|---|---|
| | | | | | | Cu (%) | 伴生组分① (%) | |
| 1. 江西德兴铜矿厂铜矿段 | 斑岩铜矿 | 燕山早期花岗闪长斑岩株侵入前震旦系浅变质岩，出露面积0.8km²，广泛硅化、绢云母化、绿泥石化和碳酸盐化。矿体产于内外接触带 | 环形筒状，长2300~1600m，宽1000~1600m，延深可达600m | 硫化铜矿，细脉状、浸染状、细脉浸染状 | 黄铜矿、黄铁矿，次为辉钼矿、砷黝铜矿、镜铁矿，少量方铅矿、闪锌矿 | 0.46 | Mo 0.011 S 1.64 Au 0.188g/t Ag 1.086g/t | 大型（露天开采） |
| 2. 广东石录铜矿 | 砂卡岩铜矿（次生富集孔雀石铜矿） | 分布于燕山期石英闪长岩与石炭系灰岩接触带内200~300m围岩岩溶中。矿层由黏土、砾石、砂等组成，底板为大理岩。附近有原生砂卡岩铜矿 | 不规则的透镜体，扁豆状，主矿体长1500m，埋深25m，平均厚20至130m | 氧化铜矿，碎粒状、斑点状 | 孔雀石，个别见硅孔雀石、蓝铜矿，也有黏土吸附铜 | 1.12~2.02 | 微量的Ag，Au | 中型（露天开采） |
| 3. 云南易门铜矿狮山矿区 | 沉积变质岩浸染铜矿 | 含矿层为元古界昆阳群绿汁江组狮山层中，上部的黑色炭质泥砂质白云岩和灰白色泥砂质白云岩，上盘为青灰色白云岩，下盘为紫色板岩、白云岩 | 似层状、透镜状，主矿体长900m，厚3~52m，延深550m以上，倾角70~90° | 硫化铜矿占75%，其余为氧化矿、混合矿，层带状为主，网脉状、结核状次之 | 主要为黄铜矿、斑铜矿，其次为辉铜矿，偶见硫砷铜矿 | 1.35 | Mo 0.018 Sb 0.027 Bi 0.0009 Co 0.005~0.029 | 中型（地下开采） |
| 4. 美国苏必利尔矿区 | 火山岩浸染铜矿 | 矿体赋存于玄武岩和安山岩组成的熔岩层中，局部的杏仁孔和熔岩壳上部，单个熔岩走向长160km，厚度30cm~500m，其中一半厚度超过25m | 似层状，其中有的矿山走向长1.5~1.8km，有的矿山沿倾斜开采达3060m | 自然铜，局部有硫化铜矿，方解仁充填、斑点状、浸染状 | 自然铜为主，小型矿脉有辉铜矿、方解石组合 | 1.05~2.64（一般1.5） | Ag（个别） | 中~大型（地下开采，已采尽） |

① 伴生组分一栏除标明者外，其他单位为%。

表 2-19　铅锌矿床地质-工业类型

| 矿床类型 | 地质特征 | 成矿时代 | 矿体形态及规模 | 矿石类型及结构构造 | 主要矿石矿物 | 矿石质量 | | | 矿床规模 | 类型相对重要性 | 矿床实例 |
|---|---|---|---|---|---|---|---|---|---|---|---|
| | | | | | | Pb（%） | Zn（%） | 伴生组分 | | | |
| 1. 矽卡岩铅锌矿 | 产于中酸性侵入岩与碳酸盐类岩石或其接触带附近 | 古生代至新生代 | 筒状、似层状、脉状，走向长200～800m，倾向100～600m，厚0.5～70m | 铅锌硫化矿，致密块状、浸染状 | 方铅矿、闪锌矿、黄铁矿为主，还有黄铜矿，时有白钨矿、锡石、辉钼矿、辉铋矿 | 1.1～6.1 | 1.7～6.3 | Cu, Ag, Bi, Se, Te, In, Gd, Au, Ge, Ga, Ti | 中、大型、大型 | 我国重要国外次要 | 湖南水口山 |
| 2. 火山岩黄铁矿型铅锌矿 | 产于海相火山沉积岩中，围岩具硅化、绿帘石化、高岭土化、叶蜡石、绢云母化、黄铁矿化 | 前寒武纪及古生代为主，少量为中生代及新生代 | 似层状、透镜状、扁豆状，走向达1500m，有的达3000m，倾向达900m，厚1～100m | 铜铅锌硫化矿，致密块状、条带状 | 黄铜矿、方铅矿、闪锌矿、黄铁矿，有时有毒砂、辉砷、银矿、砷黝铜矿 | 0.4～7.4 | 1.5～11.9 | Cu, Au, Ag, Cd, Te, Se, Bi, Hg, Sb, Ga, Ti, In | 中、大型、特大型 | 较重要 | 甘肃小铁山、苏联鲁德阿尔泰区，依阿尔黑矿分布区 |
| 3. 脉状铅锌矿 | 产于各种岩石中 | 前寒武纪至新生代，以中、新生代为主 | 充填脉、脉带，走向长20～800m，倾向长50～500m，厚数米至数十米 | 铅锌硫化矿，致密块状、条带状、角砾状、浸染状 | 方铅矿、闪锌矿、黄铁矿 | 1.2～4.0 | 1.9～7.3 | Cu, Ag, Cd, Bi, Se, In, Te, Ga, Ge | 中、大型 | 次要 | 辽宁青城子、内蒙孟恩陶勒盖、湖南桃林、苏联萨东、美国科达伦 |
| 4. 沉积变质岩黄铁矿型铅锌矿 | 产于各种沉积变质岩中，原岩常具复理石或类复理石建造 | 前寒武纪为主，古生代次之 | 似层状、筒状、透镜状，走向达1500m，倾向达1000m，厚1～50m | 铜铅锌硫化矿或铅锌硫化矿，块状、角砾状、浸染状 | 方铅矿、闪锌矿、黄铜矿、黄铁矿（磁铁矿） | 0.5～7.1 | 3.7～9.5 | Cu, Ag, S, Cd, Au, Co, Bi | 大型、特大型 | 重要 | 甘肃厂坝、内蒙东升庙、澳大利亚布罗肯希尔、加拿大沙利文、芒特艾萨 |
| 5. 碳酸盐岩层状铅锌矿 | 产于地台型碳酸盐类岩层中 | 古生代 | 层状、透镜状，走向同可达2000m余，倾向可达1000m，厚1～50m | 铅锌硫化矿，块状、浸染状 | 闪锌矿、方铅矿（含重晶石）、黄铁矿较少，时有黄铜矿 | 1.0～8.0 | 0.9～11.0 | Ag, Ba, Cd, Se, Te, In, Ti, Ge, Cu | 中、大型、特大型 | 重要 | 广东凡口、云南会泽及金沙厂，美国密西西比地区 |

表 2-20　某些铅锌矿矿山矿床概况

| 矿山名称 | 矿床地质-工业类型 | 地质特征 | 矿体形态、产状及规模 | 矿石类型及结构、构造 | 主要矿石矿物 | 矿石质量（%） | | | 矿床规模 |
|---|---|---|---|---|---|---|---|---|---|
| | | | | | | Pb | Zn | 伴生组分① | |
| 1. 广东凡口铅锌矿 | 碳酸盐岩层状铅锌矿 | 矿化富集于断裂两侧，主要赋存于上和中泥盆统灰岩中，顶底板主要是灰岩，部分为砂岩 | 形态复杂的多层状复合矿体，主矿体最大长度 500m，厚 30 余米，倾斜延长百余米，倾角 30～60° | 硫化铅锌矿，浸染状，部分条带状、粉状 | 方铅矿，闪锌矿和黄铁矿 | 5.13 | 10.58 | S 22.5 Ge 0.0033 Ag 108.99g/t Cd 0.0303 | 大型（地下开采） |
| 2. 辽宁青城子铅锌矿 | 脉状铅锌矿 | 矿化赋存于元古界辽河群变质岩以岩中，沿断裂裂隙及层间裂隙发育 | 矿体呈脉状、似层状，长数十米至 400m，厚数米至 30m，延深数十米到 300m | 硫化铅锌矿，条带状、浸染状、角砾状及块状，细脉状 | 方铅矿，闪锌矿，黄铁矿、毒砂、磁黄铁矿、黝铜矿、斑铜矿、辉铜矿、磁铁矿、辉银矿 | （氧化铅锌矿）3.98～2.43 | （氧化铅锌矿）3.17～2.01 | S 8.62～4.15，还有金、银、镉、镓、锗、铊等 | 大型（地下开采） |
| 3. 云南会泽铅锌矿厂山口矿段 | 碳酸盐岩层状铅锌矿和残积砂矿 | 产于白云岩层间压碎带或白云岩与大理岩化灰岩的接触面，氧化铅锌矿矿体垂深达 502m，附近所形成的残坡积砂矿规模较大 | 矿体呈透镜状，最大走向长 223m，倾向长 1050m，水平厚 29m，倾角 25°～30°，砂矿全长 4km，埋深几米至 130m | 氧化铅锌矿及氧化铅锌矿，类型较复杂，以主状及半土状矿石为主 | 铅铁矾、白铅矿、异板状锌矿、硅锌矿、菱锌矿组成 | （氧化铅锌矿）1.89 | （氧化铅锌矿）9.76 （氧化单锌矿）12.58～9.70 | Ga 0.0032～0.002 | 脉矿中型、砂矿中型（脉矿地下，砂矿露天开采） |

① 伴生组分一栏，除标明者外，其他单位为%。

表 2-21　镍矿床地质-工业类型

| 矿床类型 | 地质特征 | 成矿时代 | 矿体形状及产状 | 矿石类型及结构构造 | 主要矿石矿物 | 矿石质量 | | | 矿床规模 | 类型相对重要性 | 矿床实例 |
|---|---|---|---|---|---|---|---|---|---|---|---|
| | | | | | | Ni (%) | Cu (%) | 伴生组分 | | | |
| 1. 基性、超基性岩镍铜硫化矿　a. 萨德伯里型 | 含矿岩体产于克拉通，呈岩盆状，由元古代石英闪长岩、苏长岩杂岩体和石英闪长岩枝岩组成 | 元古代 | 以层状为主，产状平稳，稳定，部分呈脉状，产状陡，延深大 | 以硫化物矿石为主，浸染状 | 磁黄铁矿、镍黄铁矿、黄铜矿、紫硫镍矿等 | 0.5~2 | 1.2 (平均值) | Co 0.05%, Pt族 1~4 g/t | Ni、Cu、Co、Pt族金属均为大型 | 国外重要 | 加拿大萨德伯里 |
| b. 金川型 | 含矿岩体常产于克拉通与褶皱带部接部位，受深断裂系统控制，含矿体为小岩体，多为苏长岩、橄辉岩、橄榄岩等 | 元古代至中生代 | 似层状、透镜状，少量脉状，产状常与岩体一致 | 海绵陨铁状、块状 | 磁黄铁矿、镍黄铁矿、黄铜矿、方黄矿 | 一般为0.5~2.2，块状矿石可平均达5.3 | 0.2~1.7，块状矿石可平均达1.83 | Co 0.02%~0.1%常有金属贵金属伴生 | Ni、Cu、Co、贵金属最大均可达大型 | 我国重要 | 甘肃金川、吉林红旗岭 |
| c. 诺里尔斯克型 | 含矿岩体产于克拉通内或克拉通边缘，与大陆裂谷作用有关系密切，中生代辉长岩-苏长岩或元古代长城系苏长岩 | 元古代中生代 | 层状、透镜状、脉状，矿体常产于岩体下部 | 浸染状、海绵陨铁状、块状 | | 0.2~4.0 | 0.4~4.7 | Pt族可达5~10g/t | Ni、Cu、贵金属最大均可达大型 | 国外重要 | 苏联诺里尔斯克"十月"，塔尔纳赫，美国德卢斯 |
| d. 坎巴尔达型 | 绿岩带科马提岩带及有关的橄榄岩-纯橄榄透镜体为含矿岩体 | 前寒武纪 | 多呈似层状、透镜状产于下底部岩流单元底部，或纯橄榄岩-纯橄榄岩透镜体中 | 角砾状 | | 小而富矿体1.5~3.5，大贫矿体0.6左右 | 0.1~0.23 | Pt族可达1.46 g/t | 常见大型 | 国外较重要 | 澳大利亚坎巴尔达、加拿大大汤普森、津巴布韦尚加尼 |
| 2. 红土镍矿 | 产于热带、亚热带地区，受超基性岩体风化壳控制，断裂带控制（矿）床相应细分为面型、线型（和）面-线型 | 中生代、新生代 | 层状、似层状、透镜状、脉状及巢状。一般产状平缓，矿床陡倾、线型矿床形态复杂 | 硅酸盐镍矿为主。土状碎屑、角砾状、结核状 | 暗镍蛇纹石、钙镁碳酸盐石、硅铝镍铁矿及含镍的绿高岭石、绿泥石、绿泥石结核等 | 0.5~3.0 | 0.02左右 | Co 0.01%~0.2% | 常见大型 | 国外重要（占陆地镍储量的70%，镍产量占40%左右） | 古巴马亚里、莫亚湾，以及新喀里多尼亚、印度尼西亚和菲律宾等的许多矿床 |

注: 有一些镍矿床（如与镁质超基性岩有关的镍铜硫化物矿床、沉积型和热液浸染型镍矿床等），由于相对次要，或技术经济原因，未列入本表。

**表 2-22　某些镍矿山矿床概况**

| 矿山名称 | 矿床地质-工业类型 | 地质特征 | 矿体形态及产状 | 矿石类型及结构构造 | 主要矿石矿物 | 矿石质量 | | | | 矿床规模 |
|---|---|---|---|---|---|---|---|---|---|---|
| | | | | | | Ni(%) | Cu(%) | Co(%) | 伴生组分①(g/t) | |
| 1. 甘肃金川镍矿 | 基性—超基性岩铜镍硫化物矿床(金川型) | 产于小型岩墙状纯橄榄岩、二辉橄榄岩岩体中下部 | 似层状、透镜状、少量脉状、产状与岩体一致 | 硫化物矿石为主、浸染状、海绵陨铁状、块状及少量斑杂状、角砾状构造;半自形、他形及各种固熔体分离结构 | 磁黄铁矿、镍黄铁矿、黄铜矿、有时见紫硫镍矿、方黄铁矿、黄铜矿 | 0.5~22,Ni>2的矿石约占一半 | 0.2~1.7 | 0.02~0.1 | Pt0.05~0.526 Pd0.09~0.24 Au0.08~0.54 Ag2.16~5.49 | Ni、Cu、Co、Au、Ag 铂族金属均为大型(地下及露天开采) |
| 2. 古巴莫亚湾镍矿 | 红土镍矿床 | 产于中生代阿尔卑斯型超基性岩体红土风化壳中 | 层状、似层状、产状平缓 | 褐铁矿型镍钴氧化矿、土状、碎屑状、角砾状构造;结核状、网状、残余、纤维状、脉状结构 | 含镍硅酸盐矿物(暗镍蛇纹石、镍铁绿泥石等)及褐铁矿 | 1.4(平均值) | 0.02 | 0.15 | Fe47.5% | Ni、Co 均为大型(露天开采) |

**表 2-23　钨矿床地质-工业类型**

| 矿床类型 | 地质特征 | 成矿时代 | 矿体形态及产状规模 | 矿石类型及结构构造 | 主要矿石矿物 | 矿石质量 | | 矿床规模 | 相对重要性 | 矿床实例 |
|---|---|---|---|---|---|---|---|---|---|---|
| | | | | | | WO₃(%) | 伴生组分 | | | |
| 1. 砂卡岩型岩钨矿 | 产于花岗岩类岩体与沉积岩接触带及其附近、常于砂卡岩中 | 古生代至新生代、以中生代为主 | 似层状、镜状、少量脉状、厚数米至百余米、走向长可达1~2km、倾向达1km | 白钨矿矿石、块状、角砾状、浸染状、细脉状、染状 | 白钨矿、伴生辉钼矿、黄铜矿、方铅矿、闪锌矿、锡石及锡矿物 | 0.2~2.5 | Mo、Pb、Zn、Cu、Bi、Au、Ag、Sn | 小、中、大型、有时为特大型 | 重要 | 湖南瑶岗仙、加拿大钨矿城、苏联特尔内奥兹、澳大利亚金岛 |

续表 2-23

| 矿床类型 | 地质特征 | 成矿时代 | 矿体形态及规模 | 矿石类型及结构构造 | 主要矿石矿物 | 矿石质量 WO$_3$（%） | 伴生组分 | 矿床规模 | 类型相对重要性 | 矿床实例 |
|---|---|---|---|---|---|---|---|---|---|---|
| 2. 斑岩钨矿 | 产于花岗岩类（花岗闪长斑岩、石英斑岩、花岗岩斑岩）岩体上部或顶部内外接触带中，具钾长石化、绢云母化、泥化、青盘岩化 | 侏罗纪为主，次为白垩纪 | 透镜状、带状，长宽为数百米，厚数十米 | 白钨矿矿石或黑钨矿网脉状 | 白钨矿或黑钨矿、伴生辉钼矿、锡石、闪锌矿、方铅矿、黄铁矿 | 0.2~0.6 | Cu、Sn、Mo、Pb、Zn、Fe、S、Bi、Au、Ag | 小、中、大型 | 次要 | 广东莲花山、江西阳储岭 |
| 3. 云英岩钨矿 | 产于花岗岩类岩体上部及顶板砂页岩层中，云英岩化发育 | 中生代至新生代 | 脉状囊、柱状体，脉网矿化面积为几万至几十万平方米，深可达千米以上 | 黑钨矿矿石、块状、浸染状 | 黑钨矿、伴生白钨矿、辉钼矿、锡石、铋矿物、闪锌矿、方铅矿、黄铜矿 | 0.2~2.0 | Mo、Bi、Sn | 小、中型 | 次要 | 江西九龙脑、苏联恰恰陶克联阿 |
| 4. 石英脉钨矿 | 产于花岗岩类岩体上部与围岩接触带裂隙中、花岗岩具钾长石化、云英岩化、泥质岩具云母化、电气石化、浅色云母化 | 中生代、新生代为主，古生代次之 | 脉状和脉带，厚几厘米至几米，脉带可达几十米，走向长可达1~2km，倾向达700m，常有几至几百条平行脉 | 黑钨矿矿石、白钨矿矿石、细脉状、时见角砾状、浸染状 | 黑钨矿、有时为白钨矿、伴生辉钼矿、锡石、铋矿物、黄铁矿、铌钽矿物、方铅矿、闪锌矿、绿柱石 | 0.2~2.4 | Sn、Mo、Bi、Nb、Ta、Be | 小、中、大型 | 重要 | 江西西华山、浒坑，苏联尤利廷 |
| 5. 硅质岩钨矿 | 产于沉积岩及火山沉积岩的硅质层中，有工业意义者为变质的类似物 | 古生代 | 层状、似层状、透镜状，矿带长数百至几千米，最宽百余米，厚数米至数百余米 | 黑钨矿矿石及白钨矿矿石、微细粒浸染状、条带状 | 含钨赤铁矿（微细粒）、钨酸铁矿、菱铁矿、白钨矿、辉钼矿与细粒硅质岩或细粒（糖粒）状石英岩相伴 | 0.2~0.5 | Cu、Fe、S、Mo、Au、Ag、Bi | 小、中、大型 | 潜在资源为主 | 江西枫林、广西大明山 |
| 6. 石英脉钨金锑矿 | （参见表2-29，石英脉金锑矿条目） | | | | | 微量~0.6 | Sb、Au | 中、小型为主 | 次要 | 湖南沃溪、西安溪 |

表 2-24　某些钨矿山矿床概况

| 矿山名称 | 矿床地质-工业类型 | 地质特征 | 矿体形状、产状及规模 | 矿石类型及结构构造 | 主要矿石矿物 | 矿石质量（%） | | 矿床规模 |
|---|---|---|---|---|---|---|---|---|
| | | | | | | WO₃ | 伴生组分 | |
| 1. 江西西华山钨矿 | 石英脉钨矿 | 产于侵入寒武系的黑云母花岗岩南端内接触带，石英脉充填多组裂隙中。成矿作用近东西向阶段，围岩钾长石化、云英岩化 | 脉状，平均长200m左右，最长800余米，矿化深一般近百米，埋深0～600m，脉宽0.4m | 石英黑钨矿，伴生少量白钨矿 | 黑钨矿，次有辉钼矿、白钨矿、辉铋矿、锡石、黄铁矿、绿柱石、脉石有石英、长石等 | 1.06 | Mo0.021 Bi0.031 Nb、Ta等 | 大型（地下开采） |
| 2. 澳大利亚金岛钨矿 | 砂卡岩钨矿 | 海西期花岗闪长岩侵入古生代至早寒武纪的灰岩及页岩层中，在接触带附近形成石榴石、辉石为主的砂卡岩，其间有矿体产出 | 矿体呈脉状、透镜状，主矿体长450m，厚7～27m | 白钨矿在砂卡岩中呈浸染状、细脉状 | 白钨矿，其次有辉钼矿 | 0.8～1 | | 大型（露天转地下开采） |

表 2-25　锡矿床地质-工业类型

| 矿床类型 | 地质特征 | 成矿时代 | 矿体形态及规模 | 矿石类型及结构构造 | 主要矿石矿物 | 矿石质量 | | 矿床规模 | 类型相对重要性 | 矿床实例 |
|---|---|---|---|---|---|---|---|---|---|---|
| | | | | | | Sn① | 伴生组分 | | | |
| 1. 花岗岩伟晶岩锡矿 | 花岗岩类岩体内外接触带的钠锂型伟晶岩中具云英岩化、钠长石化 | 前寒武纪 | 伟晶岩呈板状、透镜状，含锡云英岩呈矿巢、透镜状和不规则脉体，集中产于脉壁 | 原生锡石矿，呈带状、浸染状 | 锡石、铌钽铁矿、伴生锆石、锂辉石、金红石、钽锡矿 | 0.1～0.2 | Nb、Ta、Li、Ti | 小型 | 次要 | 扎伊尔马诺诺 |
| 2. 砂卡岩锡矿 | 产于花岗岩类岩体与碳酸盐岩石内外接触带，远离岩体出下部为砂卡岩，现各种成分似层状、脉状透镜状矿体 | 中生代为主 | 似层状、透镜状、囊状、脉状、厚数米到数十米，延深数十米到数百米 | 原生锡石矿，浸染状、块状、网脉状 | 锡石，伴生磁铁矿、闪锌矿、铁矿、毒砂、方铅矿 | 0.3～1.0 | Fe、Cu、Pb、Zn | 小、中、大型、特大型 | 重要 | 云南个旧、广西大厂，苏联基捷利亚（Кителя） |

续表 2-25

| 矿床类型 | 地质特征 | 成矿时代 | 矿体形态及规模 | 矿石类型及结构构造 | 主要矿石矿物 | 矿石质量 | | 矿床规模 | 类型相对重要性 | 矿床实例 |
|---|---|---|---|---|---|---|---|---|---|---|
| | | | | | | Sn① | 伴生组分 | | | |
| 3. 斑岩锡矿 | 产于浅成—超浅成酸性斑岩岩体内接触带，具黄玉绢英岩化、云英岩化、硅石化、绿泥石化 | 中生代为主，新生代次之 | 筒状、复杂形态，平面面积一般小于1km²，延深达数百米 | 原生锡石矿网脉状 | 锡石，伴生黑钨矿、辉钼矿、黄铁矿、黄铜矿、方铅矿 | 0.1~0.6 | W，Mo | 中、大型 | 重要 | 广东银岩顶、西岭，玻利维亚一些锡矿 |
| 4. 锡石硅酸盐脉锡矿 | 产于花岗岩类岩体外接触带的硅铝质岩石中，常近于接触体以电气石英岩化、近岩体以绿泥石为主 | 中生代为主，其次为古生代 | 脉状、带状矿体，囊、柱状矿网脉、矿化深达数百米 | 原生锡石矿，浸染状、带状、角砾状 | 锡石，伴生有铜和钨的硫化物，有时有黑钨矿等 | 0.4~3.0 | W，萤石、Cu，Bi，In，Pb，Zn | 小、中、大型、特大型 | 重要 | 云南铁厂、英国康沃尔，苏联远东一些钨矿 |
| 5. 锡石硫化物脉锡矿 | 产于花岗岩类岩体外接触带的硅铝质岩石中 | 中生代为主，其次为第三纪 | 脉状、带状矿体，柱状、似层状、透镜状 | 原生锡石矿，浸染状、角砾状 | 锡石为主，伴生有黄铜矿、磁黄铁矿、方铅矿、闪锌矿、黄铁矿 | 0.2~2.0 | Cu，Zn，Pb，In，W，Ag | 小、中、大型 | 次要 | 内蒙大井、广东长埔，苏联远东一些锡矿 |
| 6. 石英脉及云英岩锡矿 | 产于中深成花岗岩类岩体与硅铝质岩石内外接触带附近，具云英岩化、浅色云母化、电气石母化 | 中生代为主 | 脉状、脉带、囊状，柱状网脉和不规则状，从岩体上部围岩内100m至上部矿区间600m为矿化体 | 原生锡石矿，块状、浸染状，少量为角砾状集合体 | 锡石为主，常伴生黑钨矿、辉钼矿、铌钽铁矿、绿柱石、锂云母 | 0.3~0.8 | W，Bi，Ta，Nb，Sc，Be，Li | 小、中、大型 | 次要 | 广西栗木，苏联尤利廷 |
| 7. 花岗岩风化壳锡矿 | 产于锡石花岗岩或锡石化蚀变（钠长石化、云英岩化、电气石化等）花岗岩的顶部风化壳中 | 中生代、新生代 | 层状、似层状，透镜状、带状、长，宽一般数千米至数百米，厚数十米直至数百米以上 | 风化壳锡石矿、土状、松散状 | 锡石，伴生黑钨矿、白钨矿、铌钽铁矿、磷钇矿、金红石 | 锡石 0.15~0.4 kg/m³ | W，Nb，Ta，TR，Ti | 小、中、大型 | 重要 | 云南云龙，泰国白山 (Ber San) |
| 8. 砂锡矿 | 产于现代残坡积、冲积、洪积物中，部分埋藏在河谷中 | 新生代 | 层状和透镜状，厚可达5m，延长可达数公里 | 锡石砂矿 | 锡石为主，伴生有钛铁矿、白钨矿、黑钨矿、锆石 | 锡石 0.2~5kg/m³ | Ti，W，Zr | 小、中型，少数为大型 | 重要 | 广西平桂，马来西亚坚打河谷，泰国泰孟地区 |

① 矿石质量的Sn栏，除标明者外，其他单位为%。

表2-26　某些锡矿矿山矿床概况

| 矿山名称 | 矿床地质-工业类型 | 地质特征 | 矿体形态、产状及规模 | 矿石类型及结构构造 | 主要矿石矿物 | 矿石质量 Sn | 伴生组分 | 矿床规模 |
|---|---|---|---|---|---|---|---|---|
| 1. 云南个旧老厂锡矿 | 砂卡岩锡矿和砂锡矿 | 花岗岩侵入中三叠统个旧组灰岩中，接触带生成砂卡岩锡矿，白云岩向上沿断裂带成脉状矿体，更主要生成层间矿体。氧化带深度大，直达接触带，地表溶洞中充填砂锡矿 | 矿体190多个，呈透镜状，似层状、脉状。主要矿体走向长70~600m，延深20~300m，厚2~100m | 锡石氧化矿、锡石硫化矿、锡石砂矿 | 氧化矿主要为褐铁矿、锡石、针铁矿，次为砷铅矿、铅铁矾、白铅矿、孔雀石、硅孔雀石。硫化矿主要为盛黄铁矿、锡石及少量方铅矿、铁闪锌矿等的白钨矿、自然铋、辉钼矿等 | 原生矿0.68%，砂锡矿0.23% | Cu、Pb、Zn、W、Bi、Ag、Be | 大型（原生矿、地下开采矿及露天开采） |
| 2. 广西新路锡矿白山面采场 | 砂锡矿（深埋型） | 残坡积砂矿，同含有砾石，一般埋深10~30m，最深达60多米，为第四系掩盖。主要集中在白面山南北向断裂谷地中 | 不规则，受古地形控制，平面上呈带状，剖面上呈水平层状。矿体长1000多米，厚25m | 锡石砂矿 | 锡石 | 0.188%（试算矿区最低可采品位应为0.274） | | 中型（露天及地下开采） |
| 3. 泰国白山锡矿壳锡矿（Ber San） | 花岗岩风化壳锡矿 | 电气石化白云母花岗岩中含锡石，在岩体中伟晶岩、细晶岩等内有含锡石-石英白云母叶蜡石脉，经风化后，近地表部分形成 | 矿区面积1km² | 风化壳锡石砂矿 | 锡石、少量白钨矿、脉石矿物有石英、微斜斜长石、白云母、电气石、萤石 | 锡石0.3kg/m³ | 黑钨矿和白钨矿0.03kg/m³ | 小型（露天开采） |
| 4. 泰国泰孟地区滨外砂锡矿 | 砂锡矿（滨外型） | 含锡花岗岩被侵蚀风化搬运到滨外沉积，基岩为页岩夹灰岩，盖层由黏土、砂石和砂层组成。开采30m深以内部分 | 含矿层南北向带状分布，中部较厚，达12~15m，向两端变薄为1~2m | 锡石砂矿 | 锡石、少量组铁矿、钛铁矿、独居石、锆英石、白钨矿 | 锡石0.4kg/m³ | Ti、Ta、W | 大型（采砂船开采） |

**表 2-27 钼矿床地质-工业类型**

| 矿床类型 | 地质特征 | 成矿时代 | 矿体形态及规模 | 矿石类型及结构构造 | 主要矿石矿物 | Mo(%)① | 伴生组分 | 矿床规模 | 类型相对重要性 | 矿床实例 |
|---|---|---|---|---|---|---|---|---|---|---|
| 1. 砂卡岩钼矿 | 产于花岗岩类岩体、闪长岩类岩体与碳酸盐岩接触带的砂卡岩中 | 古生代及中生代 | 似层状、透镜状。厚几米至百余米，走向几十米至1~2km，倾向几十米至1km | 钼矿化矿、块状、角砾状、细脉状、浸染状 | 辉钼矿、伴生白钨矿、钼白钨矿或黑钨矿、黄铜矿及少量闪锌矿 | 0.02~0.3 | Cu、W、Bi、Se、Te、Sn、Au、Ag | 小、中、大型。有时特大型 | 重要 | 辽宁杨家杖子、肖家营子，苏联特尔内奥兹，韩国上东 |
| 2. 斑岩钼矿 | 产于花岗岩类岩体接触带中，具钾长石化、绢英岩化、泥化、青磐岩化带 | 新生代为主，其次为中生代、古生代 | 囊柱状、网脉体。面积几千至几万平方米，深达1000m以上 | 铜钼硫化矿、细脉浸染状、浸染状、脉状、时有角砾状 | 辉铜矿、伴生黑钨矿或白钨矿、斑铜矿、方铅矿、闪锌矿 | 0.01~0.25 | Cu、W、Bi、Pb、Zn、Au、Ag、Se、Te、Re、Ge | 中、大、特大型 | 重要 | 陕西金堆城，美国克莱梅克斯，智利丘基卡马塔 |
| 3. 云英岩钼矿 | 产于花岗岩类岩体顶部裂隙中，有时在外接触带中 | 中生代、新生代 | 脉状囊、柱状网脉体。深可达500m | 钼硫化矿、细脉状、浸染状、时有角砾状 | 辉钼矿、伴生锡石、黑钨矿、黄铜矿及辉铋矿、磁黄铁矿、方铅矿、闪锌矿 | 0.03~0.3 | W、Sn | 小、中型 | 次要 | 苏联卡拉奥巴 |
| 4. 石英脉钼矿 | 产于花岗岩类岩体内外接触带中，围岩具钾长石化、云英岩化、黄铁绢英岩化、硅化 | 中生代为主 | 脉状、脉带。深可达800m | 钼硫化矿、细脉浸染状、浸染状、细脉状 | 辉钼矿、伴生黑钨矿、锡石及其他硫化物 | 0.05~0.9 | W、Sn、Bi、Se、Pb、Zn、Ag | 小、中、大型 | 次要 | 浙江石坪川 |
| 5. 炭硅质岩钼矿 | 产于黑色含磷碳质页岩建造的轻微碳硅改造炭硅质页岩中 | 早寒武世 | 层状、似层状、透镜状。长米至数十米至3350m，宽500m，垂深250m，厚0.16~3.18m | 镍钼硫化矿 | 硫钼矿、二硫镍矿、辉镍矿、黄铁矿、针镍矿 | 0.3~0.7 | Ni、V、U、P、Ba、Sc、Tl、Re、Pt族、TR | 小、中型 | 潜在资源 | 湖南大庸、慈利，云南德泽 |

① 包括已利用伴生钼矿石品位。

**表 2-28　某些钼矿山矿床概况**

| 矿山名称 | 矿床地质-工业类型 | 地 质 特 征 | 矿体形态产状及规模 | 矿石类型及结构构造 | 主要矿石矿物 | 矿石质量（%） | | 矿床规模 |
|---|---|---|---|---|---|---|---|---|
| | | | | | | Mo | 伴生组分 | |
| 1. 陕西金堆城钼矿 | 斑岩钼矿 | 侵入于下震旦统及中震旦统石英岩中的燕山期火山岩及花岗岩斑岩，矿体赋存于花岗岩斑岩及外接触带的黑云母化角岩石化细碧岩内 | 巨大扁豆体，长 2200m，最大矿化深度达 1000m，倾角 70~80° | 硫化矿、近地表少量氧化矿，细脉浸染状、条带状构造 | 辉钼矿为主，黄铁矿、黄铜矿次之 | 0.106 | Cu 0.028 S 2.813 | 大型（露天开采） |
| 2. 辽宁新华（肖家营子）钼矿 | 矽卡岩钼矿 | 侵入于元古界雾迷山组地层的燕山期中-基性复合岩体，出露面积 0.62km²。南部细粒斑状闪长岩与矽岩云岩接触形成矽卡岩，主要矿位部成矽卡岩，其间赋存钼矿体 | 主要矿体 20 个，长 290~800 m，延深 500~680m，厚 7~21m，最大厚 52m | 硫化矿、细脉浸染构造，局部有采敏和破裂构造 | 辉钼矿、黄铜矿、黄铁矿、闪锌矿、方铅矿 | 0.223 | Cu 0.47 Fe | 大型（地下开采） |

**表 2-29　锑汞矿床地质-工业类型**

| 矿床地质-工业类型 | 地质特征 | 成矿时代 | 矿体形态及规模 | 矿石类型及结构构造 | 主要矿石矿物 | 矿石质量（%） | | 类型相对重要性 | | 矿床实例 |
|---|---|---|---|---|---|---|---|---|---|---|
| | | | | | | Sb | 伴生组分 | 矿床规模 | 相对重要性 | |
| 1. 层状锑矿和汞锑矿 | 产于硅酸盐及碳酸盐沉积岩中，位于大断裂附近 | 中生代为主，次为古生代，为少新生代 | 整合透镜状、似层状。由多层含矿体互层组成，十厘米含矿体层厚数组成 | 锑硫化矿或汞锑硫化矿，浸染状、角砾状、块状、晶簇状 | 辉锑矿、或层砂矿，伴生黑钨矿、黄铁矿、方铅矿、闪锌矿、雄黄 | 2~6 | Hg（0.01%~0.5%），As, Au, Ag, W, Zn, Pb | 中、大型至大型 | 重要 | 湖南锡矿山，贵州晴隆，苏联卡达姆扎伊依 |

续表 2-29

| 矿床类型 | 地质特征 | 成矿时代 | 矿体形态及规模 | 矿石类型及结构构造 | 矿石质量 (%) | | 矿床规模 | 类型相对重要性 | 矿床实例 |
|---|---|---|---|---|---|---|---|---|---|
| | | | | | Sb (%) | 伴生组分 | | | |
| 2. 石英脉金锑矿 | 产于各种沉积岩石的交叉断裂和层间断裂中 | 中生代为主，次为古生代、新生代 | 脉状、脉穿、带状矿化体。厚数十厘米至12米（膨胀脉处），脉长数百至千米，延300～400m，直至千余米 | 含钨金锑化矿，块状、浸染状、细脉浸染状 | 2～5 | Au, W, As, Pb | 小、中型为主 | 较重要 | 湖南沃溪，玻利维亚卡拉科塔 |
| 3. 石英脉锑矿 | 产于各种岩石的裂隙中，常呈雁行式排列 | 新生代为主，次为古生代、中生代 | 脉带、脉状，长数十米至几千米，厚数米至几十米 | 锑硫化矿，块状、浸染状 | 2～30 | W, Hg, As, Pb | 小、中型，可达大型 | 次要 | 贵州半坡 |

**表 2-30　某些锑矿山矿床概况**

| 矿山名称 | 矿床地质-工业类型 | 地质特征 | 矿体形态、产状及规模 | 矿石类型及结构构造 | 主要矿石矿物 | 矿石质量 (%) | | 矿床规模 |
|---|---|---|---|---|---|---|---|---|
| | | | | | | Sb | 伴生组分 | |
| 1. 贵州晴隆锑矿 | 层状锑矿 | 含矿层属上二叠统与下二叠茅口灰岩，产于峨嵋山玄武岩与下二叠茅口灰岩间的角砾状灰岩和硅质岩中。矿化受断层和沿断层展布的次一级小背斜控制。围岩硅化、黄铁矿化、萤石化、方解石化、高岭土化等 | 透镜状、似层状，长100～400m，厚3.22m，埋深50～200m，倾角5°～8° | 硫化锑矿 | 辉锑矿、脉石石英、方解石、黄铁矿、重晶石、萤石 | 2.62 | As 0.016～0.101, S | 大型（地下开采） |
| 2. 湖南锡矿山锑矿 | 层状锑矿 | 矿区出露倾伏背斜。上统页岩下的灰岩含矿，矿体赋存在西部的大断裂东侧的一级多字形排列的四个小向斜中，矿化面积达18km²。泥盆系 | 层状、似层状，一般沿走向长1100m，垂直厚度0.8～25m，倾角3°～40°，最大埋深628m | 硫化锑矿为主，次为硫化锑和氧化锑混合矿，呈块状、浸染状、网状，不规则镶嵌状 | 辉锑矿、黄锑华、水锑钙矿、锑华及少量黄铁矿，脉石有石英、方解石和少量重晶石、萤石 | 3.7 | As 0.02, S | 大型（地下开采） |

表 2-31　汞矿床地质-工业类型

| 矿床类型 | 地质特征 | 成矿时代 | 矿体形态及规模 | 矿石类型及结构构造 | 主要矿石矿物 | 矿石质量 | | 矿床规模 | 类型相对重要性 | 矿床实例 |
|---|---|---|---|---|---|---|---|---|---|---|
| | | | | | | Hg (%) | 伴生组分 | | | |
| 1. 层状汞矿和锑汞矿 | 常产于背斜构造内页岩之下的碳酸盐岩层中,具硅化 | 新生代,中生代 | 层状,透镜状,厚数米至十几米,长宽达数百米,偶同达数千米 | 汞硫化矿或锑状,细脉浸染状 | 辰砂,辉锑矿黑辰砂,碲汞矿,时有自然汞,其他黄铁矿、白铁矿及雄黄砂,铅锌硫化物 | 0.15~2.0 | Sb, Cu, Te,Pb, Zn | 中、大型,特大型 | 重要 | 贵州万山、务川,西班牙阿尔马登,苏联海达尔坎 |
| 2. 脉状汞矿 | 产于各种岩石的断裂带中,具滑石菱镁岩化,少数碳酸盐化和泥化 | 中生代,新生代 | 脉状,长几米至三百米,宽几米,偶达五百米,延深几十至二百米,偶可达七百米 | 汞硫化矿,浸染状,细脉浸染状 | 辰砂,偶见科尔德罗矿较多,黄少量辉锑矿,方铅矿,铜矿,闪锌矿,辉锑矿,雄黄,黄铁矿 | 0.1~1.0 | Sb, Cu, Pb, Zn, Bi,As | 小、中型至大型 | 次要 | 湖北钟鼓湾,美国新阿尔马登 |

表 2-32　某些汞矿山矿床概况

| 矿山名称 | 矿床地质-工业类型 | 地质特征 | 矿体形态、产状及规模 | 矿石类型及结构构造 | 主要矿石矿物 | 矿石质量(%) | | 矿床规模 |
|---|---|---|---|---|---|---|---|---|
| | | | | | | Hg | 伴生组分 | |
| 1. 贵州(万山)汞矿杉木董矿段 | 层状汞矿 | 分布于凤凰背斜北西翼,矿体产于北东向万山断层东侧的中寒武统地层结晶白云岩中。地层产状平缓 | 似层状,主矿体走向长450m,厚15m,小矿体长12m,宽35m,厚5m,一般埋深55~220m,产状平缓 | 汞硫化矿,浸染状,细脉状 | 辰砂,偶见自然汞,伴生辉锑矿、闪锌矿、黄铁矿,脉石有石英、白云石 | 0.292 | | 大型(地下开采) |
| 2. 贵州务川汞矿厂油木矿厂北段 | 层状汞矿 | 矿床产于北东向木油厂背斜轴部的中、下寒武统石菁-碳酸盐地层中,计10个含矿层位,主矿层占总储量的80% | 整合层带状,主矿体走向长3200m,厚1~3m,倾角45°~70°,矿体埋藏标高460~1136m | 汞硫化矿,其中碳酸盐型矿石占80%~90%,少量为硅汞硅质矿石,呈浸染状、脉状、破膜状、粉末状 | 辰砂,次为辉锑矿、黄铁矿、微量方铅矿、辉锑矿,脉石有方解石、石英、重晶石、白云石、萤石、石膏 | 0.154 | | 大型(地下开采) |

属矿及锰矿等矿床中。在国外，独立钴矿床主要是一些钴、镍、银、铋、铀、砷以不同比例关系组合的热液脉状矿床，其矿体形态复杂，储量比例仅占世界钴储量的 0.5% 左右。在国内，尚开采风化淋滤型钴土矿（含钴锰结核）。

独立的铋矿床亦极少。绝大部分铋呈单独矿物状态，作为石英脉钨矿或锡、钨矿以及铜、镍、钴硫化物矿石的伴生或共生组分，在处理钨、锡、钼、铜、钴、镍、砷等矿石时附带提取。煤灰中的铋是潜在的资源。此外，国内尚开采独立的石英脉铋矿，国外则开采独立的砂铋矿，但均不重要。

镁原料取自菱镁矿、白云石、固体及液体盐类矿床和海水。我国主要取自菱镁矿（参见 2.10）。

矿床的地质-工业类型和某些矿山矿床概况见表 2-15 至表 2-33。

**表 2-33　某些钴、铋矿山矿床概况**

| 矿山名称 | 矿床地质-工业类型 | 地质特征 | 矿石类型 | 主要矿石矿物 | 矿石质量 | | 矿床规模 |
|---|---|---|---|---|---|---|---|
| | | | | | 主要有用组分（%） | 伴生组分 | |
| 1. 湖南戏楼坪钴土矿 | 风化淋滤型钴土矿 | 花岗闪长岩经风化作用后形成的风化壳次生淋滤钴土矿 | 钴锰矿石 | 钴土矿及含锰矿物 | Co 0.346 | Ni、Cu、Mn 等 | 小型（露天开采） |
| 2. 广东石碌铁矿钴铜矿体 | 高中温热液钴铜矿床或归属于沉积变质岩浸染钴铜矿床 | 钴赋存于黄铁矿、磁黄铁矿等矿物中，形成与铜矿体共生的钴矿体，呈似层状，产于白云岩中，位于富铁矿体下盘 | 含钴黄铁矿型、含钴磁黄铁矿型、含钴黄铁矿黄铜矿型 | 含钴黄铁矿、磁黄铁矿、黄铜矿 | Co 0.301 Cu 0.80 | Ni、Ag、S 等 | 中型（钴尚未生产） |
| 3. 广东长岗岭铋矿 | 辉铋-黄铁矿-石英大脉型矿床 | 脉状矿床，有矿脉 74 条，其中大脉 6 条 | 辉铋矿矿石 | 辉铋矿、黄铁矿 | Bi 0.71 | Ag | 小型（地下开采） |

## 2.8　贵重和稀有金属矿床[26,29,32~37,61,63,71]

本节包括贵重金属（金 Au、银 Ag、铂 Pt、钌 Ru、铑 Rh、钯 Pd、铱 Ir、锇 Os）、稀有金属（锂 Li、铍 Be、铌 Nb、钽 Ta、锆 Zr、铪 Hf、铷 Rb、铯 Cs）、稀土金属（钪 Sc、铈 Ce、镧 La、镨 Pr、钕 Nd、钷 Pm、钐 Sm、铕 Eu、钇 Y、钆 Gd、铽 Tb、镝 Dy、钬 Ho、铒 Er、铥 Tm、镱 Yb、镥 Lu）和稀有分散元素（硒 Se、碲 Te、镓 Ga、锗 Ge、铊 Tl、镉 Cd、铼 Re 等）。一般说，这些金属矿产价格昂贵，产量不大，运输量较小，交通建设条件对开发影响较小。

### 2.8.1  金、银和铂族金属矿床

金矿床分为砂金和岩金两大类。砂金易选易采，开发投资少，保证盈利的矿石品位要求低得多，是金矿床开发初期的重点。随着储量的不断消耗，近年来在世界产量中砂金已下降至次要地位。岩金（脉金）矿床有独立金矿和共生、伴生金矿之分。在世界储量及产量中前者均居压倒优势，但在我国探明储量中二者却约略相等。本书所述仅限于独立金矿。值得注意的是，近年来由于矿石加工工艺的进步和市场方面的原因，金矿石的开采品位迅速下降，目前国外已出现了一批露天岩金矿山，矿石平均品位仅在 1g/t 左右。

世界和我国银产量的 80%～85% 作为副产品来自铅、锌、铜、金为主金属的各类型矿床。显然，共生和伴生银对银矿开发有决定意义。不过国外存在一些重要的银矿山，我国也正注意银矿床的开发。

铂族（铂、钯、钌、铑、铱、锇）金属砂矿床曾是主要开采对象，但目前已降至极次要地位。世界铂族金属储量的绝大部分集中于原生的独立矿床内，但分布仅局限于南非和美国，产量尚不及世界总产量的半数。大多数国家的铂族金属主要取自基性、超基性岩镍铜硫化物矿床，所利用的矿石铂族金属含量变化很大。

### 2.8.2  稀有和稀土金属矿床

世界铌的主要来源是碳酸岩烧绿石矿床和铌铁矿砂矿床，烧绿石精矿价格低，竞争能力强。钽主要来自钽铁矿，次为含铌钽的炼锡炉渣。铍主要来自伟晶岩矿床中的绿柱石和非伟晶岩矿床中的羟硅铍石。锂主要来自伟晶岩矿床的锂辉石和含锂卤水。我国的铌钽铍锂则主要来自花岗岩和伟晶岩中的铌铁矿—钽铁矿、绿柱石、锂云母、锂辉石，锆铪均主要来自锆英石砂矿，铷铯则主要来自伟晶岩和花岗岩中含铷铯的锂云母。一般说，我国开采的铌、铍资源品位偏低，正注意共生矿产的利用以提高效益。

稀土金属原料主要来自以氟碳铈矿为主的原生矿床，其次是来自独居石和磷钇矿砂矿床。沉积变质热液改造铌—稀土—铁矿床是我国主要的稀土金属矿床类型，规模极其巨大而品位高。我国南方离子吸附型稀土金属矿床是新类型，易采，提取工艺简单，因而尽管品位较低，但仍很有竞争能力。国外还从磷矿石及铀矿石中提取稀土金属。

### 2.8.3  稀有分散元素资源

稀散元素在地壳中含量少而分散，很少构成独立矿物，不能富集为独立矿床，通常作为其他矿石的副产品综合回收。一般说，铝和锌矿床中可回收镓；锌和锡矿床中可回收锗；锌、铜和锡矿床可回收铟；铅等硫化物矿床中可回收铊；锌矿床中还可回收镉；钼矿床和部分铜矿床中可回收铼；钨和稀有、稀土矿床中可回收钪；铜、镍、铅、锌硫化物矿床中可回收硒和碲。此外，煤和煤灰中富集镓、锗、硒、碲、铊、铼，某些铀、钒矿床可富集硒和铼，某些磷矿床可富集镓、镉，都应注意综合利用回收。

矿床的地质-工业类型和某些矿山矿床概况详见表 2-34 至表 2-41。

## 2.9  放射性矿床

放射性矿床主要包括铀、钍矿床。钍可在海滨和河湖中形成独立的砂矿及钍、铀砂矿，亦可作为铀、稀土等矿床的伴生组分。钍的主要工业矿物为独居石。目前国内、外利

表 2-34　金矿床地质-工业类型

| 矿床类型 | 地质特征 | 矿体形态及规模 | 矿石类型 | 主要矿石矿物 | 矿石质量 Au(g/t) | 矿石质量 伴生组分 | 矿床规模 | 类型相对重要性 | 矿床实例 |
|---|---|---|---|---|---|---|---|---|---|
| 金-铀砾岩型矿床 | 绿岩带基底的上迭沉积盆地中，砾岩含矿，集中于砾岩下部炭质较多部位。金及硫化物在胶结物中，砾岩属太古-元古界，其他时代不重要 | 多层层状，单层厚几至三百厘米，宽、长可达十几公里，含金盆地宽、长可达几十至几百公里 | 金-铀砾岩矿石 | 自然金、铂族矿物、沥青铀矿、黄铁矿、黄铜矿、磁黄铁矿、磁铁矿、钛铁矿 | 2.8~2.1 | U、Ag、铂族金属 | 大型 | 重要，我国次要 | 南非威特沃特斯兰德 |
| 石英脉型金矿床 | 变质岩、岩浆岩中石英单脉或复脉带的脉体及部分围岩含金矿，以分布于太古代绿岩带中为主 | 脉状，长几米至几千米。一般厚几十至几百厘米 | 硫化物矿石 | 自然金、毒砂、黄铁矿、磁黄铁矿、方铅矿、闪锌矿 | 1.9~2.1 | Ag、Cu、Pb、Zn | 小至大型 | 较重要，我国重要 | 河北金厂峪，吉林夹皮沟，印度科拉尔 |
| 层状变质岩型金矿床 | 太古、元古和古生界的变质硅质岩、电气石石英岩、硅铁建造中的镁铁碳酸盐层、粉砂岩、炭泥质岩含矿。矿体中常包含有石英脉、细脉、网脉 | 层状、似层状，长几十至2500m，厚1至45m | 硫化物矿石 | 一般是自然金、黄铁矿、磁黄铁矿、毒砂，个别见辉钼矿，辉锑矿 | 5.6~17.7 | Pb、Zn、Mo、Cu | 中至大型 | 较重要，我国次要 | 辽宁省四道沟，加拿大赫姆洛(Hemlo)，巴西莫洛韦洛(Morro Velho)，美国霍姆斯特格，苏联穆龙陶 |
| 层状微细浸染型金矿床 | 古生代及以后未变质或浅变质含炭泥砂质碳酸盐岩或砂页岩中，少见于火山岩中。金粒微细，一般硫化物少，矿石难辨识。与汞、锑、砷、钡矿化共生 | 似层状为主，最长可达千米，最厚可达几十米 | 微细浸染矿石 | 自然金、黄铁矿、毒砂、雄黄、雌黄、辉锑矿、辰砂 | 0.46~9.95 | Hg、Ag、As、Tl | 小至大型 | 较重要，我国次要 | 贵州板其，美国卡林 |
| 破碎带蚀变岩型金矿床 | 矿体严格受断裂构造控制，产于中—酸性岩浆岩、混合岩，变质岩中，含矿岩石硅化、黄铁绢英岩化。以分布于太古代绿岩带中为主 | 脉状，长几百至千余米，厚几至几十米，形态较简单 | 贫硫化物矿石 | 自然金、银金矿、黄铁矿、黄铜矿、方铅矿、闪锌矿 | 6~19 | Ag | 多为中至大型 | 次要，我国重要 | 山东焦家，三山岛 |

续表 2-34

| 矿床类型 | 地质特征 | 矿体形态及规模 | 矿石类型 | 主要矿石矿物 | 矿石质量 | | 矿床规模 | 类型相对重要性 | 矿床实例 |
|---|---|---|---|---|---|---|---|---|---|
| | | | | | Au(g/t) | 伴生组分 | | | |
| 斑岩型金矿床 | 矿床产于火山岩发育地区的中酸性侵入岩、次火山岩、角砾岩顶部边部及围岩中。围岩蚀变发育 | 饼状、筒状、漏斗状等不规则形态，长几十至千余米，厚零点几至几十米 | 硫化物矿石 | 自然金、黄铁矿、黄铜矿、方铅矿、辉银矿、辉锑矿 | 1.5～15 | Ag | 小至大型 | 次要，我国较重要 | 黑龙江团结沟、澳大利亚基兹顿 |
| 火山热液型金矿床 | 主要产于中、新生代火山岩或碳酸盐岩及少量碎屑岩中。银含量高。常沿破碎带呈石英、方解石脉或复脉带 | 多呈脉状、柱状、不规则状。单脉长十余至千余米，厚几十至千余厘米 | 贫硫化物矿石为主 | 成分复杂，有硫化物、硫盐、碲化物，自然元素等。脉石多含玉髓、冰长石、蛋白石 | 0.8～80 | Ag（含量高）、Cu、Te | 小至大型 | 较重要，我国次要 | 广西叫曼，吉林鹁鸽砬子，日本菱刈，美国金布格（Gold Bug） |
| 风化壳型金矿床 | 产于含金岩石风化壳中，或在含低品位金的硫化物矿化的铁帽中，或在基性超基性岩风化的红土型三水铝土矿石及其下伏铁质黏土带中 | 似层状。长可达千余米，厚可达几米至几十米，或可因原生地质体矿产状不同而呈复杂形态 | 氧化矿石 | 金、银的氯、溴化合物，褐铁矿，或自然金，三水铝石 | 3.0～14.5 | Ag | 小至大型 | 次要 | 安徽新桥，澳大利亚帕丁顿 |
| 砂金矿床 | 主要产于河流冲积物或洪积物内。残坡积和湖滨海岸砂矿不重要 | 产状近水平的层状、似层状，规模变化极大 | 砂矿石 | 自然金及其他一些重砂矿物 | 0.2～0.5 | | 小至大型 | 较重要，我国重要 | 黑龙江兴隆沟，内蒙金盆，苏联博代博 |

**表 2-35　某些金矿山矿床概况**

| 矿山名称 | 矿床地质-工业类型 | 地质特征 | 矿石类型及结构构造 | 主要矿石矿物 | 矿石质量 | | 矿床规模 |
|---|---|---|---|---|---|---|---|
| | | | | | Au(g/t) | 伴生组分 | |
| 山东焦家金矿 | 破碎带蚀变岩型金矿 | 产于混合花岗岩断裂面下盘角砾岩、碎裂岩中，矿体受断裂带控制，形状、产状、品位较稳定 | 贫硫化物矿石，粒状、碎裂状、压碎状、填隙状、网状结构。脉状、网脉状、浸染状、角砾状、斑点状构造 | 银金矿、黄铁矿、方铅矿、黄铜矿，闪锌矿、磁黄铁矿、自然金等 | 13.37 | Ag 9.31g/t S 4.23% Cu | 大型（地下开采） |
| 黑龙江团结沟金矿 | 斑岩型金矿 | 矿体主体在斜长花岗斑岩体内，围岩蚀变强烈，矿体内玉髓质石英和碳酸盐细脉发育 | 硫化物矿石呈细脉浸染状、角砾状构造。粒状、胶状、碎裂状结构 | 自然金、黄铁矿、白铁矿、少见辉锑矿，偶见黄铜矿、方铅矿 | 4.01 | Ag | 大型（露天开采） |

续表 2-35

| 矿山名称 | 矿床地质-工业类型 | 地质特征 | 矿石类型及结构构造 | 主要矿石矿物 | 矿石质量 Au(g/t) | 矿石质量 伴生组分 | 矿床规模 |
|---|---|---|---|---|---|---|---|
| 美国金布格金矿 | 火山热液型金矿 | 在第三纪正长斑岩-细霞霓斑岩中，少量在前泥盆系灰岩内 | 贫硫化物矿石 | 黄铁矿、针碲金矿、脉石含石英、萤石、褐铁矿、锰氧化物 | 0.8 | Ag 27.9g/t | 中型（露天开采） |
| 黑龙江兴隆沟金矿 | 砂金矿 | 矿区属侵蚀-剥蚀低山丘陵地貌区，发育两级夷平面。砂金主要赋存于第四系河谷冲积层中 | 混合砂金矿石，松散结构，层状构造 | 自然金、钛铁矿、金红石、锐钛矿、白钨矿、独居石、锆石、石榴石、刚玉 | 0.28～0.352 | | 大型（采矿船开采） |

**表 2-36  某些银矿区矿床概况**

| 矿山名称 | 矿床地质-工业类型 | 地质特征 | 矿石类型 | 主要矿石矿物 | 矿石质量 Ag(g/t) | 矿石质量 伴生组分(%) | 矿床规模 |
|---|---|---|---|---|---|---|---|
| 湖北竹山（银硐沟）银矿 | 火山热液型银矿床 | 产于元古界变质海相火山岩中，呈脉状，石英脉及旁侧硅化酸性凝灰岩含矿 | 含金-银矿石，多呈浸染状 | 自然银-金银矿、辉银矿-螺状硫银矿、银黝铜矿、方铅矿、闪锌矿、黄铁矿、黄铜矿 | 355 | Au 2.16g/t Pb、Zn 等 | 大型（筹建矿山） |
| 辽宁八家子铅锌矿 | 矽卡岩及热液脉型多金属银矿床 | 沿北西断裂带发育的中酸性岩脉群与元古界白云岩接触带的矽卡岩含矿，以及白云岩中的断裂带含矿，扁豆状 | 多金属-银矿石 | 辉银矿、方铅矿、闪锌矿、黄铁矿、磁黄铁矿、黄铜矿 | 204 | Pb 1.77 Zn 1.87 Cu 0.34 S 8.09 In、Cd、Ga、Tl 等 | 大型（地下开采） |
| 河南桐柏（围山城）银矿 | 层状变质岩型银矿床 | 受元古界地层控制，有热液矿化特点。工业矿体产于炭质绢云母石英片岩内，含硫化物的石英及碳酸盐细脉带含矿，似层状、透镜状 | 多金属银矿石及氧化矿石。浸染状、脉状、网脉状及角砾状 | 黄铁矿、方铅矿、闪锌矿、辉银矿、自然银、褐铁矿、赤铁矿 | 220～330（主体300 左右）氧化矿石200～250 | Au（主体）0.20～0.79 g/t Pb（主体）0.60～1.18 Zn（主体）1.00～2.51 Cd 等 | 大型（筹建矿山） |

**表 2-37  铂族金属矿床地质-工业类型**

| 矿床类型 | 地质特征 | 矿体形态及产状 | 矿石类型 | 主要矿石矿物 | 矿石质量 铂族金属(g/t) | 矿石质量 伴生组分(%) | 矿床规模 | 类型相对重要性 | 矿床实例 |
|---|---|---|---|---|---|---|---|---|---|
| 层状基性—超基性岩铂族金属矿床 | 含矿岩体产于前寒武纪克拉通，矿床赋存在基性—超基性杂岩体的特定部位，杂岩体具火成岩旋回，韵律层状或隐层理，粗粒含长辉石岩、苏长岩等含矿 | 层状、似层状，厚20～200cm 产状平缓，分布稳定 | 硫化物矿石 | 碲铂矿、砷铂矿、自然铂、等轴铅钯矿、锡钯矿、硫铂矿、硫钯矿、铁铂矿，以及磁黄铁矿、镍黄铁矿、黄铜矿 | 8～20 | Ni 0.1～0.2 Cu 0.03～0.1 | 大型（铂族金属含量可达数百至数万吨） | 重要（占世界总储量的70%以上） | 南非布什维尔德（Bushveld）、美国斯蒂尔沃特 |

| 矿床类型 | 地质特征 | 矿体形态及产状 | 矿石类型 | 主要矿石矿物 | 矿石质量 | | 矿床规模 | 类型相对重要性 | 矿床实例 |
|---|---|---|---|---|---|---|---|---|---|
| | | | | | 铂族金属（g/t） | 伴生组分（%） | | | |
| 含铂基性—超基性岩镍铜硫化物矿床 | 详见表 2-21 | 铂族金属伴生于镍铜硫化物矿体中，形态、产状与之一致 | 硫化物矿石 | 磁黄铁矿、镍黄铁矿、黄铜矿、硫镍钯铂矿、铁自然铂、砷铂矿、硫钌矿、铋铅钯矿、铅钯矿、粗铂矿 | 0.4～10 | Ni0.5～4.0 Cu0.7～4.7 | 伴生铂族有时为大型 | 较重要（占世界总储量的27%左右） | 甘肃金川，苏联诺里尔斯克"十月"，塔内纳赫，加拿大萨德伯里 |
| 砂铂矿床 | 产于某些残积、冲积和滨海砂矿中，往往与阿拉斯加型或阿尔卑斯型超基性岩体有关 | 层状，产状平缓 | 砂矿石 | 自然铂、铱锇矿、铂铱矿 | 0.04～1（最高可达15） | | 一般为小型 | 次要 | 苏联乌拉尔、哥伦比亚、美国阿拉斯加等地的砂铂矿床 |

注：铂族金属矿床还可产于某些同心环带状超基性杂岩体和阿尔卑斯型岩体中，某些斑岩铜-钼矿床、矽卡岩钼矿床、黄铜矿-辉钼矿-石英脉型钼矿床、金矿床、块状硫化物铜-多金属矿床、矽卡岩铜矿床、锡石-硫化物矿床、铀-硫化物矿床，以及含铀的黑色页岩中有时也有铂族金属伴生。

**表 2-38　某些铂族金属矿山矿床概况**

| 矿山名称 | 矿床地质-工业类型 | 地质特征 | 矿石类型及结构、构造 | 主要矿石矿物 | 矿石质量 | | | | 矿床规模 |
|---|---|---|---|---|---|---|---|---|---|
| | | | | | Pt(g/t) | Pd(g/t) | 稀有铂族(g/t)[1] | 伴生组分[4]（%） | |
| 甘肃金川镍铜铂矿 | 含铂基性-超基性岩镍铜硫化物矿床 | 产于小型岩墙状纯橄榄岩、二辉橄榄岩型岩体中下部，铂族金属伴生于镍铜矿体，特别是富矿体中 | 硫化物矿石；浸染状、海绵陨铁状、块状构造；自形-半自形粒状、固熔体分离结构 | 砷铂矿、自然铂、碲铂矿、铋碲钯矿、铋碲银钯矿 | 0.05～0.526 | 0.09～0.24 | 0.025～0.0899 | Ni 0.5～2.2 Cu 0.2～1.7 Co 0.02～0.1 Au 0.08～54 g/t Ag 2.16～5.49 g/t | 大型（地下及露天开采） |
| 苏联诺里尔斯克[2] | 含铂基性-超基性岩镍铜硫化物矿床 | 产于中生代与暗色岩有关的苦橄辉长岩和斑杂辉长岩席状侵入体中 | 硫化物矿石；浸染状、海绵陨铁状、块状构造；自形-半自形粒状、固熔体分离结构 | 铁铂矿、粗铂矿、自然铂、钯金、铋铅钯矿、铅钯矿、砷铂矿 | 浸染状矿石：1～2 块状矿石：5～10 | 5～10 40～500 | 0.80 | Ni 0.5～4.0 Cu 0.76～4.74 | 大型，苏联铂族金属主要生产基地，控制世界钯的供应（地下及露天开采） |
| 南非布什维尔德[3] | 层状基性-超基性岩铂族金属矿床 | 麦伦斯基层中的矿床：产于杂岩体临界带顶部粗粒含长辉石岩 | 硫化物型矿石，浸染状构造，自形-半自形粒状、固熔体分离结构 | 布拉格矿、硫铂矿、硫钌矿、Pt-Fe合金 | 4.78 | 2.03 | 1.04 | Ni 0.16～0.2 Cu 0.1～0.16 Cr₂O₃ 0.1 | 大型，西方铂族金属最主要的来源（地下开采） |
| | | UG2层中的矿床：位于麦伦斯基层下数十至数百米，临界带上部辉石岩和暗色苏长岩中 | 硫化物型矿石，浸染状构造，自形-半自形粒状、固熔体分离结构 | 硫铂矿、硫钌矿、硫镍钯铂矿等，细粒铬尖晶石 | 3.22 | 3.04 | 1.68（Rh含量高） | Ni 0.010～0.029 Cu 0.004～0.012 Cr₂O₃ 27～34 | |

① 包括 Rh、Ru、Ir、Os；
② 包括诺里尔斯克Ⅰ号、"十月"、塔尔纳赫等矿山；
③ 分别由吕斯腾堡矿业公司、英帕拉公司和西铂公司等进行开采；
④ 伴生组分一栏，除标明者外，其他单位为%。

表 2-39 稀有金属矿床地质-工业类型

| 矿床类型 | 地质特征 | 矿体形态及规模 | 矿石类型 | 主要矿石矿物 | 矿石质量 | | 矿床规模 | 类型相对重要性 | 矿床实例 |
|---|---|---|---|---|---|---|---|---|---|
| | | | | | 主要金属 | 伴生组分 | | | |
| 含铌稀土碳酸岩及其风化壳矿床 | 矿床赋存于古老断裂带内的碳酸岩内，常与超基性-碱性杂岩共同产出。杂岩体呈大岩株或大脉状，岩体形成时代为中生代、新生代及前寒武纪 | 透镜状、板状、囊状及不规则状，矿体长数百至数千米，厚数十至数百米 | 浸染状碳酸岩矿石 | 烧绿石、独居石、氟碳铈矿、铌铁矿、铌铁金红石 | $Nb_2O_5$ 0.1%~4.3% $RE_2O_3$ 0.5%~5% $Ta_2O_5$ 0.01%~0.03% | U、Zr、Ti、Fe | 铌、稀土：大型至特大型 钽：中到大型 | 重要，我国次要，占发达国家铌储量 98% 及稀土 55% 以上 | 巴西阿拉沙、美国芒廷帕斯(Mountain Pass)、挪威费恩(Fen) |
| 稀有金属花岗岩及其风化壳矿床 | 含矿花岗岩为复式岩体晚期相，矿体产在岩体顶突部位，成群成带的稀有金属岩体一定的结构构造带，伟晶岩主要形成于前寒武纪、晚古生代 | 似层状、似皮壳状，长数百米至千余米，宽数十至数百米，厚二十米至近百米 | 浸染状硅酸盐矿石 | 铌-钽铁矿、褐钇铌矿、锂云母、绿柱石、锡石、黑钨矿 | $Nb_2O_5$ 0.01%~0.26% $Ta_2O_5$ 0.005%~0.026% BeO 0.04%~0.1% | Li、Rb、Cs、Sn、W | 钽铌矿床一般为大、中型，少数为小型 | 重要，我国铌钽主要类型 | 江西宜春、广西栗木、广东泰美、尼日利亚乔斯(Jos) |
| 稀有金属伟晶岩矿床 | 伟晶岩脉产在中酸性、酸性复式侵入岩体及其围岩内，成群成组产出，稀有金属产于一定的结构带，伟晶岩主要形成于前寒武纪、晚古生代 | 脉状、巢状、凸镜状及不规则状，长数十米至二千多米，宽数十厘米至二百余米，延深数十米至千米以上 | 伟晶状硅酸盐矿石 | 绿柱石、锂辉石、锂云母、铌钽铁矿、细晶石、铯榴石 | $Li_2O$ 0.45%~0.7%（高达 2.9%） BeO 0.05%~0.2%（高达 2%） $Ta_2O_5$ 0.01%~0.030% $Nb_2O_5$ 0.008%~0.029% | Zr、Hf、Rb、Cs | 铍、锂、钽、铌中到大型 | 重要，占世界铍、锂储量的 80% 及 55% | 新疆可可托海、四川、加拿大伯尼克湖(Beric Lake)、苏联科拉半岛 |
| 含铍凝灰岩矿床 | 铍矿主要产于伴生有少量萤石的凝灰岩中（石英透长石晶屑凝灰岩和含白云质卵石的玻璃质凝灰岩）少数矿产出近火山岩的白云岩中 | 不规则透镜状，延伸达 4km，厚度 15~20m | 浸染状凝灰岩矿石 | 羟硅铍石、萤石、蒙脱石、绢云母、蛋白石、钾长石 | BeO 0.28%~0.7% | 萤石、U | 铍矿大型 | 重要，占世界储量 8%，铍精矿产量的半数以上 | 美国斯波山(Spor Mountain)托马斯岭(Thomas Range) |

续表 2-39

| 矿床类型 | 地质特征 | 矿体形态及规模 | 矿石类型 | 主要矿石矿物 | 矿石质量 | | 矿床规模 | 类型相对重要性 | 矿床实例 |
|---|---|---|---|---|---|---|---|---|---|
| | | | | | 主要金属 | 伴生组分 | | | |
| 含铍（钨锡）石英脉型矿床 | 矿脉产于花岗岩及其附近围岩裂隙中，围岩云英岩化普遍 | 脉状、透镜状，走向100～700m，倾斜延伸20～400m，脉宽一般小于1m | 绿柱石-石英-硫化物矿石 | 绿柱石、黑钨矿、白钨矿、锡石、辉铋矿、辉钼矿、黄铁矿 | BeO 0.06%～0.5% | W、Mo、Sn、Bi | 铍矿中、小型至大型 | 较重要 | 江西下桐岭、漂扩、云南麻花坪 |
| 含铌稀土碱性岩矿床 | 矿床赋存于磷霞岩、异性霞石正长岩、霞石正长岩杂岩体中，矿化局限于一定岩相带 | 多层状（每层厚0.2～2.5m）及透镜状，产状平缓 | 浸染状硅酸盐矿石 | 铈铌钙钛矿、磷硅钛钠石、水硅钠钛矿、异性石、磷灰石 | $Nb_2O_5$ 0.1%～0.4%，$Ta_2O_5$ 0.002%～0.02%，磷灰石中 $RE_2O_3$ 0.5%～5% | Ti、Zr、P | 铌、稀土多为大、中型 | 国外重要的铌、稀土矿床类型 | 丹麦格陵兰、苏联科拉半岛 |
| 稀有金属滨海砂矿 | 第四系滨海沉积中细粒石英砂或长石石英砂中，矿化环海岸线分布 | 层状，长数十公里至数十公里，宽200～1400m，厚3～48m | 砂矿石 | 锆英石、钛铁矿、金红石、磷钇矿 | 锆英石 0.3～20kg/m³，钛铁矿 0.5～40kg/m³ | 独居石、金红石 | 多为大型及中型 | 重要，为锆英石、钛铁矿、独居石、金红石主要矿型 | 辽东半岛、山东、广东、福建沿海、印度、巴西、澳大利亚沿海 |
| 稀有金属河流冲积砂矿 | 砂矿产于河流阶地及现代河床和河漫滩中 | 层状、板状，分布范围：长3～20km，宽0.4～12km，厚2～75m | 砂矿石 | 铌钽铁矿、褐钇铌矿、独居石、磷钇矿 | 铌钽铁矿 5～185g/m³，褐钇铌矿 50～75g/m³ | 锆英石、独居石、磷钇矿 | 多属金属中、小型 | 次要 | 广东派潭、广西里松 |
| 含稀碱金属盐类矿床 | 产于盐湖沉积层及卤水（卤水）中，卤水提取方便，白云岩、灰岩、石盐与盐层或盐层与黏土层互层 | 层状、凸镜状，亦有现代液态卤水层，盐沉积厚数十米居多 | 氯化物、硫酸盐矿石、卤水 | 光卤石、石盐、钾石盐、石膏、芒硝、泻利盐、水氯镁石及卤水 | Li 102～320 mg/L，Rb 10.8mg/L（平均） | Cs | 多为大型锂矿 | 重要，占世界锂储量49% | 青海柴达木、美国大盐湖 |

表 2-40 某些稀有金属矿山矿床概况

| 矿山名称 | 矿床地质-工业类型 | 地质特征 | 矿体形态及规模 | 矿石类型及结构构造 | 主要矿石矿物 | 矿石质量 (%) 主要金属 | 矿石质量 (%) 伴生组分 | 矿床规模 |
|---|---|---|---|---|---|---|---|---|
| 江西宜春钽铌矿 | 稀有金属花岗岩型 | 燕山期花岗岩体顶部,钠化和锂云母化发育地段 | 似层状,长 1700m | 硅酸盐矿石,浸染状 | 富锰钽铌铁矿、细晶石、锂云母、含钽锡石、钠长石 | $Ta_2O_5$ 0.0142, $Nb_2O_5$ 0.009, $Li_2O$ 0.86 | $Rb_2O$ 0.284, $CS_2O$ 0.0698 | 大型(露天开采) |
| 新疆可可托海矿 | 稀有金属花岗伟晶岩型 | 海西晚期片麻状黑云母微斜长石花岗岩的顶部凹陷的辉长岩-闪长岩残山内,伟晶岩具分带构造 | 矿体呈礼帽状,长 250m | 白云母-微斜长石-钠长石-锂辉石型 | 绿柱石、锂辉石、钽铌铁矿、锂云母、铯榴石、黄玉、长石 | $BeO$ 0.031, $Li_2O$ 0.655, $(Ta+Nb)_2O_5$ 0.0164 | 铯榴石含 $Cs_2O$ 21.2 | 铍:大型;锂:中型;铯铷钽:小型(露天开采) |
| 广东宪美铌钽矿 | 稀有金属花岗岩风化壳矿床 | 富铌钽铌花岗岩岩早期花岗岩岩体突出部分与寒武系地层接触界面,呈平缓的大脉状 | 似层状,长 240～760m | 风化壳矿石,浸染状 | 铌铁矿、钽铌铁矿、细晶石、锆英石、钠长石 | $Nb_2O_5$ 0.0128～0.0245 | Ta、Zr、Hf | 中型、风化壳矿体、大型(露天开采) |
| 巴西阿拉沙矿 | 含铌、稀土碳酸岩风化壳矿床 | 矿床由碱性碳酸岩杂岩组成,杂岩核部为钛铁霞辉岩和碳酸岩 | 似层状、透镜状,矿化面积 10km²,深 45m | 风化壳矿石,浸染状、细脉状 | 烧绿石、磁铁矿、针铁矿、磷灰石、重晶石、独居石、磷钡铝石 | $Nb_2O_5$ 2.5～3, $RE_2O_3$ 4.44 | $ThO_2$ 0.13, $TiO_2$ 3.6, $ZrO_2$ 0.20 | 大型、世界最大的铌资源基地(露天开采) |
| 美国斯波山铍矿 | 含铍凝灰岩矿床 | 矿体产于大量碳酸盐碎屑的层状凝灰岩相内 | 透镜状,延伸 4km,宽数百米,厚 15～20m | 硅酸盐矿石,浸染状 | 羟硅铍石、萤石、蒙脱石、绢云母、蛋白石、钾长石 | $BeO$ 0.5 | 萤石含 U 0.2,蒙脱石含 Li 0.1～0.3,含 Zn 1.5 | 大型、铍精矿产量占世界 40%～50%(露天开采) |

表 2-41　我国稀土金属矿床地质-工业类型

| 矿床类型 | 地质特征 | 矿体形态及产状 | 矿石类型 | 主要矿石矿物 | 矿石质量① (%) | | 矿床规模 | 类型相对重要性 | 矿床实例 |
|---|---|---|---|---|---|---|---|---|---|
| | | | | | 主要金属 | 伴生组分 | | | |
| 沉积变质热液改造型铌-稀土-铁矿床 | 产于地槽变质岩系与花岗岩岩体内接触带。主要赋存于元古界的白云岩中，童铁、钠闪辉石、钠长石化、变强烈，矿物复杂，富铌贫钇 | 层状、似层状和透镜状，产状与围岩一致 | 白云石型、云母型、钠闪辉石型和钠辉石型铌-稀土-铁矿石、白云岩稀土-铌稀土矿石、磁铁稀土矿石、赤铁矿石、块状、带状、浸染状 | 磁铁矿、赤铁矿、独居石、氟碳铈矿、易解石、氟碳钙钙石、黄绿石 | TFe 30~60　RE₂O₃ 5~10 | Nb₂O₅ 0.1~0.2 | 大型 | 重要 | 内蒙白云鄂博（参见2.6） |
| 碱性岩型稀土矿床 | 多位于两大构造单元的过渡带，与正长岩岩类有成因关系，产于元古界黑云二斜长片麻岩和中生代碱性岩中 | 脉状，长几百米至二千米，厚10m | 石英重晶石矿石、氟碳铈矿矿石、萤石方解石-氟碳铈矿矿石、氡辉石矿石、氟碳铈灰石矿石、块状、浸染状 | 氟碳铈矿、独居石、氟碳钙钙石、钙解灰石 | RE₂O₃ 2~7 | | 大型 | 重要 | 山东微山 |
| 风化壳离子吸附型稀土矿床 | 产于燕山期花岗岩及火山岩风化壳中。常在海拔450m以下，相对切割深70m以下的地区。腐植层下全风化层为矿体，范围广 | 面形分布，裸露地表，厚度5~10m | 蒙脱石、高岭石等粘土矿物中吸附态稀土 | 稀土呈离子吸附态赋存于粘土矿物中 | RE₂O₅ 0.1~0.2　例：龙南 ΣY₂O₃ 0.1~0.15　寻邬 ΣCe₂O₃ 0.1~0.2 | ΣCe₂O₅ 0.05~0.1　龙南 ΣY₂O₃ 0.05~0.1 | 大型 | 重要 | 江西龙南、寻邬，广东平远，湖南江华 |
| 滨海型稀土砂矿床 | 在滨海地区，成矿物质来源于滨岸花岗岩、片麻岩及混合岩。形成于第四纪 | 层状 | 砂矿石 | 独居石、锆石、钛铁矿、铌铁矿 | 独居石、磷钇矿、金红石、钽铌矿 每立方米含二至几公斤 | 锆石、钛铁矿 | 大型 | 较重要 | 广东南山海 |
| 冲积型稀土砂矿床 | 产于花岗岩附近的河流冲积层中，形成于第四纪 | 层状 | 砂矿石 | 独居石、锆石、钛铁矿、金红石 | 独居石、磷钇矿、金红石、钽铌矿 0.5~1kg/m³ 矿 | 锆石、钛铁矿 | 中到大型 | 次要 | 湖南岳阳 |
| 花岗岩型稀土矿床 | 产于中生代花岗岩中，岩石经风化则为风化壳矿床，以含重稀土为其特征 | 似层状或似皮壳状 | 磷钇矿矿石、磷钇矿-硅铍钇矿矿石、黄钇钽矿矿石、褐钇铌矿矿石 | 磷钇矿、硅铍钇矿、黄钇钽矿、褐钇铌矿 | RE₂O₃ 0.1~0.2 | | 大到中型 | 现停采 | 江西西华山、广西贺县、江西赣县 |

① 矿石质量一栏，除标明者外，其他单位为%。

用的放射性矿床主要是铀，其主要工业矿物有沥青铀矿、晶质铀矿、铀石、铀黑及次生铀矿物；此外一些矿床常有一部分可供利用的铀以吸附状态存在。

世界铀矿床主要有古砾岩型、不整合脉型、脉型、浸染型、砂岩型、钙结岩等类型。这些矿床大多成矿时间早，矿体形态简单，矿石品位高，矿床规模大。

我国铀矿资源较丰富，目前发现的矿床主要集中在我国东南部。目前多按赋矿围岩划分矿床类型[38,39]，主要分为花岗岩型[40]火山岩型、砂岩型，碳硅泥岩型[41]、含铀煤型、碳酸盐岩型、石英岩型、碱性岩型、磷块岩型九类，前四类为主要类型。除此以外，还有产于下元古界混合岩化锋面部位的古老变质热液铀矿床[42]，产于石炭二叠系灰岩与震旦系变质岩不整合界面的铀-褐铁矿型矿床[43]，以及黑色金属、有色金属、稀有及贵重金属矿床中共生伴生的部分铀矿产等。与某些国外主要铀矿床相比，我国铀矿床成矿时间晚，矿体形态变化大，矿石品位低，矿床规模以中小型为主。

我国铀矿床以地下开采为主。一般采用酸法水冶工艺，碳酸盐型矿石则用碱法浸出，后者成本较高。个别矿床已开始采用原地浸出开采。

铀矿床的地质-工业类型和某些铀矿山矿床概况请见表2-42、表2-43。

**表2-42  我国铀矿床地质-工业类型**

| 矿床类型 | 地质特征 | 矿体形态及规模 | 矿石类型（工艺类型） | 主要矿石矿物 | 矿石质量 | | 矿床规模 | 类型相对重要性 | 矿床实例及国外类似矿床 |
|---|---|---|---|---|---|---|---|---|---|
| | | | | | 主要金属（%） | 伴生组分 | | | |
| 1. 花岗岩型 a. 单铀型 | 与燕山期大花岗岩体有关，围岩多为复式岩体的中粗粒似斑状黑云母、二云母花岗岩，矿化受硅化断裂带及其次级构造控制。蚀变有硅化、水云母化、赤铁矿化、萤石化、黄铁矿化 | 脉状，长数十到数百米，宽几十至几百厘米，延伸几百米。倾斜到急倾斜 | 硅酸盐型 | 沥青铀矿、晶质铀矿、赤铁矿、黄铁矿、白铁矿、紫黑色萤石 | U0.07～0.563 | Au | 多为大中型 | 最重要 | 下庄，法国拉克鲁济耶黑森林、旺代 |
| b. 铀铅锌型 | 赋存于燕山期黑云母、二云母花岗岩体内，受硅化断裂带控制，二云母花岗岩含矿。蚀变有硅化、赤铁矿化、萤石化、碳酸盐化 | 透镜状，扁平柱状，长几十到几百米，宽几米，延伸几十至几百米。倾斜到急倾斜 | 硅酸盐型 | 沥青铀矿、含铀萤石、含铀玉髓、赤铁矿、方铅矿、闪锌矿、黄铜矿、黄铁矿 | U 0.083～0.124 Pb 4.0～6.5 | Zn、Cu | 小型 | 次要 | 茅荷店，捷克亚希莫夫、普日布拉姆 |

续表 2-42

| 矿床类型 | 地质特征 | 矿体形态及规模 | 矿石类型（工艺类型） | 主要矿石矿物 | 矿石质量 主要金属（%） | 伴生组分 | 矿床规模 | 类型相对重要性 | 矿床实例及国外类似矿床 |
|---|---|---|---|---|---|---|---|---|---|
| 2. 火山岩型<br>c. 单铀型 | 位于晚侏罗-早白垩世断陷式或塌陷式火山盆地内，含矿岩石有熔岩、火山碎屑岩、次火山岩等，受区域断裂构造与火山构造的复合部位控制。蚀变有水云母化、萤石化、绿泥石化、黄铁矿化、赤铁矿化等 | 不规则柱状、脉状、似层状、矿带长几百米，宽几米至十几米，延伸几百米。似层状矿体，多缓倾斜 | 硅酸盐型 | 沥青铀矿、硅钙铀矿、氢氧铀矿、水铀矿、砷铀云母、胶硫钼矿、黄铁矿、赤铁矿、方铅矿、闪锌矿 | U 0.066～0.355 | Mo、Au、Ag、Be | 大中型 | 重要 | 大茶园、抚州、墨西哥奇瓦瓦、意大利瓦尔维德罗 |
| d. 铀钍型 | 位于晚侏罗世酸性火山活动中心形成的塌陷式火山盆地内，受断裂构造与火山塌陷构造交汇处控制。蚀变有水云母化、赤铁矿化、萤石化等 | 脉状，长几十米至几百米，宽几米，延伸几百米。倾斜到急倾斜 | 硅酸盐型 | 沥青铀矿、含钍沥青铀矿、铀石、铀钍石、含钍钛铀矿、磷钍石、胶硫钼矿、辉钼矿、黄铁矿、赤铁矿 | U 0.128～0.381<br>Th 0.05～0.325 | Mo、Ag、Cu、Pb、Zn | 大中型 | 较重要 | 抚州，苏联某些矿床 |
| e. 铀钼型 | 位于晚侏罗世火山口、岩颈、火山管道相流纹岩中，受断裂、裂隙带控制。蚀变有水云母化、绿泥石化、黄铁矿、赤铁矿化等 | 脉状、网状、浸染状，长几十米至几百米，宽几十至几百厘米，延伸几十至几百米。倾斜到急倾斜 | 硅酸盐型 | 沥青铀矿、铀石、胶硫钼矿、胶黄铁矿、褐铁矿、方铅矿 | U 0.10～0.20<br>Mo 0.10～0.30 | Ag、Re | 中小型 | 次要 | 毛洋头，苏联某些矿床 |
| 3. 砂岩型<br>f. 单铀型 | （1）赋存于中、新生代红色盆地"浅色岩系"中，暗灰色粉砂岩、细砂岩、黏土岩等含矿；（2）赋存于以花岗岩为基底的中、新生代砂岩盆地中，砂砾岩、含泥砂岩等含矿，适于原地浸出开采 | 似层状、透镜状、卷状、舌状等，长几米至几百米，厚几十至几百厘米，延伸几十米。与围岩产状基本一致，缓倾斜 | 硅酸盐型 | 显微沥青铀矿和吸附态铀、黄铁矿、胶硫钼矿、闪锌矿、黄铜矿 | U 0.08～0.129 | Mo、Re | 多为中小型，亦有大型 | 重要 | 衡阳、龙川江，美国格兰茨矿、加斯丘陵铀矿、加蓬奥克洛（Oklo）、尼日尔阿尔利特 |
| g. 铀铜型 | 赋存于中、新生代红色盆地边缘，条带状细砂岩、浅色钙质细砂岩等含矿，铀铜矿化大体一致，单独铀矿化在含矿层下部出现 | 似层状、扁豆状、脉状，长几米至几百米，厚几十厘米至几百厘米，延伸几十米至几百米。缓倾斜 | 硅酸盐型 | 显微沥青铀矿和吸附态铀、辉铜矿、自然银、含铀黝铜矿、方铅矿 | U 0.06～0.15<br>Cu 4～8.5 | Ag、Au、Ni、Co | 小型 | 次要 | 柏坊，美国莫纽门特谷-怀特谷（White Canyon） |

| 矿床类型 | 地质特征 | 矿体形态及规模 | 矿石类型（工艺类型） | 主要矿石矿物 | 矿石质量 | | 矿床规模 | 类型相对重要性 | 矿床实例及国外类似矿床 |
|---|---|---|---|---|---|---|---|---|---|
| | | | | | 主要金属（%） | 伴生组分 | | | |
| 4. 碳硅泥岩型 *h.* 单铀型 | 赋存于震旦-寒武系碳硅泥岩中，泥板岩、硅质泥板岩、富炭泥板岩、白云质泥板岩等含矿，受层间破碎带、走向及斜交断裂控制。蚀变以硅化为主。 | 似层状、透镜状或不规则状，长几十至几百米，厚几十至几十米，最厚几十米，延伸几百米。与围岩产状一致，倾斜 | 硅酸盐型 | 显微沥青铀矿和吸附态铀、黄铁矿、赤铁矿、褐铁矿 | U 0.09～0.213 | P、V、Cd | 中小型 | 较重要 | 黄材，瑞典兰斯塔德，美国查塔努加 |
| *i.* 铀钼型 | （1）赋存于泥盆系灰岩、粉砂岩、泥岩中，构造角砾岩、糜棱岩含矿，受断裂控制。蚀变有硅化、黄铁矿化、白云石化等（2）二叠系硅质岩内角砾岩、黑色微晶石英岩和黑色石英岩等含矿，受断裂控制。蚀变以硅化为主 | （1）似层状、透镜状和串珠状、团块状，长几百米，厚几米至几十米。缓到急倾斜（2）似层状、透镜状，长几十至几百米，厚几米至几十米，延伸几十至几百米。倾斜到陡倾斜 | 硅酸盐型碳酸盐岩型 | 显微沥青铀矿和吸附态铀、胶硫钼矿、黄铁矿、辉锑矿、闪锌矿 | U 0.09～0.168 Mo 0.06～0.40 | Ni、V、As、Sb、Re | 大型 | 重要 | 荃茗、郴县 |
| *j.* 铀钼汞型 | 赋存于寒武系中上统白云岩的黑色蚀变岩内，少数为黑色蚀变白云岩，受层间破碎带及裂隙构造控制。蚀变有硅化、红化等 | 似层状、透镜状、囊状及不规则状，长几十至几百米，厚几米至几十米，延伸几十至几十米。与围岩产状一致，倾斜 | 硅酸盐型碳酸盐岩型 | 显微沥青铀矿和吸附态铀、辰砂、少量自然汞、胶硫钼矿、胶黄铁矿、黄铁矿、赤铁矿、辉锑矿 | U 0.095～0.173 Mo 0.07～0.200 Hg 0.08～0.225 | Sb、Re、Se、Te、In、Tl | 中小型 | 次要 | 白马洞 |
| 5. 含铀煤型 *k.* 铀煤型 | 赋存于侏罗系含煤岩系中，主要富集于煤层上部，次为砂岩、砾岩层与煤层接触带 | 层状、似层状、透镜状，长几十至几百米，厚几十至几百厘米，延伸几百米。与围岩产状一致，缓到陡倾斜 | | 沥青铀矿、铀黑、硅镁铀矿、含铀煤、含铀植物残余、自然硒、辉钼矿 | U 0.097～0.250 | Se、Mo、Re | 中型 | 较重要 | 蒙其库尔，苏联某些矿床 |
| *l.* 铀锗煤型 | 赋存于以花岗岩为基底的中、新生代含煤盆地中，煤层中下部含铀、煤层含锗 | 层状、似层状，长几十至几百米，厚几米，延伸几十米。缓倾斜 | | 显微沥青铀矿、铀黑和吸附态铀、黄铁矿、黏土、有机质 | U 0.094～0.150 Ge 0.01～0.10 | | 小型锗大型 | 次要锗重要 | 帮买 |
| 6. 其他 *m.* 单铀型 | 赋存于元古界底部不整合面附近的云母石英片岩、石英岩、白色混合岩、混合花岗岩中 | 透镜状、似层状、脉状为主，不规则次之 | 硅酸盐型 | 沥青铀矿、硅镁铀矿、黄铁矿、方铅矿、黄铜矿、闪锌矿 | U 0.10～0.60 高达 10%以上 | Pb、Zn、Cu | 中型 | 重要 | 连山关，澳大利亚兰杰，加拿大拉比特湖 |
| *n.* 铀铁型 | 赋存于石炭-二叠系灰岩与震旦系变质岩不整合界面上，受构造破碎带控制或产于太古界含铁石英岩中，受层位及构造控制 | 透镜状，最大长数百米，厚一般几十米，延伸几十至几百米。矿体常与围岩产状一致 | 硅酸盐型 | 显微沥青铀矿和吸附态铀、褐铁矿、黄铁矿、赤铁矿、方铅矿、闪锌矿、黄铜矿、毒砂、白铁矿 | U 0.10～0.30 TFe 34.54～47.57 | Ag、Pb Zn、In、Cd | 中小型 | 次要 | 信丰、穹长岭，苏联克里沃罗格 |

**表2-43　某些铀矿山矿床概况**

| 矿山名称 | 矿床地质-工业类型 | 地质特征 | 矿体形态及规模 | 矿石类型及结构构造 | 主要矿石矿物 | 矿石质量 | | 矿床规模 |
|---|---|---|---|---|---|---|---|---|
| | | | | | | 主要金属(%) | 伴生组分 | |
| 下庄 | 花岗岩型单铀矿矿床 | 赋存于中粒黑云母花岗岩和细粒白云母花岗岩断裂带和中基性岩墙中。蚀变有硅化、水云母化、赤铁矿化等 | 脉状、透镜状，倾角65°~80°，长50~200m | 硅酸盐型矿石。沥青铀矿多呈球粒状，胶状结构，块状、脉状、浸染状构造 | 沥青铀矿、黄铁矿、赤铁矿、褐铁矿、脉石含石英、萤石化、方解石 | U0.12 | Au | 中型（地下开采） |
| 抚州 | 火山岩型铀钍矿床 | 赋存于塌陷断块边缘的碎斑熔岩，流纹岩英安岩裂隙发育带中。蚀变有水云母化、赤铁矿、萤石化等 | 脉状，长50~100m，倾角60°~80° | 硅酸盐型矿石。浸染状、细脉状、角砾状构造 | 沥青铀矿、铀石、铀钍石、方钍石、胶硫钼矿、辉钼矿、黄铁矿、脉石含石英、方解石、水云母、绿泥石 | U0.20 Th0.139 | Mo、Ag Pb、Zn | 大型（露天及地下开采） |
| 郴县 | 碳硅泥岩型铀钼矿床 | 赋存于二叠系硅质岩内，黑色微晶石英岩和黑色岩等含矿，受断裂控制。蚀变以硅化为主 | 似层状、透镜状，倾角60°~70°，最长250m | 硅酸盐型矿石。多呈显微粒状，分散状结构，浸染状、角砾状构造 | 显微沥青铀矿和吸附态铀、黄铁矿、胶硫钼矿、微晶石英、伊利石、高岭土、地开石、有机质 | U 0.10 Mo0.08 | Re | 大型（地下开采） |
| 垄苕 | 碳硅泥岩型铀钼矿床 | 赋存于泥盆系灰岩、粉砂岩、泥岩中，构造角砾岩、磨砾岩含矿，受断裂控制。蚀变有硅化、黄铁矿化、白云石化等 | 似层状、透镜状和串珠状、团块状，长200~320m，倾角30°~80° | 碳酸盐型矿石。显微角砾状结构，角砾状、层状、粉晶状构造 | 显微沥青铀矿和吸附态铀及显微蓝铅矿、辉锑铀矿、黄铁矿、闪锌矿、脉石含方解石、石英、黏土矿物 | U0.168 Mo0.20 | Re、Ni As、V、Sb | 大型（露天开采） |

续表 2-43

| 矿山名称 | 矿床地质-工业类型 | 地质特征 | 矿体形态及规模 | 矿石类型及结构构造 | 主要矿石矿物 | 矿石质量 主要金属(%) | 矿石质量 伴生组分 | 矿床规模 |
|---|---|---|---|---|---|---|---|---|
| 澳大利亚兰杰 | 不整合脉型 | 赋存于中元古不整合之下的绿泥石化黑云母-石英-长石片岩和白云质大理岩带的破碎角砾岩带中 | 层状、扁豆状，长300~500m，厚10~75m；延伸300m | 硅酸盐型矿石 | 沥青铀矿、钛铀矿、硅镁铀矿、赤铁矿、黄铜矿、方铅矿 | U0.23 | Au, Cu | 特大型（地下开采） |
| 美国格兰茨 | 砂岩型 | 主要是侏罗系的莫里森建造中富含有机质的砂岩、砾岩中的透镜状、层状矿床 | 板状、扁平透镜状，长几十到几百米，厚1~3m，最透10m，延伸几十到几百米 | 硅酸盐型矿石 | 铀石、沥青铀矿、含铀炭质物、水硅铀矿、钾钒铀矿等 | $U_3O_8$ 0.10~0.40 | | 特大型（地下开采） |
| 纳米比亚勒辛 | 白岗岩型 | 侵入变质岩内，与伟晶岩、白岗岩伴生，低品位、规模大 | 柱状，直径700m，延伸500m | 硅酸盐型矿石 | 晶质铀矿、铌、钛铀矿、β硅钙铀矿 | U 0.03~0.04 | | 特大型（露天开采） |
| 法国拉克鲁济那 | 花岗岩型 | 充填于黑云母花岗岩的断层、破碎带、裂隙带中。矿化常富集在"变正长岩"中 | 脉状为主，少量柱状矿脉长几十到几百米，厚数米，延伸100~200m | 硅酸盐型矿石 | 沥青铀矿、铀石、黄铁矿、白铁矿等 | U 0.19~0.40 | | 大型（露天及地下开采） |
| 澳大利亚伊利里(Yeelirrie) | 钙结岩型 | 矿床产于直接覆盖在花岗岩、片麻岩上的第三纪钙结岩中 | 长板状，长9000m，厚7m，延伸750m | 碳酸盐岩型矿石 | 钒钾铀矿 | U0.14 | | 特大型（露天开采） |

## 2.10 冶金辅助原料矿床[44,45]

冶金辅助原料矿产按用途分为耐火原料及熔剂原料两大类。当前用于耐火原料的矿产有：耐火黏土、菱镁矿、白云石、铬铁矿、硅石、石墨、蓝晶石（及矽线石、红柱石）、叶蜡石、高岭土、珍珠岩、硅藻土、锆英石及蛭石、橄榄岩等。用于熔剂原料的矿产有：石灰石、萤石、膨润土、蛇纹岩、铁矾土及锰矿等。白云石、硅石、橄榄岩等兼有熔剂的用途，而耐火黏土中的高铝黏土、菱镁矿、锰矿、铬铁矿、锆英石等又是提炼金属的矿产原料。

冶金辅助原料矿产的品种、质量影响冶金生产效率和产品质量以及各项技术经济指标。国内外辅助原料的发展趋势是多品种和高纯度化。

### 2.10.1 耐火黏土矿床

耐火黏土包括适于制作耐火材料的黏土、铝土矿。前者分为硬质黏土、软质黏土和半软质黏土，后者称为高铝黏土。耐火黏土制品占我国耐火材料生产总量的80%以上，硬质黏土和高铝黏土作为耐火制品的骨料，矿石经煅烧成熟料后，破碎为一定粒度，分别用于黏土质和高铝质耐火材料；软质及半软质黏土一般作为耐火制品的粘结剂，矿石不经煅烧，粉碎后直接应用。各类矿石的主要组成矿物，高铝黏土为一水硬铝石；硬质黏土为高岭石；软质及半软质黏土为高岭石、伊利石。目前矿产品的最低工业要求理化标准（1982年、1985年）分别定为：高铝黏土（熟料）$Al_2O_3 \geqslant 50\%$、$Fe_2O_3 \leqslant 3.0\%$、耐火度$\geqslant$1770℃；硬质黏土（熟料）$Al_2O_3 \geqslant 30\%$、$Fe_2O_3 \leqslant 3.5\%$、耐火度$\geqslant$1630℃；软质黏土$Al_2O_3 \geqslant 20\%$、$Fe_2O_3 \leqslant 3.0\%$、灼减$\leqslant 17\%$、耐火度$\geqslant$1580℃、可塑性指标$\geqslant 2.5$；半软质黏土$Al_2O_3 \geqslant 25\%$、$Fe_2O_3 \leqslant 3.5\%$、灼减$\leqslant 17\%$、耐火度$\geqslant$1610℃、可塑性指标$\geqslant 1.0$。

一些杂质含量较高的耐火黏土也能利用，如四川西部的高钛黏土，$TiO_2$常达$4\% \sim 10\%$，有的达14%，可作一般耐火砖；河南西部的高钾黏土，$K_2O$达$1.15\% \sim 5.01\%$，经选矿试验可大大降低其含量；高铁黏土，有的经制砖和使用试验，用$Al_2O_3$ 46.06%、$Fe_2O_3$ 4.38%的矿石，制出符合一般黏土砖技术要求的制品；有的用工业废酸处理，可使$Fe_2O_3$含量由$7\% \sim 14\%$降低为0.5%以下，并获得有价值的副产品。厚层多品级开采时又难以严格分品级的高铝黏土矿床，有的经浮-磁法选矿试验可获得各品级原料，同时能将Ⅱ级品原矿提高到特级产品标准。此外，有一种经煤层自燃烧出的天然熟料黏土（新疆浅水河及晋北大同一带），可不经人工煅烧直接用于耐火制品，是一种节能矿产原料。

耐火黏土是我国传统的出口矿产，其中高铝黏土比南美产耐火材料用铝土矿（三水铝石型）灼减量低、能源消耗少、熟料成品率高。

### 2.10.2 菱镁矿矿床

菱镁矿主要用于耐火材料（占85%）和提炼金属镁，还用于化工、建材及化肥等方面。开采出的矿石要在不同高温下进行煅烧，再破碎或细磨成一定的粒度，生产重烧镁砂（重烧镁）或轻烧镁粉（轻烧镁），分别用于制作碱性高温耐火材料或其他方面。

国内对菱镁矿化学成分含量（%）的最低工业要求标准（1981年）为：菱镁矿四级品$MgO \geqslant 41$、$CaO \leqslant 6$、$SiO_2 \leqslant 2$。菱镁石粉$MgO \geqslant 33$、$CaO \leqslant 6$、$SiO_2 \leqslant 4$。我国最近用$MgO \geqslant 47\%$的特级品菱镁矿石煅烧出了$MgO$为98%的高纯度镁砂，质量达到国外海水镁砂的标准，这为充分发挥我国的资源优势开扩了前景。

### 2.10.3 蓝晶石、矽线石和红柱石矿床

蓝晶石、矽线石和红柱石是新型耐火原料矿产，其使用可大为提高生产率和经济效益。国外利用磁选、浮选及重介质分离等方法，从矿石中获取产品精矿。此外，还用于陶瓷、玻璃及提炼金属铝和硅铝合金。矿床主要产于片岩、片麻岩、石英岩及角岩等变质岩中，或受风化、搬运呈砂矿出现。

我国对蓝晶石、矽线石、红柱石的开发利用尚处于初始阶段，在应用效果、加工技术以及工业要求等方面还没有成熟的经验。上海宝山钢铁总厂对原料的化学成分含量（％）要求为：蓝晶石 $Al_2O_3>60$、$Fe_2O_3\leqslant1.5$、$TiO_2<2.5$；矽线石（A）$Al_2O_3$ $75\pm3$、$Fe_2O_3\leqslant2.0$、$TiO_2<4.0$、$SiO_2$ $17\pm3$；矽线石（B）$Al_2O_3>53$、$Fe_2O_3\leqslant1.0$、$TiO_2\leqslant2.0$；红柱石 $Al_2O_3$ $59\pm3$、$Fe_2O_3\leqslant2.0$、$TiO_2\leqslant0.5$、$SiO_2$ $38\pm3$。

### 2.10.4 叶蜡石矿床

用叶蜡石制作耐火材料可不经煅烧，是一种节能矿产原料。还用于陶瓷、玻璃纤维、造纸、橡胶、农药载体及雕刻工艺等。我国叶蜡石矿床大致可分为热液型和变质型两类。前者又分为火山热液交代型和火山热液充填型，是目前矿产的重要来源，成矿时代为侏罗纪到白垩纪，矿体呈似层状及透镜状和脉状，长几十至几百米，矿石类型有叶蜡石、石英-叶蜡石、高岭石-叶蜡石、硬水铝石-叶蜡石、叶蜡石-石英等五种，矿石化学成分含量（％）一般为：$Al_2O_3$ $15.47\sim39.74$；$SiO_2$ $44.17\sim79.81$；$Fe_2O_3$ $1\sim1.83$；$K_2O+Na_2O$ $0.1\sim1.48$。耐火度（℃）$1610\sim1770$。

国内对叶蜡石的应用目前尚没有统一的工业要求标准，仅举各地使用的指标供参考：福州市耐火材料厂制作高硅低碱蜡石砖用叶蜡石 $Al_2O_3\leqslant23\%$、$SiO_2\geqslant70\%$、$Fe_2O_3\leqslant0.1\%$、$K_2O+Na_2O\leqslant0.6\%$，耐火度$\geqslant1610$℃；蜡石质耐火制品用叶蜡石 $Al_2O_3\geqslant15\%\sim24\%$，耐火度 $1580\sim1650$℃。浙江梁岙矿山生产的玻璃纤维及陶瓷用叶蜡石标准，$Al_2O_3$ $23\%\sim27\%$、$SiO_2<70\%$、$Fe_2O_3<0.5\%$、$K_2O+Na_2O<1.2\%$。福建泉州瓷厂用叶蜡石标准，$Al_2O_3$ $18\%\sim23\%$、$Fe_2O_3<0.5\%\sim1.0\%$，耐火度 $1310\sim1360$℃。

### 2.10.5 珍珠岩矿床

珍珠岩是一种酸性玻璃质火山熔岩，按岩石类别分为黑曜岩、珍珠岩及松脂岩。经粉碎后焙烧成的膨胀珍珠岩，具有容重小、导热系数低、耐火性强、隔音隔热性能好及化学性质稳定等特点。广泛用于冶金、建材、化工、机械、电力、石油、轻工业。冶金工业主要用于高炉及其他高温炉的保温、隔热层和外壁材料。我国珍珠岩矿床主要产于侏罗纪、白垩纪的火山岩系中。矿体呈层状、似层状、透镜状、岩盘状及不规则状，有的多层产出，长数十米至数千米，厚数米至十余米。矿石呈块状、斑状、角砾状及条带状、流纹状。伴生矿产有经水解生成的膨润土、黏土及沸石矿床。工业要求着重于膨胀珍珠岩的性能、膨胀倍数及影响膨胀的化学成分含量 $SiO_2$、$H_2O$、$Fe_2O_3$ 等。

### 2.10.6 萤石矿床

萤石主要用于冶金熔剂，还用于建材、化工等方面。对冶金、建材（水泥、玻璃）用萤石的化学成分含量（％）最低工业要求标准（1981 年）为：$CaF_2\geqslant65$；$SiO_2\leqslant32$；$S\leqslant0.15$；$P\leqslant0.06$。我国的萤石资源优势在于盛产优质萤石块矿。不过近来随着生产发展，可直接使用的萤石块矿的产量比例在下降，选矿获得的精矿比例在上升。为满足冶金工业对块矿的需求和国内外要求多品级萤石的趋势，萤石的选矿分级及精矿的压球生产必须得到进一步解决。

我国除广泛分布有单一的萤石矿床外，尚有伴生于铅锌、锡钨及含稀土铁矿床中的萤石，其 $CaF_2$ 含量一般较低，但有的已在大量综合回收利用。

### 2.10.7 白云石矿床

白云石主要用于耐火材料及冶金熔剂，还用于化工、建材、造纸以及土壤改良和饲料等。绝大多数矿床属沉积型，分为海相沉积及泻湖相沉积两类。前者矿床规模大，质量好，是主要开采对象；后者规模小，很少有工业价值。

我国开采的白云石矿床属海相沉积型，成矿时代为元古代到三叠纪，矿体呈层状及似层状，均露天采矿。对矿产品化学成分含量（％）的最低工业要求标准为：耐火材料用白云石（1981 年）$MgO \geqslant 16$、$SiO_2 \leqslant 5$；熔剂用镁化白云石（1981 年）$MgO \geqslant 22$、$SiO_2 \leqslant 2$、$CaO \geqslant 6$；制玻璃用白云石 $MgO \geqslant 20$、$CaO \leqslant 32$、$Fe_2O_3 \leqslant 0.15$。

### 2.10.8 膨润土矿床

膨润土的主要组成矿物是蒙脱石，以其交换的阳离子种类及相对含量，分为钠质、钙质及镁质膨润土，其中以钠质膨润土性能最好。在冶金工业主要用于铁矿球团及铸型砂的结合剂。其他还用于陶瓷、石油催化剂和漂白剂、钻探泥浆等方面。

我国膨润土矿床的重要产出时代是侏罗纪、白垩纪及第三纪，少数产于石炭纪至二叠纪，有陆相火山沉积型（如浙江临安县平山、辽宁黑山）；海相火山沉积型（如新疆托克逊），风化残积型（河北宣化、吉林双阳）三种。当前矿石工艺流程为：原矿→破碎→晾晒→手选→磨粉→包装。为提高产品的吸附性能，有的矿山将钙质膨润土加入工业硫酸处理生产活性白土，以适应油类的漂白、脱色和净化的需要；有的在钙质膨润土中加入碳酸钠，进行活化处理，增加 $Na^+$ 含量，生产人工钠质膨润土。目前，对膨润土尚无统一的标准，只有各部门按用途下达的制品性能和原料的蒙脱石含量要求。用于铁矿球团，熟球的耐压强度要达到：大型高炉用的为 200 千克力/个；中小型高炉用的为 150 千克力/个。铸型砂用膨润土的蒙脱石含量不小于 50％。

### 2.10.9 石灰石、硅石及其他冶金辅助原料

石灰石、硅石也是重要的冶金辅助原料，详情请参见 2.12。此外，锆英石请见 2.8，铬铁矿和锰矿请见 2.6，硅藻土请见 2.11，石墨、高岭土请见 2.12。

矿床的地质-工业类型和某些矿山矿床概况请见表 2-44 至表 2-52。

## 2.11 化工原料矿床[48~55,64,69]

化工原料矿产，指制酸、化肥、制碱等无机盐工业所需的矿产。含硫、磷、钾、硼、明矾石、蛇纹岩、橄榄岩、化工用石灰石、白云石、砷、芒硝、重晶石（毒重石）、天青石、天然碱、沸石、钠硝石、硅藻土、海泡石、霞石、溴、碘等。我国产量较大的为硫、磷矿石，由于资源方面的原因，钾矿石产量相对较少。

### 2.11.1 硫矿床

我国开采的硫矿石几乎仅是硫铁矿（黄铁矿、磁黄铁矿、白铁矿），它又分单一的和与有色金属共生的两类，均为主要开采对象。仅在局部地区小规模开发自然硫。河北、四川中、新生代白云岩、灰岩或碎屑岩中有气相硫化氢矿床，有一定前景。我国东部地下硫铁矿矿山矿区硫品位常在 15％～18％以上，露天矿山则在 13％～15％以上。国外的硫资源结构不同，大量利用的是自然硫和石油与天然气中的有机硫化物和硫化氢。有色金属矿床中

表2-44 我国沉积型耐火黏土矿床地质-工业类型[146]

| 矿床类型 | 地质特征 | 矿体形态及产状 | 矿石类型 | 矿石主要矿物 | 矿石质量 | 矿床规模 | 类型的相对重要性 | 矿床实例 |
|---|---|---|---|---|---|---|---|---|
| 产于古侵蚀面上的矿床 | 浅海、泻湖或湖泊相沉积矿床。产于中、下石炭统及二叠系底部。不整合或假整合于石炭系(白云岩)之上。围岩为黏土岩及铝土岩 | 层状、似层状、透镜状。有的受岩溶地形的影响呈漏斗状 | 高铝黏土,常伴有硬质黏土及半软质黏土 | 一水硬铝石及高岭石 | 高铝黏土化学成分含量(%)(熟料):$Al_2O_3$ 50~97,$Fe_2O_3$ 0.2~3.5 耐火度:大于1770℃ | 大到中型 | 高铝黏土的主要类型 重要 | 山西大湖石、河南张窑院,贵州小山坝 |
| 产于砂岩或页岩及其他碎屑岩中的矿床 | 浅海、泻湖沉积相矿床。整合产于石炭、二叠系或侏罗系中,围岩为砂页岩,有时与围岩呈互层 | 层状、似层状1~2层 | 硬质黏土,次为软质黏土及半软质黏土,部分有高铝黏土 | 高岭石,次为伊利石及一水硬铝石 | 硬质黏土化学成分含量(%)(熟料):$Al_2O_3$ 30~59,$Fe_2O_3$ 0.25~3.5,耐火度1630~1770℃ | 中到大型 | 硬质黏土的主要类型,软质黏土占相当地位 重要 | 山东小口山、青山,河北鼓楼庄,四川二滩,湖南马家桥 |
| 与煤层共生的矿床 | 浅海、泻湖及湖泊相矿床。产于石炭、二叠系中,与煤层共生。有的沿走向渐变为煤层或炭质页岩,围岩为砂页岩,有的为砂页岩 | 层状、似层状及透镜状,2~5层,有的多达7层 | 硬质黏土,软质黏土及半软质黏土 | 高岭石,次为伊利石及一水软铝石 | 化学成分含量(%):$Al_2O_3$ 30~48,$Fe_2O_3$ 0.6~2.8,约减14~19,耐火度1630~1750℃,个别达1770℃ | 中到小型,个别大型 | 有的与煤综合开发,产量较大,较次重要 | 内蒙荣怀沟、老石旦,江西新安,新疆水河 |
| 砂质黏土、砂质黏土及砂质砾层中的矿床 | 河、湖相及现代沉积矿床。产于上第三系到第四系砂土,砂质黏土及砾层中,有的夹薄层褐煤或砂土。上下盘多为含砂黏土、砂质黏土、黏土层、砂质黏土 | 似层状、透镜状、透镜状,多层,有分叉 | 软质黏土 | 高岭石,次为一水铝石及伊利石 | 化学成分含量(%):$Al_2O_3$ 20~46,$Fe_2O_3$ 0.17~5.81 耐火度:1580~1730℃,有的达1750℃ | 大、中、小型 | 软质黏土主要类型 重要 | 吉林水曲柳、黑龙江黄花、贵州陶关、广东源潭、江西三曲滩 |

**表2-45　某些耐火黏土矿山矿床概况**

| 矿山名称 | 矿床地质-工业类型 | 地质特征 | 矿体形态及产状 | 矿石类型 | 矿石主要矿物 | 矿石质量 | 矿床规模 |
|---|---|---|---|---|---|---|---|
| 山西阳泉铝矾土矿大湖石矿区 | 古侵蚀面上的矿床 | 产于中石炭本溪统下部，中奥陶石灰岩侵蚀面上部。含矿岩系：下部含铁黏土岩，铁铝岩中部含褐铁矿及黄铁矿，高铝黏土矿、高铝黏土和硬质黏土。上部半软质黏土 | 层状、似层状。上部硬质黏土为透镜状，半软质黏土不稳定 | 高铝黏土占76%，次为硬质及半软质黏土 | 一水硬铝石、高岭石 | 高铝黏土化学成分含量（%）（熟料）：$Al_2O_3+TiO_2$50～97，$Fe_2O_3$0.6～3.4，耐火度：大于1770℃ | 大型（露天开采） |
| 山东王村铝土矿小口山矿区 | 砂岩、页岩或其他碎屑岩中的矿床 | 产于上二叠石盒子统万山组底部。下部硬质黏土岩，铝土岩及其他碎屑岩 | 层状、透镜状，倾角12°～18° | 硬质黏土，伴有铝土矿 | 高岭石，少量一水硬铝石 | 硬质黏土化学成分含量（%）（熟料）：$Al_2O_3+TiO_2$42～58.72，$Fe_2O$3.2～3.41 | 大型（地下开采） |
| 内蒙杂怀沟黏土矿 | 与煤层共生的矿床 | 产于石炭系桂马楮系中上部，与煤共生。为厚层硬质黏土及炭质黏土 | 层状、倾角3°～30° | 硬质黏土 | 高岭石（占90%以上） | 化学成分含量（%）：$Al_2O_3$35～44，$Fe_2O_3$0.34～2.0，灼减16～17，耐火度1710～1750℃ | 中型（露天开采） |
| 吉林水曲柳黏土矿 | 砂土、砂质黏土及砂砾层中的矿床 | 产于第三系舒兰组中，含矿石层从下到上；砂砾石层-黏土层。上、下盘为砂层 | 连续透镜状，单斜，倾角15°～20° | 软质黏土 | 软质黏土 | 化学成分含量（%）：$Al_2O_3+TiO_2$22～37，$Fe_2O_3$1.6～2.4，耐火度1630～1730℃，可塑性指标；3.3～5.59 | 大型（露天及地下开采） |
| 贵州陶瓷黏土矿 | 砂土、砂质黏土及砂砾层中的矿床 | 第四纪山间盆地沉积矿床。不整合于三叠系中统白云岩上。自下而上：黄色黏土层，黏土层，腐殖土层 | 似层状、透镜状、产状平缓 | 软质黏土 | 三水铝石，次为高岭石 | 化学成分含量（%）：$Al_2O_3+TiO_2$27～46，$Fe_2O_3$1.04～1.44，$K_2O+Na_2O$1.99～2.88 | 中小型（露天开采） |

**表2-46　我国菱镁矿矿床地质-工业类型**

| 矿床类型 | 矿石类型 | 地质特点 | 矿体形态及产状 | 矿石主要矿物 | 矿石质量（化学成分含量%） | 矿床规模 | 类型相对重要性 | 矿床实例 |
|---|---|---|---|---|---|---|---|---|
| 沉积变质型矿床 | 晶质菱镁矿 | 产于下元古界含镁碳酸盐建造变质岩中。产状与围岩一致。常夹白云石大理岩，白云岩或石灰岩。可见脉状菱镁矿穿插。普遍伴生滑石 | 层状、似层状，有时透镜状 | 菱镁矿，次为白云石、滑石、蛋白石及石英 | MgO44～47，CaO0.62～12.8，$SiO_2$0.51～3.17 | 大到中型 | 重要，占我国开采总量的99% | 辽宁下房身、金家堡子、青山杯、桦子峪，山东粉子山 |

续表2-46

| 矿床类型 | 地 质 特 点 | 矿体形态及产状 | 矿石类型 | 矿石主要矿物 | 矿石质量（化学成分含量%） | 矿床规模 | 类型相对重要性 | 矿床实例 |
|---|---|---|---|---|---|---|---|---|
| 热液交代矿床 | 产于白云岩或大理岩中，沿层或在断裂附近。矿体代替相应的白云岩，常取代夹白云岩透镜体。共生白云石矿或铅锌矿 | 似层状、透镜状及不规则团块状 | 晶质菱镁矿 | 菱镁矿为主，次为白云石等 | MgO 35~49，CaO 0.18~14.27，酸不溶物 0.53~6.93 | 中到小型 | 较重要 | 四川桂贤、甘肃别盖、新疆明尔哈提 |
| 风化残积矿床 | 产于超基性岩风化壳下部，距地表深10~20m处。受地表水淋滤生成，伴生残留铬铁矿 | 网脉状、透镜状，或沿水平方向呈面型分布 | 非晶质菱镁矿 | 非晶质菱镁矿，伴生蛋白石、玉髓、褐铁矿及含水硅酸镁矿物 | MgO 28~40，CaO 1~6，$SiO_2$ 2~11 | 小型 | 不重要，可与铬铁矿综合开采利用 | 内蒙蔡汗努鲁、乌珠尔 |

表2-47 某些菱镁矿矿山矿床概况

| 矿山名称 | 地 质 特 征 | 矿体形态及产状 | 矿石类型及构造 | 矿石主要矿物 | 矿石质量（化学成分含量%） | 矿床规模 |
|---|---|---|---|---|---|---|
| 辽宁下房身镁矿 | 沉积变质型矿床。下元古界大石桥组白云石大理岩。下盘白云石大理岩；上盘滑石化菱镁岩。矿体夹有白云石大理岩，局部有干枚岩及滑石岩 | 厚层状，倾角60°~77° | 分菱镁矿、滑石化菱镁矿、炭质菱镁矿、条带状菱镁矿型 | 菱镁矿，次有滑石、透闪石、方解石、白云石及石英 | I、II、III级品平均品位：MgO 46.44，CaO 0.74，$SiO_2$ 1.64 | 大型（露天开采） |
| 四川桂贤镁矿 | 热液交代型矿床。震旦系洪椿坪组中，上盘白云岩中。与围岩渐变，接触面弯曲 | 不规则饼状，倾角40°~50° | 变余皮壳状菱镁矿为主（占70%） | 菱镁矿、白云石，次为玉髓、黄铁矿、胶铜矿、石棉、滑石及方解石 | 平均品位：MgO 43.38，CaO 4.76，酸不溶物 0.53，低硅高钙 | 中、小型（地下开采） |
| 内蒙蔡汗努鲁镁矿区 | 风化残积型矿床。蛇纹石化纯橄榄岩质风化壳中，风化壳厚30~60m，最厚达100m。面型风化为主，伴生铬铁矿 | 面型矿体近水平分布，透镜状及似层状 | 非晶质菱镁矿，块状、网脉状及网格状 | 菱镁矿，少量玉髓、蛋白石、蛇纹石、方解石及石英 | MgO 40.82，CaO 2.49，$SiO_2$ 11.47 | 小型（潜在资源） |

表2-48　某些蓝晶石、矽线石、红柱石矿山矿床概况

| 矿山名称 | 矿床地质特征 | 矿体形态及产状 | 矿石类型 | 矿石主要矿物 | 有用矿物及Al₂O₃含量(%) | 矿床规模 |
|---|---|---|---|---|---|---|
| 江苏梆山蓝晶石矿 | 元古界海州群云台组下段第二层中部厚层石英岩与白云母黑云母片岩的过渡带内 | 似层状、透镜状或薄层状，单斜，倾角25°~40° | 石英岩型（占90%）、片岩型、叶蜡石型 | 蓝晶石、石英，次为黄玉、白云母、金红石、黄铁矿及重晶石、叶蜡石 | 蓝晶石含量：石英岩型15~25，片岩型10~15，矿石含量Al₂O₃中16.58~20.26 | 二层矿，四个矿体；长1110~1415m，平均厚3.84~9.16m，延伸299~435m |
| 黑龙江三道沟矽线石矿 | 元古界麻山群西麻山组变质岩第二段中，上部砂线黑云母片岩中，含矿带长1600m，平均宽100m | 似层状、透镜状，倾角30°~45° | 石墨石榴砂线石片岩型、黑云母砂线石片岩型 | 砂线石、石英、钾长石、斜长石、黑云母、石墨、钛铁矿、黄铁矿及磁铁矿 | 砂线石含量：15.07~22.21，矿石中Al₂O₃，23.34~26.77 | 六个矿体：长450~1040m，厚2~65m，延伸80~340m |
| 河南羊勿沟红柱石矿 | 元古界片岩类及少量变质砂岩，变质岩中含红柱石片岩带长数千米，红柱石晶体长3~5cm，最长20~30cm | 似层状、透镜状 | 石榴红柱堇青石碳质片岩型、石榴红柱黑云母片岩型、砂线十字红柱二母片岩型 | 红柱石、砂线石、石榴石、十字石、石榴石、堇青石、黑云母、二云母 | 红柱石含量>15，矿石手选后，Al₂O₃57.40~60.54，Fe₂O₃0.85~1.01 | 含矿带厚20~30m |

表2-49　某些叶蜡石、膨润土、珍珠岩矿山矿床概况

| 矿山名称 | 矿床地质特征 | 矿体形态、产状 | 矿石构造 | 矿石主要矿物 | 矿石质量（化学成分含量%及物理性能） | 矿体规模 |
|---|---|---|---|---|---|---|
| 福建峨眉叶蜡石矿 | 火山热液交代型。上侏罗统南园组第四段流纹质火山碎屑岩中，中部流纹纹质碎屑晶屑玻屑熔灰岩为主要含矿层 | 似层状、透镜状及脉状，倾角20°~54° | 致密块状、片状 | 叶蜡石，次为石英、水铝石、高岭石，少量黄铁矿 | Al₂O₃ 23.13，SiO₂ 70.04，Fe₂O₃ 0.96，K₂O 0.16，Na₂O 0.15，耐火度1610~1770℃ | 主矿体：长600m，宽67m，斜伸151m（露天开采） |
| 浙江芳村叶蜡石矿 | 前震旦系石英叶蜡石片岩中（区域变质型），两个含矿层，厚约100m，三个矿段，赤山矿矿段为主 | 似层状、透镜状 | 致密块状、片状 | 叶蜡石、少量石英及绢云母 | Al₂O₃ 22.05~27.46，Fe₂O₃ 0.87~1.12，TiO₂ 0.22~0.36 | 赤山矿矿段三个矿体，长183~252m，厚1.75~4.11m（地下开采） |

续表 2-49

| 矿山名称 | 矿床地质特征 | 矿体形态、产状 | 矿石构造 | 矿石主要矿物 | 矿石质量（化学成分含量%及物理性能） | 矿体规模 |
|---|---|---|---|---|---|---|
| 浙江平山膨润土矿 | 陆相火山沉积型。上侏罗统寿昌组陆相火山沉积岩中。上盘灰质页岩；下盘灰质页岩与粉砂质泥岩 | 层状，似层状，倾角 10°~20° | 黏土状、粉砂状砂状、含砾及角砾状 | 蒙脱石、斜发沸石、石英，次为陆源碎屑、长石、云母、伊利石、火山玻璃、火山岩屑 | 各矿层平均品位：$Al_2O_3$ 13.94~17.79，$SiO_2$ 59.05~70.80，$CaO$ 1.21~4.57，$Na_2O$ 1.67~2.98，$MgO$ 1.12~3.02 | 八层矿，主矿体厚 1.68~5.23 m（地下开采） |
| 新疆阿尔碱膨润土矿 | 海相火山沉积型（钠质膨润土）。下石炭统中到基性火山岩及火山碎屑岩中。三层矿，矿化固岩为黑云母安山岩、凝灰岩、熔结凝灰岩、凝灰质角砾岩等 | 层状、似层状及透镜状、单斜、缓倾斜 | 块状、角砾状 | 蒙脱石、斜发沸石，次为石英、长石、绢云母、伊利石 | $Al_2O_3$ 12~20，$SiO_2$ 50~70，$CaO$ 1~6，$Na_2O$ 1~4.3，$MgO$ 2~5，$Fe_2O_3$ 1~6 | 长数百~1200m，厚 1~15m（露天开采） |
| 辽宁土城子珍珠岩矿 | 火山喷溢熔岩型。中侏罗统呼鲁鲁组中部和底部的流纹岩中 | 层状 | 珍珠状、流动状（珍珠岩型） | | 平均品位：$SiO_2$ 71.13，$Fe_2O_3$ 2.03，$H_2O$ 4.62，膨胀系数 $K_o=7\sim10$ | 长 840m，厚 5~10m，斜伸 480m（露天开采） |

表 2-50　我国萤石矿床地质-工业类型[47]

| 矿床类型 | 地质特征 | 矿体形态及产状 | 矿石主要矿物 | 矿石类型 | 矿石质量（化学成分含量%） | 矿床规模 | 类型的相对重要性 | 矿床实例 |
|---|---|---|---|---|---|---|---|---|
| 硅酸盐岩层中热液充填型脉状矿床 | 产于沉积碎屑岩、变质岩、侵入岩及火山岩界的断裂中。矿体与固岩界线较清楚，固岩硅化、绢云母化、高岭土化及绿泥石化 | 脉状、复脉状和透镜状，常成群成带，一般急倾斜。常见分支复合 | 萤石、石英 | 萤石型、石英-萤石型 | $CaF_2$ 20~98，$SiO_2$ 0.09~65，$S$ 0.01~1.02 | 中、小型，少数为大型 | 重要，是冶金熔剂用萤石及化工用萤石的主要来源 | 浙江杨家，河南尖山，湖北红安 |

续表 2-50

| 矿床类型 | 地质特征 | 矿体形态及产状 | 矿石类型 | 矿石主要矿物 | 矿石质量（化学成分含量%） | 矿床规模 | 类型的相对重要性 | 矿床实例 |
|---|---|---|---|---|---|---|---|---|
| 碳酸盐岩层中热液充填交代型脉状及似层状矿床 | 产于碳酸盐岩中。有的沿碳酸盐岩带中的断裂带中。有的沿层或同构造生成。附近常有侵入岩体 | 脉状、透镜状，有的呈囊状。沿层或似层状 | 萤石型、石英-重晶石-萤石型、萤石型、方解石-萤石型、重晶石-萤石型 | 萤石、石英及重晶石、方解石、晶石 | $CaF_2$ 24~94，$SiO_2$ 1.75~50 | 大、中、小型 | 较重要。矿物复杂的较难选。部分经手选可获高品位矿石。似层状矿床有远景 | 内蒙苏莫查干敖包、河北双洞子、四川二河水 |

**表 2-51　某些萤石矿矿床概况**

| 矿山名称 | 地质特征 | 矿体形态及产状 | 矿石类型及结构构造 | 矿石主要矿物 | 矿石质量（化学成分含量%） | 矿床规模 |
|---|---|---|---|---|---|---|
| 浙江杨家萤石矿 | 上侏罗统磨石山组上部火山岩中。受北东向断裂控制。围岩：熔结凝灰岩、粗凝灰岩、凝灰岩、硅化、碳酸盐化、叶蜡石化、绿泥石化及黄铁矿化 | 脉状，倾角>70° | 萤石型、石英-萤石型、块状、条带状、环状及角砾状 | 萤石、石英、常有玉髓、蛋白石及少量重晶石 | $CaF_2$ 51.89，$CaCO_3$ 2.49，$SiO_2$ 45.36，S 0.023，P 0.01 | 五条矿脉：长120~250m 斜伸120~380m 厚2.9~5.8m （地下开采） |
| 河南明港萤石矿区 | 燕山晚期含氟磷灰石花岗岩及元古界片岩中。受几组断裂控制。近矿围岩硅化、绢云母化及高岭土化等 | 脉状，有时透镜状，倾角67°~82° | 萤石型、石英-石英型、有时深部为萤石-石英-方解石型、块状、角砾状、次为浸染状、网格状 | 萤石、石英、时见玉髓及方解石 | 富矿：$CaF_2$>55，贫矿：$CaF_2$ 20~55，平均 $CaF_2$ 66.89 | 矿脉14条：长140~1630m 宽0.67~1.78m 斜深30~250m （地下开采） |
| 内蒙苏莫查干敖包萤石矿 | 下二叠统西里庙组三段底部结晶灰岩底盘断裂控制，与花岗岩体有关。围岩绿泥石化、硅化、绢云母化及叶蜡石化 | 似层状及脉状，倾角30° | 萤石型、方解石-萤石型、角砾状、钟乳状、糖粒状、条带状、蜂窝状 | 萤石占80%、石英、方解石 | $CaF_2$ 41.15~92.97，$SiO_2$ 5.85~35.10，$Fe_2O_3$ 2.57~3.78 | 两个矿体较大 其中一号 长740m 厚1~12m 斜伸490m （露天开采） |

续表2-51

| 矿山名称 | 地质特征 | 矿体形态及产状 | 矿石类型及结构构造 | 矿石主要矿物 | 矿石质量(化学成分含量%) | 矿床规模 |
|---|---|---|---|---|---|---|
| 河北双洞子萤石矿（幕府山） | 蓟县系雾迷山组白云质灰岩或白云岩中。受层间构造控制，发育于背斜核部。围岩硅化，矿化层上形成硅质角砾岩 | 牛轭状、透镜状，倾角30~67° | 萤石型、石英-萤石型，次为重晶石-萤石型，蜂窝状、致密块状、糖粒状、角砾状及条带状 | 萤石，次有石英、方解石、白云石及重晶石 | CaF₂ 30~50，最高 76~94.16，SiO₂ 1.8~50 | 三个主矿体：长140~449.8m，厚4.4~9.48m（露天转地下开采） |

表2-52　某些白云石矿山矿床概况

| 矿山名称 | 矿床地质-工业类型 | 地质特征 | 矿体形态及产状 | 矿石类型及结构构造 | 矿石主要矿物 | 矿石质量(化学成分含量%) | 矿床规模 |
|---|---|---|---|---|---|---|---|
| 南京白云石矿（幕府山） | 浅海相沉积层状矿床 | 震旦系上统灯影组和寒武系下统幕府山组、中统炮台山组中。由薄层状、涡旋状和厚层云岩、黑色页岩和块状白云岩、白云质灰岩互层组成 | 层状，倾角40°~90° | 厚层状、薄层状，涡旋状构造 | 白云石、少量方解石、玉髓、石膏、赤铁矿、黏土及石英 | MgO 19~21, CaO 31, SiO₂ 2~6 | 大型（露天开采） |
| 四川小南海白云石矿 | 浅海相沉积层状及似层状矿床 | 中三迭统嘉陵江组中部，由薄层到中厚层泥灰质灰岩及泥灰质白云岩等组成 | 层状，似层状，倾角10°~40° | 薄层状，中厚层状 | 白云石、方解石及少量镁质 | MgO 17.89~18.14, CaO 30.43~31.80, SiO₂ 4.06~5.03, SO₂ 0.03~0.043 | 中型（露天开采） |
| 内蒙拉草山白云石矿 | 浅海相化学沉积层状矿床 | 产于元古界渣尔泰群白云岩组中。下盘为薄层状泥质白云岩，上盘为泥质板岩及片岩 | 层状，倾角20°~35° | 块状、条带状构造 | 白云石、少量方解石、微量石英、长石、白云母、磁铁矿 | MgO 20.55, CaO 29.93, SiO₂ 2.19 | 大型（露天开采） |

的共生硫铁矿占次要地位，极少开采单一硫铁矿。不过，在某些缺硫地区甚至也从石膏等硫酸盐中提取硫。自然硫主要产于二叠纪以后的泻湖相沉积中，呈层状，与石膏、石灰岩密切共生；也呈层状、脉状和巢状产于含油区的盐丘顶盖中，与石灰岩和石膏有关；还呈透镜状、巢状、脉状产于新生代火山通道附近，与熔岩、凝灰岩共生。

### 2.11.2　磷矿床

磷矿石分磷灰石岩（内生作用生成的含磷灰石矿石）、磷灰岩（含磷岩石变质生成的含磷灰石矿石）、磷块岩（胶磷矿即隐晶或微晶磷灰石）、铝磷酸盐、鸟粪五类。我国开发的是前三种。工业对矿石的要求按加工产品不同和地区的缺磷与否有很大差别。在我国南方富磷地区，地下磷块岩矿山矿区 $P_2O_5$ 品位常在 20％以上。地下晶质磷灰石矿山矿区 $P_2O_5$ 品位常在 13％以上，露天矿山则常在 11％以上。

### 2.11.3　钾、天然碱和盐类矿床

钾原料主要取自盐类矿床的甲盐、光卤石、钾盐镁矾等。此外，盐类矿床还是镁盐（泻利盐等）、石盐、芒硝、天然碱和苏打、硝石等的主要来源。盐类矿床分现代盐湖与古代盐类矿床两大类，矿石呈固相与液相两态产出。在固相盐层中的沉淀顺序由下而上大致是：石膏或天然碱——芒硝、泻利盐-石盐-钾盐。不过这些组分在盐层中任何时候也不同等发育，某些组分的发育程度与成盐盆地的地质环境即盐湖类型有关。

在青海现代盐湖中以沟渠法或以钻孔法抽取钾盐，圈定矿体的最低可采 KCl 品位定为 1％（液相，相当于 12.2g/L）。在滇西的地下钾盐矿山，圈定矿石的最低可采 KCl 品位定为 10％。

天然碱除产于上述盐类矿床之外，在国外还发现有火山型矿床，一为火山灰型，产于第三系中；二为现代裂谷带火山碱湖，除沉积固相天然碱外，尚有晶间卤水；可供工业利用。

### 2.11.4　硼矿床

硼矿也有一部分产于盐类矿床中，一般品位较低，分散于蒸发相矿物内，但加工条件简单，易于利用。我国目前主要开发沉积变质再造型矿床，其次是矽卡岩型矿床，其中含 $B_2O_3$ 低于 10％者需选矿富集才能利用，而选矿成本较高。因而我国东部地下硼镁石矿山，矿区 $B_2O_3$ 品位在 6％～7％以上。在国外，硼矿床的主要类型是火山沉积型，其品位高、规模大，也有固、液两相矿石。

### 2.11.5　重晶石（毒重石）矿床

重晶石（毒重石）主要用于钻井作泥浆，还用于化工及其他工业部门。我国是重晶石的主要出口国之一，目前开发的资源常有含重晶石达 90％的富矿石存在。国外开发重晶石则已在向低品位矿石发展，综合利用多金属矿床中的共生和伴生资源。

### 2.11.6　硅藻土和天然沸石矿床

硅藻土是软而轻、多细孔隙，由硅藻吸收 $SiO_2$ 而沉淀的生物硅质岩。与之相似的还有硅藻石（较硬）、海绵硅质岩（由海绵生成）、放射虫土（放射虫生成）、硅鞭毛虫土（鞭毛虫生成）以及非生物成因的蛋白土。它们的主要矿物都是蛋白石。它们隔热隔音、熔点高、耐酸、吸附性强，广泛用于建材、化工、冶金及其他工业，用途还在不断开拓。不同用途对矿石质量的要求不同，重要的是密度、$SiO_2$ 含量及 $Fe_2O_3$ 等杂质含量。如用于矾触媒的要求是：白色，$SiO_2>65％$，$Fe_2O_3<4％$，烧失量 $<10％$。一般说，价值最大的是硅藻土、蛋白土和硅藻石，海绵硅质岩小些。放射虫土和硅鞭毛虫土较少分布，且不形成

大矿层。其矿床可分海相与湖相沉积两类，一般常见于新生代地层中。

天然沸石是新兴材料，广泛用于化工等方面，用途还在迅速开拓。沸石族矿物已知有三十多种，但目前使用的仅是高硅铝比的斜发沸石、丝光沸石、毛沸石和菱沸石。评价沸石的质量按用途而异。比较重要的是沸石的含量和吸附度，如吉林银矿山沸石矿，其工业品位定为：吸铵>70 毫克当量/100 克。

### 2.11.7 明矾石和霞石矿床

我国主要的明矾石矿床均产于中生代中酸性火山岩系中，特别是在火山碎屑岩及凝灰岩中，由热液交代生成。围岩明矾石化、硅化、高岭土化、绢云母化、叶蜡石化。呈似层状、透镜状，有的与黄铁矿共生。明矾石矿石目前仅用作明矾，我国东部地下明矾石矿山含明矾石均在 45% 以上。苏联则利用明矾提钾、炼铝、并附产硫酸。苏联也把霞石作为制碱、炼铝、制水泥的原料。明矾石、霞石在后一方面的情况见 2.7。

### 2.11.8 石灰石、海泡石及其他化工原料

化工用锰和铬的原料见 2.6，白云石、菱镁矿、膨润土（漂白土）见 2.10，石灰石、海泡石见 2.11。

矿床的地质-工业类型和某些矿山矿床概况见表 2-53～表 2-64。

**表 2-53 我国硫铁矿矿床地质-工业类型[48]**

| 矿床类型 | 地质特征 | 矿体形态及产状 | 矿石类型 | 主要矿石矿物 | 矿石质量[①] | 矿床规模 | 类型相对重要性 | 矿床实例 |
|---|---|---|---|---|---|---|---|---|
| 热液脉状硫铁矿床 | 火山岩外各种围岩中，受断裂控制，围岩绿泥石化、硅化及高岭土化，黄铁矿与其他硫化物共生，成为多金属矿床、围岩多属前寒武系及古生界 | 脉状、与围岩斜交 | 黄铁矿-闪锌矿型、黄铁矿-黄铜矿型 | 以黄铁矿为主，个别以磁黄铁矿为主 | 含硫中到富 | 小到中型 | 重要 | 广东锦潭，浙江牛角湾，广西红泥波 |
| 煤系沉积硫铁矿床 | 石炭、二迭纪和新第三纪煤系炭质及砂质页岩中，矿层较稳定，厚度几厘米到1m多，局部伴生黏土矿及煤 | 层状、似层状，产状与围岩一致 | 黄铁矿型 | 黄铁矿及白铁矿 | 含硫贫到中 | 中到大型 | 次要 | 四川大树 |
| 矽卡岩硫铁矿床 | 多产于中酸性侵入岩体与各种碳酸盐岩石或含碳酸盐岩石的接触带，围岩矽卡岩化，有关侵入体多在中生代形成 | 透镜状、囊状、似层状，与接触带一致，少数与围岩层理一致 | 黄铁矿型、黄铁矿-磁黄铁矿型 | 黄铁矿、磁黄铁矿 | 含硫中等 | 中到小型 | 次要 | 湖北巷子口，湖南上堡 |
| 沉积变质硫铁矿床 | 变质碳酸盐及硅酸盐岩石中，沉积变质或后期热液叠加形成，主要产于前寒武系中 | 似层状、透镜状，与层理或片理一致 | 黄铁矿型、黄铁矿-磁黄铁矿型、黄铁矿-铜、铅、锌型 | 黄铁矿为主、次为磁黄铁矿，有的见闪锌矿、方铅矿、黄铜矿 | 含硫贫到富 | 中到大型 | 重要 | 广东大降坪、内蒙东升庙、炭窑口 |

续表 2-53

| 矿床类型 | 地质特征 | 矿体形态及产状 | 矿石类型 | 主要矿石矿物 | 矿石质量① | 矿床规模 | 类型相对重要性 | 矿床实例 |
|---|---|---|---|---|---|---|---|---|
| 火山岩系中的硫铁矿床 | 基性或酸性火山岩中，多为火山碎屑岩，少数为次火山岩、砂岩、砾岩、碳酸盐岩。常见绢云母化、硅化、绿泥石化、高岭土化、矽卡岩化等，主要产于中生代陆相火山岩和前中生代海相火山岩中 | 透镜状、扁豆状、似层状，与围岩基本一致 | 黄铁矿-黄铜矿-铅锌型 | 黄铁矿为主，次为黄铜矿、方铅矿、闪锌矿 | 含硫贫到富 | 小到大型 | 重要 | 安徽向山、何家小岭 |
| 碳酸盐岩及砂页岩中硫铁矿床 | 碳酸盐岩及硅酸盐岩中，蚀变较强，有硅化、碳酸盐化、绢云母化、高岭土化，有时见矽卡岩化，一般受深断裂构造控制，主要产于前寒武系和古生界中 | 层状、似层状、囊状、扁豆状，与围岩一致或斜交 | 黄铁矿型、黄铁矿-磁黄铁矿型 | 黄铁矿，个别是磁黄铁矿 | 含硫中到富 | 小到中型 | 重要 | 江苏云台山、四川打字堂 |

① 矿石质量：富，指含硫大于等于 30%；贫，指含硫小于 20%。

**表 2-54   某些硫铁矿矿山矿床概况**

| 矿山名称 | 矿床地质-工业类型 | 地质特征 | 矿体形态及产状 | 矿石类型及结构构造 | 主要矿石矿物 | 矿石质量 | | | 矿床规模 |
|---|---|---|---|---|---|---|---|---|---|
| | | | | | | 有益组分 | | 主要有害成分（%） | |
| | | | | | | 主成分（%） | 伴（共）生成分 | | |
| 广东云浮（大降坪）硫铁矿 | 沉积变质硫铁矿床 | 前泥盆系变质炭质粉砂岩，炭质千枚岩、泥质结晶灰岩、钙质石英砂岩中，辉绿岩脉切穿条状黄铁矿 | 似层状、透镜状，倾角 15°～20° | 黄铁矿型。自形、他形晶粒结构，浸染状、条带状、致密状构造 | 黄铁矿，局部有磁黄铁矿，闪锌矿、方铅矿、黄铜矿 | S 31.04 | | Pb 0.08 Zn 0.16 As 0.028 F 0.03 | 大型（露天开采） |

续表 2-54

| 矿山名称 | 矿床地质-工业类型 | 地质特征 | 矿体形态及产状 | 矿石类型及结构构造 | 主要矿石矿物 | 矿石质量 有益组分 主成分(%) | 矿石质量 有益组分 伴(共)生成分 | 主要有害成分(%) | 矿床规模 |
|---|---|---|---|---|---|---|---|---|---|
| 四川大树硫铁矿 | 煤系沉积硫铁矿床 | 上二叠统煤系(砂质页岩、细砂岩和黏土页岩互层)的底部,底板为下二叠统茅口灰岩 | 似层状,倾角10°左右,最大20° | 黄铁矿型,粒状、鲕状结构,团块状、树枝状、葡萄状、结核状、脉状。条带状、星点状、星云状构造 | 黄铁矿、白铁矿,脉石主要是高岭土 | S 17.2 | 共生无烟煤,伴生高岭土、镓 | | 大型(地下开采) |
| 江苏云台山硫铁矿 | 碳酸盐岩及砂页岩中硫铁矿床 | 下侏罗统象山群页岩、粉砂岩、白云岩中,有中酸性岩体侵入 | 不规则透镜状,分支复合明显,倾角30°～50° | 黄铁矿型,块状、浸染状、角砾状、细脉状、松散状、似条带状构造,结晶粒状和斑状压碎结构 | 黄铁矿,少量白铁矿 | S 22.85 | Au 0.02～0.3g/t,尚有Ag、Ca、Te伴生 | F0.04～0.1 最高0.30 | 中型(地下开采) |

### 表 2-55　我国磷矿床地质-工业类型[1][53]

| 矿床类型 | 地质特征 | 矿体形态及产状 | 矿石类型 | 矿石主要矿物 | 矿石质量(%) | 矿床规模 | 类型相对重要性 | 矿床实例 |
|---|---|---|---|---|---|---|---|---|
| 岩浆型磷灰石岩矿床 | 地台边缘地带,受断裂控制,由于岩浆分异作用或伴随热液交代构成一系列的含磷灰石的基性-超基性、碱性杂岩和碳酸岩体 | 似层状、透镜状、板状、不规则囊状、脉状,缓到急倾斜 | 磷灰石岩 | 磷灰石 | $P_2O_5$ 3～25,稀土、铁、钛、钒、铌可综合利用 | 小到大型 | 较重要 | 河北矾山 |
| 沉积变质磷灰岩矿床 | 海相沉积磷块岩经区域变质作用形成。构造上具有冒地槽特征。磷矿层产于中元古界下部,中低级变质的细粒碎屑岩至碳酸盐岩的过渡带内。细粒变晶结构,条带状构造,少部分为块状构造 | 层状、似层状、透镜状,一般为缓倾斜 | 磷灰岩 | 氟磷灰石、石英、长石 | $P_2O_5$ 10～15 | 小到大型 | 重要 | 江苏锦屏湖北黄麦岭 |
| 海相-碳酸盐岩和硅酸盐岩沉积磷块岩矿床 | 主要矿床赋存在古纬度5°～42°之间的古地台边缘或地台的边缘拗陷,成矿地质时代主要为震旦、寒武、泥盆纪。含磷岩系是一套细碎屑-碳酸盐-硅质岩(燧石岩)-泥质-黏土质岩组合,或其中两种或三种岩石的组合 | 层状(单到多层)、似层状、大部缓倾斜,个别急倾斜 | 磷块岩 | 隐晶质微晶氟磷灰石 | $P_2O_5$ 12～34,常伴生有不同含量的稀土、铀、钒、碘、可供综合利用 | 小到巨大型 | 重要 | 云南昆阳贵州开阳湖北荆襄 |

[1] 目前无工业价值和价值较小的矿床如生物堆积型、风化淋滤型和以稀土及铀为主的类型未列入。

表2-56　某些磷矿山矿床概况

| 矿山名称 | 矿床地质-工业类型 | 地质特征 | 矿体形态及产状 | 矿石类型及结构、构造 | 矿石主要矿物 | 矿石质量（%） | | | 矿床规模 |
|---|---|---|---|---|---|---|---|---|---|
| | | | | | | 有益组分 | | 主要有害成分 | |
| | | | | | | 主成分 | 伴（共）生成分 | | |
| 云南昆阳磷矿矿务局昆阳磷矿 | 海相磷酸盐和硅酸盐类沉积磷块岩矿床 | 寒武系下统渔户村组砂页岩底部，覆于震旦系灯影灰岩假整合面上。矿层间为白色页岩夹层，厚度及品位均较稳定，顶板及为硅质、白云质灰岩 | 层状、两层，产状平缓 | 胶磷矿，致密块状、条带状、结核状构造，隐晶质及细晶质状结构 | 氟磷灰石、脉石白云石、石英、方解石、高岭土、云母等 | $P_2O_5$25.37 | | $Fe_2O_3$1.45 $Al_2O_3$1.69 $MgO$1.74 $CO_2$5.57 $SiO_2$15.79 $CaO$42.16 | 大型（露天开采） |
| 湖北荆襄磷矿矿务局王集磷矿 | 海相碳酸盐和硅酸盐类沉积磷块岩矿床 | 磷矿赋存于震旦系上统陡山沱组中下部，共有四个含磷层位，三个工业矿层，一、二矿层为主要矿层，工业矿层厚3~5m。矿区为一向西倾斜的平缓单斜层 | 层状、三层，缓倾斜 | 硅钙质、硅镁质碳酸型胶磷矿石。假鲕状、胶状结构，块状、条带状构造 | 磷块岩（胶磷矿）、板少量磷灰石、脉石为方解石、白云石、石英、黏土矿物等 | $P_2O_5$15.62 ~22.15 | | $SiO_2$13.08 ~33.25 $CaO$39.83~27.67 $MgO$4.62~4.77 $Fe_2O_3$2.07~0.91 $Al_2O_3$2.53~0.52 F2~1.33 | 大型（地下开采） |
| 湖北黄麦岭磷矿 | 沉积变质磷灰岩矿床 | 元古界红安群七角山组下段下部地层内，总厚250~850m，为前变质岩类有变基性火山岩，与薄层大理岩关系密切，顶板、底板为变酸性火山岩 | 层状、扁豆状、透镜状，缓到急倾斜 | 锰质磷灰岩石、花岗变晶结构，浸染状、条带状、块状、蜂窝状构造 | 氟磷灰石、常含锰质及少量炭质，次为斜长石、黄铁矿、软锰矿等 | $P_2O_5$10.88 | $K_2O$3.78~4.55 $TiO_2$0.17~0.47 $Y_2O_5$0.0062~0.012 | $Fe_2O_3$4.16 $Al_2O_3$0.7 $CaO$18.33 $CO_2$6.57 F0.75 S0.75 $SiO_2$41.7 | 大型（露天开采） |
| 湖南刘阳磷矿 | 沉积变质磷灰岩矿床与沉积磷块岩矿床的过渡类型 | 磷矿赋存于震旦系上统陡山沱组。含磷岩系及由富含黏土组、云母石英岩组成，炭质白转甲岩，分为四个矿组，每层有三到十余个矿层，单层厚0.01~5m | 层状、缓到急倾斜 | 磷块岩。具胶鲕状、胶状、粒状结构，块状构造，少量为角砾状和条带状 | 胶磷矿、细晶磷灰石、矿物为白云石、水云母、高岭土等 | $P_2O_5$19.89 | | $Fe_2O_3$4.11 $Al_2O_3$5.31 $MgO$2.43 $SiO_2$23.23 $CaO$31.2 | 中型（露天开采） |

续表 2-56

| 矿山名称 | 矿床地质-工业类型 | 地 质 特 征 | 矿体形态及产状 | 矿石类型及结构、构造 | 矿石主要矿物 | 有益组分 主成分 | 有益组分 伴(共)生成分 | 主要有害成分 | 矿床规模 |
|---|---|---|---|---|---|---|---|---|---|
| 河北矾山磷矿 | 岩浆型磷灰石岩矿床 | 与偏碱性超基性岩、碱性杂岩有关，杂岩侵人元古界铁质碳酸盐岩地层，为一隐伏中心式侵人体，在平面上呈环状，由内向外和向内依次为磷辉正长岩，辉石正长岩、正长辉石岩、辉石岩，磷铁矿体，似粗面状辉石正长岩、正长岩墙 | 层状，矿体向中心倾斜，倾角25~40°，已探明矿体六个 | 黑云母-磷灰石、磁铁矿-黑灰石、辉灰石、磷灰石云母-磷灰石岩。镶嵌和海绵陨铁结构。致密状、浸染状、条带状同杂状构造 | 次透辉石、正长石、黑云母、磷灰石、磁铁矿 | P₂O₅ 11.87 | TFe13.01 | Al$_2$O$_3$ 6.05<br>MgO 7.05<br>CaO 23.53<br>SiO$_2$ 29.66<br>V$_2$O$_5$ 0.38<br>TiO$_2$ 1.95<br>S 0.55<br>F 0.41 | 中型（设计地下开采） |

表 2-57　我国盐类矿床地质-工业类型[①]

| 矿床类型 | 地 质 特 征 | 矿体形态及产状 | 矿石类型 | 矿石主要矿物 | 矿石质量 | 矿床规模 | 类型相对重要性 | 矿床实例 |
|---|---|---|---|---|---|---|---|---|
| 现代盐类矿床 盐湖型 | 分布于干旱或半干旱带大陆闭流盆地或潟湖中，湖底为松散的淤泥、黏土、砂等，产于第四纪，分氯化物型、硫酸盐型、硝酸盐型三大类。水可来自地表径流，矿泉水和古盐类再溶解。按矿体产状分液相型、固体盐类型和液体卤水型，盐类矿床和液相型、潜水型和承压型卤水 | 液相、固相、固液相并存。液相即层卤水，地下卤水潜水，含晶间卤水与淤泥卤水。固相呈层状、透镜状产水平 | 不同矿种有不同类型 同类型 | 石盐、钾石盐、芒硝、无水芒硝、天然碱、硝石 | 不同类型的湖，含不同的化学成分 | 小到中型 个别大型 | 重要 | 青海察尔汗钾盐湖，内蒙察干诺尔碱湖，达门诺尔碱湖，拉特旗芒硝湖 |
| 古代盐类矿床 陆相型 | 陆相湖泊沉积的第三系红色岩层中，围岩为黏土岩、粉砂质黏土岩，矿层上部为石盐、下部为石膏或天然芒硝 | 层状、大透镜状、多层、缓倾斜 | 不同矿种有不同类型 同类型 | 天然碱、芒硝、石盐等 | 不同类型的矿床，含不同的化学成分，如天然碱矿床、石盐矿床 | 小到大型 | 重要 | 河南吴城碱矿。四川新津芒硝矿，湖南湘澧盐矿 |

续表 2-57

| 矿床类型 | 地质特征 | 矿体形态及产状 | 矿石类型 | 矿石主要矿物 | 矿石质量 | 矿床规模 | 类型相对重要性 | 矿床实例 |
|---|---|---|---|---|---|---|---|---|
| 泻湖相型 | 泻湖蒸发沉淀产物，包括石膏、石盐、钾盐矿床，以某一矿产为主，其他的同时存在，可综合利用，产于石炭、二叠、三叠系中圈岩为石灰岩、白云岩 | 层状、大透镜状、产状与围岩一致 | 不同矿种不同，情况复杂 | 石盐、石膏、钾盐等 | 不同类型的矿床，含不同的化学成分，如石盐、石膏、钾盐矿床 | 小到大型 | 重要 | 云南勐野井钾盐矿 |
| 古代盐类矿床 地下深部卤水 | 地层中的古代残余卤水和固相盐类溶解而成的卤水。海相成因的卤水含钾、镁、碘、铯、铷、水，含钙较多，陆相的成分复杂，含较多的硫酸盐。大部分产于白垩、二叠纪的页岩及石灰岩中 | 似层状、透镜状 | 黑卤、黄卤两种 | 卤水 | $NaCl 250g/L$ 伴生钾、溴、碘、铷等 | 小型 | 较重要 | 四川自贡、湖北江汉平原 |

① 滨海孔隙卤水矿床和经由毛细管蒸发形成的潮沼化学沉积矿床矿床因不重要未列入本表。硼矿未列入本表。

表 2-58　某些盐类矿山矿床概况

| 矿山名称 | 矿床地质-工业类型 | 地质特征 | 矿体形态及产状 | 矿石类型及结构构造 | 矿石主要矿物 | 矿石质量① (%) | | | 矿床规模 |
|---|---|---|---|---|---|---|---|---|---|
| | | | | | | 有益组分 | | 主要有害成分 | |
| | | | | | | 主成分 | 伴（共）生成分 | | |
| 四川新津芒硝矿 | 陆相型-古代盐类矿床 | 白垩系上统夹组上段中，钙芒硝层底板含硬石膏及石膏直接顶（不具单独开采价值），矿层15，能利用11层，走向长2900m | 层状、产状平缓 | 钙芒硝，不等晶菱板状、竹叶状结构 | 钙芒硝，次为硬石膏、白云石、方解石、泥质物 | $Na_2SO_4$ 39.57 | $CaSO_4$ 37.0 | NaCl 含量低 | 大型（地下开采） |

续表 2-58

| 矿山名称 | 矿床地质-工业类型 | 地质特征 | 矿体形态及产状 | 矿石类型及结构构造 | 矿石主要矿物 | 矿石质量① （%） | | | 矿床规模 |
|---|---|---|---|---|---|---|---|---|---|
| | | | | | | 有益组分 | | 主要有害成分 | |
| | | | | | | 主成分 | 伴（共）生成分 | | |
| 河南吴城天然碱矿 | 陆相型-古代盐类型矿床 | 第三系五里堆组下段黏土质白云岩，含粉砂质白云岩，油页岩等，埋深650～915m。含矿段厚57～160m。上段4组含盐，天然碱组合，下段3组含盐，天然碱组合 | 层状，多层，产状平缓 | 天然碱及含盐天然碱。结晶粒状结构，块状构造 | 天然碱，岩盐，次为方解石等 | 上段天然碱33.96，氯化钠42.51，下段天然碱54.9，氯化钠<0.3 | I 0.0003，$B_2O_3$ 0.015～0.085 | As 0.00005～0.0005，Cu+Pb+Zn<0.0001，Mg，Ca<0.05。Br在天然碱中<0.01，盐中<0.001，个别达0.01～0.03，下段水不溶物一般<20 | 中型（钻孔水溶法开采） |
| 云南勐野井钾盐矿 | 泻湖相型-古代盐类型矿床 | 白垩系上统勐野井组砂岩，粉砂岩中，含盐层分为三个含盐性段，其中下含盐段粉砂岩向盆地中心尖灭，上含盐段发育完全，一般厚400余米，钾盐矿体赋存于石盐、钾盐矿体中，成群，但较不连续，形态复杂 | 透镜状，缓倾斜～急倾斜 | 钾盐及石盐，角砾状，块状，层状，不规则状。浸染状构造，他形粒状，半自形粒状，球粒状，自形粒状，镶边状结构 | 钾石盐，光卤石，次为钾盐，石盐，硬石膏 | KCl13.14，NaCl72.34 | $MgCl_2$ 0.28，$CaCl_2$ 0.52，$CaSO_4$ 0.85，Br 0.041 | | 小型（地下开采） |
| 新疆七角井东石盐、芒硝盐湖 | 盐湖型-现代盐类型矿床 | 盆地内为中更新统统一全新统坡积、洪积、湖积、风积和化学沉积层，具环带状结构，矿床以固体石盐、芒硝、无水芒硝为主，并充填有晶间卤水的复盐矿，尚有表层卤水，成分以石盐为主，西部及西北部边缘含芒硝较高 | 固相：层状，似层状，平缓 | 固相：石盐及芒硝。液相：Cl--$SO_4$-Na型卤水。石盐：自形-半自形粒状结构，芒硝：半自形-它形巨粒结构，块状构造 | 石盐，无水芒硝，芒硝 | 固相：石盐NaCl78.7，芒硝层$Na_2SO_4$81.65，NaCl78.59～81.65。液相：NaCl146～256g/L，$NaSO_4$60～99g/L | 固相：石盐层KCl1～3。芒硝层：KCl。液相：KCl 2.0g/L，$MgCl$18.93 g/L | 固相：石盐层$NaSO_4$5.02。石盐层$CaCO_3$2.3，芒硝层NaCl 2.5～7.94，$CaSO_4$2.92～4.52，$MgSO_4$0.22～0.52。水不溶物7.47～13.37 | 中型（露天开采） |

续表 2-58

| 矿山名称 | 矿床地质-工业类型 | 地 质 特 征 | 矿体形态及产状 | 矿石类型及结构构造 | 矿石主要矿物 | 矿石质量① （%） 有益组分 主成分 | 伴（共）生成分 | 主要有害成分 | 矿床规模 |
|---|---|---|---|---|---|---|---|---|---|
| 青海察尔汗盐湖（别勘滩湖） | 盐湖型-现代盐类矿床 | 中、下更新统砂质泥岩夹泥质砂岩、砾岩组成盐湖基底，每一旋回自下而上沉积剖面为细砂-粉砂-碳酸盐-石膏-含石膏石盐-石盐。液相：湖水、孔隙卤水、晶间卤水为主 | 层状、平缓 | 固相：钾镁盐矿及石盐。液相：Cl-K-Mg 型卤水 | 固相：(1)钾镁盐矿，钾光石及钾石膏，软钾镁矾。(2)石盐矿，以石盐为主 | 固相：钾镁盐矿 KCl 2.69~3.22 MgCl₂ 3.88~5.38 (2)盐矿层 NaCl 64.7 液相：晶间卤水 KCl 15~40g/L, MgCl₂ 100~335g/L | LiCl 0.18~0.33g/L, B₂O₃ 0.19~0.61g/L, 晶间卤水：(g/L) LiCl 0.5~30, B₂O₃ 0.5~1.5, Br 20~30, I 0.6~2.1, Rb₂O 6~16, Cs₂O<0.3 | 液相：(g/L) NaCl 168.8~186, SO₄²⁻ 1.47 Ca²⁺ 0.62, 晶间卤水：(g/L) NaCl 25~150, Ca²⁺ 0.2~1, SO₄²⁻ 5~30, Cl⁻ 190~25 | 大型（露天开采） |
| 内蒙查干诺尔碱矿 | 盐湖型-现代盐类矿床 | 第四纪全新统与更新统内陆湖相化学沉积矿床，九个碱层，三层列人工储量与黑色含碱淤泥互层，与围岩界限清晰，上覆盖层 0.98~3.98m | 碟状（扁豆体），缓倾斜 | 固相：结晶碱矿 | 固相：主要为结晶碱，次为芒硝，石盐，少量碳酸钠镁石，单斜钠镁石 | Na₂CO₃ 24.88~26.84 | NaHCO₃ 1.64~4.71, Na₂SO₄ 10.17~11.97, NaCl 1.72~2.07, B₂O₃, Li 0.03 | | 中型（露天开采） |
| 四川邓关盐卤矿 | 地下深部卤水-古代盐类矿床 | 背斜构造，地表出露侏罗系，以侏罗系凉高山组为准，闭合面积 75km²，埋深 800~1000m，主要为黑卤，含卤层层厚度 35~60m，含卤水富集与裂隙发育有关 | 层状 | 黑卤 | 含 NaCl 成分的卤水 | Na⁺ (mg/L) 81515.62, Cl⁻ 135271.73 | | K⁺ (mg/L) 2852.9, Ca²⁺ 3198.88, Mg²⁺ 829.5, SO₄²⁻ 1311.73, Br⁻ 676.6, I⁻ 16.8, B₂O₃ 13 | 规模不清（钻孔油取） |

① 矿石质量一栏除注明者外，其单位均为%。

表 2-59 硼矿床地质-工业类型[64],[69]

| 矿床类型 | 地质特征 | 矿体形态及产状 | 矿石类型 | 矿石主要矿物 | 矿石质量①(%) | 矿床规模 | 类型相对重要性 | 矿床实例 |
|---|---|---|---|---|---|---|---|---|
| 火山沉积矿床 | 产于干旱气候的新生代构造-火山岩带的第三纪陆相沉积中,含硼岩系由黏土质、硅质、碳酸盐-黏土质沉积岩与各种火山岩互层组成,有时夹盐层,硼产于黏土质、泥灰质或凝灰质的沉积物中,具一定层位,矿石分固相和液相两大类 | 固相:巨大透镜体、层状、巢状 | 硼酸盐、硅酸盐 | 硼砂、斜方硼砂、钠硼解石、硅硼钙石 | $B_2O_3$ 有两种,固相:20~50,液相:可达1~1.2 | 大型 | 重要 | 美国克拉墨,土耳其萨勒卡亚 |
| 盐类沉积矿床 | 含盐海相沉积物中,矿体在钾盐层、石膏层或黏土层内,矿石呈团块状或浸染状构造。可分:(1)钾盐、镁盐沉积中的硼酸盐;(2)盐丘中的石膏帽中的硼酸盐;(3)石膏及泻湖沉积的硬石膏层中的硼酸盐。成矿时代广泛,以二叠纪为主 | 层状、透镜状、不规则状、缓倾斜 | 硼酸盐 | 硼镁石、方硼石、硼钾镁石 | $B_2O_3$1~20,伴生钾盐、石膏、芒硝等 盐丘石膏帽中:$B_2O_3$7~35 | 中到大型 | 较重要(国外)国内未发现 | 苏联土卡姆、因杰尔 |
| 现代盐湖矿床 | 属第四纪内陆盐湖(详见盐类矿床) | 固相:层状、小扁豆体、透镜体,一般水平 | 硼酸盐 | 湖水、地下晶间卤水、孔隙卤水。固相:钠硼解石、柱硼镁石、方硼石 | 液相:$B_2O_3$1.5~2g/L,伴生钾、溴、碘、锂、铷、铯等 固相:$B_2O_3$1.5~10,伴生石盐、钾盐、芒硝、石膏等 | 小到大型 | 次要 | 青海大柴旦 |
| 沉积变质改造矿床 | 前寒武系区域变质岩中,矿体位于变粒岩、浅粒岩或变质蛇纹岩化大理岩、蛇纹岩或变质橄榄岩中,长数十至数百米,个别大于千米,厚数米至数十米。围岩蛇纹石化、金云母化、透闪石化 | 似层状、透镜状、囊状,与围岩基本一致 | 硅酸盐硼酸盐 | 硼镁石、遂安石、硼镁铁矿 | $B_2O_3$4~20,MgO一般>30,伴生铀、有的铁含量高 | 小到大型 | 较重要 | 辽宁宽甸、营口 |
| 矽卡岩矿床 | 在中酸性侵入岩与镁质碳酸盐岩接触带,矿体与镁质矽卡岩关系密切,沿接触带和岩层同分布,长几十至几百米,厚几儿至十米。围岩矽卡岩化 | 透镜状、脉状、囊状 | 碳酸盐硼酸盐 | 镁橄榄石、硼镁石、萨哈石、硼镁铁矿 | $B_2O_3$ 一般<10,CaO一般>20,伴生铁、铜、钨、锡、钼、铅、锌等 | 小到中型 | 次要 | 湖南七里坪,江苏冶山 |

① 矿石质量一栏除注明者外,其单位均为%。

## 表 2-60　某些硼矿山矿床概况

| 矿山名称 | 矿床地质-工业类型 | 地质特征 | 矿体形态及产状 | 矿石类型及结构构造 | 矿石主要矿物 | 矿石质量（%） | | | 矿床规模 |
|---|---|---|---|---|---|---|---|---|---|
| | | | | | | 有益组分 | | 主要有害成分 | |
| | | | | | | 主成分 | 伴(共)生成分 | | |
| 辽宁 501 硼矿 | 沉积变质再造矿床 | 元古界辽河群镁质大理岩中，矿床围绕向斜分布，闪长斑岩和闪长煌斑岩脉穿插破坏了矿体，矿体产状与围岩位置一致，厚度变化不大 | 似层状、缓倾斜豆状 | 硼镁石，混合矿，硼镁铁矿。板状、柱状、纤维状变晶、交代残余，双芽插结构。团块状、角砾状、花斑状、似条带状、格状、豆状构造 | 硼镁石、遂安矿、硼镁铁矿 | $B_2O_3$14.98 | TFe3.4 | MgO 42.75 $SiO_2$ 23 CaO 1.28 $Al_2O_3$ 0.69 | 大型（露天转地下开采） |
| 辽宁翁泉沟硼矿 | 沉积变质再造矿床 | 元古界辽河群里尔峪组中下部变粒岩和变质大理岩蛇纹岩夹钙硅酸盐岩中。产于复式背斜的次级构造-翁泉沟向斜中 | 层状、扁豆状、急倾斜 | 硼镁石-磁铁矿-镁橄铁矿。斑杂状、脉状、团块状、浸染状构造。交代分解、假象、叠加结构 | 磁铁矿、硼镁石、纤维镁石、遂安石、铀矿物 | $B_2O_3$8.21 TFe37.69 | $TiO_2$0.07 $K_2O$0.28 | $SiO_2$ 12.06 $Al_2O_3$ 1.7 MgO 23.44 CaO 0.41 MnO 0.08 $Na_2O$ 0.15 S 0.3 F 0.33 | 大型（设计地下开采） |

## 表 2-61　重晶石（毒重石）矿床地质-工业类型[64]

| 矿床类型 | 地质特征 | 矿体形态及产状 | 矿石主要矿物 | 矿石质量（%） | 矿床规模 | 类型相对重要性 | 矿床实例 |
|---|---|---|---|---|---|---|---|
| 风化残积矿床 | 第四纪松散堆积中，覆盖于基岩之上。重晶石成碎块与黏土混杂，多在原生矿床附近，但国外常有沉积成矿的重晶石矿中包含的重晶石矿化经风化后残积富集成矿 | 似层状、与地层一致 | 重晶石 | $BaSO_4$ 一般 12~20，可达 50 | 小到中型 | 国内次要国外重要 | 苏联麦德韦杰夫斯克（Медведевск） |

续表2-61

| 矿床类型 | 地 质 特 征 | 矿体形态及产状 | 矿石主要矿物 | 矿石质量（%） | 矿床规模 | 类型相对重要性 | 矿床实例 |
|---|---|---|---|---|---|---|---|
| 沉积矿床 | 在沉积盆地边缘，厚可达5～6m，向盆中变薄、沥青、黄铁矿增加为黄铁矿矿床。与硅质岩密切共生、重晶石或毒重石为主，含石英、有机黏土、块状、条纹状、放射球团状，产于各个地质时代的硅质圆块、产于不同时代的硅质岩、页岩、千枚岩等中 | 似层状为主，也有脉状，与围岩一致 | 重晶石或毒重石 | BaSO₄ 50～90 | 小到大型 | 重要 | 广西板必 |
| 热液矿床 | 产于不同地质时代的灰岩，石英岩、石灰岩中，有充填和交代两种矿床。围岩蚀变有硅化、碳酸盐化、高岭石化，矿体常受断裂破碎带控制 | 脉状、透镜状、串球状，急到缓倾斜 | 重晶石、毒重石 | BaSO₄ 50～90 | 小到大型 | 较重要 | 广西潘村 |

表2-62　某些重晶石、明矾石矿矿山矿床概况

| 矿山名称 | 矿床地质-工业类型 | 地 质 特 征 | 矿体形态及产状 | 矿石类型及结构构造 | 矿石主要矿物 | 矿石质量（%） | | | 矿床规模 |
|---|---|---|---|---|---|---|---|---|---|
| | | | | | | 有益组分 | | 主要有害成分 | |
| | | | | | | 主成分 | 伴（共）生成分 | | |
| 广西潘村重晶石矿 | 热液矿床 | 下泥盆统灰岩，页岩内断裂中，呈脉群，80条，几十米，长者千余米，厚1～6m，最大斜深280m，走向倾向变化大。品位稳定，围岩稳定，重晶石化，碳酸盐化等 | 脉状、缓倾斜 | 重晶石化硅质碎矿石，重晶石化方解石压碎矿石。半自形、他形及柱状结构。块状和角砾状构造 | 重晶石为主，少量黄铜矿，脉石为石英、方解石、白云石等 | BaSO₄ 56～95.8 | Cu 1.48 | SiO₂ 1.1～3.83 Fe₂O₃ 0.2～2.8 Al₂O₃ 0.2～6.2 | 中型（露天开采） |
| 浙江平阳明矾石矿 | 热液交代层状矿床 | 白垩系永康组火山碎屑岩石中，受岩性控制。多层矿，单层平均厚4～5m，矿体顶、底板为矾化凝灰岩，品位渐变过渡 | 似层状、扁豆状、透镜状，缓倾斜 | 明矾石型。致密块状构造、砾状，粗、细粒状结构 | 钾明矾石及钠明矾石。共生石英、黄铁矿，少量高岭土、叶蜡石、绢云母 | SO₃ 17.88 | K₂O 4.48 Al₂O₃ 18.77 Ga 0.003 V 0.03 | | 大型（地下开采） |

表2-63 天然沸石矿床地质-工业类型[64]

| 矿床类型 | 地质特征 | 矿体形态及产状 | 矿石主要矿物 | 矿石质量(%) | 矿床规模 | 类型相对重要性 | 矿床实例 |
|---|---|---|---|---|---|---|---|
| 成岩作用早期凝灰沉积型矿床 | 在碱性湖或大洋深水沉积中,火山玻璃等的改造产物.围岩为碱性或碱性系酸性凝灰岩,时代为始到新世到第四纪 | 层状,平缓 | 斜发沸石、菱沸石、钙交沸石、毛沸石、方沸石等细晶集合体 | 沸石量20~50到80~100 | 小到中型 | 较重要(国内未发现) | 美国西部一些矿床 |
| 成岩作用晚期凝灰沉积型矿床 | 火山玻璃改造或非晶质$SiO_2$反应产物.属正常的环境利陆相火山沉积建造.围岩为酸性,少数为中性.有时是基性和碱性火山玻璃.时代为早石炭世到第四纪 | 层状,透镜状,平缓,少数急陡 | 斜发沸石、丝光沸石、方沸石、钙交沸石细晶集合体 | 沸石量60~95 | 大到巨大型 | 重要(国内未发现) | 苏联索基尔尼恰(Сокирница) |
| 热液交代型矿床 | 热水溶液循环中改造火山玻璃的产物,少数为基性的不同碎屑凝灰角砾岩,时代为石炭纪到晚第三纪 | 层状,不规则状,平缓到平缓最急陡 | 斜发沸石、丝光沸石等细晶集合体 | 沸石量20~50到80~100 | 小到中型个别大型 | 重要 | 浙江天井山 |

表2-64 某些硅藻土、天然沸石矿山矿床概况

| 矿山名称 | 矿床地质-工业类型 | 地质特征 | 矿体形态及产状 | 矿石类型及结构构造 | 矿石主要矿物 | 矿石质量(%) 有益组分 主成分 | 矿石质量(%) 有益组分 伴(共)生成分 | 矿石质量(%) 主要有害成分 | 矿床规模 |
|---|---|---|---|---|---|---|---|---|---|
| 浙江福泉山硅藻土矿 | 海相沉积型 | 白垩纪断陷盆地内,嵊县组玄武岩在盆地中,矿区面积5km,主矿层在第二沉积夹层中,沉积层厚35~100m.矿层底板为玄武岩,顶板为黏土夹细砂层,平均厚35m,中部厚25m质量最佳 | 层状,平缓 | 砂质黏土硅藻土(重质)、黏土质硅藻土(轻质) | 硅藻土、水云母为主,次为石英 | $SiO_2$64.8, 比重: 0.6~0.7 | $Fe_2O_3$2.91 $Al_2O_3$16.4 $MgO$1.1, 烧失量7 | | 大型(露天开采) |
| 浙江天井山沸石矿 | 热液交代型 | 晚侏罗世~晚白垩世陆相断陷盆地内,上白垩统相岩中,有三层矿,主要为一、二两层.长400~700m,矿层厚度2~60m | 似层状,倾角12°~15° | 沸石矿石,角砾到集块状 | 斜发沸石、丝光沸石及蒙脱石,次为石英、长石、绿泥石、方解石、稠石、黑云母、角闪石等 | $SiO_2$66.57 $Al_2O_3$12.64 | $Fe_2O_3$1.26 $TiO_2$0.1 $MnO$0.05 $MgO$0.66 $CaO$2.49 $Na_2O$1.99 $K_2O$1.75 $P_2O_5$0.05 | 烧失量12.67 | 大型(地下开采) |

## 2.12 建筑材料矿床[56]

水泥、玻璃、陶瓷为建材工业三大支柱。水泥主要由石灰石、黏土、石膏等原料制成；玻璃主要由硅砂、白云石、长石等原料制成；而陶瓷则由高岭土、长石、石英等原料制成。此外，本节还叙述石棉、石墨、石膏、滑石、花岗石和大理石、凹凸棒石和海泡石、金刚石等非金属矿原料。

### 2.12.1 石灰石矿床

石灰石矿床多属滨海、浅海相生物及生物化学沉积成因，也有少数是机械碎屑成因。

水泥石灰石的矿物组成以方解石为主，含少量白云石、黏土、石英等。水泥工业对石灰石矿的质量要求（%）：$CaO \geqslant 48$；$MgO \leqslant 3.0$；$K_2O+Na_2O \leqslant 0.6$；$SO_3 \leqslant 1$；$SiO_2 \leqslant 4$。

石灰石还大量用作冶金熔剂。用于炼钢铁者一定含量的 MgO 可作为有益组分。熔剂灰岩化学成分的最低工业要求标准（%）：

| | CaO | CaO+MgO | MgO | SiO$_2$ | P | S |
|---|---|---|---|---|---|---|
| 钢铁用普通石灰石 | $\geqslant 50$ | — | $\leqslant 3$ | $\leqslant 4$ | $\leqslant 0.04$ | $\leqslant 0.15$ |
| 钢铁用高镁石灰石 | — | $\geqslant 51$ | $\leqslant 8$ | $\leqslant 4$ | $\leqslant 0.04$ | $\leqslant 0.15$ |
| 制铝氧用石灰石 | $\geqslant 52$ | — | $\leqslant 1.5$ | $\leqslant 2$ | — | — |

用于化工制碱和电石的石灰石 $SiO_2$ 和 MgO 都作为有害组分，要求 $SiO_2 \leqslant 2.5\%$，其他同制铝氧用石灰石。近年来碳酸盐岩大量应用于轻工工业作填料，除要求灰岩的化学纯度外，还要求一定的粒度级配与白度。

石灰石都是露天开采，采掘量大，要求交通方便，运距短。

### 2.12.2 硅质原料矿床

硅质原料矿床分两类：一是岩类矿，如石英岩、石英砂岩、脉石英等；另一类是砂矿，如石英砂、含长石石英砂、含黏土石英砂等。岩类矿床呈厚层状，少数脉状。砂类矿床主要是近水平的松散砂层[57]。

硅质原料矿床成因上分沉积型与热液型两类，前者又分海相沉积与陆相沉积，后者为热液充填裂隙形成的脉石英或伟晶岩石英核。

玻璃工业中，硅、铝是有益组分，但铝不应太高；铁为有害组分。矿石按化学成分（%）分为三级：

Ⅰ级：$SiO_2 > 99$，　　　$Al_2O_3 < 0.5$，　　　$Fe_2O_3 < 0.05$；

Ⅱ级：$SiO_2 > 98$，　　　$Al_2O_3 < 1.0$，　　　$Fe_2O_3 < 0.1$；

Ⅲ级：$SiO_2 > 96$，　　　$Al_2O_3 < 2.0$，　　　$Fe_2O_3 < 0.2$。

根据矿床情况，在有高品位矿石掺和时，指标可以放宽至 $SiO_2 > 89$，$Al_2O_3 < 6.0$，$Fe_2O_3 < 0.35$。

岩类硅质矿石还常用于耐火原料，冶金熔剂及含硅合金，称硅石。它们对 $Al_2O_3$ 的要求更严，对 $Fe_2O_3$ 较宽。目前冶金工业最低标准（%）：

| | SiO$_2$ | Al$_2$O$_3$ | CaO | P$_2$O$_5$ | 耐火度<br>（℃） | 吸水率 |
|---|---|---|---|---|---|---|
| 耐火制品用 | $\geqslant 96$ | $\leqslant 1.3$ | $\leqslant 1.0$ | — | $\geqslant 1710$ | $\leqslant 4$ |
| 铁合金及工业用硅 | $\geqslant 97$ | $\leqslant 1.0$ | $\leqslant 0.5$ | $\leqslant 0.03$ | — | — |

硅质原料矿山必须交通运输方便，适于露天开采。

我国一般工业使用硅质原料均未经选矿，若能进一步提纯除铁，既可充分利用低品位资源，还可提高产品质量。

### 2.12.3　高岭土矿床

高岭土主要由高岭石、埃洛石、伊利石、蒙脱石、地开石、水铝英石、三水铝石、石英等几种矿物以不同比例组合而成。

高岭土除烧制陶瓷外，造纸、油漆、橡胶、塑料、日用化学、耐火材料等都大量使用，不同的工业部门对高岭土的质量要求不同，但高质量的矿石都要求高铝、高白度、低铁、粒细易分散。

高岭土矿床分为四种类型：（1）风化残积型；（2）次生淋滤型；（3）热液蚀变型；（4）沉积型。

高岭土矿石分土状与石状两类，它们的矿物化学组成大致相同，而工艺物理性质有较大差异，因此需要作不同加工工艺处理，石状高岭石较坚固（普氏系数 5～6 级），原矿要经粉碎、磨矿、分选，其各项物理性能如可塑性、结合力等将随细度的增加而产生明显的变化。土状高岭土又分致密块状，含砂致密块状、碎屑状，角砾状、松软土状等不同结构，它们的加工工艺也各有别。松软土状者经淘洗富集出精土，致密块状的则需破碎、磨矿、分选得到精土。对一些含铁量较高的矿石还需进行磁选除铁。

陶瓷工业对高岭土的化学成分（％）要求如下：

|  | 一级 | 二级 | 三级 |
|---|---|---|---|
| $Al_2O_3$ | $\geqslant 35$ | $\geqslant 32$ | $\geqslant 28$ |
| $Fe_2O_3 + TiO_2$ | $\leqslant 0.8$ | $\leqslant 1.2$ | $\leqslant 1.8$ |
| $CaO$ | $\leqslant 0.8$ | $\leqslant 0.8$ | $\leqslant 1.0$ |
| $MgO$ | $\leqslant 0.8$ | $\leqslant 0.8$ | $\leqslant 1.0$ |
| $SO_3$ | $\leqslant 0.3$ | $\leqslant 0.3$ | $\leqslant 0.3$ |

可塑性、结合性能、干燥收缩、干燥强度、烧成收缩、烧结性能、耐火度、烧成后白度等性能标准以满足配方需要而定。

我国高岭土市场需求不断增加，特别是高质量产品（用于造纸等工业）供不应求，有发展前景。

### 2.12.4　石棉矿床

石棉呈纤维状的脉状矿体产出，脉宽从几毫米到几十毫米，棉脉有单式、复式，也可为网状，脉石以蛇纹石为主。

石棉分纤维蛇纹石石棉与角闪石石棉，工业上应用的 95％ 以上是纤维蛇纹石石棉，又称温石棉，本节着重介绍温石棉。

温石棉矿床成因上与热液蚀变有关，围岩一是超基性岩，另一是白云岩。大型石棉矿床绝大多数与超基性岩的断裂切剪带有关。白云岩型的成矿则与断裂带、辉绿岩及酸性侵入岩密切相关。围岩皆蛇纹石化。

石棉主要以纤维长短分等级，大于 18mm 的为特级，其余分为 Ⅱ～Ⅶ 级，Ⅲ 级以上用于纺织，Ⅲ 级以下主要用于建筑石棉水泥制品。石棉的价值除纤维长度外，决定于其韧性、劈分性、耐热性等。

石棉矿床的含棉率（石棉与脉石之比）达到1%即可能开采，随着长纤维石棉含量的比例增加，工业含棉率的要求可以降低：

| 品　　级 | 边界含棉率（%） | 工业含棉率（%） |
|---|---|---|
| AA—Ⅷ级 | ＞0.4 | ＞1 |
| 其中 AA—Ⅴ级总含棉率≥25%时 | 0.3 | 0.5 |
| 其中 AA—Ⅲ级总含棉率≥25%时 | 0.2 | 0.4 |

石棉价格较高，不过近年因对健康的影响处于收缩低潮时期。

### 2.12.5 石墨矿床

石墨按结晶形态分为晶质鳞片石墨及隐晶质（土状）石墨两类。

我国晶质鳞片石墨矿床主要赋存于古老变质岩系，属区域变质矿床。矿石类型为花岗质石墨片麻岩，石墨呈鳞片状与石英、长石、云母、透闪石等共生。矿体为层状、似层状，长几百米到几千米，厚十几米到上百米。因鳞片大，质量好，易采选，是重要的工业矿床类型。其矿石含固定碳≥5%为一级品；≥3%为二级品。我国石墨矿床另一主要类型是煤层或炭质页岩受岩浆侵入，接触变质而成的土状石墨矿床，矿石类型为石墨片岩或板岩。石墨呈极细鳞片或土状隐晶质结构，块状构造。矿体规模与岩浆侵入接触变质带的宽窄有关。常保持原岩的层状与似层状或带状形态，矿体厚度1m到十几米，长几十米乃至数千米，从岩浆侵入体到煤系之间有从无烟煤→半石墨→石墨的过渡。这类矿床矿石含固定碳≥80%为一级品；≥65%为二级品。矿石品位虽高，但难于分选，可直接磨粉使用。此外还有岩浆热液型石墨矿床，一般规模不大，形态复杂，结晶细，品位不高。

石墨据鳞片大小，含碳量和杂质含量等分级，晶质鳞片石墨的工艺特性与应用价值远比隐晶质高得多。

我国鳞片石墨国际声望较高，市场需求量较大。

### 2.12.6 石膏矿床

石膏矿床含石膏（$CaSO_4 \cdot 2H_2O$）和硬石膏（$CaSO_4$）两种有用矿物。前者用途广、价格高，按结晶形态分为透明石膏（巨伟晶石膏）、纤维石膏、雪花石膏、普通石膏、土状石膏，前三者质地较纯。石膏矿床按矿石类型和质量要求又分为以下四类：（1）层状石膏、硬石膏矿床，要求石膏加硬石膏＞55%；（2）纤维石膏矿床，要求石膏＞95%；（3）纤维石膏和层状石膏、硬石膏矿床，兼有前二类矿床的矿石；（4）松散层中巨-伟晶石膏矿床，要求石膏＞85%。

石膏矿床按成因分为沉积型、后生空隙充填交代型和热液交代型。我国的石膏、硬石膏矿床以沉积型为主。海相沉积石膏矿床，矿层厚度大，沉积顺序由下而上为灰岩→白云岩→石膏→盐类。陆相沉积矿床的膏层单层薄，但层次多，总厚度大，质量好，储量大，成膏沉积顺序为碎屑岩→泥岩→白云岩→石膏→岩盐。石膏富集与白云岩密切共生。第三纪陆相石膏是我国主要的类型。

石膏分布广、用量大，要求矿山要交通方便、矿层厚度大，质量好。石膏是我国的优势资源，今后对石膏的采掘将有较大发展。

### 2.12.7 滑石矿床

滑石以它独有的干润滑性广泛应用于各种工业。滑石矿床按成因分为三类。超基性岩型蚀变滑石矿床产于超基性岩体内，常与蛇纹石、透闪石共生，矿体呈不规则脉状，形态多变，规模较小，我国极少。我国滑石矿床绝大多数为富镁碳酸盐岩型热液交代矿床，占全国总储量的 95%，其中以区域变质热液交代矿床占绝大多数。矿床主要赋存于前寒武系区域变质岩系的白云质大理岩和菱镁岩中，矿体一般规模大，呈似层状或透镜状，矿石质量较好。此外，还存在富镁碳酸盐岩型沉积矿床，其形成与沉积-成岩过程中的热液交代作用有关。

滑石质量主要取决于它的矿物，化学组成，白度以及加工粒度。化学组成（%）的要求：

一级品：$SiO_2 \geqslant 60$,　　$MgO \geqslant 30$,　　$Fe_2O_3 \leqslant 0.8$;

二级品：$SiO_2 \geqslant 40$,　　$MgO \geqslant 30$,　　$Fe_2O_3 < 1.8$.

滑石用途很广而分布又不均匀，所以属全球性资源，预测需求量将有较大的增长。

### 2.12.8  花岗石和大理石矿床

花岗石和大理石矿床是现代化建筑中室内外墙体和地面饰面材料的重要来源。"大理石"包括大理岩、白云岩、石灰岩、蛇纹岩及矽卡岩等；"花岗石"包括花岗岩、闪长岩、正长岩、辉长岩、玄武岩及各种片麻岩等。即凡是与大理岩或花岗岩的强度、装饰性、可加工性相似的岩石都可作为商品大理石、花岗石。

花岗石与大理石矿床的主要评价指标一是装饰性，二是成荒率与成材率，三是具有一定强度要求的力学性能。

绝大多数大理石矿床都与沉积变质作用有关，矿体以层状为主，质量好的矿床层理不发育，少裂隙节理，易于形成一定的块度，大理石根据天然花纹色彩分品种。

花岗石矿床大都与岩浆岩及深变质岩有关，矿体一般规模较大呈岩基、岩床、岩株或层状产出。花岗石的矿床评价除装饰性外，应重视节理裂隙，这对成荒率与成材率有很大影响。纯色（如红、白、黑）花岗石是市场需求的佳品。

随着建筑业的发展和外贸需求，石材工业将会以较大速度发展。

### 2.12.9  凹凸棒石与海泡石矿床

凹凸棒石与海泡石同属镁质黏土矿物。这类黏土具有热稳定性与抗盐性，能使泥浆不致因井下高温与盐介质的作用而引起胶凝，不会影响泥浆黏度，是比膨润土更好的深钻泥浆原料。此外它们还用作石油、油脂工业的脱色剂、吸附剂；陶瓷工业制珐琅原料及黏合剂；环保工程中废物、毒气的去污剂、吸附剂；漂白、化妆品的填料及配制动物饲料等。

海泡石矿床主要产在第三纪火山沉积盆地中常与凹凸棒石、膨润土共生。间或在较老（如古生代）的沉积岩中也有出现。热液型海泡石是由蛇纹岩及镁质岩石（白云岩或橄榄岩）经热液蚀变形成。凹凸棒石与海泡石黏土矿的质量主要取决于它们自身矿物含量的高低，低含量者需经加工提纯处理，才能被工业大量使用。

这类新型黏土是紧俏商品，随着加工技术提高会有更广泛用途。

### 2.12.10  金刚石矿床

金刚石有最大的硬度，常被用作强磨料和切削工具，更是名贵的宝石。Ⅱ型金刚石在固体激光散热及固体微波等方面有特殊的新用途。

金刚石矿床分原生矿与砂矿。产生金刚石原生矿的金伯利岩常形成于稳定刚性地块的深断裂带。与富铁镁的超基性喷出岩有关。金伯利岩以脉状或岩管状产出，如山东的岩

**表 2-65 代表性石灰石矿山矿床概况**

| 矿山名称 | 成矿时限及类型 | 矿体特征 | 矿石质量（%） | | 储量规模 |
|---|---|---|---|---|---|
| | | | 有益组分 | 有害组分 | |
| 北京昌平（文殊峪）水泥综合矿 | 寒武系海相沉积致密块状石灰岩，鲕状石灰岩 | 三层，底部鲕状灰岩，30～50m厚，中部致密块状灰岩 60～80m厚，上部致密块状灰岩 30～110m厚，中间有两层泥灰岩夹层 | CaO50.75 | MgO1.27 | 大型（露天开采作水泥） |
| 辽宁本溪市大明山石灰石矿 | 中奥陶统海相沉积石灰岩及白云质灰岩 | 下部白云质灰岩，中部灰岩，上部白云质灰岩与灰岩互层，倾角12°～54°，主矿四层，长1200m，总厚276m | 石灰石 CaO52.85，MgO1.26，白云质石灰石 CaO 39.69，MgO 12.58 | SiO₂2.43，SiO₂2.78 | 大型（露天开采作钢铁冶炼熔剂） |
| 江苏江宁孔山石灰石矿 | 石炭-二叠系海相沉积灰岩，结晶灰岩，薄层灰岩 | 层状、细粒方解石组成 | CaO54.88 | SiO₂0.54，MgO0.53，K₂O0.38 | 大型（露天开采作水泥及电石） |

**表 2-66 代表性硅质原料矿山矿床概况**

| 矿山名称 | 成矿时限及类型 | 矿体特征 | 矿石质量（%） | | 储量规模 |
|---|---|---|---|---|---|
| | | | 有益组分 | 有害组分 | |
| 河北滦县雷庄石英砂岩矿 | 中上元古界海相沉积石英砂岩 | 新月形穹状构造，倾角 10°～30°，矿体长1200m，宽 300～600m，厚 26.97m | SiO₂98.63 Al₂O₃0.65 | Fe₂O₃0.18 | 大型（露天开采作玻璃） |
| 江苏吴县清明山石英砂岩矿 | 泥盆系陆相沉积石英砂岩 | 厚层状单斜产状，倾角 15°～30°；矿体长1200m，宽 190～320m，平均厚31m | SiO₂96～98 Al₂O₃<1.5 | Fe₂O₃0.1～0.2 | 大型（露天开采作玻璃） |
| 广东珠海县下栅海砂矿 | 第四系现代海滨沉积石英砂矿 | 现代沉积最表面，沿海岸分布，长 1800m，宽 300～400m，总厚15m，中间有夹层 | SiO₂97～98 Al₂O₃<0.3 | Fe₂O₃0.17 | 大型（露天开采作玻璃） |
| 内蒙甘旗卡砂矿 | 第四系中更新统河湖相沉积砂矿 | 为一较广阔的砂原，上部常伏有风成砂，水平产出厚度变化大，5～12m，有粉砂及泥质夹层 | SiO₂90 Al₂O₃5.12 | Fe₂O₃0.3 | 大型（露天开采作玻璃） |
| 辽宁辽阳市石门石英岩矿 | 中上元古界海相沉积石英岩 | 厚层状，倾角 22°～32°，长 1600m，宽 70～527m，厚 90～110m | SiO₂98.5 Al₂O₃0.4 耐火度1760℃ | Fe₂O₃0.6 CaO 微 P₂O₅ 微 | 大型（露天开采作冶金辅料） |

脉产出与郯庐深断裂的次级 NE30°构造裂隙相关，而岩管则产于 NE、NW 向断裂交汇处。金刚石砂矿的形成是在有原生矿存在的先决条件下，原生矿强烈风化、构造作用引起剥蚀，在合适的地貌单元堆积而成矿。国内外对金刚石需求较高，虽然人造金刚石使销售市场得到部分缓解，但大粒级仍很紧缺。

### 2.12.11 其他建材非金属矿产

建材非金属矿产，除上述而外，还有三四十种，其中用途广，采掘量大的有膨润土（见 2.10.8）、沸石、（见 2.11.6）、白云石（见 2.10.7）、叶蜡石（见 2.10.4）、建筑集料-碎石、砂石等。新的工业矿物原料也不断出现，例如，与新兴建材有关的有膨胀珍珠

**表 2-67　代表性高岭土矿山矿床概况**

| 矿山名称 | 成矿时限及类型 | 矿体特征 | 矿石质量（%） | | 储量规模 |
|---|---|---|---|---|---|
| | | | 有益组分 | 有害组分 | |
| 江西景德镇大洲高岭土矿 | 侵入于前震旦系花岗岩风化形成为风化残积型矿床，松散砂土状矿石 | 矿石在表层呈被覆状产出，向下风化程度降低，含矿率下降，风化深度 10m 左右，局部加大到数十米 | $SiO_2$ 46～49，$Al_2O_3$ 34～37 | $Fe_2O_3$ 1.5～2（偏高） | 中到大型（露天开采作陶瓷） |
| 江苏苏州阳山高岭土矿 | 二迭系栖霞组，次生淋滤型矿床，致密块状高岭土为主 | 囊状，形成于灰岩古剥蚀面上溶洞中，围岩为砂页岩及凝灰岩，亦有中酸性火山岩受热液蚀变形成的矿脉 | $SiO_2$ 44～48，$Al_2O_3$ 37～39 | $Fe_2O_3$+FeO ＜0.5 | 大型，优质（地下开采作造纸等） |
| 山西大同一带煤矿 | 石炭二迭系沉积型矿床，矿石为高岭岩 | 与煤共生，以煤加矸或顶底板产出，厚 20～40cm，但分布广，层位稳定 | $SiO_2$ 44～48，$Al_2O_3$ 36～38 | $Fe_2O_3$＜0.5 | 大型（地下采煤副产作陶瓷） |

**表 2-68　代表性石棉矿山矿床概况**

| 矿山名称 | 成矿时限及类型 | 矿体特征 | 矿石质量 | 储量规模 |
|---|---|---|---|---|
| 四川石棉县石棉矿 | 含棉蛇纹岩赋存于晋宁期富镁超基性岩中，以纵棉、花包棉为主 | 含矿岩系及围岩为蛇绿岩套，矿床长 7.5km，宽 0.2～1.5km，含棉脉陡倾，富集带与两组剪切节理有密切关系 | 北部平均含棉率 1.92%，南部平均含棉率 2.39%，但含水镁石较多，纤维长 | 大型（露天及地下开采） |
| 青海茫崖石棉矿 | 含棉超基性岩侵入于震旦系硅化大理岩及石英片岩中，横棉类型 | 含棉蛇纹岩呈似层状，单斜含矿岩体长数百至数千米，宽几十至几百米，延伸 500m 以上 | 纤维长 1～7cm，平均含棉率 2%～5% | 大型（露天开采） |
| 辽宁金县石棉矿 | 成矿母岩辉绿岩侵入于元古界白云质灰岩中，为白云岩型横棉矿脉 | 赋存于辉绿岩下盘白云质灰岩中。含矿层厚 8～14m，四个富集棉组，似层状，倾斜＞50°，矿体长 4300mm，含棉层厚 2m，倾斜延伸大于 500m，矿化稳定 | 纤维长度为 1～10mm，可选性好，平均含棉率 4.52%，质量较好 | 中型（地下开采） |

**表 2-69　代表性石墨矿山矿床概况**

| 矿山名称 | 成矿时限及类型 | 矿体特征 | 矿石质量[①]（%） | 储量规模 |
|---|---|---|---|---|
| 山东南墅石墨矿 | 太古界胶东群内区域变质石墨斜长片麻岩，晶质鳞片石墨 | 产于斜长片麻岩与大理岩中，层状、似层状，倾斜至陡倾斜，三个矿区，24 个矿带，单矿体长 300～1000m；厚一般 10m，延伸 100～400m 以上。含石墨、长石、石英，磁黄铁矿、透闪石、透辉石等，片麻状构造 | 鳞片直径 0.5～2mm，固定碳 3～5，最高 11.95。六次浮选后固定碳 92.50，$Fe_2O_3$ 1.07，回收率 93.09 | 大型（露天开采） |
| 湖南郴县鲁塘石墨矿 | 燕山期花岗岩侵入二叠系上统煤系地层，接触变质型土状石墨 | 变质矿带长 6500m，宽 800m，向斜构造，60°倾斜 | 土状石墨含固定碳 68～80，局部达 94，S 0.07～1.6 | 大型（地下开采） |

| 矿山名称 | 成矿时限及类型 | 矿体特征 | 矿石质量[1]（%） | 储量规模 |
|---|---|---|---|---|
| 黑龙江鸡西柳毛石墨矿 | 元古界麻山群内区域变质晶质鳞片石墨，以片岩或片麻岩出现 | 片岩及片麻岩带中，含矿带长 3.5km，厚 450m，9 层矿，其间为石榴黑云母斜片麻岩分开，单层矿长 300~1200m 厚 8~40m，层状，倾角 30°~45° | 固定碳含量 13~16，小鳞片 | 大型（露天开采） |

① 矿石质量一栏除标明者外，其他单位为%。

### 表 2-70 代表性石膏矿山矿床概况

| 矿山名称 | 成矿时限及类型 | 矿体特征 | 矿石质量（%）<br>$CaSO_4 \cdot 2H_2O + CaSO_4$ | 储量规模 |
|---|---|---|---|---|
| 山西灵石石膏矿 | 奥陶系中统滨海泻湖相沉积石膏，矿石类型：白云质石膏、雪花石膏、硬石膏 | 厚层石灰岩为顶板，分上下两带，总厚 60m 以上，中夹灰岩、白云岩，石膏带中夹多层泥灰岩，共八层矿，层状，倾角 5°~10° | 雪花石膏 95.95<br>普通石膏 80.09 | 大型（地下开采） |
| 湖北应城石膏矿 | 老第三系陆相沉积，层间次生充填，矿石类型：纤维石膏，层状石膏 | 受新生界断陷盆地控制，似层状或透镜状，纤维石膏单层厚 1~20cm，石膏 0.1~2.5m，有百余层，含膏组总厚 200 多米，顶底板为含膏黏土岩，产状平缓，埋深 60~250m | 纤维石膏>97<br>普通石膏 55~78 | 大型（地下开采） |
| 四川峨眉县大为石膏矿 | 中三叠统泻湖相沉积，矿石为雪花石膏、硬石膏 | 分两层，上部二水石膏，下部硬石膏，层状，向斜翼部膏层出露，核部有伏盖，顶底板为灰岩，含矿层总厚 60~120m，矿体长 1200m，宽 700m | 雪花石膏 97.89<br>硬石膏 $CaSO_4 \geqslant 70$ | 中型（露天开采） |

### 表 2-71 代表性滑石矿山矿床概况

| 矿山名称 | 成矿时代及类型 | 矿体特征 | 矿石质量（%） | 储量规模 |
|---|---|---|---|---|
| 辽宁海城滑石矿 | 前寒武纪区域变质热液交代型 | 辽河群大石桥组白云石大理岩中，顶、底板皆为滑石菱镁岩，与矿体渐变，矿体似层状或透镜状处于向斜中。主矿体三个，一般长 500m，厚 35~40m，延深 400m | 滑石质量好<br>MgO33.5，<br>$SiO_2$61.25，<br>CaO0.17，<br>$Fe_2O_3$0.52 | 大型（地下开采） |
| 广西龙胜滑石矿 | 前寒武纪区域变质热液交代型 | 元古界板溪群白云质大理岩层中，似层状或透镜状，顶板白云质大理岩，底板细碧角斑岩类，矿体沿北东向断裂分布。最大矿体长 1000m，宽 280m，厚 140m | 质量中等<br>MgO28.95~31.38，<br>$SiO_2$56.48~62.92，<br>CaO0.33~1.45，<br>$Fe_2O_3$0.51~2.5 | 大型（露天开采） |
| 山东海阳徐家店滑石矿 | 岩浆期后热液交代矿床 | 元古界粉子山群中，矿层含于菱镁矿、绿泥石石英片岩内，滑石交代菱镁矿和绿泥石，11 条矿体，似层状，与围岩一致。矿体一般长 100~200m，宽 1~3m，延深 150m | 质量较好<br>MgO28.65~32.86，<br>$SiO_2$44.6~65.65，<br>CaO0.1~0.4，<br>$Fe_2O_3$0.7~5.5 | 大型（露天转地下开采） |

岩（见 2.10.5），硅藻土（见 2.11.6）、蛭石、膨胀页岩及黏土、浮石、火山渣、矿棉或铸石玄武岩、铸石辉绿岩；节能陶瓷原料硅灰石、透辉石、透闪石；玻璃新原料霞石正长岩、钠长岩、细晶岩；黏土新类型累托石黏土；研磨材料刚玉、石榴子石、天然油石；宝

石玛瑙、玉石、压电水晶、光学水晶，冰洲石等[56]。

各矿种代表性矿山矿床概况见表 2-65 至表 2-74。

**表 2-72 代表性花岗石、大理石矿山矿床概况**

| 矿山名称 | 成矿时限及类型 | 矿体特征 | 矿石质量 | 储量规模 |
|---|---|---|---|---|
| 江苏宜兴县白云山大理石矿 | 三叠系沉积轻变质碳酸盐岩 | 三叠系中下统青龙石灰岩中，12 个矿体，层状，层位稳定。走向长 480m，厚 40～182m，倾角 20°～45° | 矿石质量好，以乳白色大理石为主，局部为红奶油 | 大型（机械化露天开采） |
| 湖南双峰大理石矿 | 石炭系沉积泥晶石灰岩 | 石炭系下统中五个矿层，为黑～灰黑色泥晶灰岩，层状，单层厚 40～50cm，总厚 93.5m，走向长 800m，延深 500m | 装饰性较好，为黑～灰黑色，溶蚀性裂隙部分影响矿床的成荒率 | 大型（机械化露天开采） |
| 福建南安石料厂 | 燕山期花岗岩 | 花岗岩体较大，为黑云母二长花岗岩，结构致密坚硬 | 质地洁白，抗压强度大，光泽度高 | 大型（半机械化露天开采） |

**表 2-73 代表性凹凸棒石、海泡石黏土矿山矿床概况**

| 矿山名称 | 成矿时限及类型 | 矿体特征 | 矿石质量 | 储量规模 |
|---|---|---|---|---|
| 江苏盱眙县（雍小山）凹凸棒石公司 | 第三系上新统与火山岩有关的湖相沉积型 | 上新统六合组玄武岩中，层状，平缓，层理清楚，厚 6m，顶、底板皆为玄武岩，常与海泡石、蒙脱石共生 | 矿石质量较好，其中部分凹凸棒石含量很高 | 中型（小型露天开采） |
| 安徽嘉山凹凸棒石黏土矿 | 第三系上新统与火山岩有关的湖相沉积型 | 赋存于花果山组，分四个岩性段，四个矿层，夹生于玄武岩之间，常与蒙脱石共生 | 凹凸棒石与蒙脱石相对富集而形成凹凸棒石黏土矿与膨润土矿 | 中型（露天开采） |
| 湖南浏阳县永和海泡石黏土矿 | 二叠系下统栖霞组，浅海相沉积型 | 层状，倾角 5°～10°，两层矿，平均厚 8.07m，顶、底板皆为钙、镁质碳酸盐岩 | 质量中等 | 大型（露天开采） |

**表 2-74 代表性金刚石矿山矿床概况**

| 矿山名称 | 成矿时限 | 矿体特征 | 矿石质量 | 储量规模 |
|---|---|---|---|---|
| 山东 803 矿 | 第四纪砂矿 | 分布面积大，矿层薄，无夹层，无伏盖，产状平缓，处于阶地残丘及缓坡上。由砂砾石及黏土组成。矿体厚度较稳定 | 平均品位 4.5mg/m³ | 中型（露天开采） |
| 山东 701 矿 | 燕山期金伯利岩侵入雁岭关组混合片麻岩中，受 NE 向构造断裂控制，矿区分布 11 条岩脉 10 个岩管。形状为椭圆形、长条形、楔形大小不一 | 平均品位 68.81mg/m³ | 大型（地下开采） |
| 辽宁 30 号矿 | 海西期金伯利岩侵入元古界 | 斑状金伯利岩管出现于元古界中，岩管受 NEE 向次级断裂控制，地表矿体形态椭圆形，深部矿体与地下埋深 240 米的隐伏金伯利岩体有关，断面似椭圆形 | 平均品位 72.0mg/m³ | 大型（地下开采） |

# 参 考 文 献

1　丹尼尔·拉佩兹主编，科学技术百科全书（11卷），科学出版社，1985

2　地质部地质辞典办公室编辑，地质辞典（二）矿物岩石地球化学分册，地质出版社，1981

3　武汉地质学院矿物教研室编，结晶学及矿物学，地质出版社，1979

4　西北大学地质系矿物教研室编，矿物学，地质出版社，1978

5　A. B. 卡明斯、I. A. 吉文主编，采矿工程手册（第一分册），冶金工业出版社，1982

6　武汉地质学院岩石教研室编，岩浆岩岩石学，地质出版社，1980

7　曾允孚、夏文杰主编，沉积岩石学，地质出版社，1986

8　贺同兴主编，变质岩岩石学，地质出版社，1979

9　成都地质学院岩石教研室编，岩石学简明教程，地质出版社，1979

10　全国地层委员会编，地层规范草案和地层规范草案说明书，科学出版社，1963

11　华东石油学院勘探系基础地质、石油地质教研室主编，沉积岩，石油化学工业出版社，1977，第180～209页

12　北京地质学院地史教研室编，地史学教程，中国工业出版社，1961，第20～34页

13　程裕祺、沈其韩、刘国惠、王泽九，变质岩的一些基本问题和工作方法，中国工业出版社，1963，第94～97页

14　叶柏丹等，中国同位素地质年表，第三届全国同位素地球化学学术讨论会论文（摘要）汇编，中国岩石矿物地球
　　化学学会同位素地球化学委员会，1986，第168～169页

15　涂光炽等，中国层控矿床地球化学（第一卷），科学出版社，1984，第1～299页

16　徐开礼等主编，构造地质学，地质出版社，1984

17　M. P. 毕令斯，构造地质学，地质出版社，1965

18　弗·伊·斯米尔诺夫，矿床地质学，地质出版社，1985

19　翟裕生主编，矿田构造学概论，冶金工业出版社，1984

20　陈国达，成矿构造研究法，地质出版社，1978

21　姚凤良、郑明华主编，矿床学基础教程，地质出版社

22　姜齐节等，地质与勘探，No2，（1987），8页

23　张淑伟、刘成，中国地质，No7，（1986），23页

24　地质矿产部区域地质矿产地质司编，中国锰矿地质文集，地质出版社，1985

25　王恒升等，中国铬铁矿成因，地质出版社，1983

26　北京矿产地质研究所等，国外主要有色金属矿产，冶金工业出版社，1987

27　沃里弗松等，金属矿床基本类型，科学出版社，1986

28　地质部地质辞典办公室编辑，地质辞典（四）矿床地质应用地质分册，地质出版社，1986

29　北京有色冶金设计总院主编，世界有色金属工厂及公司概况（第一集），冶金工业出版社，1982，第315～386页

30　宋恕夏，地质与勘探，No11（1983），8页

31　康永孚，地质与勘探，No6（1984），1页

32　中国地质科学院稀有组，中国稀有金属矿床类型，地质出版社，1975

33　刘源骏等，铌钽地质及普查勘探，地质出版社，1979

34　旷义秦编译，稀有元素矿床地质译文集，地质出版社，1974

35　王中刚等，地球化学，No1（1973），5页

36　曾久吾等，矿物岩石，No3～4（1981），44页

37　6812小组，地质与勘探，No2（1973），17页

38　黄绍显、杜乐天等，中国矿床铀矿，地质出版社，即将出版

39　全国矿产储量委员会制定，铀矿地质勘探规范，1986

40　王从周，中国花岗岩型铀矿床特征，原子能出版社，1985，第26～28页

41　北京铀矿地质研究所编，碳硅泥岩型铀矿床文集，原子能出版社，1982，第1～14页

42 李昆，放射性地质，№6 (1983)，35 页

43 胡心铭等，放射性地质，№6 (1980)，492 页

44 陶维屏，张培元主编，中国工业矿物与岩石，上、下册，地质出版社，1987，1988

45 S. J. 莱方德主编，工业矿物与岩石，第四版，建筑工业出版社，1984

46 全国矿产储量委员会制定，耐火黏土地质勘探规范，1984

47 全国矿产储量委员会制定，萤石地质勘探规范，待发表

48 全国矿产储量委员会制定，硫铁矿地质勘探规范，1980

49 工鸿禧、俞永刚，自然硫，地质出版社，1983

50 卢炳，中国硫铁矿地质，地质出版社，1984

51 张士才，怎样找磷矿，地质出版社，1979

52 陈其英、赵东旭，磷矿地质与找矿，科学出版社，1978

53 全国矿产储量委员会制定，磷矿地质勘探规范，1978

54 博歇特 H.，缪尔 R. O.，盐类矿床，地质出版社，1976

55 袁见齐等主编，矿床学，地质出版社，1979，240~264 页

56 沈宝琳，当代地质学动向，非金属矿的新类型、新用途，地质出版社，1987

57 全国矿产储量委员会制定，玻璃硅质原料地质勘探规范，1984

58 Harland, W. B., A Geologic Time Scale, Cambridge University Press, 1982, pp. , 1~44

59 Miall, A. D., Principles of Sedimentary Basin Analysis, Springer-Verlag, New York, 1984, pp. 1~132

60 Naldrett, A. J., Nickel Sulfide Dep sits: Classification, Composition, and Genesis, Economic Geology 75th Anniversary Volume, 1981, pp. 628~685

61 Naldrett, A. J. *et al.*, Platinum-Group Elements: Mineralogy, Geology, Recovery, The Canadian Institute of Mining and Metallurgy, CIM Special Vol. 23, pp. 198~231

62 Бородаевская, М. Б., и др, поиски меднорудных месторождений, « Недра », Москва, 1985

63 Быховер, Н. А., Распредемние Мировых ресурсов минерального сырья по эпохам Рудообразования, « Недра », Москва, 1984

64 Дистанов, У. Т. и др, Неметалштеские поелезные ископаемые СССР, Справогное пособие, « Недре », Москва, 1984, стр. 94~109, 179~194, 220~232, 312~324

65 Кансдан, А. Б., Поиски и разведка месторождений поиезных ископаемых. Научные основыпоисков и разведки, « Недра », Москва, 1984, стр. 47~52

66 Кривцов, А. И. и др, Справочник по поискам и разведке месторождений цветных металлов, « Недра », Москва, 1985

67 Ларилкин, В. А, Промышленые титы месторождений редкие металлов，« Недра », Москва, 1985

68 Первало, В. А., Условия формирования и геолого-жономическая оченка промышленных типов месторождений цвтных петамов，« Недра », Москва, 1983

69 Романовиг, И. Ф., и др, Полезние ископаемые, « Недра », Мосва, 1982, стр, 229~234

70 Смирнов, В. И., Рудные месторождения СССР, « Недра » Москва, т. 2, 1975

71 Яковмв, П. D., Промышленные типы рудных месторождений, « Недра », Москва, 1986

# 第3章 矿山地质工作

## 3.1 矿山地质工作的主要职能、内容和任务

### 3.1.1 矿山地质工作及其职能[1~4]

本章所阐述的矿山地质工作，是指矿山从基建、生产、直至开采结束所进行的一系列地质工作。这些工作是在找矿评价、地质勘探工作基础上进行的，它既是前两阶段地质工作的继续和深化，又要对前两阶段工作起验证和补充作用；同时它还要完成某些与开采直接有关的其他工作任务。它是矿床开采中的基础工作之一。

概括地说，矿山地质工作具有四个主要职能：服务生产、管理生产、监督生产和延长矿山服务年限。

矿山地质工作可分为矿山基建期的地质工作和生产期的地质工作。两者在工作内容上，虽有某些共同点，但也有不少的差异（详见3.2）。

### 3.1.2 矿山地质工作的主要内容和任务[1~5]

#### 3.1.2.1 生产地质工作

生产地质工作是指矿山开采全过程（包括基建）中一系列直接为生产服务的地质工作。

*A 经常性生产地质工作*

该项工作是指矿山开采过程中，为了保证矿山生产的正常进行，每个矿山都要经常进行的工作。主要包括：生产勘探工作（在基建期为基建勘探工作）；在探采工程中的地质调查、取样及原始地质编录工作；综合地质编录工作；以及储量计算工作等。

*B 专门性生产地质工作*

这项工作是指矿山开采过程中，为了解决某些与地质因素有关的特殊问题或关键问题，由矿山地质部门专门进行或配合其他部门进行的地质调查及研究工作。这种工作不是每个矿山经常都要进行的，仅在必要时才专门进行。主要包括：为了解决岩体稳定或工程动力地质问题（如流砂、泥石流）而进行的工程地质调查研究工作；为了解决矿坑防排水问题而进行的水文地质调查研究工作；为了提高生产效率而进行的专门地质工作（如爆破地质调查研究）；为了保护矿山生产或生活环境而进行的环境地质调查研究；为了开展矿产资源的综合利用而开展的专门地质研究工作，以及为了改变或改进矿石的加工工艺而进行的工艺矿物学研究等。

以上工作的任务是为开采及选矿提供比地质勘探报告更详尽可靠的，特别是近期将生产地段的，有关矿床埋藏特征、矿体赋存条件及形态变化、矿石类型、品级及其储量（经过升级的）和质量、开采技术条件以及与技术加工有关的矿石地质特征等资料，以直接为开采设计、采掘（剥）计划编制、井巷施工、生产和矿石技术加工服务。

#### 3.1.2.2 矿山地质技术管理和监督工作

管理和监督工作往往密切相关，有些工作还要有矿山测量人员参与。管理和监督工作包括：承担矿产储量管理、统计、上报以及保有程度的分析和检查；与测量专业共同承担三（或二）级矿量的管理及保有指标的检查；从地质角度参与矿石质量均衡的管理、开采

中矿石损失和贫化的管理和监督、采掘（剥）计划编制、矿山发展远景计划编制、现场施工生产的管理和监督，以及采掘单元停采或报废的管理等；对某些非金属矿，有时还要参与矿产品或深加工产品标准的制定等工作。

以上工作的任务是根据国家矿产资源法等有关法规和采掘的技术方针政策，保证矿产资源的合理回收和正常生产的持续进行。

### 3.1.2.3　综合地质研究工作

矿山有大量的探采工程揭露了矿床，有利于对矿床地质开展综合研究。诸如：矿体形态的综合研究；矿床物质成分的综合研究；矿床构造的综合研究；控矿因素和成矿规律的综合研究等。

开展这些研究的任务一方面是为了指导盲矿体的寻找和错失矿体的追索，另一方面也为了指导生产勘探工程的合理布置以及采、选生产活动。此外，也可为地质学的发展作出贡献。

### 3.1.2.4　矿区深部及外围的找矿勘探工作

尽管生产矿山在基建前就进行过找矿评价和地质勘探工作，但由于当时探矿工程尚有限，对矿床构造和成矿规律等的认识也还不够深入，所以不可能找到和探明矿区深部及周围的所有盲矿体或错失矿体。为此，在矿山开发后，在综合地质研究的基础上，应及时进一步采取各种找矿方法和手段，开展矿区深部及已知矿床周围的找矿勘探工作，包括寻找新矿种的盲矿体。

显然，这个工作的任务是为了扩大矿产储量以延长矿山服务年限。

## 3.2　矿山基建期的地质工作

矿山基建期的地质工作，由基建单位承担，但是在实际工作中，为了便于投产与基建的衔接和进行生产准备工作，矿山生产筹备机构的地质人员，在基建阶段特别是基建后期即应开始参与一定的地质工作。本节所述基建期的地质工作，包括以上两方面人员所进行的地质工作。

### 3.2.1　地质勘探资料的熟悉与验审[1,7]

尽管矿床地质勘探报告在矿山企业设计前业经储委审批，但是，一个矿床经过设计并投入基建后，无论是基建部门或矿山生产筹备机构的地质人员以及采矿人员，都首先要结合现场踏勘和基建中陆续揭露的地质现象，一方面熟悉地质勘探报告的主要内容，以了解矿床地质条件；另一方面应对报告作进一步的验证和审查。通过这两方面的工作，既有利于矿床的开发和施工，又有利于矿山地质工作与地质勘探工作的衔接，同时还可发现勘探工作中的不足之处。以便明确以后地质及开采工作中应注意的问题。

应熟悉和验审的主要内容如下。

### 3.2.1.1　矿区地质资料的熟悉与验审

(1) 矿床赋存条件：赋存条件主要包括矿体的分布，形状、产状、延伸以及围岩的岩性、蚀变与矿体的接触关系等。对矿体上面的覆盖层厚度及其矿体的分界线也应给予足够的重视。在这些问题的熟悉与验审中，一方面要深入阅读、分析对比各种图纸资料与文字资料；另一方面要检查是否有足够的工程控制依据。

(2) 矿床构造特征：熟悉和验审主要矿带或矿体分布地段内的构造特征及其研究程

度，尤其是对影响矿体赋存状态和变化规律的构造更应作为重点。

（3）矿石特点：矿石特点包括矿石的主要有用组分、伴生有用组分及有害杂质的种类、赋存状态和品位（或含量）；矿石中的主要有用矿物和脉石矿物的种类和相对含量；矿石的结构、构造特征以及矿石的自然类型、工业类型和工业品级的划分等。在审阅中既要熟悉其结论，又要检查其采样、测试的代表性以及类型、品级划分的合理性。

（4）矿化富集规律及矿床成因：着重熟悉控制矿化富集的因素，同时审查对矿化富集规律及矿床成因的观点是否有充分的事实依据。

3.2.1.2 勘探工作程度及质量的验审

（1）勘探程度：应着重审阅矿床勘探类型划分与勘探方案是否合理，勘探工程的布置方式是否正确，特别应分析勘探网度对矿体形状、产状、有益及有害组分的变化，以及对影响矿体的地质构造等的控制，能否满足开采的要求。

此外，还要审阅矿体边界的圈定是否合理；对矿体沿走向方向和延深方向是否已能掌握其变化规律；是否漏失有工业价值的矿体或者圈入非工业矿石；对主矿体上下盘的平行矿体是否已合理圈定等。

上述问题的核心是实际工程控制程度是否充分，在审阅中应按勘探剖面图逐张对比分析。

（2）勘探工程及取样质量：包括钻探的矿心、岩心采取率和钻孔的顶角弯曲及方位偏斜是否符合规定的要求，是否已按规定距离实测；在平面与剖面地质图上对弯曲度大的钻孔是否进行了封孔埋标等。一般要求矿心回次采取率大于 70%，分层采取率大于 75%；分层岩心采取率大于 65%，全孔采取率大于 70%。

对取样工作应验审取样方法、间距与规格是否合理，有无试验和验证资料的对比；半工业试验与可选性试验的样品是否有代表性；矿石体重，湿度和其他物理力学性质的测定方法是否正确等。

（3）矿石研究程度：应审阅矿石物质组成、结构、构造、品级及类型的划分，以及矿石中各种有益和有害组分赋存状态的研究程度是否满足开采及加工的要求；对级外品、夹石以及围岩的化学成分特点是否有足够的研究；矿石综合利用的问题是否有充分相应程度的工艺矿物学的研究；普通分析和组合分析的项目以及内外验证的结果是否符合规定的要求等。

此外，对某些利用其物理性质的非金属矿石，还应审阅其有用矿物技术物理性质测定的项目是否齐全以及其测定结果数据。

3.2.1.3 矿床开采技术条件和矿床水文地质条件资料的熟悉和验审

对矿床开采技术条件应熟悉与验审下列问题：矿石和岩石的物理力学性质；矿体及围岩（特别是顶底板围岩）的稳固性；对矿体及围岩稳固性有影响的结构面或破碎带的分布及产状等。

验审中应着重审查其是否进行了深入的调查；是否进行过有足够代表性的测试；以及其研究结论是否与基建施工已揭露的情况相符。

水文地质条件方面主要应熟悉下列问题：含水层和隔水层的特征及其与矿体的关系；地下水的类型及其补给、径流、排泄条件；地下水与地表水间的水力联系；地下水的水质特征；预计矿坑涌水量；地质构造、岩溶、流砂层及老窿积水等与矿床充水有关的条件等。

对上述问题的验审应着重审查是否进行过全面的水文地质现场调查；矿坑涌水量计算方法是否正确；以及基建施工中已揭露的水文地质条件是否与报告所提供情况相符等。

3.2.1.4　储量计算资料的熟悉与验审

在这方面，既要熟悉地质勘探中所采用的指标、方法及计算结果，又应验审矿床工业指标与矿体边界的圈定方法是否合理；储量计算方法的选择、面积的测定、平均品位的计算、特高品位的处理及体重确定是否正确；以及参加计算的各剖面间储量级别是否对应一致等。

最后还要对储量计算的整体情况进行验审，包括检查不同储量计算方法（如垂直断面法与水平断面法）间的误差大小，以及高、低级储量的分布能否和开采顺序相适应等。

3.2.1.5　图纸资料的熟悉与审查

对所有主要图纸进行认真而细致的阅读和分析对比，以充分熟悉这些图纸。与此同时，还应审查：图纸的种类是否齐全；图幅大小是否满足开采工作的需要；各图种之间的地质界线是否吻合；图的内容与文字报告是否一致；以及图纸的内容等方面是否能满足设计的需要。

**3.2.2　基建勘探及基建工程中的地质工作**[1,5,6,8]

基建勘探是矿山基建工作的一个组成部分。是指在矿山基建过程中。为保证基建开拓、采准施工和初期开采的需要，在地质勘探的基础上，对初期开采地段所进行的探矿和储量升级工作。其主要任务是提高基建开拓范围内矿体的工程控制程度和地质研究程度。但并非所有矿山都需要进行基建勘探。原则上，可根据下列条件考虑是否需要进行基建勘探：

对地质条件不甚复杂的矿山，只要勘探程度合理，已获得足够的高级储量，而且在数量上和部位分布上均能满足基建开拓和首期投产地段采准工程设计的需要，就不必进行专门的基建勘探。

对多数有色金属、稀有金属矿床以及部分黑色金属矿床等地质条件复杂的矿山，凡已有的地质勘探资料，尚不能满足基建开拓和首期投产地段采准工程设计的要求者，就应进行基建勘探，其所需费用由基建投资支出。

此外，在基建阶段，不论是否开展基建勘探，在基建工程中的地质调查和编录工作，则是任何基建矿山都要进行的；当发现有矿化现象时，还要进行采样和化验，这些工作都是基建时必不可少的工作。

**3.2.3　基建时矿山环境地质调查**[1,6,9]

在矿山企业设计前，本应进行矿山环境地质调查，建立矿山生态环境平衡系统，以便为矿山企业设计中的环保工程设计提供依据，但是目前我国相当数量的矿山在设计前尚未能做到这一点。因此，必须在基建时补做。此外，即使在矿山设计时进行过环境地质调查的矿山，当投入基建后，已明确了采、掘（剥）范围，而且已有一定数量的废石和废水排出地表，也有必要对预定采、掘（剥）范围及排出的废石及废水开展以下更有针对性的调查。

3.2.3.1　矿山水土污染的地质调查

成矿过程可使矿区某些元素的含量异常；而在矿山基建和以后的生产过程中，大量废石、废水以及尾矿排放到地表，可进一步加剧矿区水、土中某些元素的异常，以致出现严重的污染。因此，为了协助环保部门搞好环保工作，在基建时就应进行下列几方面的调查研究。

*A 矿山原始环境地质调查与评价*

此项工作的目的是为了查明尚未采掘的地质体，能否成为环境污染源和出现污染的可能程度。其主要工作内容包括：查明地质体中可能造成污染的有害物质的赋存状态、含量及分布；进行原始环境地质质量评价以确定潜在污染源及其可能造成的污染程度；对可能产生污染的矿山，还要编绘出污染源分布图。

*B 环境污染定点定期监测*

对于经过原始环境地质质量评价，断定有可能产生环境污染的矿山，在基建阶段就应开展环境污染监测工作，对此，可先在废石堆周围以及矿坑水排入的水体（河、湖、塘或水库）布置一定的监测点，定期测定水体和土壤中有害组分浓度的变化，如发现已出现污染情况，还应及时扩大布点范围，以开展全面的监测。

*C 废石中污染元素风化扩散情况调查*

要调查开拓中排出废石的风化速度，并测定废石堆中元素的流失状况和从废石堆中流出的水流中有害组分的含量，以便查明它们对附近水体、下游水体以及周围土壤的污染影响。

### 3.2.3.2 矿山地热的调查

对于位于地热异常区的矿山或预计开采深度较大的矿山，一方面应掌握地热的变化规律，以便在矿山开采中采取适当措施，避免其危害；另一方面又应尽可能设法利用它来为生产和生活服务。为此目的，应进行下列几方面工作：

（1）查明影响矿区地热变化的地质因素，并定期在专门的钻孔或井下测温钻孔中进行地温观测，了解地热增温率等地热变化规律，以便预测深部尚未施工井巷或采场中的最初温度。

（2）对存在地热异常的基建矿山，应查明产生异常的地质条件和地下热水的运动规律，并编绘出地热等值线图。

### 3.2.3.3 矿石（或围岩）自燃的地质调查

对矿石有自燃危险（往往是硫化物矿床）的矿山，在基建时进行有关矿石自燃问题的调查研究，其目的是通过调查研究确定可能产生自燃危险的地段，为有关部门采取预防性措施提供地质方面的依据。这方面的调查内容是：

（1）矿区范围内的矿石和岩石的物质成分及其含量，特别是能引起自燃的那些成分（如硫化物）及其含量；

（2）矿（岩）石结构、构造特点；

（3）通过实验测定矿（岩）石氧化速度、升温加速点和始燃点；

（4）矿（岩）石的物理性质（如导热系数等）和力学性质（如与破裂程度有关的脆性等）；

（5）矿体厚度、产状、矿床分带性及其变化特点；

（6）矿床水文地质条件及地下水的成分等。

根据上述调查资料的综合分析，还应在有关地质图上圈定出自燃危险性程度不同的地段，以作为采取预防措施的依据。

### 3.2.3.4　矿山空气污染的地质调查

在矿山开拓及其后的开采过程中都会有一些矿（岩）石粉尘悬浮于空气中；一些有害气体（如氡气）也可从地质体中逸出，这些都可能对矿山空气造成污染。因此，在矿山投产前就有必要对可能造成污染的地质因素进行调查研究，为矿山采取预防性措施提供资料。

#### A　有害粉尘的地质调查

主要工作有：对空气中粉尘样品的矿物成分、粒度、尘粒形状等进行显微镜下鉴定；对井巷中岩石及矿石样品进行鉴定，并与相应地段空气中粉尘的鉴定结果进行对比分析，以查明易于产生有害粉尘的岩石、矿石或其中某些矿物；编制有害粉尘预报地质图，即在有关地质图上圈出可能产生有害粉尘的地段。

#### B　有害气体的地质调查

这里有害气体主要指自地质体中逸出的有害气体如氡气或二氧化硫气体等。调查时应查明有害气体的成分、含量（浓度）、来源和逸出部位等，并绘成相应图件和对其影响程度作出评价。

### 3.2.4　基建时补充水文地质调查[1,2]

由于地质勘探阶段揭露矿床的工程有限以及对地下水动态观测时间较短等因素的限制，该阶段对水文地质条件的调查研究还不可能很深入和全面。故水文地质条件复杂的矿山，在基建时还应在原有工作的基础上，进一步对矿床水文地质条件作更深入的调查研究，以便更全面地掌握地下水动态和更精确查明矿床充水条件、矿坑涌水量及突水危险等，并作出矿山开采后地下水动态可能变化情况的预计，作出防排水效果的预计以及作出地下水对矿山设备和岩体稳定危害程度的预计，同时也应考虑综合利用地下水的可能性，这方面的工作有：

#### 3.2.4.1　补充水文地质测绘

其任务是通过进一步的实际观测和调查，测绘更精确、更详细的矿床水文地质图。

在补充水文地质调查中，既要对地质勘探阶段水文地质测绘中尚未弄清的问题进一步调查研究，也要对基建阶段新出现的与水文地质有关的问题进行研究，为此而增加的工程及工作成果都应补充填绘到水文地质图上去。

#### 3.2.4.2　补充水文地质物理勘探

在进行补充水文地质测绘的同时，可利用各种物探手段，进一步查明诸如含水层及隔水层的分布、构造破碎带的延展及其含水性、溶洞分布规律等（如用高频无线电波透视仪对含水溶洞进行调查），以补充水文地质测绘中地表调查之不足。

#### 3.2.4.3　水文地质条件的进一步工程揭露及调查

在水文地质条件复杂矿山的基建阶段，如有必要，可在原有工作基础上，补充水文地质钻孔或利用矿山探、采工程进行详细水文地质调查和测试工作，以取得评价矿区水文地质条件和完成各种水文地质计算所需要的资料。

#### 3.2.4.4　继续并完善地下水动态的长期观测

地下水动态系指地下水的水位、水温、流量和化学成分随时间的推移而产生变化等。当水文地质条件复杂矿山开始基建后，除原观测点外，还应补充一定数量水文地质观测孔或利用基建井巷工程设立一些新观测点，继续观测。此外，还应进一步掌握地表水、气象等因素与地下水动态之间的相互关系。

在上述几项工作所积累资料的基础上，还应进行综合分析研究和预计涌水量的验算，以得出更可靠的工作成果，供防排水部门参考。

### 3.2.5 工程地质补充调查和矿（岩）石技术参数补充测定

尽管在矿山企业设计前已进行过矿区某些工程地质调查和矿（岩）石技术参数的测定，可是由于当时对矿床工程揭露的范围及深度均有限，而且工业场地、采掘（剥）范围等也尚未设计、确定，所以往往工程地质调查的深入程度不够，矿（岩）石技术参数测定样品的代表性不足，而且这两项工作也难以都针对工业场地、采掘（剥）范围的地质体来进行。为此，在基建时，往往还要根据实际需要，补充开展一些调查或测定。

3.2.5.1 可能要进行工程地质补充调查的项目

（1）矿山工业场地及路基的工程地质调查；

（2）井筒及大硐室的工程地质调查；

（3）岩溶发育规律的工程地质调查；

（4）露天边坡稳定性的工程地质调查；

（5）井下地压显现的工程地质调查；

（6）各种动力工程地质现象（如天然滑坡、崩塌、泥石流、流砂等）的工程地质调查等。

以上各种调查的内容和方法详见 3.8。

3.2.5.2 可能要补充测定的矿（岩）石技术参数

（1）与工程地质研究有关的矿（岩）石及其中弱面的力学性质参数（如岩石抗压强度、抗剪强度、抗拉强度、弱面抗剪强度等）；

（2）与采掘工艺有关的矿（岩）石技术参数（如松散系数、容重、爆破后块度、可钻性、爆破性等）；

（3）与储量计算有关的矿石技术参数（如体重、湿度等）；

（4）与水文地质有关的矿（岩）石技术参数（如孔隙率、各种水理性质等）。

有关上述（1）的测定方法请参看本书 6.3 及 6.4；有关（2）的测定方法请参看 6.3、7.1、8.2；有关（3）的测定方法请参看 3.4；有关（4）的测定请参看 6.3。

### 3.2.6 投产前矿山地质业务的基础建设工作

在矿山基建过程中，矿山生产筹备机构的地质人员，就要着手做好从基建地质工作向投产后地质工作的过渡工作。其中最主要的是矿山地质业务的基本建设工作。包括：

3.2.6.1 地质原图的设计建立或补充完善

地质原图是矿山所用综合地质图纸的原始底图，其优劣必将影响到各种地质图纸的质量，进而对矿山开发中的设计、施工和生产产生重大影响。

某些地质原图在地质勘探或基建地质工作中已经建立，投产后将移交给生产矿山；而另一些地质原图（如坑道地质平面图及某些专门性生产地质图件），则必须由生产矿山地质部门自行设计建立。在矿山投产前，矿山生产筹备机构的地质人员就必须精心设计新建原图与补充完善已有原图，并进行周密通盘的研究，使两者成为统一的整体，形成完善的原图体系。

#### 3.2.6.2 矿山地质技术要求细则的制定

为了保证矿山生产中矿山地质工作有统一的要求，以顺利进行工作，在投产前，矿山生产筹备机构的地质人员，就要通过对矿区的了解以及根据矿山投产后的生产要求，制定出矿山地质工作的技术要求细则，作为开展矿山地质工作的准则，并在生产中不断补充与完善。

矿山地质工作技术要求细则应包括：原始地质编录技术要求；综合地质编录技术要求；矿产化学取样、加工与样品化验以及岩矿物理技术性质测定的技术要求；生产勘探工程的设计与施工的技术要求；矿石损失与贫化管理与监督的技术要求；地质文字、图表及实物资料保管细则等。

必要时，还将制定水文地质观测与工程地质观测的技术要求；环境地质调查的技术要求等。

#### 3.2.6.3 地质资料保管设施及措施的建立

生产矿山积累了比地质勘探部门更为丰富的地质资料（文字、图表、照片、标本或岩心等实物、地质数据库软盘等）。这些资料有的直接用于开采工作或指导生产勘探，有的则是开展综合地质研究的基础，并通过综合研究进而指导找矿或发展地质学理论。在某种意义上说矿山地质资料是一种"无价之宝"。因此，从矿山基建开始就应高度重视其保管工作，并做好以下基础建设：

(1) 建立起完善的保管设施，包括岩（矿）心库、资料室、标本柜、资料柜等；

(2) 建立起严格的保管措施条例，包括资料的分类、编目、借还制度、销毁资料的审批手续以及保管员职责等；

(3) 不仅要保管好矿山投产新收集到的资料，还要保管好地质勘探、基建地质乃至普查找矿时所积累的资料；

(4) 有条件的矿山可建立矿山地质数据库（见 3.7.10）。

## 3.3 生 产 勘 探

### 3.3.1 生产勘探的目的和任务[1,2]

生产勘探是在地质勘探的基础上进行的勘探工作，其主要目的在于提高矿床勘探程度，达到储量升级，直接为采矿生产服务。其成果是编制矿山生产计划，进行采矿生产设计、施工和管理的重要依据。生产勘探的主要任务：

(1) 采用一定技术手段进一步准确地圈定矿体，详细查明采矿区矿体形状、产状及围岩特征等赋存条件，着重点是矿体边界、端部，阶段间矿体的"下垂"、"上延"部分，夹石及破坏矿体的断层、破碎带，后期穿插岩脉，矿石品级、类型的圈定和控制。

(2) 进一步查明矿产的质量和数量，按生产要求重新计算矿石平均品位或其他质量指标，重新计算矿产储量。

(3) 探明采区原地质勘探未控制的存在于主矿体上、下盘及边、深部的平行、分支矿体和其他小盲矿体。

(4) 在采区进一步查明矿床水文地质条件、工程地质条件、矿岩的物理力学性质，必要时还要进一步查明矿石技术加工条件及其他生产需要解决的地质问题。

通过生产勘探，多数矿床的矿产地质储量由 $C$ 级升至 $B$ 或 $A$ 级，小而复杂的矿床由 $D$

级升至 $C$ 级（极少数可能达 $B$ 级）。由于生产勘探多年持续进行，储量升级随采区发展而逐步扩展，为保证生产勘探资料及时服务于生产，储量升级必须对生产保持一定的超前关系，超前的范围和期限由矿山具体的地质、技术和经济条件决定。在一般情况下，生产勘探超前采矿生产的范围对露天采矿为一到几个台阶。地下采矿为一到两个阶段。

生产勘探费用摊入采区生产成本，亦可动用维简费。

### 3.3.2 生产勘探的技术手段[2,6]

生产勘探采用的主要技术手段有槽探、井探、钻探和坑探四类。各工程主要技术特征和适用条件综合如表 3-1 所示。

合理选择勘探技术手段是决定生产勘探效果的重要因素。由于勘探常与采掘生产交叉进行，必须考虑探、采工程的相互利用和施工设备的机动灵活。最适用的工程必须依据矿

**表 3-1 生产勘探工程技术特征**

| 工程种类 | 工程名称 | | 主要技术规格 | 工效 | 基本作用 | 常用设备型号 |
|---|---|---|---|---|---|---|
| 槽井探 | 探槽 | 山地探槽 | 底宽 0.5～1.0m，壁坡度 70°～80°；长度等于矿体或矿带宽度 | 0.5～1.0 | 揭露埋深小于 5m 的矿体露头 | 手掘或挖沟机械 |
| | | 平盘探槽 | 断面 1.0（宽）m×0.5（深）m；长度等于矿体或矿带宽度 | 5～10 | 剥离露天采场工作盘上的人工堆积物 | 手掘或挖沟机械 |
| | 浅井 | | 断面（0.6～1.0）m×（1.0～1.2）m；深度一般小于 20m | 0.5～1.0 | 揭露埋深大于 5m 的矿体；多用于砂矿及风化堆积矿床 | 手掘或吊杆机械 |
| 钻探 | 砂矿 | | 孔径 130～335mm 深度 15～30m | 10～15 | 探砂矿 | SZ-130，SZC-150，SZC-219，SZC-325 |
| | 露天炮孔 | | 孔径 150～320mm 深度 10～30m | 15～20 | 取岩泥、岩粉、控制矿石品位 | 露天采矿潜孔、牙轮钻 |
| | 地表岩心钻 | | 孔径 91～150mm 深度一般 50～200m 最大 600m | 3～5 | 探原生矿床，多用于露天采矿 | DDP-100 型汽车钻，北京-100，XU-300，XU-600，YL-3，YL-6，XY-1 |
| | 坑内钻 | 岩心钻 | 孔径 91～150mm 深度一般 50～200m 最大 600m | 5～10 | 配合坑道探各类原生矿床 | KD-100，钻石-100，钻石-300，钻石-600，YL-3 |
| | | 爆破深孔 | 孔径 45～100mm 深度 15～50m | 15～20 | 配合坑道探各类原生矿床 | YG-40、80、BBC-120F YSP-45，YQ-100 |
| 坑探 | 平巷（穿脉、沿脉） | | 断面、坡度、弯道与生产坑道一致。纯勘探坑道断面（1.5～2.0）（宽）m×（1.8～2.0）（高）m；坡度可达 5% | 0.2～1.0 | 在阶段、分段平面上，沿脉控制矿床走向，穿脉控制矿体宽度 | 利用矿山坑道掘进设备 |
| | 上、下山 | | 断面同平巷 坡度 15°～40° | 0.2～0.8 | 用于缓倾斜矿体，在阶段间控制矿体沿倾斜变化 | 利用矿山坑道掘进设备 |
| | 天井 | | 断面 1.2m×2.2m 坡度 40°～90° | 0.2～1.0 | 用于急倾斜矿体，在阶段间控制矿体变化 | 利用矿山坑道掘进设备 |

注：探槽工效单位米³/工班；浅井工效单位米/工班；钻探及坑道工效单位米/台班。

区具体的地质、技术和经济条件综合选用。

在砂矿、风化矿床露天采矿时，最适用的生产勘探工程为砂钻和浅井。对于原生矿床露天采矿则是平盘探槽和地表岩心钻。平盘探槽一般沿勘探线垂直矿体、矿带布置，目的是挖去露天采场工作平盘上的人工堆积浮渣和碎矿，便于取样和填绘平盘地质平面图。平盘探槽分两类：主干槽切穿整个矿带，辅助槽揭露矿体，如图 3-1 所示。由于露天采矿生产勘探往往逐段进行，地表岩心钻多采用浅及中深型，孔深一般小于 200m。为避免影响采场生产作业，广泛采用机动性强的汽车钻（如 DDP-100 型）。利用炮孔取样，是露天采矿控制原矿品位经济而有效的手段。

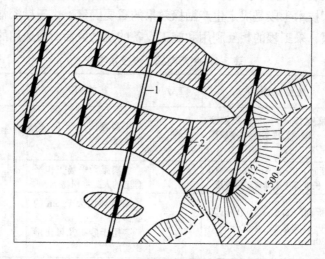

图 3-1　宝山矿露天采场平盘探槽布置
1—主干槽；2—辅助槽

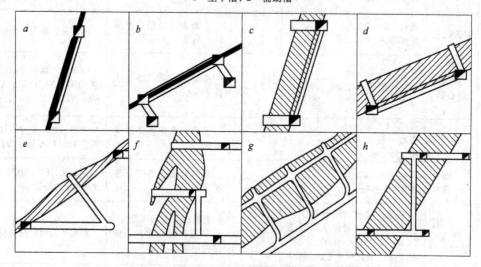

图 3-2　生产勘探中所用各类坑道综合示意图

*a*—急倾斜极薄矿体，用脉内沿脉及天井；*b*—缓倾斜极薄矿体，用脉内沿脉及上
山或下山；*c*—急倾斜中厚矿体，用下盘沿脉、天井及穿脉；*d*—缓倾斜中厚矿
体，用下盘沿脉、上山及小井；*e*—倾斜中厚矿体，用下盘沿脉及斜天井；*f*—不
规则矿体，用分段巷道；*g*~*h*—厚大矿体，阶段水平面上用脉内沿脉和穿脉巷道
（*g*），垂直剖面上用阶段天井（*h*）

地下采矿时，坑探是重要的生产勘探手段，其优点是可供生产利用，所获资料可靠程度较高。各类坑道的勘探作用综合示意图见图3-2。

单纯依靠坑道勘探不能取得最佳效果，必须与坑内钻相配合。坑内钻的作用主要有：指导坑道掘进；以钻代坑；探明坑道难以控制的不规则矿体和零星分散的小盲矿体以及阶段间矿体的"下垂"、"上延"部分；探明构造及构造错失矿体；探明地下水；也可作生产用钻孔，如放水孔等。坑内钻的作用综合示意如图3-3所示。

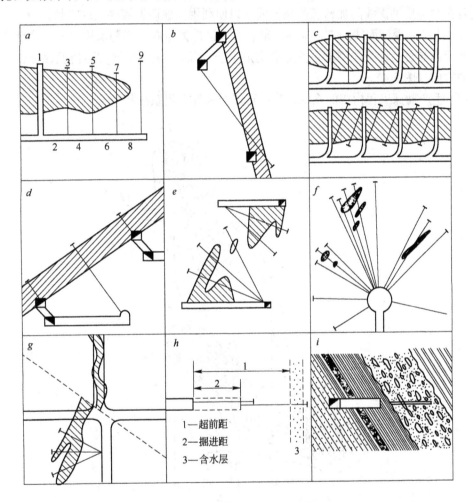

图 3-3  坑内钻作用综合示意图

a—指导沿脉掘进，数字表示施工顺序；b—指导下阶段巷道掘进；c—代替穿脉加
密工程；d—代替斜天井或上山；e—探阶段间的"下垂"、"上延"矿体；f—探不规
则的小盲矿体；g—探构造错失矿体；h—超前探地下水；i—作为放水孔
（图中 acfh 为平面图，其余为剖面图）

与坑道比较，坑内钻工效高约3～5倍，单位成本低约5～10倍，即使考虑布置为束形、扇形、半圆甚至全圆的群孔，总进尺可能高于坑道，其总成本仍然较低，且劳动条件较好，使用比较机动灵活。但钻探所获资料的可靠程度往往低于坑探，且一般也不能为生产利用。比较好的方法是将两者结合起来，实行"坑钻组合勘探"。按工程的作用，坑钻组合勘探可以分为"以坑探为主"或"以钻探为主"两种方式。一般在阶段或分段平面上往往以坑道

勘探为主，钻探为辅；剖面上则以钻探为主，坑探为辅。坑钻组合勘探要求两者统筹布置，统一施工管理，最终能综合利用成果。由于钻探取得资料的可靠性低于坑探，当对钻探资料有疑问时，钻探的可靠性要用一定的坑道进行检验。

### 3.3.3 生产勘探工程的总体布置[1,2]

生产勘探工程总体布置时应考虑下述因素：

（1）尽可能与地质勘探已形成的总体工程系统保持一致，即在原地质勘探线上加密工程或者在原地质勘探线间加密新的勘探线，以便利用原地质勘探提供的资料。

（2）生产勘探剖面线的方向应尽可能垂直采区矿体走向，当勘探地段矿体产状变化较大，其走向与总的勘探线剖面不垂直且交角小于60°时，应当根据实际情况改变剖面工程布置的方向（图3-4）。

（3）生产勘探工程构成的系统应当尽可能与采掘工程系统相结合。

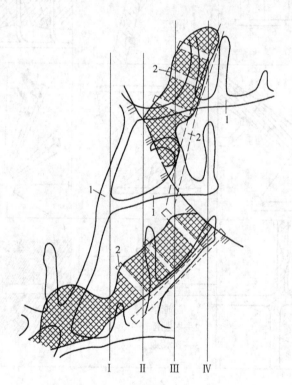

图 3-4 生产勘探工程布置对比

1—原布置坑道；2—应正确布置的坑道；Ⅰ、Ⅱ、Ⅲ、Ⅳ—原勘探线

按工程系统布置形式，生产勘探共有五类不同的工程系统。

#### 3.3.3.1 勘探网系统

勘探网系统由铅直性工程，如浅井、直钻沿两组以上剖面线排列形成。工程在平面上布置为正方形、长方形或菱形等网格，可以从两个以上剖面方向控制和圈定矿体。本系统多利用原地质勘探已形成的勘探网加密，适用于砂矿床、风化矿床及产出平缓的原生矿床露天采矿时的生产勘探。

#### 3.3.3.2 勘探线系统

该系统由具有不同倾角的工程构成，如探槽、浅井、直或斜钻以及某些坑道（常为穿脉、天井及上、下山）。工程沿一组平行或不平行的勘探线剖面布置，利用该剖面控制和圈定矿体。本系统工程多在原地质勘探基础上加密，往往用于倾斜产出的各类原生矿床露天采矿以及某些情况下（开拓、采准尚未完全展开等）地下采矿的生产勘探。

### 3.3.3.3 水平勘探系统

生产勘探工程沿一系列水平面布置，并从水平断面图上控制和圈定矿体。有下述两种情况：

（1）厚大矿体露天采矿时单纯用平盘探槽（填制平盘地质平面图）的生产勘探；

（2）急倾斜不规则中、小型柱状矿体地下采矿时采用水平扇形坑内钻（填制阶段地质平面图）的生产勘探。

### 3.3.3.4 棋盘格式勘探系统

该系统适用于薄矿体地下采矿时的生产勘探，坑道沿矿体走向及倾斜布置构成棋盘格状。对于急倾斜薄矿脉、层，工程主要由脉内沿脉及其间的脉内天井构成；对于缓倾斜薄矿层，工程主要由脉内沿脉及其间的上、下山构成。矿体纵投影图是本系统用以圈定矿体的主要图件之一。

### 3.3.3.5 格架式勘探系统

控制和圈定矿体的工程沿平面及剖面两个方向布置，组成格架状。当地下采矿时，在阶段及分段平面上，工程主要由脉外或脉内沿脉、穿脉及水平钻构成；在剖面上主要由天井或上下山及剖面钻构成。采用露天采矿时，平盘探槽与钻孔结合，亦可组成格架系统。此系统应用甚广，当矿体厚度较大，生产勘探工程的布置最终多能形成这样一种系统。

### 3.3.4 生产勘探工程网度[2,10,11,12]

为了提高矿床勘探程度，生产勘探必须在地质勘探的基础上加密工程。通常储量每提高一个级别，工程需加密一倍，有时二至四倍。但是进行生产勘探时并不是对所有的矿体、地段都毫无例外地同等加密工程，在确定合理工程网度时必须综合考虑下述因素：

（1）矿床地质因素：矿床地质构造复杂，矿体形状、产状变化大，取得同级地质储量的工程网度应较密，反之则可稀。矿体边、端部，次要的小盲矿体及构造复杂部位勘探难度较大，工程网度一般密于主矿体或矿体的主要部位。

（2）地质工作要求：合理的工程网度应保证工程及剖面间地质资料可联系和对比，不能漏掉任何有开采价值的矿体。

（3）工程技术因素：坑道所获资料的可靠程度高于钻探，在相似地质条件下达到同等勘探程度，坑道间距可以稀于钻探。

（4）生产因素：露天采矿的地质研究条件较好，在相似地质条件下，取得同级地质储量所需工程网度可以稀于地下采矿。当所用采矿方法的采矿效率愈高，采矿分段、盘区及块段的结构愈复杂，构成参数要求愈严格，对采矿贫化与损失的管理要求愈高或者要求按矿石品级、类型选别开采，需要进行矿石质量均衡而应对矿石品级进行严格控制等情况下，对勘探程度要求愈高，所需的勘探工程网度也愈密。

为了便于探采结合，地下采矿时生产勘探工程间距应与采矿阶段、分段的高度以及开拓、采准及切割工程的间距相适应。

（5）经济因素：生产勘探工程网度加密将增加探矿费用，但却可减少采矿设计的经济风险。当两者综合经济效果处于最佳状态时的网度应为最优工程网度。

　　勘探工程网度与矿产本身的经济价值大小亦有一定关系。价值高的矿产与价值低的矿产比较，勘探程度可以较高，相应工程网度允许较密。

　　确定生产勘探工程网度的方法一般有三种，即类比法、验证法和统计计算法。

　　(1) 类比法　类比法亦称经验法，此法是先划分矿床的勘探类型，再将被勘探矿床（区段）与同类型矿床（区段）的勘探工程网度（经实践证明是正确的）对比，以选定合理的工程网度。

　　矿床勘探类型是根据矿床的某些地质特点用以衡量矿床勘探难易程度进而选定勘探方法（包括工程网度）的一种矿床分类。分类的主要依据是：矿体规模的大小，矿石质量变化程度或矿化均匀程度，矿化的连续性，矿体形态特征及其变化程度，矿体产状的稳定性等。一般用罗马数字表示分类，第 I 勘探类型一般矿床大而简单，而第 II、III……勘探类型相应较小和比较复杂。求取同级地质储量时，第 I 勘探类型工程网度最稀，而第 II、III……勘探类型要求逐类增密。矿床种类不同，矿床勘探类型具体划分亦不相同，且不同矿种同一勘探类型矿床之间在矿床地质特点和工程网度方面难以相互对比。有的矿种如铬铁矿划分为三类，有的矿种如铜和铀等划分为五类，而多数矿种划分四类。各类矿种矿床勘探类型的具体划分和求取各级地质储量的相应工程网度的经验性规定在全国矿产储量委员会所制定的各矿种的勘探规范内有详细记载，本书从略。由于矿体局部地质构造因素变化的复杂性，采掘工程构成对生产勘探的影响，矿山实际采用的生产勘探工程网度往往密于规范规定，且不同矿山工程的加密情况和程度有所不同。今仅将部分矿山实际勘探工程网度列入表 3-2，供参考。

　　类比法方法简便，应用甚广，所确定工程网度是否准确可靠，有待工作过程中用其他方法检验。

　　(2) 验证法　验证法可以分为工程网度抽稀验证法和探采资料对比验证法两种。工程网度抽稀验证法是将同地段不同网度所获资料进行对比，以最密网度资料作为对比标准，选定逐次抽稀后不超出允许误差范围的最稀网度作为今后采用的生产勘探工程网度。探采资料对比验证法是将同地段开采前勘探取得的资料与开采取得的资料对比，以开采资料作为对比的标准，验证不同勘探网度的合理性。

　　探采资料对比验证法最适用于矿山生产时期，既可验证地质勘探又可验证生产勘探工程网度的合理性，而抽稀验证法由于具有一定程度的不确定性，只是一种辅助方法。

　　(3) 统计计算法　统计计算法是最能说明勘探工程网度合理性的方法，方法的种类较多，这里介绍的是地质统计学方法。

　　地质统计学中根据经验半变异函数曲线可以确定变程 $\alpha$，$\alpha$ 实质上代表样品的影响范围，因此变程可以表明具相关性的两取样（工程）点间最大可能的合理间距。通过半变异函数还可计算克立格估计方差 $\sigma_k^2$：

$$\sigma_k^2 = \sum_{i=1}^{n} \lambda_i \cdot \bar{\gamma}(v_i, V) - \bar{\gamma}(V, V) + \mu \tag{3-1}$$

式中　　$\lambda_i$——权系数；

$\bar{\gamma}(v_i, V)$——当向量 $h$ 两端分别独立描述邻域 $v_i$ 和待估域 $V$ 时的平均半变异函数值；

$\bar{\gamma}(V, V)$——待估域内所有样品对间的平均半变异函数；

**表 3-2　部分矿山地质勘探及生产勘探工程网度**

| 序号 | 矿 区 | 勘探类型 | 地质勘探网度（m） | 生产勘探网度（m） | 备 注 |
|---|---|---|---|---|---|
| 1 | 南芬铁矿 | Ⅰ | 钻　C　400×200<br>　　B　200×(100～150)<br>　　A　(100～200)×100 | 平盘探槽　　　24×50<br>钻　　A　50×50 | |
| 2 | 攀枝花铁矿 | Ⅱ | 钻　C　200×100<br>　　B　100×100<br>　　A　100×(50～100) | 平盘探槽　　15×(25～30)<br>钻　　A　50×50 | |
| 3 | 八一锰矿 | Ⅰ | 钻　C　(50～100)×50<br>　　B　(25～50)×25 | 钻、浅井　B　(25～30)×(25～30)<br>筒口锹　　(10～20)×(10～20) | 水力开采 |
| 4 | 孝义铝矿 | Ⅰ | 钻、浅井、槽<br>　　C　200×200<br>　　B　100×100 | 钻、浅井　C　200×200<br>　　　　　　B　100×100<br>指导剥离　50×50 | |
| 5 | 老厂砂锡矿 | Ⅲ | 砂钻、浅井<br>　　C　(50～70)×(50～70)<br>　　B　(25～60)×(25～60) | 砂钻、浅井<br>　　　　B　(25～30)×(25～30) | 水力开采 |
| 6 | 白银铜矿 | Ⅲ | 钻　C　100×100 | 钻　　B　50×25<br>局部　　25×25 | |
| 7 | 老虎头稀<br>有金属矿 | Ⅲ－Ⅳ | 钻　C　200×100 | 平盘探槽　　25<br>钻　　B　(50～100)×50 | |
| 8 | 701 铀矿 | Ⅲ | 钻　D　40×40<br>　　C　40×20 | 平盘探槽　　10×10 | |
| 9 | 云浮硫铁矿 | Ⅱ－Ⅲ | 钻　C　200×(50～100)<br>　　B　100×50 | 平盘探槽　　12×(25～50)<br>钻　　A　50×50 | Ⅲ、Ⅳ号矿体 |
| 10 | 浏阳磷矿 | Ⅱ－Ⅲ | 钻　C　200×100 | 平盘探槽　　25<br>钻　　B　(50～100)×50 | |
| 11 | 庞家堡铁矿 | Ⅰ | 钻　C　(300～400)×(100～200)<br>　　B　(75～150)×(75～150) | 坑　　A　30×(30～60) | |
| 12 | 弓长岭铁矿 | Ⅰ－Ⅱ | 钻　C　300×150<br>　　B　150×70<br>　　A　75×75 | 坑　　A　(50～60)×40<br>　　　　×(40～60) | |
| 13 | 湘潭锰矿 | Ⅱ | 钻　C　150×70<br>　　B　(75～150)×75<br>　　A　75×37.5 | 坑　　A　30×(50～100)<br>　　　　×(7.5～10)<br>坑内钻　(15～30)×(10<br>　　　　　～15) | |
| 14 | 金川镍矿 | Ⅱ | 钻　C　100×(100～150)<br>　　B　100×(50～75) | 坑　　A　30×(25～30) | |
| 15 | 因民铜矿 | Ⅱ | 钻　C　(60～120)×40<br>坑　B　60×40 | 坑　　A　60×(10～20) | |
| 16 | 桃林铅锌矿 | Ⅱ－Ⅲ | 钻　C　100×50<br>坑　B　20×25 | 坑　　B　40×25×(30～50) | |
| 17 | 杨家杖子钼矿 | Ⅱ－Ⅲ | 钻　C　100×100 | 坑　　B　40×25×50 | |

| 序号 | 矿　区 | 勘探类型 | 地质勘探网度（m） | 生产勘探网度（m） | 备　注 |
|---|---|---|---|---|---|
| 18 | 西华山钨矿 | Ⅲ | 钻　D　(80～100)×(80～100)<br>　　C　80×(40～50)×50 | 坑　　B　(25～50)×50×50<br>坑内钻　10 | |
| 19 | 万山汞矿 | Ⅳ | 钻　C　50×50 | 坑　　B　(10～25)×(20～30)×(20～30)<br>坑内钻　10 | |
| 20 | 711-1 铀矿 | Ⅲ | 钻　D　(50～100)×50<br>坑　C　50×(20～40) | 坑　B　50×20×40<br>小矿体加副段　12×25 | |
| 21 | 716 铀矿 | Ⅳ | 钻　D　40×40<br>　　C　20×20<br>坑　C　30×20 | 坑　C　30×20×40 | 矿区东部 |
| 22 | 广元黏土矿 | Ⅱ | 钻　C　200×200<br>　　B　100×100 | 坑　C　100×100<br>　　B　50×50 | |
| 23 | 马路坪磷矿 | Ⅰ | 钻　C　800×800<br>　　B　400×200<br>　　A　200×100 | 坑　A　40×100 | |
| 24 | 凤城硼矿 | Ⅲ | 钻　　D　100×50<br>　　　C　50×50<br>钻、坑 B　50×50 | 坑　B　(12.5～25)×(12.5～25)<br>　　A　(6～25)×12.5 | |
| 25 | 向山硫铁矿 | Ⅲ | 钻　D　100×50 | 坑　B　(20～30)×25×17.5<br>坑内钻　50×50 | |
| 26 | 七宝山<br>硫铁矿 | Ⅲ—Ⅳ | 钻　D　100×(80～100)<br>　　C　50×(30～50) | 坑　B　40×25<br>　　A　(8～20)×25 | |
| 27 | 应城石膏矿 | Ⅰ | 钻　C　1000×1000<br>　　B　500×500 | 坑120（切割与回风巷平距）×70（上、下山） | 无单独生产勘探 |
| 28 | 金州石棉矿 | Ⅰ | 钻　C　200×100<br>　　B　100×100 | 坑　B　50×(80～100)<br>　　A　50×(40～50)<br>坑内钻　10～20 | 下盘矿 |
| 29 | 鲁圹石墨矿 | Ⅱ | 钻　C　600×500<br>　　B　300×250 | 坑　A　35×100×100 | |
| 30 | 丹巴云母矿 | Ⅰ—Ⅲ | 坑　D　(30～50)×(30～50)<br>　　C　(30～40)×(20～40) | 坑　B　30（斜距）×(10～20) | 缓倾斜矿体 |

注：1. 序号 1～10 为露天采矿，11～30 为地下采矿；

2. 钻探网度：走向×倾向；

3. 坑探网度：段高×穿脉×天井或上、下山；

4. 平盘探槽网度：台阶高×走向，只一数字指走向；

5. 序号 3 内"筒口锹"指手握"洛阳铲"；

6. 表中地质储量分级（$A$、$B$、$C$、$D$）概念见 3.6。

$\mu$——拉格朗日乘子。

式（3-1）表明，克立格估计方差 $\sigma_k^2$ 是平均半变异函数 $\gamma(h)$ 的线性组合，在被估块段尺寸、变异函数模型及参数确定以后，估计方差即与勘探工程网度有关，即估计方差最小的勘探工程位置和网度方案为最优方案。

1) 最优工程位置的确定：先计算完工工程数为 $n$ 时的每个工程的克立格估计方差 $\sigma_k^2(n)$ 及每当增加一个工程 $x_i$ 后全区每个工程的估计方差 $\sigma_k^2(n+1, x_i)$，然后计算每一工程的估计方差相对降低率 $G_i$：

$$G_i = \frac{\sigma_k^2(n) - \sigma_k^2(n+1, x_i)}{\sigma_k^2(n)} \times 100\% \tag{3-2}$$

根据 $G_i$ 的计算值作出"等估计方差相对降低率曲线图"，图中高点与工程位置重合，说明该工程位置为最优方案。

2) 最优工程网度的确定：将已按相对最密网度勘探的地段划分为大小、形状不同的网格（图 3-5），每一网格的交点就是一个工程结点。对各种网格计算每一结点的克立格估计方差，再计算每一网度的平均估计方差，然后将每一网格花费的费用金额与平均估计方差进行对比，作出曲线图（图 3-6），从图上选出最优工程网度，在图 3-6 中，200～300m 之间的工程间距应为最优勘探工程网度方案，因为即使再加密网度，也无助于降低平均估计方差，而只是增加了勘探费用。还可利用每一结点的估计方差编制"等估计方差图"，按上述确定最优工程位置的方法对图中估计方差相对较高的区域适当加密工程，而估计方差相对较小的区域应当是工程优先施工区域。

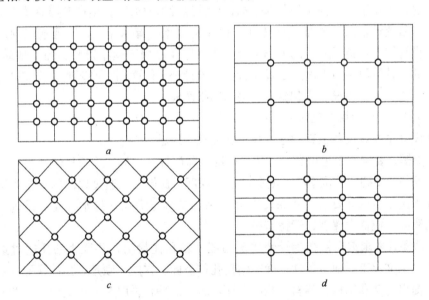

图 3-5   同一勘探地段划分的各种勘探工程网格
*a*—密的正正方形网格；*b*—稀的正正方形网格；*c*—斜正方形网格；*d*—长方形网格

上述方法虽能通过估计方差的分析较有效地确定合理的工程网度，但也应辅以不同网度对地质构造以及矿体内部结构控制程度的综合分析，才能得出最可靠的结论。

### 3.3.5   生产勘探设计

生产勘探设计一般每年进行一次，是矿山年度生产计划的组成部分之一。必要时也进行较长或较短期的设计。生产勘探设计的主要任务为：根据矿山地质、技术和经济条件、企业生产能力、任务以及三级矿量平衡和发展建设的要求，并按照开采工程发展顺序所安

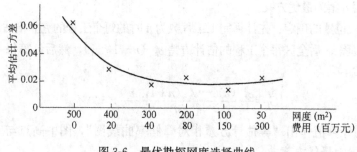

图 3-6 最优勘探网度选择曲线

排的生产勘探的对象、范围以及储量升级任务来拟定生产勘探方案，确定工程量、人员、投资、预计勘探成果，并对生产勘探设计的合理性作出说明。

生产勘探设计按工作程序一般分为方案总体设计及工程单体技术设计两个步骤。

#### 3.3.5.1 生产勘探总体设计

总体设计主要解决生产勘探的总体方案问题，如勘探地段选择，技术手段选择，工程网度确定，工程的总体布置方式，工程的施工顺序和编制工程施工方案等。设计完成后应编写设计说明书，说明书由文字、设计图和表格构成。文字中应说明：上年度生产勘探工作完成情况；本年度生产勘探任务和依据；设计地段地质概况；生产勘探总体方案；勘探工作及工程量统计，预计矿量平衡统计，预计技术经济指标计算；工程施工顺序和方案等。主要设计图有：露天采矿的采场综合地质平面及勘探工程布置图、预计地质剖面图；地下采矿的预计阶段地质平面及工程布置图、预计地质剖面图。必要时提交矿体顶、底板标高等高线图、矿体纵投影图和施工有关的网络图表。

#### 3.3.5.2 生产勘探工程的单体技术设计

单体设计主要解决各工程的施工技术和要求等问题。

(1) 探槽。要确定工程位置、方位、长度、断面规格，提出施工目的和要求。

(2) 浅井。要确定井位坐标、断面规格、深度，提供工程通过地段的水文和工程地质条件，提出施工目的和要求；井深大于10m者尚应提出通风、排水、支护措施；进入原生岩石的浅井，应提出爆破、运搬措施。

(3) 钻探。要求编出钻孔预计地质剖面图及钻孔柱状图，并说明钻孔通过地段的地层、岩性、水文及工程地质条件；确定钻孔孔位坐标、方位、倾角，预计换层、见矿及终孔深度，提出对钻孔结构、测斜、验证孔深，岩（矿）心采取率，水文地质观测及封孔等的要求，孔深小于50m者，上述要求可简化。

(4) 坑探。要求提供坑道通过地段的地层、岩性、构造、水文及工程地质条件，说明坑道开门点位置和坐标，工程的方位、长度、坡度、断面形状和规格，弯道位置及参数，工程的施工目的和地质技术要求。探采结合坑道的技术规格要符合生产技术要求，必要时由采矿人员设计。纯勘探坑道的技术要求可以适当降低。参见表3-1。

### 3.3.6 探采结合方法及实例[10,13,14]

#### 3.3.6.1 探采结合方法

生产勘探必须考虑探采结合，自20世纪60年代以来已成为我国矿山地质有特色的工作方法之一。实践证明，探采结合具有减少工程量，缩短生产周期，降低生产成本，提高地质工作效率与质量，有利于安全生产和加强生产管理等优越性。生产矿山有大量采掘工程，不少可供勘探利用。

实施探采结合工作法应注意下述要求：

(1) 探采双方在工作上必须打破部门的界限，实行统一规划，联合设计，统筹施工和综合利用成果，形成一体化工作法；

(2) 探采结合必须是系统的、全面的，必须贯穿于采掘生产的全过程；

(3) 必须合理确定工程施工顺序，在保证"探矿超前"的前提下，探采之间力求作到平行交叉作业；

(4) 探采结合必须以矿床的一定勘探程度为基础，特别是对地下采矿块段内部矿体的连续性应已基本掌握，不致因矿体变化过大导致在底部结构形成后，采准、回采方案的大幅度修改，工程的大量报废。在条件不完全具备的情况下，仍应先施工若干单纯的探矿工程（钻探或坑探）。

露天采矿的探采结合比较简单，下面主要介绍地下采矿的探采结合方法。

开拓阶段：

(1) 地质人员提供阶段开拓的预测地质平面图及矿石品位、储量资料；

(2) 在充分考虑阶段地质条件和勘探要求的基础上，采矿人员拟定阶段开拓方案；

(3) 进行探采联合设计，采矿人员布置开拓工程，地质人员布置勘探工程，双方共同选定探采结合工程，并进行工程的施工设计；

(4) 地采双方联合确定工程施工顺序并统筹施工；施工中，地质人员与测量人员配合掌握工程的方向、进度、目的，采矿人员控制技术措施；

(5) 阶段开拓工程施工结束后，地质人员视情况补充一定勘探工程，再整理开拓阶段生产勘探所获资料，为转入采准阶段的探采结合创造条件。

采准阶段：

(1) 地质人员根据前阶段所获地质资料编制和提供块段单体地质资料；

(2) 采矿人员根据资料初步确定采矿方法及采准方案；

(3) 地采双方共同从采准工程中选定能达到勘探的目的而又允许优先施工的工程作为探采结合工程，有时与分段等生产工程结合形成探采结合层；

(4) 块段探采结合工程施工，首先利用对矿体空间位置依赖性不大的脉外工程优先施工接近矿体，并达到探采结合工程施工位置，通过勘探查明矿体边界位置及内部构造；

(5) 地质人员整理块段探采结合工程施工所获地质资料，提供采矿人员进行全面采准工程设计；

(6) 采准工程全面施工；施工结束后，地质人员视情况补充必要的勘探工程，再整理采准阶段生产勘探所获地质资料，为转入块段矿石回采做好准备。

切割、回采阶段：

在生产地质工作中，利用切割、回采工程进一步控制矿体，有时也补充少量勘探工程，探明可附带回采的矿体分支和小盲矿体。

3.3.6.2 探采结合实例

**实例一　金州石棉矿**

该矿床属沉积变质型，产于震旦系甘井子组白云质石灰岩中。矿体呈似层状产出，沿走向呈"S"形弯曲，倾角45°～70°，矿石平均品位4.52%。矿床规模大而形态简单，属第Ⅰ勘探类型。地质勘探钻探网度：D级400×200m；C级200×100m；B级100×100m。矿床受一定断层切割，且产于含水层中，生产勘探除了达到储量升级目的外，查明采区断裂构造及地下水活动规律也是重要任务。

矿山采用竖井开拓，阶段水平布置脉内和脉外运输平巷，每80～100m掘进穿脉联络巷道。采用尾砂干式充填采矿法，矿块结构：阶段高50m，长80～100m，矿块中央布置充填井，两翼布置人行井及溜矿井。

阶段开拓时，首先掘进脉外运输平巷，从穿脉或未来天井位置向矿体打坑内钻（单孔或双孔，水平或上向）。工程布置方案见图3-7。脉内运输平巷、穿脉巷道及部分坑内钻构成探采结合工程。在坑内钻方面，水平钻作穿脉掘进掏槽孔，上向斜钻作放水孔，沿脉掘进用水平钻超前探水，同时也是掘进的掏槽孔。超前探构造指导沿脉开拓施工采用小断面坑道，待矿体探明后再扩帮形成生产巷道。剖面上探构造采用扇形坑内钻。进入采准阶段，切割沿脉及各类天井是主要的探采结合工程（图3-8）。有时还将探矿的钻孔兼作吊罐天井掘进中心孔和通风孔。矿区探采结合施工结束后所形成的最终工程网度为：50（段高）m×（80～100）（穿脉）m×40～50（天井）m，坑内钻为：（15～20）（走向）m×（10～15）m（倾向）m，储量升至A级。

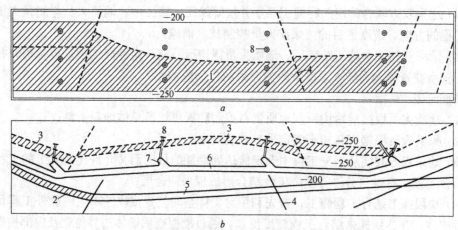

图3-7　金州石棉矿阶段开拓探采结合工程布置示意图

a—垂直纵投影图；b—水平投影图

1—矿体的垂直投影；2——200m阶段被平巷揭露的矿体；3——250m阶段推测矿体；4—断层；
5——200m阶段运输平巷；6——250m脉外运输平巷；7—穿脉；8—坑内钻

矿区实行探采结合的结果，仅勘探钻孔的生产利用率即达30%左右。坑钻进尺的探矿比为0.2～0.4，年度生产勘探专门费仅4万元左右。（本例由伍润年，杨本申提供）

**实例二　711铀矿**

矿床产于下二叠统当冲组硅质岩层内，矿化受北北东向构造控制。层位内矿化均匀到极不均匀，工业矿体形态极不规则，大小不一，可由第Ⅲ到第Ⅴ勘探类型。矿体总的倾向南东，倾角较陡。围岩一般稳固，但断层附近较差。

矿区采用平硐、竖井联合开拓，主要以干式水平分层充填法开采。

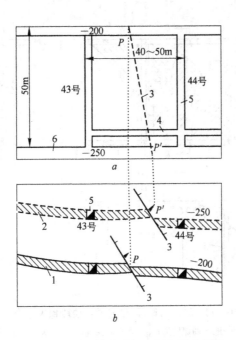

图 3-8　金州石棉矿采场工程布置示意图

a—垂直纵投影图；b—水平投影图

1——200m 阶段已揭露矿体；2——250m 阶段推测矿体；3—断层；4—切割沿脉；

5—天井；6—运输平巷

　　矿区勘探的主要特点是地质勘探、生产勘探与采矿生产都存在一定结合关系。地质勘探手段以坑探为主，坑内岩心钻或接杆凿岩深孔为辅。矿山生产中利用地质勘探已完成的工程，经过补充加密形成生产勘探及阶段开拓的巷道系统，见图3-9。地质及生产勘探坑道在圈定矿体后，部分穿脉可供采矿利用，形成探采结合工程（图3-9中涂黑部分）。由于矿体变化很大，采准块段内部必须加密两到三层副穿脉（图3-10）才能较全面地控制矿体。

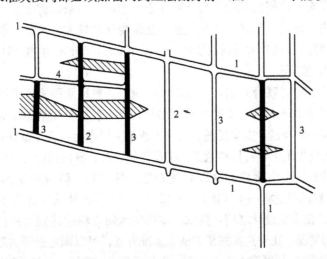

图 3-9　711 矿 2 号井田 90m 阶段探采结合方案图

1—开拓运输巷道；2—地质勘探坑道；3—生产勘探坑道；4—采准巷道

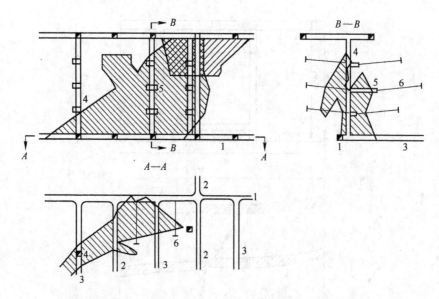

**图 3-10　711 矿 90m 阶段 22 号矿体块段探采结合三面图**
1—阶段运输平巷；2—地质勘探坑道；3—生产勘探坑道；4—天井；5—副穿脉；6—坑内钻

副穿脉无生产意义，且对未来采矿具潜在的不安全因素，因此尽可能以接杆凿岩深孔伽玛取样圈定矿体来代替。回采阶段利用深孔探明矿体分支，指导切割和寻找小盲矿体。对极不规则的小矿体实行边探边采。矿床探采结合最终形成的勘探工程网度为（40～50）m（段高）及（13～16）（副穿脉或深孔）m×（20～40）（穿脉）m 或 10（坑内钻）×（20～40）m（天井）m，储量升至 $C$ 或 $B$ 级。

实行探采结合，矿山勘探工程的生产利用率比较高，如 2 号井田达 67.7%，130m 阶段的勘探天井生产利用率达 90% 以上。（本例由曹庭堵提供）

**实例三　中条山有色金属公司胡家峪及篦子沟铜矿**

胡家峪及篦子沟矿床属沉积变质型，赋存于前寒武系中条山群变质岩系中。矿体呈似层状、透镜状产出，厚度、形状、产状及矿石品位变化都较大，倾角一般为 30°～45°，矿床属第Ⅲ勘探类型。地质勘探钻探网度：$C$ 级 100m×50m；坑探网度：$B$ 级 25～30（段高）m×50（穿脉）m。

矿山采用平硐、竖井联合开拓，阶段高 45～50m。阶段水平采用沿脉及穿脉巷道环形运输布置，穿脉间距 25～30m。采矿方法有多种，以有底柱分段崩落法为主。

阶段开拓的探采联合设计方案见图 3-11。工程施工顺序为：首先掘进石门及运输巷道尽快接近矿体，然后优先施工具有探矿意义的工程，如穿脉、脉内沿脉及坑内钻，一般需超前脉外工程 100m。图 3-11 中涂黑部分即为优先施工的工程。阶段开拓的探采结合工程施工结束后，勘探工程网度达 45～50（段高）×12.5～15（穿脉及其间加密的坑内钻）m，储量由 $D$ 级升至 $C$ 级。在采准设计之前，要求所掌握的地质资料能达到这种程度，即：能据以正确判断块段内部情况，正确选择采矿方法和采准方案，可以确定必要的勘探工程网度。采准块段布置分两类：当矿体厚度大于 10m 时，采场垂直走向布置，电耙道间距 15m，电耙道及穿脉构成探采结合工程（图 3-12 中的 3、4、7）。当矿体厚度小于 10m 时，采场沿矿体走向布置，拉槽巷道及穿脉构成探采结合工程（图 3-13 中的 2、5、7）。电耙道水平还要补充坑内钻以控制矿体局部形态（图 3-13 中的 3）。块段工程施工时，首先掘进与矿体边界位置依赖性不大的下盘溜矿井、人行井或通风井，达到分段探采结合层位置。在探明矿体边界（主要是下盘）位置后再指导采准工程全面设计和施工。采准块段探采结合施工结束，生产勘探工程网度达到（10～20）（分段高）m×10～15（电耙道或拉槽巷道、坑内钻）m，储量进一步由 $C$ 级升至 $B$ 级。回采阶段在必要时还要利用切穿矿体边界的回采深孔取样圈定矿体。

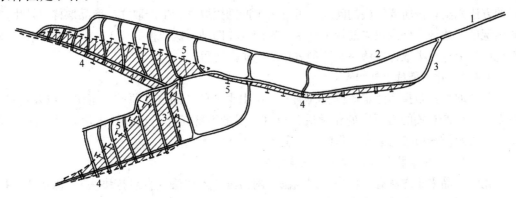

图 3-11　胡家峪矿阶段生产勘探及开拓联合设计方案

1—石门；2—阶段脉外运输巷道；3—探采结合穿脉及沿脉运输巷道；
4—生产勘探穿脉；5—生产勘探钻孔

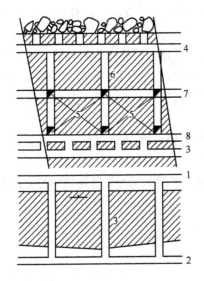

图 3-12　篦子沟矿垂直矿体走向采场的
探采结合方案

1—上盘运输平巷；2—下盘运输平巷；3—电耙道；
4—上阶段下分段的电耙道；5—拉槽巷道；6—切
割井；7—上阶段开拓穿脉；8—堑沟巷道

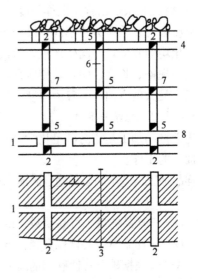

图 3-13　篦子沟矿沿矿体走向采场的探采
结合方案

1—电耙道；2—穿脉；3—生产勘探钻孔；4—上阶段
下分段的电耙道；5—拉槽巷道；6—切割井；
7—上阶段开拓穿脉；8—堑沟巷道

上述两个矿区，年采矿量均达百万吨以上，年掘进量达 1500m 以上。据篦子沟矿统计，探采结合工程占工程总量的 40%，年减少勘探坑道数千米，降低掘进费 80 万元以上。

胡家峪矿年减少掘进量 300m，千吨探矿比由结合前的 7.1 下降到 2.5，综合效益比较显著。（本例由郭纯毓、贾永山提供）

# 3.4　矿山取样

矿山取样，是矿山地质工作中主要基础工作之一。按研究矿产质量的方法，可分为化学取样、物理取样、矿物取样、矿石加工技术试验取样、砂矿取样以及用仪器测定矿石质量的方法六类；按所要解决的问题，可分为生产勘探取样、生产取样、商品取样以及生产矿山深部、边部、外围找矿勘探工作中的矿产取样四种。这四种取样工作，按矿种和具体情况应用上述六类取样方法中某几种方法确定矿产质量。

## 3.4.1　化学取样[1,15,16,17]

化学取样，是指为测定矿体及其围岩、矿山生产的产品（如原矿、精矿）以及尾矿、废石、与矿产有关的岩石中的化学成分及其含量的取样工作。它包括化学样品采集、加工、分析及质量检查等取样工作的全过程。

### 3.4.1.1　化学样品采集方法（取样方法）

化学样品采集方法有刻槽法、刻线法、网格法、点线法（直线打块法）、拣块法、打眼法、剥层法、全巷法、岩心取样九种。根据不同的矿种、矿化均匀程度、矿体厚度大小、矿石类型、用途等，可选用不同的取样方法和规格（表 3-3）。结合工业指标所规定的最低可采厚度和夹石剔除厚度，可选用合理的取样长度。地下开采的矿山常用取样长度 1～2m；露天开采矿山常用取样长度 3～5m。随着勘探程度的深入，取样间距往往不断加密。地质条件及采矿方法不同，取样方法、规格均有可能发生变化。所以，需区别不同矿种和矿化均匀程度，不同生产准备阶段与采矿方法，选择或试验确定其相适应的取样方法及其取样规格、长度、间距，使所采集的样品有代表性，又要经济合理。取样时应沿物质成分变化最大的方向（一般为厚度方向）采取，按不同矿石类型、品级分段连续取样。

### 3.4.1.2　化学样品加工

化学样品加工是指为满足化学分析对样品最终重量和颗粒大小的要求，而对原始样品进行加工的工作。

样品加工的基本问题是确定满足化学分析所需的最小可靠重量，常用切乔特公式确定：

$$Q = KD^2 \tag{3-3}$$

式中　$Q$——样品的最小可靠重量，kg；

　　　$D$——样品中最大颗粒直径，mm；

　　　$K$——根据矿石特性确定的缩分系数。

$K$ 值的大小与矿种、矿石物质成分均匀程度有关。一般样品 $K$ 值多在 0.1～0.5 之间，特殊样品在 1 以上。所以，样品加工前应选择或试验确定合理的 $K$ 值，据切乔特公式制定加工流程图（图 3-14），以便把原始样品按加工流程加工到最小可靠重量的分析样品（试样）。

由图 3-14 可见，样品加工可分若干阶段，每个阶段又包括破碎、筛分、拌匀、缩分四个基本程序。

对于特殊样品，如黄铁矿、铬铁矿、沸石、膨润土、岩盐、芒硝、石膏、玻璃及陶瓷原料等矿石，应进行特殊加工处理。

**表 3-3 化学样品采集方法、规格及用途**

| 名　　称 | 方　　法 | 规　　格 | 用　　途 |
|---|---|---|---|
| 刻槽法 | 在矿岩露头上，用取样钎、锤或取样机开凿槽子，将槽中凿取下来的全部矿岩作为样品 | 常用样槽规格长×宽×深为 5cm×（2～10）cm×5cm，矿化均匀时规格小些，矿化不均匀时规格大些 | 为金属、非金属矿产最常用的取样方法。在探槽、井巷、回采工作面等人工露头或自然露头上采集样品 |
| 刻线法 | 在矿岩露头上刻一条或几条连续的或规则断续的线形样沟，收集凿下的全部矿岩作为样品 | 常用样沟规格宽×深为（1～3）cm×（1～3）cm，线距 10～40cm | 单线刻线法用于矿化均匀矿床；多线刻线法用于矿化不均匀矿床；常用于采场内取样 |
| 网格法 | 在矿岩露头上画出网格或铺以绳网，在网线的交点上或网格中心凿取大致相等的矿（岩）石碎块（粉）作为样品。网格形状有正方形、菱形、长方形等 | 网格总范围一般为 1m 见方，单个网格边长 10～25cm，一个样品由 15～100 点合成，总重 2～10kg | 代替刻槽法 |
| 点线法 | 按刻槽法布置样线，在样长范围内直线上等距离布置样点，各点凿取近似重量的矿岩碎块（粉）作为样品，矿化不均匀时可在 2～3 条直线上布置样点 | 点距一般为 10cm，线距一般为 50～100cm | 一定程度上代替网格法，常用于矿化较均匀的采场内取样 |
| 拣块法 | 从采下的矿（岩）石堆上，或装运矿石的车、船、皮带上，或成品矿堆上，按一定网距或点距拣取数量大致相等的碎块（粉）作为样品 | 爆堆上网点间距一般为 0.2～0.5m；矿车上取样视矿化均匀程度与矿车大小，有 3 点法、5 点法、8 点法、9 点法、12 点法等 | 常用于确定采下矿石质量或运出成品矿质量 |
| 打眼法　浅孔取样 | 用凿岩机钻凿浅眼的过程中，同时采集矿岩泥（粉）作为样品 | 常用眼深 1～2m，一般不超过 4m，由一个或几个炮眼所排出矿岩泥（粉）组成一个样品 | 常用于矿体厚 2～5m 沿脉掘进时探明矿体界线，代替短穿脉，以及浅眼回采的采场内确定残留矿体界线、质量 |
| 打眼法　深孔取样 | 用采矿凿岩设备进行深孔凿岩过程中，同时采集矿、岩、泥（粉）作为样品。有全孔取样、分段连续取样，孔底取样三种方法 | 露天深孔取样间距一般为 4m×（4～6）m×8m，地下深孔取样间距一般为 4～8m 或 8～12m | 露天深孔取样（穿爆孔取样）结果是详细确定开采块段矿体边界、矿石质量、矿石类型（品级）、编制爆破块段图，指挥生产等主要依据；地下深孔取样主要用于详细确定回采块段矿岩边界和矿石质量，也可代替部分坑探或钻探工程中取样 |
| 剥层法 | 在矿岩出露面上按一定规格凿下一层矿岩石作为样品 | 常用剥层宽度×深度为（20～50）cm×（5～15）cm，某些非金属矿产取样断面规格较大 | 主要用于检查其他取样方法精度，采取技术试验样品，厚度小或矿化不均匀矿床的化学取样 |
| 全巷法 | 在巷道掘进的一定进尺范围内的全部或部分矿（岩）石作为样品 | 取样断面与井巷断面一致，样长一般为 1～2m | 主要用于检查其他化学取样方法精度以及矿化极不均匀矿床的化学取样 |
| 岩心取样 | 从钻探获得的岩心、岩屑、岩粉作为样品。常用岩心劈开机劈取一半岩心或金刚石锯取一半岩心作为样品 | 岩（矿）心直径有大孔径 127～146mm，中孔径 75～110mm，小孔径＜75mm。样长一般为 1m | 用岩心钻探探矿时进行岩心取样 |

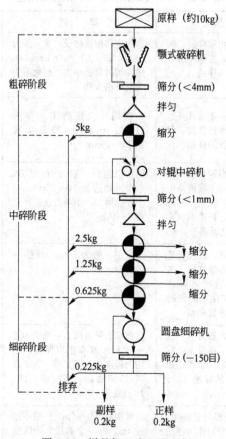

图 3-14　样品加工流程图实例

### 3.4.1.3　化学样品的分析种类及质量检查

#### A　化学样品分析种类

##### a　基本分析

基本分析又称普通分析，为了确定矿体和矿产品中主要有用、有害组分的含量及其变化情况而进行的分析。这种分析在矿山最常用，数量最多。其分析所获资料是圈定矿体、划分矿石类型和品级、计算储量、确定矿产品质量的主要依据。分析项目视矿种和矿石类型而定。

##### b　组合分析

本分析的目的是确定矿体内伴生组分的含量及其分布，用于储量计算；或了解影响选、冶性能及矿产价值的有害组分和一般组分的含量。样品由同一矿石类型或品级的两个以上（一般为 8～10 个）的基本分析副样，按原来样品的长度或重量、体积比例组合而成。分析项目据全分析或多元素分析结果确定。

##### c　物相分析

本分析又称合理分析，是为了研究某些矿床的自然分带和确定矿石自然类型以及确定有用组分赋存状态而进行的样品化学分析与鉴定。例如，硫化物矿床可在肉眼和镜下鉴定基础上，先大致确定不同矿石自然类型，而后在分带线附近采集一定数量的样品，或用基本分析副样作样品，通过物相分析，获得硫化矿物与氧化矿物的比例。即：

$$\frac{\text{硫化物中金属含量}}{\text{总金属含量}}\% \text{或} \frac{\text{氧化物中金属含量}}{\text{总金属含量}}\%$$

再用以确定每一样品所在位置是氧化矿、原生矿还是混合矿，据此划分这三类矿石的分布位置，并进一步确定各种有用组分赋存状态，从而为分别计算储量和分别采、选、冶提供依据。

*d* 多元素分析

本分析的目的是检验矿石中可能存在的有用、有害元素，为组合分析提供项目。一个矿区一般有 10～20 个代表性样品即可。一般可采用光谱或极谱分析或多元素化学分析。

*e* 全分析

全分析的目的是了解各种类型矿石和岩石中全部元素及组分的含量。包括光谱全分析和化学全分析。化学全分析项目常据光谱全分析结果确定。全分析样品可利用组合分析副样或单独采集。每类型矿石、岩石大致作 1～2 个。

*f* 单矿物分析

本分析的目的是查明某种单矿物中赋存有哪些稀散元素或贵金属及其含量，用以确定工业利用的可能性，有时还用以计算其储量。单矿物样品从主金属矿物着手，工业矿体内采取，要纯净，有时借助分选方法获得，数量视需要而定。

*B* 化学取样质量检查

（1）检查原始样品代表性（通过不同取样方法或规格的对比试验来检查）；

（2）检查加工系数、流程是否合理（通过不同加工系数、流程的对比试验来检查），操作是否正确；

（3）检查分析质量（通过内检和外检来检查）。

内检是从原分析副样总数中挑选 5％～10％的样品，分期、分批编密码送原分析化验室化验；外检是从已经内检的副样中挑选原分析样品数的 3％～5％，分期、分批送技术水平更高的化验室化验。

地质人员在收到内、外检结果后，要计算超差率或平均相对误差。如超差率大于 30％或平均相对误差超差，应检查原因或将超差样品重新化验；如结果仍超差，原分析结果应报废或将储量降级；如超差率小于 30％，但存在系统误差，而误差不太大，可利用检查分析与原分析平均值比率校正。至于超差的标准可查阅全国矿产储量委员会所制订的有关规范。

3.4.1.4 用以代替化学取样的实测统计法

这是通过在现场进行地质编录过程中，实测有用矿物与矿体的面积或长度，再经室内统计计算以确定矿石中主要有用组分品位的一种方法。我国某些钨矿山和锑矿山 60 年代开始试验，用以代替化学采样及样品的基本分析，已用于生产 20 多年。此法又分两种：

*A* 面积统计法

在实测矿体暴露面积及其上有用矿物面积的基础上，用公式（3-4）计算品位：

$$C = \frac{\sum S_x D_x C_x}{(S - \sum S_x)D_y + \sum S_x D_x} \times 100\% \tag{3-4}$$

式中 $C$——矿石中某有用组分的品位，％；

$\sum S_x$——在矿体的一定暴露面积上含该有用组分矿物的面积总和，$mm^2$；

$D_x$——该有用矿物的平均体重，t/m³；

$C_x$——该有用矿物中有用组分的平均含量，%；

　$S$——受测定的矿体暴露面积，mm²；

$D_y$——矿石中脉石矿物的平均体重，t/m³。

此法首创于西华山钨矿。经用剥层法对比，其精度优于刻槽法，现已在某些含黑钨矿石英脉矿床的矿山推广使用。这类钨矿在实测中，取沿矿体走向（或倾向）2m 长的矿体暴露面，作为一个测定单位；用钢卷尺实测 $S$ 及 $\sum S_x$；而 $D_x$、$C_x$、$D_y$ 等数据，则通过事先对本矿不同地段 30～40 个样品的测定加以确定。

此法的优点是：在保证精度的前提下，不需刻槽、样品加工及化验等工序，既节省了费用，又避免了刻凿样品及样品加工带来的矽尘危害。但是，它只能在矿体与围岩界线分明，矿石的矿物组成简单，有用矿物与脉石矿物易于区别和有用矿物颗粒粗大的矿床使用，因而有一定的局限性。

*B　长度统计法*

此法首创于锡矿山锑矿，具体做法如下：

在巷道壁上沿矿体厚度方向布置若干条平行测线（锡矿山为 11 条）作为一测样点，测线间距可为 2～10cm，测样点间距及测线长度（相当于样槽长度）可与一般刻槽法相同。在每条测线上用卡规量出含矿矿物集合体段落长度，同时用小钢尺量出测线总长度，再目估含矿矿物集合体的品位和脉石矿物集合体品位，最后用公式（3-5）计算该测样点的品位：

$$C_i = \frac{\sum L_x D_x C_x + (\sum L - \sum L_x) D_y C_y}{(\sum L - \sum L_x) D_y + \sum L_x D_x} \times 100\% \tag{3-5}$$

式中　$C_i$——某测样点的品位，%；

$\sum L_x$——测线上含矿矿物集合体段落总长度，mm；

$D_x$——含矿矿物集合体的体重，g/cm³；

$C_x$——含矿矿物集合体的品位，%；

$\sum L$——测线总长度，mm；

$D_y$——脉石矿物集合体体重，g/cm³；

$C_y$——脉石矿物集合体品位。

上述参数中，除 $\sum L_x$ 和 $\sum L$ 实测取得外，$C_x$ 及 $C_y$ 是测定者根据大量样品外观与化验结果对比所积累的经验，在现场目估确定；$D_x$ 是根据 $D_x$ 与 $C_x$ 间的回归方程确定，而 $D_y$ 是实测的平均值。

锡矿山锑矿采用此法与刻槽法对比，证明其精度不低于刻槽法，但要求测定人员必须是富有目估经验者。

### 3.4.2　物理取样[16,17]

物理取样又称技术取样。是指为了研究矿产和岩石的技术物理性质而进行的取样工作。对大部分非金属矿产，主要是测定与矿产用途有关的物理和技术性质，例如对石棉矿，要测定石棉的含棉率、纤维长度、抗拉强度、吸水性、抗压强度、抗冻性、耐磨性等；对宝石要确定其晶体大小、颜色、透明度以及晶体内裂纹或包裹体的分布等；对耐火黏土要测定其软化点、耐火度等等，从而为确定矿产质量和工业用途提供主要依据。对一般矿产，主要是测定矿石和围岩的物理力学性质，包括体重、容重、湿度、孔隙度、松散系数、块度、自然安息角、强度与变形模量、可钻性、爆破性以及砂性土及黏土的土工试验技术参数等，从而为储量计算、矿山设计或生产等提供必要的参数。

### 3.4.2.1 测定矿岩物理力学性质的物理取样

#### A 体重测定

矿石体重指矿石在自然状态下单位体积的重量。单位：$t/m^3$。体重样应按矿石类型、品级采取，在品位和分布上要有代表性，按测定方法分小体重和大体重两种：

小体重是采取体积为 $60\sim120cm^3$ 的标本或岩心，用封蜡排水法，分别测定封蜡前矿石重量 $P_1$、封蜡后的矿石重量 $P_2$ 和体积 $V$（蜡比重 $d$ 为常数）以求体重 $D$：

$$D=\frac{P_1}{V-\dfrac{P_2-P_1}{d}} \tag{3-6}$$

大体重常用全巷法或爆破法，分别测定采下矿石重量 $P$、坑道（爆破）体积 $V$ 以求体重 $D$：

$$D=\frac{P}{V} \tag{3-7}$$

一般每一矿石类型或品级测定小体重 $20\sim30$ 个以上，并测定 $1\sim3$ 个大体重作为检查。当两者体重差别大时，以大体重修正小体重后用于储量计算。

#### B 容重测定

矿（岩）石容重指松散矿（岩）石单位体积重量。用体重与松散系数比值求得。容重与块度大小有关。主要用于计算矿（废）石堆储存量。

#### · C 湿度测定

矿石湿度指自然状态下单位重量矿石中所含水分的百分含量。此参数主要用于校正体重和供解决有关矿石运输、储存问题参考。对盐类和其他疏松、多孔隙矿石，一般都必须测定湿度。应按季对不同类型矿石取样，样重 $300\sim400g$。设采出样品立即称重为 $P_1$，破碎到 $1\sim2cm$ 粒径烘干后恒重为 $P_2$，则湿度 $\omega$ 为：

$$\omega=\frac{P_1-P_2}{P_1}\times100\% \tag{3-8}$$

用湿度校正湿体重 $D$ 时，校正后体重 $D_1$ 为：

$$D_1=\frac{D(100-\omega)}{100} \tag{3-9}$$

一般湿度 $\omega<5\%$ 时可不进行校正。

#### D 孔隙度测定

见 6.3。

#### E 松散系数测定

矿（岩）石松散系数指矿（岩）石爆破后松散体积与爆破前体积比值。它是矿山运输能力、矿车大小及矿仓容积等设计和矿车计量、劳动定额、采掘量计算等必要的参数。测定方法有：露天大体积法，测量和计算矿石爆破后与其前的体积比值；全巷法，测量和计算装入矿车中松散矿石体积和坑道体积比值。

#### F 块度测定

对爆破后矿石碎块中大于50mm的用手选分级，小于50mm的用筛子分级，以求得各级块度的重量占总重量的百分比。还可用照相法进行测定，详见本书6.8.1。

块度分级取决于矿种和矿石的工业用途。一般分为七级：<5mm、5～10mm、10～25mm、25～50mm、50～100mm、100～200mm、>200mm。

找出块度与品位的关系即为机械分析。可为选择采矿方法、破碎机械及运搬工具提供依据。

**G 自然安息角测定**

自然安息角指爆破后矿（岩）石在自然堆放条件下，碎块坡面与水平面的最大夹角。它是决定堆放矿（废）石场地范围或决定运输铁道与工作面间距等的依据。应按矿石类型、品级和不同岩石分别测定，每次测定不少于5次，然后取平均值。

**H 岩矿石物理力学试验**

见6.5和13.4。

**I 可钻性和爆破性测定**

见7.1和8.2。

**J 土工试验**

见6.6。

**3.4.2.2 确定矿产质量的物理取样**

工业上对许多非金属矿产（如石棉、建筑石材、金刚石、云母、滑石、石墨、大理石等），主要是利用其物理特性。因此，除了要评述其主要有益、有害组分的含量以及选矿加工性能外，主要是通过物理取样，测定与矿产用途有关的物理和技术性质，以确定矿产质量和工业用途。

非金属矿产种类繁多，有的一矿多用，可供工业利用的物理和技术性能多种多样，不同工业用途所要求测试的项目不同（表3-4），取样方法、规格、要求也各异。

常用取样方法有刻槽法、全巷法、单块采取法、拣块法、剥层法等。

刻槽规格一般比金属矿要大，例如对高岭土、滑石、硅灰石、海泡石、凹凸棒石等常用10cm×5cm断面规格；有的需更大，如石棉一般达10cm×10cm～30cm×30cm。样品长度一般为1m。

为保持矿物外形完整或有用矿物含量甚少时用全巷法，如水晶、云母、金刚石等矿。水晶取样工程规格，应以能对晶洞或晶体砾石作出正确评价为原则；云母取样体积不少于2～3m³；金刚石取样体积，原生矿一般为2～4m³，砂矿一般为5～10m³。

对于建筑石材，一般用单块采取法，例如大理石取样规格一般为10cm×10cm×5cm、20cm×20cm×5cm或成材规格。

物理取样拣块法不同于一般金属矿产，例如对云母矿，在所采取的样品中，选出1～3套有效面积大于40cm²的厚片云母进行物理性能及电工性能试验；对石棉矿试验比重、耐酸性、耐碱性、导热性、耐热性及矿物种属样品，一般可用手选棉。

某些矿产也用剥层法，例如网状石棉矿，剥层规格可为宽5～15cm，深20cm左右。

**3.4.3 矿物取样[17]**

矿物取样，是指从矿体、岩石或其风化剥蚀自然产物中，采集矿石、岩石、自然产物的标本、样品或单矿物，用化学、物理和物理化学方法鉴定和研究矿物的取样工作，是进

**表 3-4  某些非金属矿产的主要物理性质测试项目**

| 矿 种 | 用 途 | 物理性质测试项目 |
|---|---|---|
| 石 棉 | 纺织、耐磨、绝热、建筑材料等 | 纤维长度、机械强度、耐酸性、耐碱性、导热性、导电性 |
| 石 墨 | 坩埚材料<br>电极材料 | 导热性、鳞片大小<br>导电性、粒度 |
| 云母（包括白云母、金云母） | 电器设备材料 | 硬度、抗压强度、耐热性、挠曲性、击穿电压、体积电阻率、表面电阻率、介质损耗角 |
| | 一般工业及建筑材料 | 硬度、挠曲性、抗压强度、耐热性 |
| 金刚石 | 宝石拉丝模、硬度计、刀具、研磨材料等半导体器件等 | 晶体大小、晶形、颜色、透明度、包裹体等导热性，半导体性能 |
| 滑 石 | 造纸、纺织、日用化工等<br>高频瓷 | 白度、细度<br>白度、细度、导电性、耐热性、表面电阻、热敏性能等 |
| 石 膏 | 医药、雕塑、装饰、造纸等 | 白度、细度 |
| 高岭土 | 建筑、陶瓷、电瓷、日用化工等 | 可塑性指数、白度、耐火度、烧结范围、干燥收缩和烧成收缩率 |
| 凹凸棒石黏土 | 油脂精炼、抗高温钻井泥浆、建筑涂料等 | 脱色力、吸附率、造束率、吸兰率、脱质价、比表面、可交换阳离子及阳离子交换总量 |
| 沸 石 | 水凝水泥的硬凝剂、吸附剂、阳离子交换剂、轻骨料等 | 比表面、吸附率、可交换阳离子及阳离子交换总量等 |
| 大理石 | 饰面材料和工艺品 | 颜色、花纹、光泽度、抗折强度、抗压强度、容重、吸水率、耐磨率等 |
| | 电气绝缘材料 | 磨光性、加工性能、吸水率及吸湿后的体积、电阻系数、干燥状态的电场击穿强度 |

行矿物学研究时的取样手段。在配合矿产普查勘探与矿山生产方面，它是概略估价矿产质量，研究矿床成因和确定找矿方向的一种取样手段；也是解决一些矿床的综合评价或重新评价，或分析矿石选、冶加工工艺性质的重要取样手段；对于一些利用其中某些矿物特性的矿产，则可根据矿物取样得到有用矿物含量的资料。

矿物取样种类随矿物学的发展与矿物应用的发展而增加，目前，用于矿产普查勘探与矿山地质工作方面，矿物取样种类有岩矿显微镜鉴定取样、矿物包裹体测试取样、稳定同位素测定取样、同位素地质年龄测定取样等。各类矿物取样的样品采集、取样过程及用途见表 3-5。

### 3.4.4  矿石加工技术试验取样[17]

矿石加工技术试验取样，是指为了研究矿石的加工技术性能，确定矿石的选矿，冶炼或其他加工方法、工艺流程和合理的技术经济指标等，而对矿床进行的取样工作。不同种类或用途的矿产，加工技术试验取样任务不同。对绝大多数金属矿产和部分非金属矿产，主要是确定矿石的可选性及选矿工艺，其中一部分矿石还需研究冶炼性能或其他加工性能。对绝大部分非金属矿产，主要是确定矿石的可用性、可选性和可加工性（含化工处理）。

**表 3-5　各类矿物取样样品采集、取样过程及用途**

| | | |
|---|---|---|
| 岩矿显微镜鉴定取样 | 样品采集 | 从岩石或矿石中采集块状标本，标本规格视需要而定 |
| | 取样过程 | 采集岩矿标本→加工成光片、薄片或光薄片→显微镜下鉴定 |
| | 用　途 | 确定矿石、岩石种类，分析地质构造，推断矿床生成地质条件，了解矿石加工技术性能，划分矿石类型等 |
| 矿物包裹体测试取样 | 样品采集 | 从岩石或矿石中采集样品，样重按测试项目而定 |
| | 取样过程 | 采集原始样品→选取单矿物→用爆裂法测温或测定包裹体化学成分<br>采集原始样品→制成薄片或光薄片→在显微镜下用均化法测温和研究包裹体形态、大小及气、液、固相比例 |
| | 用　途 | 用于研究矿物的形成温度、包裹体成分，进而利用热晕、蒸发晕找矿或研究矿床、岩石成因等问题 |
| 稳定同位素测定取样 | 样品采集 | 从岩石或矿石中采集全岩样品或单矿物样品；所采样品应避免有后期叠加蚀变、退变质或固体包裹体或有固熔体分离的矿物；单矿物纯度要求 98% 以上 |
| | 取样过程 | 采集标本或样品→提取单矿物→测定稳定同位素 |
| | 用　途 | 判别成岩成矿物质来源，解决矿床成因，划分矿化阶段和成矿期次，指导找矿方向以及判断矿床规模等 |
| 同位素地质年龄测定取样 | 样品采集 | 查清地质情况的条件下，除专门研究蚀变和形变作用时期外，采集新鲜、未受蚀变风化的岩石或矿物样品，矿物中不应含副矿物包裹体，母体和子体同位素没有与外界物质发生交换 |
| | 取样过程 | 采集原始样品→加工成单矿物样品、一致曲线样品，等时线样品→进行同位素地质年龄测定 |
| | 用　途 | 确定岩层或矿床地质年龄，指导找矿 |

### 3.4.4.1　矿石加工技术试验取样的种类

**A　可选（冶）性试验取样**

对不同自然类型、品级分别采取矿石试样，进行可选（冶）性试验，用以判别试验对象是否可作为工业原料，对易选（冶）矿石，试验结果可作为制定工业指标的基础。

**B　实验室流程试验取样**

按不同选冶性能的矿石分别采取矿石试样，并按不同围岩、夹石的混入率采取若干岩石样再组成试样，进行实验流程试验，以确定合理的流程和指标。对一般矿石，其试验成果是矿床开发初步可行性研究和制定工业指标的基础；对易选矿石，在满足矿山设计所需基本参数下，可作为矿山设计依据。

**C　实验室扩大连续试验取样**

根据实验室流程试验推荐出来的一个或几个流程，采取较多数量的试验样，进行串组为连续性的、类似生产状态的实验室扩大连续试验，以获得可靠的流程和指标。对一般矿石，其试验成果可作为矿山设计的基本依据；对难选矿石仅作为矿床开发初步可行性研究和制定工业指标的依据。

**D　半工业试验取样**

主要是针对选冶工艺流程复杂，而在实验室试验中难以充分查明工艺特性及其设备配置的某些矿石，采集大量试样，在专门的试验车间或实验工厂进行模拟工业生产的试验，以获得置信度高的数据。其试验成果是矿山设计的依据。

    *E* 工业试验取样

    主要是针对矿床规模很大，矿石性质很复杂，或为了确定采用先进技术措施或新设备的适用性，采集大量矿石作为样品，借助工业生产装置进行的试验。在工业试验中所获得可靠的流程和指标，是矿山设计建厂和生产操作的基础和依据。

    生产矿山一般不需频繁地进行上述各种试验。但对于在矿山地质工作中新发现的具有一定规模的新矿种或新类型矿床，需要开展上述的某些试验；为了改进加工工艺，采用新技术、新设备、新药剂，或为了进行进一步综合利用的研究，也需要开展上述某些试验。

### 3.4.4.2 矿石加工技术试验取样的要求和方法

    取样前，应由地质、生产、设计部门和试验单位，共同协商样品的种类、个数、重量、代表性要求和采样原则，并编制采样设计；经主管部门批准后，再进行采样、品位验算和编出采样说明书；样品经包装后连同说明书送往试验单位。在取样时应充分考虑样品的代表性，且区分不同类型、品级的矿石分别进行。对于上述后三类试验，还应按开采中可能混入矿石的不同围岩、夹石的混入率，采取若干岩石样，以便与矿石样组成混合样进行试验。

    对于要求样品数量不多的实验室试验，可用刻槽法或剥层法取样，也可用全巷法或局部爆破法取样，在现场缩分后再送往试验室。对于要求样品数量大的试验，则需用全巷法或局部爆破取样，甚至用正常开采的矿石作为样品。

    无论应用何种取样方法，为了保证样品的代表性，每个样品应尽可能采自矿床的不同部位，然后再按各小样所代表的储量比例组合为一个样品。在组合过程中，还必须保证按同类型、同品级的矿石进行组合。

    不同类型加工技术试验样品的重量可参考表 3-6 和表 3-7。

**表 3-6  金属矿产矿石加工技术试验试样重量参考表**

| 试 验 类 型 | 试 样 重 量 |
|---|---|
| 可选（冶）性试验 | 50～500kg |
| 实验室流程试验 | 300～1000kg |
| 实验室扩大连续试验 | 5～25t |
| 半工业试验 | 试样重量根据试验单位的设备规格、处理能力及必须试验的时间而定 |
| 工业试验 | 试样重量根据工厂设备规格及需要试验的时间而定。当采用新设备需作工业试验时，所需试样重量按设备能力而定 |

### 3.4.5 砂矿取样[17]

    砂矿取样是指为了查明砂矿床中有用矿物（或组分）含量及其回收性能而进行的取样。

    砂矿取样与一般矿产取样相比较有其特点：取样断面大、数量多，一般用淘洗方法加

表 3-7　某些非金属矿产矿石加工技术试验试样重量参考表

| 试验类型<br>矿种 | 初步可选性试验（kg） | 详细可选性试验（kg） | 半工业试验 | 工业试验 | 工业技术性能试验 |
|---|---|---|---|---|---|
| 石　棉 | 500～1000 | 3000～5000 | 根据试验方案的数目、选矿方法、试验单位的设备规格、处理能力及必须的试验时间而定 | 根据试验方案的数目、工厂规模及必须的试验时间而定 | 单项试验不少于 3kg，一般总重需 30kg |
| 高岭土 | 500～1000 | >1000 | | | 实验室规模制陶试验 100～500kg |
| 滑　石 | 300～500 | >1000 | | | 单项试验 1～3kg，一般总重需 20～30kg |
| 石　膏 | | >30 | | | 实验室制板试验 100～200kg |
| 金刚石 | 5000～30000 | 5000～30000 | | | 对每颗金刚石进行晶形、重量、导热性、半导体性能等测定 |
| 石　墨 | 300～500 | >1000 | | | 20～30kg |
| 硅灰石 | | | | | 500kg |
| 云　母 | | | | | 需有效面积大于 40cm² 的厚片云母 1～3 套，每套包括 1～4 种标号，总重量 10～15kg，5、6、7、8 标号云母 10～20kg 作薄片出成率试验 |
| 凹凸棒石黏土 | | | | | 测试脱色力、吸附率、吸兰量、胶质价、膨胀容、比表面、阳离子交换总量等，每单项需一至几克不等 |

工获取有用矿物精矿，用矿物鉴定方法确定其含量。

### 3.4.5.1　砂矿取样方法

有浅坑法、筒口锹法、刻槽法、剥层法、全巷法、留柱法、砂钻取样等。对湖泊、河床等水下砂矿，需用特殊取样工具，如带有挖掘机械的木筏或船只进行取样。

砂矿普查一般用浅坑法取样；砂矿勘探一般在砂钻、浅井、坑道中取样等；砂矿开采还需进行采场工作面取样及检查损失、贫化的取样。

浅井、坑道中取样；常用刻槽法，矿化很不均匀时用剥层法；检查砂钻取样和剥层法、刻槽法的代表性，采集技术试验样品，或矿化极不均匀时用全巷法；松散、涌水砂矿用留柱法。

砂钻中取样：一般用泵筒在套管中抽取样品；腐殖层、软质和砂质黏土层中，用拨管、勺形钻头或筒口锹、浅坑取样。

采场工作面取样：常用刻槽法，矿化极不均匀时用剥层法。一般工作面推进 10～15m 生产勘探取样一次，5～10m 生产取样一次。

检查砂矿开采损失取样：对未采下的矿体边缘、留底、保安矿柱、废石、剥离超挖部分进行取样，常用刻槽法；检查贫化取样：一般是通过测量采空区，计算地质储量、品位，与选厂取样计量的矿量、品位之比获得贫化率。

取样长度：一般含矿较均匀、厚度较大的为 1～2m，不均匀或厚度较薄的为 0.5m 或更短，换层或到达基岩如样长大于 0.3m 可另作一个样。一般取入基岩 0.5m。

取样规格：一般是刻槽法（0.1～0.2）m×（0.05～0.1）m（一壁或两壁刻取）。剥层法（0.5～1）m×（0.05～0.1）m（一壁或两壁剥取），全巷法视工程规格而定。

### 3.4.5.2　砂矿品位的确定

确定砂矿品位所用样品，通常不需经过破碎、筛分等样品加工过程，但往往需通过淘洗盘或瓢淘洗出重砂和单矿物分离，先确定样品中有用单矿物含量及淘洗系数，再进一步确定所谓"淘洗品位"。有关这方面的详细情况，请参看本章参考文献[17]。

有时也可将样品拌匀、缩分后直接化验其品位，但化验结果包括了不能完全为选矿所回收的脉石矿物中的有用组分含量，故尚应查明有用组分的分配率。

### 3.4.5.3 砂矿技术性能的测定

此种测定是为了了解矿石加工技术性质以及开采技术条件，为采选设计提供资料。主要测定项目有体重、湿度、孔隙度、自然安息角、松散系数、砾石度、含泥量、粒度分析、选矿试验等。体重、湿度、自然安息角测定，见本书 3.4.2，孔隙度测定见 6.3。

含泥量测定：淘洗浅井样品时保留泥浆，用明矾沉淀，晒干后称得泥质重量 $T_1$，然后与原样重量 $T_2$ 相比得含泥量 $w$：

$$w = \frac{T_1}{T_2} \times 100\%  \tag{3-10}$$

砾石度测定：淘洗浅井样品时，将直径大于 1cm 以上的砾石分级（1～5cm、5～10cm、10cm 以上），求分级砾石度：

$$某级砾石度 = \frac{某级砾石体积}{样品体积} \times 100\%  \tag{3-11}$$

砾石度是砂矿开采、选矿设计的重要参数。

粒度分析：主要了解含矿层内组成物质及有用矿物颗粒大小，以及各个不同粒级的百分含量，提供选矿参考。样品采自浅井或钻孔，样重一般为 10～15kg，粗粒级分析在野外进行，湿法过筛，干后称重。筛级分为 100mm、50mm、25mm、10mm、5mm、2.5mm，小于 2.5mm 的细粒级，加明矾沉淀、烘干、称重、包装送实验室分析。按粒度分析结果计算各粒级百分比。

选矿试验：目的是为砂矿床工业评价、制定工业指标、选矿工艺流程设计提供资料。砂矿普查勘探、开采等阶段试验程度和取样要求与原生矿基本相同，但应注意砂矿中有用矿物的粒度、砾石度和含泥量等特殊情况。

### 3.4.6 用仪器测定矿石质量的方法[1,17,18,19]

#### 3.4.6.1 核物理测定法

本法是利用激发源轰击被测岩（矿）石中元素使其放出各种射线，并用仪器测量放出射线的种类与能量以确定元素含量的方法，如中子活化分析、质子荧光分析、X 射线荧光分析等。其中适用于现场测定的是放射性同位素 X 射线荧光分析仪。近年也开始使用中子活化分析法进行测井。

#### A 放射性同位素 X 射线荧光分析

本法是以放射性同位素作为激发源照射待测样品，使受激元素产生二次特征 X 射线（荧光），用 X 射线荧光仪测量，记录样品中待测元素的荧光射线强度，从而确定样品成分和有用元素含量的方法。特点是仪器轻便，操作简单，可快速定性、定量确定大多数元素（原子序数≥13）的含量，精度千分之几至十万分之几；可直接测定固体（包括粉末）、液体样品中待测元素的含量；可携带到现场，在露头、岩（矿）心、采下矿岩上和钻孔中直接确定矿产组分，划分矿岩界线，代替或部分代替采样分析。

仪器种类按使用场合分为：室内分析的 X 射线荧光仪，探头部分固定，多用途，可一次测定多种元素，用于测定粉末样品和液体样品；便携型同位素 X 射线荧光仪，仪器重量小于 7kg，适于现场测量，测岩（矿）心时，探头上安置瓦片状装置；X 射线荧光测井仪，直接在钻孔中测量，需有电缆以传输脉冲讯号，探头有贴井壁装置。

国产 X 射线荧光仪主要用闪烁、正比探测器，主要仪器型号：便携型已有 C-2、YF、XY-1、TXY-1、HYX-1、ZYF-1 等型号；测井仪有 JXY-1 等型号。目前对铁、铅、锌等矿石粉末样品的快速测报，可用于矿石质量管理；对铁、铜、锡、锑、重晶石等矿石露头、矿（岩）心及钻孔中现场测定，效果较好。

国外有多种型号的便携型荧光仪和测井仪，可对金、银、钨、锡、锑、钼、铁、铜、铅、锌、钡、汞、萤石等数十种矿产进行现场测定，其测定成果可用于储量计算。例如，近年出现的便携型测金仪，用非接触测量技术，对金和其他重元素的现场测量，其检测限可达几十至几 ppm。

*B　中子活化分析*

本法是利用中子源照射样品中某些元素使其活化，研究活化生成的同位素半衰期，射线种类和能量等放射性特点，以确定这些元素含量的方法，可分析元素周期表中绝大部分元素，而且一个样品可同时测定多种元素的含量。一般用于实验室，现场仅用于测井。

*3.4.6.2　放射性物理测定法*

本法是根据放射性测量确定矿层厚度和放射性元素含量，以代替或部分代替化学采样分析的方法。其中辐射测样和 γ 测井广泛用于铀矿勘探和开采中现场测定。前者可代替刻槽取样，但需用 10%～20% 刻槽取样检查；后者可代替岩（矿）心取样，但需用 3%～5% 岩（矿）心取样检查。

*A　辐射测样*

辐射测样是在采探工程露头上、矿堆上，用辐射仪按一定点距精确测量矿石的放射性强度，从而定量确定放射性元素含量和矿体厚度的方法。按照记录射线的种类和测量方法的不同分为 γ 测样、β-γ 综合测样、γ 能谱测样三种。根据 γ 测样以确定矿石品位代表性好，应用广泛，我国常用仪器为国产 FD-42 定向 γ 辐射仪；在平衡偏轴的矿区用 β-γ 取样，常用 FD-127 型 β-γ 测样仪和改装的 FD-21 型测样仪；在铀、钍混合矿区用 γ 能谱测样。

在铀镭平衡严重破坏，而对其规律性未很好认识的矿区，不利于开展辐射测样。

*B　γ 测井*

γ 测井是用 γ 测井仪器沿钻孔直接测量（一般用点测）岩矿石的天然 γ 强度，寻找放射性异常，以及根据钻孔 γ 测量异常曲线，定量解释钻孔中矿层的空间位置、厚度和放射性元素含量的一种定量物探方法。我国常用 FD-61K 型晶体管轻便测井仪，可用于垂直或倾斜钻孔（或炮孔）的放射性测量。

## 3.5　生产矿山地质编录及主要图件

### 3.5.1　原始地质编录[1,2,20,21,22]

在矿山生产勘探、掘进（剥离）、开采的过程中，对揭露的各种地质现象进行及时、准确、全面、系统的观测、素描、采集标本、照相和描述，并编汇成原始地质资料的工作，称原始地质编录。它是矿山综合地质编录、地质研究的基础资料和主要依据。原始地质编录工作的成果通常包括素描图（附表格）、文字描述、实物材料及现场照片等四个方面的资料。

（1）素描图：主要是探槽、浅井、巷道、钻孔、采场（平盘或爆破块段）、老硐、硐室等探采工程的地质素描图与矿床地质特征素描图等。在这些图中应有工程名称、比例尺、测点编号及坐标、素描基线方向及倾角、采样位置、作图日期及素描和审核人员签名以及各种原始记录表格等。

（2）文字描述：详细记录所观测的各种地质现象特征，如岩层、构造、矿体等的特征及其产状等。尤其要着重描述矿石的矿物组成、结构和构造，矿体与围岩的接触关系，蚀变围岩的种类、分布、发育情况、相变特征等。

（3）实物材料：各矿山应有一套有代表性的岩矿地质标本。在进行现场编录时还要注意采集地层、矿石、矿物、化石、构造、蚀变围岩、岩（矿）心等方面有进一步研究价值的标本。

（4）现场照片：在编录时对特殊地质现象应进行拍照，并附以一定的文字记录。

矿山原始地质编录的基本程序是：观测-素描与描述-核对-小结等四个连续而有区别的过程。

### 3.5.2　综合地质编录[1,2,20,21,23~25]

综合地质编录是指对矿山地质工作中取得的各项原始地质编录资料进行系统整理、分析归纳、综合研究的一种工作。通过这一工作，编制出各种必要的综合图表等成果，并据以编制矿山地质报告。它是编制采矿设计、采掘计划、矿山远景规划以及进行生产勘探和地质综合研究的基础。

综合地质编录贯穿于整个地质工作的始终，应随探采工程的进展及时综合研究和整理资料，以提出工作成果，为矿山生产建设服务。按照资料编录的程序、工作性质和时间要求，资料整理可分为：当日资料整理；阶段性资料整理；年度资料整理；野外验收前资料整理以及报告编制时资料整理。后者是在各项原始资料齐备合格的前提下，进行全面、系统的综合整理、分析研究而编制出各种综合性图件、表格和文字报告。上述各个环节互相联系而又各有侧重。

矿山综合地质编录绘制的主要图件有：矿区（床）地形地质图，矿区（床）综合地质图，矿床地质横剖面图，矿床地质纵剖面图，矿体投影图，开采阶段地质平面图，开采平盘地质平面图，平盘（或阶段）品位平面分布图，顶（或底）板等高线图，品位（或有害杂质）等值线图，矿体等厚线图，回采块段地质图，反映矿石类型（或品级）的图件，矿体立体图等。

进行地质编录时，要注意矿山的局部（矿段、矿体）与整体（矿区）的结合，二者不可偏废。要不断地提高矿区地质条件的研究程度，为部署矿山地质工作和采掘技术及管理工作提供可靠依据。

### 3.5.3　矿区（床）地形地质图与综合地质图[1,2,20,24,25]

矿区（床）地形地质图是表征矿区地形和矿床地质特点的图件，图 3-15 是其实例。它是研究矿床赋存条件、成矿规律，合理布置生产勘探工程，进行矿山设计建设或技术改造、开拓延伸设计，编制矿山远景规划所必需的图件；矿区（床）综合地质图是在矿区

（床）地形地质图的基础上，添加探采工程展布的图件。

（1）比例尺。根据矿床规模及地质条件复杂程度不同而异，一般为1：500～1：5000。

（2）图件内容。应有坐标网、地形等高线、主要地物标志；地层、构造、岩浆岩等地质界线；断层带、蚀变带、含矿带等的分布与编号；矿体的界线、产状以及不同矿石类型的界线等等。

（3）编图方法。以精度、比例尺符合要求的地形图为底图，将野外实测的各种原始地质编录资料，按其相应的坐标绘在底图上，经过分析研究对比，按其地质特征和地质规律，连接各种地质界线绘制而成。此图一般由地质队提供，但在矿山开发过程中，随着生产勘探的深入和勘探程度的提高，常常会揭露出新的地质现象和地质体，对矿体形态的认识以及地形地物也会有所变化，甚至有时由于原来图纸比例尺不当或需扩大图幅范围，此图需相应地进行补充、修改甚至重新编绘。

砂矿区（床）也编制上述图件，但往往重点是在第四系地质条件方面。

### 3.5.4  矿床地质横剖面图[1,2,20,24,25]

矿床地质横剖面图是垂直矿床（矿体、矿带）或主要构造的走向切制并反映矿床（矿体、矿带）沿倾向延深变化情况及其成矿地质条件的图件。它是进行矿山总体设计，布置生产勘探工程，确定采矿顺序以及编制其他综合地质图件或进行矿床预测的主要依据。矿床地质横剖面图中的勘探线剖面图（图3-16），则是采用垂直断面法计算储量的主要图件。

（1）比例尺。一般应与矿区（床）地形地质图或矿床综合地形地质图的比例尺相同。

（2）图件内容。应有地形剖面线及方位；坐标线及高程；岩层（岩相）、构造、岩体、蚀变围岩、矿体的界线；图例图签等。目前我国多数矿山是把矿床地质横剖面图与矿床勘探线剖面图合并编制使用，其内容则增添勘探工程、采掘工程以及采样的位置及编号；品位（附化验分析表）及不同矿石类型（或品级）、夹石的分布等。

（3）编图方法。先选定剖面位置，然后在空白图纸上绘制坐标线和水平标高线，根据测量成果资料或矿床综合地形地质图绘制地形线，再把实测的各类探矿和采掘工程（钻孔、井巷工程、采矿场等）展绘在剖面上并注明编号；同时，还将原始地质编录获得的各种地质资料投绘在对应的各类工程位置上，再根据成矿规律，通过综合分析研究，连接各种地质的界线后，即可成图。

### 3.5.5  矿床地质纵剖面图[20]

矿床地质纵剖面图是与矿床（矿体、矿带）平均走向方向一致的反映矿床沿走向延长及延深变化情况及其成矿地质条件的图件。其内容、比例尺及编图方法均与矿床地质横剖面图相同，图3-17为其实例。

### 3.5.6  矿体投影图[20]

矿体投影图是在一个投影面（垂直面、水平面或与矿体平行的倾斜面）上，表示矿体总的分布轮廓和各级储量范围的图件。它是进行储量计算和编制采掘计划、远景规划的基础图件；同时还能检查各级储量分布是否达到设计开采要求，勘探工程密度是否已控制了各级储量。

编制矿体投影图采用何种投影面，应根据矿体产状陡缓而确定。我国现行规范规定："矿体总体倾角大于60°时，一般采用垂直纵投影面，小于60°时则用水平投影面"；但有时为了某种需要，矿体总体倾角在60°～45°之间，也采用倾斜投影面。当可能造成不同矿体

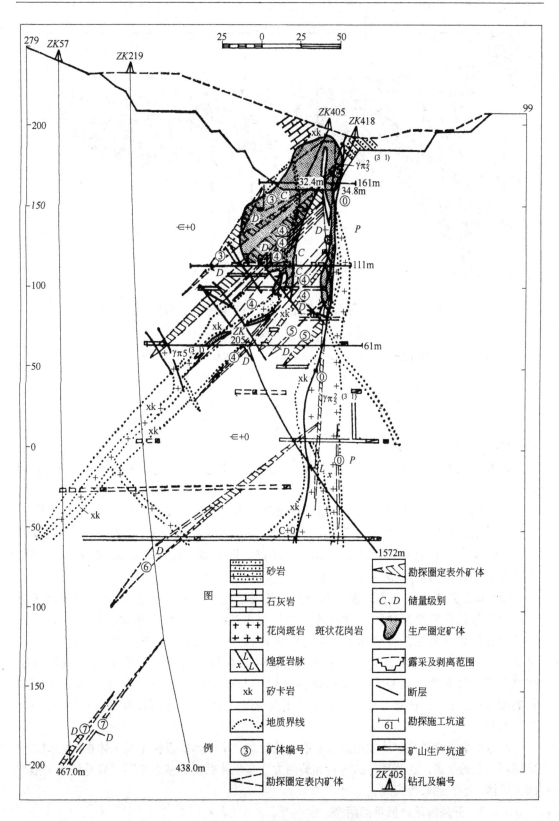

图 3-16　矿床勘探线剖面图实例

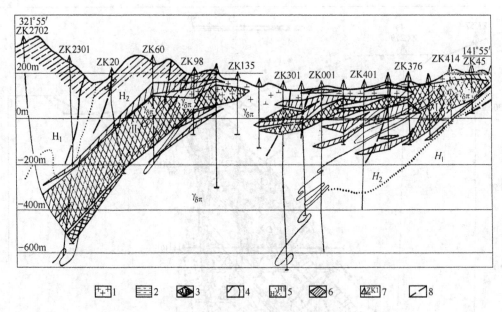

图 3-17　德兴铜矿床地质纵剖面图

1—花岗闪长斑岩（$\gamma_{\delta\pi}$）；2—蚀变岩系；3—铜矿体及编号；4—斑岩体界线；
5—强、弱蚀变带及界线；6—表外矿；7—钻孔；8—断层

重叠时，各矿体应分别编图。

矿体垂直纵投影图的投影面是平行矿体（层）平均走向，即垂直勘探线方向的垂直理想平面。

（1）比例尺：应根据矿体大小、规模以及具体要求而定，通常为 1：500～1：1000。

（2）图件内容：一般应有地形线、坐标线、勘探线；各种探矿工程、采矿工程及其编号；矿体厚度及品位；钻孔矿心采取率；不同矿石类型（或品级）、储量级别圈定线；主要岩层、断层破碎带、岩浆岩界线等。

（3）编图方法：以垂直纵投影图为例，首先确定投影面的方位（当勘探基线转折时，应作分段展开投影并标出分段转折点与分段基线的方位），然后将标高线、勘探线按坐标位置展布在纵投影面上；再将各条勘探线所切地形地质界线、各勘探工程、采掘工程等一一投绘在图上，并注明工程编号和名称。根据各投影点和工程穿截矿体情况及采样化验分析资料，分别连接地形线和地质界线，圈定矿体，划分不同矿石类型（或品级）、储量级别，同时还要标注图名、图例、比例尺及图签等，图 3-18 为其实例。

矿体水平投影图是矿体在理想水平面上的投影。矿体倾斜投影图是矿体在一定理想角度倾斜面上的投影。这些图件的内容和编图方法与矿体纵投影基本相同，只是该图一般要画出矿体（层）底板等高线。

### 3.5.7　开采阶段地质平面图[20]

开采阶段地质平面图是表示矿山地下开采阶段围岩、构造、矿体平面展布特征、矿化

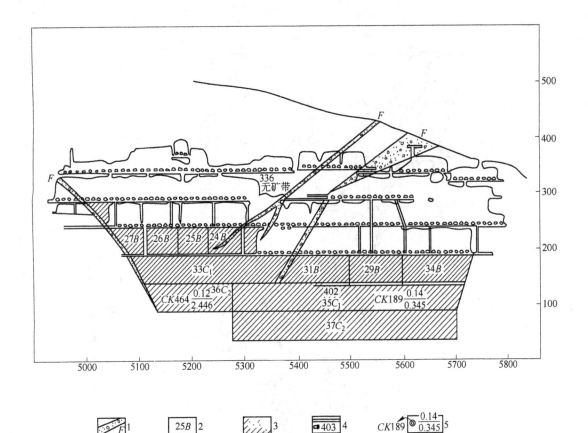

图 3-18  浒坑钨矿 10 号矿体垂直纵投影图

1—断层破碎带；2—储量块段编号及级别；3—采空区；4—巷道；5—钻孔及编号 $\frac{厚度}{品位}$

分布规律以及工程揭露情况等的地质平面图件（如图 3-19）。它是生产矿山编制生产勘探设计、采掘技术计划，确定开采顺序，布置开采块段的重要依据。目前我国颇多矿山，将此图件与阶段样品分布图合并编制。

(1) 比例尺。一般为 1∶200、1∶500、1∶1000。

(2) 图件内容：应有坐标网、导线点及标高；勘探线、探矿和采掘工程的位置及编号；岩层、岩体、矿体、蚀变围岩、构造的分布、产状及其符号或编号等。有些矿山把取样位置、编号、品位、厚度、矿石类型（或品级）等资料也填绘在此种图上。

(3) 编图方法：将巷道原始地质编录资料按比例尺填绘在相应的阶段水平巷道测量平面图上。根据矿床地质赋存规律和相邻巷道所揭露的各种地质现象进行对比分析，推断和连接各种不同的岩层、岩体、构造、矿体等地质体的界线，并按规定的图例符号表示在图上，即可绘编成图。值得注意的是在进行阶段地质平面图的连接时，应与矿床综合地形地质图等相对照，以求更准确地反映各种地质体的关系。

### 3.5.8  开采平盘地质平面图

开采平盘地质平面图是表现矿山露天开采平盘的矿床（或矿体）矿化情况、分布规律、产状特征、构造展布、围岩条件以及矿石类型（或品级）等地质现象的平面图件。它是露天矿山编制生产勘探设计、采掘技术计划，确定开采顺序以及合理进行矿石质量均衡

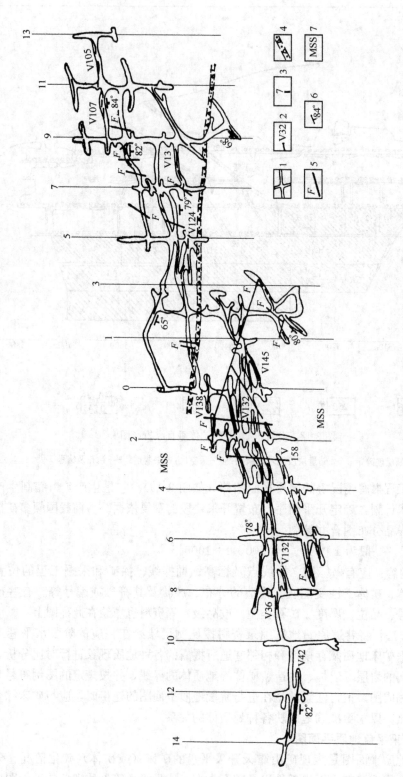

图 3-19　画眉坳钨矿 518 开采段地质平面图

1—巷道；2—矿脉及编号；3—勘探线及编号；4—破碎带；5—断层；
6—矿脉产状；7—变质砂岩

等的重要依据。

(1) 比例尺：一般与开采阶段地质平面图相似。

(2) 图件内容：此种图件内容基本上与开采阶段地质平面图类似，但需增加平盘预计边界线，采剥进度线和平盘现状线等。

(3) 编图方法：利用测量导线点的连接线作为原始地质编录基线，将原始地质编录资料按比例展绘在相应的开采平盘测量平面图上，再根据矿床赋存地质规律和边坡揭露的实际情况，并结合矿床综合地形地质图资料，进行各种不同地质体界线的连接和推断，最后按规定的图例符号表示不同的地质体，即可成图。

### 3.5.9 平盘（或阶段）品位分布图[20]

平盘（阶段）品位分布图是将露天开采平盘或地下开采阶段上的系统取样化验资料反映在平面上的图件。此图是圈定矿石类型（或品级）和表内外矿石界线，研究矿床富集规律，安排合理开采，进行矿石质量管理，计算有用组分储量及开采贫化损失，编制品位等值线图等的基本依据。

(1) 比例尺：一般为 1∶200、1∶500、1∶1000。

(2) 图件内容：主要应有取样位置、品位、矿体厚度、坐标网、导线点、勘探线、探矿和采掘工程的位置以及以上各项内容的编号等。同时尚需有主要的岩层（性）、构造、岩浆岩等地质体的分布和界线。

(3) 编图方法：地下与露天开采矿山分别以开采阶段地质平面图与开采平盘地质平面图为底图，根据取样的原始编录资料和样品化验分析结果，把样品编号、品位、矿体、厚度表示在图上即可成图。

### 3.5.10 矿体顶（底）板等高线图[1,20]

矿体顶（底）板等高线图是反映缓倾斜矿体不同部位顶（底）板在垂直方向上形态起伏或起落变化及其高程的图件（如图 3-20）。此种图件是缓倾斜矿体（层）进行储量计算、开采设计、探采工程平面布置的必备图件和主要依据。

(1) 比例尺：与矿体（层）水平投影图的比例尺相同。

(2) 图件内容：应有坐标网、顶（底）板等高线；工程位置、编号及其实见矿体（层）顶（底）板标高；主要地质构造如断层、破碎带；矿体（层）顶（底）板不稳定带和含水层分布等。

(3) 编图方法：在空白图纸上画出坐标网格，将勘探线及探采工程投绘在图上（亦可以矿体水平投影图为底图），再将各探、采工程中矿体（层）的顶（或底）板标高分别注明在图上；然后根据各点标高，并参考剖面图上矿体形状、产状的变化，进行补点插值，最后将相同标高的各点连接成圆滑曲线，经修饰即可成图。

### 3.5.11 矿石品位（或有害组分）等值线图[20]

品位（或有害组分）等值线是反映沿平面、剖面或矿体投影面方向矿石品位（或有害组分）分布特征的图件（见图 3-21）。它是研究矿化富集规律，规划安排采矿，合理进行矿石质量均衡的重要图件和依据。

(1) 比例尺：一般用 1∶500～1∶1000。

(2) 图件内容：应有坐标网、探采工程及其编号、取样位置及品位（或有害组分）数值、与矿化有关的地质情况以及品位（或有害组分）等值线。

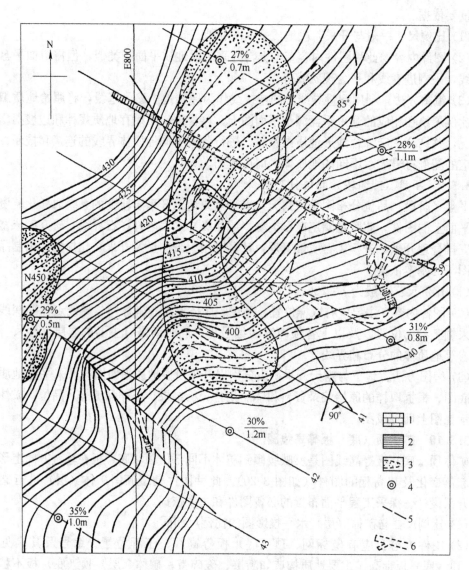

图 3-20　矿体底板等高线图实例

1—石灰岩；2—页岩；3—表外矿分布范围；4—钻孔$\left(\dfrac{品位}{厚度}\right)$；5—断层；6—坑道

　　（3）编图方法：通常以品位分布图或矿体投影图为底图，将各项工程的取样化验结果的品位（或有害组分）数值，按取样点位置坐标填绘在底图上，参考矿化规律用插入法进行补点插值，最后将相同数值的各点连接成圆滑曲线，经整饰即可成图。对于拟表现多个参数（几种品位或有害组分）的等值线图，则应以不同的符号、颜色表示各不同数值点及等值线。露天矿山为满足生产矿石质量均衡的需求，一般根据平盘品位分布图、爆破孔品位分布图，专门编制平盘品位等值线图。

### 3.5.12　矿体等厚线图[20]

　　矿体等厚线图是表示矿体相同厚度值在空间二维方向分布位置的图件（见图 3-22）。它是研究矿体厚度变化规律的图件。

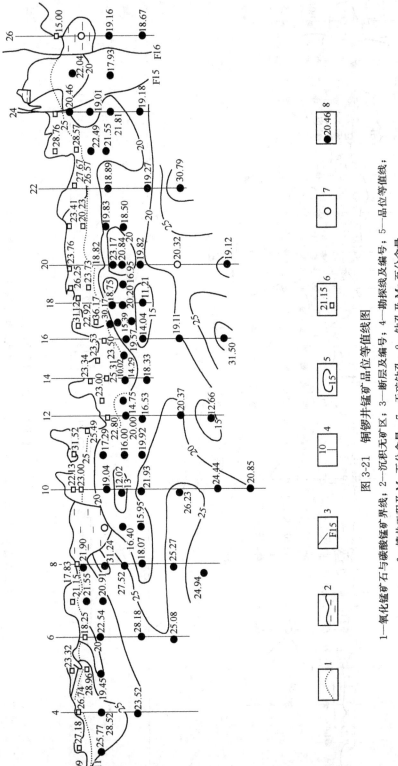

图 3-21 铜锣井锰矿品位等值线图

1—氧化锰矿石与碳酸锰矿界线；2—沉积无矿区；3—断层及编号；4—勘探线及编号；5—品位等值线；
6—槽井工程及 Mn 百分含量；7—无矿钻孔；8—钻孔及 Mn 百分含量

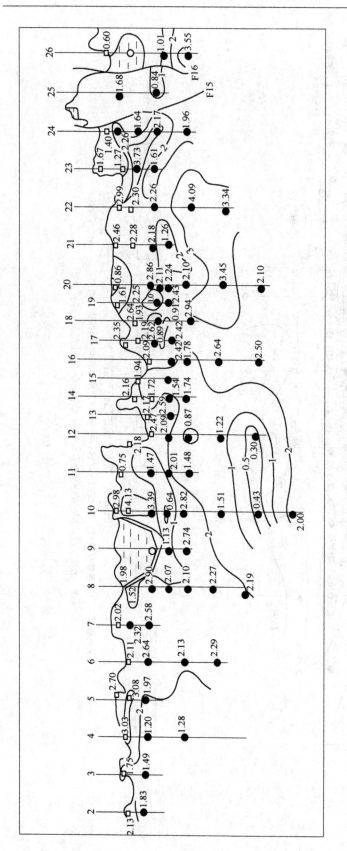

图 3-22  铜锣井锰矿矿体等厚线图

1—断层及编号；2—沉积无矿区；3—槽井工程；4—勘探线及编号；5—勘探线及编号；
6—矿体厚度；7—见矿钻孔；8—无矿钻孔；

（1）比例尺：一般采用 1：500、1：1000 或 1：2000。

（2）图件内容：应有坐标网、探采工程及其编号、各工程中矿体厚度、与矿体厚度变化有关的情况以及厚度等值线。

（3）编图方法：常以矿体投影图为底图，将矿体各实际厚度点（含取样实测的厚度点），投绘在底图上，并注记矿体厚度值，再参考矿体形状变化规律，用插入法进行补点插值，然后将相同厚度点连接成圆滑曲线，整饰后即成图。

### 3.5.13 回采块段地质图[20]

回采块段地质图是表明开采块段中围岩、构造、矿体变化特征的地质图件，地下开采矿山称采场地质图，露天开采矿山为爆破块段地质图。它是研究回采块段矿体赋存地质条件、开采技术条件，以进行采场设计，确定施工方向，计算矿石开采贫化率及损失率的必备地质图件。以其编制的时间顺序，可分为回采前设计地质图、开采过程分层地质图、最终复合地质图等。以其反映的内容和范围可分为单体地质图、综合地质图、联合地质横剖面图、立体地质图、生产管理地质图、贫化损失计算地质图等。其编图的一般要求和方法为：

（1）比例尺：属于大比例尺的地质图，一般为 1：200、1：500。

（2）图件内容：主要突出回采块段中矿体与围岩界线，矿体的形状及产状，矿石类型（或品级）的分布，地质构造及围岩特征等。

（3）编图方法：一般回采块段地质图的原始编录由地质与测量人员共同进行。地质人员以临时测点连线为基线，观察量取该基线所测碎部范围内的地质现象及有关产状，并现场编制原始地质素描图。回到室内后将回采块段原始地质编录资料，按确定的比例尺和测点坐标，将其展现在原图上，分别连接开采边界线和各种地质界线，即可成图。

### 3.5.14 反映矿石类型（或品级）的有关图件[20]

诸如铁矿中矿石磁性铁占有率分布图（如图 3-23）和铝土矿床中的矿石 $SiO_2/Al_2O_3$ 比值分布图等，都是表示矿石不同类型（或品级）的图件。这类图件是评价矿床质量，按矿石类型（或品级）分别圈定并计算其储量，合理划分回采块段，进行合理的矿石质量均衡，以及采用不同加工利用工艺的主要依据。

（1）比例尺：通常采用 1：500～1：1000。

（2）图件内容：以铁矿床矿石磁性铁占有率分布图为例，一般应有主要的岩性、构造；各种探矿和采掘工程、取样位置及工程或样品的编号；全铁（TFe）品位、磁性铁占有率以及按磁性铁占有率圈定的各类矿石界线等。

（3）编图方法：以矿床地质勘探线剖面图或开采平盘（或阶段）品位分布图为底图，根据取样的原始编录和样品化验分析结果，计算出样品的矿石磁性铁占有率，然后填制在相应的工程位置上，依照其划分类型标准，分别圈连即可成图。

### 3.5.15 矿床立体图

矿床立体图是展示矿床及其周围地质体在三维空间上形态、产状、成矿地质特征等的图件（如图 3-24）。它是研究矿床空间展布规律，进行成矿预测和确定生产勘探区段的主要图件。目前我国颇多矿山以制作矿床立体模型取代此一图件。

（1）比例尺：一般与矿床地质横剖面图、纵剖面图的比例尺相同。

（2）图件内容及标注要求：一幅完整的矿床立体图，除了表现矿床（体）及其周围

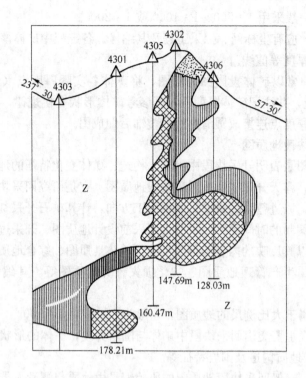

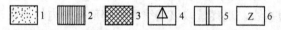

图 3-23　杨家桥铁矿矿石磁性铁占有率分布图

1—磁性铁占有率≤15%（氧化矿石）；2—磁性铁占有率 15%～85%（混合矿石）；

3—磁性铁占有率≥85%（未氧化矿石）；4—钻孔；5—样品分布；6—震旦系地层

的各种地质体外，尚应标明方位。在轴测投影立体图中，如按东西、南北投影，需标明南北方向；如按任意方向投影，则需标明 $x$ 与 $y$ 轴的方位；在透视立体图中，只需在一个位置标明三轴方位即可。此外，还应标明比例尺，在轴测投影立体图中，应标明各轴的不同比例；在透视投影立体图中，可用渐变线段比例对其三轴分段标注坐标网。在立体图上，当图面地质条件不太复杂时，应尽可能绘出主要探采工程。

（3）编图方法：无论是透视投影立体图，还是轴测投影立体图，其编图步骤和方法（详见 4.10.5）都是分为两步进行。第一步绘制立体轮廓及辅助格网，辅助格网对立体图表面的地质界线起着控制作用；第二步进行点的投影，将矿床地质界线中的一些转折点、特征点投影到立体图上，然后按其图像的透视和投影原则，将各相关对应点连接起来，就构成一幅矿床立体图。如能将坐标网、勘探线等配合绘制到立体图中，那样的矿床立体图就更完善了。

**3.5.16　电算机在矿山地质制图中的应用**[26～28]

数学地质和电算机制图在矿山地质工作中，日益显示出其重要作用。矿山开发生产过程中，积累了大量的各种地质数据信息资料，地质工作者对各种地质数据信息资料总是习惯于通过编制其各种图形来表达自己对客观地质规律的认识。由于电算机具有存储信息、对信息进行加工分析、绘制图形等功能，能使各种地质数据信息，研究成果等自动、迅速、

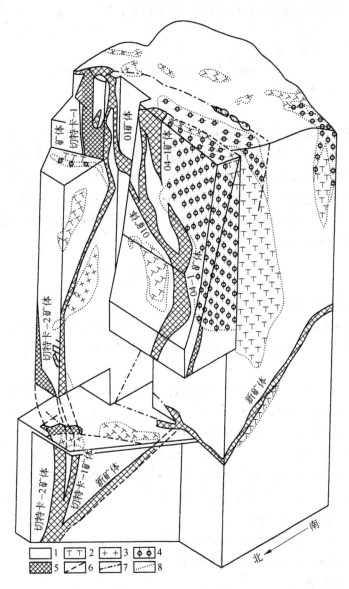

图 3-24 矿床立体图实例

1—灰岩；2—正长岩；3—花岗闪斑岩；4—金云母矽卡岩；5—硫化矿体；6—矿体
在空间上的部位；7—断层；8—光石界线

准确地以图形显示出来，所以，利用电算机自动制图，可以减少矿山地质人员的大量制图时间，把更多的精力集中到地质工作上。用电算机绘制地质图的方法有两种，一种是将离散分布的探采工程的地质数据用某种拟合方法变为连续分布的函数，再利用这种函数来绘制图件。例如，可用以代替某些等值线图的趋势面分析图就属于此种图件；另一种方法是利用自编的绘图程序或购置的具有绘图功能的软件包，将已知其坐标的相关地质界线转折点或特征点连接起来，以绘出图件（参看 4.10.6）。

电算机的主要制图设备有三种：描绘仪、阴极射线显示器、宽行打印机。

电算机制图是实现矿山地质工作现代化的一个重要方面，从地质调查和原始地质编录到成图，构成一套较为完整的自动化体系。其步骤为：

电算机可编绘的地质图包括：钻孔柱状图、垂直或水平剖面图、各种等值线图、各种储量计算图、矿床立体图乃至矿床综合地形地质图等等。对于编绘各种等值线图，国内已有较成熟的软件。对于编绘其他地质图的难点在于如何根据矿体赋存规律和不同地质构造的特点及发育规律，进行正确的连图。国内有些单位现在正在大力开展这方面的研究。这个问题一旦圆满解决，电算机编绘地质图的技术必将迅速推广，这是实现矿山地质工作现代化的重要技术手段之一。

## 3.6　生产矿山储量计算

### 3.6.1　矿床工业指标[1,5,7,8,29]

用以衡量某种地质体是否可作为矿床、矿体或矿石的指标，或用以划分矿石类型及品级的指标，均称为矿床工业指标。这些指标主要用于矿产储量计算工作，故又名储量计算工业指标。

矿床工业指标是矿山经营参数中最基础的参数，它们影响矿产储量的大小、平均品位的高低，甚至影响到矿体厚度的大小及形态的复杂程度。通过这些因素的影响，进而可影响到生产规模、采矿和选矿工艺、开采中的损失率和贫化率、入选品位、选矿回收率以及精矿品位等其他矿山经营参数；并最终影响到矿山生产的经济效益和矿产资源的回收利用程度。因此，在矿山生产中应充分重视矿床工业指标的合理性，并正确运用这种指标。

矿床工业指标可分为三类：(1)与矿石品位有关的工业指标；(2)与地质体厚度有关的工业指标；(3)其他工业指标。

3.6.1.1　与矿石品位有关的工业指标

目前国内外不同矿山分别采用三种不同的品位指标制。

*A　单品位指标制*

这是西方国家矿山常用的品位指标制。此指标制只用一个品位指标，即"边际品位"(Cut off grade)来圈定矿体。所谓边际品位即选别开采单元(Selective mining unit)的最低可采品位。某单元若其平均品位高于或等于此指标，则属可以回采的单元；否则属不可采的废石。所谓选别开采单元，即可分采的最小单位。可采单元中可以含有围岩或夹石，但其整个单元的平均品位必须达到边际品位要求；反之，不可采单元中也可含有矿石，但整个单元的平均品位达不到边际品位要求。因此，用边际品位圈定的矿体，其边界不是自然的圆滑边界，而是台阶形的人为边界。

采用单指标制计算储量和圈定矿体的优点是：简单易行，可以不必制定矿体最小可采厚度及夹石剔除厚度等工业指标；便于建立矿体地质模型以用于电算圈定露采境界或电算编制采掘计划等工作；当改变品位指标时，很快即可计算出变动后的总储量及总的平均品位。其缺点是所圈定矿体的完整性不如双指标制。当采用克立格法或距离 $k$ 方反比法计算储量和圈定矿体时，单指标制目前还是唯一运用的品位指标制。我国只有少数矿山采用此种指标制。

　　*B　双品位指标制*

　　这是我国以及苏联、东欧某些国家多数矿山所采用的品位指标制。这种指标制采用下列两个指标圈定矿体：

　　(1) 边界品位。边界品位是划分矿石与废石（围岩或夹石）的有用组分最低含量标准，在实际应用中以单个样品衡量。除去不能剔除的夹石（即厚度小于剔除厚度的夹石）外，高于或等于边界品位样品的分布地段，均可圈入矿体边界范围之内，但这种矿体边界不见得是工业矿体边界。过去也有人把"边界品位"叫做"边际品位"，现地质学界已统一规定，两者不可通用。

　　(2) 最低可采平均品位。该指标又名最低工业品位，简称工业品位。它是圈定工业矿体，亦即划分表内外储量的依据。

　　某些矿山把它作为在单个见矿工程（或连续样品段）中划分表内抑或表外储量的依据。若某连续样品段中各样品的品位均高于边界品位，而其总的平均品位又高于本指标，则该连续样品段的矿石可全部划归表内储量；若某连续样品段尽管其中各样品的品位均高于边界品位，但其总的平均品位低于本指标，此时应反复计算该样品段中某若干个相邻样品的平均品位，并将若干个相邻样品平均品位高于或等于本指标的部分连续样品段的矿石划归表内储量，而其他则划归表外储量，将各单工程（或连续样品段）中表内储量样品段的边界互相连接起来，即可圈定出工业矿体的边界。

　　但是，也有的矿山把这个指标作为按储量计算块段或开采块段划分表内外储量的依据。

　　双指标制的优点是：利用此指标圈定出来的矿体较连续，能反映矿体的自然形态特征，有利于多回收矿产资源。其缺点是：圈定矿体的工作较复杂；每当变动一次品位指标，需全部修改储量计算图纸；目前尚不适用于较先进的储量计算方法——克立格方法。

　　*C　三品位指标制*

　　这是我国黄金矿山常用的品位指标制，其他矿种中品位分布极不均匀的矿山也有应用者，如某些汞矿山。此种指标制包括：边界品位、块段最低可采品位和矿区（或矿体）最低可采平均品位。其中前两个指标的含义基本上与双指标制的两项指标相同，而第三个指标是按全矿床（或全矿体）衡量的最低可采平均品位。

　　此指标制的优缺点与双指标制基本相似，只不过有些优缺点都更突出些。

　　生产矿山应根据生产中技术经济条件的变化，通过技术经济分析研究，及时修订各项矿床工业指标（应报上级主管部门批准后执行），以保证取得最佳经济效益及资源回收效益。

　　上述各种品位指标的制定或修订的原则及方法将在本手册第 38 章详述。

　　3.6.1.2　与地质体厚度有关的工业指标

　　(1) 最小可采厚度：最小可采厚度是当矿石质量达到工业品位要求时，可以被开采利用的最小厚度（真厚度）要求。小于这个指标的矿体，即使达到工业品位，由于难以开采，一般情况下也不能划归工业矿体。

　　(2) 夹石剔除厚度：夹石剔除厚度是指矿体应剔除夹石的最小允许厚度。小于此指标的夹石，在储量计算中，可视为矿石，参加储量计算。等于或大于此指标的夹石，在现有的采矿条件下应是可留下不采或采下又加以抛弃的。这样可以保证入选品位，降低运输和选矿成本。

（3）夹石最大允许厚度：这是在某些多矿层矿床使用的工业指标。当夹石厚度较大超过此指标时，其两侧的矿层应视为两个矿体分别开采；此时，该夹石就不再具有夹石的含义，而应作为围岩，因此这个指标实质上是划分夹石抑或围岩的指标。

### 3.6.1.3 其他工业指标

（1）最低米百分值（贵金属矿床为最低米·克/吨值）：最低米百分值相当于矿体最小可采厚度与最低工业品位的乘积。某些矿体，特别是一些稀有和贵金属矿床的矿体，有时其厚度虽然小于最小可采厚度，但其品位却大大高于最低工业品位，即使在开采时采下一定厚度的围岩，经济上仍是合理的。此时，应综合考虑矿体厚度和品位对开采价值的影响，而用此指标来圈定矿体。当矿体的实际厚度和实际品位的乘积大于或等于此指标时，该矿体可划归工业矿体，但应注意此指标不适用于厚而贫的矿体。

（2）有害杂质平均允许含量：这是指矿石中对产品质量或加工生产过程有不良影响的杂质的最大平均允许含量。

（3）矿石工业类型或工业品级指标：矿石工业类型是指按工业用途不同所划分的类型；工业品级则是同一工业类型按其与加工工艺有关的质量特征所作的进一步分级。本类指标即用于划分矿石工业类型或品级的指标。例如，用于划分平炉富矿，高炉富矿和供选贫铁矿三种工业类型的 TFe 品位指标及有害杂质允许含量指标；用于划分高炉富矿中三种工业品级（自熔性矿石、半自熔性矿石及非自熔矿石）的碱度指标，某些硫化物矿床中用于划分氧化矿、混合矿、硫化矿（原生矿）的氧化率指标等均属本类指标。

（4）最低含矿系数（最低含矿率）：对某些形态特别复杂或矿化很不连续的矿床，必须用本指标才能正确地进行储量计算。含矿系数是指矿石在矿化体中所占的比值。见矿工程中矿石样品的长度与矿化体全厚之比称线含矿系数，还有相应的面和体含矿系数。在储量计算时，可先计算矿化体的储量，再乘以实际的含矿系数，即得矿石储量。最低含矿系数是含矿系数的允许最低值，当矿床中某地段的实际含矿系数低于最低值，则该地段的储量不能列为表内储量。

（5）孤立小矿体最小可采储量：这是近年某些国外矿山新提出的一种工业指标。有些矿床（如某些矽卡岩型矿床）包含有大量小矿体，这种小矿体尽管其厚度及品位均达到工业指标要求，但如分散孤立分布，则开采这些小矿体有的可能是合理的，有的却可能得不偿失。因为为了开采这些小矿体要专门掘进较多巷道。本指标即用于衡量这些小矿体是否可采。一般以矿体中有用组分的储量作为指标值，但有时可能不是一个固定值，而是以开采某个小矿体掘进工程量为变量的函数。

（6）矿物物理性质指标：对于直接利用矿石中某种矿物物理性质的非金属矿床，往往不能只用前述品位指标衡量其是否可成为矿床，而需另建立某些矿物物理性质指标以作为补充指标。例如下列指标均属于本类指标：

1）云母片的绝缘性、可剥性和面积大小的指标；2）石棉的纤维长度和韧性的指标；3）压电石英的压电性指标；4）蛭石的膨胀性和导热性指标等等。

此外，有些矿产还可能有一些定性非定量的指标，如宝石和彩石的颜色、硬度、水性及透明度等。

### 3.6.1.4 级差品位指标[1,2,30,31]

这是国内外近二三十年来新提出的有关品位指标的新概念。对此新概念的理论依据可举例说明：假定某地下开采的铁矿床，勘探时期已确定其合理的边界品位为 20％，工业品位为 25％，则其表外矿石的品位必然介于 20％～25％之间。当该矿某地段开拓工程完成后，如在此地段内分布有表外矿石，则其中有部分表外矿（品位相对稍高者）就可能有利用价值。因为利用这部分矿石时不需要再花开拓费用，因而在进行经济分析以确定工业品位时，可扣除（不计）其前序生产费用。如果经过分析，发现利用该地段平均品位为 23％以上的表外矿在经济上是合理的，那么这部分表外矿显然应转化为表内矿；相应地开拓矿量的工业品位应降为 23％。依此类推，采准矿量、备采矿量和存窿矿量的品位指标即出矿截止品位都可以依次降低。这样就构成了级差品位指标系列。上述办法的理论依据即为扣除前序费用理论。

目前已有些人提出了计算级差品位系列指标的公式。例如，徐泰和钱抗生共同提出的公式（编者进行了一些非原则性的修改）为：

$$\frac{\alpha_1}{S_1} = \frac{\alpha_2}{S_2} = \cdots = \frac{\alpha_i}{S_i} = \cdots = \frac{\beta}{c\varepsilon(1-p)} \qquad (3-12)$$

式中   $\alpha_1$，$\alpha_2$，$\cdots$，$\alpha_i$，$\cdots$——级差品位系列指标；

       $S_1$，$S_2$，$\cdots$，$S_i$，$\cdots$——回收某级矿量所需投入的后续工序的单位储量（指扣除损失后的储量）生产费用；

                 $\beta$——精矿品位；

                 $c$——单位精矿的极限费用（即最高费用）；

                 $\varepsilon$——选矿回收率；

                 $p$ ——开采贫化率。

地下开采矿山级差品位指标的级别较多，露天开采矿山则较少。

应用级差品位指标系列的优点是能够最大限度地多回收利用矿产资源。但是，如果选厂无富余处理能力，则应用此种指标系列将会降低矿山年利润和年精矿产量，所以此种品位指标系列，最适用于选厂有富余处理能力的矿山。

### 3.6.2 矿体边界线及其圈定[1,2,7,21]

#### 3.6.2.1 矿体边界线的种类

*A* 零点边界线

零点边界线即矿体厚度或有用组分含量可视为零点的各点的连线，也就是矿体尖灭点的连线。

*B* 可采边界线

它是按最小可采厚度和最低工业品位，或按最低米百分值所圈定的矿体界线。可采边界线以内的储量为能利用的表内储量。

*C* 暂不能开采边界线

它是根据边界品位圈定的界线，又称表外储量边界线。此界线与可采边界线之间的储量为表外储量。

*D* 储量级别界线

按不同储量级别条件所圈定的界线，即 *A*、*B*、*C*、*D* 级储量的分界线。

*E* 矿石类型与品级界线

可采边界线范围以内不同矿石类型和品级的分界线。

*F* 内边界线与外边界线

矿体边缘见矿工程的连线称内边界线；而矿体边缘见矿工程往外或往深部推断确定的边界线称外边界线。

### 3.6.2.2 矿体圈定方法

矿体的圈定一般首先在单项工程内进行，然后根据单项工程的界线在剖面图或平面图上确定矿体的边界线。连接边界线圈定矿体时，特别要注意矿体地质特征及三度空间的关系。圈定矿体的方法如下。

*A* 直接圈定法

当所有界线基点均在工程之内，可通过地质取样、地质编录直接测绘边界基点，然后在图上圈定矿体。

*B* 插入法

当边界基点介于见工业矿化与非工业矿化的工程之间，而且矿体厚度与有用组分均具有渐变性质时，矿体可采边界线的基点可用计算插入法或图解插入法加以确定。

*C* 有限推断法（内推法）

当边界基点位于见工业矿化与落空工程之间时，要首先确定零点边界线，然后确定可采边界线。

在此情况下，确定零点边界方法，可视矿体厚度、矿化趋势、工程间距等因素分别采用 1/2、1/3、2/3、3/4 或全距进行推断；也可按矿体形态变化趋势进行推断。

在零点边界线与见工业矿化工程之间可用插入法确定可采边界线。

*D* 无限推断法（外推法）

此法用于矿体边缘的探矿或采矿工程见到矿化，而在这些工程之外尚无工程（既无见矿工程，也无落空工程）控制的条件下，用以推断矿体的边界基点。根据成矿规律、已有工程对矿体的控制程度以及对矿化特征的认识程度等的不同，可分别采用以下几种方法中的某种方法，来推断矿体的边界基点。

*a* 地质推断法

在对矿床及矿体地质特征进行充分研究的基础上，根据地质规律推断矿体边界。例如根据岩性、岩相、蚀变、控矿或破矿构造等地质条件外推矿体。

*b* 自然尖灭法

根据矿体厚度、形态与有用组分的自然尖灭趋势来确定零点边界线，然后再用插入法圈定可采边界线。

*c* 几何法

当不能用地质特征推断矿体时，可采用几何法推断矿体边界。当矿体上部由系统工程控制，矿体下推一般为一个阶段高度，储量级别降低一级。也可根据已揭露矿体的长度向下推断矿体的延深。例如，对脉状或层状矿体，当下推深度为走向长度的 1/4 时，推为矩形；下推 1/3 时，推为三角形。若为囊状、巢状矿体，下推深度为长轴的 1/2。若为柱状矿体下推深度可适当加大。

当矿体物性参数与围岩有明显差异，矿化异常特别明显时，可用物探资料推定矿体边界；当原生晕与工业矿体有明显相关规律时，可按化探所确定的原生晕推定矿体边界，也可综合物化探资料推断矿体边界。

### 3.6.3 储量计算基本参数的确定[1,2,7,21]

储量计算参数主要包括：矿体面积、矿体平均厚度、矿体平均品位、体重等。关于面积的确定，本卷4.5.6将详述。其他参数的确定方法介绍如下。

3.6.3.1 矿石平均品位的确定

当各样品长度差别不大，样品分布较均匀的情况下，可用算术平均法计算平均品位；当样品长度不均，或有其他因素影响平均品位的代表性时，需用加权平均法求平均品位，并以样长或其他影响因素的数值（如取样线影响距离、某初步平均品位所代表的矿体厚度、面积、体积等）作为权系数，进行加权平均。

3.6.3.2 矿体平均厚度的确定

当厚度测定点分布较均匀时，可用算术平均法计算平均厚度；当厚度测定点分布不均，或有其他因素影响平均厚度的代表性时，应以测点影响距离或其他影响因素的数值作为权系数，进行加权平均。

3.6.3.3 体重的确定

按传统办法，是按矿石类型实测品位高低不同矿石的许多小体重，取其平均值，再用大体重测定值对其进行校正以作为储量计算的参数。但是，对于品位高低对体重有较大影响的矿石（如铁矿石、锰矿石），较先进的方法是利用大量实测的体重——品位数据组，进行回归分析，求得以品位为自变量计算体重的回归方程，然后再根据某计算块段的平均品位，利用该回归方程求其相应的体重，以作为计算该块段矿石储量的参数。

### 3.6.4 储量计算方法[1,2,7,12,21,32]

固体矿产储量计算方法的基本原则就是把形态复杂的矿体抽象化为与原矿体体积大致相同，易于计算的简单几何形体，从而确定其体积及储量。

我国过去常用的储量计算方法有：算术平均法、地质块段法、断面法、开采块段法以及等高线法等。近年来某些矿山开始应用某些新的方法，如克立格法及距离 $k$ 方反比法等。

3.6.4.1 算术平均法及地质块段法储量计算

*A 算术平均法*

本法的实质是将整个矿体抽象化为一个厚度和质量与其相当的板状体，即把勘探地段内全部勘探工程查明的矿体厚度、品位、矿石体重等数值，用算术平均法加以平均，分别求出其平均厚度、平均品位和平均体重，然后按圈定的矿体算出整个矿体体积和矿产储量。基本计算公式为：

$$V = SM \tag{3-13}$$

$$Q = VD \tag{3-14}$$

$$P = QC \tag{3-15}$$

式中　　$V$——矿石体积；

　　　　$S$——矿体面积；

　　　　$M$——矿体平均厚度；

　　　　$Q$——矿石储量；

　　　　$D$——矿石平均体重；

　　　　$P$——矿石中有用组分储量；

　　　　$C$——矿石中有用组分平均品位。

　　算术平均法应用于矿体厚度变化小，品位稳定，勘探工程分布均匀，开采条件简单的矿床，勘探程度较低时常用此方法。

　　$B$　地质块段法

　　本法是按矿石类型、品级、勘探程度、开采条件等把矿体分成不同的块段，在每个块段内用算术平均法计算储量；但也可用加权平均法计算每个块段的平均品位和平均厚度，再用式（3-11）、式（3-12）、式（3-13）计算每个块段的矿石储量和有用组分储量。最后将各块段储量相加，即为整个矿体的总储量。

　　地质块段法克服了算术平均法不能划分块段的缺点，方法简单，较适用于缓倾斜层状矿体开拓前的储量计算。

　　3.6.4.2　开采块段法储量计算

　　此法的实质是把矿体用巷道划分为许多紧密相连的开采块段，而后分别计算每一块段的储量。每一开采块段的计算步骤为：

　　（1）根据圈定该块段巷道中所获得的矿体厚度、矿石品位等全部原始资料，视具体情况用算术平均法或加权平均法，求出该块段的矿体平均厚度和矿石平均品位。

　　（2）在矿体水平投影图或垂直纵投影图上求出矿体的面积，当矿体不是水平或竖直时，实际面积应按公式（3-16）进行计算：

$$S = \frac{S'}{\cos\alpha} \tag{3-16}$$

式中　$S$——块段实际面积；

　　　　$S'$——块段在水平面或垂直面上的投影面积；

　　　　$\alpha$——矿体平均产状平面与水平投影或垂直纵投影面间的夹角。

　　（3）用式（3-13）、式（3-14）及式（3-15）计算每个开采块段的矿石体积、储量及有用组分储量。各块段储量之和即总储量。

　　必须指出，当矿体产状稳定时，也可不进行上述面积的换算。当矿体产状较陡时，可从实测矿体水平假厚度先计算出水平假厚度平均值，再乘以垂直纵投影面上的矿体投影面积，亦可求得块段矿体体积；当矿体产状较缓时，则以矿体垂直假厚度平均值，乘以矿体水平投影面积，而获得块段矿体体积。

　　开采块段法最适用于薄矿脉或薄矿层开采阶段的储量计算。

　　3.6.4.3　断面法储量计算

　　此法是利用一系列断面图，把矿体截为若干块段，分别计算这些块段储量，然后将各块段储量相加即为矿体的总储量。

　　此法既可利用矿体垂直横剖面图，也可利用水平断面图计算储量。在计算中首先测定各断面上矿体面积，然后计算各断面之间的体积，再用前述公式（3-12）和式（3-13）计算断面之间块段的矿石储量与有用组分储量，最后将各块段的矿石储量、有用组分储量分别相加即得出整个矿体的矿石储量和有用组分储量。

计算块段的体积时，按不同的矿块形态采用不同的计算公式：

(1) 当相邻两剖面上矿体面积相差小于40%，即$\frac{S_1-S_2}{S_1}$<40%时，可用公式（3-17）：

$$V=\frac{L}{2}(S_1+S_2)\tag{3-17}$$

式中　$V$——两剖面间矿体体积；

　　　$L$——两剖面之间距；

$S_1$，$S_2$——两剖面上矿体的面积（其中$S_1>S_2$）。

(2) 当相邻两剖面上矿体面积相差大于40%时，一般选用圆截锥体积公式（3-18）：

$$V=\frac{L}{3}(S_1+S_2+\sqrt{S_1S_2})\tag{3-18}$$

式中　符号同式（3-17）。

(3) 当某剖面处于矿体边缘，而矿体呈楔形尖灭时，则用计算楔形体体积公式：

$$V=\frac{l}{2}S\tag{3-19}$$

式中　$V$——矿体尖灭端楔形体体积；

　　　$l$——矿体尖灭端与剖面间的距离；

　　　$S$——剖面上矿体的面积。

(4) 当某剖面处于矿体边缘，而矿体呈圆锥形尖灭时，则用计算圆锥体体积公式：

$$V=\frac{l}{3}S\tag{3-20}$$

式中　$V$——矿体尖灭端圆锥体体积；

　　　其他符号同式（3-19）。

(5) 当两个相邻剖面形状不相似，而面积又相差悬殊时，可采用似角柱体辛浦生公式计算：

$$V=\frac{L}{6}(S_1+4S_m+S_2)\tag{3-21}$$

式中　$S_m$——$S_1$与$S_2$之间的插入面积；

　　　其他符号同式（3-17）。

$S_m$的求法如图3-25所示。该图中$a$图表示$S_m$与$S_1$及$S_2$之间的关系；$b$图及$c$图表示求$S_m$的两种方法。这两种方法都是先将$S_1$和$S_2$绘在透明纸上，再按对应坐标重叠起来，然后把$S_1$和$S_2$对应点的中点连接起来，即可圈出$S_m$的图形。$b$图代表矿体边界有明显转折点时$S_m$的圈定方法，$c$图表示矿体边界较圆滑时$S_m$的圈定方法。

断面法是应用最多的储量计算方法之一。它适用于各种形状和产状的矿体。它的优点是：能保持矿体的断面形状和地质构造特征；能在断面上划分矿石品级、类型和储量级别；能按勘探剖面、开采阶段、采场、矿层等分别计算储量，计算也不甚复杂，故便于设计与生产中直接应用。但当勘探工程不系统而编制断面图有困难时不能使用。

3.6.4.4　等值线法储量计算

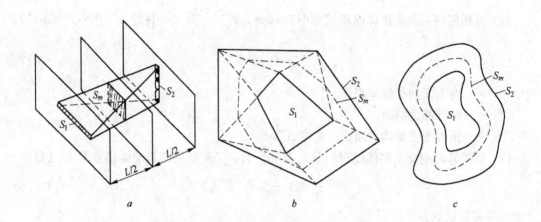

图 3-25　两剖面间矿块内插截面积的求法

$a$—$S_m$ 与 $S_1$ 及 $S_2$ 间的投影关系；$b$、$c$—求 $S_m$ 的两种方法

此法是利用矿体等厚线图，将形态复杂的矿体，抽象化为一个底面为一水平面，顶面有起伏，而体积与原矿体相同的形状；再把各等厚线所包围的面积视为一系列等间距的矿体水平断面面积，然后再用相当于水平断面法的算法计算其体积，其计算公式如下：

$$V = h\left(\frac{S_0}{2} + S_1 + S_2 + \cdots + S_{n-1} + \frac{S_n}{2}\right) \pm \frac{1}{3}\Sigma S_m h_m \qquad (3\text{-}22)$$

式中　　　　　$V$——矿体总体积；

　　　　　　　$h$——等厚线高距；

$S_0$，$S_1$，$\cdots$，$S_n$——各等厚线所包围的面积；

　　　　　　　$S_m$——抽象化矿体顶面上各凹、凸部近似锥体的底面积；

　　　　　　　$h_m$——近似锥体的高度。

当顶面凸起时 $h_m$ 为正号；凹下时为负号。

计算出矿石总体积后，再用前述式（3-14）和式（3-15）计算矿石总储量和有用组分总储量。

等值线法适用于较大型且形状简单，无构造破坏的矿体的储量计算。它的优点在于明显地反映矿体的形态。缺点是不适用于形态复杂的矿体。

3.6.4.5　距离 $k$ 方反比法储量计算

此法与传统的储量计算方法有很大不同。它把矿体中各部位的平均品位看成是空间位置的函数，并按以下步骤计算储量：

（1）将矿体先划分为许多选别开采单元（参看 3.6.1.1），以形成所谓矿体几何模型（如图 3-26 所示）。

（2）计算各选别开采单元的体积。因各单元都是形态简单的等体积体，故极易算出。

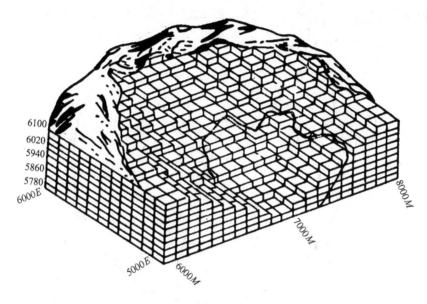

图 3-26 矿体几何模型示意图

（3）对每单元的平均品位进行估值。如图 3-27 所示，欲估图中 $A$ 单元的平均品位，可利用其周围样品影响距离 $R$（图中圆半径）内探矿工程中样品段的平均品位资料，以公式（3-23）进行估值：

$$\overline{C}_A = \frac{\sum\limits_{i=1}^{n} \dfrac{C_i}{d_i^k}}{\sum\limits_{i=1}^{n} \dfrac{1}{d_i^k}} \tag{3-23}$$

式中　$\overline{C}_A$——$A$ 单元的平均品位；

　　　$d_i$——各取样点至 $A$ 单元中心的距离；

　　　$C_i$——$A$ 单元周围样品影响距离 $R$ 内各取样点品位段的平均品位；

　　　$k$——根据矿体品位变化特征所取的距离幂方次。

（4）用各单元平均品位，根据品位-体重回归方程求各单元的体重，但当体重变化不大时，也可用平均体重计算矿石储量。

（5）用式（3-14）及式（3-15）计算各单元的矿石储量及有用组分储量。

（6）将单元平均品位大于或等于边际品位的单元的矿石储量及有用组分储量相加，即得到总储量。

通过上述的计算处理，每个单元都有平均品位、体重、矿石储量和有用组分的储量，这就建立了所谓矿体地质模型。这种模型一般存储在电算机磁盘中，必要时也可打印在一定的图纸上。

必须补充说明的是：

（1）样品影响距离 $R$ 的求法可用克立格法中求变程的方法，因变程实质上即样品影响距离。而较粗略的方法可以取勘探线合理间距的 1.5 倍作为影响距离。

（2）式（3-23）中 $k$ 值可根据矿体品位变化特征选取。如为线性变化，则 $k=1$；

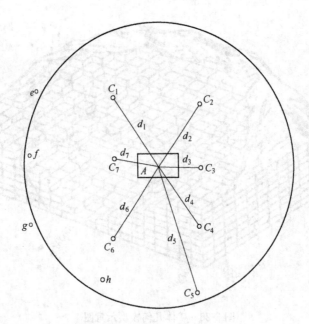

图 3-27    距离 $k$ 方反比法示意图

A—被估值单元；○—钻孔位置；$C_1 \sim C_7$—钻孔中样品段的平均品位；$d_1 \sim d_7$—各取样点至

A 单元中心的距离；$f$、$h$—因屏蔽作用不参加估值的钻孔；$e$、$g$—因与 A 单元

中心距离大于影响距离 $R$ 而不参加估值的钻孔

多数情况 $k = 2$；如果在不同方向上矿体品位变化性质不同，也可按不同方向选取不同的 $k$ 值。

（3）当两个取样点分别与被估值单元中心点连线间的夹角小于 15°时，考虑到取样点的屏蔽作用，距离较远取样点的品位不参加计算，如图中钻孔 $f$、$h$ 不应参加计算。

（4）以上估值只是二维（在平面上）的，为了提高估值精度，也可利用三维空间各取样点的品位进行估值。

本法的优点是充分考虑到矿体品位的变化特征和计算结果可形成矿体地质模型，便于开采中应用；其缺点是计算工作量大，且不适用于采用双指标制或三指标制品位指标的矿山。

### 3.6.4.6   克立格法储量计算

本法又名地质统计分析法。它是在 20 世纪 50 年代由南非金矿地质工作者克立格（D. G. Krige）首先提出，60 年代又经法国数学家马特隆（G. Matheron）加以完善的一种方法。它最初用于储量计算，而后来被进一步用到凡属于区域化变量研究的各个地质学领域以及气象等非地质学领域。此处仅简介其用于储量计算的有关问题。

（1）区域化变量的概念：地质统计分析的对象是区域化变量。所谓区域化变量，就是在一定的空间（区域）内，随着它所处位置（空间）坐标的不同而具有不同数值的变量。换句话说，此种变量在某种意义上是坐标的函数。例如，一个矿体就可算是一个区域，而矿体的品位、厚度、体重、有害杂质或某种矿物含量等都可以是区域化变量；推而广之，物、化探异常、潜水面高低，甚至气象上气压高低等也属于区域化变量。区域化变量在空间上的变化往往具有双重性，既具有确定性变化的一面，又具有随机性的一面。

例如，品位的变化就是这样；地质体许多特征值的变化多数也是这样。对于这种具有双重性的变量，长期找不到有效的研究方法，而克立格法却能较好地解决此问题。

（2）克立格法计算储量的过程：用克立格法进行储量计算，其步骤及方法与距离 $k$ 方反比法基本相似，即先把矿体划分为许多选别开采单元，然后对每个单元进行品位估值，再计算各单元的矿石储量及有用组分储量，最后算出总储量并建立矿体地质模型。

用克立格法对某单元进行平均品位估值时，某些方面与距离 $k$ 方反比法也有些相似，也利用邻近已知取样点品位进行加权平均，以求出各单元的平均品位；但是它又不同于上述方法，因为它所用的权系数不是距离 $k$ 次方的倒数，而是经过复杂数学分析计算所得到的所谓克立格权系数。利用克立格权系数计算某单元平均品位的公式为：

$$\hat{C}_A = \frac{\sum_{i=1}^{n} \lambda_i C_i}{\sum_{i=1}^{n} \lambda_i} = \sum_{i=1}^{n} \lambda_i C_i \left( \because \sum_{i=1}^{n} \lambda_i = 1 \right) \tag{3-24}$$

式中　$\hat{C}_A$——待估选别开采单元 $A$ 的平均品位；

　　　$\lambda_i$——克立格权系数；

　　　$C_i$——邻近信息单元的已知品位。

即任一选别开采单元平均品位的估计值 $\hat{C}_A$，可以通过该单元影响范围内几个有效样品品位值 $C_i$ 的线性组合得到。

（3）求克立格权系数及进行品位估值的步骤：由上述可知，用克立格法进行储量计算与距离 $k$ 方反比法的主要区别在于权系数不同。而求克立格权系数是个比较复杂的过程，大致有如下几个步骤：

1）作实测品位的变异函数曲线图（又名变差图）。根据前述区域化变量具有双重性的概念，某一取样点的品位与另一取样点（假定两点间距离为 $h$，而且 $h$ 不大于样品的影响距离）的品位之间肯定存在某种联系，$h$ 愈小则联系愈密切。为了使克立格权系数能反映品位变化的特点，首先必须研究不同方向不同间距取样点间各品位之间的关系，而变异函数曲线就是用以反映此种关系的函数曲线。变异函数曲线的函数式为：

$$\gamma(h) = \frac{1}{2N_h} \sum_{i=1}^{n} (C_{i+h} - C_i)^2 \tag{3-25}$$

式中　$\gamma(h)$——在某个方向上品位的半变异函数（简称变异函数）；

　　　$h$——在该方向上样品的间距（$h$ 表示 $h$ 是有方向性的矢量）；

　　　$N_h$——在该方向上，当样品间距为 $h$ 时样品的数据对（每 2 个样品为一数据对）；

　　　$i$——样品顺序号；

　　　$n$——样品个数；

　　　$C_i$——第 $i$ 个样品的品位；

　　　$C_{i+h}$——与 $i$ 号样品相邻样品（两者间距为 $h$）的品位。

变异函数曲线就是利用上述函数作出的曲线。

2）求品位的理论变异函数。上述所求实际的变异函数曲线往往是一条不圆滑的曲线，称为试验半变异曲线。必须用理论的数学模型来拟合上述试验半变异曲线。由于观测尺度的不同，变异性也不同，但却同时在不同距离 $h$ 上起作用，要把这些变异通过一定的方法组合起来，称之为"套合结构"，最后用这个"套合结构"的理论数学模型来表征品位的总变异情况。

3）求克立格权系数。上述求变异函数理论数学模型的最终目的是为了求克立格权系数。在获得该数学模型后，就可以利用它并根据下列克立格方程组求克立格权系数（是误差为最小的权系数）：

$$\begin{cases} \sum_{i=1}^{n} \lambda_j \overline{\gamma}(v_i, v_j) + \mu = \overline{\gamma}(\vartheta_i, V), \forall_i = 1, 2, 3, \cdots \\ \qquad (i = 1, 2, \cdots, n) \\ \sum_{i=1}^{n} \lambda_i = 1 \end{cases} \qquad (3\text{-}26)$$

式中　$\lambda_i$——克立格权系数；

$\overline{\gamma}(v_i, v_j)$——第 $i$ 个信息单元与第 $j$ 个信息单元之间的平均半变异函数值，可根据已有实测品位及前一步骤中已求得的理论数学模型求得；

　　　$\mu$——拉格朗日乘子；

$\overline{\gamma}(\vartheta_i, V)$——第 $i$ 个信息单元与待估单元之间的平均协方差，其求法与 $\overline{\gamma}(\vartheta_i, v_j)$ 相似；

　　　$\forall_i$——方程组缩写符号，表示本式可展开成为具有 $n$ 个方程的方程组。

所谓"信息单元"就是提供信息的单元，通俗地说就是已有品位数据的选别开采单元。

4）求各选别开采单元品位。解方程组（3-26），即可得到克立格权系数 $\lambda_1$，$\lambda_2$，$\cdots$，$\lambda_n$ 的具体数据，以之代入前述公式（3-24），即可得出各选别开采单元的平均品位估值。

（4）品位估值精度的确定：用克立格法进行储量计算的优点之一，是可以确定所计算的选别开采单元品位的精度，这一点是其他储量计算方法所无法做到的。确定品位估值精度的步骤如下：

品位估值的估计方差 $\sigma_k^2$ 可用式（3-1）求得。

被估单元品位值的精度 $E_i$ 可用公式（3-27）计算：

$$E_i = \frac{\sigma_{k_i}}{\widehat{C}_{A_i}} \times 100\% \qquad (3\text{-}27)$$

式中　$\sigma_{k_i}$——第 $i$ 个被估单元的克立格均方根差；

$\widehat{C}_{A_i}$——第 $i$ 个被估单元的品位估值。

上述过程只是利用最简单的普通克立格法计算储量的大致情况。当地质条件复杂时，则可能还要用泛克立格法或析取克立格法以计算储量。

利用克立格法计算储量，因计算过程复杂，故需用电算手段。过去必须用中、小型计算机，近来国内的单位改在内存容量较大的微机上计算，已成功。这就为今后在矿山推广应用这种方法创造有利条件。

（5）克立格法矿体地质模型及其应用：利用克立格法计算储量，如同距离 $k$ 方反比法一样，最终可形成矿体地质模型的电算文件并存储于电算磁盘或磁带中。

如果在矿体地质模型的基础上，对各选别开采单元再赋予以技术经济参数的数学模型，如求各单元利润或净现金流量的数学模型，则形成了所谓矿体经济模型。这种模型是以电算为手段圈定露采境界，编制采掘计划，开展矿产经济学研究或可行性研究的基础。

### 3.6.5 储量计算中特高品位的处理

在品位分布很不均匀或极不均匀的矿床中，偶尔会出现个别样品品位大大高于一般样品品位的特殊样品，这种样品的品位叫特高品位。特高品位的出现带有一定的偶然性，且局限于很小范围。如按正常储量计算方法参加平均品位计算，将大大提高平均品位，导致有用组分储量误差增大，因此在储量计算中应给予适当处理。

3.6.5.1　特高品位的确定方法

究竟样品品位高到什么程度才算是特高品位，尚无统一标准和公认的确定方法，目前在矿山实际应用的有如下几种方法。

*A　类比法*

根据与开采矿山所取得的经验数据进行对比加以确定。前人根据许多矿山的经验定出了衡量特高品位的标准如表 3-8 所示。但此表仅有参考意义不可照搬。

*B　经验法*

通过本矿山储量计算资料与开采资料对比所积累的经验，来规定适合于本矿的特高品位标准。

*C　统计计算法*

不同学者提出不同的计算公式，举例如下。

沃洛多莫诺夫公式：

$$H=C+\frac{(N+1)(\overline{C}-\overline{C}_1)}{100} \tag{3-28}$$

式中　$H$——特高品位下限（即正常品位上限），%；

$\overline{C}$——包括特高品位在内的平均品位，%；

$N$——包括特高品位样品在内的样品数，个；

$\overline{C}_1$——不包括特高品位的平均品位，%。

包尔德列夫公式：认为特高品位应符合式（3-29）的关系。

$$C_h L_h > 3\overline{C}\,\overline{L} \tag{3-29}$$

式中　$C_h$——特高品位，%；

$L_h$——特高品位的样品长度，m；

$\overline{C}$——平均品位，%；

$\overline{L}$——平均取样长度，m。

*D　品位频率分布曲线法*

根据本矿床已知的样品品位，按一定的品位间隔编制品位频率分布曲线图。当存在特高品位时，图右侧曲线可出现一个最低频率点（往往频率为 0），且在该点右侧的曲线失去其平滑性，显示了不规则的偶然性特点，并可出现曲线的间断现象。这些变化就是由于存在特高品位的缘故。相当于上述曲线最低频率点的品位就是特高品位的下限。

3.6.5.2　特高品位的处理方法

当样品中发现特高品位时，经过检查，如证实并非由于取样、样品加工或化验误差所

**表 3-8 特高品位最低界限参考表**

| 矿 床 特 征 | 品位变化系数（%） | 特高品位高出平均品位的倍数 |
|---|---|---|
| 品位分布很均匀的沉积矿床 | <20 | 2～3 |
| 品位分布均匀的沉积矿床及变质矿床 | 20～40 | 4～5 |
| 品位分布不均匀的有色、稀有金属矿床 | 40～100 | 8～10 |
| 品位分布很不均匀的有色、稀有、贵金属矿床 | 100～150 | 12～15 |
| 品位分布极不均匀的有色、稀有、贵金属矿床 | >150 | >15 |

引起的，则应进行适当处理。目前所用处理方法有：

（1）在计算平均品位及储量时，特高品位不参加计算；

（2）用包括特高品位在内的工程或块段的平均品位来代替特高品位；

（3）用与特殊样品相邻两个样品品位的平均值代替特高品位；

（4）用特殊样品及其相邻两样品共三个样品品位的平均值代替特高品位；

（5）用特高品位下限值代替特高品位。

对以上处理方法尚存在较大争议，目前较多矿山采用的是上述（3）或（4）的方法。

3.6.5.3 不用确定特高品位下限的特高品位处理方法

上述无论何种确定和处理特高品位的方法都还缺乏理论依据，近年来国内外的研究表明，对品位频率服从对数正态分布的矿床来说，采用品位的几何平均值再乘以一个以样品数及品位方差为变量的函数的方法，可取得最符合客观实际情况的效果。这已为国内外某些矿山的试验对比资料和数学理论分析所证实。

此法采用公式（3-30）计算平均品位：

$$\overline{C} = \exp(\ln C) \cdot \gamma_n(p) \tag{3-30}$$

式中 $\overline{C}$ ——即使存在特高品位也符合客观实际情况的平均品位；

$\exp(\ln C)$ ——几何平均值的数学表达式；

$\gamma_n(p)$ ——以样品数及品位对数方差为变量函数，其数学表达式为：

$$\gamma_n(p) = \left[ 1 + \frac{1}{2}p + \frac{n-1}{2^2 + 2!\ (n+1)}p^2 \right.$$
$$\left. + \frac{(n-1)^2}{2^3 \times 3!\ (n+1)\ (n+3)}p^3 + \cdots \right] \tag{3-31}$$

式中 $n$ ——样品数；

$p$ ——品位的对数方差。

以上这个数学表达式包括了伽马函数和贝塞尔函数，是一个较复杂的函数。显然，当不具备电算手段时，如样品数较多，要用上述公式计算平均品位极为困难；但如采用电算，此种计算则是轻而易举的。

**3.6.6 微型电子计算机在储量计算中的应用**

应用传统的储量计算方法进行储量计算，虽然计算方法简单，但计算工作量较大，且手算易出错；利用克立格等新法计算储量，不仅工作量更大，且计算过程复杂，手算无法进行。因此，在储量计算中应用电算手段，势在必行，这也是实现矿山现代化的具体内容之一。考虑到我国矿山的实际情况，此种计算应尽可能利用微型电算机进行。

在储量计算中利用微型电算机手段有三种途径：

（1）利用某种储量计算方法的专用程序进行计算。此种程序可由矿山自编，也可借用已有程序加以适当修改，使其适用于本矿。无论何种储量计算方法，我国现在都已经有适用于微机的程序（包括克立格法），这是很有利的条件。这个途径的优点是：自编程序不受矿山现有微机机型的限制，且程序的针对性强。

（2）利用性能优越的电子表格软件包进行计算。我国现已引进和自编多种电子表格软件，且多已配备有汉字支持系统。其中性能优越软件包可兼具数据库、列表、计算、打印及绘图等功能。其优点是：只要熟悉一些指令即可操作，甚至不懂算法语言的人也易于掌握。但是，一定的软件包对机型有一定的要求，例如性能较优越的 LoTus 1-2-3 软件包只适用于 IBM PC 的微机。

（3）利用数据库软件进行计算（详见 3.7.11）。对于拟建立矿山地质数据库管理系统的矿山，可用数据库软件（如 dBASE-Ⅲ）建立起数据库，并把储量计算功能与其结合在一起。

这个途径比前两种途径更先进，因为矿山地质数据库管理系统除了可用于计算储量外，尚有多种其他用途，而且每次计算都不必再输入原始数据，只要直接调用即可。但是，这个途径的建库工作复杂，而且对微机机型也有一定要求。

### 3.6.7 矿产储量的分类和分级[2,5,38~40]

矿产储量是国家计划部门以及矿山设计和生产部门制定规划和进行矿山设计及生产的重要依据。我国"全国矿产储量委员会"曾会同其他有关领导部门制定了有关矿产储量分类和分级的规定。

3.6.7.1 矿产储量分类

根据当前技术经济条件，并考虑长远的发展前景，我国将矿产储量分为两类。

*A* 能利用储量

该储量又名表内储量。是在当前技术经济条件下，就有开发价值的储量。这种储量应符合对该矿床各项工业指标的要求。

*B* 尚难利用储量

该储量又名表外储量。是由于有用组分含量低，矿体厚度薄，矿山开采技术条件或水文地质条件特别复杂，或对这种矿产的加工技术方法尚未解决等原因，在当前生产技术经济条件下，暂无开发价值而将来可能利用的储量。

3.6.7.2 矿产储量分级

储量分级的实质是为了反映所探明储量的精确程度或可靠性。储量级别是衡量矿床勘探程度的重要标志。不同级别的储量，在矿山设计和生产中的用途也不相同。

按我国现行规定，在全矿区勘探研究的基础上，根据对矿体不同部位的控制程度，将矿产储量分为 *A*、*B*、*C*、*D* 四级，各级储量的用途和所要求的条件如下：

*A* 级 是矿山编制近期采掘作业计算的依据，由矿山地质部门探求。其条件是：（1）准确控制矿体的产状、形态和空间位置；（2）对影响开采的断层、褶皱、破碎带已准确控制，对夹石和破坏体的岩浆岩体的岩性、产状及分布情况已经确定；（3）对矿石工业品级和自然类型的种类、比例、变化规律已完全确定；在需要分采和地质条件可能的情况下，应圈出矿石工业品级和自然类型。

  *B*级 是矿山设计的依据，又是地质勘探探求的高级储量，并可起到检验*C*级储量的作用。一般分布在矿体浅部初期开采阶段。其条件是：在*C*级储量的基础上，（1）详细控制矿体的产状、形态和空间位置；（2）对破坏和影响矿体较大的断层、褶皱、破碎带的性质、产状已详细控制；对夹石和破坏主要矿体的主要岩浆岩的岩性、产状和分布已基本确定；（3）对矿石工业品级和自然类型的种类、比例、变化规律已详细确定；在需要分采和地质条件可能的情况下，应圈出主要矿石的工业品级和自然类型。

  *C*级 是矿山设计的依据。其条件是：（1）基本控制矿体的产状、形态和空间位置；（2）对破坏和影响主要矿体的较大断层、褶皱、破碎带的性质和产状已基本控制；对夹石和破坏主要矿体的主要岩浆岩的岩性、产状、分布规律已大体了解；（3）基本确定矿石工业品级和自然类型的种类、比例和变化规律。

  *D*级 此级储量的用途为：（1）进一步布置地质勘探工作和矿山建设远景规划的依据；（2）对于复杂的难以求到*C*级储量的矿床，一定数量的*D*级储量可作为设计的依据；（3）对于一般矿床，部分*D*级储量也可作矿山建设设计用。此级储量的条件是：（1）大致控制矿体的产状、形态和分布范围；（2）大致确定破坏和影响矿体的地质构造特征；（3）大致确定矿石的工业品级和自然类型。此外，*D*级储量还是用稀疏勘探工程控制；或虽用较密工程，但由于矿体变化复杂或其他原因而达不到*C*级储量的要求；或者由物化探异常经工程检验，以及由*C*级以上储量块段外推或配合少量工程控制的储量。

  3.6.7.3 我国与国外矿产储量分级的对比

  目前尚无国际统一的储量分类及分级标准，我国与某些国家的储量分级的对比如表3-9所示。必须指出，表中各国对应储量级别所要求的标准不尽相同，此表仅能反映其大致情况。

**表 3-9 我国与某些国家储量分级对比表**

| 西 方 国 家 | | 苏联及东欧 | | 中 国 | |
|---|---|---|---|---|---|
| 储量分级 | 置信水平（%） | 储量分级 | 允许误差（%） | 储量分级 | 允许误差（%） |
| 可靠储量 | >90 | 民主德国 $A\begin{cases}A_1\\A_2\end{cases}$ | 15～20 | *A* | ±10 |
| 推断储量 | 70～90 | *B*<br>$C_1$ | 20～30<br>30～60 | *B*<br>*C* | ±20<br>±40 |
| 预测储量 | 50～70 | $C_2$ | 60～90 | *D* | 不 限 |

  注：1. 西方国家的储量分级不尽统一，但多数采用上述分级；
   2. 西方国家对各级储量采用的术语也不大一致，但含义均相近，故用统一译名。

# 3.7 矿山地质技术管理与监督

## 3.7.1 矿产储量管理[1,3,4]

  储量管理的目的是通过经常总结分析储量的增减与级别变动状况，确定生产勘探的方针与任务，为矿山的长远发展与采掘计划编制提供可靠的地质储量。

  矿产储量管理的基本任务是：

（1）对生产勘探、探采结合等工程的进行所引起的储量变动进行定期统计；同时计算各相应块段的矿石有益及有害组分含量。

（2）根据储量保有程度，研究增加储量与探求高级储量的方案。

（3）查实储量变动的原因与地段；查清发生矿产资源损失的原因与地段，提出降低开采损失的意见；根据"矿产资源法"的规定，保护矿产资源，促进矿产资源的合理开发利用。

（4）完善储量管理的图纸与台账，适时测定与修正储量计算的参数。

（5）按国家统一布置，准时与正确地编报矿产储量表。

（6）正确履行矿产储量报销手续。

在储量管理工作中，要把矿床储量按矿山正在进行开拓的最低水平划分为上下两部分。下部储量除因新的勘探引起变化外，一般情况下保持不变。上部储量因开采及生产勘探等，则经常发生变化，因此计算储量时只涉及开拓水平以上的部分。当矿山开拓新水平时，新开拓阶段（或台阶）的储量应从下部储量转入上部。这样可消除上部的各类储量误差推移积累到下部去。

### 3.7.2 矿产储量表的编制[1,3,4]

矿产储量表（原名矿产储量平衡表），是全面反映矿产资源的数量、质量、开采技术条件和利用情况的重要资料，是供中央和地方有关主管部门作为编制经济建设、国防建设和制定有关经济技术政策的重要依据。在我国编报矿产储量表已成为一项制度。表内各项的填写要求，依国家统计局的规定进行，年度矿产储量表的格式如表 3-10 所示。

### 3.7.3 矿产储量保有程度的确定及检查[1,3,4]

3.7.3.1 可采总储量保有程度的确定及检查

矿山服务年限主要受矿床储量的制约，当矿山开采年限接近服务年限时，必须有新的矿山接续。所以在矿山的服务年限接近后期时，应检查可采储量保有边缘期，这对于中小型矿山和地质条件复杂的矿山更有实际意义。矿山可采储量保有边缘期（$T$）在正常情况下可按公式（3-32）计算：

$$T \geqslant A + P + R \tag{3-32}$$

式中　$A$——同等规模矿床地质勘探时间，年；

　　　$P$——同等规模矿山设计时间，年；

　　　$R$——同等规模矿山基建时间，年。

在进行可采总储量保有程度的检查时，根据本矿目前保有的 $C$ 级以上可采储量及年产规模，计算本矿的剩余服务年限；把此年限与可采储量保有边缘期进行对比。当剩余服务年限接近保有边缘期时，矿山地质部门应及时报告上级部门，及早开展新矿山基地的勘探工作，以保证本矿产品用户的原料的持续供应。

3.7.3.2 高级储量保有程度的确定和检查

正规的生产矿山都必须经常保有一定数量 $B$ 级以上的高级储量，以保证采掘计划编制和采掘工程设计的可靠性，为此必须及时检查高级储量的保有程度。此种检查实际上是对保有期的检查，可用公式（3-33）计算高级储量保有期：

$$高级储量保有期（年）= \frac{高级储量之和 \times 表内储量回采率}{下年度计划产量} \tag{3-33}$$

表 3-10　　截至一九　　年底矿产储量表

矿产名称：　　　　　　　　　　　　　　　共　　页　第　　页
储量单位：　　　　　　　　　　　　　　　规定上报日期限每年元月底前

| 编号 | 产地名称 地理位置 交通条件 | ①矿床类型 ②矿石工业类型、品级或牌号 ③矿石的主要有益有害组分的平均含量(%) | 储量级别 | 能利用（表内）储量 | | 尚难利用（表外）储量 | ①开采量 ②损失量 ③因普查勘探增(+)减(-)的 A+B+C 和 D 级储量 ④因重算或其他原因增(+)减(-)的储量 | ①地质工作单位，提交报告时间和名称 ②报告审批情况和结论 ③目前地质工作情况 | ①开采单位、利用情况、设计能力和建成时间 ②保有储量审批情况 | ①矿体层数、规模、倾角和埋藏深度 ②水文地质条件及对开采方法的影响 ③开采方法及其他有利不利条件 | ①共生、伴生矿产储量及综合利用情况 ②矿石选冶性能 ③矿区远景评价 | 备注 |
|---|---|---|---|---|---|---|---|---|---|---|---|---|
| | | | | 保有储量 | 累计探明储量 | | | | | | | |
| 1 | 2 | 3 | 4 | 5 | 6 | 7 | 8 | 9 | 10 | 11 | 12 | 13 |
| | | | | | | | | | | | | |
| | | | | | | | | | | | | |

填单位（盖章）：　　　　　填单位负责人（签字或盖章）：　　　　　填表人（签字或盖章）：　　　　　上报日期：　　年　　月　　日

一般情况下，高级储量应保有 2～3 年；地质条件复杂的矿山可略低。如通过检查发现高级储量保有程度不足，应加紧进行生产勘探，使储量升级。

在高级储量保有期的计算中，应注意下列高级储量不能参加计算：

(1) 被保护对象尚未撤除前的保护井巷和地面建筑物的矿柱；

(2) 因岩石移动而不能回采的储量；

(3) 各个采场及阶段的顶、底、间柱的储量，按回采顺序，计划期内不能回收者；

(4) 依条件不能回采的停采采场的残余储量；

(5) 因灾害事故（突水、火灾等）而封闭的地段的储量；

(6) 开采范围以外的地质勘探阶段提交的高级储量。

### 3.7.4　三（二）级矿量的划分

三级矿量（有的矿山划分为二级）是指矿山在采掘过程中，按开采工程准备程度而划分的矿量。分为开拓矿量、采准矿量与备采矿量三级或开拓矿量和备采矿量二级。

目前尚无全国统一的三级矿量划分标准，现仅引用冶金工业部 1982 年颁发的《黑色金属矿山三级矿量管理办法》（试行）中关于三级矿量划分条件作为参考（稍有改动）。

#### 3.7.4.1　开拓矿量

开拓矿量是工业储量的一部分，按设计要求，已全部或部分（指新开拓水平）完成开拓工程和储量达到 $B+C$ 级（Ⅰ、Ⅱ 勘探类型矿床）或 $C$ 级（Ⅲ、Ⅳ 勘探类型矿床）勘探程度的开拓水平以上相应的工业矿量。其中，露天矿开拓工程是指具备开拓下一水平的必要空间；运输与辅助工程；陡帮开拓的矿体上部揭露工程；地下矿开拓工程是指设计规定的开拓、卸载、提升、运输、通风、压气、供电和供排水系统的工程。

#### 3.7.4.2　采准矿量

采准矿量是开拓矿量的一部分。其中，露天矿是指按矿床开采顺序，矿体上部已揭露，储量达到相应勘探类型最高级别的设备占用最小平台宽度以外的工业矿量；地下矿是指按设计完成全部采准及辅助工程，储量达到相应勘探类型最高级别，并符合开采顺序的工业矿量。

#### 3.7.4.3　备采矿量

备采矿量是采准矿量的一部分，其中，露天矿是指按开采顺序，矿体上部及侧面已揭露，在台阶外侧一次采掘带的可采矿量；地下矿是指按设计已完成全部采准和切割工程，并符合开采顺序的可采矿量。

露天及地下矿山三级矿量划分见图 3-28 及图 3-29。

至于地下矿山各种采矿方法三级矿量所应完成的井巷工程，各主管部门制订的规程有相应的规定。

### 3.7.5　三（二）级矿量保有指标的检查[1~4]

三（二）级矿量的合理储备是保证矿山持续、均衡生产的基本条件，怎样科学地确定其指标，目前尚无统一的办法，各矿山可仍按各自主管部门的规定执行。

三级矿量的保有程度，一般按季检查，检查保有期采用的公式为：

$$开拓（年）= \frac{计算期末开拓矿量－预计矿石损失量＋预计混入废石量}{设计（或近期规划）年产量－一年掘进平均副产矿量} \quad (3\text{-}34)$$

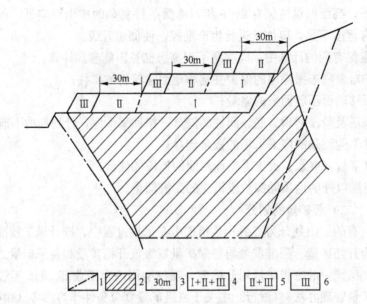

图 3-28 露天矿三级矿量划分示意图

1—境界线；2—矿体；3—最小占用平台宽度；4—开拓矿量；

5—采准矿量；6—回采矿量

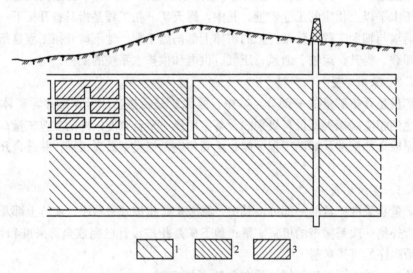

图 3-29 地下矿山三级矿量划分示意图

1+2+3—开拓矿量；2+3—采准矿量；3—备采矿量

$$采准（月）=\frac{计算期末采准矿量-预计矿石损失量+预计混入废石量}{年计划月平均产量-月掘进平均副产矿量} \tag{3-35}$$

$$备采（月）=\frac{计算期末备采矿量-预计矿石损失量+预计混入废石量}{年计划月平均产量-月掘进平均副产矿量} \tag{3-36}$$

在检查与计算保有期时，要注意以下问题：

（1）对于正在开拓中工程量特别大的阶段（台阶），开拓矿量的计算亦可采用均摊方法。露天矿山以开拓台阶的工业矿量，乘以计算期内完成的开拓工程量与设计开拓工程量之比的百分数计算之；地下矿山以开拓阶段工业矿量，乘以计算期内完成工程的时间与设计工程（包括安装）所需时间之比的百分数计算之。但某些小型矿山规定，全部开拓工程完成后方计算为开拓矿量。

（2）开拓工程邻近的小矿体，可利用现有开拓工程进行采准的，可计入开拓矿量；需新增开拓工程或开采顺序不合理，或地质工作程度不足的，不应计入开拓矿量。

（3）预留的永久矿柱与无法回收的底柱，一律不计入三级矿量；临时矿柱在开拓矿量保有期内不能回采者，暂不计入三级矿量；在开拓矿量保有期内可以回采者，按三级矿量应具备的条件分别计入相应级别矿量。

（4）对地下矿山，与矿房同时回采的间柱、顶柱与上阶段底柱，有回采设计的计入采准矿量；完成回采工程的计入备采矿量。单独回采的矿柱，按回采顺序具备回采条件的计入备采矿量，不具备条件的按矿房准备程度，相应降级计算。

（5）不符合开采顺序的矿块、矿段，不能计算为采准或备采矿量。

（6）地质构造和水文地质条件复杂，或按目前技术经济条件无法开采的不计入三级矿量。

（7）矿块、矿段由于边坡滑落、井巷坍塌，或地质构造、水文地质条件影响，其处理时间超过采准、切割和回采相应矿量保有期时，均不计入各期矿量。

矿山地测部门，需定期编制相应的报表，定期上报，表3-11是其实例。

### 3.7.6　矿石损失、贫化的地质管理和监督

为了切实保护和合理利用矿产，在矿床开采设计和开采过程中，地测部门和采矿部门要密切合作，尽可能降低开采的损失和贫化。为此，地测部门首先要为采矿部门提供详尽而较为可靠的地质资料，同时还要开展地质管理与监督工作。

3.7.6.1　对开采设计的监督

在开采设计中要坚持以下原则，地测部门应检查、监督这些原则的贯彻。

（1）坚持合理的开采顺序；

（2）在综合考虑经济、资源回收、能耗和生产条件的基础上，选取合理的损失率和贫化率指标；

（3）尽可能实行贫富、大小、难易兼采的原则，但在有利于提高经济效益又不破坏资源的情况下，经过主管部门批准，也可先富后贫，先大后小，先易后难，灵活处理；

（4）尽可能充分回收综合利用伴生有用组分；

（5）对于目前技术经济条件下尚难利用的矿产资源，设计中尽可能予以保护，以备今后开采利用；必须采出的，要有贮矿场存储。

为了加强对损失、贫化的管理和监督，开采设计应经过地测部门审查、签章后方可施工。

3.7.6.2　开采过程中的地质监督和管理工作

地质人员要注意下列问题：

（1）对地下矿山的顶、底、间柱，采矿部门是否认真做好回采设计；

（2）对矿体顶、底板、两端与围岩接触地段，或矿体的厚大夹层（夹石），爆破设计人员在爆破设计中，是否采取了有效措施，以减少矿石的贫化；

（3）露天采场铁路及公路的路渣、爆破孔的充填物、露天矿山清理作业平台等是否

表3-11 三级矿量报表实例

年度生产矿量平衡表

一九__

| 矿区或阶段 | 项目 | 一九__年度实际保有 | | | | | | 本期采出量 | | | 本期损失量 | | | 本期因掘进增(+)减(-) | | | 本期因重算增(+)减(-) | | | 一九__年度实际保有 | | | | | | 存窿(堆场) |
|---|---|---|---|---|---|---|---|---|---|---|---|---|---|---|---|---|---|---|---|---|---|---|---|---|---|---|
| | | 开拓 | | 采准 | | 备采 | | 开拓 | 采准 | 备采 | 开拓 | 采准 | 备采 | 开拓 | 采准 | 备采 | 开拓 | 采准 | 备采 | 开拓 | | 采准 | | 备采 | | |
| | | 总量 | 其中矿柱 | 总量 | 其中矿柱 | 总量 | 其中矿柱 | | | | | | | | | | | | | 总量 | 其中矿柱 | 总量 | 其中矿柱 | 总量 | 其中矿柱 | |
| 1 | 2 | 3 | 4 | 5 | 6 | 7 | 8 | 9 | 10 | 11 | 12 | 13 | 14 | 15 | 16 | 17 | 18 | 19 | 20 | 21 | 22 | 23 | 24 | 25 | 26 | 27 |

注：项目中各行可分别填矿石量（万吨）、有用组分量（t或kg）及品位（%或kg/m³）。

遵守矿石与岩石不混杂的原则；

（4）对使用充填法或浅眼留矿法开采的采场，要检查回采作业是否达到矿体边界，达不到边界不得进行下一分层的回采作业；

（5）地下矿山保留的采场临时矿柱，采矿技术部门是否有充分的技术论证。

对可能发生重大损失与贫化的采掘作业，地质部门有权制止；对已发生的重大矿石损失与贫化，地质部门应进行分析，并提出处理意见。为防止与降低开采损失和贫化，各级领导与采矿部门对地质部门提出的意见和建议应认真对待，切实答复。

### 3.7.6.3 合理利用矿产资源应做的工作

（1）地下矿山采用崩落采矿法时，地质部门要与采矿技术部门合作，进行技术经济分析，确定合理的放矿截止品位。

（2）利用级差品位指标（见3.6.5）的原理，研究在三级矿量分布地段降低工业品位指标的可能性；当经济上合理，生产上可行时，应尽可能用级差品位指标重新圈定工业矿体。

（3）当采选技术经济参数或矿产品售价有重大变动时，应及时修改矿床工业指标，修改时应进行科学的技术经济计算分析，经过论证，报请上级主管机关批准，方可执行。

在进行矿石损失和贫化的管理中，要编制一定的统计报表，表3-12和表3-13是其实例。

**表 3-12　矿石开采贫化与损失报表**

矿石量：t
计算单位：品位：%
率：%

矿山名称

| 矿区与矿体及开采阶段（采场） | 采矿方法 | 计 划 | | | 根据地质资料计算 | | | 根据回采设计资料计算 | | | | |
|---|---|---|---|---|---|---|---|---|---|---|---|---|
| | | 采出品位 | 贫化率 | 损失率 | 地质矿量 | 地质品位 | 围岩品位 | 设计回采地质矿量 | 设计损失量 | 设计损失率 | 设计采出品位 | 设计贫化率 |
| 1 | 2 | 3 | 4 | 5 | 6 | 7 | 8 | $9=6-10$ | $10=6-9$ | $11=\frac{10}{6}$ | 12 | 13 |
| 191号矿块 | 阶段强制崩落法 | | | | 74000 | 43.72 | 6.79 | 66420 | 7580 | | | |
| 191号矿块 | 阶段强制崩落法 | | | | 74000 | 43.72 | 6.79 | 66420 | 7580 | | | |

| 矿区与矿体及开采阶段（采场） | 采矿方法 | 根据实际开采资料计算 | | | | 采出地质矿量 | 回采损失 | | 表内损失 | | | |
|---|---|---|---|---|---|---|---|---|---|---|---|---|
| | | 采出矿石量 | | | 采出品位 | | 损失量 | 损失率 | 损失量 | 损失率 | 贫化率 | 废石混入量 |
| | | 出矿量 | 代矿量 | 合计 | | | | | | | | |
| 1 | 2 | 14 | 15. | $16=14+15$ | 17 | $18=16(1-23)$ | $19=9-18$ | $20=\frac{19}{9}$ | $21=6-18$ | $22=\frac{21}{6}$ | $23=\frac{7-17}{7-8}$ | $24=16\times23$ |
| 191号矿块 | 阶段强制崩落法 | 82000 | 9420 | 91420 | 32.87 | 64628 | 1792 | 2.70 | 9372 | 12.66 | 29.31 | 26792 |
| 191号矿块 | 阶段强制崩落法 | 82000 | 9420 | 91420 | 32.87 | 64561 | 1859 | 2.80 | 9439 | 12.76 | 29.38 | 26859 |

**表 3-13　开采单元的表内矿石回收率和贫化率的报表**

开采单元名称：191 号矿块　　采矿法：阶段强制崩落采矿法

**（第一段：采准切割工作、落矿工作、放矿工作）**

| 数据类别 | 采准切割工作 |||||||||| 落矿工作 |||||||||| 放矿工作 ||||
|---|---|---|---|---|---|---|---|---|---|---|---|---|---|---|---|---|---|---|---|---|---|---|---|---|
| | 待采准切割的表内矿石 || 采准切割出的矿石 || 采准切割中混入的岩石 || 采准切割出的表内矿石 || 采准切割中表内矿石 || 待落的表内矿石 || 落下的表内矿石 || 落矿中混入的岩石 || 落下的矿岩 || 落矿中表内矿石 || 待放矿的表内矿石 || 放出的落下矿岩 ||
| | 数量 t | 品位 % | 数量 t | 品位 % | 数量 t | 品位 % | 数量 t | 品位 % | 回收率 % | 贫化率 % | 数量 t | 品位 % | 数量 t | 品位 % | 数量 t | 品位 % | 数量 t | 品位 % | 回收率 % | 贫化率 % | 数量 t | 品位 % | 数量 t | 品位 % |
| （符号） | A | B | C | D | E | F | G | H | I | J | K | L | M | N | O | P | Q | R | S | T | M | N | Q | R |
| 预测的数据 | | | | | | | | | | | | | | | | | | | | | | | | |
| 实测的数据 | 9000 | 42 | 9000 | 42 | 420 | 8 | 9420 | 40.48 | 100 | 0.46 | 65000 | 43 | 57420 | 44 | 17580 | 5 | 75000 | 34.86 | 88.34 | 23.44 | 57420 | 44 | 75000 | 34.86 |

**（第二段：放矿工作、开采工作）**

| 数据类别 | 放矿工作 |||||||||||| 开采工作 ||||||||||
|---|---|---|---|---|---|---|---|---|---|---|---|---|---|---|---|---|---|---|---|---|---|
| | 放出的表内矿石 || 放出的落下矿岩 || 放矿中混入的岩石 || 放矿中落下矿岩 || 放矿中落下矿岩 || 放矿中表内矿石 || 待开采的表内矿石 || 开采出的表内矿石 || 开采中混入的岩石 || 开采出的矿岩 || 开采中表内矿石 ||
| | 数量 t | 品位 % | 数量 t | 品位 % | 数量 t | 品位 % | 数量 t | 品位 % | 回收率 % | 贫化率 % | 回收率 % | 贫化率 % | 数量 t | 品位 % | 数量 t | 品位 % | 数量 t | 品位 % | 数量 t | 品位 % | 回收率 % | 贫化率 % |
| （符号） | U | N | V | R | W | X | Y | Z | a | b | d | e | f | g | i | j | m | n | q | r | t | y |
| 预测的数据 | | | | | | | | | | | | | | | | | | | | | | |
| 实测的数据 | 55628 | 44 | 72650 | 34.86 | 9340 | 10 | 82000 | 32 | 96.76 | 11.50 | 96.88 | 32.16 | 74000 | 42.88 | 64628 | 43.72 | 26792 | 6.79 | 91420 | 32.87 | 87.34 | 29.31 |

注：

$G=C+E$，$I=\dfrac{C}{A}\times100$，$J=\dfrac{E}{G}\times100$，$H=\left(1-\dfrac{J}{100}\right)D+\dfrac{J}{100}F$

$y=\dfrac{m}{q}\times100$，$t=\dfrac{i}{f}\times100$，$Q=M+O$，$R=\left(1-\dfrac{T}{100}\right)N+\dfrac{T}{100}P$，$W=Y\times\dfrac{b}{100}$

$V=Y-W$，$U=V\left(1-\dfrac{T}{100}\right)$，$S=\dfrac{M}{K}\times100$，$T=\dfrac{O}{Q}\times100$，$a=\dfrac{Y\left(1-\dfrac{b}{100}\right)}{Q}\times100$

$b=\dfrac{R-Z}{R-X}\times100$，$r=\dfrac{GH+YZ}{G+Y}$

$q=G+Y$，$m=E+(V-U)+W$，$n=\dfrac{EF+(V-U)P+WX}{E+(V-U)+W}$

$e=\dfrac{(V-U)+W}{Y}\times100$，$d=\dfrac{Y\left(1-\dfrac{e}{100}\right)}{M}\times100$

### 3.7.7 矿石质量均衡中的地质工作

矿石质量均衡又称矿石质量中和或配矿，是指在采矿和装运过程中，有计划有目的的按比例搭配不同品位的矿石，使之混合均匀，以保证生产的矿石达到利用部门要求的质量标准和综合利用矿产资源、提高经济效益所采取的措施和手段。质量均衡主要是对矿石中有益组分进行的，有时也对有害组分或造渣组分进行均衡。

矿石质量管理在一些矿山由地测部门主管，有的矿山由其他部门主管。一般在矿石质量均衡过程中，矿山地质部门要完成下列工作：

(1) 做好矿石质量鉴定，提供系统的、完善的地质图件及其他有关资料。

(2) 编制年、季、月矿石质量计划，验算各采场、各阶段的矿石均衡能力；作为编制季、月质量计划的地段，其地质工作程度一般应达到高级储量要求。条件较简单情况下，均衡能力的计算可参考下列公式：

$$F_i = D_i \, (C_i - C) \tag{3-37}$$

式中　$F_i$——第 $i$ 个坑口（或采场、台阶、阶段）的均衡能力系数；

$D_i$——第 $i$ 个坑口（或采场、台阶、阶段）的计划采出矿石量；

$C_i$——第 $i$ 个坑口（或采场、台阶、阶段）的预计采出矿石平均品位；

$C$——要求质量均衡后达到的平均品位指标，%。

上式中若 $F_i$ 为"+"，则可搭配部分低品位矿石；若为"－"，则应搭配部分高品位矿石；通过计算，最终应达到参与均衡各采掘单元均衡能力系数之和满足：

$$\sum_{i=1}^{n} F_i \geqslant 0 \tag{3-38}$$

式中　$n$——参加矿石质量均衡的坑口（或采场、台阶、阶段）的数目。

若对有害组分进行均衡，则要求上式小于零。

若仅两种品位矿石进行均衡，可参考公式 (3-39) 计算可搭配的低品位矿石量 ($X$)：

$$X = \frac{D \, (C_1 - C)}{C - C_2} \tag{3-39}$$

式中　$D$——高品位矿石量，t；

$C_1$——高品位矿石平均品位，%；

$C_2$——低品位矿石平均品位，%；

其他符号同前式。

以上只是最简单条件下的计算。若条件复杂，则可应用系统工程学方法进行，本手册40.4 有专门的论述。

(3) 定时进行质量预报，即按某时期的要求，将采矿地段的矿石类型、有益有害组分含量及其变化，选矿和冶炼所需掌握的矿石特点等，及时向采矿及矿石加工部门发出预报。

(4) 组织并指导出矿过程中的取样工作。

### 3.7.8 现场施工和生产中的地质管理及监督[2,7]

矿山现场施工和生产的重要特点之一是工作面和工作对象处于经常变动之中。随着工作面的推进，总是不断出现新的地质条件。其中有些条件可能是生产勘探中尚未掌握和采掘设计中所未估计到的。因此，矿山地质人员必须与采矿人员密切配合，搞好施工和生产中的管理及监督工作。除了 3.7.6 节已述及的矿石损失、贫化的现场管理及监督工作外，还要做好下列工作：

（1）掌握井巷的掘进方向和终止位置：例如，原设计要求靠近矿体底板掘进的脉外沿脉巷道，如果因矿体边界与原预计的有变化，而使巷道偏离底板，地质人员应及时指出，并和采矿人员一起研究解决；又如，某些穿脉要求穿透矿体顶（或底）板后即终止掘进，地质人员应经常到现场检查，及时指出掘进终止位置。

（2）掌握地质构造变动情况：例如，有的矿山在施工或生产中常遇到影响较大的断层，地质人员应经常到现场调查了解，一旦发现断层标志或接近断层的标志，则应及时判明断层的类型、产状、破碎带的可能宽度、破碎带的胶结程度以及两盘的相对位移等情况，以便采矿部门适时采取措施；如果是矿体被错断了，而且断距较大，还要确定错失矿体位置，以便采矿部门及时修改设计。

（3）参与生产安全的管理：矿山生产安全工作虽有安全部门专门管理，但有颇多安全问题与地质条件有关，地质部门应参与管理。例如，井巷或采场中的冒顶、片帮或突水等事故都与地质条件有关，地质人员应及时发现其征兆，及时向有关部门发出预告，并共商预防措施。

（4）参加井巷工程的验收工作：某井巷施工告一段落时，地质部门要会同掘进队及采矿、测量人员对其进行验收。验收项目包括工程的位置、方向、规格、质量及进尺等是否符合原设计要求；如井巷穿过矿体还要测算掘进中副产矿石量。

（5）对矿石质量均衡进行现场管理和监督：在现场管理和监督中，主要是要保证矿石质量计划和质量均衡方案的实现，例如指导和监督不同类型、不同品级矿石的分爆、分装及分运，指导和监督同类型、同品级不同品位矿石按预定方案进行搭配等。

### 3.7.9　采掘单元暂时停产、报废和正常结束时的地质工作[1,3,4]

生产矿山有时因某种原因会出现采场、阶段、采区以至整个矿山的暂时停产；有时，还会因灾害性大事故等原因，导致某种单元的报废；但如按设计可采储量已全部采出，则属正常结束。

#### 3.7.9.1　采掘单元暂时停产时的地质工作

采场与阶段的暂时停产时间一般不长，若停产时间较长，地质与测量人员要合作做好如下工作：

（1）对采场与阶段停产前的采掘进度进行实地测绘；

（2）整理或填绘出采场与阶段的地质图；

（3）计算停产采场或阶段的结存地质储量、三级矿量；

（4）整理停产采场或阶段的原始地质测量资料。

进行上述工作的目的是为恢复生产打下可靠的基础。

一个坑口或矿山的总体停产是一个重大问题，此时地测部门的工作应是：

（1）整理或测绘出坑口或矿山采掘状况、工业设施图；

（2）整理或填绘出坑口或矿山各开采地段地质图；

（3）计算结存的地质储量和三级矿量；

（4）系统整理出矿山的综合地质、测量图纸及其他文字图表资料。

在上述工作基础上编写停产地质报告，目的是为恢复生产时地测工作的接续打下基础。停产地质报告的主要内容应包括：

(1) 坑口（或矿山）的矿床地质条件；

(2) 停采时的采掘状况及所处地质条件；

(3) 历年的开采量及结存矿量；

(4) 已建立的地质测量资料；

(5) 开采技术条件；

(6) 矿床地质远景评价。

3.7.9.2 采掘单元报废或正常结束时的地质工作

若地下矿山采场因发生事故，经技术鉴定确属无法恢复而报废，则地测部门要做下列工作：

(1) 尽可能绘制出采掘进度线；

(2) 计算残存矿量；

(3) 统计已开采量、损失量、损失率和贫化率；

(4) 整理出采场各项地测资料并存档；

(5) 及时履行储量报销手续。

地下矿山采场回采正常结束时的地质工作内容与报废时相似，只是不需进行上述第 (1)、(2) 项工作。

地下矿山开采阶段同样存在报废和开采正常结束两种情况，需进行的地测工作内容大同小异，主要有：

(1) 对积累的地测资料进行系统的核对和整理；

(2) 统计本阶段的实际开采量及损失量；

(3) 进行阶段设计储量与实际开采量的对比；

(4) 进行开采前后地质资料所反映地质条件的对比分析；

(5) 计算并报销残存矿量。

上述工作成果应整理成系统资料并存档。

坑口或矿山的报废或正常结束（闭坑），经有关主管部门审查同意后，地测部门除了要进行与开采阶段报废或正常结束相似的整理、统计及对比分析工作外，还要编制报废或闭坑地质报告书，其内容主要应包括：

(1) 矿床地质条件概况：应包括地层、构造、岩浆活动、矿床赋存条件及矿石特征等。

(2) 矿床地质勘探程度及主要成果：包括勘探网度、探明的储量及其级别等。

(3) 矿床开采概况：包括开采设计的主要方面、实际开采状况、开采量与损失量及残存矿量等。

(4) 矿山地质工作：包括生产勘探的布置与进行情况、矿产取样方法、已建立的地质图件及矿产综合利用情况等。

(5) 矿山测量工作：包括矿区控制网的建立情况、矿区地形图的测绘范围、坑内测量成果、重大测量工程及其精度和综合图件等。

(6) 综合分析研究成果：包括对地质勘探程度的评价，成矿规律的总结，矿区构造发育规律的总结及对该类型矿床的矿山地质工作经验等。

(7) 储量报销：包括设计开采境界内的残存储量及境界（或井田）外的储量。

上述地质报告书及附图，除报送主管机关外，还应送省及国家地质资料汇总部门。

### 3.7.9.3 矿山闭坑的审批手续

正常开采结束的矿山，闭坑的审批手续是：

(1) 闭坑前一定时间（如一年）向矿山企业的主管机关提出申请，阐明闭坑理由；

(2) 主管机关组织鉴定，确定是否关闭，提出审查意见；中小型矿山和坑口由主管机关审批；

(3) 大型矿山或坑口由主管机关将审查意见报主管部门审批；

(4) 闭坑申请报告得到批准后编写闭坑地质报告书。

若属重大事故发生的报废，应立即报告矿山企业主管机关和主管部门进行鉴定，确定能否恢复或是否报废。得到确认报废通知后，立即编写报废地质报告书。

### 3.7.10 微型计算机矿山地质数据库管理系统[35～37]

数据库是由存储在计算机磁鼓、磁盘或其他外存介质上的相关数据以及对这些数据施行查询、修改、插入、删除等操作的若干个程序组成。矿山地质数据库可存储由地质勘探或生产勘探所获得的原始信息，以及根据这些信息经计算机加工处理后得到各矿体或某地段的矿石储量、平均品位及地质图件等。原始信息包括：勘探工程名称、质量；样品个数、样长；矿石或岩石体重；有用元素品位；矿石选矿指标；地层及其岩性、产状以及物理力学性质等；地质构造的类型、位置及产状等。存储数据的方法是：将勘探工程所获得的信息，经过编录、整理、归类存入计算机的外存介质上，输入之前首先要将信息数据化；即需要将反映客观条件的实体模型转化为数据模型。目前微型机上普遍使用关系模型。关系模型是把和某一事物有关的数据看成一个二维表，事物和事物之间的联系也用二维表的形式表示。一个表是一个关系，也可以叫做一个库文件。表中一列为一个数据项。一行为一个记录。记录由若干数据项组成，关系由若干记录组成，关系模型则由若干关系组成。为使模型清楚、准确、便于查找，要给每个关系命名，给每个数据项命名，并要确定数据项中数据的类型、长度和值域。数据输入后在数据库管理系统的支持下可对数据库中数据进行检索、查询、追加、插入、删除、简单计算等操作。

数据库系统应包括硬件、操作系统软件、数据库管理系统软件、应用程序软件及数据库管理员。矿山地质数据库系统的硬件设备由主机和辅助设备两部分组成，主机最好采用IBM系列微型机；辅助设备有：显示器、打印机、图形显示器、数字化仪、绘图机等。操作系统软件，有纯西文的（DOS）和带汉字字库的（CCDOS）两种。微型机上使用的数据库管理系统软件，目前较优者为dBASE-Ⅱ和dBASE-Ⅲ，两者均已有汉化版本。应用程序应根据各矿山的地质条件、勘探方法及用户要求由程序员编制。

矿山地质数据库系统建立后，可大大提高地测人员室内储量计算及编图等工作的效率，避免计算工作中的差错，从而提高最终成果的精度。经应用程序处理后生成的各种数据，可仍以数据库形式管理，也可转换成数据文件，供其他高级语言调用。例如，计算不同工业指标的矿石储量；计算各个矿块（采场）的矿量、平均品位；用运筹学方法优化矿山采掘计划等。地质数据库不仅供地质人员使用，提供各种地质报表和图件，还可供采矿设计、矿石质量管理、三级矿量管理、编制矿山采掘计划等方面的应用。因此，矿山地质数据库是实现矿山地质管理和技术工作现代化以及矿山企业管理现代化必不可少的手段。我国目前已建成并投入使用的有：北京钢铁学院与金川龙首镍矿合作研制的矿山地质数据库以及南京白云石矿与南京石油物探研究所合作研制的矿山地质数据处理系统等（本条目以上据韩福娥）。

南京白云石矿矿山地质数据处理系统结构流程如图 3-30 所示[36,37]。该矿山地质数据处理系统具有如下功能[36,37]：

（1）原始数据管理：对原始数据，如探槽、钻孔、地形、构造、控制测量、碎部测量、储量级别的分布等，经过适当的整理，形成相应的基本数据文件，建立数据库。系统具有对这些数据进行修改、删除、插入、查询及打印各种报表的功能。

（2）生成各种图件

1）剖面图：系统利用探槽和钻孔资料，能够生成任何一条或多条剖面线的剖面图。在剖面图上有地形线、坐标网、钻孔线及钻孔标识、矿体的分界线、品级线和品级注释等。

2）平面图：应用探槽、钻孔、地形、构造等资料，能够生成任一块段或多个块段的所有台阶面的平面图。在平面图上，有图框、坐标网、地形线、境界线、浮土线、断层线、品级线和品级注释等。

3）掘进区域图：在掘进区域图上，除了具有坐标网、日期、分队、上下推进线和上下剩方线外，对上推进线和下推进线还注有高程值，这些高程值除了可用于计算某一收方点的采剥量外，还可用于下月布置爆破孔位置的参考。

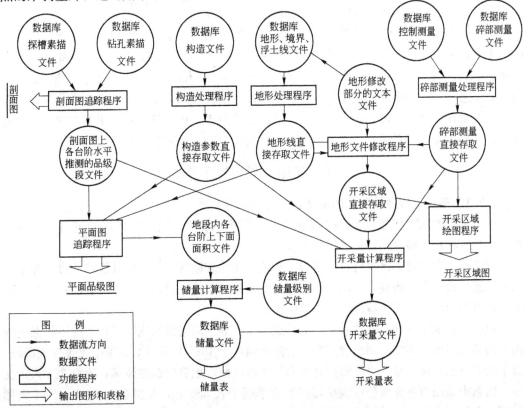

图 3-30　南京白云石矿矿山地质数据处理系统结构流程图

4）地形线：除了以上所说的三种图外，作为辅助手段，系统还提供了一个绘制地形线的程序，可以根据需要绘出任一块段、任一台阶的一种或多种线（地形线、境界线、浮土线）。

以上所述的所有图形均以图形文件形式保存，需要时即可绘制出图纸。

（3）储量计算：系统利用有关资料（如探槽、钻孔、地形、构造、储量级别等），可以计算任一块段的或多个块段的所有台阶、所有矿体、所有层位的各种级别、各种品级的境界内和境界外的储量，并分别统计出各个基本体积单元的平均化学分析结果，同时将结果转换成储量数据库。利用这个数据库，用户可很方便地生成各种储量统计报表。

1）形成储量统计的报表有：总地质储量表；境界内矿岩储量表；境界线内或外地质储量表；某一矿体境界内或外的地质储量表；某一水平或块段的境界内或外矿、岩储量表等。

2）形成的品位统计报表有：某一矿体、水平或块段的品位统计表；某一水平内某个块段某个矿体的品位统计报表；全矿总品位统计表等。

（4）计算开采量：利用探槽、钻孔、地形、构造、控制测量、碎部测量等资料，可计算每个月各分队的爆破量、剩方量和产量，以及这些量所在的分队、台阶、块段、矿体和层位，这些量所属的品级及其平均化学分析结果等参数，并将这些结果转化成开采量数据库。

有了开采量数据库，即可形成采剥收方的各种报表，如某年某月的采剥收方数量台账或收方总量报表、全年汇总报表或采出品位统计报表等。

上述数据库今后补充其功能并扩大其应用范围的潜力还很大。例如，可编制三级矿量的报表和损失、贫化的统计报表等。就目前来看，由于应用了此手段，已大大提高了工作效率。例如，过去每月进行的开采量计算，一般需 4~6 人计算 3 天，现在仅需半天时间；全矿每年进行一次的手工储量计算工作，通常需 3 个月时间，要集中全体地测人员分工进行，数据量在十万多个以上，容易产生差错，造成返工，现在仅需一星期左右的时间即可完成，并提供全部所需报表，效率很高，而且精度也能满足要求。

## 3.8　矿山工程地质工作

### 3.8.1　矿山工程地质工作的意义、任务和内容[40~42]

矿山工程地质工作是为了查明影响矿山工程建设和生产的地质条件而进行的地质调查、勘察、测试、综合性评价及研究工作。

尽管矿山在基建前已进行过一定的工程地质测绘和勘察工作，但其详尽程度不完全能满足工程建设和生产需要。因此，在矿山开始基建乃至投产后，对于工程地质条件复杂的矿山仍有继续深入进行工程地质工作的必要。

过去，在矿山设计、基建或生产中，忽视工程地质调查研究或因工作程度不够而造成损失的教训不少。例如，湖北省远安县盐池河磷矿于 1980 年 6 月 3 日发生灾害性大滑坡，滑下的岩（土）体总量达 100 多万立方米，矿区内所有地表建筑被毁坏，死亡 284 人；又如，山西中条山有色金属公司铜矿峪铜矿主平硐全长 3500m，当掘进到 1000m 时，突然遇到一条长百余米和主平硐近乎平行的大断层，产生多次大冒落，其高度达 30m，采取多种措施处理都未成功，最后被迫将主平硐由双轨大断面巷道改为单轨小断面双巷；再如江西永平铜矿 6 号平硐长 730m，掘进至 540m 时，突然发生大量涌水涌泥而无法施工，其原因是遇到岩溶塌陷区。由此可见矿山工程地质工作的重大意义。

矿山工程地质工作的任务是更详细地查明工程建设和生产地段的工程地质基础条件，更深入地查明可能危害建设和生产的工程动力地质现象，以保证工程建设和生产的顺利进行。具体工作内容包括：

(1) 对基建施工中的厂房地基、尾矿坝的坝基及坝肩、铁路和公路的路基及边坡等进行工程地质调查和编录。当发现不良工程地质条件时，及时通知施工部门。

(2) 对掘进中井巷、硐室（投产后还包括采场）中工程地质条件复杂地段，进行工程地质调查和编录，并与采矿人员密切配合及时解决掘进中的工程地质问题。

(3) 与采矿技术人员配合，系统地开展有关露天矿边坡稳定和地下矿岩体稳定的综合性调查研究。包括岩土工程地质特征、岩体结构特征、有关水文地质条件、构造应力场的调查研究以及失稳地段定期的移动观测等。

(4) 对可能危害工程施工或工程设施的工程动力地质现象（包括流砂、泥石流、崩塌、岩堆移动和岩溶等），进行专门的工程地质调查。

(5) 当矿山进行扩建时，还可能要开展扩建工业场地、路基及尾矿坝的工程地质调查。

以上工作内容在矿山基建阶段和生产阶段各有所侧重，如基建阶段要侧重上述（1）项工作，生产阶段侧重（3）项工作，而（2）和（4）项工作可能两个阶段都要进行。

### 3.8.2 岩土工程地质特征的调查[43,44]

岩土是矿山工程的地基或围岩，又是地下水埋藏的物质基础。岩土的工程地质性质将直接影响到工程的设计、施工和使用，因此在矿山工程地质工作中要首先对岩土的工程地质特征进行调查。

3.8.2.1 岩土的工程地质分类

在工程地质工作中，必须按一定原则将岩土进行科学的分类，才能正确地调查掌握各种岩土的工程地质特征，开展工程地质研究。

岩土的工程地质分类方案很多，可概括为一般分类、局部分类和专门分类。

局部分类是根据一个或较少的指标，对部分岩土的分类，如按粒度成分、塑性指标、膨胀性、压缩性或砂土相对密度等指标中的一个或几个对土的分类等。其不同分类方案见于各种工程地质专著。

专门分类是根据某些工程部门的具体要求而进行的分类，如水工建筑、铁路建筑等部门都有相应的岩土分类，并以规范形式确定颁布。

本书仅介绍岩土的一般工程地质分类。此种分类包括了全部岩土，也有不同的分类方案，目前较通用的是下列分类：

(1) 岩质岩石：包括各种岩浆岩、变质岩和胶结沉积岩。

(2) 半岩质岩石：包括退化的岩质岩石、非结晶胶结岩石和结晶化学沉积的可溶岩石（如岩盐、石膏等）。

(3) 黏性土：包括黏土、亚黏土、黄土和黄土状亚黏土。

(4) 非黏性土：又分为粗碎屑土（包括漂石土、卵石土、砾石土、碎石土及砂砾土）和中粒松散土（包括硅藻土、砂土等）。

（5）特种成分、状态土（包括土壤、泥炭土、盐渍土、过饱水土、冻结土等）。

### 3.8.2.2  岩质和半岩质岩石工程地质特征的调查

为了对岩质和半岩质岩石进行工程地质性质的评价，应进行下列的调查或测试：

（1）一般岩石学特征：岩石的矿物成分、结构、构造、产状和岩相变化等；

（2）岩石的物理性质：密度、体重、孔隙率（或裂隙率）、含水性等；

（3）岩石的化学性质：溶解性、水或其他溶液对岩石的作用等；

（4）岩石的水理性质：透水性、吸水性，抗冻性、软化性等；

（5）岩石的力学性质：抗压强度，抗剪强度，抗拉强度、弹性模量和泊桑比等；

（6）岩石的风化程度和抵抗风化的能力：按风化程度可划分为剧风化、强风化、弱风化、微风化和未风化；根据岩石的矿物成分、结构、构造及颗粒间的联结关系可大致判断其抗风化能力。

### 3.8.2.3  土的工程地质特征的调查

为了进行土的工程地质性质的评价应进行下列的调查或测试：

（1）土的一般特征：包括土的粒度成分、矿物成分、胶体物质类型及电性、含水和气体状况以及土的结构、构造等；

（2）土的物理性质：包括密度、容重、含水性、孔隙性等；

（3）土的水理性质：包括透水性、毛管性以及黏性土的膨胀性、收缩性、崩解性、塑性等；

（4）土的力学性质：包括压缩性、抗剪性和动力压实性等。

以上岩土各项工程地质特征的调查或测试方法详见本章参考文献［43］及［44］。

### 3.8.3  岩体结构特征的调查研究[44,45]

岩体结构是岩体在长期成岩及形变过程中形成的产物，包括结构面和结构体两个要素。

结构面是地质发展历史中，尤其是构造变形过程中，在岩体内形成具有一定方向，延展较大、厚度较小的两维面状地质界面。包括物质分界面和不连续面，如层面、片理面、节理面、断层面等。结构面类型及特征可参看表 3-14。

结构体是由不同产状的结构面组合将岩体切割而成的单元块体。岩体结构类型及其工程地质特征可参看表 3-15。

影响岩体特性的因素很多。在进行岩体结构特征调查研究时，应着重研究结构面的特性、结构体（岩块）的坚固性、岩体的完整性和岩体质量系数四个主要因素。

### 3.8.3.1  结构面特性调查研究

岩体结构决定岩体特性，并控制着岩体的变形破坏机制和过程。岩体结构特性是由结构面发育特征所决定，因此，岩体结构的力学效应主要是结构面力学效应的反映。结构面的力学效应主要反映在：结构面结合状况，结构面充填状况、结构面形态、结构面延展性和贯通性、结构面产状以及结构面组数。结构面调查应着重下面主要内容：

（1）结构面的几何形态：结构面按形态可分为三种——平直型，包括一般层理、片理、原生节理和剪切破裂面；波状起伏型，具波痕的层理、轻度揉曲的片理、沿走向和倾向呈舒缓波状的压性、压扭性结构面；曲折型，张性、张扭性结构面，具交错层理和龟裂纹的层面、缝合线等。

**表 3-14 结构面类型及其特征**

| 成因类型 | | 地质类型 | 主 要 特 征 | | |
|---|---|---|---|---|---|
| | | | 产 状 | 分 布 | 特 征 |
| 原生结构面 | 沉积结构面 | 1. 层理层面<br>2. 软弱夹层<br>3. 沉积间断面 | 一般与岩层产状一致，为层间结构面 | 海相岩层结构中此类结构面分布稳定，陆相岩层中呈交错状，易尖灭 | 层面、软弱夹层等结构面较为平整；沉积间断面多由碎屑、泥质物构成，且不平整 |
| | 岩浆成结构面 | 1. 侵入体与围岩接触面<br>2. 薄岩脉、岩床展布面<br>3. 原生冷凝节理、流线、流面等 | 岩脉受构造结构面控制，岩床受层间结构面控制，而冷凝节理受侵入体接触面控制，流面、流线受岩浆流动方向控制 | 接触面延展布面延伸较远，比较稳定，而原生节理一般较短小密集 | 接触面可具熔合及破裂两种不同的特征；原生节理可具被充填及破裂两种不同的特征 |
| | 变质结构面 | 1. 片理<br>2. 片岩软弱夹层 | 产状与岩层或构造线方向一致 | 片理短小、分布极密，片岩软弱夹层延展较远，具固定层次 | 结构面光滑，片理在岩体深部往往闭合成隐蔽结构面；片岩软弱夹层含片状矿物，呈鳞片状 |
| 构造结构面 | | 1. 节理（剪节理、张节理）<br>2. 断层（正断层、逆断层、平移断层等）<br>3. 层间错动面<br>4. 羽状裂隙、劈理等 | 产状与构造线呈一定关系，层间错动与岩层产状一致 | 张性断裂较短小；剪切断裂延展较远；压性断裂（如冲断层、逆掩断层）规模巨大，但有时为横断层切割成不连续状 | 张性断裂不平整，可具次生充填，呈锯齿状；剪切断裂较平直；压性断层具多种构造岩成带状分布，往往含断层泥，糜棱岩 |
| 次生构造面 | | 1. 卸荷裂隙<br>2. 风化裂隙<br>3. 风化夹层<br>4. 泥化夹层<br>5. 次生夹泥层 | 受地形及原结构面控制 | 分布上往往呈不连续状，透镜体，延展性差，且主要在地表风化带内发育 | 一般为泥质物充填，水理性质很差 |

(2) 结构面的光滑度和粗糙度：可分为极粗糙、粗糙、一般、光滑、镜面五个等级。

(3) 结构面结合状况：结构面结合有胶结的、开裂的两种。胶结的结构面以胶结物质成分不同可分为泥质胶结、可溶盐类胶结、钙质胶结、铁质胶结、硅质胶结等。

(4) 结构面充填状况：结构面充填状况可分为干净的、薄膜、夹泥、薄层夹泥、厚层断层泥及构造破碎岩。

(5) 结构面延展性及贯通性：结构面的延展性可由一定方向上的结构面或连续段长表示，在一定尺寸的工程岩体内的贯通性可分为非贯通性、半贯通性、贯通性的。

(6) 结构面密度（频度）：结构密度的表示方法有，单位长度或单位面积、单位体积内发育的结构面数量；结构面间距；岩体尺寸和结构尺寸之比。

(7) 结构面产状及组合关系：在一定围压下，岩体稳定与结构面产状有关，其组合关系控制着岩块或岩体变形破坏机制。

结构面力学性质试验，可以在现场或取样后在室内进行抗剪强度试验。

表 3-15　岩体结构类型及其特征

| 岩体结构类型 | 岩体地质类型 | 主要结构体形式 | 结构面发育情况 | 工程地质特征 | 受区域构造影响程度 |
|---|---|---|---|---|---|
| 整体状结构 | 均质、巨块状岩浆岩、变质岩、巨厚层沉积岩 | 巨块状 | 以原生构造节理为主，多闭合型。结构面间距大于1.5m，一般不超过2～3组 | 整体性强度高，岩体稳定。在变形特征上可视为均质弹性各向同性体 | 未经或只经过轻微的区域构造变动 |
| 块状结构 | 厚层状沉积岩、块状岩浆岩及变质岩 | 块状、柱状 | 只具有少数贯穿性较好的裂隙、节理或小断层错动，结构面间距0.7～1.5m，一般为2～3组 | 整体强度仍较高，结构面互相牵制，岩体基本稳定，在变形特征上接近弹性各向同性 | 经历过区域构造变动，但无强烈挤压、褶曲变形；地层一般作单斜产状 |
| 层状结构 | 多韵律的薄层及中厚层状沉积岩、变质岩 | 层状，板状、透镜状 | 层理、片理、节理发育，并常有层间错动面 | 岩体为各向异性介质，其变形及强度特征受层面及岩层组合控制，可视作弹塑性体；稳定性较差 | 无明显的褶曲变形，地层产状一般较稳定 |
| 破裂状结构 | 构造影响严重的破碎岩层 | 碎块状 | 断层、断层破碎带、片理、层理较发育。结构面间距0.25～0.5m，一般在3组以上 | 完整性破坏较整体强度大大降低，并受断层等软弱结构面控制，多呈弹塑性介质；稳定性差 | 经过两次以上的区域构造变动，挤压、错裂现象明显，地层产状变化较大 |
| 散体状结构 | 经构造剧烈影响或风化的断裂破碎带或风化带 | 碎屑状、颗粒状 | 断层破碎带，构造及风化裂隙密集（间距小于0.25m），结构面及组合错综杂乱，并多充填黏性土 | 完整性遭到极大的破坏，稳定性很差。岩体属性接近松散体介质 | 经历过多次区域构造变动，地层强烈挤压变形，断层发育，地层产状杂乱 |

　　由于结构面的力学效应对工程岩体的稳定性起控制作用，进行露天边坡、地下工程岩体稳定性分析时，应先找出优势、软弱、控制性结构面及其组合关系，应用赤平极射投影等方法（见6.7）分析边坡和地下岩体的稳定性。

　　3.8.3.2　结构体（岩块）的坚固性研究

　　所谓岩块的坚固性是指岩块对变形抵抗力的强弱。通常以坚固性系数（$f$）表示：$f=R_b/100$（$R_b$ 为岩石饱和单轴极限抗压强度）。我国有些研究单位提出用岩块的弹性模量、变形模量和抗压强度以综合判别坚固性的分类方法，使此项研究前进了一步。

　　3.8.3.3　岩体的完整性研究

　　主要考虑两项指标，结构面间距和完整性系数。前者是指Ⅳ级结构面（见6.6.1"结构面分级及其特征"一表）的间距，在现场不同地段分组测定；后者为岩体纵波速度和岩石纵波速度的平方比：

$$I=\frac{V_m^2}{V_r^2}$$

(3-40)

式中　$I$——岩体的完整性系数；

　　　　$V_m$——岩体纵波速度，km/s；

$V_r$——岩石纵波速度，km/s。

### 3.8.3.4 岩体的质量评价

目前国内外对岩体质量评价方法很多，各有优缺点，详见 6.2.2。

## 3.8.4 影响岩土稳定的水文地质条件的调查[42,43]

### 3.8.4.1 地下水对岩（土）体稳定的影响

矿山在施工中所遇到的岩（土）体滑移、崩塌等失稳事故，多数和地下水作用密切相关。在地下水强烈循环部位，岩（土）体易受到软化、泥化作用，并可通过渗流携带细颗粒运移，沉积而造成次生夹泥。例如，裂隙水大量渗入会加速岩（土）体的解体、崩塌、陷落；地下水的作用会使断裂结构面泥质充填物及软弱夹层软化泥化，使其抗剪强度明显降低，造成岩（土）体沿结构面滑移。地下水的渗透压力（包括动水压力）能加速土体的潜蚀、湿陷，地下水的浮托力能使露天采场边坡失稳。此外，矿山常见的一些不良工程地质现象（如流砂等）也和地下水密切相关。

### 3.8.4.2 有关水文地质条件的调查

应充分利用已有的矿床水文地质资料，并开展一些补充的水文地质调查，以查清下列与岩土稳定有关的问题：

（1）矿区内地下水的类型：包括按含水空隙条件的分类（孔隙水、裂隙水或岩溶水）和按埋藏条件的分类（上层滞水、潜水或承压力）。

（2）矿区水文地质结构类型：按含水体和隔水体所呈现的空间分布和组合形式以及含水体的水动力特征所划分的类型，包括统一含水体结构、层状含水体结构，脉状含水体结构和管道含水体结构。

（3）不同水文地质结构中的水动力特征：包括不同水文地质结构的补给、径流、排泄条件以及富水特征，相互之间或与地表水体有无水力联系等。

（4）坑道、露天采场涌水量及其变化规律：包括季节性变化和随着开采的进展，涌水量和潜水位（或测压水位）的变化。

## 3.8.5 矿区构造应力场调查分析[45]

地壳中天然应力状态取决于某一地区的地质条件和所经历的地质演化史。天然应力状态对工程岩体的稳定性影响很大，尤其在高应力岩体中，地表或地下工程施工会引起岩体与卸荷回弹、应力释放相关的变形破坏，恶化工程地质条件。有时作用的本身对工程也造成危害，例如坑道底部隆起、边帮爆裂、边帮围岩向临空面的水平位移或沿已有近水平的结构面产生剪切错动等。

矿区构造应力场调查分析主要有两方面，一是地壳运动保留在岩体中的残余构造应力，二是现代正在积累的构造应力。调查研究的内容有下列几方面：

（1）查明矿区所处区域地质特征，地质演化历史，所属大地构造单元，并分析区域构造形迹特点以进行构造体系配套。

（2）研究矿区及其外围构造应力场演化、现代地应力的基本特征，并以构造体系特点进行地质力学分析，得出构造应力场的主应力方向。也可应用断层错动机制的赤平极射投影解析法和地震震源机制进行分析，如果矿区及其外围有新生代以来的断层，尤其是活断层，以其解析出的最新构造应力场，通常能代表该区现代应力场的基本情况。

（3）查清矿区内应力集中的可能部位。例如，工程岩体中与最大主应力成 30°~40°

交角的断裂，尤其是这类方向的雁行式或断续式排列的断裂组是应力集中部位。在构造活动区内，这类断层最易于发展为活动性断裂，在其端点、拐点、分支点或与其他方向断裂的交会点，即对断裂活动起阻碍作用的地方，均是应力高度集中的部位。

（4）研究矿区内岩体自然应力积累条件和程度。应先查明矿区内各地质时期及当代地壳隆起的速度和幅度，通常是以矿区内主要河流各阶地的绝对年龄并测出它们之间的相对高程而取得。然后以这些资料结合区内岩体应变速率的变化趋势及各地史时期的断裂活动情况，总体判断当前区内岩体应力积累条件和程度。

（5）查明矿区高应力地段的地质标志的发育情况及其空间分布。例如，地下井巷和采场开挖工作面产生岩爆、钻孔所取岩心为应力饼以及正在强烈变形破坏的地段。

（6）量测岩体内原始应力。常用量测方法有三种：应力解除法、应力恢复法和水力压裂法（见 6.10.1）。

由于地壳应力状态的复杂性，上述单一分析方法是难以奏效的，应进行综合分析。即以矿区乃至区域地质背景为基础，结合不同地段的地质构造，地层分布、微地貌特点及工程变形破坏特点进行综合分析，并辅以必要的模拟试验和现场测量工作，将微观定量资料和宏观定性资料进行对比，才能得出较为符合实际的结论。

### 3.8.6  流砂的工程地质调查[46~49]

在矿床开采或其他挖掘工作中，有时会遇到饱水的砂土，当其被工程揭露时，可产生流动，称之为流砂。流砂可以以突然溃决形式发生，但有时也可以是缓慢地发生。流砂的存在会造成井巷施工困难；流砂的溃决可淹没矿井，危及工人生命安全，甚至引起地面塌陷，毁坏建筑场。例如，苏联库尔斯克铁矿区，当井巷穿过白垩系某些沉积层的流砂时，曾遇到了很大的困难；捷克安娜矿井曾两度因流砂溃决造成淹井事故，牺牲工人 30 多人，第二次溃决还引起地面坍陷，毁坏建筑物 70 多座；我国 50 年代有个煤矿竖井在掘进中亦曾发生过流砂溃决事故并造成伤亡。

3.8.6.1  流砂的形成条件

（1）物质条件：要有饱水的砂土。根据饱水砂土的成分可分为真流砂和假流砂。

真流砂中的砂土成分主要是粉砂和细砂或粉土质砂和强粉砂，往往除含有砂粒外还含有一些黏土类亲水胶体物质，其流动性强，破坏性也大。假流砂一般由纯净砂粒组成，流动性较差。也有人把特殊条件下可流动的粗颗粒和黏土也称为假流砂。

（2）动力来源：地下水要有渗透压力。渗透压力是指渗透水流上下游存在的动水压力差造成水力坡度而形成的压力；动力也可以是外力作用，如地震、爆破震动等。

（3）流动空间：只有当开挖工程碰到饱水砂土出现了临空面，才有流动的可能。

3.8.6.2  流砂的工程地质调查

其目的是查明流砂产生条件及影响因素，为设计施工提供地质依据。主要调查内容：

（1）流砂的埋藏条件、厚度及流砂在水平和垂直方向上分布的变化。

（2）流砂的物质成分、结构和物理性质，如砂土的矿物成分、粒径和孔隙度等。一般含云母和绿泥石片较多的砂土和含有一定量黏土矿物的砂土易产生流动；粒径为 0.05～0.25mm 的砂，孔隙度较大的砂土易形成流砂。

（3）水文地质条件：地下水的渗透压力是影响流砂的重要因素。地下工程施工中应在查明水文地质条件的基础上，弄清渗透压力的变化情况，必要时应采取原状砂土样测定其临界渗透梯度。在地下水排水条件良好的地段，有利于孔隙水压力的消散，减少形成流砂的可能性。

（4）流砂动荷载条件：地震、工程施工所产生的动荷载等亦可触发流砂的溃决，在调查中亦应顾及。

### 3.8.7 泥石流的工程地质调查[47~53]

泥石流是发生在山区河流或暂时洪水流中的一种携带大量固体碎屑物质（块石、碎石、卵石、砂）和黏土质、细砂的洪水流。泥石流中固体物质的含量，少则 $10\%\sim15\%$，高则可达 $40\%\sim60\%$；其容重一般大于 $1.12\sim1.20t/m^3$，最高可达 $1.5\sim1.9t/m^3$。它具有暴发突然、流动快、呈直线运动、挟带力强、破坏性大等特点。它能冲毁地表建筑、运输线路、桥梁等，甚至毁坏整个城镇或居民点。例如，1984 年 5 月 27 日发生于东川矿务局因民矿黑石沟的泥石流，总量约 21 万米$^3$，容重约 $1.8t/m^3$，毁坏房屋 4.5 万米$^2$，冲毁矿山风、水管道及通讯、运输线路 26.7km，造成 121 人死亡，矿区被迫停产 14 天。该次泥石流产生的条件是：地形坡度大（>25°），存在 $15km^2$ 的汇水区；20 分钟暴雨量达 40mm；主、支沟沟床及两岸存在大量松散堆积物；此外，跨河建房、桥洞太小、有的地段沟上加盖，都促使泥石流被堵跃沟而出，也加重了其危害。图 3-31 是其产生条件示意图。

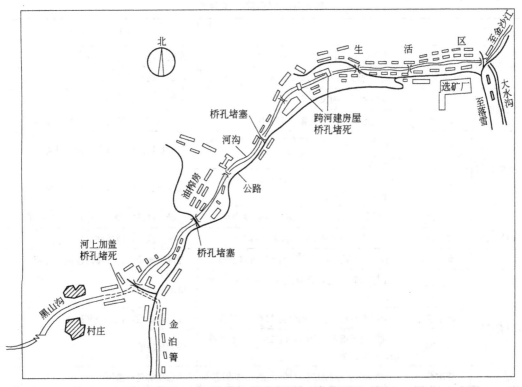

图 3-31 因民矿区黑石沟泥石流示意图

#### 3.8.7.1 泥石流的形成条件

（1）区域内有大量岩石风化所形成的松散物质或开挖工程排出的岩土，其上无良好的植被覆盖；

（2）地形陡峻，沟谷较直，且汇水面积大；

(3) 流域上游有强大的急骤补给水源。

**3.8.7.2 泥石流的工程地质调查内容**

(1) 查明区域内的微地貌条件、汇水面积、沟谷发育情况及其纵横坡度和高度。

(2) 查明基岩松散土层分布位置及其与崩塌、滑坡等各种自然地质现象的关系；植被发育程度、水土流失情况等，从而推测可能被冲刷松散土石数量和可能发生的泥石流规模。

(3) 对泥石流流域进行大比例尺调查，查明松散碎屑岩石的风化、分布厚度、堆积速度以及湿度变化情况等；对泥石流域斜坡和泥石流发源地的临界条件和岩土的稳定性进行研究，从而推测泥石流可能发生的期限。

(4) 调查大气降水资料，如有无暴雨、大量冰雪急剧融化；高山湖、水库有无可能突然溃决等。

**3.8.7.3 泥石流类型与防治的关系**

泥石流产生的地形、地质条件不同，因而泥石流流体性质、物质组成、流域特征和危害程度也不同。因此，泥石流可按不同的原则进行分类。不同类型的泥石流与防治关系见表 3-16。

**表 3-16 泥石流分类简表**

| 分类原则 | 类型 | 特点 | 与防治的关系 |
|---|---|---|---|
| 地貌特征 | 山区 | 峡谷地形，坡陡势猛，破坏性大 | 回旋余地小，应避让凶猛势头 |
| | 准山前区 | 宽谷地形，沟长流缓势较弱，危害范围大 | 场地有回旋余地，淤积高、漫流宽 |
| 流域形态 | 沟谷型 | 沟谷地形，沟长坡缓，规模大 | 干扰范围大，防治措施要强 |
| | 山坡型 | 坡面地形，沟短坡陡，规模小 | 干扰范围小，防治措施应留有余地 |
| 流体性质 | 黏性 | 层流，浓度大，破坏力强，堆积物粒径无分选性 | 对建筑物的撞击力大，摧毁性强 |
| | 稀性 | 紊流、散流，浓度小，破坏力较弱，堆积物松散，粒径有分选性 | 以漫流、淤积、磨蚀等慢性破坏为主 |
| 物质组成 | 泥流 | 细粒径土组成，偶夹砂砾，颗粒均匀 | 以淤埋性危害为主，浮托推移能力强 |
| | 泥石流 | 土、砂、石混杂组成，颗粒差异性大 | 危害形式多，破坏性最大 |
| | 水石流 | 砂、石组成，粒径大，堆积物分选性强 | 漫流、淤积、磨蚀等慢性破坏作用为主 |
| 发育阶段 | 发展期 | 山体破碎不稳，日益发展，淤积速度递增，规模小 | 留足充分余地 |
| | 旺盛期 | 沟坡极不稳定，淤积速度稳定，规模大 | 按现状防治，预留补充措施 |
| | 衰退期 | 沟坡趋于稳定，以河床侵蚀为主，有冲有淤，由淤转冲 | 按现状防治 |
| | 停歇期 | 沟坡稳定，植被恢复，冲刷为主，沟槽固定 | 注意预防复活措施 |

### 3.8.8 崩塌的工程地质调查[47~50,53,54]

陡峻或极陡斜坡上，某些大块或巨块岩体，突然地崩落或滑落，顺山坡猛烈地翻滚、跳跃、相互撞击破碎，最后堆于坡脚，这个过程称之为崩塌。规模极大的崩塌可称为山崩，而仅有个别巨石的崩塌则称坠石。崩塌常威胁交通运输线路或矿山地面设施等的安全。例如，1983 年 8 月 31 日发生于云南易门铜矿凤山的崩塌，总量约 3600m³。的陡崖垮落，岩块沿着 43°的陡坡滚落 345m 高差，冲入水深 2.5m 的绿汁江中，溅起 50m 高的水柱，带着大量石块泥砂，砸落在江对岸的生活区，毁坏房屋 10166m²，造成死伤数十人。图 3-32 是该次崩塌的受灾示意图。

### 3.8.8.1 崩塌的产生条件

斜坡岩体平衡稳定的破坏是形成崩塌的基本原因。引起此平衡破坏的主要力是重力的分力——剪应力，以及临时起作用的裂隙中的静水压力或某种振动力。产生崩塌的具体条

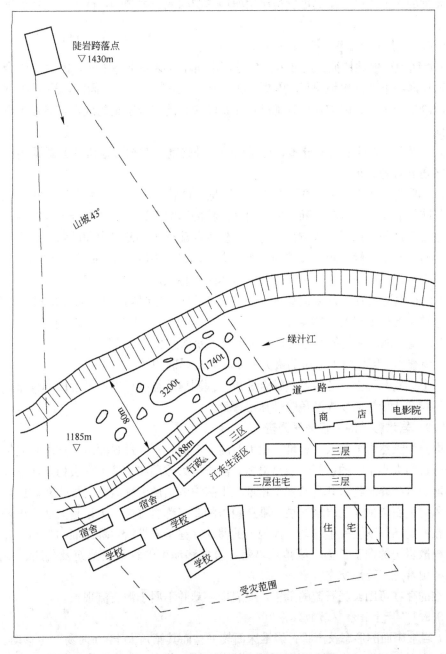

图 3-32 易门铜矿凤山陡崖崩塌受灾示意图

件是：

（1）坚硬岩石形成的陡崖或陡坡。地壳的剧烈上升可使流水侵蚀加强，更易于形成陡峻地形，对崩塌的产生也是个间接影响因素。

（2）岩石中存在稀疏分布的裂隙，且裂隙面产状向临空面倾斜，或两组裂隙的组合交线向临空面倾斜。

松软或裂隙发育的岩体反而不产生崩塌，只能产生危害不大的剥落现象。

（3）暴雨、地震、人工爆破或岩石裂隙中雪水冻结的胀裂作用等，往往是触发崩塌的诱因。坡脚的人工挖掘活动也可以是产生崩塌的诱因或原因之一，故人工边坡也常发生崩塌现象。

3.8.8.2　崩塌的工程地质调查内容

（1）查明地形地貌特征：陡坡或陡崖是产生崩塌的必要条件之一，因此要结合现场踏勘在地形地质图上圈画出坡度陡的地段（如>40°，>50°，…）；同时，还要注意河谷阶地或海岸阶地的分布，因为这些阶地既可能是陡崖、陡坡较密集的地带，又是地壳上升运动的佐证。

（2）查明不同岩性岩石的分布，也要结合野外踏勘，在地形地质图上圈画出抗风化能力强的坚硬岩石的分布。

（3）查明地质构造特征：要调查断层的类型、产状及分布，因为高角度的正断层或冲断层常与陡崖有关，而有些小断层又是岩体失稳的影响因素。还要调查节理等各种裂隙的产状、分布密度和开口程度等特征；特别要注意稀疏分布、开口大和倾向（或两组裂隙组合交线倾向）与山坡倾向相近裂隙的分布。应将调查结果以一定的图件（如赤平投影图或实体比例投影图）反映之，并进一步分析岩体结构特征。

（4）调查本地区有无发生崩塌的历史：如曾发生过崩塌，则应对该地段进行重点调查，并总结出产生崩塌的具体条件。

（5）调查本地区的气候变化特征：包括有无暴雨及积雪解冻季节等。

（6）调查本地区历史上地震的最大烈度和人工爆破的规模。

在以上调查基础上，还应通过综合分析，预测崩塌危险程度不同地段的分布，并对危险地段可能产生崩塌的规模及危险性作出评价。

### 3.8.9　岩堆移动的工程地质调查

岩堆分为天然岩堆和人工岩堆。山坡及陡崖上的岩石经过强烈风化作用和受构造变动的影响分解为大小不一的岩屑，脱离母体，由于重力作用在山坡上失去稳定向下滑动、滚动和碎落，这些碎屑物依其自然安息角堆积于陡坡或山麓者称天然岩堆。在矿山生产过程中所堆积的废石堆称人工岩堆。被岩堆所覆盖的基底称岩堆床。无论是天然岩堆还是人工岩堆，在一定条件下会发生移动。大规模的移动往往是岩堆沿岩堆床面的滑动，并伴随有岩堆上松散岩土的向下滑落、滚落或垮落。岩堆移动可毁坏地表建筑及公路、铁路等设施，是矿山常见工程地质灾害之一。

岩堆的存在可助长泥石流的危害，但岩堆移动并不属于泥石流现象。

3.8.9.1　产生岩堆移动的条件

（1）岩堆床面的形态及产状：岩堆床面较平整而其倾角大于40°时易产生移动。

（2）地下水条件：岩堆中的地下水为壤中水和潜水，前者只使岩堆湿润，而后者如在岩堆中大量汇集，则可能成为促成岩堆移动的因素之一。暴风雨时雨水大量渗入岩堆，可成为岩堆移动的诱因之一。

（3）岩堆的形态及物质组成：高而陡的岩堆易产生移动。岩堆中的物质组成，特别是岩堆底部的物质组成，也与岩堆稳定有关。泥沙和黏土较之碎石更不利于岩堆的稳定。

（4）动荷载条件：地震、人工爆破或岩堆顶部的推土机或翻斗车作业等，亦可触发岩堆的移动。

3.8.9.2 岩堆移动的工程地质调查内容

（1）查明岩堆的形态及体积大小。

（2）查明岩堆的岩土组成及粒径，特别注意其中有无易于风化成黏土的岩土（如凝灰岩、黏土页岩等的碎屑等）。

（3）查明岩堆中潜水的补给、排泄条件。如补给量大而排泄条件差，则易引起移动。

（4）查明岩堆床面的形态。对于人工岩堆，可查阅堆放前的大比例尺地形地质图以了解其形态；对于天然岩堆，则只能通过岩堆周围的地形、地质条件加以推测。对于可能有巨大危害的大岩堆，也可布置若干工程钻以探查岩堆床面的形态及其上岩堆的物质组成。

在上述调查的基础上，应编绘岩堆的平面分布图和纵、横剖面图，并对其稳定性作出评价。对于有移动危险的岩堆，除了要停止在其上排放岩土外，还要采取某些防排水和避免或减轻动荷载的措施。

### 3.8.10 岩溶的工程地质调查[7]

岩溶主要是地下水对可溶性岩石进行化学溶解作用而形成的一种独特地质现象，也称喀斯特，如石林、石芽、溶沟、溶槽、溶洞、地下暗河等。由于岩溶可破坏岩层的整体性，而且某些溶洞及暗河中可含岩溶水，而使工程地质条件复杂化。岩溶在我国分布较广，尤其是西南及华南诸省的碳酸盐类岩石分布地区。

岩溶对矿山开发影响很大。岩溶发育的岩层其强度降低，使矿山工程的稳定性受到影响；在岩溶区采矿而进行疏干排水，地下水位大幅度下降可引起地表塌陷；岩溶水易产生突水事故而淹没坑道，危及工程安全和工人生命安全。例如，1980 年 9 月 23 日在湖南省煤炭坝煤矿竹山矿区−90m 阶段发生一次罕见的岩溶泥石流事故，在三石门前 34m 左下帮突然涌入泥石流 500 多米$^3$，堵塞巷道，关闭 13 位工人于工作面，造成 12 人遇难；广东凡口铅锌矿、吉林石嘴子铜矿和山东金岭铁矿等矿山过去都曾发生过岩溶透水事故，有的还严重地影响了生产。

3.8.10.1 岩溶的发育条件

（1）存在可溶性岩石。最常见的可溶性岩石是碳酸盐类岩石（石灰岩、大理岩等）。卤素盐类矿层（岩盐和钾盐）和硫酸盐类矿层（石膏、硬石膏）亦可产生岩溶，但后二者的分布不如前者广泛。

（2）存在具有一定溶解能力的流动地下水。

（3）可溶岩中存在透水的裂隙。

3.8.10.2 岩溶工程地质调查的内容

（1）调查地形地貌特征。岩溶发育地区的地形常具有奇峰异洞的特殊景观，而且不同的地貌还能反映岩溶的不同发育阶段。此外，河谷阶地代表过去当地局部的侵蚀基准面，其标高与过去潜水和水平流动带大致对应，在该标高可能发育有水平分布互相连通的溶洞。

（2）查明与岩溶发育有关岩层的时代、岩性特征、矿物成分、结构构造、厚度及分布。我国许多地区的岩溶研究表明，在可溶岩地层中，往往只在一定岩性和层位的岩层中岩溶最发育；质纯的厚层状石灰岩更易于产生岩溶；可溶岩与其他岩石（如页岩）的交界地带往往岩溶更发育。

（3）查明各种溶洞的规模大小、形态特征、有无充填物、胶结情况空间分布、是否充水等，特别要注意地下岩溶管道分布情况及连通性。在各种可溶岩的探、采工程中要进行岩溶率（可溶性岩石中溶洞所占体积百分比）的统计。必要时利用物探方法以探测隐伏的溶洞，如高频无线电波透视法可用于探测含水溶洞。

（4）查明地质构造对矿区岩溶的影响，以及第四系覆盖层的岩性、厚度、分布位置及植被对岩溶发育的影响。

（5）查明岩溶区水文地质条件，研究泉水或暗河水的出露条件，地下水的补给、径流和排泄情况以及其动态变化规律。

（6）进行岩溶率、岩溶分布与岩性、构造、地形相互关系的综合分析，以查明岩溶的发育规律。

**3.8.11　工业场地、路基及尾矿坝址的工程地质调查**[40,41]

当生产矿山进行扩建时，有时还要进行扩建的工业场地、路基或尾矿坝址的工程地质调查。这种调查应包括：

（1）详细调查分析拟选工业场地、路基和尾矿坝址的主要地层、岩性及其物理力学特征，以及基岩之上松散覆盖层的厚度及其物理力学性质。

（2）查明地质构造发育情况，尤其是断裂结构面的规模、组数、产状、密度、延展性及空间展布和相互交切关系等。

（3）查明潜水面的埋藏深度及季节变化幅度；承压含水层的埋深、水头高度以及地下水的化学成分。

（4）查明有无产生不良工程动力地质现象之可能，若有则应进行工程地质调查，弄清其成因、分布范围、可能危害程度和发展趋势。从工程地质角度考虑，各种地表工程和设施应尽量避开滑坡、泥石流、崩塌、陷落和浅层岩溶地段以及地下采空区地段，或洪水、地下水有严重不良影响的地段。

对于重要建筑物或构筑物的地基，往往有必要布置若干工程钻或探坑进行探查。

**3.8.12　矿山工程地质调查综合研究成果**[43,44,50]

矿山经过工程地质测绘、勘察以及在基建、生产过程中工程地质工作和专门性调查研究，应得出下列综合成果资料。

（1）文字资料

1）矿山岩土工程地质特征的研究资料；

2）岩体结构特征，包括结构面力学特征、岩体的完整性、岩体质量、岩体结构力学效应、工程岩体稳定条件等资料；

3）矿区内工程地质岩组划分资料，包括工程地质岩组划分的依据、工程地质岩组类型、空间分布情况等；

　　4）岩土（体）力学试验参数资料；

　　5）矿区内地质构造发育特征，尤其是断裂结构面组数、产状、级别、空间分布的组合特点，以及残余构造应力场特征资料；

　　6）矿区内微地形地貌特征、地层发育和分布特征等资料；

　　7）矿区水文地质资料，包括地下水类型、水文地质结构类型、水动力特征、涌水量大小及季节影响等资料。

　　（2）图件资料：工程地质图件的比例尺、图幅大小、坐标网、图例和矿山常用地质平面图一致。

　　1）矿区工程地质平面图。根据用途可分为工程地质综合平面图、工程地质分区段平面图、专门性工程地质平面图等。

　　2）矿区工程地质剖面图类。图切位置和矿山勘探线剖面图可一致，剖面图数量依矿区工程地质复杂程度而定；工程地质剖面图一般为横剖面图，也有沿某一主体工程轴线作的纵剖面图，剖面图上要求划分出工程地质区段、岩组。

　　3）实测工程地质剖面图。在重要工程通过或工程地质条件复杂地段，一般要求做实测剖面图，比例尺较大，常采用 1/100～1/500，要求在图上反映出Ⅲ-Ⅳ级结构面（见 6.6.1 "结构面分级及其特征"）及其空间组合关系、岩体结构类型、不良工程地质条件地段。

　　4）其他图件。工程岩体内应力分布图、位移矢量图、赤平极射投影图、实体比例投影图、节理频度变化曲线图等。

## 3.9　生产矿山的找矿勘探

### 3.9.1　生产矿山找矿勘探的特点[1,2,6,10]

　　生产矿山找矿勘探的主要目的是在其深部、边部和外围寻找并探明新矿体或新矿床以至新矿种，增加新储量，为矿山制定长远规划，延长服务年限或扩大生产能力提供接替资源。其具体任务是：以综合地质研究为基础，运用各种找矿方法进行成矿预测，确定成矿最有利地段；布置工程验证成矿预测目标，进行初步评价；对已知矿体的深部和边部及新发现的矿体进行生产时期的地质勘探。生产矿山找矿勘探的主要特点如下：

　　（1）找矿和勘探二者界线不很明确，发现矿体后，经初步评价即可投入勘探；

　　（2）找矿勘探的组织形式可根据矿山地质技术力量，由矿山本身或由专业地质勘探队完成，也可由两个部门共同完成；

　　（3）找矿勘探的主要对象是其深部、边部和外围的盲矿体或隐伏矿床。虽难度较大，但因对矿区地质条件及成矿规律已有较深入的认识，所以找到新矿体或新矿床的可能性也较大；

　　（4）找矿勘探是随着生产逐步进行的，故可充分利用生产矿山已有的地质资料这一有利条件，直接指导找矿勘探；

　　（5）对于找深部盲矿体，可利用已有巷道延伸追索，或从中打坑内钻进行找矿；

　　（6）如发现新矿体增加了新储量，可充分发挥矿山的生产潜力，例如发挥原有技术力量、设备和交通运输设施的作用，故投资少收效快，具有明显的经济效益。

　　生产矿山找矿勘探成功的实例很多，如江西19个钨矿区及坑口，地质勘探所提交的储量只能生产 15～20 年，因开发后又开展了找矿勘探，至今已开采 30 多年，除一个坑口闭坑外，其余矿山的矿量保有期仍在 10 年以上，且其中多数矿山都已扩建；美国在开采克莱梅克斯钼矿期间，因较好地开展了找矿勘探，在其外围 30km 处发现了隐伏于地下 1000km，储量 3 亿多吨的亨德森大型钼矿床；广东金子窝锡矿，在原有储量采尽停产后，开展了找矿工作，结果在深部又发现了盲矿体及银、铅，锌等新矿种。有些老矿山，通过物质成分检查，发现了新矿种，如永平铜矿的钨矿、团宝山铅锌矿的菱镁矿都属于新发现的矿种。

### 3.9.2  生产矿山找矿的地质途径[2,6,10,55]

普查找矿和一般地质勘探中常采用的某些地质找矿方法，如地质填图法、重砂找矿法，在生产矿山找矿勘探中仍具有一定的作用。但由于生产矿山的特殊性，在使用时又有一定差别，其关键是要通过对已知矿床所提供的各种地质信息的综合分析，总结矿床的成矿规律、成因类型、成矿模式和成因系列，并开展以已知矿床为中心的大比例尺成矿预测等途径，确定成矿有利地段，指导找矿勘探。具体可从以下几方面着手。

#### 3.9.2.1  利用成矿规律指导找矿勘探

从研究地质条件着手，总结矿床在空间和时间上的分布规律，以指导找矿勘探。

(1) 查明岩浆侵入体的时代、岩性、规模、形态、产状等特征与内生矿床成矿的关系。例如，内生矿床与成矿母岩的专属性；矽卡岩矿床的富集部位与侵入体形态之间的密切关系等。

(2) 查明矿区各时代的地层及其岩层、岩相古地理与沉积矿床、沉积变质矿床的成矿关系，围岩岩性对某些气液矿床的成矿控制作用。例如，锦屏磷矿属沉积变质矿床，矿层堆积于浅海凹陷缓坡部位或边缘，这种岩相古地理环境下所形成的矿层，具有厚度较稳定、分布较广的特点，据此在矿山深部和外围成矿有利地段布置工程进行找矿勘探，发现并探明了 20 余个新矿段。又如，许多气液交代作用形成的矿床，根据一定岩性条件对成矿的控制作用，也找到了许多盲矿体。

(3) 查明地质构造类型、性质、规模、发育程度、空间组合规律与成矿的关系。特别要注意断裂破碎带及其两侧、褶曲轴部、构造交会部位、层间破碎带常是成矿有利地段，如五龙金矿就是在北北东与北西西两组断裂或花岗斑岩侵入体与北西断裂相交部位发现了较多的盲矿体。

#### 3.9.2.2  运用成矿理论指导找矿勘探

通过综合地质研究，确定矿床成因类型，可用于指导找矿勘探。

(1) 注意运用新的成矿理论，正确地确定成因类型以指导找矿。如凡口铅锌矿，原用岩浆期后低温热液成矿理论指导找矿勘探，效果很差。后通过综合研究，并根据该矿区大部分铅锌矿体位于中上泥盆统不纯碳酸盐岩地层之中这一事实，改用层控理论并结合岩相和断裂控矿规律指导找矿，发现了新的盲矿体，增加了较多储量。

(2) 注意寻找多种成因类型的矿床。如杨家杖子钼矿区，原来仅注意矽卡岩型钼矿床的寻找，所以只在花岗岩和石灰岩的接触带进行找矿勘探。即使岩浆岩体内见到了较强的矿化现象，也认为意义不大而放弃。后来重视了存在斑岩型矿床的可能性，在岩浆岩体内进行矿点评价时，发现了较大的兰家沟钼矿床。

#### 3.9.2.3  编制成矿预测图指导找矿勘探

在研究成矿地质规律和成矿理论的基础上，结合物化探资料，利用各种地质图件，编制出能反映整个矿床（或矿区）、矿体形成和分布规律的成矿预测图，用于指导找矿勘探。如华铜铜矿根据接触面垂直凹带与水平凹带相交处控矿规律，在垂直纵投影图上编制了矿区预测图（图 3-33），成功地指导了找矿勘探。

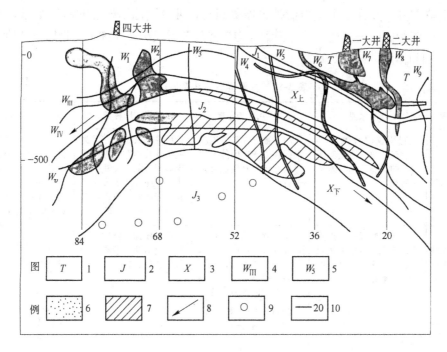

图 3-33　华铜矿区成矿预测图（本图由华铜铜矿赵智全、高永勤提供）

1—大理岩带；2—角岩带；3—互层带；4—水平凹带；5—垂直凹带；6—已知矿体带；

7—预测矿体带；8—倾伏背斜的倾向；9—深部钻孔；10—勘探线

### 3.9.2.4　利用成矿模式指导找矿

在综合地质研究的基础上，将成矿规律用图式或表格建立矿床的成矿模式，用来预测盲矿体或隐伏矿床。这一方法在国外已广泛采用，我国也建立了一些较好的成矿模式，且正在逐步应用于找矿。例如：

（1）玢岩铁矿成矿模式：该模式总结了宁芜地区围绕次火山岩体不同部位出现八种不同类型矿床的可能情况。

（2）钨矿五层楼成矿模式：南岭地区钨矿床，按矿脉形态由上到下递变特征可分五带：线脉带、细脉带、薄脉带、大脉带、消失带。如在坑道中发现不具工业价值的线脉或细脉，便可预测下部可能有盲矿体存在。

除上述两种较典型的成矿模式外，还有其他一些成矿模式正在不断总结中。

### 3.9.2.5　利用成矿系列指导找矿

成矿系列又称之为"多位一体"。其基本原理是同一元素或相关的一组元素，可以以多种成因类型在同一地区不同部位形成一系列矿床。如鄂东一带在斑岩体内有斑岩型钼矿床，接触带有矽卡岩型钼钨矿床，外带黄龙灰岩中往往形成铜、铅、锌矿床；赣东北城门山一带，斑岩体内有斑岩型铜矿床，接触带有矽卡岩型铜矿床，外带有层状和脉状热液型铜矿床，并往往有铅锌矿、黄铁矿共生。如在某地区已掌握某种成矿系列，便可用以指导找矿。

### 3.9.3　生产矿山找矿的物探方法[1,2,56~60]

#### 3.9.3.1　物探方法找矿的种类和作用

当矿体和围岩的物理性质在磁性、弹性、放射性、电性和密度等五个方面中至少有一个方面存在差异，并且这个差异能被仪器测到时，可分别选用相应的磁性测量、地震测量、放射性测量、电法测量、重力测量等物探方法进行找矿。几种主要物探方法所使用的条件、范围和作用详见表 3-17。

**表 3-17　主要物探方法及其作用**

| 方法名称 | | 基本原理 | 适用条件与范围 | 可找矿床种类 | 主要作用 |
|---|---|---|---|---|---|
| 磁性测量法 | | 利用仪器观测各种岩、矿石间磁性差异所引起的磁场变化与磁异常特征 | 用于普查找矿、地质勘探和生产矿山外围找寻具有较明显磁性异常的盲矿体 | 可寻找磁铁矿、磁黄铁矿及其伴生的各种矿床如铜、磷、黄铁矿等矿床；亦可用于找含矿磁性岩体而再找矿，如金刚石、石棉等矿床 | 寻找盲矿体或磁性含矿岩体，磁化率测孔尚可确定被揭露矿体的品位；三分量磁测孔还可发现钻孔附近磁铁矿盲矿体 |
| 放射性测量法 | 地面伽马测量 | 利用辐射仪测量近地表岩石或覆盖层中放射性元素发出的伽马射线强度与变化 | 用于普查找矿、地质勘探和生产矿山外围找寻具有放射性的矿床。基岩出露良好或覆盖层不厚的地区更为有利 | 可寻找铀、钍矿床及其与放射性元素有关的其他各种矿床 | 可确定成矿远景区；寻找盲矿体；探测地下水 |
| | 射气仪测量 | 利用射气仪测量近地表土壤中射气浓度的分布 | 测量深度一般为 6m 左右，有时可达 15m | | 寻找盲矿体晕；追索覆盖层以下的构造破碎带 |
| | 阿尔法径迹测量 | 利用阿尔法法探测器在地表土壤中，测量阿尔法径迹密度的大小 | 常用于生产矿山外围找矿工作．探测深度可达 150m 到 200m | | 寻找盲矿体；寻找地下水；确定构造破碎带 |
| | 伽马测井 | 利用伽马测孔仪对钻孔不同深度的孔壁进行伽马测量 | 与钻孔结合起来进行找矿和探矿；探测深度决定于钻孔深度 | | 可在钻孔内发现盲矿体，并确定矿体上、下界线和矿石品位，用于地层对比 |
| | X 射线荧光测量 | 测量用激发源射线照射待测元素所产生次级射线的能量和强度 | 既是一种找矿方法，又是一种测定矿石品位的手段 | 可寻找铀、铅、铬、铁、铜、锌、镍、锶、砷、磷、钛、钒、钾、钙、硅、钼、锡、锑、钡、钨等二十多种矿产 | 寻找盲矿体；直接测定各种元素的含量 |
| 自然电场法 | | 通过仪器测量岩、矿体的自然电场及其变化特征 | 用于大面积快速普查找矿和生产矿山外围及坑内找寻埋藏于潜水面附近能形成天然电场的矿床 | 可寻找金属硫化物矿床和石墨矿床 | 寻找盲矿体；进行工程地质调查；确定含水破碎带；确定地下水与河水之间的补给关系 |
| 充电法 | | 对已被揭露的良导电矿体直接充电后，观测其电场分布特征 | 用于详查和地质勘探阶段寻找与围岩有明显电性差异，且具备充电条件（有露头或探矿工程）、埋藏不深，有一定规模的盲矿体 | 可寻找黄铁矿、含铜黄铁矿、铅锌矿、磁黄铁矿、硫化锡矿等矿床 | 追索或圈定已发现的矿体；确定已知矿体的形状、产状、范围及埋深；寻找已知矿体附近的盲矿体；确定地下水流速、流向，确定滑坡方向与速度 |

| 方法名称 | | 基本原理 | 适用条件与范围 | 可找矿床种类 | 主要作用 |
|---|---|---|---|---|---|
| 电剖面法 | 对称部面法 | 采用一定的电极距，并将整个电测仪器装置沿着观测剖面移动，逐点观测电阻率变化特征 | 用于详查、地质勘探和生产矿山外围寻找陡倾斜的层状或脉状金属矿床。不同的方法电极排列的方式不同，适用条件和范围也有差别 | 可寻找各种金属矿床，如铜、铅、锌、镍等矿床 | 寻找盲矿体和热田；了解覆盖层下的基岩起伏和地质构造；为水文地质和工程地质服务 |
| | 联合剖面法 | | | | |
| | 中间梯度法 | | | | |
| 电测深法 | | 在同一测点上多次加大供电电极距，逐次观测不同电性岩层视电阻率沿垂向分布特征 | 用于地形起伏不大（坡角<30°）地区，探测产状较平缓、电阻率有明显差异的岩矿层 | 可寻找油田、气田、煤田、地下水及某些金属矿床，如：黄铜矿、黄铁矿、闪锌矿、方铅矿等矿床 | 确定覆盖层厚度，了解断裂构造，基岩起伏及埋藏深度；寻找与构造有关的盲矿体或隐伏矿床 |
| 激发极化法 | | 通过仪器装置观测在充放电过程中，地下电场分布随时间而变化的特征 | 用于普查找矿、地质勘探和生产矿山外围找寻导电良好的金属矿体，特别是那些电阻率与围岩没有明显差异的金属矿床，效果较好 | 可寻找致密块状和浸染状的金属矿床，如：黄铜矿、黄铁矿、磁黄铁矿、铜镍矿、铅锌矿以及与硫化物共生的其他矿床 | 寻找盲矿体和地下水；用激发极化联合剖面装置可确定矿体倾向和顶部位置；用激发极化电测深装置可确定金属矿体倾向和顶部埋藏深度 |
| 无线电波透视法 | | 根据不同介质对无线电波吸收性能不同的原理，可利用一发射机发射电磁波，在另一地点利用接收机接收电磁波，如遇金属矿体时，电磁波被强烈吸收而形成"电磁阴影" | 用于地质勘探和生产矿山外围及坑内寻找具有高导电率或被勘查的地质体与围岩间电导率差异大的矿体。可用于坑道之间、钻孔之间、坑道与钻孔之间、坑道与地表之间找寻盲矿体，但最好有两个或两个以上的探采工程（间距一般为100m左右，最大也应小于500m），探测深度可由数十米到四百米左右 | 可寻找煤田、铁矿床和其他多金属矿床 | 寻找盲矿体；确定已揭露矿体的范围和产状；探查充水溶洞、老窿及断层破碎带 |

### 3.9.3.2 物探方法的应用与实测

表中所列几种主要物探方法，在普查找矿、地质勘探和生产矿山外围的找矿工作中已得到了广泛运用。在生产矿山坑内（即深部和边部）找矿工作中，由于受到较多人为因素干扰，如电法测量受到人工导体（坑内各种线路、管道、钢轨等）的影响，给物探方法的使用带来了一定的困难，因此目前仍处探索阶段。尽管如此，但通过试测证明，某些干扰因素还是可以排除的。如实行在坑道掘成但尚未安装人工导体前进行测量，采用大容量的电容接地办法等都可消除某些干扰。部分物探方法，如三分量磁测井、放射性测井、自然电场法、无线电波透视法在坑道或钻孔中找寻盲矿体已取得了一定的效果，而且随着重量轻、操作灵活、灵敏度高的测试仪器的出现，必将得到更广泛的应用。

**实例：**某磁铁矿区，地面磁测发现一规则磁异常带，在其中心布置 ZK117 孔未见矿。在 ZK119 孔见到了巨厚矿体。但在其周围的 ZK122、ZK124、ZK126 等钻孔中均未见矿。

后在 $ZK117-ZK122$、$ZK124-ZK126$、$ZK122-ZK124$、$ZK117-ZK126$ 等四个剖面中利用无线电波透视法进行双孔透视观测，前两个剖面未发现异常，后两个剖面中发现有较强的屏蔽现象，出现阴影区，场强急剧下降，故推断该盲矿体具东西延伸特点，据此布置了 $ZK132$、$ZK51$ 等钻孔，都见到了巨厚矿体（如图3-34）。在生产矿山的坑道之间、坑道与钻孔之间、坑道与地面之间找寻盲矿体的原理和方法都与此相似。

必须指出，物探方法的另一个作用是用于探查控矿地质体（特定的岩体、地层、岩性界面、断裂带等）的空间分布，从而指导找矿。由于控矿地质体的规模通常比矿体大得多，在找矿深度要求不断加大的情况下，物探在这方面的应用比较有效，但这要求提高仪器的灵敏度，以适应控矿地质体与其他地质体间物性差异较小的特点。这将是物探发展的重要方向之一。

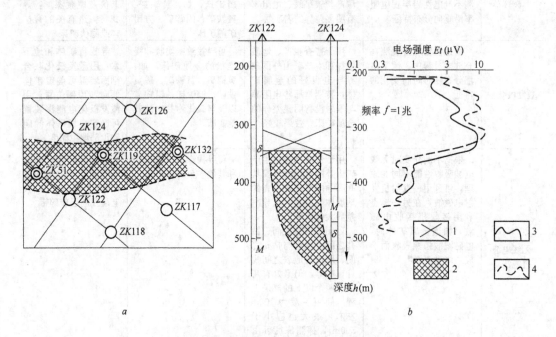

图 3-34 利用无线电波透视法找寻盲矿体实例

$a$—某磁铁矿区矿体及钻孔布置平面图；$b$—利用无线电波透视法探测盲矿体剖面图

1—交会线；2—推断盲矿体；3—发射机在 310m 标高定点观测曲线；

4—水平同步观测曲线

### 3.9.4 生产矿山找矿的化探方法[1,2,10]

#### 3.9.4.1 化探方法的种类与作用

化探方法种类很多，不同的方法适用范围和作用各不相同，详见表3-18。

表中所述方法在普查找矿、地质勘探和生产矿区外围找矿工作中都普遍采用。在生产矿山深部和边部找矿时，因取样只能在坑道和钻孔中进行，所以有些方法的使用受到限制，目前采用较多效果较好的是原生晕法，此外气体测量法、热晕或蒸气晕法（采用矿物气液包体测温手段）、矿物晕法（矿体附近蚀变矿物呈带状分布）在矿山深部和边部找矿工作中，已取得了一定效果，并具有较大发展前途。但无论使用哪种化探方法，都应将化探成果与地质综合研究结合起来，方能取得较好的效果。

表 3-18 主要化探方法及其作用

| 方法名称 | 基本原理 | 适用条件与范围 | 可找矿种 | 主 要 作 用 |
|---|---|---|---|---|
| 岩石测量（原生晕法） | 系统采集新鲜岩石样品，了解原生晕分布特征 | 用于普查找矿、地质勘探及矿山开采阶段找寻内生矿床 | Cu、Pb、Zn、Mo、Hg、Cr、Ni、Au、Ag、U、Sn、W 等 | 找寻盲矿体；评价地段含矿性 |
| 土壤测量（次生晕法） | 系统采集残坡积土壤样品，了解次生晕分布特征 | 用于浮土厚度不大的地区进行普查找矿、矿山外围找矿 | 除上述矿种外，还可找：V、Mn、P、As、Sb 等 | 找寻盲矿体；查明成矿远景地段 |
| 分散流法 | 系统采集水系沉积物样品，了解分散流分布特征 | 用于地形切割强烈、水系发育地区进行区域化探、普查找矿 | 除原生晕法中矿种外，还可找寻某些稀有金属矿床 | 找寻盲矿体；显示成矿区；圈定矿化范围 |
| 水化学法 | 在水域中，系统采集水样，了解水晕分布特征 | 用于气候潮湿，地下水露头良好，水文网密度大而水量小的地区找矿 | 硫化物多金属矿床、盐类矿床、石油、天然气及铀矿床 | 找寻埋藏较深的盲矿体 |
| 稳定同位素法 | 在矿体上方系统采集固体或气体样品，了解同位素异常特征 | 用于各阶段研究成矿物质来源和成矿温度；确定成因类型。现已利用的同位素有：Pb、S、O、B、C | 有色金属矿床、非金属矿床、硫化物矿床 | 指导盲矿体的寻找 |
| 气体测量（气晕法） | 对土壤中气体和空气进行系统取样，了解微量元素或化合物的气晕分布特征 | 可用于大、中比例尺普查找矿和生产矿山找矿。Hg 蒸气法可找寻 Au、Ag、Sb、Mo、Cu、W、U 等；$SO_2$ 和 $H_2S$ 可找寻各种硫化物矿床；惰性气体（如 Rn 气）可找寻 U、Ra、Cu、K 等 | | 可作为远程指示元素指导追索埋藏较深的断裂构造和盲矿体 |
| 生物化学测量 | 根据生物体内化学成分（特别是微量元素）变化特点与生物的个体或群体生态特征的变异 | 用于森林发育地区及疏松覆盖层厚度较大（大于 10m）地区进行普查找矿 | Ni、Co、Zn、Cu、Sn、Ag、Hg、Cr、Fe、Mn、Au、W、Mo、V、U、B、S、P 等 | 寻找盲矿体；提供成矿远景区 |
| 地电化学法 | 在人工电场的作用下，以石墨电极富集渗透液流中的重金属，了解深部金属分布的异常 | 用于当地有广泛外来运积物覆盖，原生晕、次生晕、分散流等法不易奏效的地区 | 有色金属硫化物矿床 | 寻找矿山边缘及外围覆盖层下被掩埋矿体 |

### 3.9.4.2 生产矿山化探找矿的具体步骤

（1）选择合适的指示元素：通过对生产矿山已揭露的矿体和围岩的系统取样化验，分析各种成矿元素和伴生元素的含量与变化规律及其同成矿之间的关系，选择可提供找矿线索的指示元素。它可以是某单一元素，可以是多种元素组合，也可以是元素对的比值。具体选用指示元素时，可根据下列原则：元素形成的异常有较高的衬度（异常值/背景值）；异常范围适中，因范围太小时，矿体不易发现，范围太大时，容易受到坑道中已知矿体异常的干扰；异常变化规律明显；选择的元素具有快速简便且灵敏度合乎要求的分析方法。通常可用作指示元素的有：Cu、Pb、Mo、Ag、Co、Hg、Mn、Ni、As、Bi、Rb、Sr 等。

（2）确定背景值与异常下限值：背景值不是一个下限值，而是一个量范围，通常都是用几何平均值或众数值或中位值来做为背景值的估计值。异常下限值可根据实际情况确定为背景值的若干倍，或用直方图图解法、统计法或直观扫视法来确定背景值和异常下限值。

（3）查明分散晕特征以预测盲矿体具体位置：准确地判断分散晕与盲矿体之间的相

对位置是提高生产矿山化探找矿效果的关键，可采取各种方法。例如：

1）利用多种指示元素组合分带规律，确定距矿体的远近；利用各指示元素间比值变化梯度规律，来推断盲矿体埋藏深度与已知矿体深度变化情况。

2）利用围岩内某种单矿物中某种元素含量的变化或有无判断距矿体的远近。

3）利用分散晕的某些变化特点，来判断盲矿体相对位置。例如根据分散晕的扩散范围、形态特征、水平分带和垂直分带特征确定其前缘晕、后缘晕、侧晕与盲矿体相对位置关系。如在坑道中发现前缘晕时，其下部可能有盲矿体；发现后缘晕时，则向下找到矿体的希望不大；发现侧晕时，其两侧可能有盲矿体。

### 3.9.4.3 生产矿山化探找矿实例

生产矿山运用化探方法找寻盲矿体的成功实例很多。如辽宁青城子铅锌矿赵家南沟，发育着岩脉及成矿前断裂带（图 3-35），在 ZK07 号钻孔中进行了岩石地球化学测量，发现 a、b 两段异常，根据成矿地质条件，在 ZK07 号孔左侧 100m 处打了 ZK11 号钻孔，结果在上部发现了一个铅锌矿化带（A），在下部发现了一个铅锌工业矿体（B），分别与 ZK07 号孔中两段异常相对应，实际上 a、b 两段异常是矿体的前缘晕。

### 3.9.5 生产矿山找矿中数学地质的应用[31,61]

数学地质在生产矿山找矿工作中正逐步得到应用与推广，特别是将物化探及地质研究中所获得的各种数据信息运用数学地质方法处理后，可大大提高找矿地质效果。现将几种常用的多元统计分析法在生产矿山找矿中应用简述于下。

### 3.9.5.1 相关分析

通过分析各变量间相关关系的密切程度，确定成矿因素、找矿标志与矿床分布的相关关系，以指导找矿。现已用于：通过对某些有用组分或有用矿物与矿体厚度或埋藏深度间消长关系的分析，了解矿化富集规律，通过对矿体厚度、产状与埋藏深度间消长关系的分析，了解矿体空间形态的变化规律；在物化探数据处理及异常解释中，也可通过此种分析找出各变量间的相关关系。

### 3.9.5.2 聚类分析

聚类分析又名群分析或点群分析。主要用于对一些尚未分类的表面相似的地质体进行合理分类。已用于对宏观上不易区分的岩层进行合理的分类，有助于根据岩性差别进行找矿；对宏观上难以区别的围岩蚀变进行合理分类，并用以判断某类围岩蚀变与成矿间的关系。此法与判别分析结合使用，往往可取得更好的效果。

### 3.9.5.3 判别分析

主要用于判别新发现的某地质体应属于已知类别地质体中的哪一类，以便进一步确定其是否与成矿有关。采用最多的是两组判别分析，常用来判别宏观上不易区分的岩体、围岩、围岩蚀变与成矿有无关系。例如矿区内有若干花岗岩体，一类与成矿有关，其他与成矿无关，此时区别不同的花岗岩对指导找矿具有重要意义。可通过对不同花岗岩中多种组分的判别分析，确定其是否属于与成矿有关的花岗岩。判别分析最适用于生产矿山找矿。

### 3.9.5.4 趋势面分析

趋势面分析是通过自变量若干次方（常用 2~4 次）的回归分析，得出回归方程，并用电算机绘出地质体某一地质特征值（厚度、品位、物探或化探数据、某标准层层面标高等）的趋势等值线图（对物、化探数据还要分解出残差值和剩余值，突出局部异常），达到掌握某一地

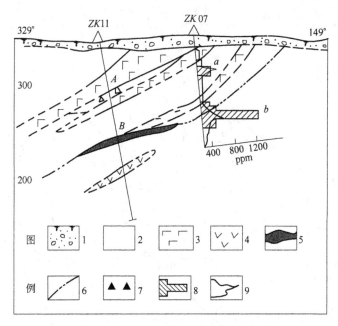

图 3-35  青城子铅锌矿赵家南沟 13 号勘探线岩石地球化学剖面图
（根据长春地院侯德义主编《找矿勘探地质学》）

1—表土、残坡积层；2—白云石大理岩；3—岩脉；4—煌斑岩脉；5—盲矿体；
6—成矿前断层；7—铅锌矿化；8—原生晕砷含量线；9—原生晕铅含量线

质特征空间分布和变化规律，以指导找矿。常用于：分析物探或化探异常的分布及变化；分析某些组分或矿物在空间上分布与变化规律；分析矿体厚度、顶底板起伏在空间上的变化规律；分析某标准层层面起伏变化，以掌握与成矿有关的褶皱构造形态变化，进而确定成矿有利部位；分析断层面起伏变化，了解某些热液充填式或岩浆贯入式矿体在断层中分布规律等。

**实例：**某锡石-硫化物多金属成矿区，其成矿作用与花岗岩作用有关，在 102 个钻孔中采集了花岗岩样品，并根据光谱分析结果，进行了趋势面分析，将锡和铜四次趋势面等值线投绘于侵入体顶板等高线图上（图 3-36）。由图可见：锡富集于侵入体顶板凸起部位，铜富集于相对凹陷部位，且锡富集的方向正好指向已知锡矿床所在部位，故可以此作为该矿区成矿预测的依据。

3.9.5.5  齐波夫分布律

该分布律认为在同一成矿区内不同大小矿床间或同一矿区内不同大小矿体间的储量关系是：最大矿床或矿体的储量为第二大矿床或矿体的二倍，为第三大矿床或矿体的三倍……以此类推。运用时可由成矿区内已知若干个矿床或矿体，按此分布律顺次估算出可能存在的其他尚未发现矿床或矿体的储量，直排到在现有经济技术条件下可采储量的最小值，再与已知矿床或矿体相对照，即可用于预测可能尚未发现的矿床或矿体数目和储量，但不能用于预测其成矿位置。

此外，还有其他许多方法也正在逐渐应用和推广，如目前国外出现的三维矿床统计预测，利用因子分析法，找出最有利矿化标高与矿体垂向延伸规律，用于预测生产矿山深部盲矿体，可取得较好效果。生产矿山已积累了大量深部地质资料，可为此法的应用提供有

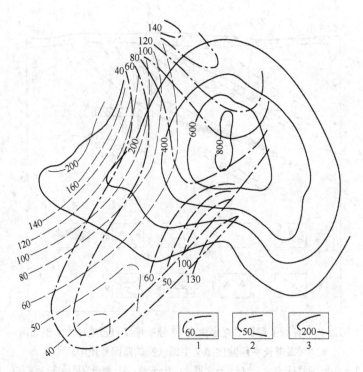

图 3-36　深部岩浆岩锡、铜含量变化趋势与岩浆岩顶板起伏对比图

1—锡四次趋势面等值线（ppm）；2—铜四次趋势面等值线（ppm）；

3—岩浆岩顶板等高线（m）

利的条件。

　　应用数学地质分析方法时，必须注意：正确地选用数学地质分析方法，保证原始资料的可靠性；分析某个具体问题时所用全部资料应是具有统一内在成因联系的数据；要把数学分析与成矿条件的地质分析密切结合起来。

### 3.9.6　生产矿山找矿勘探工程手段与布置的特点

　　生产矿山外围找矿勘探的工程手段种类、选择和布置，与一般普查找矿和地质勘探时相似，但生产矿山深部和边部找矿勘探的工程手段种类、选择和布置常具有如下特点：

　　（1）与矿山的开采方式有关：露天开采矿山多用地表钻探，当矿体埋藏较浅时可用汽车钻，埋藏较深时采用大型钻机，在露天采场边部还可使用槽井探；地下开采矿山，多采用坑下钻探，此时钻孔多采用扇形布置方式。

　　（2）可充分利用生产矿山已有的探采工程和设备：

　　1）根据某些矿化标志，估计沿矿体尖灭端的矿化带走向不远可能有矿体重现时，可延长已有的沿脉坑道，追索或圈定盲矿体。

　　2）当某些矿山有大量密集平行矿脉或成群小盲矿体时，可利用钻凿深孔岩矿泥样品的化验或某种物理仪器（如钻孔光电测脉仪、X 射线荧光分析仪，伽马测孔仪等）的测试以发现新的盲矿体和确定矿体与围岩的界线。有时也可适当延长生产勘探水平钻孔或某些探采穿脉探找此种密集平行矿脉。

　　3）当生产勘探地段下部深处估计可能有盲矿体时，可适当加深生产勘探钻孔，以兼做找矿钻孔。

4）对于原认为无矿地段的工程揭露面（如露天矿堑沟帮或地下矿山井巷、硐室等）进行认真的原始地质编录，以发现过去未发现的矿化现象、矿化标志或有利的成矿条件（如控矿构造）等。

（3）探矿工程布置特点是应充分考虑地质勘探、基建勘探和生产勘探时已有工程的总体布置格局（如总体布置方式、勘探线方向等），使其相互协调，以利综合图纸的整理和使用。

（4）找矿工程间距特点是要充分考虑矿山已知最小工业矿体走向及倾斜的长度和生产勘探时所采用的工程网度。

## 参 考 文 献

1 李鸿业等，矿山地质学通论，冶金工业出版社，1980

2 张轸，矿山地质学，冶金工业出版社，1982

3 冶金工业部矿山司，黑色冶金矿山生产地质测量工作条例（1978），未公开发表著作

4 冶金工业部有色司，有色金属矿山地质和测量工作条例（1980），未公开发表著作

5 Peters, W. C., Exploration and Mining Geology, John Wiley & Sons Printed in USA, 1978

6 中国地质学会矿山地质专业委员会，第一届全国矿山地质学术会议论文选集，冶金工业出版社，1985

7 陈希廉等，地质学，冶金工业出版社，第二版，1986

8 有色冶金系统设计院联合编写组，有色冶金矿山设计地质工作参考资料（1984），未公开发表著作

9 胡家峪矿技术科，矿山基建地质工作中应注意的几个问题，地质与勘探，1977，5期，第64～66页

10 中国有色金属总公司矿产地质研究所，有色金属生产矿山探矿经验实例（1985），未公开发表著作

11 国家地质总局，金属矿床地质勘探总则，地质出版社，1977

12 侯景儒等，地质统计学及其在矿产储量计算中的应用，地质出版社，1982

13 郭纯毓，运用探采结合的方法进行矿山生产建设的体会，有色金属（采矿部分），1974，1期

14 胡家峪矿技术科，在矿区开发中实行探采结合，地质与勘探，1977，7期，第60～64页

15 国家地质总局，金属非金属矿产地质普查勘探采样规定及方法，地质出版社，1978

16 地质辞典编辑部，地质辞典（五），地质出版社，1982

17 任邦生，矿产取样，冶金工业出版社，即将发表著作

18 地质矿产部宜昌地质矿产研究所，同位素地质的采样要求，地质出版社，1982

19 章晔等，X射线荧光探矿技术，地质出版社，1984

20 高德福等，矿山地质制图，冶金工业出版社，1986

21 成都地质学院，找矿勘探学，地质出版社，1980

22 中国有色金属工业总公司，有色金属矿山原始地质编录规定（1984），未公开发表文件

23 中华人民共和国地质部，固体矿产普查勘探地质资料综合整理规范（试行），地质出版社，1980

24 中国有色金属工业总公司，有色金属矿山资料综合编制规定（1984），未公开发行

25 中华人民共和国地质部、冶金工业部，铁矿勘探规范（试行），地质出版社，1981

26 李鸿吉等，电子计算机制图方法及应用，地质出版社，1981

27 ［日］山口正雄，计算机制图法，测绘出版社，1979

28 周胜，用电子计算机绘制立体图形的方法，地质科学，1979，1期

29 陈希廉等，地质经济，北京钢铁学院出版科（1983），未公开发表著作

30 徐焘，数量经济技术经济研究，1985，4期，第41～47页

31 任邦生，级差品位指标在涅渚铁矿的应用，矿山地质，1985，2期，第46～51页

32 于崇文等，数学地质的方法与应用，冶金工业出版社，1980

33 胡野圃等，篦子沟铜矿特高品位数学处理的试验研究，矿山地质，1983，4期，第62～73页

34 杨尔煦，再论金矿品位的对数正态分布，地质与勘探，1985，7期，第37～42页

35 北京钢铁学院矿业研究所、金川有色金属公司龙首矿，矿山地质，2期，第25～33页

36 中华人民共和国地质矿产部南京石油物探研究所、南京白云石矿，矿山地质数据处理系统研制报告，1986，未公开发表报告

37 南京白云石矿，矿山地质数据处理系统用户使用报告，1986，未公开发表报告

38 国家地质总局、冶金部地质司，金属矿床地质勘探规范总则（试行），地质出版社，1977

39 冶金部北京冶金地质研究所，苏联新的矿产储量分类（1982），未公开发表资料

40　杨光，论矿产储量分级（1982），未正式发表

41　陕西省冶金勘察设计院，冶金工业建设工程地质勘察技术规范，冶金工业出版社，1976

42　中华人民共和国冶金工业部，冶金矿山安全规程（露天部分），内部发行，1983

43　张成恭，工程地质学，地质出版社，1983

44　杨广韬等，工程地质学，地质出版社，1984

45　谷德振，岩体工程地质学基础，科学出版社，1979

46　[捷] В. 高乌斯科，流砂中采掘工程，煤炭出版社，1959

47　[苏] В. Д. 洛姆塔泽，工程动力地质学，地质出版社，1985

48　张倬元等，工程动力地质学，中国工业出版社，1964

49　张倬元等，工程地质分析原理，地质出版社，1981

50　陈群、项勃等，工程地质手册，中国建筑工业出版社，1982

51　陈光曦等，泥石流防治，中国铁道出版社，1983

52　中国科学院成都地理研究所，泥石流（3），科学文献出版社重庆分社，1986

53　昆明有色冶金设计院总图室，山区建厂总图布置的几点体会（1987），未公开发表论文

54　[日] 山田刚二等，滑坡和斜坡崩坍及其防治，科学出版社，1980

55　中国地质学会矿山地质专业委员会，全国生产矿山找盲矿地质讨论会论文选登，矿山地质，1985，2 期，第46～51 页

56　成都地质学院物探系，金属矿地球物理勘探，地质出版社，1978

57　广西冶金地质学校物探教研室磁法教研组，磁法勘探，地质出版社，1979

58　中国地球物理编辑组，核技术在勘探地球物理学中应用进展，地球物理文集，1983，未公开发表著作

59　北京第三研究所，$\alpha$ 径迹找矿，原子能出版社，1977

60　丁绪荣等，普通物探教程——电法及放射性，地质出版社，1984

61　陈希廉，数学地质方法在矿山地质工作中的应用，北京钢铁学院，1984，未公开发表资料

# 第4章 矿山测量

## 4.1 概 述

矿山测量是采矿企业的一项基础技术工作。其主要工作内容是在矿山建设和生产过程中进行地上、地下各种工程的施工测量，测绘各种采掘（剥）工程图和专用图，进行采空区围岩、地表及边坡的移动观测研究和参加地表各种建筑物、构筑物和水体下的开采试验，绘制矿体几何图，对采掘工程的数量和质量、采矿量和矿石损失贫化进行验收、统计和监督；有时要测绘矿区大比例尺地形图。矿山测量部门还要参加全矿采掘计划的制定，及时、可靠地为生产服务，对生产的正常进行及安全作业起到指导与监督作用。

我国"矿产资源监督管理暂行办法"（1987年）规定，矿山企业的地质测量机构是本企业矿产资源开发利用与保护工作的监督管理机构。因此矿山测量部门必须深入了解采矿许可证所规定的矿区范围，对埋设好的界桩或者地面标志的坐标要精确测出，妥善存档；并以明显标记绘制在基本地形图和矿区总图上，画上矿区境界线。要定期检查界桩或者地面标志的位置及完好程度，同时负责保护矿区境界范围内的矿产资源不受侵占。

矿山测量的理论和方法以及所使用的仪器和工具与相邻测绘学科有许多共同点，本章内容以矿山建设和生产过程中的有关测量工作为限，有关控制测量、地形测量及地面线路测量的具体方法请另参阅有关书籍。此外，矿石损失贫化和生产储量的变动统计、露天矿边坡的稳定性监测等内容分别见本手册40.3、3.8及13.10。

## 4.2 矿区地表控制测量[1]

### 4.2.1 矿区地表平面控制测量

为了测绘矿区地形图、进行各项工程建设的施工放样和贯通测量，必须建立矿区平面和高程控制网。矿区基本控制测量是直接为发展测图和施工控制网而作的，所建立的基本控制网是矿山企业生产建设各阶段测量工作的基础。最低一级基本平面控制网，其相邻点的点位中误差应不超过±7cm。一个矿区必须采用统一的平面坐标系统，而且应尽量采用国家统一的平面坐标系统。

矿区平面控制网应采用高斯正形投影，控3°（或1.5°）分带并计算平面直角坐标，其中央子午线为：72°、75°、…、135°。当控制网边长变形每公里大于5cm时，可采用独立坐标系统，或选择抵偿面的方法限制长度变形。

平面控制网可采用三角网、三边网或导线网，特殊情况可采用边角网。矿区首级平面控制网的布设范围和等级选择，必须适当考虑矿区发展远景。加密网以满足当前生产建设的需要为主。一般可依矿区范围的大小，参照表4-1选定。

矿区基本平面控制网的主要技术要求见表4-2。

各等级加密网可采用插网或插点的形式，四等和5″小三角网可采用线形锁。线形锁应近于直伸形，其最弱边权倒数，四等应小于80，5″小三角网应小于120（以对数第六位为单位）。

**表 4-1　矿区首级平面控制网和加密层次**

| 矿区控制面积（km²） | 首 级 控 制 | 加 密 控 制 |
|---|---|---|
| 100 以上 | 三等三角网 | 四等三角网，5″小三角网 |
| 10～100 | 四等三角网 | 5″小三角网 |
| 10 以下 | 5″或 10″小三角网 | |

**表 4-2　矿区基本平面控制网的主要技术要求**

| 等级 | 边长（km） | 测角中误差（″） | 起始边边长相对中误差 首级 | 起始边边长相对中误差 加密 | 最弱边边长相对中误差 | 测 回 数 DJ₁ | 测 回 数 DJ₂ | 测 回 数 DJ₆ | 三角形最大闭合差（″） |
|---|---|---|---|---|---|---|---|---|---|
| 二 | 10～18 | ±1.0 | | | 1/140000 | | | | |
| 三 | 3.0～7.0 | ±1.8 | 1/150000 | 1/140000 | 1/70000 | 9 | 12 | | ±7 |
| 四 | 1.0～3.0 | ±2.5 | 1/100000 | 1/70000 | 1/40000 | 6 | 9 | | ±9 |
| 5″ | 0.4～1.0 | ±5.0 | 1/50000 | 1/40000 | 1/15000 | | 3 | 6 | ±15 |
| 10″ | 0.3～0.5 | ±10.0 | 1/20000 | | 1/10000 | | 2 | 3 | ±30 |

　　各等级三角网均可用相应精度的导线网代替。5″、10″导线测量的主要技术要求见表 4-3。

**表 4-3　5″、10″导线测量的主要技术要求**

| 等级 | 附合导线长度（km） | 相对闭合差 | 平均边长（m） | 测角中误差（″） | 边长丈量往返相对较差 | 测 回 数 DJ₂ | 测 回 数 DJ₆ | 方位角闭合差（″） |
|---|---|---|---|---|---|---|---|---|
| 5″ | 2.4 | 1/8000 | 200 | ±5 | 1/10000 | 2 | 4 | ±10$\sqrt{n}$ |
| 10″ | 1.2 | 1/4000 | 100 | ±10 | 1/5000 | 1 | 2 | ±20$\sqrt{n}$ |

注：n 为测站数。

　　在矿区地表控制测量中，电磁波测距仪的应用愈来愈广泛，同时它们也应用于地表重要工程测量、地表移动观测及井下重要的导线测量中。

　　电磁波测距仪包括以激光和红外光为载波的光电测距仪以及以厘米波为载波的微波测距仪。在工程测量和矿山测量中应用的短程测距仪基本上都是红外测距仪。如我国常州第二电子仪器厂生产的 DCH-05 型红外测距仪，其最大测程为 500m，测距中误差为 ±1.5cm。北京光学仪器厂生产的 DCJ32-1 型测距经纬仪（图 4-1）是在 TDJ₂E 经纬仪上联结 DCH3 型红外测距仪构成。该测距仪在三块棱镜时的最大测程为 3km，测距精度为 ±（5mm＋5ppm）。我国矿山广泛使用的进口红外测距仪有威尔特厂的 DI4、DI4L，其测距精度为 ±（5mm＋5ppm），DI5S 的精度为 ±（3mm＋2ppm），此外还有克恩厂的 DM503，联邦德国奥普托厂的 ELDI2 等。

　　电磁波测距仪是通过测定电磁波束（光或微波）在待测距离上往返传播的时间 $t$ 来算出距离 $D$ 的，其基本公式为：

$$D=\frac{1}{2}ct \tag{4-1}$$

式中　$c$——电磁波在大气中的传播速度。

　　测定时间 $t$ 的方法有脉冲法和相位法，前者是通过测定测距仪发射并接收回来的脉冲信号

图 4-1　DCJ32-1 型测距经纬仪

个数，以求得发射和接收的时间间隔，从而算出距离，这种测距仪叫脉冲式测距仪。后者是测距仪发射经高频电信号调制的连续电磁波，在测线上往返传播后产生了一定的相位变化，测量出此相位变化即可得出距离，这种测距仪叫相位式测距仪。目前红外测距仪大都是相位式测距仪。

测距仪的测距误差，包括两部分。一部分为测相误差、仪器常数误差、仪器和反光镜的对中误差，其值与距离的远近无关，称为"固定误差"。另一部分由频率误差和大气折射误差组成，其值与测量距离 $D$ 成正比，称为"比例误差"，因此测距仪的测距中误差 $m_D$ 为：

$$m_D = a + bD, \text{ mm} \tag{4-2}$$

式中　$a$——固定误差，mm；

　　　$b$——比例误差系数，mm/km；

　　　$D$——所测距离，km。

（4-2）式中，比例误差部分也可用 ppm 表示，其意义可以理解为所测距离的百万分之一。

目前，测距仪尚无全国各部门统一的按精度分级标准，暂按 1km 测距中误差划分为三级[2]：

Ⅰ级：　　　　　　　　　　$m_D \leqslant 5mm$

Ⅱ级：　　　　　　　　　　$5mm < m_D \leqslant 10mm$

Ⅲ级：　　　　　　　　　　$10mm < m_D \leqslant 20mm$

应用测距仪后，可用相应的三边网或边角网来代替三角网，同时大大扩大了导线网的应用范围。各等级三边网的设计应和三角网的规格一致，以边长接近该等级平均边长的近似正三角形为理想图形，各三角形的内角不应大于 100° 和小于 30°（个别角度也不应小于 25°）。由于三边网的多余观测少，为加强图形强度和增加检核，应适当增测对角线。此外，在一些三角形中，还可以按相应等级三角网的测角精度各观测一个角度作为检核。三边网主要技术要求见表 4-4[2]，其中一级、二级小三边网的精度大致相当于 5″、10″ 小三角网的精度。

对于四等或四等以上平面控制网的起始边或边长测定，应在两个时间段内往返测量，其测回数不少于四个，一测回（指照准一次读数若干次）中读四次数。四等以下的边长测定，可以根据仪器的精度和稳定性，采取往返观测或单向观测。测回数不少于两个，一测回内读数次数按读数离散程度及大气透明度作适当增减。

**表 4-4　三边网主要技术要求**

| 等　级 | 平均边长（km） | 测距中误差（mm） | 测距相对中误差 |
|---|---|---|---|
| 三　等 | 5 | ±30 | 1/160000 |
| 四　等 | 2 | ±16 | 1/120000 |
| 一级小三边网 | 1 | ±16 | 1/60000 |
| 二级小三边网 | 0.5 | ±16 | 1/30000 |

电磁波测距的各项限差按上述仪器精度分类列于表 4-5 中，测定气象数据的要求见表 4-6。

**表 4-5　电磁波测距的各项限差**

| 仪　器　类　型 | 一测回读数较差（mm） | 单程测回间较差（mm） | 往返或不同时间段较差（mm） |
|---|---|---|---|
| Ⅰ级 | 5 | 7 | |
| Ⅱ级 | 10 | 15 | $2(a+bD)$ |
| Ⅲ级 | 20 | 30 | |

注：往返较差按化算到同一水平面上的距离进行比较。

**表 4-6　气象数据的测定要求**

| 等　级 | 最　小　读　数 | | 测定的时间间隔 | 气象数据的取用 |
|---|---|---|---|---|
| | 温度（℃） | 气压（Pa） | | |
| 三、四等网的起始边和边长 | 0.2 | 50（或 0.5mmHg） | 一测站同时段观测的始末 | 测边两端的平均值 |
| 5″ 或一级网的起始边和边长 | 0.5 | 100（或 1mmHg） | 每边测定一次 | 观测一端的数据 |
| 10″ 或二级网的起始边和边长 | 0.5 | 100（或 1mmHg） | 一时段始末各测定一次 | 取平均值作为各边测量的气象数据 |

注：1. 测距时用的温度计及气压计宜和检定时一致；

　　2. 到达测站后，应立即打开装气压计的盒子，置平气压计，避免受日光曝晒。温度计应悬挂在与测距视线同高、不受日光辐射影响和通风良好的地方，待气压计和温度计与周围温度一致后，才能正式测记气象数据。

　　导线边长也可以用经过检定、质量良好的普通钢尺丈量，丈量时钢尺的拉力应与检定时一致，其温度尽可能接近检定时的温度。一般采用悬空丈量。可以往返各丈量 1 次，也可用两根检定过的钢尺同方向各丈量 1 次，尽量在阴天、无风时进行测量。丈量导线边长的技术要求见表 4-7。

表 4-7　普通钢尺量距技术要求

| 等　级 | 丈量次数 | 定线最大偏差 (mm) | 尺段高差较差 (mm) | 读定次数 | 估读 (mm) | 温度读至 (℃) | 同尺各次或同段各尺的较差 (mm) | 应加改正项 |
|---|---|---|---|---|---|---|---|---|
| 5″导线 | 2 | 50 | 10 | 3 | 0.5 | 1 | 2 | 尺长、温度、倾斜 |
| 10″导线 | 2 | 70 | 10 | 2 | 1.0 | 1 | 4 | |

　　为了测绘矿区大比例尺地形图，还要进行图根控制测量。图根点也可作为一般工程测量的依据。图根点对于邻近最低一级基本控制点的点位误差不应超过图上 0.1mm（不包括展绘误差）。解析图根点一般在 5″小三角网或 10″小三角网（当以 10″小三角网作为矿区首级控制和测 1∶500 比例尺地形图时）下一次加密，加密方法可为测角图根锁（网）、图根导线以及测角交会等。局部地区可用两级图根加密。图根三角测量的技术要求见表 4-8。

表 4-8　图根三角测量的主要技术要求

| 边　　长 | 测角中误差 (″) | 测回数 DJ$_6$ | 三角形最大闭合差 (″) | 方位角闭合差 (″) | 锁的三角形个数 |
|---|---|---|---|---|---|
| 不大于测图最大视距长的 1.7 倍 | ±20 | 1 | ±60 | ±40$\sqrt{n}$ | 12 |

　　注：1. $n$ 为折射角；

　　　　2. 两次加密时，锁的三角形个数应不多于 10 个；

　　　　3. 求距角一般应不小于 30°，特殊情况下个别亦不小于 20°。

　　图根导线测量的主要技术要求见表 4-9。

表 4-9　图根导线测量的主要技术要求

| 测图比例尺 | 附合导线长度 (m) | 相对闭合差 | 边长 (m) | 边长丈量往返相对较差 | 测角中误差 (″) | 测回数 DJ$_6$ | 方位角闭合差 (″) |
|---|---|---|---|---|---|---|---|
| 1∶500 | 600 | 1/3000 | 90 | 1/5000 | | | |
| 1∶1000 | 1000 | 1/3000 | 150 | 1/5000 | 20 | 1 | ±40$\sqrt{n}$ |
| 1∶2000 | 2000 | 1/3000 | 250 | 1/5000 | | | |
| 1∶5000 | 4000 | 1/2500 | 300 | 1/3000 | | | |

　　注：1. $n$ 为测站数；

　　　　2. 电磁波测距图根导线可根据对图根点的精度要求自行设计。

### 4.2.2　矿区地表高程控制测量

　　矿区高程一般应采用国家统一系统，即 1956 年黄海高程系统，有困难时亦可采用假定高程系统，但全矿区必须统一。作为基本高程控制的水准路线中最弱点相对于高级水准点高程的中误差应不超过±4cm。

矿区首级高程控制，当矿区控制面积大于 $100km^2$ 时用三等水准，小于 $100km^2$ 时用四等水准。并依次可用四等水准、等外水准、三角高程进行加密以满足测图和工程施工的需要。各级水准网的主要技术要求见表 4-10。

三、四等水准点应埋设永久性标石，各级水准观测的技术要求见表 4-11。

表 4-10　水准网的主要技术要求

| 等级 | 每千米高差中误差（mm） | 环线或附合路线长度（km） | 水准仪型号 | 水准尺 | 观测次数 | | 往返较差、环线或附合路线闭合差 | |
|---|---|---|---|---|---|---|---|---|
| | | | | | 环线或附合路线 | 支　线 | 平　地（mm） | 山　地（mm） |
| 三等 | ±6 | 50 | $DS_1$ | 因 瓦 | 往一次 | 往返各一次 | $±12\sqrt{L}$ | $±4\sqrt{n}$ |
| | | | $DS_3$ | 木质双面 | 往返各一次 | | | |
| 四等 | ±10 | 30 | $DS_3$ | 木质双面 | 往一次 | 往返各一次 | $±20\sqrt{L}$ | $±6\sqrt{n}$ |
| 等外 | ±20 | 10 | $DS_{10}$ | | 往一次 | 往返各一次 | $±40\sqrt{L}$ | $±12\sqrt{n}$ |

注：1. 水准支线长不应大于相应等级附合路线长的 1/4；

2. 计算往返较差时，$L$ 为水准点间路线长度，计算环线或附合路线闭合差时，$L$ 为环线或附合路线总长度，均以 4m 为单位；

3. $n$ 为测站数。

表 4-11　水准观测技术要求

| 等级 | 水准仪类型 | 视线长度（m） | 前后视距差（m） | 前后视距累积差（m） | 视线离地面最低高度（m） | 基本分划、辅助分划（黑红面）读数差（mm） | 基本分划、辅助分划（黑红面）所测高差之差（mm） |
|---|---|---|---|---|---|---|---|
| 三等 | $DS_1$ | 100 | 1 | 5 | 三丝能读数 | 1.0 | 1.5 |
| | $DS_3$ | 75 | 2 | | | 2.0 | 3.0 |
| 四等 | $DS_3$ | 100 | 3 | 10 | 三丝能读数 | 3.0 | 5.0 |
| 等外 | $DS_{10}$ | 100 | 10 | 50 | | 4.0 | 6.0 |

注：用单面标尺变动仪器高（应超过 0.1m）时，所测高差之差与黑红面所测高差之差的限值相同。

三角高程测量分两级：Ⅰ级起讫于四等水准联测的高程点，沿三、四等三角点和小三角点布设；Ⅱ级附合在Ⅰ级点上，沿图根控制点布设。Ⅰ级三角高程起讫点间单一路线允许边数见表 4-12。

三角高程的竖直角观测时间一般在上午 10 点至下午 4 点为宜。应采用对向观测，仪器高和觇标高要用钢尺量取两次，读至 0.5cm，两次差不应超过 1cm。竖直角观测的技术要求见表 4-13。

三角高程对向观测的高差较差，Ⅰ级不应超过 $±0.1S$（m）；Ⅱ级不应超过 $±0.4S$(m)。闭合或附合三角高程路线的闭合差，Ⅰ级不应超过 $±0.05\sqrt{[S^2]}$（m），Ⅱ级不应超过 $±0.2\sqrt{[S^2]}$（m）。以上 $S$ 为边长，以千米计。

由于矿区地表多为山区或丘陵区，进行水准测量比较困难。因此利用电磁波测距仪测高代替水准测量是近年来受到广泛关注的问题。影响电磁波测距仪测高精度的因素中，仪

表 4-12　Ⅰ级三角高程测量单一路线允许边数

| 测图等高距 (m) | 边　长(km) | | | | | 平差后三角点高程中误差 (m) |
| --- | --- | --- | --- | --- | --- | --- |
| | 0.4 | 0.7 | 2 | 3 | 5 | |
| 1.0 | 20 | 10 | 4 | | | 0.06 |
| 2.0~5.0 | | | 14 | 7 | 3 | 0.12 |

表 4-13　Ⅰ、Ⅱ级三角高程竖直角观测技术要求

| 三角高程等级 | 经由路线 | 仪　器 | 测　回　数 | | 竖直角互差 (″) | 指标差互差 (″) |
| --- | --- | --- | --- | --- | --- | --- |
| | | | 中丝法 | 三丝法 | | |
| Ⅰ | 三、四等三角点 | DJ₁、DJ₂ | 4 | 2 | 10 | 15 |
| | 5″、10″小三角点 | DJ₂ | 2 | 1 | 15 | 15 |
| | | DJ₆ | 3 | 2 | 25 | 25 |
| Ⅱ | 图根点 | DJ₆ | 1 | | 25 | 25 |
| | | DJ₁₅ | 2 | | 45 | 45 |

器高和觇标高的测量误差影响甚微。在使用Ⅰ、Ⅱ级测距仪的情况下，边长测量误差的影响也不是主要的。因此影响高程精度的主要因素是竖直角观测及其受大气折光的影响。在山区和重力变化大的地区还要考虑垂线偏差的影响。根据我国大量实测资料分析[3]，采用 $DJ_2$ 级经纬仪，用三丝法两测回测角，竖直角的观测误差可达 $\pm 2.0''$ 以内。从理论和实际资料分析还得出，边长在 2km 范围内，竖直角观测误差 $m_a \leqslant \pm 2.0''$ 时，以往返对向观测的电磁波测距仪测高可以取代四等水准测量。

## 4.3　矿井联系测量[4,5]

### 4.3.1　作用及分类

地下开采时，必须准确知道地下巷道和采空区相对于地表各种建筑物及水体（河流、湖泊等）间的位置关系，才能正确解决岩层和地表移动、相邻矿井间地下采矿以及井筒和相邻矿井间巷道的贯通等重大问题。为此，必须使井下测量采用与地表相同的坐标系统，用适当的测量方法将地面的坐标系统传递到井下巷道内，这种测量工作叫矿井联系测量。它的任务是确定：(1) 井下经纬仪导线中起算边的坐标方位角；(2) 井下经纬仪导线中起算点的平面坐标 $x$ 和 $y$；(3) 井下高程测量起始点的高程 $H$。前两项任务属于平面联系测量，简称矿井定向；第三项任务属于高程联系测量，简称导入高程。

矿井联系测量是矿山测量中一项特别重要的工作，对矿山安全生产关系很大。尤其是井下起算边的坐标方位角，它的误差使导线各点的点位误差随导线延伸而增大，因而造成井下巷道离定向的井筒愈远，和地面的对照误差就愈大。设起算边坐标方位角的误差为 $\pm 3'$，则在距离起始边为 3km 的导线点的位置误差将达 $\pm 2.6m$。但起始点坐标 $x$、$y$ 及高程 $H$ 的误差不随距起点的距离增大而增大。

矿井定向方法可分为：

(1) 通过平硐或斜井的几何定向，这一工作实际上是通过测设相应级别的经纬仪导

线来进行；

（2）通过一个竖井的几何定向（一井定向）；

（3）通过两个竖井的几何定向（两井定向）；

（4）陀螺经纬仪定向。

### 4.3.2 地面近井点的设置

为了把地面坐标系统中的平面坐标和方向传递到井下，必须在井口设立安置经纬仪并直接观测井中锤线的测点，叫连接点。通常因连接点不能直接与地面控制点通视，故不设永久点，因此，要求在定向井筒附近埋设"近井点"。近井点应设在便于观测，能长期保存的地点，并埋设永久标石，埋设方法可参照地表基本控制点的要求进行。

近井点要尽量靠近井筒，至井口连接点的连接导线边数不应超过三个，它可在三、四等三角点的基础上用插网、插点或经纬仪导线等方法测设（图 4-2），其相对于四等三角点的点位中误差应不超过 $\pm 7$cm，后视边的坐标方位角的中误差应不超过 $\pm 10''$。位置符合上述要求的三、四等三角点及同级导线点，均可作为近井点。重新测设时，测量方法可按 $5''$ 小三角网或 $5''$ 导线的要求进行。导线要闭合或进行复测。

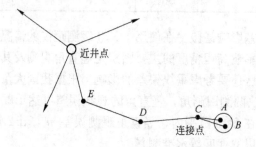

图 4-2 插点测设的近井点及连接点

以 $5''$ 或 $10''$ 小三角网作为首级控制的小矿区，可用其中的点作为近井点；也可用 $10''$ 小三角网或 $10''$ 导线来测设。

由近井点至连接点的测量可按 $5''$ 导线要求进行，导线要闭合或进行复测。而在 $5''$ 或 $10''$ 小三角网作首级控制的矿区，可按 $10''$ 导线连测。

为了向井下导入高程，应在地表井口设立两个以上的水准基点，并按四等水准要求测定高程。近井点可同时作水准基点。

### 4.3.3 竖井几何定向

定向前，应在井下定向水平的井底车场内设置一组或两组永久导线点，每组不少于三个点，作为井下控制测量的起始点和起始边。所谓定向，就是从地面近井点起将地面平面坐标系统的坐标和方位角传递到这些点上。

#### 4.3.3.1 一井定向

在井筒内从地表自由悬挂两根锤线至定向水平处。在地表测算出两锤线的坐标及其连线的坐标方位角；在井下定向水平进行锤线与永久导线点的连测，从而达到定向目的。定向包括两部分工作，一是由地面用锤线向定向水平投点，二是在地面和定向水平上与锤线进行连接测量。

### A 投点

投点所需设备及其布置见图4-3。图中绕钢丝的手摇绞车1，一般固定在出矿平台或井口水平之上。钢丝通过滑轮2放入井内。在专设架4上固定定点板3，并使钢丝通过其楔口下放。钢丝下端挂重锤5，它由多个有缺口的圆盘套在中心轴上组成，每个圆盘重10～20kg。重锤的重量在井深100m以内时用30～50kg，井深大于100m，用50～100kg。6为盛有稳定液（水或废机油）并有盖的桶。重锤即悬吊在稳定液中。图4-4为定点板，图4-5为重锤。

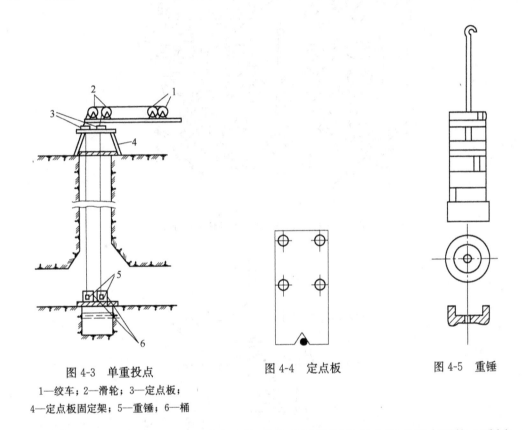

图4-3 单重投点
1—绞车；2—滑轮；3—定点板；
4—定点板固定架；5—重锤；6—桶

图4-4 定点板

图4-5 重锤

下放钢丝时，先挂5kg的小砂袋，放到井底后把钢丝卡入定点板内再换上重锤，检查钢丝是否自由悬挂可用信号圈法、比距法及钟摆法。

当井筒不深，气流滴水的影响不大，锤线摆幅小于0.4mm时，可直接对钢丝进行连接测量。这种投点叫单重稳定投点。

当井筒深度较大，采取减小和阻隔风流和滴水影响的措施后仍不能稳定锤线时，应采用单重摆动投点。本法是让锤线自由摆动，并对摆动进行观测，找出其静止位置后固定下来，然后进行连接测量，因此，定向水平上要安设定点盘（图4-6）。它由空底圆盘1、对点块3、螺杆5和两根在毛玻璃上刻有毫米刻划的标尺组成。定点盘设置在专门设置的工作台木板上（图4-7）。

摆动观测可用两架经纬仪同时观测（图4-8*a*），也可只用一架经纬仪观测（图4-8*b*）。当钢丝自由摆动时，在望远镜中以钢丝的内缘或外缘在标尺上连续读取13个以上的读数，相应于钢丝静止位置的读数 $N_p$ 为

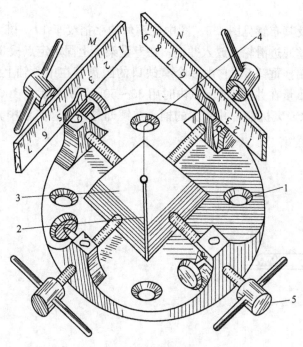

图 4-6　定点盘

1—圆盘；2—缝隙；3—对点块；4—钢丝；5—螺杆

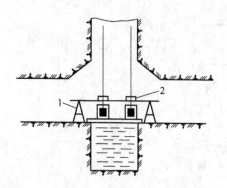

图 4-7　定点盘的安设

1—工作台；2—定点盘

$$N_p = \frac{\sum l_i}{2n} + \frac{\sum r_i}{2m} = \frac{L_p + R_p}{2} \tag{4-3}$$

式中　$l_i$，$r_j$——左边和右边读数；

　　　$n$，$m$——左边和右边读数次数；

　　　$L_p$，$R_p$——左边和右边读数的平均值。

静止位置求两次，互差应小于 1mm，最后取平均值。然后将经纬仪视线对准该读数，将对点块 3 安放到空底圆盘上，将钢丝卡入对点块内。利用螺杆移动对点块，把钢丝对准在两架经纬仪的视线上并固紧（图 4-6）。

用一架经纬仪观测时，应在平行于视线的标尺对面安设一平面镜，镜面与标尺成 45°角（图 4-8$b$），平行于视线的摆动读数可从平面镜中读出。

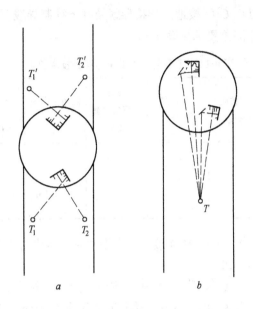

图 4-8 锤线摆动观测

a—两架经纬仪同时观测；b——架经纬仪观测

### B 连接测量

井上下连接测量通常用连接三角形法。也有用连接四边形法和瞄直法的。

连接三角形法如图 4-9 所示。$A$、$B$ 表示井筒内两锤线在水平面上的投影，$C$、$C'$ 分别为地面和井下的连接点。$D$、$D'$ 为地面和井下的导线点。井上由连接点 $C$ 及两锤线 $A$、$B$ 构成地面连接三角形 $\triangle ABC$，井下由 $C'$ 及两锤线构成井下连接三角形 $\triangle ABC'$。$A$、$B$ 两锤线的位置对定向精度影响很大，应尽量增大其间距并使 $AB$ 连线方向和马头门处风流方向一致。选 $C$ 和 $C'$ 点时，应满足下列要求：

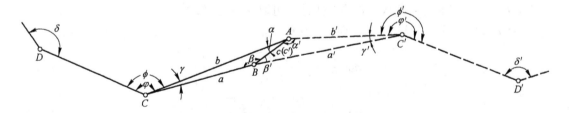

图 4-9 连接三角形法示意图

(1) $CD$ 和 $C'D'$ 边的长度大于 20m；

(2) $C$ 和 $C'$ 尽可能靠近 $AB$ 延长线，即角度 $\gamma$ 和 $\alpha$ 及 $\gamma'$ 和 $\beta'$ 不应大于 2°，这样的三角形精度最高，称为延伸三角形；

(3) $C$ 和 $C'$ 应适当靠近锤线，使 $a/c$ 和 $b/c$ 的边长比值不超过 1.5。

外业观测的内容如下：

角度：$\delta$ $(\delta')$，$\gamma$ 和 $\varphi$ $(\gamma'$ 和 $\varphi')$，用复测法时加测 $\psi$ $(\psi')$；

边长：$CD$ $(C'D')$，$a$、$b$、$c$ $(a'$、$b'$、$c')$。

观测要求如下：

角度 $\delta$、$\delta'$ 及边长 $CD$、$C'D'$ 按地面连接导线及井下控制导线要求施测。

在连接点 $C$（$C'$）上测角要求见表 4-14。

**表 4-14　连接点上水平角的观测技术要求**

| 仪器类型 | 观测方法 | 测回数或复测数 | 归零差（″） | 检验角与最终角之差（″） | 测角中误差（″） | 同一方向测回互差（″） | |
|---|---|---|---|---|---|---|---|
| | | | | | | 一次对中各测回互差 | 两次以上对中各测回互差 |
| DJ₂ | 全圆法 | 3 | 15 | | 7 | 15 | 45 |
| DJ₆ | 全圆法 | 6 | 30 | | 7 | 30 | 60 |
| DJ₆ | 复测法 | 6 | | 40 | 7 | | |

当 $CD$（$C'D'$）边小于 20m，在连接点测水平角时仪器应对中三次，每次对中时将照准部（或基座）位置变换 120°。

量边要求。量 $a$、$b$、$c$（$a'$、$b'$、$c'$）边，应施检定时的拉力并记温度。锤线稳定时，每边丈量 4 次，每次将钢尺移动 2～3cm，边长互差不大于 2mm。若锤线有摆动，沿边长方向固定钢尺，用摆动观测的方法（可连续读 6～20 次），求出钢丝在钢尺上的稳定位置并求得边长，丈量两次，边长互差小于 3mm。

内业计算。包括解算 $\alpha$、$\beta$（$\alpha'$、$\beta'$）并检核以及计算井下起始坐标和方位。

当 $\alpha<20°$，$\beta>160°$ 时，可按表 4-15 解算 $\alpha$，$\beta$（$\alpha'$、$\beta'$）。如用复测法测角，首先还应分配闭合差 $\psi-(\gamma+\varphi)=f$，$f$ 不应超过 $\pm25''$。$\alpha$、$\beta$ 由正弦公式求得，然后进行两项检核。一是三角形内角和（$\alpha+\beta+\gamma$）=180°，其闭合差可平均分配给 $\alpha$，$\beta$；表中 $\alpha_0$、$\beta_0$ 为分配后的角值。此检核只能检查计算的正确性，不能检查测量的正确性。另一检核是将丈量的两锤线间距 $C_c$ 和由余弦公式计算的 $C_j$ 进行比较，其差值在地面不应超过 $\pm2$mm，井下不应超过 $\pm4$mm。此差值反映了量边的精度。此外还可计算出 $\alpha$、$\beta$ 的误差 $m_\alpha$ 和 $m_\beta$。表中 $m_\gamma$ 为 $\gamma$ 角的误差，按规定的方法观测，可取 $m_\gamma=\pm7''$。

当 $\alpha>20°$，可用公式（4-4）、（4-5）解算

$$\tan\frac{\alpha}{2}=\sqrt{\frac{(p-b)\,(p-c)}{p\,(p-a)}} \tag{4-4}$$

$$\tan\frac{\beta}{2}=\sqrt{\frac{(p-a)\,(p-c)}{p\,(p-b)}} \tag{4-5}$$

式中　$p=\dfrac{a+b+c}{2}$。

最后，选一线路如 $D$-$C$-$B$-$A$-$C'$-$D'$ 进行导线计算，求得井下起始点坐标及起始边坐标方位角。

$C$　一井定向的精度要求

按规程要求，两次独立定向的较差不应超过 $\pm2'$，条件困难时，在满足采矿工程需要的前提下，或井田一翼长度不超过 700m 时，较差可放宽至 $\pm4'$。井田一翼长度不超过 400m 的小矿井，较差放宽至 $\pm8'$。

按较差 $\pm2'$ 的要求，一次定向的中误差是

表 4-15 连接三角形解算（$\alpha < 20°$，$\beta > 160°$）

| | $a$ | $b$ | $c$ | $\gamma$ |
|---|---|---|---|---|
| (图) | 7.157 | 3.675 | 3.483 | $0°25'15''$ |
| $\sin\alpha = \dfrac{a}{c}\sin\gamma$ | $\sin\alpha$ | 0.01510 | $\alpha$ | $179°08'06''$ |
| | | | $\alpha_0$ | $179°08'06''$ |
| $\sin\beta = \dfrac{b}{c}\sin\gamma$ | $\sin\beta$ | 0.00775 | $\beta$ | $0°26'38''$ |
| | | | $\beta_0$ | $0°26'39''$ |
| 三内角和检核 | | $\alpha + \beta + \gamma$ | | $179°59'59''$ |
| 边长检核 | | $c_c = \sqrt{a^2 + b^2 - 2ab\cos\gamma}$ | | 3.482 |
| | | $a = c_j - c_c$ | | $-0.001$ |
| 误差计算 | $m_\gamma = \pm 7''$ | $m_\alpha = \dfrac{a}{c} m_\gamma$ | | $\pm 14''$ |
| | | $m_\beta = \dfrac{b}{c} m_\gamma$ | | $\pm 7''$ |

$$m_{\alpha_0} = \pm \frac{2'}{2\sqrt{2}} = \pm 42''$$

此项误差包括井上、下连接误差 $m_上$、$m_下$ 以及投向误差 $\theta$：

$$m_{\alpha_0} = \pm \sqrt{m_上^2 + m_下^2 + \theta^2} \tag{4-6}$$

如令投向误差和井上、下连接误差相等，则得各项误差不应大于下列值：

$$\theta \leqslant \frac{m_{\alpha_0}}{\sqrt{2}} = \pm \frac{42}{\sqrt{2}} = \pm 30''$$

$$m_上 = m_下 \leqslant \frac{m_{\alpha_0}}{\sqrt{2} \cdot \sqrt{2}} = \pm \frac{42}{2} = \pm 21''$$

投向误差 $\theta$ 是由钢丝投点误差 $e$ 所引起的，如锤线间距为 $c$，则

$$\theta = \pm \frac{\rho}{c} e \tag{4-7}$$

式中 $\rho = 206265''$。

要使 $\theta$ 不超过 $\pm 30''$，当 $c$ 等于 3m 和 5m 时，$e$ 不应大于 0.43mm 和 0.73mm。投点时，要使 $e$ 不超过上述限值是很困难的任务。经验表明，连接测量不超过限值容易做到，投向误差不超过限值就困难得多，特别当井筒深度大时。

一井定向的总误差 $M_{\alpha_0}$ 为

$$M_{\alpha_0}^2 = m_{(C'D')}^2 = m_{(DC)}^2 + m_\varphi^2 + m_\alpha^2 + m_\beta^{2'} + m_\varphi^{2'} + \theta^2 \tag{4-8}$$

式中 $m_{(DC)}$——地面连接边的误差（由近井点算起）；

$\theta$——投向误差；

其他为各相应角度的误差。

进行一井定向时，必须强调严密的工作组织，保证工作人员人身绝对安全。井上下必须统一指挥，并保持良好的通讯联系。上下水平的井口要用木板盖牢，绝对保证井筒内不

掉下任何东西。井底有人工作时，上边井口不得有人作业。对井筒深、风流大且多阶段开拓的竖井，可分段逐级向下进行阶段定向，直至井底。此时，应和从地面进行定向的方法作方案比较，以论证其是否合理。

### 4.3.3.2  两井定向

一个矿如有两个竖井，且两井间在定向水平上有巷道相通又便于进行连接测量时，可进行两井定向。此法是在两井中各挂一根锤线，在地面通过连接测量测定二锤线的坐标并算出其方位角，在地下通过二锤线间敷设导线的连接测量及相应计算，以求出井下导线各点在地面坐标系统中的坐标。图 4-10 为两井定向示意图。它也包括投点，地面连接和井下连接。但投点是在两井中各挂一根锤线，故锤线间距 $c$ 比一井定向时大得多，从而大大减小了投向误差 $\theta$。因此投点较简单，只用单重稳定投点，这也是两井定向的主要优点。

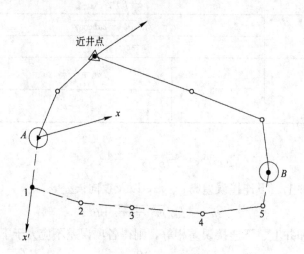

图 4-10  两井定向

地面连接可只设一个近井点（图 4-10），再从近井点测设导线至二锤线。也可在两井筒分别设置近井点，并连测到各自井筒的锤线上。

井下连接是指由锤线 $A$ 测经纬仪导线至锤线 $B$ 的测量工作，并按井下 $10''$ 级导线要求施测。与锤线有关的元素在投点时观测，其他可在此前、后进行观测。

内业计算：

（1）由地面连接测量计算二锤线坐标 $x_A$、$y_A$、$x_B$、$y_B$，及连线坐标方位角 $(AB)$ 和边长 $c$：

$$\tan (AB) = \frac{y_B - y_A}{x_B - x_A} = \frac{\Delta y_A^B}{\Delta x_A^B} \tag{4-9}$$

$$\alpha = \frac{y_B - y_A}{\sin (AB)} = \frac{x_B - x_A}{\cos (AB)} = \sqrt{(\Delta y_A^B)^2 + (\Delta x_A^B)^2} \tag{4-10}$$

（2）令 $A$ 点为原点，$A1$ 边为 $X'$ 轴，则 $x_A' = y_A' = 0$，$(A1)' = 0°00'00''$。用此假定坐标系统算出 $B$ 点的假定坐标 $x_B'$、$y_B'$，及假定方位角 $(AB)'$ 和边长 $c'$。在考虑了到起始高程面的投影改正后，$c'$ 应等于地面的 $c$ 值，其差值 $\Delta c$ 不应超过井上下连接测量引起的中误差的 2 倍，如忽略地面连接误差，则

$$\Delta c = c - c' \leqslant 2\sqrt{\frac{m_\beta^2}{\rho^2}\sum R_{xi}^2 + \left(\frac{m_l}{l}\right)^2 \sum l_y^2} \tag{4-11}$$

式中　$m_\beta$——井下连接导线测角中误差；

　　　$R_{xi}$——井下各点到锤线 $B$ 的距离在 $AB$ 连线垂直方向线上的投影；

　　　$\dfrac{m_l}{l}$——边长相对中误差；

　　　$l_y$——各边在 $AB$ 连线方向上的投影。

（3）根据地面坐标系统计算井下导线。第一边 $A1$ 的坐标方位角为

$$(A1) = (AB) - (AB)' \tag{4-12}$$

根据 $A$ 点的地面坐标 $x_A$、$y_A$ 及 $(A1)$，计算井下连接导线各点的坐标，直至 $B$ 点。所算 $B$ 点坐标应和地面的值相等，其差值可看作井下导线的闭合差，不应超过该级导线的限值。如不超限，将此坐标闭合差以井下导线边长为比例，反号加以分配。

两井定向比一井定向可靠，精度高，故规程要求，当有两个或两个以上竖井且井下相通时，必须用两井定向的方法进行联系测量。如矿井未作过一井定向，则独立作两次两井定向，所得起始边方向差不应超过 $\pm 1'$。如已作过一井定向，则再作一次两井定向。两者成果相差小于 $2'$ 时，取两井定向成果为最终值。

### 4.3.4　陀螺经纬仪定向

#### 4.3.4.1　陀螺经纬仪及其工作原理

陀螺经纬仪是一种能直接测量天文方位的仪器，约在 50 年代研制出来并用于矿井定向。这种方法比几何定向省力省时，精度高，特别在井筒深度大时更如此，而且可不占用井筒。我国西安光学测量仪器厂生产的陀螺经纬仪有 $DJ_6\text{-}T_{60}$，$DJ_2\text{-}T_{20}$，徐州光学仪器厂生产的有 $JT_{60}$、$JT_{15}$。我国矿山较普遍使用的还有威尔特厂的 GAK-1。图 4-11 为 $JT_{15}$ 外貌，它是在 $DJ_6$ 经纬仪上固定安置了一桥形支架。定向时，可在桥形支架上安装一陀螺仪。陀螺仪和经纬仪照准部之间相对位置应固定不变。

图 4-11　$JT_{15}$ 陀螺经纬仪

　　陀螺仪的结构如图 4-12 所示。陀螺马达 4 是其核心部件。它装在密封充氢的陀螺房中，通过悬挂柱 10 用金属悬挂带 1 自由吊挂在陀螺仪的顶盖上，用三根导流丝 12 供电。在悬挂柱 10 上装有反光镜。由悬挂带吊起的上述部分共同组成陀螺仪的灵敏部，2 为照明灯泡，光线将光标 3（固连在陀螺仪支架 13 上）经反光棱镜投射到灵敏部的反光镜，再经反射后由物镜组成像在目镜分划板 5 上。由目镜 6 观察的视场如图 4-12 右上方所示。灵敏部的摆动可通过目镜中观察到的光标左右摆动反映出来。校准好的灵敏部悬挂带位置，应使灵敏部静止时，光标线的读数为零。17 为锁紧限幅机构。转动仪器外部手轮，通过凸轮 7 带动锁紧限幅机构的升降，可使灵敏部托起（锁紧）或下放（摆动）。仪器外壳 14 内壁和底部装

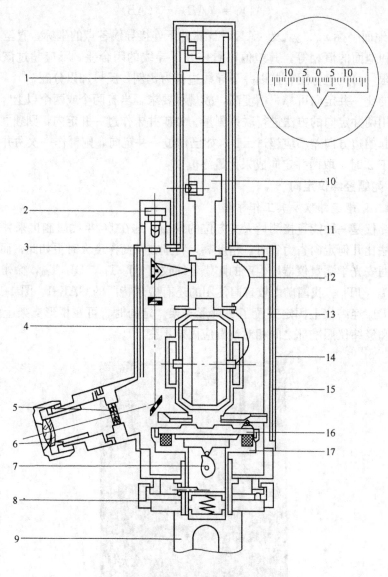

图 4-12　陀螺仪的基本结构

1—悬挂带；2—照明灯；3—光标；4—陀螺马达；5—分划板；6—目镜；7—凸轮；
8—螺纹压环；9—桥形支架；10—悬挂柱；11—上部外罩；12—导流丝；13—支架；
14—外壳；15—磁屏蔽罩；16—灵敏部底座；17—锁紧限幅机构

有磁屏蔽罩 15。陀螺仪和经纬仪的连接通过桥形支架 9 及螺纹压环 8 的压紧来实现。

　　陀螺经纬仪定向是基于力学中的进动原理。高速转动的陀螺马达轴，在没有其他外力矩作用时，具有在宇宙空间保持其方位不变的性质叫定轴性。由于地球的自转，观测地点的地表水平面及子午面将不断改变，因此陀螺轴的倾角及方位也将改变，并将产生附加的外力矩，从而引起它的进动。结果，陀螺轴北端就会绕该点子午面作往复摆动，其运行轨迹是绕子午线的一个椭圆。用横坐标表示陀螺轴偏离子午面的角度 $\alpha$，纵坐标表示陀螺轴的俯仰角 $\beta$，则椭圆如图 4-13 $a$ 所示，图中 $\beta_0$ 是补偿角，其值很小，约 $10''$。如果只考虑陀螺轴在水平方向的摆动，并记录陀螺轴方向在不同时刻的位置，则可得图 4-13 $b$ 所示之摆动曲线。$T$ 为陀螺轴往复摆动一次的时间，叫摆动周期。$JT_{15}$ 型陀螺经纬仪在中纬度地区的跟踪周期为 $8'40''$。陀螺轴摆动所处的东西边沿点叫逆转点。

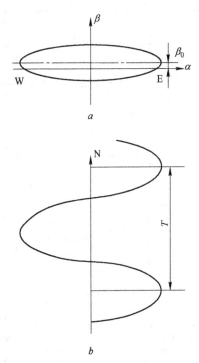

图 4-13　陀螺轴端的摆动

$a$—陀螺轴端轨迹；$b$—摆动曲线

　　如上所述，陀螺轴绕天文子午面作简谐运动，如把陀螺轴东西逆转点记录下来，取其平均值，即得子午面方向。

#### 4.3.4.2　一边陀螺方位角的测量方法

　　由于制造上的缺陷以及陀螺轴与经纬仪视准轴不重合等原因，陀螺轴摆动的平均位置（假想的静止位置）和天文子午面并不重合，故把陀螺轴稳定位置叫陀螺子午线，以它起算的方位角叫陀螺方位角。陀螺方位角和天文方位角相差一小夹角 $\Delta$，叫仪器常数，每次定向中都要测定 $\Delta$ 值。

　　正式测定一边陀螺方位角之前，要使陀螺轴近似指北，也叫粗略定向。可用经纬仪照准部上的磁罗盘进行，也可用两逆转点法进行。后者的做法是望远镜大致指北，启动马达并下放灵敏部，转动照准部，并在陀螺仪目镜中观察，使目镜内光标线始终与分划板零线重合，这叫跟踪。当跟踪到左右逆转点时，在经纬仪水平度盘上读取一对读数 $u_1$ 和 $u_2$，然后把照准部转动到度盘读数为 $N=\dfrac{1}{2}(u_1+u_2)$ 上即可。此法约需 10 分钟，指北精度可达 $\pm3'$。

粗略定向后可用逆转点法或中天法精密测定陀螺方位。

**A　逆转点法**

用本法作定向测定某一起始边陀螺方位角的步骤如下。记录见表 4-16。

**表 4-16　陀螺经纬仪定向记录**（逆转点法）

仪器：JT₁₅　　测线名称：Ⅲ₂—Ⅲ₃　　观测者：×××　　日期：1984.3.12　　记录者：×××

| 项目 | 左　方 | 中　值 | 右　方 | 周期 | 环境及其他条件 | 计　算　值 | |
|---|---|---|---|---|---|---|---|
| 测前零位 | +8.0 | | | 39.45s | 天气　晴 气温　+21℃ 风力　3 级 | 测线方向值 | 184°42′.52 |
| | (+8.0) | −0.1 | −8.2 | | | 陀螺北方向值 | 359°59′.48 |
| | +8.0 | −0.1 | (−8.2) | | | 零位改正值 | −0.20 |
| | (+8.05) | −0.08 | −8.2 | | | 陀螺方位角 | 184°43′.24 |
| | +8.1 | | | | | 仪器常数 | +4.20 |
| | 平均值 | −0.09 | | | | 天文方位角 | 184°47′.44 |
| 跟踪逆转点读数 | 358°36′.7 | | | 8min40s | 启动时间 22h40min 制动时间 23h15min | 子午线收敛角 | +0.15 |
| | (358°38′.0) | 359°59′.50 | 1°21′.0 | | | 坐标方位角 | 184°47′.59 |
| | 358°39′.3 | 359°59′.52 | (1°19′.75) | | | 备注 | |
| | (358°40′.35) | 359°59′.42 | 1°18′.5 | | | | |
| | 358°41′.4 | | | | | | |
| | 平均值 | 359°59′.48 | | | | | |

| 项目 | 左　方 | 中　值 | 右　方 | | 测　线　方　向　值 | | | |
|---|---|---|---|---|---|---|---|---|
| 测后零位 | | | −3.0 | | | 测前 | 测后 | 最终平均值 |
| | +2.5 | −0.25 | (−3.00) | | 正镜 | 184°42′.6 | 184°42′.5 | |
| | (+2.50) | −0.25 | −3.0 | | 倒镜 | 42′.5 | 42′.5 | |
| | +2.5 | −0.25 | (−3.00) | | 平均值 | 184°42′.55 | 184°42′.50 | 184°42′.52 |
| | | | −3.0 | | | | | |
| | 平均值 | −0.25 | | | | | | |

（1）在该边端点安置好陀螺经纬仪，进行测前悬带零位观测，即不开动马达，在灵敏部自由摆动下进行跟踪观测。测五个逆转点读数（以分划板格值为单位），取平均值，如表中的−0.09。然后托起并锁紧灵敏部。

（2）测定该边的方向值，用正倒镜观测。记录见表 4-16 右下角。此后不得再变动经纬仪度盘。

（3）根据粗定向将照准部固定于朝北方向，启动马达，下放灵敏部，用微动螺旋进行逆转点跟踪观测。跟踪要平稳，使光标和零分划线始终保持重合。连续读取 5 个逆转

点读数 $u_i$，相邻 3 个可计算 1 个中点位置的读数 $N_i$，其中 $i$ 表示读数序号：

$$N_i = \frac{1}{2}\left(\frac{u_i + u_{i+2}}{2} + u_{i+1}\right) \tag{4-13}$$

表 4-16 中用括号括出。三个中点位置互差不应大于 $30''$。最后计算总平均值，如 $395°59'.48$。

(4) 再次测定该边方向值，前后两次互差，对 $DJ_2$ 和 $DJ_6$ 经纬仪分别不应超过 $10''$ 和 $24''$，最后取平均值，如 $184°42'.52$。

(5) 进行测后零位观测。

计算陀螺方位角时，应对逆转点跟踪观测所得的陀螺北方向值 $N'$ 加入悬带零位改正 $\Delta\alpha$：

$$\Delta\alpha = \frac{T^2 - T'^2}{T'^2}\Delta\tau \tag{4-14}$$

$$N = N' - \Delta\alpha \tag{4-15}$$

式中　$T$——跟踪时陀螺摆动周期；

$\quad\quad T'$——不跟踪时陀螺摆动周期；

$\quad\quad \Delta\tau$——零位值所相应的角度值；

$\quad\quad N$——零位改正后的陀螺北方向值。

$\Delta\tau$ 值由读出的格数 $m$（可取测前测后零位平均）及格值 $h$ 求得，并注意保留 $m$ 的符号：

$$\Delta\tau = mh$$

$JT_{15}$ 仪器的 $h = 5'$，$T$ 和 $T'$ 要通过实验测定。

*B　中天法*

此法也要进行测前和测后的零位观测和测线方向观测。进行中天观测前根据粗定向将照准部固定于朝北方向，并读取度盘读数 $N'$，在观测中不再转动。启动马达并下放灵敏部后，观察光标，并做如下操作。记录计算见表 4-17。

(1) 光标经"0"分划时启动电子秒表，读时间 $t_1$（中天时间）；

(2) 光标东移到逆转点，在分划板上读摆幅读数 $\alpha_E$（图 4-14）；

(3) 光标返回"0"线，读时间 $t_2$；

(4) 光标到西逆转点，在分划板上读 $\alpha_w$；

(5) 光标返回"0"线，再读时间 $t_3$。

重复上述过程，读取 4～5 个中天时间。计算过程如下：

$t_2 - t_1 = T_E$，$t_3 - t_2 = T_w$，$T_E - T_w = \Delta T$。由于分划板上反映陀螺指标线的摆动与进动方向相反，故分划板上标记为左"十"右"一"，表 4-17 中计算摆幅时间的正负号就是根据分划板上的标记而来的。计算 $\Delta T$ 时应取代数和，保留符号。

**表 4-17　陀螺经纬仪定向记录（中天法）**

仪器：$JT_{15}$　　测线名称：$D_7$-$D_8$　　观测者：××　　日期：1985.10.7　　记录者：××

| 度盘读数 $N'$<br>$\Delta N=C \cdot \alpha \cdot \Delta T$<br>$N=N'+\Delta N$ | 中天时间<br>min s | 摆幅时间<br>左"+"右"-"<br>min s | 时间差<br>$\Delta T$ | 摆幅读数<br>$\alpha$ 格 | 摆幅平均<br>$\alpha$平格 | 环境及其他 | 计 算 值 | |
|---|---|---|---|---|---|---|---|---|
| 356°59'.0 | 4　45.7 | | | | | 天气　晴 | 测线方向值 | 54°20'.7 |
| +1'.9 | 8　24.4 | +3　38.7 | +5.4 | 8.0 | 7.85 | 气温 +18℃ | 陀螺北方向值 | 357°01'.0 |
| +2'.1 | 11　57.7 | -3　33.3 | +5.8 | 7.7 | | 风力 1～ | 零位改正 | +0'.3 |
| +2'.1 | 15　36.8 | +3　39.1 | +5.7 | | | 2级 | 陀螺方位角 | 57°19'.4 |
| | 19　10.2 | -3　33.4 | | | | 启动时间 | 仪器常数 | +4'.1 |
| $\Delta N_平$ +2'.0 | | | | | | 8h30min | 天文方位角 | 57°23'.5 |
| $N$357°01'.0 | | | | | | 制动时间 | 子午线收敛角 | +0'.3 |
| | | | | | | 8h58min | 坐标方位角 | 57°23'.8 |

| 测 前 零 位 | | | 测 后 零 位 | | | 测 线 方 向 | | |
|---|---|---|---|---|---|---|---|---|
| 左 方 | 中 值 | 右 方 | 左 方 | 中 值 | 右 方 | | 测 前 | 测 后 |
| +2.2 | | | +2.6 | | | 正镜 | 54°20'.8 | 54°21'.0 |
| (+2.2) | +0.25 | -1.7 | (+2.6) | +0.20 | -2.2 | 倒镜 | 234°20'.4 | 234°20'.6 |
| +2.2 | +0.30 | (-1.6) | +2.6 | +0.25 | (-2.1) | 平均 | 54°20'.6 | 54°20'.8 |
| (+2.1) | +0.30 | -1.5 | (+2.5) | +0.25 | -2.0 | 二测回平均 54°20'.7 | | |
| +2.0 | | | +2.4 | | | | | |
| 平　均 | +0.28 | | 平　均 | +0.23 | | $C=0.046/$（秒·格） | | |

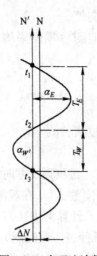

图 4-14　中天法读数

陀螺北方向 $N$ 为：

$$N=N'+\Delta N \tag{4-16}$$

$$\Delta N=c \cdot \alpha \cdot \Delta T \tag{4-17}$$

$$\alpha=\frac{|\alpha_E|+|\alpha_w|}{2} \tag{4-18}$$

式中　$\Delta N$——改正数；

　　　$c$——比例常数，可通过两次试验测定，第1次令 $N'_1$偏东 $15'\sim20'$，第2次令 $N'_2$偏西 $15'\sim20'$，则可由 (4-19) 式求出$c$值：

$$c=\frac{N_2'-N_1'}{\alpha_1\Delta T_1-\alpha_2\Delta T_2}\tag{4-19}$$

求得的 $c$ 值在同一纬度可使用一段较长的时间。中天法的主要优点是不需要进行费力的跟踪操作。

#### 4.3.4.3 陀螺经纬仪定向

在地面选择一条已知坐标方位角的控制网边；在井下定向水平选一条定向边，边长大于 30m，且便于操作。以后作业过程如下：

（1）在地面已知边上测定仪器常数 $\Delta$。图 4-15 $a$ 中 $A_0$ 为该边天文方位角，$\alpha_0$ 为坐标方位角，$\gamma_0$ 为子午线收敛角。精密测定该边陀螺方位角 $A_{T0}$ 后，则

$$\Delta=A_0-A_{T0}=\alpha_0+\gamma_0-A_{T0}\tag{4-20}$$

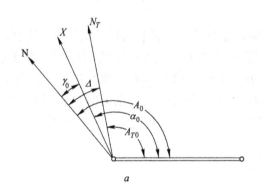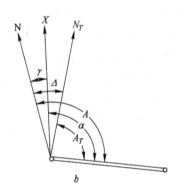

图 4-15 陀螺经纬仪定向示意图
$a$—测定 $\Delta$ 值；$b$—测定向边方位角

要测定 3 次仪器常数，互差应小于 $2'$。

（2）在井下定向边上测定陀螺方位角 $A_T$。测两次，互差应小于 $2'$。

（3）在地面已知边上再次测定仪器常数 3 次，共有 6 个仪器常数，任意两个的互差不应大于 $2'$。

井下定向边的坐标方位角 $\alpha$ 为（图 4-15 $b$）

$$\alpha=A-\gamma=A_T+\Delta-\gamma\tag{4-21}$$

式中　$\Delta$——地面测定的仪器常数；

　　　$\gamma$——井下定向边处的子午线收敛角。$\gamma$ 可以根据该点的纬度 $\varphi$ 及距中央子午线的横坐标 $y$（千米计）由下式求得，单位为秒，正负号决定于 $y$ 的正负号：

$$\gamma=32.3y\tan\varphi\tag{4-22}$$

地表的 $\gamma_0$ 值也可用上式计算。

为了确定井下起始点的坐标 $x$、$y$、可悬挂一根钢丝投一点并进行连接测量即可。也可用激光投点，但应保证投点误差不大于 20mm。

我国大量实践表明，国产陀螺经纬仪 $DJ_6$—$T_{60}$、$JT_{60}$ 完全可以满足规程要求，即测定井下陀螺定向边坐标方位角中误差（相对于测定仪器常数的已知边）不应超过 $\pm30''$。$DJ_2$—$T_{20}$、$JT_{15}$ 可达到更高精度。目前国产陀螺经纬仪在国内各矿山已相当普遍，因此，矿井定向工作完全可全部采用陀螺经纬仪定向来完成。在井下导线中，隔一定间隔加测陀螺定

向边，对提高导线的点位精度有很大作用。因此，在井下巷道延伸较长及长距离井下贯通中，应加测陀螺定向边。

### 4.3.5 导入高程

通过竖井导入高程是把地面坐标系统中的高程传递到井下高程起始点上。有钢丝导入高程法和钢尺导入高程法。

#### 4.3.5.1 钢丝导入高程

如图4-16所示，地面井口附近设置临时比长台1，长度大于20m，台上置钢尺2，左端固定，右端通过滑轮3挂一重锤4，重量等于钢尺检定时的拉力。钢尺毫米刻划一端靠近钢丝绞车5。钢丝6通过井口上的滑轮7下放于井底，下挂5kg重锤。作业程序如下：

（1）比长台旁安设经纬仪，瞄准钢尺上某一刻划并固定望远镜。由此可在整个导入高程过程中检查钢尺有无移动。

（2）井下安水准仪，在高程起始点$B$的标尺上读数$b$，并依视线在钢丝上固定标线夹№1，同时还要在比长台上钢尺左端某一刻划$M_1$处在钢丝上固定标线夹№2并记下读数。

（3）提升钢丝，并在比长台上逐段丈量№1夹上移的距离。№1夹上升的距离即是№2夹移动的距离。提升时，当№2夹移到钢尺右端毫米分划内时，暂停提升，并依№2夹的标线在钢尺上读出读数$n_1$。在读数同时，另一人在钢尺左端再对准某一整分划

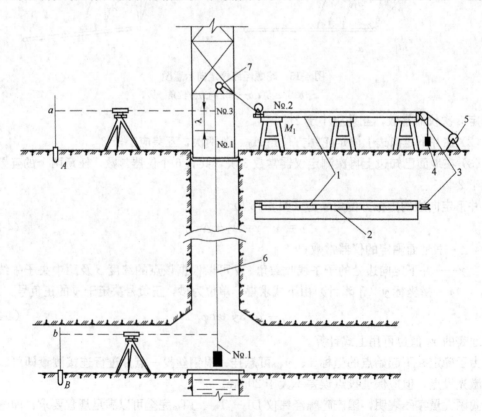

图4-16 钢丝导入高程

1—临时比长台；2—钢尺；3—挂重锤的滑轮；4—重锤；

5—绞车；6—钢丝；7—下放钢丝的滑轮

$M_2$ 固定另一标线夹再提升钢丝，按上操作，读出读数 $n_2$。依此程序进行，直至№1夹露出井口。

（4）由井口水准仪在 $A$ 点标尺上读数 $a$，并按视线水平在钢丝上夹标线夹№3。量取№1夹和№3夹的距离 $\lambda$，检查钢尺有无移动并在比长台上根据标线夹读取最后一个 $n$ 读数。

（5）测量井上下温度 $t_1$ 和 $t_2$。

由 $A$ 点高程 $H_A$ 计算 $B$ 点高程 $H_B$：

$$H_B = H_A - \sum(m-n) \pm \lambda - (b-a) - \sum \Delta l \qquad (4\text{-}23)$$

$\sum \Delta l$ 中包括钢尺尺长改正以及钢尺温度改正和钢丝温度改正两项之和 $\Delta l_t$，$\Delta l_t$ 的计算式为：

$$\Delta l_t = \alpha L(t-t_0) \qquad (4\text{-}24)$$

式中　$\alpha$——钢的线膨胀系数，$\alpha = 0.000012℃^{-1}$；

$t_0$——钢尺检定时之温度；

$t = \dfrac{t_1 + t_2}{2}$；

$L = \sum(m-n)$。

钢丝导入高程应进行两次，较差不应超过 $L/8000$。

#### 4.3.5.2 钢尺导入高程

钢尺悬挂于井筒中，如图 4-17 所示。要有专用的长钢尺，有些矿山将普通钢尺牢固连接以取代长钢尺用。井上下水准仪整平后依视线同时在钢尺上读取读数 $m$ 和 $n$，再在 $A$、$B$ 两点标尺上读取读数 $a$ 和 $b$。测量井上下的温度。$B$ 点高程为

$$H_B = H_A - (m-n) - (b-a) - \sum \Delta l \qquad (4\text{-}25)$$

$\sum \Delta l$ 中包括钢尺尺长改正，拉力改正，温度改正（按井上下平均温度计算）及钢尺自重伸长

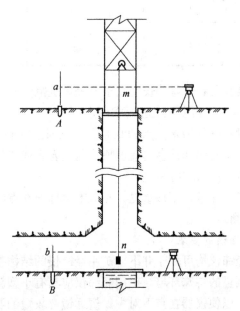

图 4-17　钢尺导入高程

改正 $\Delta l_c$。

$$\Delta l_c = \frac{\rho g \ (m-n)^2}{2E} \qquad (4\text{-}26)$$

式中 $\rho$——钢的密度，$\rho = 7800 \text{kg/m}^3$；

$\qquad g$——重力加速度，$\text{m/s}^2$；

$\qquad E$——钢的弹性模量，$E = 2 \times 10^{11} \text{Pa}$。

式中，$m$、$n$ 以 m 为单位，改正数也是以 m 为单位。钢尺导入高程应变动水准仪视线高，进行两次观测，两次较差不应超过 4mm。

## 4.4 井下控制测量和掘进给向测量[1,5]

### 4.4.1 井下经纬仪导线的分类及测点埋设

井下经纬仪导线分闭合导线、附合导线和支导线。有条件时应尽量采用闭合或附合导线，支导线要往返或同向测量两次（左右角）。

井下经纬仪导线分为三个等级，其主要技术指标见表 4-18。

表 4-18 井下经纬仪导线主要技术要求

| 导线等级 | 测角中误差 | 边长 (m) | 导线延伸长度（km） | | 允许相对闭合差 | |
| --- | --- | --- | --- | --- | --- | --- |
| | | | 竖井开拓 | 平硐斜井开拓 | 闭合导线 附合导线 | 支导线 |
| 10″ | 10″ | 40～140 | 1.5 1.0 0.5 | 2.5 1.0～2.0 0.5 | 1/5000 1/4000 1/3000 1/2000 | 1/3000 1/2500 1/2000 1/1500 |
| 20″ | 20″ | 30～90 | 0.5～0.7 0.3 | 1.1 0.5 | 1/2000 1/1500 | 1/1500 1/1000 |
| 40″ | 40″ | 20～50 | 0.4 0.2 | 0.6 0.3 | 1/1000 1/800 | 1/600 1/500 |

在联系测量、贯通测量及巷道延伸长度大于上表规定范围时，如有必要也可敷设精度高于表 4-18 的高精度导线，其精度视工程要求而定。

井下导线点按使用时间可分为永久点和临时点。临时点保存 1～3 年，永久点保存 3 年以上。永久点应设在便于使用和保存的巷道顶、底板岩石或混凝土支护上。永久导线点形式见图 4-18，每隔 300～500m 设置一组。

同一矿区导线点应统一编号，不许重复，并清晰地标记在点的附近。

### 4.4.2 井下测角和量边

#### 4.4.2.1 对矿用经纬仪的要求

一般地表测量用的经纬仪均可用于井下。矿用经纬仪的结构基本上与地面使用的经纬仪相同。但为适应井下测量的特殊环境，矿用经纬仪应具有小型轻便、封闭良好、经久耐用等特点；有镜上中心，以便仪器在点下对中；望远镜有较短的明视距离；镜筒短，具有急倾斜巷道测角设备，如偏心望远镜、目镜棱镜、物镜棱镜及弯管目镜等。

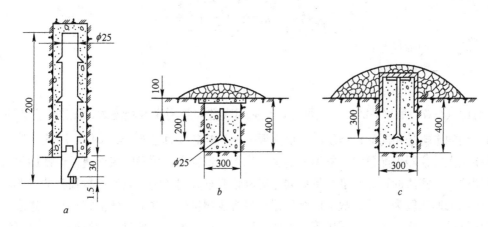

图 4-18　永久点

a—设在顶板上的点；b—设在底板上的点；c—底板积水时的点

### 4.4.2.2　水平角测量方法及测量误差

#### A　井下导线水平角测量

井下导线水平角测量方法通常采用测回法、复测法及全圆测回法。

测回法的记录格式见表 4-19；复测法的记录格式见表 4-20，全圆测回法在观测方向超过两个时使用，记录格式与测回法相同，但每半测回都要归零。

**表 4-19　测回法记录格式**

| 点 号 | | 水平盘读数 | | 水平角 |
|---|---|---|---|---|
| 测站点 | 照准点 | 盘　左 | 盘　右 | $\beta$ |
| 2 | 1 | 0°00′30″ | 180°00′10″ | 152°45′12″ |
| | 3 | 152°45′45″ | 332°45′18″ | |

**表 4-20　复测法记录格式**

| 点 号 | | 水平盘读数 | | 检验角 |
|---|---|---|---|---|
| 测站点 | 照准点 | 盘　左 | 盘　右 | 水平角 |
| 2 | 1 | 0°00′25″ | | 180°15′25″ |
| | 3 | 180°15′50″ | 0°31′30″ | 180°15′32″ |

#### B　水平角测量误差

(1) 仪器误差。仪器误差是由于仪器各部件的加工公差、装校不完善及仪器观测精度有限而引起的。前两部分包括视准轴误差、水平轴倾斜误差和竖轴倾斜误差，以及度盘偏心差、度盘刻度差、测微尺分划误差、隙动差等。当经纬仪检校合格后，可通过一定的测量方法将这些误差的大部分影响消除，或者将其大小控制在一定范围内，因此可以忽略不计。一般我们考虑的仪器误差是由观测精度有限引起的照准误差和读数误差所构成，其值 $m_i$ 为：

$$测回法：m_i = \pm \sqrt{\frac{m_v^2}{n} + \frac{m_o^2}{n}} \tag{4-27}$$

$$复测法：m_i=\pm\sqrt{\frac{m_v^2}{n}+\frac{m_o^2}{2n^2}} \tag{4-28}$$

式中　$m_v$——照准误差；

　　　$m_o$——读数误差；

　　　$n$——测回数或复测数。

对比（4-27）和（4-28）二式可知，在测回次数和复测次数相同时，照准误差对两种测角方法的影响是相同的；但复测时读数误差的影响较测回法的小 $\sqrt{2n}$ 倍。因此当使用读数误差较大的仪器来测角时，复测法的这一优点就很突出，故 DJ$_{15}$ 级或更低精度的仪器宜用复测法。复测法的缺点是度盘带动误差对测角有较大的影响，当使用较精密的仪器测角时，采用测回法较为合适，故 DJ$_2$ 级仪器均没有复测机构。井下测角的特点是短边多，仪器对中误差较为突出，当使用中等精度的 DJ$_6$ 级经纬仪测水平角时，用测回法和复测法没有明显的差别，可以任选。

（2）对中误差。当前后视规标的对中线量误差相同（$e_A=e_B=e_C$）、边长为 $a$ 和 $b$、水平角为 $\beta$、仪器对中线量误差为 $e_T$ 时，测水平角的对中误差 $m_e$ 为：

$$m_e=\pm\frac{\rho}{\sqrt{2}ab}\sqrt{e_C^2\ (a^2+b^2)+e_T^2\ (a^2+b^2-2ab\cos\beta)} \tag{4-29}$$

式中　$\rho$——一弧度的角值

当 $e_T=e_C=e$ 时：

$$m_e=\pm\frac{\rho e}{ab}\sqrt{a^2+b^2-ab\cos\beta} \tag{4-30}$$

当 $a=b$，$\beta=180°$时：

$$m_e=\pm\frac{\rho e}{a}\sqrt{3} \tag{4-31}$$

在上式中，令 $e=1$mm，则 $m_e$ 与边长 $a$ 的关系如下所示：

| $a$（m） | 9 | 11 | 13 | 15 | 20 | 25 | 30 | 50 | 100 | 150 | 200 |
|---|---|---|---|---|---|---|---|---|---|---|---|
| $m_e$（″）$e=1$mm | 39.7 | 32.5 | 27.5 | 23.8 | 17.9 | 14.3 | 11.9 | 7.1 | 3.6 | 2.4 | 1.8 |

由上可知，在有短边存在的情况下，对中误差是水平角测量的主要误差来源。为提高井下水平角测量精度，除尽量减少短边外，特别要设法减小对中误差。选用合理的测点型式，改进对中方法，增加对中次数是提高对中精度的有效措施。

综上所述，水平角测量中误差的表达式为：

$$m_\beta=\pm\sqrt{m_i^2+m_e^2} \tag{4-32}$$

### 4.4.2.3　三架法测量

井下经纬仪对中的方法有三种：锤球对中、光学对中和自动对中。自动对中又称三架法测量。

进行三架法测量，需备有一台经纬仪，三个脚架，两个基座和两个专用规标。测量如图 4-19 所示的导线时，在 1、3 点上安规标，在 2 点上安仪器测角；当在 2 点上观测完毕后，仪器从基座上取出与 3 点的规标互换，将 1 点规标连架搬迁，安于新点 4 上，观测依此进行，直至最后一站。当从一组永久点到另一组永久点测量时，中间点可以任意设站。

图 4-19 三架法测量

锤球对中的线量误差可达 $0.5\sim1.5\text{mm}$；光学对中的线量误差在 0.5mm 以下；而自动对中仅 0.1mm 左右。采用自动对中不但能提高测角精度，而且可节省对中时间，提高观测速度。

#### 4.4.2.4 水平角观测的技术要求

为了保证各级导线达到相应的测角精度，必须对仪器的类型、测角方法、不同边长时的对中次数进行适当选择，并对水平角观测的各项限差作出规定。水平角观测的技术要求见表 4-21。

表 4-21 井下经纬仪导线水平角观测的技术要求

| 导线等级 | 使用仪器 | 仪器对中误差 (mm) | 边 长 | | | | | | 同一测回半测回互差 ($''$) | 检验角与最终角之差 ($''$) | 一次对中测回互差 ($''$) | 两次对中测回或复测互差 ($''$) |
|---|---|---|---|---|---|---|---|---|---|---|---|---|
| | | | 20m 以下 | | 20～30（m） | | 30m 以上 | | | | | |
| | | | 对中次数 | 每次对中测回数 | 对中次数 | 每次对中测回数 | 对中次数 | 每次对中测回数 | | | | |
| 10$''$ | DJ$_2$ | 0.6 | | | 1 | 1 | 1 | 1 | 20 | | | |
| | DJ$_6$ | | | | 2 | 1 | 1 | 2 | 40 | 40 | 30 | 60 |
| 20$''$ | DJ$_6$ | 1.0 | 2 | 2 | 1 | 1 | 1 | 1 | 40 | 40 | 30 | 60 |
| 40$''$ | DJ$_6$ DJ$_{15}$ | 1.2 | 1 | 1 | 1 | 1 | 1 | 1 | 80 | 80 | | |

10$''$级导线遇有 20m 以下的短边、20$''$级导线遇有 15m 以下的短边时，要适当增加测回次数，并仔细对中，以减小对中误差的影响。

#### 4.4.2.5 量边工具及钢尺检定

井下边长一般采用钢尺直接丈量。井下采用的钢尺长度一般分 30m 和 50m 两种。最好带尺架并有尺夹。为了测定温度和保持固定拉力，尚需备有温度计和拉力计（或使用尺架并配以重锤）等工具。

10$''$、20$''$级导线的边长丈量，必须用经过检定的钢尺进行。钢尺的检定应每年进行一次，检定精度不低于 1/20000。

钢尺的检定（也叫比长）是在专门的比长器上进行的。比长器的种类很多，大体分室内和室外两种。图 4-20 所示为墙上比长器，图 4-21 所示为野外比长器。各矿应因地制宜，建立为本矿服务的比长器。

#### 4.4.2.6 量边方法及成果改正

井下导线的边长一般采用悬空丈量方式，在水平巷道内，可用经纬仪定出水平线，直接丈量测点间的距离。在倾斜巷道内，可沿经纬仪视线丈量倾斜距离，并测出倾斜角。边

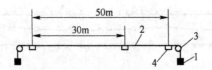

图 4-20　墙上比长器

1—重锤；2—钢尺；3—滑轮；4—标志

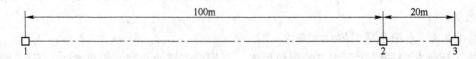

图 4-21　野外比长器设置示意图

长大于尺长时，设置中间点，对 10″ 级导线最小尺段不得小于 10m，定线偏差不大于 5cm。边长要进行往返丈量。井下边长丈量的作业要求如表 4-22 所示。

表 4-22　井下边长丈量的主要技术要求

| 等　级 | 丈　量　方　法 | 丈量次数 | 丈量结果差<br>（mm） | 往返测较差 |
|---|---|---|---|---|
| 10″ | 悬空丈量、测温、施钢尺检定拉力 | 3 | 3 | 小于边长的 1/4000 |
| 20″ | 悬空丈量、不测温、大致等于检定拉力 | 3 | 3 | 小于边长的 1/2000 |
| 40″ | 悬空丈量、不测温、大致等于检定拉力 | 2 | 5 | 小于边长的 1/1000 |

10″ 级导线的实测边长，应加入钢尺的尺长、温度和垂曲改正数。斜边经改正后应化为水平边长。此外，如果量边时所施的拉力不等于检定时的拉力，还应加拉力改正。

在直线巷道和斜井，施测 10″ 级及 10″ 级以上导线时，有条件的可应用红外测距仪量边。

### 4.4.2.7　量边误差

井下量边误差的来源主要包括：钢尺的比长误差、测定钢尺温度的误差、对钢尺施加拉力的误差、测定钢尺松垂距的误差、定线误差、测点投到钢尺的误差、测量倾角的误差、测量高度的误差、风流的影响等。

量边误差 $m_L$、由偶然误差 $m_{LR}$ 和系统误差 $m_{LS}$ 组成，其一般表达式为：

$$m_L = \pm \sqrt{m_{LR}^2 + m_{LS}^2} = \pm \sqrt{a^2 L + b^2 L^2}, \ \text{m} \tag{4-33}$$

式中　$L$——边长，m；

　　　$a$——偶然误差系数，$\text{m}^{1/2}$；

　　　$b$——系统误差系数。

在有条件时，应分析本单位的量边资料，求得 $a$、$b$ 系数，以供进行误差预计时使用。在尚未求得实际的 $a$、$b$ 系数时，可采用表 4-23 的 $a$、$b$ 值。

**表 4-23　井下量边的偶然误差与系统误差系数**

| 导线类别 | 水平巷道中 | | 倾角大于15°的巷道中 | |
|---|---|---|---|---|
| | $a$ (m$^{1/2}$) | $b$ | $a$ (m$^{1/2}$) | $b$ |
| 10″ | 0.0005 | 0.00005 | 0.0010 | 0.00010 |
| 20″ | 0.0010 | 0.00010 | 0.0015 | 0.00015 |

### 4.4.3　井下经纬仪导线测量

#### 4.4.3.1　经纬仪导线施测

导线点应设于岩石稳定的顶、底板上，同时要注意通视良好和尽可能避免短边。导线施测前，应根据导线的等级选择适当的仪器，并进行必要的检查和校正。井下导线测量记录手簿见表 4-24。

**表 4-24　井下经纬仪导线测量手簿**

测量日期：1965.4.30　　　　　　　仪器：TDJ$_6$　　　　　　观测者：×××
测量地点：940m 阶段 1 号斜天井　　钢尺：50mNo3　　　　　记录者：×××

| 测站点 | 照准点 | 盘左 (° ′ ″) | 盘右 (° ′ ″) | 检验角/水平角 (° ′ ″) | 竖盘 盘左/盘右 (° ′ ″) | 倾角 δ1/δ2 (° ′ ″) | 首数 | 尾数 | 首-尾 | 平均 | 高 (m) |
|---|---|---|---|---|---|---|---|---|---|---|---|
| A$_1$ | A$_0$ | 0 00 20 | 180 00 45 | | 89 56 30<br>270 03 42 | +0 03 36 | 19.410<br>390<br>360 | 0.258<br>236<br>206 | 19.152<br>154<br>154 | 19.153 | −1.325<br>−1.370 |
| | B$_1$ | 121 27 35 | 301 27 50 | 121 27 10 | 89 57 12<br>270 03 00 | +0 02 54 | 31.600<br>580<br>560 | 0.156<br>134<br>115 | 31.444<br>446<br>445 | 31.445 | −1.500 |
| B$_1$ | A$_1$ | 0 00 36 | 180 00 55 | | 89 57 12<br>270 03 10 | +0 02 59 | 32.070<br>050<br>020 | 0.627<br>607<br>575 | 31.443<br>443<br>445 | 31.444 | −1.603<br>−1.480 |
| | B$_2$ | 154 30 40 | 334 31 05 | 154 30 07 | 112 14 35<br>247 45 48 | −22 14 24 | 42.180<br>160<br>130 | 0.059<br>037<br>007 | 42.121<br>123<br>123 | 42.122 | −1.205 |
| B$_2$ | B$_1$ | 0 00 25 | | (180 16 50) | 67 56 25<br>292 03 45 | +22 03 40 | 42.370<br>340<br>320 | 0.306<br>278<br>258 | 42.064<br>062<br>062 | 42.063 | −1.528<br>−1.117 |
| | B$_3$ | 180 17 15 | 0 34 10 | 180 16 52 | 112 43 36<br>247 16 50 | −22 43 23 | 47.510<br>470<br>450 | 0.173<br>132<br>110 | 47.337<br>338<br>340 | 47.338 | −1.473 |
| B$_3$ | B$_2$ | 0 00 12 | | (179 49 33) | 67 25 15<br>292 35 20 | +22 35 02 | 47.510<br>480<br>460 | 0.217<br>189<br>167 | 47.293<br>291<br>293 | 47.292 | −1.162<br>−1.406 |
| | B$_4$ | 179 49 45 | 359 39 40 | 179 49 44 | 90 03 42<br>269 56 48 | −0 03 27 | 37.620<br>600<br>580 | 0.133<br>113<br>091 | 37.487<br>487<br>489 | 37.488 | −1.325 |

注：1. 本表除供各级导线进行水平角和倾角观测记录外，还可供 20″、40″级导线及采区次要导线进行边长测量记录；
　　2. 表中 A$_1$、B$_1$ 测站的记录为水平角观测采用测回法的记录示例；B$_2$、B$_3$ 站则为采用复测法记录示例。

测量采区次要导线时，导线测量与碎部测量可同时进行。要及时进行测图和填图。巷道碎部测量一般用支距法，硐室测量一般用极坐标法。

**4.4.3.2　导线的内业计算**

导线的内业计算包括下列内容：

(1) 检查原始记录，并核算；

(2) 正确抄录起算边的方位角和起算点的坐标；

(3) 计算角度闭合差 $f_\beta$，并进行分配；

(4) 推算方位角，当推算到已知方位时，推算的方位角应等于已知的方位角；

(5) 计算坐标增量；

(6) 计算坐标增量闭合差 $f_x$、$f_y$，计算坐标闭合差 $f$ 及导线相对闭合差 $f/[l]$，其中 $[l]$ 为导线边长之和。$f_x$、$f_y$ 应以相反的符号按与边长成正比进行分配；

(7) 计算导线点的坐标，当计算到已知点时，计算的坐标应等于已知点的坐标。

计算实例见表 4-25。

**表 4-25　经纬仪导线计算表**

地点：东山−120m 阶段运输巷道　　　计算者：×××　　　对算者：×××　　　计算日期：1986.6.10

| 测站 | 照准点 | 水平角 ° ′ ″ | 方位角 ° ′ ″ | 边长 l | $\Delta x$ | $\Delta y$ | X | Y | 备注及草图 |
|---|---|---|---|---|---|---|---|---|---|
| $A_1$ | $A_0$ | | 280 07 25 | | | | 2090.402 | 4628.921 | $f_\beta = \pm 26''$ |
| $A_0$ | $A_1$ | −3 | | | | −2 | | | $f = \sqrt{f_x^2 + f_y^2}$ |
| | 1 | 55 07 07 | 155 14 29 | 45.026 | −40.887 | 18.857 | 2049.515 | 4647.776 | $= 0.0204$ |
| 1 | $A_0$ | −3 | | | | −1 | | | $\dfrac{f}{[l]} = \dfrac{0.0204}{429.840}$ |
| | 2 | 168 53 18 | 144 07 44 | 20.822 | −16.873 | 12.201 | 2032.642 | 4659.976 | $= \dfrac{1}{21100}$ |
| 2 | 1 | −2 | | | −2 | −6 | | | |
| | 3 | 140 41 36 | 104 49 18 | 127.676 | −32.681 | 123.428 | 1999.979 | 4783.398 | |
| 3 | 2 | −3 | | | | −1 | | | |
| | 4 | 144 20 42 | 69 09 57 | 13.885 | 4.938 | 12.977 | 2004.917 | 4796.374 | |
| 4 | 3 | −3 | | | | −1 | | | |
| | 5 | 133 49 28 | 22 59 22 | 24.185 | 22.264 | 9.446 | 2027.181 | 4805.819 | |
| 5 | 4 | −3 | | | | −1 | | | |
| | 6 | 147 17 51 | 350 17 10 | 18.696 | 18.428 | −3.155 | 2045.609 | 4802.663 | |
| 6 | 5 | −3 | | | | −1 | | | |
| | 7 | 115 25 16 | 285 42 23 | 29.074 | 7.871 | −27.988 | 2053.480 | 4774.674 | |
| 7 | 6 | −3 | | | −2 | −5 | | | |
| | $A_1$ | 179 51 05 | 285 33 25 | 113.336 | 30.396 | −109.184 | 2083.874 | 4665.485 | |
| $A_1$ | 7 | −3 | | | | | | | |
| | $A_0$ | 174 34 03 | 280 07 25 | 37.140 | 6.528 | −36.562 | 2090.402 | 4628.321 | |
| | $\Sigma$ | 1260 00 26 | | 429.840 | +0.004 | +0.020 | | | |

为防止计算出差错，应对上述全部内容进行对算或核算。

不同级别的导线，$f_\beta$ 不应超过下列的允许值（表 4-26）。

**表 4-26　井下导线允许角度闭合差**

| 导 线 类 别 | 允许角度闭合差（″） | |
| --- | --- | --- |
| | 闭（附）合导线 | 复测支导线 |
| 10″ | $20\sqrt{n}$ | $20\sqrt{n_1+n_2}$ |
| 20″ | $40\sqrt{n}$ | $40\sqrt{n_1+n_2}$ |
| 40″ | $80\sqrt{n}$ | $80\sqrt{n_1+n_2}$ |

注：$n$ 为闭（附）合导线的总站数；$n_1$、$n_2$ 分别为支导线第一次、第二次测量的站数。

#### 4.4.3.3　经纬仪导线的简化平差

井下经纬仪导线常用简化平差，简化平差的实质就是把角度和坐标增量分别平差。先进行角度平差，然后根据改正后的角度计算坐标增量，再分别进行纵横坐标增量的平差。

*A　闭（附）合导线的平差*

角度改正数按（4-34）式计算：

$$v_{\beta_i}=-\frac{f_\beta}{n} \tag{4-34}$$

式中　$n$——闭（附）合导线测角总站数。

坐标闭合差 $f_x$、$f_y$ 按与边长成正比反号分配到相应的坐标增量上。

*B　复测支导线的平差*

设根据导线Ⅰ、Ⅱ分别计算最终边的坐标方位角为 $\alpha_Ⅰ$、$\alpha_Ⅱ$，则角度闭合差 $f_\beta$ 为：

$$f_\beta=\alpha_Ⅰ-\alpha_Ⅱ \tag{4-35}$$

设导线Ⅰ、Ⅱ的测角数分别为 $n_1$、$n_2$，测角用等精度观测，取 $\alpha_Ⅰ$、$\alpha_Ⅱ$ 的权分别为 $p_Ⅰ=\dfrac{1}{n_Ⅰ}$、$p_Ⅱ=\dfrac{1}{n_Ⅱ}$，则最终边的坐标方位角的最或值 $\alpha_p$ 为：

$$\alpha_p=\frac{p_Ⅰ\alpha_Ⅰ+p_Ⅱ\alpha_Ⅱ}{p_Ⅰ+p_Ⅱ}=\frac{n_Ⅱ\alpha_Ⅰ+n_Ⅰ\alpha_Ⅱ}{n_Ⅰ+n_Ⅱ} \tag{4-36}$$

导线Ⅰ、Ⅱ的角度改正数的总和为：

$$\varSigma v_{闭Ⅰ}=\alpha_p-\alpha_Ⅰ, \ \varSigma v_{闭Ⅱ}=\alpha_p-\alpha_Ⅱ \tag{4-37}$$

相应的角度改正数为：

$$v_{闭Ⅰ}=\frac{\varSigma v_{闭Ⅰ}}{n_Ⅰ}, \ v_{闭Ⅱ}=\frac{\varSigma v_{闭Ⅱ}}{n_Ⅱ} \tag{4-38}$$

用改正后的角度分别计算导线Ⅰ、Ⅱ的坐标增量，取起始点至终点坐标增量的平均值为最终坐标增量，即可确定最终点的坐标。然后分别计算出两线路的坐标闭合差，其分配办法和闭合导线相同。最后计算出中间点及终点的坐标。

*C　带有陀螺定向边的导线平差*

　　为了提高井下经纬仪导线的精度，每隔一定距离可施测一条陀螺定向边，这样就有了方向控制，产生了方位角条件，故应进行角度平差。

　　如图 4-22 所示，$A_1A_2$、$B_1B_2$、$C_1C_2$ 为陀螺定向边，其坐标方位角分别为 $\alpha_1$、$\alpha_2$、$\alpha_3$，导线中的水平角是等精度观测的，导线 I 中有 $n_I$ 个角，导线 II 中有 $n_{II}$ 个角。当用条件观测平差时，则有两个条件方程式：

$$\left. \begin{aligned} v_{\alpha_1}-v_{\alpha_2}\overbrace{+v_{\beta_I}+v_{\beta_I}+\cdots+v_{\beta_I}}^{n_I \text{个}}+f_{\beta_I}=0 \\ v_{\alpha_2}-v_{\alpha_3}\underbrace{+v_{\beta_{II}}+v_{\beta_{II}}+\cdots+v_{\beta_{II}}}_{n_{II} \text{个}}+f_{\beta_{II}}=0 \end{aligned} \right\} \tag{4-39}$$

式中　$f_{\beta_I}$、$f_{\beta_{II}}$——导线 I 和导线 II 的角度闭合差；

　　　$v_{\beta_I}$、$v_{\beta_{II}}$——导线 I 和导线 II 的角度改正数；

　$v_{\alpha_1}$、$v_{\alpha_2}$、$v_{\alpha_3}$——陀螺定向边的改正数。

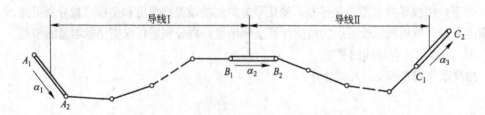

图 4-22　陀螺定向边导线的平差

　　取导线中测角中误差的权为单位权，则定向边坐标方位角的权为：

$$p_{\alpha_1}=\frac{m_\beta^2}{m_{\alpha_1}^2}, \; p_{\alpha_2}=\frac{m_\beta^2}{m_{\alpha_2}^2}, \; p_{\alpha_3}=\frac{m_\beta^2}{m_{\alpha_3}^2};$$

并令　$q_1=\dfrac{1}{p_{\alpha_1}}$，$q_2=\dfrac{1}{p_{\alpha_2}}$，$q_3=\dfrac{1}{p_{\alpha_3}}$，则组成的法方程为：

$$\left. \begin{aligned} n_{I_0}k_1-q_2k_2+f_{\beta_I}=0 \\ -q_2k_1+n_{II_0}k_2+f_{\beta_{II}}=0 \end{aligned} \right\} \tag{4-40}$$

式中　$n_{I_0}=n_I+q_1+q_2$，$n_{II_0}=n_{II}+q_2+q_3$。

解法方程，求得 $k_1$、$k_2$ 为：

$$\left. \begin{aligned} k_1=\frac{q_2f_{\beta_{II}}+n_{II_0}f_{\beta_I}}{q_2^2-n_{I_0}n_{II_0}} \\ k_2=\frac{q_2f_{\beta_I}+n_{I_0}f_{\beta_{II}}}{q_2^2-n_{I_0}n_{II_0}} \end{aligned} \right\} \tag{4-41}$$

　　按　$v_i=\dfrac{1}{p_i}(a_ik_1+b_ik_2)$ 计算改正数，则有：

$$\left. \begin{aligned} v_{\beta_I}=k_1, \; v_{\beta_{II}}=k_2 \\ v_{\alpha_1}=q_1k_1, \; v_{\alpha_2}=q_2(k_2-k_1), \; v_{\alpha_3}=-q_3k_2 \end{aligned} \right\} \tag{4-42}$$

　　D　导线网平差

具有几个坚强方向和坚强点的井下导线可相互连接而形成导线网，对如图 4-23a 的导线网可用结点法或等权代替法平差，图中 $A_0A_1$、$B_0B_1$、$C_0C_1$、$D_0D_1$ 为起始边，$\alpha_1$、$\alpha_2$、$\alpha_3$、$\alpha_4$ 为相应的方位角值；而对如图 4-23b 的自由网或非自由网可用多边形平差法。图中 Ⅰ、Ⅱ、Ⅲ、Ⅳ 为闭合环号，$\gamma_1$、$\gamma_2$、$\gamma_3$、$\gamma_4$ 为中心点处的角度。

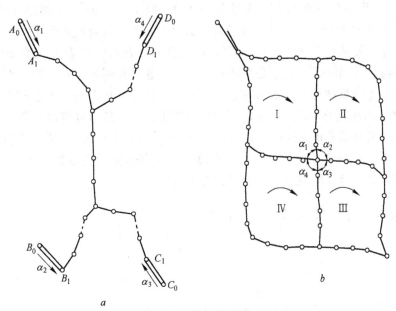

图 4-23　井下导线网

a—构成结点的附合导线网；b—闭合导线网

现有三个环路的自由网，采用多边形平差法，其角度平差略图见图 4-24。

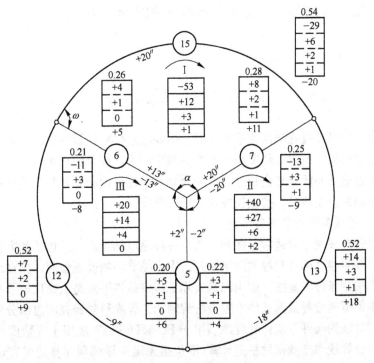

图 4-24　多边形平差法

　　图中各环节上小圆圈中的数字为该环节的边数；各环节改正数表上面的系数为该环节的边数与闭合环的总边数之比；闭合差表中的数字为环路的角度闭合差。Ⅰ、Ⅱ、Ⅲ环的闭合差分别为−53″、+40″、+20″。从第一环开始，第一次将闭合差按角度比例分给独立环节−29″，ⅠⅡ公共环节−13″，ⅠⅢ公共环节−11″，共−53″。继续进行第二环分配，此时其闭合差变为 40−13=+27″，记在闭合差表中。然后分给独立环节+14″，ⅡⅢ公共环节+5″，ⅡⅠ公共环节+8″，共+27″。第三环节分配时，闭合差变为 20−11+5=+14″。分给独立环节+7″，ⅢⅠ公共环节+4″，ⅢⅡ公共环节+3″，共+14″。如此继续分配直至闭合差分配结束。最后可求出Ⅰ、Ⅱ、Ⅲ环独立环节分得的总闭合差为−20″、+18″、+9″，以相反符号除以边数即得角度改正数。公开环节分得的闭合差为两个闭合差之差，如ⅠⅡ环节分得的闭合差为−9−11=−20″（ⅡⅠ环节为20″），ⅢⅢ环节为+6−(+4)=+2″，ⅢⅠ环节为5−(−8)=+13″。最后得各角改正数如下（其中 $\delta_{AB}$ 表示Ⅰ环独立环节的改正数；$\delta_{BD}$ 表示ⅠⅡ环节的改正数）：

独立环节：
$$v_1 = \frac{\delta_{AB}}{n_1} = \frac{+20''}{15} = +1.3'',$$

$$v_2 = \frac{-18''}{13} = -1.4'', \quad v_3 = \frac{-9''}{12} = -0.8'';$$

公共环节：
$$v_{1,2} = \frac{\delta_{BD}}{n_{1,2}} = \frac{+20''}{7} = +2.9'', \quad v_{2,1} = -v_{1,2};$$

$$v_{2,3} = \frac{-2''}{5} = -0.4''; \quad v_{1,3} = \frac{+13''}{6} = +2.2''。$$

结点上角度 $\omega$、$\alpha$ 的改正数为其两个方向改正数之和，例如：

$$v_\omega = \frac{v_1}{2} + \frac{v_{1,3}}{2} = \frac{+1.3''}{2} + \frac{+2.2''}{2} = +1.8'';$$

$$v_\alpha = \frac{v_{1,3}}{2} + \frac{v_{1,2}}{2} = \frac{+2.2''}{2} + \frac{+2.9''}{2} = +2.6''。$$

　　坐标闭合差的平差过程与角度平差相同。但要注意坐标计算的方向，此外因闭合差是按边长成正比分配的，所以各环节小圆圈中的数字应为该环节的总边长；改正数表上方的系数是该环节总边长与闭合环全长之比；闭合差表中注记的应是坐标增量闭合差 $f_x$、$f_y$。求得每一环节的总改正数后，按边长成正比进行分配。

#### 4.4.3.4　用微机进行导线网平差

　　用微机进行导线网平差通常有两种方法，一种是以结点之间的边长和方位作为假想的相关观测值，并对整个网进行相关间接平差。求出结点间的改正值后，再在结点间进行分配。另一种是采用条件平差法。矿山测量实际工作中条件平差是大家比较熟悉的，这种平差计算程序是根据通常导线网条件平差方法编制的。煤炭科学研究院唐山分院矿山测量研究所编写的"导线网条件平差计算程序（用于 PC-1500 机）"适用于等精度和不等精度的附合导线、闭合导线和导线网的平差计算(不包括无定向导线和起算边带有误差的导线)，输出各个条件闭合差、平差后的导线点坐标、方位角和边长。此外，还可以评定任意点的点位误差和任意边方位角的误差。计算中，角度的权 $p_{\beta_i}$ 和边长的权 $p_{s_i}$ 为：

$$p_{\beta_i} = \frac{u^2}{m_{\beta_i}^2}; \quad p_{s_i} = \frac{u^2}{m_{s_i}^2} \tag{4-43}$$

式中　$m_{\beta_i}$——测角中误差；

　　　$m_{s_i}$——量边中误差；

　　　$u$——输入的平差前单位权中误差。

量边中误差可根据不同量边方法求得。钢尺量边时，可由式（4-33）求；用测距仪量边时，可由式（4-2）求。

图 4-25 所示的井下导线网，共观测角度（以 $\beta$ 表示）37 个，边（以 $s$ 表示）33 条。平均边长约 40m。导线按 10″ 级要求施测，$m_\beta = \pm 10″$，钢尺量边误差系数 $a=0.0005\text{m}^{1/2}$，$b=0.00005$。起算数据见表 4-27。本网共有一个附合导线和三个闭合导线，总共有 12 个条件，条件闭合差均未超限。平差后要求评定 26-27 边的方向和 26 点坐标的精度。

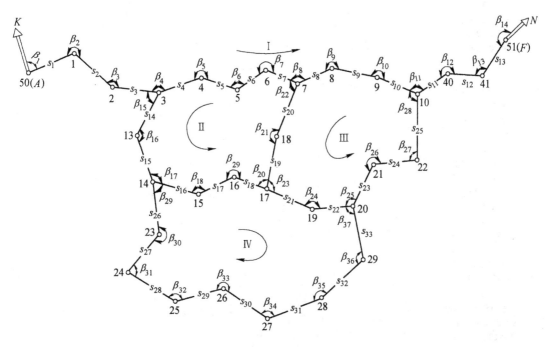

图 4-25　井下导线网计算实例

**表 4-27　起算数据**

| 点　号 | 坐　标（m） | | 坐标方位角 | 至何点 |
|---|---|---|---|---|
| | $x$ | $y$ | | |
| 50（A） | 765832.425 | 82135.426 | 339°47′24″ | K |
| 51（F） | 765778.281 | 82543.431 | 52°11′28″ | N |

计算结束后，打印结果如下。其中 $W$ 为闭合差，$X$、$Y$ 为坐标，$A$ 为方位角，$s$ 为边长，$Mu$ 为平差后单位权中误差，$MA$ 为方位角误差，$MX$、$MY$ 为 $x$、$y$ 坐标误差，$M$ 为位置误差，$G$ 为计算坐标路线的条数。（本算例由高金辉、张鸣权提供。）

N1=37　N2=33　R=12　G=3
W (0) =16.999884
W (1) =19
W (2) =−12.52
W (3) =11.00016
W (4) =11.827913
W (5) =−3.2156958
W (6) =−24.99984
W (7) =−16.8757162
W (8) =52.2720543
W (9) =−32.00004
W (10) =−5.800917
W (11) =−81.002017
G1
　　　50
x=765832.4250
y=82135.4260
A=159.47240
　　　1
x=765849.127
y=82182.7654
A=70.33560
s=50.1996
　　　2
x=765826.1273
y=82202.8347
A=138.53360
s=30.5253
　　　3
x=765815.3277
y=82237.6797
A=107.13115
s=36.4801
　　　4
x=765807.4485
y=82278.1771
A=101.00356
s=41.2567
　　　5
x=765800.0050
y=82304.4646
A=105.48356
s=27.3210
　　　23
x=765738.3388
y=82184.4672
A=77.09395
s=28.6491
......................
G3
　　　51
x=765778.2810
y=82543.4310
A=232.11279
　　　41
x=765756.3104
y=82509.6232

A＝236.58527
s＝40.3196
  40
x＝765760.8113
y＝82471.1425
A＝276.40167
s＝38.7430
  10
x＝765761.5635
y＝82425.8288
A＝270.57038
s＝45.3199
  9
x＝765782.8307
y＝82405.3633
A＝316.06017
s＝29.5149
……………………
u＝10.0000（s）
Mu＝23.96（s）
  26--27
MA＝31.11（s）
  26
Mx＝16.8（mm）
My＝19.9（mm）
M＝26.1（mm）

### 4.4.4 井下高程测量

#### 4.4.4.1 井下高程测量的分类和等级

井下高程测量分为井下水准测量和井下三角高程测量两大类。在井下主要运输平巷，用水准测量的方法测定井下水准点和导线点的高程。在其他巷道中，可根据巷道坡度的大小和采矿工程的要求等具体情况而采用水准测量或者三角高程测量。采区次要巷道内一般用三角高程测量。

（1）井下水准测量分两级。Ⅰ级水准测量的精度要求较高，是矿井的首级控制，并能满足一般贯通工程在高程方面的精度要求。Ⅱ级水准测量用来加密Ⅰ级高程控制，以满足日常采矿工程的需要和检查轨道和巷道的坡度。

井下应埋设永久水准点，可专门埋设，也可利用永久导线点作水准点。

水准高程允许闭合差 $f_h$ 应满足公式（4-44）和（4-45）的要求：

$$\text{Ⅰ级：} \qquad f_h \leqslant 15\sqrt{n}, \text{ mm} \tag{4-44}$$

$$\text{Ⅱ级：} \qquad f_h \leqslant 30\sqrt{n}, \text{ mm} \tag{4-45}$$

式中　$n$——测站数。

（2）井下三角高程分两级。Ⅰ级用于主要斜井和斜坡道；Ⅱ级用于次要斜巷和采准巷道。

井下三角高程允许闭合差应满足公式（4-46）和（4-47）要求：

$$\text{Ⅰ级：} \qquad f_h \leqslant 30\sqrt{n}, \text{ mm} \tag{4-46}$$

$$\text{Ⅱ级：} \qquad f_h \leqslant 60\sqrt{n}, \text{ mm} \tag{4-47}$$

式中　$n$——测站数。

#### 4.4.4.2 井下水准测量

井下水准测量的原理和地表水准测量相同。在地表作水准测量时，设在前视点和后视点的水准尺上的读数分别为 $a$ 和 $b$，则前后视点的高差为：

$$h = a - b \qquad (4\text{-}48)$$

作井下水准测量时，由于测点可设在底板上，也可设于顶板上，因此立尺有正倒之分，但只要在顶板水准点标尺读数之前冠以负号，则上式仍然适用于井下水准测量。

进行 I、II 级水准测量时，前后视距应大致相等，视距长度应小于 50m，并且要求每站用两次仪器高观测，两次仪器高之差应大于 10cm。高差互差 I 级应不大于 3mm，II 级应不大于 5mm。取两次仪器高测得的高差平均值作为一次测量结果。

I 级水准路线应用两次仪器高沿路线往返测量。II 级闭（附）合水准路线可用两次仪器高进行单程测量；II 级水准支线可用一次仪器高往返测量。

水准测量的记录格式和计算见表 4-28。

**表 4-28 井下水准测量记录手簿**

日期：1986 年 3 月 4 日　　　　仪器：靖江 $S_3$-77684　　　　观测者：×××
地点：−280m 阶段东石门　　　　司尺：××× ×××　　　　记录者：×××

| 测点 | 后 视 | 前 视 | 中间视 | 高 差 | 平均高差 | 仪器高程 | 标 高 | 备 注 |
|---|---|---|---|---|---|---|---|---|
| 2812 | −1.167 (1)<br>−1.011 (3) | | | | | −277.942 | ⊤ −276.931 | 1. 利用两次仪器高测量 |
| 2814 | | −1.281 (2)<br>−1.123 (4) | | +0.114<br>+0.112 | +0.113 | | ⊤ −276.818 | 2. 仪器高程是由第二次仪器高计算的 |
| 1 | | | +1.568 (5) | | | | ⊥ −279.510 | 3. 小括号内的数表示读数次序 |
| 2 | | | +1.462 (6) | | | | ⊥ −279.404 | |
| 3 | | | +1.401 (7) | | | | ⊥ −279.343 | 4. ⊤、⊥ 分别表示顶、底板点 |
| 2814 | −0.871<br>−0.980 | | | | | −277.798 | ⊤ −276.818 | |
| 2816 | | −1.377<br>−1.487 | | +0.506<br>+0.507 | +0.506 | | ⊤ −276.312 | |
| 4 | | | +1.523 | | | | ⊥ −279.321 | |
| 5 | | | +1.468 | | | | ⊥ −279.266 | |
| ⋮ | | | | | | | | |

内业计算应先检查手簿，各项限差都符合规定后，再将高程闭合差进行平差。复测水准支线应取往返测的高差平均值作为结果。闭合、附合水准路线的高程闭合差可按测站数进行分配。相邻两点的高差改正数按公式（4-49）计算：

$$V_{hi} = \frac{-f_h}{n} \qquad (4\text{-}49)$$

式中　$f_h$——闭合差；
　　　$n$——测站数。

高差经改正后，即可依据起始点的高程和平差后的高差推算水准线路任意点的高程。

### 4.4.4.3 巷道纵剖面测量

为了检查平巷的铺轨质量或为平巷改造提供设计依据，需进行巷道纵剖面测量。巷道纵剖面测量是用 II 级水准测量来完成的，通常和 I 级水准测量同时进行。其方法是首先用皮尺沿巷道轨面或底板每隔 10～20m 标记临时测点，然后在第一次仪器高时只测两转点间的高差，而在第二次仪器高时，测定两转点间的高差后再测中间点的高差。观测顺序和记录见表 4-28。

绘制巷道纵剖面图时，水平比例尺为 1：500 或 1：1000，对应的竖直比例尺一般为 1：50 或 1：100，如图 4-26。根据剖面测点的距离和高程，可在图上画出各测点的位置，相邻两点间以直线相连，其连线为轨面实际纵剖面。图上还应标出设计坡度（可用红线表示）。该图可作为巷道修整的依据。

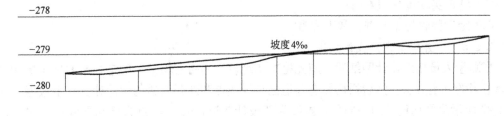

a

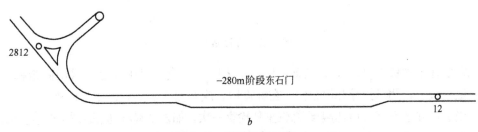

b

图 4-26　巷道纵剖面图

a—纵剖面；b—巷道平面图

#### 4.4.4.4　井下三角高程测量

井下三角高程测量是与经纬仪导线一起进行的。Ⅰ级三角高程测量要进行往返测量，Ⅱ级可单程测量。井下三角高程测量的主要技术要求如表 4-29 所示。

仪器和视准高用小钢尺量取，读至毫米，Ⅰ级三角高程观测前后各量一次，两次较差应小于 4mm，取其平均值为丈量结果。

闭合、附合高程路线的闭合差，可按与边长成正比分配。复测支线终点的高程，应取两次测量的平均值。高差经改正后，可根据起始点的高程推算各导线点的高程。

### 4.4.5　巷道掘进测量

#### 4.4.5.1　巷道掘进测量的任务

(1) 根据采矿设计标定巷道掘进的起点、方向和坡度，并随时检查和纠正，通称给中、腰线，又称给向；

**表 4-29　井下三角高程测量的主要技术要求**

| 等　级 | 仪　器 | 测回数 | 测回互差 | 相邻两点间往返高差较差（mm） | 三角高程允许闭合差（mm） |
|---|---|---|---|---|---|
| Ⅰ | DJ$_2$ | 1 | 20″ | $10+0.3l$ | $\pm30\sqrt{n}$ |
|  | DJ$_6$ | 2 |  |  |  |
| Ⅱ | DJ$_6$ | 1 | 60″ |  | $\pm60\sqrt{n}$ |
|  | DJ$_{15}$ | 2 |  |  |  |

注：$l$—导线边水平长度，m；$n$—测站数。

（2）巷道实际位置的测绘；

（3）定期验收施工的进度和工程量。

**4.4.5.2　直线巷道中线的标定**

当测量人员接到设计图纸后，应先检查图纸设计是否有粗差，确定必要的标定精度和选择适当的标定方法。然后根据原有巷道已有导线点和新开巷道的设计计算标定数据。如图 4-27 所示为开切设计的一部分，虚线为新设计巷道，6、7 两点为已知导线点。先从设计图纸查到 $A$ 点的坐标，如设计图纸未标出，需由图解求得。根据 6、7、$A$ 三点坐标及新设计的巷道方位角，可算出 $A$ 点的标设数据 $\beta_7$、$l_{7-A}$ 及巷道指向角 $\beta_A$。

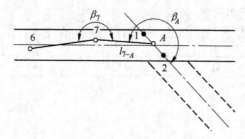

图 4-27　标设新开巷道

在实地依次标出 $A$、1、2 三点。1、$A$、2 三点组成一组中线点，需用固定标志标设到巷道顶板上，用以指导开切方向。在标设后，应实测 $\beta_7$、$\beta_A$，以作为检核。

当巷道掘进 5～6m 后，应架经纬仪重新检查一次。如发现移动，应重新标设一组中线点。

中线点每隔 30～50m 应重新标定一次。延设前对所使用的中线点应进行检查。检查的方法是看这一组中线点是否仍在一条直线上。当断定中线点没有移动后，再标设一组新的中线点（图 4-28），图中，6、7 为导线点，$A$、$B$、$C$、1、2 为中线点，$\beta_B$，$\beta_C$ 为检查角。

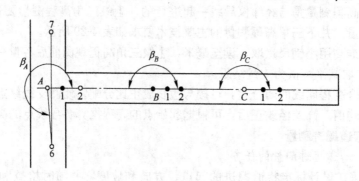

图 4-28　延设中线点

巷道每掘进 100～150m 应施测次级经纬仪导线和高程,以检查和调整中腰线位置,同时测绘巷道平面图。

### 4.4.5.3 曲线巷道中线的标定

曲线巷道的中线是弯曲的,只能在小范围内以直代曲,即用分段的弦线来代替分段的圆弧线,用内接多边形来代替整个圆曲线,并实地标出这些弦线以指示掘进的方向。

用弦线代替圆弧,首先要确定合理的弦长。先绘一张比例尺为 1∶100 的图,从图上确定划分的方案,使转折点尽量少,而弦两端又能通视。

图 4-29 为一曲线巷道,曲线始点 $A$、终点 $B$、半径 $R$ 及中心角 $\alpha$ 由采矿设计给出,采用 $n$ 等分中心角,则标设要素如下:

$$弦长: \quad l = 2R\sin\frac{\alpha}{2n} \tag{4-50}$$

$$起始点和终点处的转角: \quad \beta_A = \beta_B = 180° + \frac{\alpha}{2n} \tag{4-51}$$

$$中间各弦交点处的转角: \quad \beta_1 = \beta_2 = 180° + \frac{\alpha}{n} \tag{4-52}$$

标设时,根据标设要素标出 $A$、$1'$,用 $1'$、$A$ 两点指导 $A$—$1$ 段的掘进;再标出 $1$、$2'$,以 $2'$、$1$ 指导 $1$—$2$ 段的掘进。余类推。

为了指导施工,应作出曲线巷道 1∶50 或 1∶100 的大样图,并交施工单位。在图上标出巷道两帮到弦线的距离(如图 4-30)。

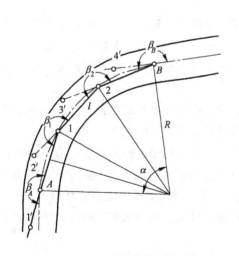

图 4-29 曲线巷道给向

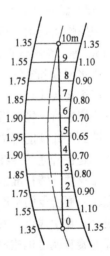

图 4-30 曲线巷道施工大样图

### 4.4.5.4 激光指向仪及其使用

激光指向仪是利用一束射程远、发散小的激光指示巷道掘进的光学仪器。

目前生产的激光指向仪,主要由两部分组成:指向部分和电源部分。指向部分包括激光管、聚焦系统和运转部分。几乎所有的厂家均采用氦氖气体激光管,其发射的光束经聚焦系统后射出，距离可达 500m 以上。运转方式一般为水平固定式。仪器借助于经纬仪安置于巷道的中线上以后，能在水平面和竖直面内微调。JD-2 激光指向仪为经纬仪式，激光光束可在水平 360°、俯仰 +15°、−28° 的范围内工作。多数激光指向仪的电源部分与指向部分合装在一起。

用激光指向仪指向时，需先用经纬仪精确标设三个巷道中线点（为了不妨碍运输，也可改为边线点），如图 4-31，$AB$ 为 5m，$BC$ 为 30～50m，在 $A$、$B$、$C$ 处立标志并拴上锤线。然后将激光指向仪安于巷道中线点下或 $AB$ 连线上，接通电源，调整仪器，使光束对准前边两个中线点锤线，然后固定仪器。再根据巷道的设计坡度，调节俯仰螺旋至所需的倾角。图 4-31 中，$d$ 为激光指向仪光束高于腰线的距离，$b$ 为经纬仪视线高于腰线的距离。

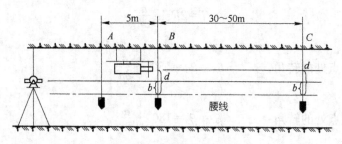

图 4-31　激光指向仪给向

仪器装好以后，激光束即表示出巷道的方向和坡度。掘进工人使用前应根据中线点先检查光束位置是否正确，然后根据激光射在掌子面上的光斑进行布孔，并随时检查和纠正掘进方向。

#### 4.4.5.5　腰线标定及坡面经纬仪的使用

巷道掘进中用腰线指示巷道的坡度。同一矿区腰线至巷道轨面（或底板）的高度应统一，一般为 1m。每三个腰线点为一组，主要巷道每隔 15～20m 应重新标定一次。

主要巷道用水准仪和经纬仪标定腰线。标定方法有水平线法和经纬仪伪倾角法。次要巷道可用半圆仪标定腰线。

用上述方法标定时，操作繁琐，精度低，且常要进行一些计算或是查表，上下位置往往容易标错。坡面经纬仪能解决这些问题，可以简化标设腰线的工作。

坡面经纬仪是在普通的经纬仪望远镜筒上安装一可绕短轴旋转的副望远镜。副镜短轴同时垂直于经纬仪望远镜视准轴和横轴，副镜视准轴与经纬仪望远镜视准轴平行。因此，副镜绕短轴旋转一周所得的平面 $P$ 与经纬仪望远镜视准轴和横轴构成的平面 $M$ 平行。

标定腰线时，在中线点下安置仪器，并按巷道设计所要求的水平方向和倾角固定望远镜，利用副镜的旋转就可迅速地获得腰线。

坡面经纬仪一机多用。卸下副镜，它就是一台普通的经纬仪。

## 4.5　采场测量[5]

### 4.5.1　采场测量的任务及特点

采场测量指采场在采准、切割和回采时期的测量工作。主要任务是：

(1) 将采准、切割工程及炮孔的设计标设到实地，给定掘进的方向和坡度，配合质量管理人员检查施工的质量；

（2）验收炮孔，测绘工程平面图及剖面图，为地质、采矿部门提供图纸资料，也为计算储量和开采矿石的贫化损失提供计算依据。

采场测量主要是根据现场工作条件，选用低精度的经纬仪或挂罗盘仪，进行导线测量，用支距法或极坐标法进行碎部测量。有时要进行天井联系测量。采场测量不仅工作量大，而且时间性强，必须定期进行。

### 4.5.2 采准和切割巷道掘进时的测量工作

根据采矿设计将采准、切割巷道的位置、方向和坡度（倾角），在实地进行标设。还要随着巷道的推进，定期进行实测，将实测成果绘制在采掘工程图上，其方法与步骤和主巷掘进时基本相同，只是采场测量精度要求较低，可使用挂罗盘仪或其他简易仪器来完成。在无磁性影响的次要巷道中，用挂罗盘仪及半圆仪测设罗盘导线及给中腰线是很方便的。

用挂罗盘仪进行导线测量时，先在测点间拉紧测绳，用半圆仪测倾角，然后再用罗盘仪测磁方位角。测时应使北端（N 端）向前，使罗盘保持水平，依磁针北端读取度盘读数。应在导线边的两端各读一次，两次差不大于 $2°$，取平均值即得该边磁方位角。

用挂罗盘测量，要先测定磁偏角。其方法是：在一条或几条已知坐标方位角的导线边上，用挂罗盘测出该边的磁方位角，然后用已知坐标方位角减去磁方位角，即得坐标磁偏角。以后测量时，磁方位角加坐标磁偏角即得该边的坐标方位角。

导线边长用皮尺丈量。罗盘导线边长不应超过 20m。导线和高程相对闭合差不应大于 1/200。

碎部测量可用支距法，距离量至分米，角度读至度。标设掘进方向时，将设计方位角换为磁方位角，即可到实地标设。

### 4.5.3 天井联系测量

分段或分层巷道中导线点的坐标、方向、高程常常要通过天井进行传递，从而为采准巷道或采场提供起算数据，此工作称天井联系测量。天井倾角不大，只需敷设一般的经纬仪导线即可完成。当天井倾角很大，或成曲折状时，就需要用一些简易的特殊方法来完成。

#### 4.5.3.1 瞄直法

图 4-32 中，在 $A$、$B$ 两点拉一测线，在线上 $a$、$B$ 处挂锤球。在 $A$ 点安置经纬仪测出水平角（见图 4-32b）$\angle CAa'$（即 $\angle CAB$）。用目视穿线法，在 $bb'$ 延长线上定出 $D$ 点并安置经纬仪，测出到定向水平上另一点 $E$ 的水平角 $\angle bDE$，则 $DE$ 之方位角，可由 $CA$ 边之方位角推算出来。丈量 $AB$，$BD$ 距离及锤球处三角形的相应长度以计算 $AB$ 线两端的倾角 $\delta_1$ 和 $\delta_2$，即可求高差及水平距离。

#### 4.5.3.2 联系三角形法

在天井中挂两根锤线 $A$、$B$（图 4-33），在上下两水平的巷道中，按一井定向方法，进行联系测量，只是精度要求可以低一些。图 4-34 是联系三角形法的另一种布置法。在 $A$、$B$ 两点拉一斜线，$a_1$、$b$ 为挂在斜线上的锤球，$a$、$b_1$ 为在斜线上的点。

从图 4-34b 可知，在 $C$、$E$ 安置仪器进行连接测量，通过解联系三角形 $\triangle Caa_1$ 即可求得 $aa_1$ 即 $AB$ 的方位角；解 $\triangle Ebb_1$ 即可求得 $EF$ 的方位角。与瞄直法相似，可以通过丈量

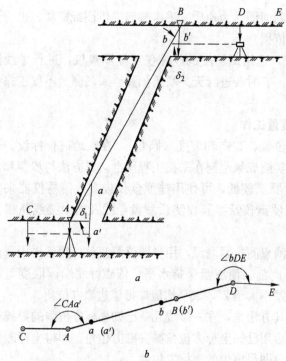

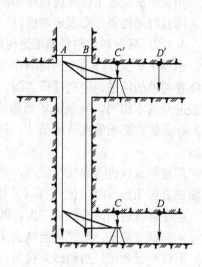

图 4-32　瞄直法进行斜天井定向

a—剖面图；b—导线图

图 4-33　联系三角形天井定向

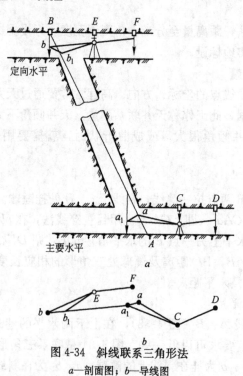

图 4-34　斜线联系三角形法

a—剖面图；b—导线图

一些距离，从而传递坐标及高程。

4.5.3.3　用轻便经纬仪进行定向

福州环城光学仪器厂生产的 QJ-1 轻便型经纬仪，其特点是体积小，重量轻，望远镜可在±90°的倾角范围内观测，可用来进行急倾斜天井的掘进给向和联系测量。此仪器可安装在脚架上，也可悬挂在梁上或用卡环卡在金属、水泥和木梁上，使用范围广泛。定向时可在物镜上固定一根定向视距尺，上下两台仪器互相瞄准视距尺时，两台仪器的视准轴就位于同一铅垂面内，此时只要各自读取水平角 $\gamma$ 和 $\beta$，即可求得待定方向 $BD$ 的方位角 $\alpha_{BD}$（图 4-35）。

即：

$$\alpha_{BD} = \alpha_{AC} + \gamma + \beta \pm 180°$$

式中 $\alpha_{AC}$——AC 边的方位角。

从定向视距尺上读取视距，并测定倾角，就可以完成定向工作。测量人员不需进入天井中作业，既提高了速度又保证了安全。

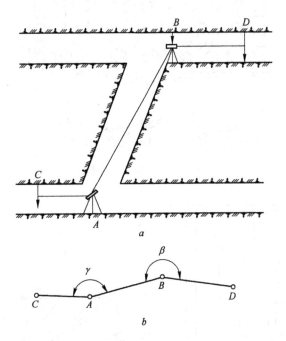

图 4-35 用 QJ-1 进行天井定向

a—剖面图；b—导线图

### 4.5.4 回采工作面测量

在矿石回采过程中，必须及时测绘回采工作面的平、剖面图，以便掌握回采速度，计算采矿量及矿石贫化率和损失率。回采工作面的测量方法因采矿方法不同而异，下边介绍我国矿山常用的一些测量方法。

4.5.4.1 急倾斜矿体人可进入的回采工作面测量

如图 4-36 所示，由天井定向，在联络道中建立作控制用的 $W$、$E$ 点，然后测设导线 $E$—1—2—3—$W$。用支距法进行碎部测量，不仅测左右支距，还要量出至顶帮的垂距，以便绘制纵投影图。也可用经纬仪用极坐标法测出平面图。根据平面图及纵投影图计算回采矿量、损失量及围岩混入量。回采矿量计算公式为：

$$V=S \cdot L, \qquad Q=V \cdot D \qquad\qquad (4-53)$$

式中　$V$——回采体积，$m^3$；

　　　$S$——回采面积，$m^2$；

　　　$L$——平均回采高度（可由纵投影图量得），$m$；

　　　$Q$——回采矿石量，$t$；

　　　$D$——矿石体重，$t/m^3$。

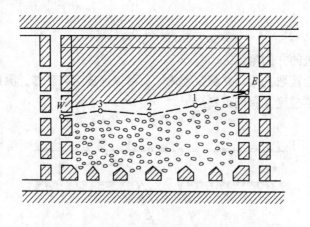

图 4-36　浅眼留矿法采场测量图

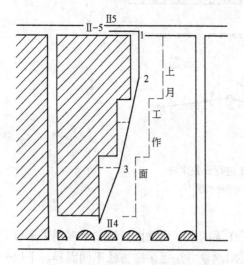

图 4-37　全面采矿法采场测量

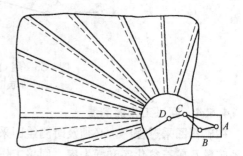

图 4-38　深孔验收测量示意图

　　在回采工作面测量时，地质人员必须同测量人员一起进入工作面进行素描编录，在回采平面图上填绘地质界线，以便测量人员计算损失矿量及围岩混入量。矿石损失量及围岩混入量由丢失矿石和采下废石的面积仿此计算。

　　4.5.4.2　缓倾斜矿体人可进入的回采工作面测量

　　当矿体倾角小，厚度不大，用全面采矿法等方法回采时，可根据布设在上一水平巷道的导线点，如图 4-37 中的 II 5 点敷设罗盘导线或简易经纬仪导线 II 5—1—2—3，附合至拉底巷道中的 II 4 点，然后进行支距丈量，测出该月末的工作面位置线，并绘制平面图。由前后两月末的工作面位置及矿体平均厚度即可计算采矿量。

4.5.4.3　急倾斜矿体人不能进入的回采工作面测量

当人员无法直接进入采场内测绘采空区的轮廓时，就只能通过标定炮孔和验收炮孔来确定回采情况。标定炮孔时是根据天井硐室中由天井联系测量测设的测点来进行的。通过天井联系三角形 *ABC* 的连接测量标定出钻机中心点 *D*（图 4-38），也就是扇形深孔的中心点，并在硐室顶板上固定标志。然后在该点用经纬仪、挂罗盘及半圆仪或特制炮孔小平板在硐室的壁上标定出孔位。炮孔打完后，要及时进行验收，检查方位及孔深是否符合设计要求。靠近天井的炮孔尤其重要，若有差错，就会危及矿柱和天井的安全。验收的方法是用炮棍插入孔内，用罗盘测量其露出孔外部分的方位以求得炮孔的方向，用木尺或竹尺测量孔深。还可用长沙电子仪器厂生产的 CS-3 型声波炮孔测深仪来测孔深，测深误差在±0.5m 以内，炮孔深度由数码管显示。湘西电子仪器厂生产的 CJ-2 数字式炮孔仪，可测定炮孔倾角并直接显示，显示范围为 0°～90°，此仪器和 CS-3 测深仪可配套使用。图 4-38 中实线表示炮孔设计位置，虚线表示验收后的炮孔实际位置。炮孔布置方法不同，有的凿岩硐室布置在采场中央并向四周打眼，有的用垂直扇形炮孔，或倾斜扇形炮孔。不论哪种布孔形式，都是先标定钻机中心点，然后标定炮孔位置，最后检查验收。将实测的炮孔位置转绘到设计图上，与之对照。若不合要求应补孔或加深炮孔。测量人员还可用此验收图来圈定落矿面积，计算未采矿石损失率及一次贫化率。

### 4.5.5　空区测量

深孔落矿的某些采矿方法，当矿石采出后往往形成巨大的空区，人无法进入。为了统计产量，计算矿石贫化损失和保证生产安全，需要测定这些空区的轮廓和范围。

4.5.5.1　交会法

在与空区连通的巷道或硐室内，测设导线点 *A* 和 *B*。在此两点各安设一台经纬仪，依次对空区轮廓上的同一点进行前方交会测量。再按前方交会公式用计算表格或 PC-1500 机解算出交会点 1，2，3，…等的坐标，即可绘出空区轮廓图。如 *A*、*B* 点彼此不通视（图 4-39），则可先后视已知导线点如 II$_4$、I$_4$ 点测出 $\beta_1$、$\gamma_1$ 角，并求出 $A_1$ 及 $B_1$ 的坐标方位角，即可用交会法解算出 1 点坐标。在观测水平角时也要测竖直角，从而求出各点高程。

4.5.5.2　光学测距法

在测角仪器上，安有横基尺作无标尺距离丈量。图 4-40 为测距原理图。被测目标 *P* 可通过楔形镜 6 和固定的五棱镜 3 成像在望远镜 1 中，同时 *P* 也可通过活动五棱镜 4 成像在该望远镜中，移动 4，使两像重合，读取横基尺 5 上的长度 *L*，即可由下式求得测点 *P* 到仪器中心的距离 *D*：

$$D = KL + C \tag{4-54}$$

式中　*K*——仪器常数，决定于楔形镜偏角 $\varepsilon$，一般 *K*＝100；

　　　*C*——楔形镜 6 到仪器中心在横基尺垂直方向上的距离，为常数。

仪器上，可附激光光源作为附件，射出激光至采空区壁上作为瞄准目标。

4.5.5.3　摄影测量法

对空区进行立体摄影测量从而绘制轮廓的平剖面，具有外业工作简单、迅速，外业资

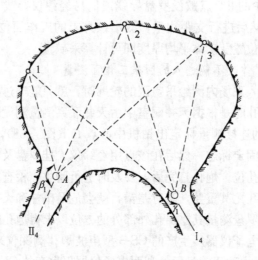

图 4-39　测站点不通视的交会法

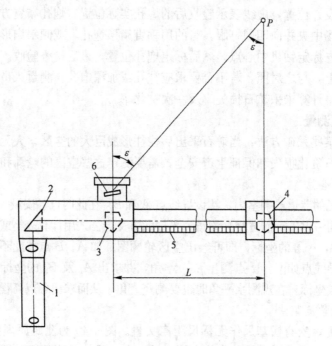

图 4-40　无标尺测距仪测距原理

1—望远镜；2—直角棱镜；3、4—五棱镜；5—横基尺；6—楔形镜

料信息丰富易于保存等优点。可采用我国无锡测绘仪器厂生产的 JLS-50 型和 JLS-120 型近景立体摄影仪。它们使用两台小型相机，像幅 24×36mm。基线长分别为 50cm 和 120cm，各有三挡位置。在摄影机承影面上加工了 4 个 "W" 形的框标标志。对空区进行立体摄影后，即可在坐标量测仪上量测相片坐标，并进行计算绘图。

### 4.5.6　面积计算

计算工业储量，进行产量统计和贫化损失的计算，都需要在图上计算面积。

4.5.6.1　求积仪法

求积仪的结构如图 4-41 a 所示。重锤下的短针端点称为极点，量测图上某一面积时，将极点置于图形之外，使航针对准图形轮廓线上的一点。以此点为起点并同时在计数器上读取读数 $n_1$，如图 4-41 b 中所示，读数为 5437，其中最后一位由游标尺上读出。然后将航针以均匀速度沿图形轮廓线绕行一周，回至起点，从计数器上再取读数 $n_2$，设 $n_2 =$ 6785，则面积为：

$$S = P(n_2 - n_1) = 10 \times (6785 - 5437) = 13480 \text{mm}^2$$

式中    $P$——单位读数的面积，可以从仪器盒附表中查得，例中 $P = 10 \text{mm}^2$。

然后，再按图的比例尺，将上述图上面积换算成实地面积。

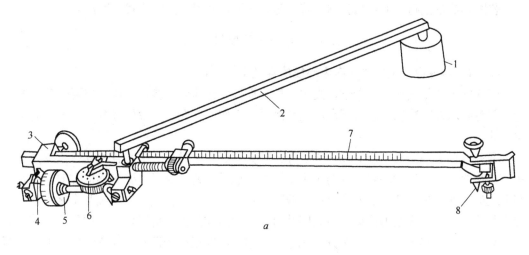

*a*

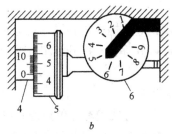

*b*

图 4-41  求积仪

*a*—全貌；*b*—读数

1—重锤；2—极臂；3—接合套；4—游标；5—计数小轮；

6—计数圆盘；7—航臂；8—航针

当面积较大，极点置于图形外，航针不能绕图形轮廓线运行全周时，可把图形分成若干小块，分别测定，求其总和。如果极点放在图形内，则需得出某一加常数。加常数值可通过对某一精确的已知面积进行测定，并和读出的面积进行比较得出。一般求积仪中，在附表内记载有加常数值。

每个图形应测两次，较差不应超过 1/200。

4.5.6.2  透明方格纸法

将透明方格纸（格宽一般取 5mm）覆盖于被测面积上，数出分布于该面积内的格点数；因每点代表一定面积，故可得出面积大小。测量时应变动方格纸与图纸的相对方向，重复测定。

### 4.5.6.3　坐标计算法

若被测面积图形简单，且已有足够的边界转折点的坐标，设这些点的坐标为：$(x_1, y_1)$，$(x_2, y_2)$，…，$(x_n, y_n)$，则面积 $S$ 为

$$S = \frac{1}{2} \left\{ \left| \begin{array}{cc} x_1 & y_1 \\ x_2 & y_2 \end{array} \right| + \left| \begin{array}{cc} x_2 & y_2 \\ x_3 & y_3 \end{array} \right| + \cdots + \left| \begin{array}{cc} x_n & y_n \\ x_1 & y_1 \end{array} \right| \right\} \tag{4-55}$$

本法主要用于电算求面积。

### 4.5.6.4　几何计算法

若图形简单规则，可将其分割成若干简单图形，并用几何学公式计算出面积。

## 4.6　竖井施工测量[4,5]

### 4.6.1　竖井中心及井筒十字中心线的标定

竖井施工测量包括井筒掘进、支护和安装提升设施的全部测量工作，主要任务是按设计和规范要求及时准确地进行标定和检查测量。工作中首先要标设好竖井中心及井筒十字中心线。

竖井井筒水平断面图形的几何中心称为井筒中心，通过井筒中心且相互垂直的两条水平直线称为井筒十字中心线。井筒十字中心线一般平行或垂直于主要罐梁的方向，垂直于竖井提升绞车主轴中线方向的十字中心线称为主十字中心线。竖井中心线和十字中心线是竖井掘进、支护和安装的依据，也是竖井检修、改造和延深的重要依据。测量人员应将其标定到井口工业场地上。随着竖井的掘进，十字中心线还可转设到井筒锁口面或井底混凝土支护的井壁上。

标定提升设施时，有时要用到竖井提升中心线，它是通过两根竖直的提升钢丝绳中心线在水平面上的交点连线的中点，并垂直于提升绞车主轴中线的一根直线。一般它平行于主十字中心线。

#### 4.6.1.1　标定时应具备的资料

(1) 标有井筒中心坐标和十字中心线坐标方位角的井口工业场地平面图；

(2) 矿区平面和高程控制网的成果资料或近井点的成果资料；

(3) 竖井施工平面布置图及场地平整设计图。

#### 4.6.1.2　标定精度要求

当与井筒有关的井巷工程和建筑物尚未施工时，井筒中心和井口标高的允许标定误差为 0.5m 和 0.1m，主十字中心线方位角允许标定误差为 $\pm 3'$，两十字中心线垂直程度的偏差为 $\pm 30''$。当与井筒有关的井巷工程和建筑物已施工时，上述限差分别为 0.1m 和 0.05m，$\pm 1' 30''$，$\pm 30''$。

#### 4.6.1.3　竖井中心的标定

通常采用极坐标法。如图 4-42 所示，$O$ 为井筒中心点、$A$ 为近井点。按 $O$ 点的设计坐标和 $A$ 点的实测坐标反算，求出 $AO$ 的坐标方位角 $\alpha_{AO}$ 和距离 $s$。再按已知边 $AB$ 的方向计算转角 $\gamma$。将经纬仪置于 $A$ 点，便可标设出 $O$ 点，并打上木桩。

#### 4.6.1.4　十字中心线的标定

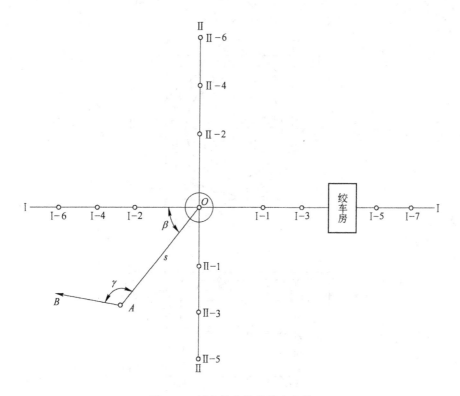

图 4-42　标定井中及井筒中心线

按图 4-42 中 $AO$ 的坐标方位角与设计给出的主十字中心线Ⅰ—Ⅰ的方向，计算转角 $\beta$。仪器置于 $O$ 点，后视 $A$ 点，转设 $\beta$ 角即得Ⅰ—Ⅰ方向，再转 90°便得Ⅱ—Ⅱ方向。十字中心线点应埋设永久标志。为了避免施工破坏，可参照工业场地总平面图和施工平面布置图来选择点位。井筒每侧的十字中线点不应少于 3 个，离井筒最近的点到井壁距离不小于 15m，十字中线点间距不小于 20m。每条中心线上至少有一个点能直接瞄视天轮平台，且倾角不大于 45°。

中心线点埋设并稳固后，用经纬仪正倒镜进行标设并刻划标记，然后按 10″级导线要求测定坐标，并绘制一张大比例尺的十字中心线基点平面图。图上标明点的坐标、高程、间距，点与周围建筑物的位置关系，十字线的实测坐标方位角，测量方法和测量精度等。

### 4.6.2　竖井掘砌施工测量

一般下掘 6m 左右即砌筑井筒锁口。下掘到第一个壁座后，即进行井颈部位的支护、安装施工井架、井口平台和测量平台，然后按正常顺序施工。

#### 4.6.2.1　临时锁口盘的安装测量

临时锁口盘可用木质八角盘或钢梁加井圈的临时锁口圈，一般下掘 2m 左右安设。安设时，测量人员将经纬仪置于十字中心线上，沿十字中心线方向在距井壁 3m 左右处打 $A$、$B$、$C$、$D$ 四个大木桩（图 4-43），桩上精确钉入大钉，并用水准仪操平使钉帽处于同一高度，求出高程。安装时将四根底梁摆上后，沿 $AB$、$CD$ 方向拉紧铅丝，上挂小锤球，即可找正锁口盘的位置。锁口盘固定后，按两十字中心线交点，在盘面上标定井中，或安设临时中线杆，用以下放中线。

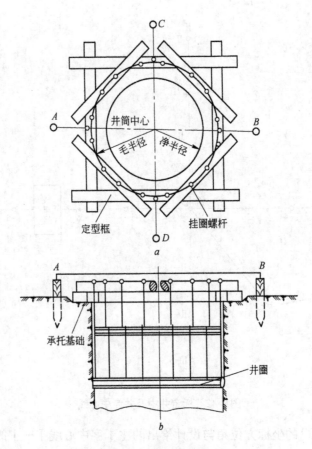

图 4-43 标设临时锁口盘

a—平面图；b—剖面图

当掘进到永久锁口底部标高时，有条件时即可砌筑永久锁口，标设时仍要用 A、B、C、D 木桩来进行。

#### 4.6.2.2 测量平台的安置

在井口平台以下 2~5m 处，要设置测量平台，将井筒中心、十字中心线和安装钢梁或罐道用的特定位置线的点位，用定点板固定在该平台上；相对应的放线绞车也固定在其上。要参照井筒永久布置图和施工平面布置图来确定平台的钢梁布置。安装时，从井口平台将十字中心线引下来以校正钢梁，待钢梁找正操平后，用混凝土将梁窝全部填满。然后将所需放线的点位，用定点板焊在平台钢梁上。当井筒深度较大，井筒中心锤线摆幅大时，不易找稳定中心点，故有必要将测量平台向下移设。移设地点可以和临时转水站，阶段马头门等结合考虑。

对于矩形井不放井中线，而是设置沿十字中心线方向的四根边线或四根拐角线。

选择放线点位时，注意不要使锤线碰撞各种悬吊设备和管线。

#### 4.6.2.3 井筒掘进时的测量

竖井施工中掘进和支护是交替进行的。在掘进过程中，要控制井壁毛断面的尺寸不小于设计的尺寸，但也不应大于 100mm。短段掘砌可根据永久井壁来控制毛断面的位置；而长段掘进，则要通过下放锤球线来控制井壁位置。对于方井是放边线，圆井则放井筒中心锤线或沿十字线方向的四根边线。工作面上井筒中心的给定，可用锤线法，也可用激光指向。

*A* 锤球线给定井中心

工作面距测量平台较近，可从测量平台的中心板或活动中线杆上下放锤球线，锤球重量为 10～15kg。工作面距测量平台较远时，通常从施工吊盘的中心孔下放锤球线，一般井筒下掘 20m 左右，下放一次吊盘，并要用井筒中线找正吊盘位置并固定。因此，通过测量平台上的中心锤线，确定井中在吊盘中心孔内的部位，记以标记，则每次下掘时可从吊盘上下放中心锤线。

*B* 激光指向仪给定井中心

激光指向仪一般安设在井口测量平台上方 1m 左右的一根固定钢梁上，位于井中位置。图 4-44 为 JT-2 型激光指向仪。安设时要按仪器底座制作一个安装平台，并按井中位置将它焊接在钢梁上。安置仪器时，将仪器底座的螺孔对准平台的螺孔，拧紧连接螺栓即可。仪器固定后用脚螺旋调平长水泡，使其旋转轴处于铅垂位置。为此要通过望远镜的调焦螺旋使井下的光斑聚焦，在吊盘的井中位置放一小平板，在平板上可得一光点，记下光点中心，通知平台上测量人员，将仪器旋转 180°，若光斑仍然重合，说明激光束处于铅垂位置，换一方向再检查一次。无误后仪器即可投入使用，若光斑不重合，则应利用激光管调节螺丝使激光束调整到中点位置。以后每次使用就只要调平仪器长水泡后接通电源即

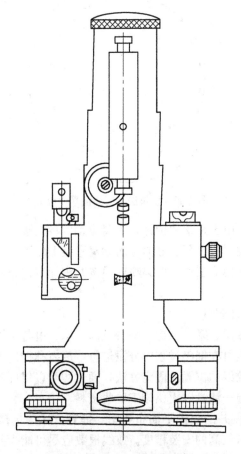

图 4-44 JT-2 型激光指向仪

可。激光束竖直程度的检查应定期进行。

#### 4.6.2.4 井筒支护时的测量

井筒支护可采用混凝土或钢筋混凝土，索喷混凝土或锚喷混凝土等形式。有的方井也可用木材支护。无论何种形式，都必须保证井筒净断面的几何形状和尺寸、井壁厚度及竖直度符合设计和规范要求。测量工作是根据井筒中心锤线和井筒十字中心线上的边锤线来找正模板和标定梁窝位置。

浇灌混凝土井壁时，按井筒中心锤线检查模板的安设位置。托盘必须操平，为此可在托盘上方井壁上用半圆仪或连通水准管标出 8～12 个等高点来找平托盘位置。再于托盘上立模板，用半圆仪或连通水准管操平模板上沿。丈量模板外沿到井中心锤线的距离，其值不得小于设计值，也不得超过设计值 20mm。还要用钢尺导入高程，测记高程值；按中心线和边线方向，丈量十字线方向上井壁浇灌后的厚度，以便绘制井筒实测断面图。

为了预留梁窝，可用弦长法标定梁窝平面位置（图 4-45），根据梁窝设计图，先计算出每段弦长 $l_1$，$l_2$，$l'_1$，$l'_2$。根据井筒中心锤线 $O$ 和边锤线 $E$ 拉水平线绳至模板上标出 $W'$，$E'$，再按弦长在模板上标出梁窝中心 $A_1$，$A_2$，$B_1$，$B_2$ 等点。梁窝高程可用放牌子线的方法或钢尺导入高程来确定。

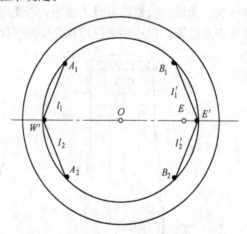

图 4-45　弦长法标定梁窝平面位置

用金属模板支护时，由于是整体构件，梁窝位置可事先按设计图纸在模板上确定，不需标定，只要在有梁窝的层位将预制好的金属梁窝盒装上即可。

锚喷支护时可省略立模的工作，但锚喷前要按井中锤线检查好井壁毛断面，以确保净断面尺寸。

### 4.6.3 竖井井筒安装测量

竖井井筒安装包括罐梁、罐道、梯子平台及风、水、电各类管缆的安装。它可在井筒掘砌完成后一次进行，也可在掘砌过程中分段进行，后者称掘砌安一次成井法。井筒安装测量的主要任务是确定放线的位置及固定办法，通过丈量以保证各种装备位置符合规范要求，罐梁安装完毕进行检查测量以提供竣工验收资料。

图 4-46 为安庆铜矿副井的装备平面布置图，提升方式为单罐笼加平衡锤，井筒的四根罐梁和六根罐道要求有较高的安装精度。放线根数应尽可能少并便于使用，与悬吊设施距离一般不小于 400mm，与井壁距离不小于 200mm，与钢梁相距不小于 100mm。图 4-46 中

选择 1、2、3 号锤线点控制 Ⅰ 号罐梁，5、6 号点控制 Ⅱ 号罐梁，2、4 号点控制 Ⅲ、Ⅳ 号罐梁和 Ⅴ 号梯子平台梁。如果罐梁间距不大（2m 以内），则可省略 5、6 号线，而用间距尺控制 Ⅱ 号梁位。根据这些放线点和十字中心线的关系在现场标定这些点并用定点板固定。如果安装工作从井口第一层罐梁开始，定点板可固定在安装好的第一层罐梁上，如果从测量平台下的第一层开始，定点板可固定在测量平台上。

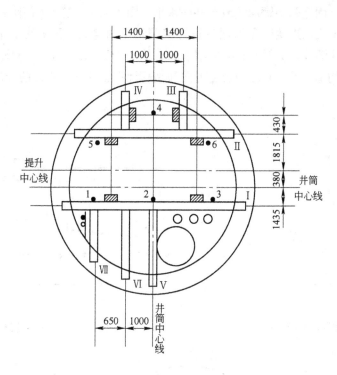

图 4-46　安庆铜矿副井装备图

安装时按测量锤线找正钢梁平面位置，第一层钢梁标高用水准仪精确操平，以后各层按第一层为准用钢尺丈量确定。精确校正的第一层钢梁可作为基准梁，以下数层可按该层梁位安装，每隔 25～30m 再用测量锤线精确校正一层钢梁作为基准梁。每隔 100m 左右下延一次定点板。每层梁安装完毕，应进行钢梁实测。

采用喷锚支护时，还要标定支撑罐梁的锚杆孔位（图 4-47），锚杆孔位标定误差不应大于 ±10mm。可事先按设计锚杆位置制作一块模板，从已安装好的一层钢梁的两端放线至下层梁位，在井壁上标出钢梁方向，用钢尺从梁面导入高程，将模板贴在标记好的井壁上，一次便可画出五根锚杆的位置。锚杆应打一层装一层，安装用的双层吊盘应与罐梁层距相配合，以实现安装和锚杆标定与施工平行作业。

罐道安装一般是在罐梁安装完后自下而上一次进行。对掘、砌、安一次成井施工，则是随罐梁安装一并进行。安装时，按校正好的罐梁上的标记，找正罐道位置。罐道安装完后，将图 4-46 中的 1、3、5、6 号测线从井口一直放到井底，按一井定向单重摆动投点法找出锤线摆动中心并将其固定，将钢丝绷紧。测量人员站在罐笼顶上自上而下逐层校正罐道位置，使其符合规程要求。平衡锤导向轨道也用同法检查。钢绳罐道只在井底标设定位梁和拉紧梁。

### 4.6.4　井筒延深时的测量

测量工作包括测定现有井底的井筒中心及井筒十字中心线方向，并转设到延深间。

#### 4.6.4.1　井底井筒中心及十字中心线的测定

**A　井筒中有罐梁时的测定**

通过测定井底基梁以上 4~6 盘罐梁罐道的实际位置来确定井筒中心和十字中心线。在待测罐梁的上方固定两根锤球线放至井底水平（图 4-48），在马头门附近导线点 *C* 安经纬仪，对 *A*、*B* 锤线用连接三角形法进行连接测量，测定 *A*、*B* 锤线的坐标及连线方位角。再根据 *A*、*B* 锤线，丈量它到罐梁罐道的有关距离 1、2、3、4、5、6、7(图 4-49)，对各层的相应距离取平均值。然后可由 *AB* 的方向和坐标计算出井筒中心线的方向和井中坐标。

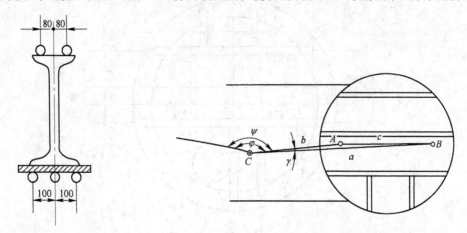

图 4-47　标设钢梁锚杆　　　　　　图 4-48　测定 *A*、*B* 两点坐标及连线的方位角

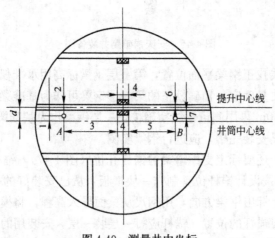

图 4-49　测量井中坐标

**B　井筒中无罐梁时的测定**

无罐梁罐道的井筒井底十字中心线方向应以地面的井筒十字中心线方向为准，井筒中心坐标则以实测井壁点为准。与前法相同，悬挂两根锤线 *A*、*B* 并在马头门处测定其坐标和连线方位角，然后量出由锤线 *A*、*B* 到井壁上的 1、2、3、4、5、6 点的距离（图 4-50）。为求井中坐标，可按 *A*、*B* 的已知坐标作出 1∶10 的大比例尺平面图，用交会法作出井壁上的 6 个点，再通过任意三点构成的两个三角形，求出其外接圆心 $O_1$ 和 $O_2$，再求出其连线中点 *O* 即为井

筒中心（图 4-51）。按坐标方格网量取 $O$ 点坐标，也可用解析法计算 $O$ 点坐标。由各层所得坐标取平均值即为所求的井筒中心坐标。

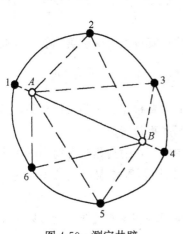

图 4-50　测定井壁

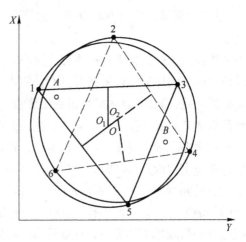

图 4-51　作图法求井筒中心

### C　综合法

通过实测井壁特征点以确定延深井筒的中心，同时实测主要罐梁罐道与延深井筒中心的相对位置，确定井筒十字中心线的方向。前者有利于井壁的结合，后者有利于罐梁罐道的结合。

#### 4.6.4.2　向延深间转设井筒中心及十字中心线

通过辅助平巷、斜巷在原井筒岩柱正下方开凿延深间进行延深井筒工作时，其测量方法如图 4-52 所示，我国凤凰山铜矿混合井就是这样做的。首先根据延井工程设计图标设

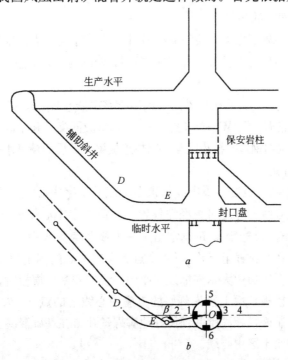

图 4-52　通过辅助巷道延深井筒时的测量

a—剖面图；b—平面图

辅助巷道中腰线，巷道通过原井筒正下方以后，精确进行导线测量，在延伸临时水平上测定 $D$、$E$ 导线点的坐标，用井中 $O$ 点坐标及 $E$ 点坐标，反算出标定井中的距离 $L_{EO}$ 及转角 $\beta$，即可在 $E$ 点标设出井筒中心 $O$ 点。此外还要在巷道中标出井筒主十字中心线方向的点 2、4等。

当采用在人工保护盖下进行延伸井筒的方法时，必须在安设人工保护盖之前将井筒十字中线位置标设到保护盖以下的井壁专设的扒钉上。

### 4.6.5 马头门及井底车场掘进施工测量

竖井掘至井底要开掘马头门，然后掘进井底车场，此时要根据马头门设计标高，从井壁上设置的水准点确定马头门的开切地点，标设出马头门底板位置。

按巷道全宽掘砌马头门时，掘进中线即井筒主十字中线，可通过延长井筒内的主十字中线给出。沿此方向开掘 25～30m 后再进行一井定向。采用两侧导硐掘进马头门时，需给出两侧导硐中心线，它们平行于井筒十字中心线。

掘进马头门除给定腰线外，还要给出拱基线，即马头门墙和拱的交线，它可以根据腰线及拱基线高出腰线的垂距给出。

掘进井底车场时，应先对设计图上所给定的巷道方向、高程、坡度等进行校核，确认无误后，标定出中腰线，以指导掘进。

### 4.6.6 提升设备安装时的测量

#### 4.6.6.1 安装井架时的测量

安装井架常采用整体组立、分段浇筑以及井旁浇筑后整体滑装等方法。测量工作如下。

*A 整体组立井架时的测量*

井架安装的顺序是先安板梁和浇灌斜撑基础，然后竖立井架躯体和安装斜撑，故首先标定板梁和斜撑基础的位置。在竖立井架时要进行找正，立好后进行检查测量。

*a 板梁的安装*

主要是掌握水平度。安装前在板梁面上刻出十字中线点 $a$、$b$、$c$、$d$，在井壁的扒钉上标设出井筒十字中线点 $E$、$S$、$W$、$N$（图 4-53），扒钉应同高、并稍高于板梁面，实测其高程，安装时在扒钉上拉细钢丝并挂小锤球，以找正板梁，然后用精密水准仪抄平板梁四角。

*b 斜撑基础的标定*

图 4-54 为斜撑基础。通过支撑中线与顶面交点的十字中心线（平行于井筒十字中心线）称为支座十字中心线。标定时将经纬仪置于井筒十字中心线的基点 $E_1$ 上（图 4-55）后视 $E_2$，标出交点 $F$。仪器置于 $F$ 点定出 I—I 线及两支座中心 $O_1$、$O_2$，再分别标出 II—II 线 III—III 线，在每条线上标设 3～4 个点。支座中心的标定误差不应超过 ±15mm。当支座基坑挖好后，在坑边用大木桩标设支座中心线。安基础模板时，在木桩上拉线绳表示十字中心线，并使模板顶面上预先刻好的支座中心线上的点 $a$、$b$、$c$、$d$（图 4-54）对准该十字中心线。控制好模板高度并预留好地脚螺丝孔。在基础混凝土凝固后，进行检查并在基础顶面刻出支座十字中心线。

*c 井架组立时的测量*

井架组装后，在天轮平台上刻出 4 个对应位于井筒十字线上的点。井架躯体竖立在板

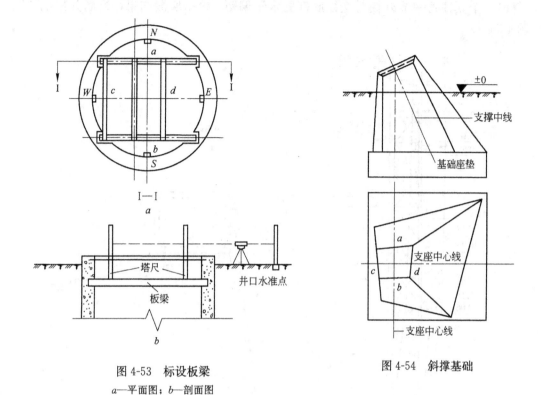

图 4-53　标设板梁

a—平面图；b—剖面图

图 4-54　斜撑基础

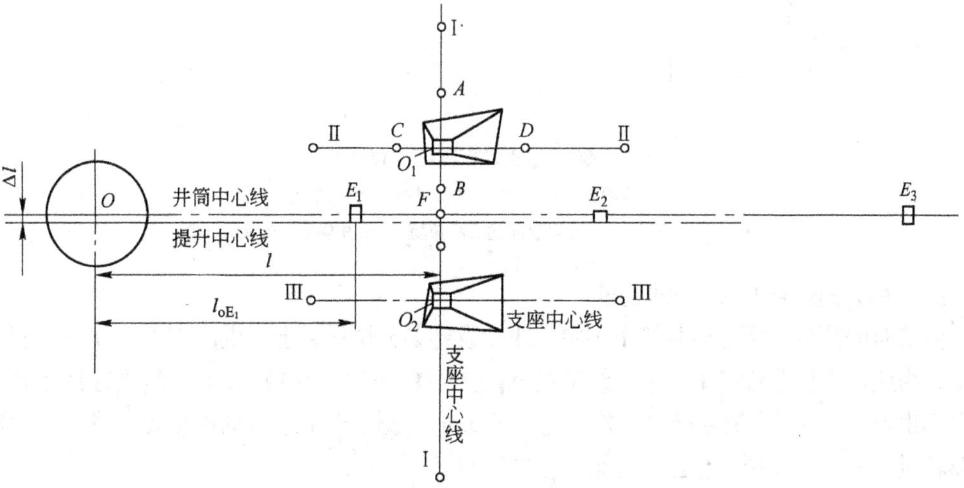

图 4-55　标定斜撑基础

梁上并组装斜撑架。然后将两架经纬仪安装在井筒十字中心线基点上，照准井筒十字中心线，使天轮平台上预刻的中线点在视线中，其偏离视线距离不应大于井架高度的 1/2000（最大不超过 ±15mm）。

　　d　井架躯体竖直程度的测量

　　井架安装完毕，将经纬仪安放在距井架 30～40m 左右的 $T_1$ 和 $T_2$ 点（图 4-56b），瞄准立柱底端(最下面一节构件)的外棱，归零，由正倒镜测得各连接点与立柱底端的水平偏角，并算出 4 个立柱每一节外棱对立柱底部的水平偏距。根据实测结果，绘制井架偏斜图（图 4-56a）。

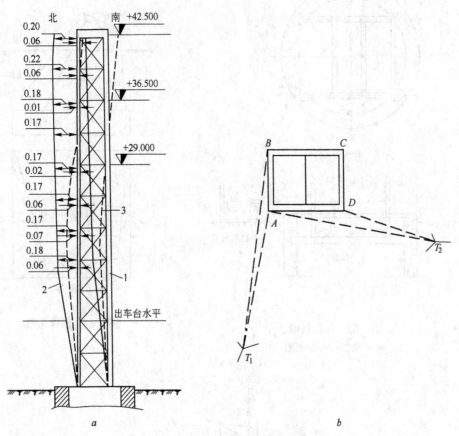

图 4-56 井架竖直程度检查测量

a—井架偏斜图；b—测量偏斜量时经纬仪的位置

1—井架设计位置；2—井架前面的实际位置；3—井架后面的实际位置

**B 井口分段浇筑井塔时的测量**

浇筑时的测量主要是将井筒十字中心线转设到各分层平台上，供施工人员立模及安装设备用。为此，将仪器置于十字中心线基点 $N_3$ 上（图 4-57），后视 $N_1$，抬高望远镜在井塔平台上标出点 $a$，用两个测回标定，差值应小于 2mm。测平台上对侧的中线点 $c$ 时，一般需将仪器转设到 $a$ 点。每层平台上应标记 4 个中线点。

井塔采用整体浇灌滑模施工时，测量工作主要是严格控制滑动模板与十字中心线的相对位置和水平程度。为此在模板上于井筒十字中心线处放一节小钢尺。于 4 个方向的十字线基点上同时安 4 架经纬仪，瞄准中线方向后读取小钢尺上的读数，每滑动 4m 读数一次，看其是否有变化。

**C 井旁浇筑整体滑装井架时的测量**

测量工作的要求是滑道钢轨中线和井架中线重合，偏差小于 5mm，轨间距偏差小于 1mm，轨面两端高差不超过 5mm。浇筑时将井筒十字线标设到模板架上。滑动过程中用仪器监测有无摇晃和下沉。井架滑到井口后检查井架的中线、高程、竖直程度和天轮的

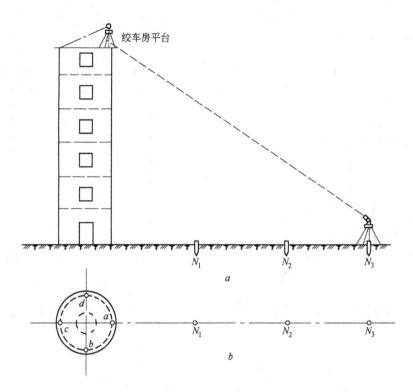

图 4-57 向井塔上标设中线点

a—剖面图；b—平面图

位置。

#### 4.6.6.2 天轮安装时的测量

此时应将井筒十字中心线或提升中心线标设到天轮平台上。在井筒十字线基点上置经纬仪，天轮前沿十字线标记可由望远镜直接照准刻记，后沿的十字线点可用锤线引出进行标记（图 4-58）。它们与安装井架前的十字中线标记偏差应小于 10mm。

安装后进行检查：

(1) 用水准仪测量天轮轴的水平度，两端高差应小于轴长的 1/5000。

(2) 检查天轮中线的实际位置和设计的偏差，在天轮平台上用细铅丝拉出井筒主十字线，丈量出图 4-59 上所示的距离 $a_1$、$a_2$、$a_3$、$a_4$，其中每个数应由天轮转动 180°前后两次取平均值。由此可计算出天轮中心线至提升中心线的平均距离，此值与设计值之差不应超过 ±3mm。

(3) 检查天轮中心线和提升中心线的平行性。通过上边测量得的 $a_1$、$a_2$、$a_3$、$a_4$ 值可计算出天轮中心线和提升中心线间的夹角，此夹角不应大于 $10'$。

(4) 检查天轮平面的竖直性。如图 4-60 所示，在天轮轴附近固定一锤线，量取天轮上下缘到锤线距离。要转动天轮 180°前后量两次。由 $e_1$、$f_1$，$Se_1f_1$ 即可计算天轮平面与铅垂面的夹角。

#### 4.6.6.3 提升机安装时的测量

**A 在地面标定提升中心线和绞车主轴中心线**

在井筒中心线基点 $E_1$ 上安置经纬仪，标设 $M$ 点（图 4-61），要求标设误差小于 20mm。

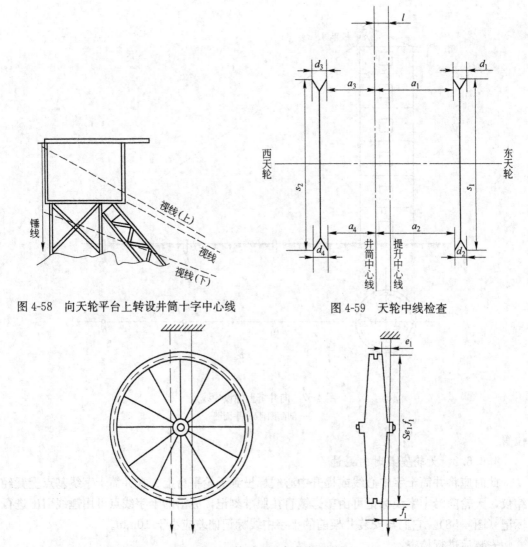

图 4-58　向天轮平台上转设井筒十字中心线　　　图 4-59　天轮中线检查

图 4-60　天轮平面竖直度检查测量

仪器置于 $M$ 点标设绞车主轴中心线点 $A$、$B$、$C$、$D$ 等点，再标设出 $N$ 点以及提升中心线方向上的 $a$、$b$、$c$、$d$ 等点。根据绞车主轴中心线上的点，即可指示出基础边界、地脚螺栓的中心点及位置。

　　$B$　向绞车房内墙上转设提升中心线

　　当绞车房墙壁砌至高出地面 1m 时，在内墙上应标设出十字中心线点 1、2、3、4（图 4-61）。这些点一般刻记在离地 0.4m 左右的扒钉上，是通过十字中心线基点上的经纬仪精确标定出来的。标设应进行两次，两次标定之差应小于 3mm，两中心线垂直程度误差应小于 $30''$，取其平均值作为最后标定结果。还应测出墙上十字线点的高程。在上边还应设第二层扒钉及十字线。

　　如提升中心线与井筒中心线不平行，则注意按提升中心线基点进行标设。

　　$C$　安装绞车时的测量

　　$a$　标设并检查基础

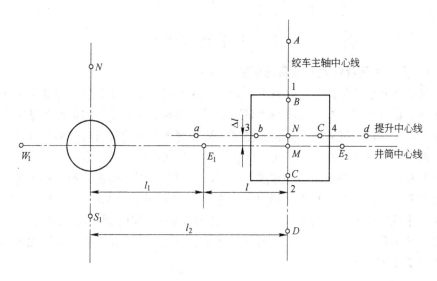

图 4-61　标设提升中心线

通过扒钉十字中心线上的点拉细铅丝并挂锤线,将十字线投到基础面上,并检查基础各细部及地脚螺丝孔。还要测定高程,偏差应小于 20mm。

*b*　安装基座时的测量

用扒钉上十字线拨正机座平面位置,偏差小于 5mm。用水准仪测高程,偏差小于 100mm。

*c*　安装主轴轴承的测量

在轴瓦面的中线上刻出标志点,安装时,使绞车中线上的锤线对准这些标志点,轴承平面位置即算找正。用水准仪及钢板尺测定轴承面的最低点,使之等高。

*d*　安装主轴时的测量

主轴安装精度要求很高,否则将影响提升工作及机器的寿命。要求主轴两端的高差要小于轴长的 1/10000,主轴中心线和设计提升中心线的垂直误差不应超过 $\pm 30''$。

检查主轴水平度时将水准仪置于两轴端等距处,以游标卡尺分别竖立在主轴一端的轴颈最高点上,用水准仪的水平视线确定游标零点,然后在游标尺上读数,看两轴端读数是否相等,如两轴端直径不等,应考虑其影响。

检查主轴中心线方向,可在主轴中线扒钉间拉细线,在两轴端挂下小锤球,用毫米刻划钢板尺量出轴中心到锤球线的距离 (图 4-62),由两轴端的读数即可计算出主轴中心线方

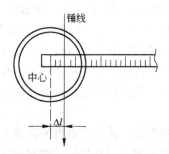

图 4-62　绞车主轴中心线方向检查测量

向的偏角。

## 4.7  贯 通 测 量[4,5]

### 4.7.1  贯通工程容许偏差及贯通测量工作步骤

在掘进井下巷道或竖井时，常在不同地点用两个或多个工作面分段掘进同一井巷，使相通后能满足设计要求，这种工程称为贯通工程。此时应通过适当的贯通测量工作保证贯通井巷各掘进工作面沿设计的几何轴线掘进，使各掘进工作面贯通后的偏差值在容许范围以内。为此必须遵循两个原则：一是必须保证井巷贯通所必须的精度，但也不必过高；二是所有测量和计算工作最少要独立地进行两遍，并要有客观的检核，绝对避免粗差。

贯通工程的容许偏差是根据工程性质给定的，其值见表 4-30。用小断面掘进竖井随后刷大时，中线容许偏差可取 0.5m。用全断面掘砌竖井或对工程另有特殊要求时，应由采矿和测量技术负责人另行商定。垂直于贯通巷道中心线的平面上两个坐标轴方向上的偏差称为贯通重要方向的偏差。

**表 4-30  贯通工程接合点的容许偏差**

| 工 程 类 别 | 中线容许偏差（m） | 腰线容许偏差（m） |
|:---:|:---:|:---:|
| 开　拓 | 0.3 | 0.1 |
| 采　准 | 0.4 | 0.2 |
| 回　采 | 0.5 | 0.3 |

注：两竖井间的贯通，各类工程中线和腰线的容许偏差可分别增加 0.2m 和 0.1m。

贯通测量的实际工作步骤：

（1）根据贯通工程的容许偏差选择合理的测量方案。对于施测路线长（达数千米）、重要性大的贯通应进行贯通误差预计，编制贯通测量设计书。设计书中应包括工程情况，已有测量资料的可靠性及精度，测量方案设计图（比例尺为 1∶1000 或 1∶2000），选用的测量仪器与方法，贯通偏差的预计等内容。

（2）根据批准的设计书中的测量方案进行连接测量施测和计算。每一施测和计算环节要有可靠的检核，并经常了解施测的实际精度。若实际精度低于设计要求，应找出原因，采取提高实测精度的措施。

（3）计算指导贯通巷道掘进方向和坡度的几何要素，并在实地标设。

（4）施工中及时测量并填绘贯通工程进展图（比例尺不小于 1∶1000），检查巷道是否偏离设计位置。当两工作面相距约 50～100m 时，完成最后一次复测工作，并调整好贯通的方向和坡度。当两工作面相距约 20m 时，测量人员应把这一情况以书面形式通知施工单位和安全部门，以便停止一方作业，并在贯通地点采取安全措施。

（5）巷道贯通后测量实际偏差值。一般可将两端经纬仪导线和水准导线闭合，计算出各项闭合差，即可得出实际偏差。贯通后巷道在容许范围内的偏差应通过适当修整巷道来消除。

（6）编写贯通测量技术总结报告。其内容是贯通测量工作的组织与实施情况、测量工作的经验与教训、新仪器与新技术的应用和贯通后测得的实际偏差值等。它应连同贯通测量设计书及全部测量计算和图纸资料一起作为技术档案资料保存，便于今后查阅和使用。

此外，对长距离重要贯通测量还应考虑边长的海平面改正和高斯投影面改正，导线通过倾斜巷道时经纬仪竖轴的倾斜改正。对短距离次要巷道贯通，或虽属重要贯通但矿山已有类似贯通测量的成功经验时，可不再做贯通测量设计，而根据经验直接采用以前的测量方案与方法。特别值得指出的是：对于一些次要巷道的小型贯通，例如采准切割巷道贯通，由于思想上忽视，在测量工作中常出现粗差，使这类巷道不能正确贯通，造成不应有的损失，这是很重要的教训。因此，在这类贯通测量中，对求取标设要素，外业施测和内业计算都必须有可靠的检核，并要独立进行两遍。

### 4.7.2 贯通测量的连测工作和几何要素计算

贯通工程任务下达后，测量人员为了求得指导巷道工作面掘进方向和坡度的数据，必须计算贯通几何要素，包括巷道开切位置，巷道中线的坐标方位角、倾角和贯通距离。为了得出这些几何要素，又必须在两个工作面间通过已有通道进行连接测量。巷道贯通后，它将构成一闭合的测量线路。这种连接测量可以利用已有的测量工作基础，如原有地面三角网和水准网，矿井联系测量所得井下起始边的坐标方位角、起始点坐标和高程，井下导线测量成果等。但对已有测量成果的可靠性和精度、测点保存的完好性等必须进行认真细致的检查和审核，如有疑问要通过实际测量进行检核。特别应注意已有成果所采用的坐标系统是否统一，加入哪些改正数。如果原来没有连接测量成果或成果不可靠和精度过低，就必须重新设计连接测量方案和方法，并根据连接测量结果的平均值计算贯通几何要素。下面就三种典型贯通情况来讨论连接测量方案的选择和几何要素的计算。

#### 4.7.2.1 同一矿井内的巷道贯通

如图 4-63 所示，上下阶段和 1 号斜天井已掘好，要求在两阶段平巷的 $A$、$B$ 之间贯通 2 号斜天井。

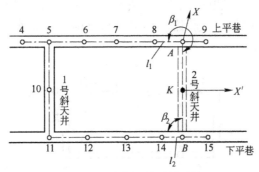

图 4-63 平巷间贯通斜天井

(1) 这种贯通的连接测量是在已有巷道作经纬仪导线测量、水准测量和三角高程测量。如果巷道中已有导线点，在实地标设巷道开切点和方向之前，应重测一遍导线作检核，与原有结果比较相差不大时，则根据两次的平均值计算几何要素，如果没有导线点，应在巷道布点，进行导线、水准和三角高程测量，求得各导线点的平面坐标和高程。然后根据巷道设计位置求出 $A$、$B$ 两点距附近导线点 8 和 14 的平距 $l_1$ 和 $l_2$，在实地标设巷道的开切点。

(2) 计算 $AB$ 之间的水平距离和指向角，由 $A$ 点坐标 $x_A$、$y_A$，$B$ 点坐标 $x_B$、$y_B$，可算出：

$AB$ 的方位角：

$$\alpha_{AB} = \tan^{-1}\frac{y_B - y_A}{x_B - x_A} \tag{4-56}$$

$AB$ 的水平距离：

$$l_{AB} = \frac{y_B - y_A}{\sin\alpha_{AB}} = \frac{x_B - x_A}{\cos\alpha_{AB}} \tag{4-57}$$

掘进指向角：

$$\beta_1 = \alpha_{AB} - \alpha_{9\sim8}$$

$$\beta_2 = \alpha_{BA} - \alpha_{15\sim14}$$

利用指向角 $\beta_1$、$\beta_2$ 可以在实地标设巷道两端的掘进中线方向。

（3）用水准测量测出 $A$、$B$ 两点巷道底板的实际高程 $H_A$ 和 $H_B$，然后计算 $AB$ 间的坡度 $i$ 和斜距 $L_{AB}$：

$$i = \tan\delta = \frac{H_B - H_A}{l_{AB}} \tag{4-58}$$

$$L_{AB} = \frac{l_{AB}}{\cos\delta} \tag{4-59}$$

式中　$\delta$——巷道的倾角。

巷道掘进时按此坡度给定巷道的腰线，由斜距 $L_{AB}$ 可以估计贯通所需的时间。

### 4.7.2.2　两矿井间的巷道贯通

如图 4-64 所示，要求在 2 号竖井下掘到设计水平后在两竖井之间贯通一水平运输大巷。此时，需要进行以下连接测量工作：

（1）两井间的地面连测，可根据地形及设备条件，选用经纬仪导线、独立三角网、矿区三角网中插点、边角网或光电测距导线等方案。如地处山区，地面起伏大，可采用图中的独立三角网连测。在两竖井附近用插点或导线建立两近井点 $A$、$B$，并用水准测量求出两近井点的高程。

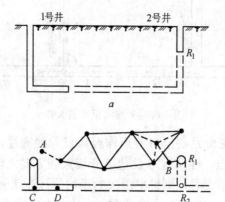

图 4-64　两竖井间贯通平巷
$a$—剖面图；$b$—平面图

（2）矿井联系测量。通过 1 号井作几何定向和导入高程，确定井下水平巷道内一条起始边 $CD$ 的坐标方位角和导线点 $C$ 的坐标和高程，同时还要确定 2 号井井底点 $R_1$ 的高程。

（3）根据贯通巷道的设计长度 $L$ 及坡度 $i$ 和 $C$、$R_1$ 点的高程 $H_C$、$H_{R_1}$，计算出 2 号竖井下掘到设计水平的掘进距离 $h$：

$$h = H_{R_1} - (H_C + L_i) \tag{4-60}$$

2 号井掘至设计水平并按设计的联络石门掘进至贯通大巷的 $R_2$ 点后，在 2 号井作几何定向和导入高程，确定井下一条起始导线边的坐标方位角、$R_2$ 点的坐标和高程。

（4）根据贯通大巷两端起始边的方位角、$C$、$R_2$ 点的坐标和高程，计算两点间连线的方位角、坡度和在两端给掘进中线时所需的指向角。

有条件的矿山，应在两竖井采用陀螺经纬仪定向。

### 4.7.2.3 竖井贯通

竖井贯通就是从地面与井下相向开凿同一竖井。如图 4-65 所示。要在距主井较远的地方开掘 2 号井，并决定一面从地表往下掘进，一面从原运输平巷继续掘进，在井下打好 2 号井的井底车场，在车场巷道中标出 2 号井中心位置后，先向上打小断面反井，贯通后再按全断面刷大成井。这时测量工作内容如下：

（1）进行地面连测，建立主井和 2 号井的近井点。地面连测可视两井间的距离和地形情况，采用导线、三角网、边角网和插点等方案。

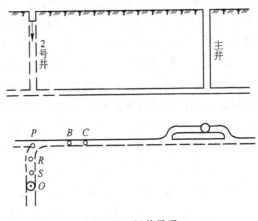

图 4-65　竖井贯通

（2）以 2 号井的近井点为依据，用极坐标法在实地标设 2 号井的中心位置。当 2 号井下掘到一定深度，为确定井下的井筒中心位置，还要实际测定 2 号井井筒中心的坐标。

（3）通过主井进行几何定向或陀螺经纬仪定向，往井下导入高程，确定井下导线起始边的方位角和起始点的坐标和高程。

（4）在井下运输巷道中进行导线和水准测量，确定 $CB$ 边的方位角和 $B$ 点的坐标和高程。

（5）根据 2 号井井底车场设计的出车方向和井中的坐标及运输巷道设计的方向和 $B$ 点坐标，反算转弯处 $P$ 点的位置和相应的弯道，按 $BP$ 和 $PO$ 的方向和距离继续掘进运输巷道和车场。

（6）巷道掘过井中位置后，根据井中 $O$ 点坐标和附近导线点 $S$ 的坐标计算出 $SO$ 的方位角 $\alpha_{SO}$ 和距离 $l_{SO}$ 以及指向角 $\beta$（边 $SO$ 和边 $SR$ 的夹角）

$$\tan\alpha_{SO} = \frac{y_O - y_S}{x_O - x_S} \tag{4-61}$$

$$l_{SO} = \frac{y_O - y_S}{\sin\alpha_{SO}} = \frac{x_O - x_S}{\cos\alpha_{SO}} \tag{4-62}$$

$$\beta = \alpha_{SO} - \alpha_{SR} \tag{4-63}$$

然后准确地用极坐标法在巷道中标定井中位置，并牢固地埋好标桩，由给出的井中位置开始向上打小断面反井。

### 4.7.3　贯通测量误差预计

贯通测量误差预计就是根据所采用的连接测量方案和方法以及所用的测量仪器，在确定出各种精度指标如测角量边误差等参数后，预先估算贯通点处贯通工程在重要方向上的偏差。通过误差预计可以选择出经济合理的测量方案，保证贯通偏差不会超过容许限值，同时也避免盲目追求过高的精度而增加测量费用。

进行贯通误差预计时，测量人员应向设计和施工部门深入了解该工程的设计部署、工程要求限差及贯通可能的相遇地点等情况，并检查设计图纸中有关的几何关系；然后根据已有测量控制网及实地条件选定合适的测量方案，绘制贯通测量设计图，确定误差预计的假定坐标系统。对于平巷或斜巷，通常以贯通点为坐标原点，平巷轴线方向为 $Y'$ 轴；对于竖井，则以井筒中心为坐标原点，$X'$、$Y'$ 轴可取提升中心线方向和与之垂直的方向，也可用原来的坐标轴方向。再根据矿山已有设备及技术力量，选择适当的仪器和测量方法，计算贯通点处重要方向上的贯通误差。计算时测角中误差量边中误差及水准测量中误差应尽量根据矿山已有实际测量结果分析得出。如果没有，在选用规程中的方法，并在施测时遵守其操作规程时，也可采用规程中该方法相应的指标。计算出贯通重要方向上的中误差后，通常是取其两倍作为极限误差，也就是该工程贯通后，可能产生的最大偏差，称为贯通预计误差。当预计出的最大偏差值 $M_m$（即贯通预计误差）小于并接近于容许偏差值，则所选的贯通测量方案和方法是可行的；如果 $M_m$ 小很多，则可适当放宽测量精度，以节省人力和物力；如果 $M_m$ 大于允许偏差值，则要采取措施提高测量精度，增加测量次数，或者改善测量方案，直到最终符合要求为止。

下面就三种典型贯通为例说明贯通误差预计的做法。

#### 4.7.3.1　同一矿井内巷道贯通的误差预计

如图 4-63 所示，在上下阶段平巷之间贯通二号斜天井，预计贯通相遇点为 $K$。误差预计时只需估算井下导线测量和井下高程测量的误差。

(1) 由导线的测角和量边误差引起 $K$ 点在假定的 $X'$ 方向上的误差为：

$$m_{x'_\beta}^2 = \frac{1}{\rho^2} m_\beta^2 \Sigma R_y^2 \tag{4-64}$$

$$m_{x'_l}^2 = \Sigma m_l^2 \cos^2 \alpha \tag{4-65}$$

或

$$m_{x'_l}^2 = a^2 \Sigma l \cos^2 \alpha + b^2 L_x^2 \tag{4-66}$$

式中　$m_\beta$、$m_l$——井下导线的测角和量边误差；

$\quad\quad R_y$——$K$ 点到各导线点连线在假定的 $Y'$ 轴上的投影长，可以从误差预计图上量出（图的比例尺不得小于 1/2000）；

$\quad\quad a$、$b$——量边偶然误差和系统误差系数；

$\quad\quad l$——导线各边的长度；

$\quad\quad \alpha$——导线各边与假定的 $X'$ 轴间的夹角；

$L_x$——导线始点与终点的连线在假定的 $x'$ 轴上的投影长，对于这类贯通 $L_x=0$；

$\rho$——1 弧度的角值，以 s 为单位。

式中的 $l\cos^2\alpha$ 可用图解法直接在误差预计图上量出。

由导线测量引起 $K$ 点在 $X'$ 方向上的误差为：

$$M_{x'_K}=\pm\sqrt{m_{x'_\beta}^2+m_{x'_l}^2} \tag{4-67}$$

导线测量独立进行两次，则两次平均值的中误差为

$$M_{x'_K}(P)=\pm\frac{M_{x'_K}}{\sqrt{2}} \tag{4-68}$$

$K$ 点在 $X'$ 方向上的预计误差为：

$$M_{x'_K}(m)=2M_{x'_K}(P) \tag{4-69}$$

(2) 水准测量和三角高程测量误差引起 $K$ 点在高程上的误差 $m_{H_G}$、$m_{H_J}$ 为：

$$m_{H_G}=m_{hi}\sqrt{R} \tag{4-70}$$

式中  $R$——上下平巷水准测量路线总长度，以百米为单位；

$m_{hi}$——百米长水准测量中误差。

$$m_{H_J}=m_{hL}\sqrt{L} \tag{4-71}$$

式中  $L$——一、二号斜天井的总长，以百米为单位；

$m_{hL}$——百米长三角高程测量的中误差。$m_{hi}$ 和 $m_{hL}$ 可根据实际测量资料确定或取用规程中的指标。

贯通点 $K$ 在高程上的预计中误差

$$m_{H_K}=\pm\sqrt{m_{H_G}^2+m_{H_J}^2} \tag{4-72}$$

高程测量独立进行两次，则两次平均值的中误差为：

$$m_{H_K}(P)=\frac{m_{H_K}}{\sqrt{2}} \tag{4-73}$$

$K$ 点在高程上的预计误差：

$$M_{H_K}(m)=2m_{H_K}(P) \tag{4-74}$$

4.7.3.2  两矿井间巷道贯通的误差预计

$A$  贯通相遇点 $K$ 在水平重要方向 $x'$ 方向上的误差预计

它的误差来源包括：地面控制测量误差，定向测量误差和井下经纬仪导线测量误差。分别求出三项误差后，再求总的中误差，取其两倍作为预计误差。

$a$  地面控制测量

地面控制测量有采用导线、三角网和插点等几种方案。

(1) 导线连测方案的误差预计。误差预计的原理和方法同前面介绍的井下导线测量完全一样，但预计公式中 $m_\beta$、$m_l$ 及 $a$、$b$ 系数是地面导线的误差参数。如果地面导线采用光电测距仪测距，则要求出测距仪测量每一导线边的中误差 $m_l$，用下面公式计算测距议测距误差引起 $K$ 点在 $x'$ 方向上的误差

$$M_{x_{ld}}=\pm\sqrt{\sum m_l^2\cos^2\alpha} \tag{4-75}$$

式中  $\alpha$——导线各边和假定的 $X'$ 轴间的夹角。

由于地面导线对贯通点 $K$ 来说是不闭合的，因此要考虑量边系统误差对贯通的影响。

如果两井间地面用闭合导线连测，则选择其中一条较短的线路按支导线计算，并可以认为相当于对支导线进行了两次独立观测来估算误差。

（2）三角网方案连测的误差预计。三角网包括国家等级三角网和独立小三角网，两者只是观测精度不同。作误差预计时可选择一条较短的路线作导线处理，在施测前测角中误差和量边相对误差可根据选用的测量方法来定；施测后则采用平差后的测角中误差和平差后最弱边相对误差来作为每一边的量边误差。最后计算它们对贯通相遇点 $K$ 在假定的 $x'$ 方向上的影响，计算公式同导线方案。

（3）插点方案连测的误差预计。原有网角度误差的影响可忽略；边长影响则按原有网最弱边的相对中误差计算出两插点连线长度的误差，再计算出它引起的 $K$ 点在 $x'$ 方向上的误差。

关于插点本身误差的影响，根据插点所用的平差方法，求出插点在 $x'$ 方向上的点位误差（也可用误差椭圆求得）和两条近井导线起始边方位角误差引起 $K$ 点在 $x'$ 方向上的误差；另外还需求出两条近井导线测量引起的 $K$ 点在 $x'$ 方向上的误差。最后将求得的上述各项误差取平方和再开方，得到地面插点测量引起贯通相遇点 $K$ 在 $x'$ 方向上的误差。当然这是近似计算法；严密的方法十分复杂，一般没有必要采用。

如果两个插点能互相通视，就以此作为两近井导线的起始方向，这样就可不考虑近井导线起始边方位角误差对贯通的影响。

$b$  定向测量

定向测量误差引起 $K$ 点在 $x'$ 方向上的误差：

$$M_o = \frac{1}{\rho} m_{a_0} R_{y_0} \tag{4-76}$$

式中  $m_{a_0}$——定向误差；

$R_{y_0}$——井下起始点与 $K$ 点连线在假定的 $Y'$ 轴上的投影长度；

$\rho$——弧度的角值。

$c$  井下导线测量

井下导线测量角边误差引起贯通点 $K$ 在假定的 $x'$ 方向上的误差预计公式和同一矿井内巷道贯通的预计公式一样，只是井下导线不是闭合形式，量边误差中还要包括系统误差的影响 $bL_x$ 一项。

在两矿井间贯通长距离巷道，为提高井下定向和井下导线的精度，最好应用陀螺经纬仪作竖井定向，并在井下导线的适当位置加测陀螺定向边。如是，井下导线被分成若干段，每段的两端有陀螺定向边控制方位，故有方位角条件。假若井下在两端支导线中共测了五条陀螺定向边（图 4-66），其中两条为两井底的起始边。导线测角中误差为 $m_\beta$，则三段由陀螺定向边控制的导线对 $K$ 点在重要方向 $x'$ 方向上的影响为：

$$M_{x_1}^2 = \frac{m_\beta^2}{\rho^2} (\Sigma \gamma_{y_{o1_i}}^2 + \Sigma \gamma_{y_{o2_i}}^2 + \Sigma \gamma_{y_{o3_i}}^2) \tag{4-77}$$

式中  $\gamma_{y_{o1_i}}$、$\gamma_{y_{o2_i}}$、$\gamma_{y_{o3_i}}$——相应三段导线的重心 $o_1$、$o_2$、$o_3$ 分别与该段导线各点的连线在 $Y'$ 轴上的投影。

贯通点 $K$ 所在的那两段支导线对 $K$ 点在 $x'$ 方向上的影响为：

$$M_{x_2}^2 = \frac{m_\beta^2}{2\rho^2}(\Sigma R_{y_i}^2)\tag{4-78}$$

式中 $R_{y_i}$——贯通点 $K$（支导线终点）与该两段支导线中各导线点的连线 $R_i$ 在 $Y'$ 轴上的投影长度。

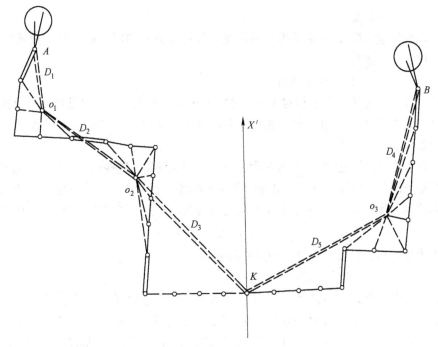

图 4-66　加测陀螺边的贯通预计

五条陀螺定向边误差引起 $K$ 点在 $x'$ 方向上的误差为：

$$M_{x_a}^2 = \frac{m_a^2}{\rho^2}(D_{1y}^2 + D_{2y}^2 + D_{3y}^2 + D_{4y}^2 + D_{5y}^2)\tag{4-79}$$

式中 $D_i$——井下导线起始点至第一个重心点，重心点至相邻重心点，最后一个重心点至贯通点 $K$ 之间的连线长；

$D_{iy}$——$D_i$ 在 $Y'$ 轴上的投影长度。

上述公式中的图形参数（各投影长度）均可在贯通误差预计图上求得。

$B$　贯通相遇点 $K$ 在高程方向上的误差预计

在高程方向上的误差由地面水准测量、导入高程测量、井下水准和三角高程测量等测量误差所引起。分别求出三项误差后，求出总的中误差，再取其两倍作为贯通预计误差。

地面水准测量引起的高程误差计算公式为：

$$m_h = \pm m_{h_l}\sqrt{L}\tag{4-80}$$

或

$$m_h = \pm m_o\sqrt{n}\tag{4-81}$$

式中 $m_{h_l}$——地面水准每千米长度的高程中误差；

$L$——水准路线长度，km；

$m_o$——水准尺读数误差；

$n$——水准测量测站数。

竖井导入高程中误差采用由实际资料分析得出的数据，也可以按规程规定的两次独立导入高程之差求：

$$m_H = \frac{H}{8000 \times 2\sqrt{2}} = \frac{H}{22000} \tag{4-82}$$

式中　$H$——竖井深度。

井下水准测量引起 $K$ 点在高程上的误差，其计算方法和同一矿井巷道贯通的计算方法完全一样，不再重述。

4.7.3.3　竖井贯通的误差预计

这种预计是估算井下井中相对于地面井中的平面位置误差。一般是预计井筒提升中心线方向（作为假定的 $y'$ 方向）和与它相垂直的方向（假定的 $x'$ 方向）上的误差，最后求出平面位置误差。

竖井贯通需要进行地面测量，定向测量和井下导线测量。这些测量环节对贯通相遇点所引起的误差预计方法与两井间巷道贯通的预计方法基本上一样，只是不需要预计高程上的误差，而要同时预计 $x'$ 与 $y'$ 两个重要方向上的误差，并依下式求出平面位置中误差：

$$M_K = \pm\sqrt{M_{x'_K}^2 + M_{y'_K}^2} \tag{4-83}$$

求出中误差后，再取其两倍作为贯通误差预计。

4.7.3.4　用计算机进行贯通误差预计[6]

贯通误差预计常用的方法是在误差预计图上，逐项量取误差预计公式中各个图形参数，列表进行统计计算。其中 $l_i\cos^2\alpha_i'$ 一项还要在图上进行两次投影后量取。这样做不仅费时而且不如直接用公式算出的数值准确。采用计算机计算可大大提高效率及准确性。

贯通预计中由导线及定向引起的重要方向误差 $M_{x_t}$ 及 $M_{x_o}$ 为：

$$M_{x_t}^2 = \left(\frac{m_\beta}{\rho}\right)^2 \sum_1^n R_{y_i}^2 + a^2 \sum_1^n l_i\cos^2\alpha_i + b^2 L^2\cos^2\gamma \tag{4-84}$$

$$M_{x_o}^2 = \left(\frac{m_{\alpha_o}}{\rho}\right)^2 R_{y_o}^2 \tag{4-85}$$

式中　$L$——导线起点和终点连线长；

　　　$\gamma$——导线起点和终点连线与 $KX'$ 轴之夹角；

　　　其他符号同前。

一般以贯通相遇点 $K$ 为原点，$KX'$、$KY'$ 为假定坐标轴，由坐标转换公式有：

$$x_i' = (x_i - x_K)\cos\theta + (y_i - y_K)\sin\theta \tag{4-86}$$

$$y_i' = (y_i - y_K)\cos\theta - (x_i - x_K)\sin\theta \tag{4-87}$$

式中　$x_K$、$y_K$——贯通相遇点 $K$ 的坐标值；

　　　$x_i$、$y_i$——导线各点的坐标值；

　　　　$\theta$——$KX'$ 轴与 $X$ 轴的夹角，顺时针为正。

上述公式编成坐标转换程序，作为贯通误差预计程序的一部分，可自动算出导线各点的假定坐标。引用假定坐标，贯通误差预计公式就可简化成：

$$M_{x_t}^2 = \left(\frac{m_\beta}{\rho}\right)^2 \sum_1^n (y_i')^2 + a^2 \sum_1^n \left[(x_{i+1}' - x_i')\cos\left(\arctan\frac{y_{i+1}' - y_i'}{x_{i+1}' - x_i'}\right)\right] + b^2 (x_1' - x_n')^2 \tag{4-88}$$

$$M_{x_0}^2 = \left(\frac{m_{a_0}}{\rho}\right)^2 y_1'^2 \tag{4-89}$$

将上式及坐标转换式编成程序，只要输入导线点的坐标，就可按不同的测角、量边、定向误差算出贯通点的预计偏差。此外，除了直接算出贯通偏差外，还能很方便地改变测量误差参数，对不同的贯通测量方案进行误差计算，以便选择出最佳的贯通测量方案。

### 4.7.4 贯通测量实例

**实例一** 中条山有色金属公司铜矿峪矿长距离水平大巷全断面贯通测量[7]

(1) 巷道工程设计与施工概况

该矿设计开掘一深为 240m，断面为 33.94m² 的圆形竖井（1 号竖井）。同时再开掘一条长 4307m，断面为 18.3m² 的水平大巷（平硐）与 1 号竖井相通，为解决通风问题，在离平硐口 2000m 处的水平大巷右侧开掘一深为 180m，断面为 7.25m² 的长方形小竖井。在施工方法上采用多头作业、快速掘进、一次成巷的方案，三个作业面同时施工，最后水平大巷在 K 点贯通（见图 4-67）。

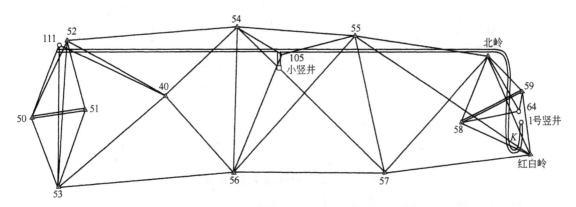

图 4-67 铜矿峪矿贯通示意图

(2) 贯通测量方案与贯通误差预计结果

通过误差预计和反复研究，最后确定的测量方案是：在地面布设城市Ⅱ等三角网和国家三等水准网作为地表控制。三角网平差结果，测角中误差为 ±1.4″，最弱边相对中误差为 $\frac{1}{142000}$，最弱点点位中误差为 ±0.028m。分别采用固定角内插一点和三角形内插一点的方法建立了 111、64、105 三个近井点，由近井点给出竖井、平硐口的开掘位置，并采用延伸三角形进行竖井几何定向，一次定向中误差为 ±46″。井下敷设等边延伸形高级导线，平均边长 100m 左右，测角中误差为 ±5.9″，量边相对中误差为 $\frac{1}{8000}$。高程方面，地面用国家三等水准网，竖井采用长钢尺导入高程，井下用导线点兼作水准点，按井下Ⅰ级水准施测。针对以上测量方案进行误差预计，并取两倍中误差为贯通预计偏差，得到大巷重要方向水平面内预计误差为 ±0.242m，竖直面内预计误差为 ±0.104m。设计的容许偏差值水平方向为 ±0.5m，竖直方向为 ±0.2m。故贯通测量方案足以保证水平大巷的正确贯通。

(3) 巷道贯通情况及测量方案评述

该工程由于精心设计测量方案，认真施测和计算，并有复测检核措施，保证了巷道正确贯通。贯通后实际测得重要方向水平偏差为 0.168m，竖直偏差为 0.003m，都在设计偏差值之内。本工程测量方案采用了常规测量仪器和方法，特别是地面按城市 II 等三角网建立了控制网（按老规范），精度是较高的。尽管实测结果未达到 II 等网的要求，但总的外业及内业工作量都很大。从容许偏差和预计误差对比来看，上述方案精度稍偏高。此外，方案中如果采用电磁波测距和陀螺经纬仪定向等新技术，将可大大提高工作效率，节约成本，保证工程质量。这一点从下例可以看出。

**实例二**　淮北矿务局杨庄矿主井和风井间运输大巷贯通测量[8]

该矿在两竖井之间贯通水平运输大巷。两井筒间直线距离为 5.6km，主井和风井深度分别为 217m 和 102m，井下导线长度为 7km，井上下整个测量距离为 13km，贯通工程布置如图 4-68 所示。施工时在风井一侧由井底车场掘进石门并开拓一斜坡道至 -180m 运输大巷，再向西掘进运输大巷；从主井一侧往东掘进 -180m 运输大巷，两边相向掘进，在 $K$ 点处全断面（12m²）贯通。

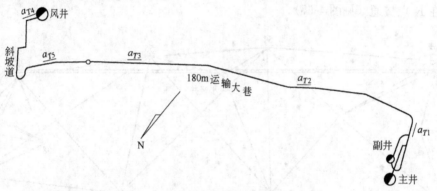

图 4-68　淮北杨庄矿运输大巷贯通

（1）贯通测量方案的误差预计与测量方案选择

为确保这一工程顺利贯通，设计了三种测量方案并分别进行了误差预计，各种测量方案及误差预计结果见表 4-31。

表 4-31　贯通测量方案与误差预计

| 序　号 | 测　量　方　案 | 预 计 误 差（mm） | |
|---|---|---|---|
| | | 水平重要方向 | 竖直方向 |
| 1 | 地面在矿区三角网内用双点后方交会建立两近井点；竖井用两次独立几何定向；井下两次 7″级经纬仪导线 | ±1226 | ±84 |
| 2 | 地面测量同第一方案，竖井用三次独立几何定向；井下三次 7″级经纬仪导线 | ±1006 | ±84 |
| 3 | 地面用测距仪导线；竖井用陀螺经纬仪定向；井下两次 7″级导线；在风井一侧加测一条陀螺定向边，在主井一侧加测两条（$N=2$）或三条（$N=3$）陀螺定向边 | ±498（主井 $N=2$）　±424（主井 $N=3$） | ±84 |

由表 4-31 中各种测量方案的预计误差数值看出：常规测量方法和增加测量次数的预计误差均远远超过了工程容许贯通偏差值。只有选择第三种测量方案，才能保证巷道正确贯通。

(2) 贯通测量工作

地面导线用短程红外测距仪测距,按四等三角网要求测角;井下除在两竖井用陀螺仪定向外还加测了三条陀螺定向边,采用 GAK-1 型陀螺经纬仪用中天法和 JT-15 型陀螺经纬仪用逆转点法观测。在副井下放一根钢丝进行坐标导入测量。高程方面,地表用四等水准测量;竖井用长钢尺导入高程;井下用三角高程测量和水准测量测定导线点的高程。

这一工程于 1982 年 10 月顺利贯通。测得贯通后水平面内实际偏差为 0.187m,竖直方向上实际偏差为 0.007m;坐标闭合差:$\Delta x=0.160m$, $\Delta y=0.098m$;方位角闭合差 $\Delta\alpha=1''$。贯通测量中应用了测距仪和陀螺经纬仪等新手段,节约了时间和人力,减轻了劳动强度,保证了长距离大巷的贯通。特别是不作竖井几何定向,仅用了副井两小时提升空隙时间作导入坐标测量,减少了占用井筒时间,有明显的经济效益,值得其他矿山参考和借鉴。

## 4.8 露天矿测量

### 4.8.1 露天矿测量的主要工作

露天矿测量所用的仪器和测量方法与地形测量有许多共同之处。

露天矿测量的主要工作[5]有:(1) 建立矿区测量控制网;(2) 矿区地形测量;(3) 线路测量;(4) 露天矿工作控制测量;(5) 露天矿生产测量;(6) 边坡移动观测;(7) 绘制各种矿山测量图。本节只针对露天矿开采的特点,介绍露天矿开采所特有的工作控制测量和生产测量。

### 4.8.2 露天矿平面工作控制测量

露天矿区范围内布设有表 4-2 所示的基本平面控制网点,这些点应均匀分布在矿坑四周边帮上并造标埋石,但其密度一般满足不了露天矿测量工作的需要。因此,应在其基础上加密布设工作控制网(点)作为露天矿生产测量工作的基础。工作控制点相对于附近的基本控制点的点位中误差和高程中误差不应大于表 4-32 的要求。

表 4-32 工作控制点点位中误差和高程中误差

| 等 级 | 点 位 中 误 差 (m) | | 高 程 中 误 差 (m) | |
|---|---|---|---|---|
| | 采、剥区 | 排土场等 | 采、剥区 | 排土场等 |
| I | 0.07 | 0.15 | 0.05 | 0.10 |
| II | 0.10 | 0.20 | 0.07 | 0.15 |

工作控制网(点)一般分为两级,在矿区基本控制网基础上加密布设的为 I 级工作控制网;在矿区基本控制网和 I 级工作控制网基础上再加密布设的为 II 级工作控制网。工作控制点要均匀布设在露天采区工作平盘上,必要时也应布设在矿坑边帮上,而且要根据测图比例尺的要求,保证一定的密度。

建立露天矿工作控制网(点)的方法主要根据露天矿地形、矿坑轮廓、开采深度、开采方向和所采用的碎部测量方法来确定。一般可用三角网、三边网、电磁波测距导线、经纬仪导线和交会法等方法建立。下面介绍几种常用的方法。

#### 4.8.2.1 经纬仪导线法

此法适用于地形比较平坦,便于量边的情况。如图4-69所示。在每个工作平盘的两端先用交会法测定两个已知点 $A_1$、$B_1$,$A_2$、$B_2$,$A_3$、$B_3$,然后在 $A$、$B$ 间敷设附合导线。图4-70则是在 $A$、$G$ 两个基本控制点间,通过每个工作平盘敷设Ⅰ级经纬仪导线 $A$—$B$—$C$—$D$—$E$—$F$—$G$。然后在每个工作平盘上的Ⅰ级经纬仪导线点间敷设Ⅱ级附合导线。

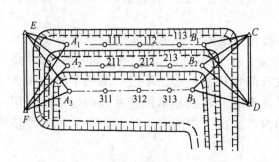

图4-69　交会法和导线法建立工作控制网

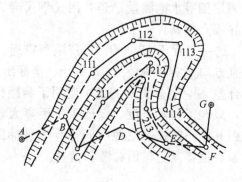

图4-70　导线法建立工作控制网

Ⅰ、Ⅱ级经纬仪导线的技术要求见表4-33。

表4-33　测设工作控制导线主要技术要求

| 地 点 | 级 别 | 附合条件 | 导线总长 (m) | 相对闭合差 | 边 长 (m) | 往返较差 相对误差 | 测角中误差 (″) | 方位角闭合差 (″) |
|---|---|---|---|---|---|---|---|---|
| 采剥区 | Ⅰ | 基本控制点 | 1000 | $\dfrac{1}{2000}$ | 150 | $\dfrac{1}{3000}$ | ±30 | $±60\sqrt{n}$ |
|  | Ⅱ | Ⅰ级工作控制点 | 700 |  |  |  |  |  |
| 排土场 | Ⅰ | 基本控制点 | 2000 | $\dfrac{1}{2000}$ | 150 | $\dfrac{1}{3000}$ | ±30 | $±60\sqrt{n}$ |
|  | Ⅱ | Ⅰ级工作控制点 | 1500 |  |  |  |  |  |

注：$n$ 为测站数。

在有条件的矿山,可采用电磁波测距导线。此时可使用Ⅱ、Ⅲ级测距仪,量边时,可采用两测回读数进行单向观测。

#### 4.8.2.2　交会法

露天矿形状复杂,开采深度较大,实地丈量边长有困难时,可采用交会法建立工作控制点。测角交会法又有前方交会、侧方交会和后方交会。利用测距仪时,可用边交会。

采用前、侧方交会法测设工作控制点,应由三个已知点构成交会图形;交会角应在30°～120°之间,当交会边长大于800m时,交会角应在40°～110°之间。当用侧方交会只解算一组坐标时,必须利用多余观测方向进行检核。

后方交会法在露天矿用得比较多,因为后方交会法比前、侧方交会法灵活、方便、省时省力。后方交会应在待定点 $P$ 上观测四个已知点 $A$、$B$、$C$、$D$ 的方向,得出交会角 $\beta_1$、$\beta_2$、$\beta_3$,其中第四个方向作检查之用(图4-71)。

后方交会点一般应独立解算两组坐标,两组坐标值的较差,对采场不应大于0.2m,对排土场不应大于0.4m,取平均值或图形强度较高的一组坐标值作为最后结果。

如果后方交会在待定点上只观测三个已知点的方向时,应尽量将待定点选在三个已知点所构成的三角形内。

交会法测设工作控制点的水平角观测采用方向观测法,测回数和观测限差见表4-34。

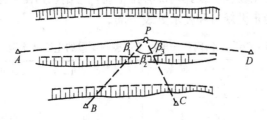

图 4-71 后方交会法建立工作控制网

**表 4-34 交会法测设工作控制点时水平角方向观测法的技术要求**

| 等级 | 仪器类型 | 测回数 | 半测回归零差 (″) | 一测回中两倍照准差变动范围 (″) | 各测回互差 (″) | 测角中误差 (″) | 仪器对中误差 (mm) |
|---|---|---|---|---|---|---|---|
| I | DJ₂ | 1 | 8 | 13 | 9 | 10 | 3 |
| | DJ₆ | 2 | 24 | 30 | 24 | 10 | 3 |
| II | DJ₆ | 1 | 24 | 30 | — | 20 | 3 |
| | DJ₁₅ | 2 | 60 | 70 | 60 | 20 | 3 |

采用边交会时,计算出待定点坐标后应反算边长以资检核。各种交会计算公式见表 4-35。侧方交会的计算公式与前方交会相同。边交会公式只适用于已知点不在同一直线上。利用 PC-1500 机进行各种交会计算可在野外即时算出待定点坐标。

### 4.8.2.3 三角网法

**表 4-35 各种交会计算公式**

| 图形及观测元素 | 计算公式 | 说明 |
|---|---|---|
| | $D_{AP} = \dfrac{D_{AB}\sin\beta}{\sin(\alpha+\beta)}$;  $D_{BP} = \dfrac{D_{AB}\sin\alpha}{\sin(\alpha+\beta)}$<br>$x_{P_1} = x_A + D_{AP}\cos\alpha_{AP}$;  $y_{P_1} = y_A + D_{AP}\sin\alpha_{AP}$<br>$x_{P_2} = x_B + D_{BP}\cos\alpha_{BP}$;  $y_{P_2} = y_B + D_{BP}\sin\alpha_{BP}$<br>$x_P = \dfrac{x_{P_1}+x_{P_2}}{2}$;  $y_P = \dfrac{y_{P_1}+y_{P_2}}{2}$ | $D_{AB}$ 为 $AB$ 边已知边长;$\alpha_{AP}$ 为 $AP$ 边方位角;余类推 |
| | $\dfrac{1}{2}(\varphi+\psi) = 180° - \dfrac{1}{2}(\alpha_{CA}-\alpha_{CB}+\alpha+\beta)$<br>$\tan\varphi = \dfrac{D_{AC}\sin\beta}{D_{CB}\sin\alpha}$;  $\tan\dfrac{\varphi-\psi}{2} = \cot(\varphi+45°)\tan\dfrac{\varphi+\psi}{2}$<br>$\varphi = \dfrac{1}{2}(\varphi+\psi) + \dfrac{1}{2}(\varphi-\psi)$<br>$\psi = \dfrac{1}{2}(\varphi+\psi) - \dfrac{1}{2}(\varphi-\psi)$ | $\varphi$ 和 $\psi$ 为待求角值;求出后即可计算 $\angle ACP$,$\angle BCP$,并用正弦公式计算 $D_{AP}$、$D_{BP}$ 边长,然后计算 $P$ 点坐标 |
| | $x_P = x_B + \dfrac{H_1\Delta y_{BC} - H_2\Delta y_{BA}}{\Delta x_{BA}\Delta y_{BC} - \Delta y_{BA}\Delta x_{BC}}$<br>$y_P = y_B + \dfrac{H_1 - \Delta x_{BA}\Delta x_{BP}}{\Delta y_{BA}}$<br>$H_1 = \dfrac{1}{2}(D_{BA}^2 + b^2 - a^2)$;  $H_2 = \dfrac{1}{2}(D_{BC}^2 + b^2 - c^2)$ | $\Delta y_{BC} = y_C - y_B$,余类推 |

当露天矿坑的走向比较长，或其内部有排土场，可用三角网或线形锁法建立工作控制网。三角网和线形锁的布设规格和要求见表 4-36。

**表 4-36　三角网和线形锁工作控制测量的主要技术要求**

| 级　别 | 边　长 (m) | 测角中误差 (″) | 测回数 J₆ | 三角形最大闭合差 (″) | 方位角闭合差 (″) | 锁的三角形 最多个数 |
|---|---|---|---|---|---|---|
| Ⅰ | 200 | ±10″ | 2 | ±30″ | $±20\sqrt{n}$ | 12 |
| Ⅱ | 150 | ±20″ | 1 | ±60″ | $±40\sqrt{n}$ | 10 |

注：$n$ 为所经线路角数。

为了保证图形强度，三角网和线形锁的任何角度一般不应小于 30°。

此外，利用电磁波测距仪用极坐标法测设工作控制点也是非常方便省力的。水平角观测中误差应不超过 ±10″，测距精度不应低于 ±5cm。如采用竖角化算水平边长及测距三角高程时，竖角观测中误差应不大于 ±10″。

### 4.8.3　工作控制点的高程测量

工作控制点的高程采用几何水准测量和三角高程测量方法测定。四等以上水准点可作为采场水准基点，水准点距采场较远时，按四等水准测量要求引测采场水准基点。采场水准基点应设在采场附近不易受损坏的地方，埋设永久性或半永久性标石。工作控制点的高程由采场水准基点开始用等外水准测定。

用三角高程测量独立交会工作控制点的高程时，其已知控制点高程应有四等水准点的精度。单觇方向应不少于三个，个别困难条件，才允许以两个方向测定。竖直角观测应符合表 4-37 规定。

**表 4-37　工作控制点三角高程测量竖直角观测的技术要求**

| 地　点 | DJ₂ | | | DJ₆ | | |
|---|---|---|---|---|---|---|
| | 最大边长 (m) | 测角中误差 (″) | 测回数 (中丝法) | 最大边长 (m) | 测角中误差 (″) | 测回数 (中丝法) |
| 采　场 | 1000 | 10 | 1 | 1000 | 10 | 2 |
| 排土场 | 1600 | 10 | 1 | 1600 | 10 | 2 |

由不同方向（或对向）观测求得的高程互差对采场工作控制点应不大于 0.15m；对排土场应不大于 0.3m，不超过限差规定时，取平均值作为最后结果。三角高程单向观测，距离超过 400m 时，应进行地球曲率和折光改正。仪器高和觇标高用钢尺量至 0.5cm，两次丈量之差应不大于 1cm，取平均值作为最后结果。

### 4.8.4　露天矿工作控制测量实例

武汉钢铁公司大冶铁矿东露天采场长约 3km，宽 0.3～1.0km。坑顶最高点高程 276m，最终坑底设计高程为 −168m，72m 以下为凹形露天开采。该矿主要采用后方交会法作 Ⅱ 级工作控制测量，为了满足后方交会测量的需要，在不同开采时期采用了不同方法测设 Ⅰ 级工作控制点。

在上部水平开采时期,视野开阔,与采场附近的矿区Ⅳ等控制点通视良好,直接利用矿区控制网作采场的工作控制网,用后方交会法建立采场内各水平的Ⅱ级工作控制点,其高程用三角高程测量方法测定。后方交会点至矿区控制点距离在1km左右,采用DJ$_2$级经纬仪一测回或DJ$_6$级经纬仪二测角,观测四个方向,用检验角检核测量成果的正确性。随着采场的延深,采场内与部分矿区Ⅳ等三角点不能通视,于是,以Ⅳ等三角点1480和矿2为已知边,测设一中点多边形,在矿坑周围建立矿3、狮南、尖南、尖北四个Ⅰ级工作控制点(图4-72)。用DJ$_2$级经纬仪四个测回测角,测角中误差 $m_\beta = \pm 3.2''$;由于图形强度较差,最弱边相对中误差为 $\frac{1}{17600}$。

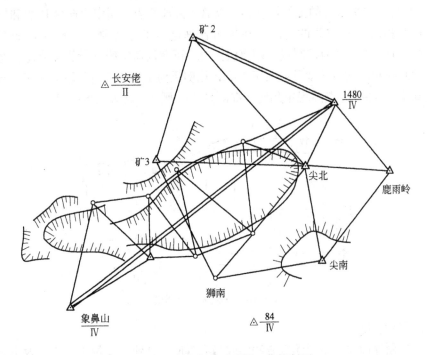

图 4-72 大冶东露天采场工作控制网

采场向深部开采形成深凹露天坑以后,采矿坑越来越窄,视野越来越受限制,而Ⅰ级工作控制点必须往下敷设。采用线形锁在采场两侧的固定边帮上建立Ⅰ级工作控制网(图4-72)。线形锁用DJ$_2$级经纬仪六个测回测角,竖直角用三丝法测一个测回。采用严密平差法平差计算该网,水平角测角中误差 $m_\beta = \pm 3.0''$,最弱边相对中误差为 $\frac{1}{49000}$。工作控制点高程用三角高程测量测定。

所有Ⅰ级工作控制点都埋设在基岩上,并建2.5m高的简易觇标,每年对简易觇标检查一次。工作平盘上的Ⅱ级工作控制点则用红油漆直接在岩石上标出。

应当指出的是,所采用的Ⅰ级工作控制网施测精度偏高(本实例由黄德荣提供)。

### 4.8.5 露天矿生产测量

露天矿生产测量包括采剥工作、爆破工作、地质勘探工作所需要的测量以及机械设备和地面建筑(包括运输线路的位置)的测定,有时还要进行一些局部的地形测量。

4.8.5.1 采剥工作测量

测量方法有经纬仪视距测量法、平板仪测量法、剖面线测量法、支距测量法、激光地形仪法和摄影测量法等。各矿山应根据自己的特点和条件选用某一种方法。目前我国露天矿广泛使用的主要是经纬仪视距测量法,此外,有些矿山也采用剖面线法或支距法。

A 经纬仪视距测量法

本法是在工作控制点上摆经纬仪,用视距法测出坡顶、坡底线上特征点的位置,按极坐标法绘出平面图。它与地形测量中碎部测量方法相同。

B 支距测量法

对于露天采矿作业条件比较正规的中小型矿山可采用支距测量法。该方法如图 4-73 所示。A、B 为工作平盘上的工作控制点,以 AB 为基准线,测定台阶坡顶线和坡底线的特征点 1~12 相对于基准线的垂距,并量出各垂足至工作控制点的距离,如图中 Aa、Ab、…、Bi、Bj…等。当两控制点间距离较大时,可用仪器定线分段丈量支距。当测图比例尺为 1∶2000 时,支距长度不应大于 15m;比例尺为 1∶1000 时,不应大于 10m。距离丈量取到 0.1m,各碎部点高程用几何水准测量方法测定,读数取到厘米。

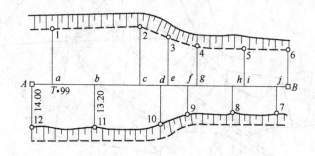

图 4-73 支距法测碎部点

C 摄影测量法[9]

露天矿应用地面立体摄影测量方法验收具有省时、外业工作量少、工作效率高、节省成本和测量资料便于保存和管理等优点。这种方法在国外应用较多;在我国矿山则尚处于试验研究阶段,测量方法与测量成果的处理、测量精度等许多问题尚需进一步试验。

a 摄影基线的选择与测定

摄影基线的选择,一是便于使用,二要保证测图精度。为此,摄影基线可设置在固定帮上且与开采台阶大致平行。为保证最大竖距 $Y_{max}$ 处的点位精度,要合理确定摄影竖距 $Y$ 与摄影基线 $b$ 的比值。根据各矿山摄影竖距的不同,可按下列公式确定基线长度:

$$b_{max} \leqslant \frac{1}{4} Y_{min} \tag{4-90}$$

$$b_{min} \geqslant \frac{1}{20} Y_{max} \tag{4-91}$$

当最大竖距 $Y_{max}$ 处的交会精度能满足成图的最低精度要求时,其余部分的精度就可得到保证。

为保证测图精度，摄影基线的丈量精度必须保证达到 $\frac{m_b}{b} \leqslant \frac{1}{2000} \sim \frac{1}{3000}$。

*b* 象控点的测设

一般每一像对的有效像幅内不得少于 3 个像控点。像控点的测量方法是：在摄影基线端点上置仪器，采用极坐标法用红外测距仪测距，DJ$_2$ 级经纬仪测水平角来测定。其点位精度不得低于 ±0.1m。摄影时在像控点上置专用觇牌。

*c* 摄影

摄影方式采用水平正直摄影及水平等偏摄影，最小偏角 10°，最大偏角 25°，用摄影经纬仪按常规方法摄影。

*d* 内业成图与矿量计算

根据每月验收时所摄取的立体像对的底板（干板）在自动成图仪上（如 *TECHNOCART*）成图。成图是按照选定的成图比例尺，按像对构成的立体模型绘出每月所验收台阶的坡顶线和坡底线，每隔 1.5cm（在 1：1000 图上）取一高程点。用机械法求相邻两月份坡顶线所围面积及相邻两月坡底线所围面积，求其平均面积，再根据坡顶线及坡底线所测取的高程点计算平均段高，由此可求得验收矿量的体积。实践证明：摄影测量法验收精度高于经纬仪视距法。应用此方法验收矿量特别适合于凹型露天矿，一次可摄影多个台阶，在精度、效率及劳动强度等方面均优于普通测量法。

4.8.5.2 技术境界及采掘界线的测量[1]

露天开采的最终境界，滑坡处理境界及采掘计划进度线应根据设计，以解析法或图解法求得坐标（或设计直接给定的坐标），用经纬仪配合量距或视距极坐标法在实地标出，每 10～30m 设一标志。采用图解法求坐标时，图的比例尺不应小于 1：1000。技术境界线和掘沟中心线的标定精度要求见表 4-38。

**表 4-38 技术境界线和采掘界线的标定精度**

| 项　　目 | 平面位置中误差（m） | 高程中误差（m） |
|---|---|---|
| 露天开采的最终境界线 | 0.3 | 0.2 |
| 采掘计划进度线 | 0.5 | 0.2 |
| 掘沟中心线：固定坑线 | 0.3 | 0.2 |
| 　　　　　　移动坑线 | 0.5 | 0.2 |

4.8.5.3 爆破工程测量

爆破工程测量的主要工作有：

(1) 提供爆破区段的地形图（比例尺 1：200～1：500）。

(2) 将设计图上的炮孔位置或硐室开口位置标定于现场。标定所需的数据用图解法在设计图上求得，一般用极坐标法进行标定。同时爆破的一排炮孔只需标定一个，该排的其他炮孔位置可依炮孔中心距离和炮孔距坡顶线的垂距来确定。

(3) 凿岩工程完工后实测爆破硐室位置、规格以及爆破区段的现状。深孔爆破工程穿孔完毕之后，应以经纬仪视距极坐标法测出实际孔位和高程，用皮尺丈量孔间距；同时测出坡顶线、坡底线、下平盘标高和地质界线。爆破后，根据需要测量实际后冲线，爆堆形状和地质界线等。此外，测量新台阶的剖面，以便验收测量及计算爆破量时使用，亦可供爆破人员分析研究爆破效果。

（4）爆破测量的内业工作有：绘制爆破地区的平面图、剖面图，计算爆破量等。在剖面图上可以确定最小抵抗线及下盘抵抗线的大小、炮孔的超深情况。这些均是研究提高爆破效率的主要资料。

#### 4.8.6　露天矿产量统计

露天矿剥离工程量的统计方法，一般以从台阶运出岩土的矿车数乘以矿车的平均容积计算。

矿石回采量的统计方法有：矿车计数统计法、地秤计量法和验收测量计算法等。一般矿山规定产量统计工作以地测部门验收数据为准。计算矿石回采量，主要是计算已采矿岩的体积。计算体积的方法有水平断面法和垂直断面法两种。当采剥工作平盘比较规则，高度变化不大时，宜采用水平断面法。它是在测绘出的平面图上量测相邻两个月份的坡顶线所围成的面积和相邻两月份坡底线所围成的面积，求其平均面积，再乘以平均段高，即得出验收矿量的体积。当采剥工作平盘不规则，高度变化比较大时，则采用垂直断面法，作出垂直断面后量测断面面积，再乘以断面间距得验收矿量体积，体积乘矿石体重得矿石回采量。测量部门每月验收一次并进行产量计算与统计。矿、岩量验收允许误差：5 万吨以下为 5%，5～10 万吨为 4%，10～20 万吨为 3%，20 万吨以上为 2%。

验收测量中，还应测定结存的爆区矿岩量。可以直接在实地进行剖面测量，也可用经常仪视距极坐标法测出爆堆边线、顶线、底线、阶段下平盘的高程和爆堆表面的高程。根据爆堆表面的变化情况，一般每 50～100m² 应测一高程点。

除按月验收外，每年度采剥范围内的采出矿、岩量应按图纸作一次复核性的总计算，总计算结果与按月计算累计数相差不应超过下述限值：100 万吨以上为 1.5%，30～100 万吨为 2%，30 万吨以下为 3%。

## 4.9　岩层与地表移动观测

#### 4.9.1　岩层与地表移动观测的目的

岩层和地表移动的观测工作，是了解和掌握移动规律的基本途径。观测的目的可概括为：

（1）通过实地调查和仪器观测，及时掌握采空区围岩及上覆岩层与地表的移动变形征兆，为安全合理的开采及井巷建筑物的保护提供资料；

（2）研究不同地质和采矿技术条件下，岩层和地表移动过程的基本规律及其与各种因素之间的关系；

（3）确定移动过程的各种参数，如移动角、裂隙角、最大下沉角等；

（4）观测研究放顶及各种不同的处理采空区方法的效果。

#### 4.9.2　几个常用的基本概念

为了描述和表征岩层和地表移动过程需用下列一些主要概念和术语：

（1）岩层内部移动的分带。开采水平及倾斜矿体时，岩层移动停止后，整个地层按其破坏情况可分成三个带（图 4-74 中的 I、II、III）。直接顶板被破坏成碎块并向采空区冒落，构成冒落带；冒落带上方产生裂缝、离层及断裂但仍保持层状结构的那部分岩层称为裂缝带；裂缝带上方只产生弯曲移动而不破裂的岩层称为弯曲带。三带的高度主要取决于采出厚度、采矿方法、开采深度、岩层倾角及岩石性质。它们不一定同时存在。开采急倾斜矿体时，除顶盘岩层外，底盘岩层也将产生破坏和移动（图 4-76）。

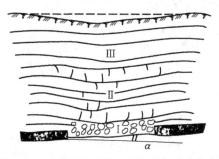

图 4-74   开采水平矿体时岩层内部移动分带

（2）移动盆地、主断面及危险变形区。地表移动后在采空区上方形成沉陷的洼地，称为移动盆地。当采空区为长方形时，盆地大致为椭圆形。盆地与采空区相对位置决定于矿层倾角。图 4-75 表示矿层开采时的移动盆地。通过移动盆地的最大下沉点，沿走向或倾向所作的竖直剖面 $AB$ 和 $CD$ 称为移动盆地的主断面。在移动盆地内对各种建筑物会产生破坏作用的区域称危险变形区。开采急倾斜厚矿体时，在盆地中央部分，地表有可能出现崩落区，即出现塌陷漏斗、陷坑、台阶坡地等。崩落区以外，还出现裂缝区，如图 4-76 所示。

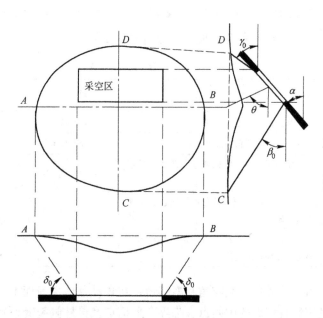

图 4-75   倾斜矿层开采时的移动盆地

（3）地表的移动和变形值。移动盆地内产生两种移动值：下沉和水平移动；三种变形值：倾斜、曲率和水平变形（表 4-39）。

对建筑物产生变形和破坏的不是移动值，而是变形值。凡不需要维修能保持建筑物正常使用所允许的地表最大变形值称为临界变形值。对一般砖石结构建筑物，其临界变形值见

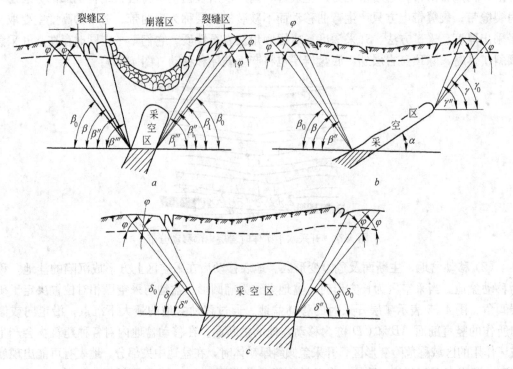

图 4-76　极限移动角、移动角、裂隙角和崩落角

*a*—急倾斜矿体垂直走向剖面；*b*—倾斜矿体垂直走向剖面；*c*—沿走向剖面

表 4-39。用临界变形值，可在移动盆地内划分出危险变形区。

表 4-39　地表的移动和变形值

| 名　称 | 代表符号 | 定　　义 | 单　位 | 说　明 |
|---|---|---|---|---|
| 下　沉 | $w$ | 一点位移值的竖向分量 | mm 或 m | 向下为正 |
| 水平移动 | $u$ | 一点位移值的水平分量 | mm 或 m | 一般指沿主断面方向 |
| 倾　斜 | $i$ | 一线段两端点下沉值之差和此线段长度之比 | mm/m 或 $10^{-3}$ | 临界变形值为 4mm/m |
| 曲　率 | $k$ | 两相邻线段之倾斜差与此两线段长度平均值之比 | $10^{-3}$/m | 上凸为正、临界变形值为 $0.2 \times 10^{-3}$/m |
| 水平变形 | $\varepsilon$ | 一线段两端点沿线段方向水平移动值之差与此线段长度之比 | mm/m 或 $10^{-3}$ | 拉伸为正、临界变形值为 2mm/m |

（4）极限移动角、移动角、裂隙角和崩落角。在移动盆地主断面上，可分别用下沉为 14mm 之点与外侧相邻观测点的中间点、临界变形值点及最外侧裂缝位置确定出盆地的最外边界、危险变形区边界及裂缝边界，这些边界点和相应采空区边界的连线与水平线在采空区外侧的夹角，分别称为极限移动角（$\delta_0$、$\beta_0$、$\gamma_0$、$\beta_{10}$）、移动角（$\delta$、$\beta$、$\gamma$、$\beta_1$）及裂隙角（$\delta''$、$\beta''$、$\gamma''$、$\beta_1'$）。各种角度在走向方向用 $\delta$ 表示，采空区下侧方向用 $\beta$ 表示，采空区上侧方向用 $\gamma$ 表示，急倾斜下盘用 $\beta_1$ 表示（图 4-76 *a*、*b*、*c*）。在开采急倾斜及浅部矿体时，根据地表出现的崩落区边界还可得出崩落角 $\beta''$、$\beta_1''$ 等，如图 4-76 所示。地表有表

土时，表土移动角用 $\varphi$ 表示，它和矿层倾角无关。作裂隙角和崩落角时不计表土，将地表裂缝和崩落区边界直接与采空区边界相连。

对于这些角度，在我国采矿及有关文献中具有不同的名称。如极限移动角又称为边缘角，裂隙角又称为裂缝角。有的也将裂隙角称为崩落角；有的文献对移动角所划定的边界点未给以明确的定义。

(5) 最大下沉角。在垂直走向主断面上的地表最大下沉点与采空区中点连线的倾角称为最大下沉角 $\theta$（图 4-75）。

(6) 下沉系数。在层状矿体开采中（对缓倾斜和倾斜矿层），当采空区较大时，地表最大下沉值除以采厚与倾角余弦的乘积，称为下沉系数 $q$。

### 4.9.3　地表移动观测站

对地下开采的某一设计开采区域，在预计地表移动盆地主断面内设置一至数条埋设测点的观测线，即构成地表移动观测站。在该区开采后的整个移动过程中，定期观测观测线上测点位置的变化，即可得出地表移动的各种数据和参数。

4.9.3.1　地表移动观测站设计[1]

*A　观测线位置及条数的确定*

一般在预计移动盆地主断面上，分别在走向和倾向方向各设置一条观测线。当未来的采空区走向长度大于 $1.4H_0+50\mathrm{m}$（$H_0$ 为平均采深）时，沿倾向方向也可设置两条观测线，其间距不小于 50m。走向观测线的位置由预计最大下沉角 $\theta$ 求得的主断面位置确定。

*B　观测线长度的确定*

设计时要根据本矿已有岩移角值，或者参考地质采矿条件相似的其他矿山的岩移资料，选取该采区可能的移动角值 $\delta$、$\beta$、$\gamma$、$\beta_1$。然后，考虑一定的调整值 $\Delta\delta$、$\Delta\beta$、$\Delta\gamma$、$\Delta\beta_1$，在相应的剖面图上即可求出预计的移动盆地范围，该范围就是应该埋设工作测点的观测线长度。图 4-77 $a$、$b$、$c$ 分别表示确定倾向和走向观测线长度的作图方法。调整值一般可取 15°。如有表土，还应预先选定表土移动角 $\varphi$。图中 $ab$ 线段长即观测线工作测点部分之长。沿走向观测线也可只在未来的采空区一侧的上方设置，在该区边界以内观测线长度不应小于 $0.7H_0$。

*C　测点间距及埋设*

每条观测线在工作测点段外要设控制点，可在一端设一个，另一端设两个；也可在每端各设两个，如图 4-77 中的 $R_1$、$R_2$、$R_3$、$R_4$。控制点至最外侧工作测点的距离为 $30\sim50\mathrm{m}$，控制点间距应不小于 30m。走向观测线如只设在未来采空区一侧，则控制点只设在一端，共设三个。

工作测点的间距决定于平均采深 $H_0$，$H_0$ 等于设计开采区域上、下边界的平均深度。$H_0$ 小于 50m 取 5m，$H_0$ 为 $50\sim100\mathrm{m}$ 取 10m，$H_0$ 为 $100\sim200\mathrm{m}$ 取 15m，$H_0$ 为 $200\sim300\mathrm{m}$ 取 20m。为获得较精确的移动角值，在盆地边界部分可适当缩短工作测点的间距。

观测线上的工作测点和控制测点均应埋设混凝土标石，一般坑深应不小于 0.6m，冻结地区应埋至冻土线以下 0.5m。测点埋设应注意不会遭到破坏，同时又便于观测。

*D　观测站设计的编制*

(1) 设计图。应编绘 1：500～1：2000 的观测站地区的井上下对照图，图上表示地形地物，设计开采区域及巷道，周围回采情况及观测线和测点位置、编号。还要编绘沿观测

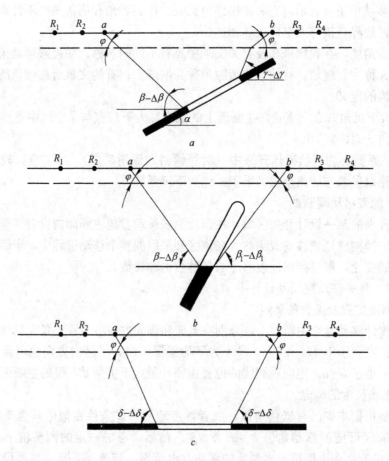

图 4-77　求观测线长度

*a*—倾斜矿体垂直走向剖面；*b*—急倾斜矿体垂直走向剖面；*c*—沿走向剖面

线的剖面图，比例尺与井上下对照图相同。图上表示地形剖面，地质界线（包括矿体界线、覆盖岩层和主要地质构造），开采区域边界及所有测点位置和编号，设计作图线等。

（2）设计说明书。其内容应包括设置观测站目的，设站地区地质采矿条件，取得设计所用原始参数的依据，观测线位置及长度的确定方法，埋点方法及拟采用的观测方法和周期，等等。

4.9.3.2　观测方法及要求

根据观测站设计图，将控制点及工作点标定于实地，并埋设标石桩，待稳固（5～7天）后即可进行观测。

A　进行连测及第一次全面观测

按设置近井点的要求测定一个控制点的平面坐标，再按 5″导线要求测定其他控制点的平面坐标。高程连测按四等水准要求进行。如地形不平，也可用三角高程进行连测。其他控制点高程仍可用四等水准测量测定。

连测后进行第一次全面观测，内容包括：

（1）由控制点测出该观测线各测点的高程；

（2）由控制点测出该观测线各测点间的距离；

（3）测量各测点偏离观测线的距离；

（4）测量地表和建筑物在移动过程中产生的裂缝、断裂、塌陷，并绘制草图（第一次全面观测时可不进行）。

测点高程按四等水准要求测定。如地势陡峭，可用 DJ$_2$ 经纬仪进行三角高程测量测定，竖直角应观测两测回。

测点间的距离应往返丈量，每次以钢尺不同起点读数三次，互差应不大于 2mm。量距时施以比长时之拉力，记录温度。往返距离在加入比长、温度、垂曲和倾斜改正后的互差，当距离大于 10m 时不得超过 3mm，小于 10m 时不得超过 2mm。

偏距测量用经纬仪和偏距仪（图 4-78）进行。用经纬仪置于控制点上进行正倒镜读数。

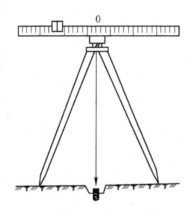

图 4-78　偏距仪

裂缝及陷坑观测可采用地形测量方法进行，描绘在地形图上。重要裂缝应进行细部素描和观测，定期测定裂缝宽度的变化。

地表移动观测中距离的测量是最困难的工作，特别是在地形不平坦的矿区更是如此。在地表移动观测中应用红外测距仪可以大大提高效率和减轻劳动强度。应用测距仪时，可将仪器置于控制点上，镜站依次设于各工作测点上，从而直接测量出各工作测点至控制点的距离。此外也可采用边角交会的方法测定一部分点的平面坐标，平面坐标的精度约在 5mm 以内。应用测距仪时，一般同时进行三角高程测量，如 4.2 节中所述，光电测距三角高程可达到四等水准测量的要求。

第一次全面观测必须进行两次，取两次平均值作为各观测点的起始数据。

*B　警戒性观测*

这是为了解地表是否开始移动或已经稳定而进行的局部水准测量。一般从控制点起，测至最可能移动地区的部分测点。

*C　周期性观测*

当地表开始移动后，进行重复性的全面观测，在地表移动初期和衰退期，根据开采深度、回采工作面推进速度，每隔 2～3 个月进行一次高程测量，3～6 个月进行一次全面观测。在移动活跃期，一般每 1～2 个月进行一次全面观测，并适当增加水准测量次数。每相隔 6 个月的下沉值不超过 30mm 时，可认为移动期结束，并进行最后一次全面观测。当空区形成后，因围岩较坚硬而地表不显现移动时，也必须定期用警戒性观测对地表进行监测。每次观测的同时，要收集有关回采工作面位置，采高，回采工作面地压活动情况等资料。

4.9.3.3  观测成果的整理

每次观测后，进行平差和各项改正计算，求出各测点的高程及沿观测线方向各相邻测点间的水平距离。然后计算移动变形值。计算公式见表 4-40，表中可视 $A$ 点为控制点。

表 4-40 中，下沉速度是按相邻两次观测求的下沉值之差除以两次观测的时间间隔 $t_{2-1}$（以天计）求得。

**表 4-40  移动变形值计算公式**

| 测 点 号 | $A$ | $B$ | $C$ |
|---|---|---|---|
| 起始高程（m） | $H_{A_0}$ | $H_{B_0}$ | $H_{C_0}$ |
| 采动后高程（m） | $H_{A_1}$ | $H_{B_1}$ | $H_{C_1}$ |
| 起始间距（m） | $l_{AB_0}$ | $l_{BC_0}$ | |
| 采动后间距（m） | $l_{AB_1}$ | $l_{BC_1}$ | |
| 下沉值 $w$（mm） | $W_A=0$ | $W_B=(H_{B_0}-H_{B_1})\times10^3$ | $w_C=(H_{C_0}-H_{C_1})\times10^3$ |
| 倾斜 $i$（mm/m） | $i_{AB}=\dfrac{w_B-w_A}{l_{AB_0}}$ | $i_{BC}=\dfrac{w_B-w_C}{l_{BC_0}}$ | |
| 曲率 $k$（$1\times10^{-3}$/m） | $k_B=2\dfrac{i_{BC}-i_{AB}}{l_{AB_0}+l_{BC_0}}$ | | |
| 水平移动 $u$（mm） | $u_A=0$ | $u_B=(l_{AB_1}-l_{AB_0})\times10^3$ | $u_C=(l_{AB_1}+l_{BC_1}-l_{AB_0}-l_{BC_0})\times10^3$ |
| 水平变形 $\varepsilon$（mm/m） | $\varepsilon_{AB}=\dfrac{l_{AB_1}-l_{AB_0}}{l_{AB_0}}\times10^3$ | $\varepsilon_{BC}=\dfrac{l_{BC_1}-l_{BC0}}{l_{BC_0}}\times10^3$ | |
| 下沉速度 $v$（mm/d） | $v_B=\dfrac{w_{B_2}-w_{B_1}}{t_{2-1}}$ | | $v_C=\dfrac{w_{C_2}-w_{C_1}}{t_{2-1}}$ |

根据每次观测所求的移动变形值可作出移动变形曲线，并可求出相应的移动参数。图 4-79 中表示了求最大下沉角，采空区上侧和下侧方向移动角、极限移动角、裂隙角的方法。求移动角时，以最外边一个临界变形值为准。

4.9.3.4  地表移动观测实例

**例  锡矿山南矿中部地表观测站**

某采空区位于 1 号竖井东侧，地面为山坡。矿体属缓倾斜似层状，倾角 10°～20°，厚度 4～8m，采深 110～150m。上覆岩层自下而上除厚达 90～110m 的长龙界页岩外，主要为兔子塘和马牯脑灰岩。房柱法开采，矿块要素为：矿房斜长 40～60m，跨度 10～15m，矿柱直径 3～5m，护顶矿层 0.8m。全区回采工作于 1964 年结束，矿体回采后，空场一般均未处理。

1965 年 12 月在该区发生急剧性大面积地压活动，导致井下 50000m² 采区面积冒落了 30000m²，地表移动盆地面积 96000m²，盆地边沿地段显现裂缝 43 条，最大裂缝宽达 2.1m。

该区地表于 1965 年 9 月设站观测，包括三条倾向观测线和一条走向观测线。观测结束

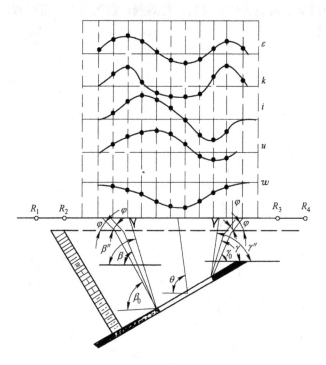

图 4-79  求岩移角值

后求得最大下沉值 $w_0 = 1.703$m，为开采高度的 $28\%$。由倾向剖面作出移动变形曲线并求得移动参数如图 4-80 所示。

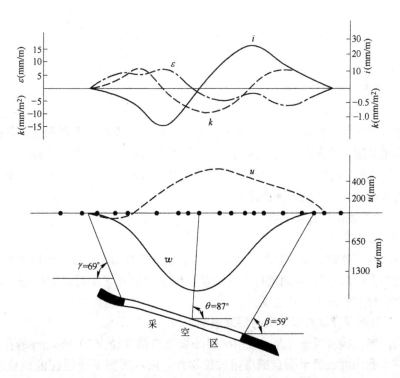

图 4-80  锡矿山南矿中部观测站成果分析

根据观测站上最大下沉点 3～16 点的高程观测，求得该点下沉过程曲线及下沉速度曲线。如图 4-81 所示。

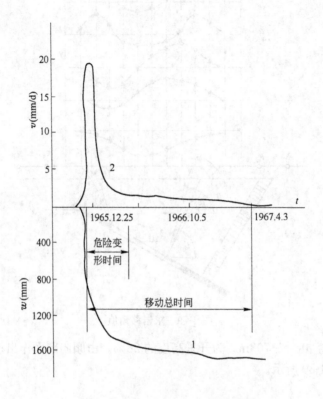

图 4-81　3～16 点下沉速度曲线
1—下沉过程曲线；2—下沉速度曲线

### 4.9.4　岩层内部观测

#### 4.9.4.1　巷道观测站

为研究岩层内部的移动和变形，在采空区上方的老巷道内设置观测线；其位置最好与地表观测线相对应，位于同一竖直剖面内。观测线尽可能设成直线，不得已时也可设成折线。必须设置 2～3 个控制点。测点间距视离采空区顶板距离而定，一般 5～15m。观测线的设计方法和观测方法与地表观测站基本相同。

#### 4.9.4.2　采场围岩移动观测站

*A　顶板沉降观测*

开采缓倾斜矿体时，为了监测采场及采准巷道顶板的动态，可在顶板上埋设测点，或在顶底板上埋设"对点"，定期进行水准测量及用金属测杆观测对点的收缩，即可求出顶板下沉或顶底板收缩的大小及速度。

*B　顶板不同深度处岩层下沉与层离观测*

在采场内向直接顶板垂直向上或沿矿层法线方向钻直径为 60～80mm 的孔，深度一般在 10m 以内。孔内埋设若干测点或电阻式位移计，用以观测不同层位的顶板岩层下沉情况。图 4-82 为锡矿山使用过的深部测点结构。在点上挂一小钢尺，可测出孔内测点的高程变化。图 4-83 为电阻式位移计，其中电阻脱层仪为一活动电阻。随着锚定点间距离的变化，而改变电阻。通过引出导线测定电阻变化，通过事先标定的电阻—位移对应表即可得出层离大小。

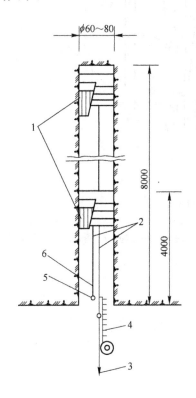
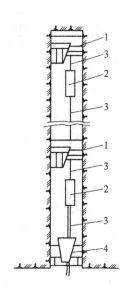

图 4-82　顶板内埋设下沉观测点

1—双楔式锚定器；2—钢丝；3—重锤；4—钢卷尺；

5—挂环；6—挂尺钩

图 4-83　电阻式位移计

1—双楔式锚定器；2—电阻式位移计；3—钢丝；

4—孔口固定器

### 4.9.4.3　钻孔深部观测

为了观测上覆岩层内部移动情况，可从地表打深钻孔至采空区上方岩层内。孔内埋设一个或数个测点与该层位岩层固结。在孔口通过对引出的每根钢丝上的标志进行位移观测，即可得出各点所代表的该层岩石的下沉大小，从而可估计岩层的层离及破坏状况。这种深钻孔也可以由地下巷道或采场内向上打并在井下进行观测。测点可用水泥结构，也可用压缩木结构（图 4-84）。一孔内可只设一个点，也可设多个点。设多个点时，内部测点引出的钢丝要穿过外部测点，并且要保证钢丝互相不会缠绕。一孔多点的埋设技术要求很高。钢丝引出孔口，通过孔口固定架上的滑轮并吊以重锤（图 4-84）。

### 4.9.4.4　钻孔观测实例

1973 年起在锡矿山南矿进行了 7～9 阶段河床矿柱的试采。矿体深度 110～150m，厚度 12m，倾角 10°～20°。上覆岩层有厚达 90～110m 的页岩，其余为灰岩。试采区走向长 250m，倾向长 220m，用胶结充填回采矿壁，然后用全尾砂充填采矿房。矿壁宽 8m，矿房宽 10m，倾向长 60m。在试采区内，设置了围岩移动观测站和地表移动观测站及地面钻孔观测站。图 4-85 表示沿倾向的剖面及观测点的布置。图中 I—1、I—2 为控制点，1～13

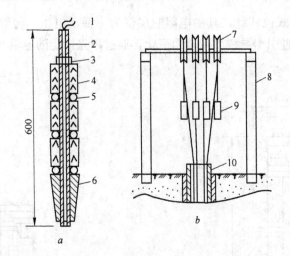

图 4-84 压缩木深部测点

a—测点结构；b—孔口安装架

1—钢丝；2—钢管；3—螺母；4—压缩木；5—铁环；6—重锤；7—滑轮；

8—观测钢架；9—平衡锤；10—孔口管

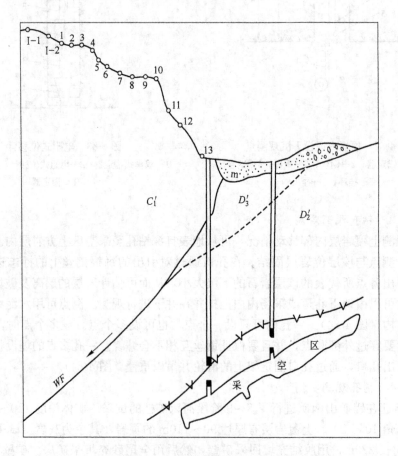

图 4-85 锡矿山水下试采区观测剖面

为工作点。$C_1'$、$D_2'$、$D_3'$ 表示岩层层位，$WF$ 为断层。由于一孔多点埋设及观测很困难，故采用组孔方案,由分别位于走向、倾向主断面及其交点处的三组测点钻孔和一个电视观测孔组成。每组钻孔由地面 1.5m×1.5m 范围内的 3～4 个不同深度、不穿透顶板(最深的距顶板 10m)的竖直钻孔组成,其中每一孔埋设一个点。图 4-85 中每一孔代表一组孔。

每个钻孔用勘探钻机以 $\phi$91mm 钻头打至离设计深度 1m 处,下好护壁钢管,再改用 $\phi$75mm 钻头往下钻 1m。下放系有不锈钢丝的测点中心标杆至孔底,注入适量水泥浆即可。

通过钻孔观测得出不同深度岩层的下沉值如表 4-41 所示。

**表 4-41 地面钻孔观测成果**

| 测点距地表深度 (m) | Ⅰ 组 孔 | | Ⅱ 组 孔 | Ⅲ 组 孔 |
|---|---|---|---|---|
| | 测点相对孔口移动值 (mm) | 不同深度上每米层离值 (mm/m) | 测点相对孔口移动值 (mm) | 测点相对孔口移动值 (mm) |
| 0 | 0 | 0 | | |
| 73.5 | 11.5 | 0.16 | | |
| 88.1 | 19.0 | 0.51 | | |
| 97.0 | 29.3 | 1.16 | | |
| 104.8 | | | 1.3 | |
| 118.5 | | | | 3.5 |

根据钻孔观测成果,结合采矿充填的工艺过程,得出:胶结充填体不能完全阻止顶板的下沉,而是由下而上下沉值逐渐减小,存在 1mm/m 以下的层离值。由于充填体的支撑,不存在冒落性破坏。

## 4.10 矿山测量图纸与资料

### 4.10.1 矿山测绘资料的内容及保管

矿山应备有必要而完整的测绘资料,以全面反映矿区地表的地形地物、矿床地质、露天和井下的开采现状,以及井上、下的几何关系。

矿山测绘资料包括:原始记录、计算成果,技术总结,基本和专用的矿山测量图。基本矿图是直接按测量成果绘制的图,又叫原图。专用矿图是根据工程内容和特殊要求绘制的,一般是根据基本矿图编绘而成。基本矿图是矿山最主要的技术资料,应绘制在经过裱糊的优质绘图纸或经过热处理的聚酯薄膜上。聚酯薄膜图具有不破裂、变形小、保管方便等优点,值得推广。

矿图必须随着地面建筑物的增减、地形变化、采掘工程的进展,定期补测修正。各种矿图一律按国家测绘局颁发的大比例尺地形图现行图式绘制。还可以参照冶金工业部1959 年部颁的"矿坑测量统一图例"来绘制。图例不全的矿山各矿可自行补充,但本部门必须统一。

矿图的绘制主要采用直角平行投影,投影面可以是水平面、倾斜面和竖直面。要根据矿体产状及对图的不同要求来选择合适的投影面。通常是用零水平面作为投影面。

测绘资料必须妥善保管,制订一套保管、借阅和索取制度。矿区的基本控制测量资料和地形原图应归档保存,并复制一套控制成果供日常应用;露天开采阶段采剥工程平面图和井下开采的阶段水平巷道平面图或分层采掘巷道平面图,应按时(月、季)复制归档保存一套。在资料保存工作中应注意采用缩微技术和微机技术。

### 4.10.2　图的分幅和编号

对于各种地形图和矿图，为了便于测绘、拼接、使用和保管，应根据比例尺的不同而有一定规格的图廓尺寸，每幅图具有统一的编号。有两种分幅编号方法，一种是按经纬线划分的，称为梯形分幅；一种是按平面直角坐标的纵横坐标线划分的，称为正方形分幅。中小比例尺的地形图采用梯形分幅，1∶1000、1∶500 的大比例尺地形图采用正方形分幅；1∶2000、1∶5000 两种比例尺地形图，则根据需要采用梯形分幅或正方形分幅。矿山所测绘的图纸基本上都是大比例尺图，因此一般采用正方形分幅。但对于中小矿山，由于矿区范围不大，图幅划分可因地制宜采用长方形分幅，坐标线可和图框线斜交。

#### 4.10.2.1　梯形分幅和编号

为了统一划分全球的地图，国际上统一编制了百万分之一比例尺的国际地图，图幅大小为经差 6°，纬差 4°，把地球表面划分成经差 6°的 60 个纵行和纬差 4°的 22 个横列（纬度 88°以上除外），如图 4-86 所示。纵行从经线 180°起，自西向东用阿拉伯数字 1，2，3…60 编

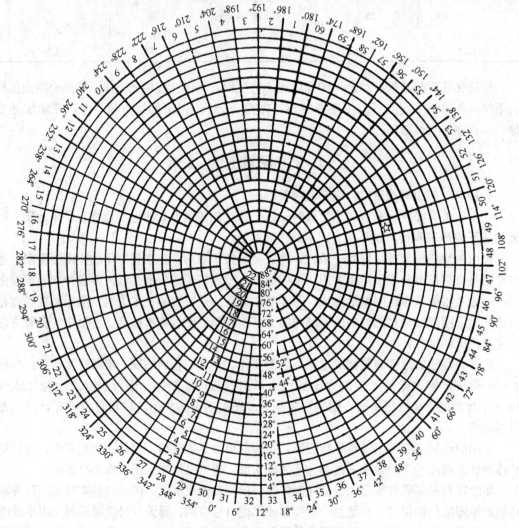

图 4-86　百万分之一图的分幅编号

号；横列从赤道起，向南北极也以阿拉伯数字1，2，3…22表示。每幅百万分之一地形图的图号是用"横列—纵行"表示。如北京某点的纬度为北纬39°54′23″，经度为东经116°28′13″，则该点所在的1：100万比例尺地图的图号是"10-50"。这种百万分之一图国际分幅是梯形分幅法的基础。

在纬度60°～76°范围内，每幅1：100万图为纬差4°、经差12°；在纬度76°～88°范围内则为纬差4°、经差24°。因此如在东经36°～60°、北纬80°～84°的一幅图，其编号即为"21-37，38，39，40"。规定对南北半球分别冠以"S"和"N"，如对北京某点所在的图幅应为"N10-50"，但因我国领土全在北半球，故常将N字省略。

1：50万、1：20万、1：10万三种小比例尺地形图的分幅和编号都是直接以1：100万比例尺图为基础，每幅1：100万比例尺图分别等分成4、36及144幅1：50万、1：20万及1：10万比例尺的地形图，相应以甲、乙、丙、丁、（1）、（2）、（3）、…、（36）及1，2，3…144数码表示，数码排列顺序如图4-87所示，一列内由左到右进行，一列数排完再从下列继续排列。图中双线、粗线、细线、虚线分别表示1：100万、1：50万、1：20万及1：10万比例尺图的图廓线。它们的编号是在1：100万比例尺图的图号后加上各自的代号。如上述北京某点所在的三种比例尺的图号（图中有星号者）为10-50-甲、10-50-（3）、10-50-5。

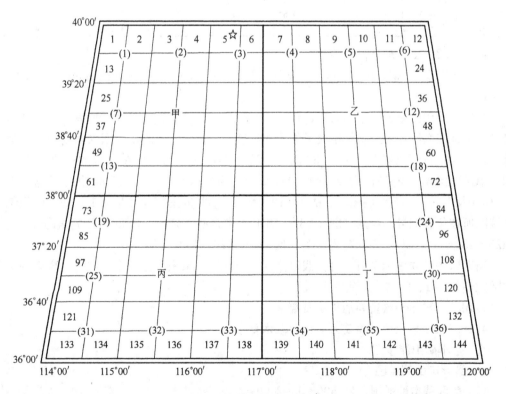

图4-87 梯形分幅和编号

1：5万比例尺图的分幅编号是在1：10万图的基础上进行的，并分别以甲、乙、丙、丁表示。1：2.5万比例尺图的分幅和编号是在1：5万图的基础上进行的，分别以1，2，3，4表示。1：1万比例尺图的分幅和编号是在1：2.5万比例尺图基础上进行的，每幅1：2.5

万图等分成 4 幅 1∶1 万比例尺图，也分别以（1）、（2）、（3）、（4）表示。

对于采用 3°带高斯投影直角坐标系统的 1∶5000 和 1∶2000 比例尺的图，其图幅划分以 1∶10 万比例尺地形图为基础。每幅 1∶10 万比例尺图按经差 1′52.5″、纬差 1′15″划分为 256 幅 1∶5000 图，图的序号用（1）、（2）、（3）……（256）表示。1∶2000 图是在 1∶5000 图基础上划分的，一幅 1∶5000 图划分成 9 幅经差 37.5″、纬差 25″的 1∶2000 图，其序号为 1、2、3……9。

上述分幅和编号综合表示在表 4-42 中。

**表 4-42　梯形分幅和编号**

| 地形图<br>比例尺 | 图廓大小 | | 分幅编号方法 | | | 每幅百<br>万分之一<br>图包含的<br>图幅数 | 编号举例:<br>东经 116°28′13″<br>北纬 39°54′23″ |
|---|---|---|---|---|---|---|---|
| | 经差 | 纬差 | 基础图幅<br>的比例尺 | 基础图等<br>分的图数 | 在基础图幅图号后加<br>的代号（按上→下,左→<br>右顺序） | | |
| 1∶100 万 | 6° | 4° | | 1 | 横列: 1、2、3…22<br>纵行: 1、2、3…60 | 1 | 10-50 |
| 1∶50 万 | 3° | 2° | 1∶100 万 | 4 | 甲、乙、丙、丁 | 4 | 10-50-甲 |
| 1∶20 万 | 1° | 40° | 1∶100 万 | 36 | （1）、（2）、（3）…（36） | 36 | 10-50-（3） |
| 1∶10 万 | 30′ | 20′ | 1∶100 万 | 144 | 1、2、3…144 | 144 | 10-50-5 |
| 1∶5 万 | 15′ | 10′ | 1∶10 万 | 4 | 甲、乙、丙、丁 | 576 | 10-50-5-乙 |
| 1∶2.5 万 | 7 30″ | 5′ | 1∶5 万 | 4 | 1、2、3、4 | 2304 | 10-50-5-乙-4 |
| 1∶1 万 | 3 45″ | 2′30″ | 1∶2.5 万 | 4 | （1）、（2）、（3）、（4） | 9216 | 10-50-5-乙-4-(2) |
| 1∶5000 | 1 525″ | 1′15″ | 1∶10 万 | 256 | （1）、（2）、（3）…（256） | 36864 | 10-50-5-(80) |
| 1∶2000 | 37.5″ | 25″ | 1∶5000 | 9 | 1、2、3……9 | 331776 | 10-50-5-(80)-4 |

**4.10.2.2　正方形分幅和编号**

正方形分幅的图幅，除 1∶5000 图采用 400mm×400mm 外，其余均采用 500mm×500mm 图幅。

当矿区采用国家统一坐标系时，1∶5000 和 1∶2000 的正方形图幅的编号由下列两项组成：一是图幅所在投影带的中央子午线的经度，二是以公里表示的图廓西南角点的坐标值 $x$、$y$。如编号为 42°+4426+482 的 1∶2000 图，表示图幅所在地带的中央子午线为 42°，图廓西南角点的坐标为 $x=4426000$m，$y=482000$m。因 1∶2000 的图幅包含 4 幅 1∶1000 及 16 幅 1∶500 的图幅，故 1∶1000 及 1∶500 的图幅编号是由 1∶2000 图幅编号和该图所在位置的号码组成（图 4-88）。图中阴影线所示之 1∶1000 图幅的编号是 42°+4426+482-Ⅰ，而 1∶500 图幅的编号是 42°+4426+482-15。

当矿区用独立坐标系时，可依假定坐标系分成四个象限甲乙丙丁，在每一象限内又可用阿拉伯数字 1、2、3、4 等编号。

**4.10.3　矿山测绘资料的种类及要求**

4.10.3.1　矿图的种类及对矿图的基本要求

*A　基本矿山测量图*

*a　露天矿山测量图*

（1）矿区基本地形图，1∶500～1∶2000；

（2）阶段采剥工程平面图，1∶200～1∶1000。

*b　地下矿山测量图*

（1）矿区基本地形图，1∶500～1∶1000；

（2）阶段水平巷道平面图或分层采掘工程平面图，1∶500～1∶1000。

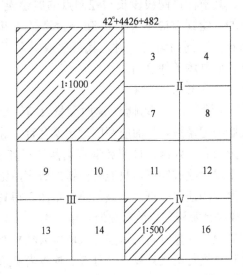

图 4-88　正方形分幅和编号

*B* 　井下开采的专用图

(1) 矿区总图, 1∶1000～1∶5000;

(2) 矿区平面与高程控制及地形分幅图;

(3) 井上、下对照图, 1∶500～1∶1000;

(4) 工业场地平面图, 1∶500～1∶1000;

(5) 采准、切割工程平面图及采场平、剖面图, 1∶200～1∶500;

(6) 井底车场平面图, 1∶200～1∶500;

(7) 井筒竖直剖面图, 竖直比例: 1∶200～1∶500; 水平比例: 1∶20～1∶50;

(8) 主要运输巷道纵剖面图, 水平比例: 1∶500～1∶1000; 竖直比例: 1∶50～1∶100;

(9) 急倾斜矿体采掘工程竖直投影图, 1∶500～1∶1000;

(10) 井巷立体图, 1∶1000～1∶2000;

(11) 三级矿量及损失贫化计算图。

*C* 　露天开采专用图

(1) 矿区总图, 1∶2000～1∶5000;

(2) 矿区平面与高程控制及地形分幅图;

(3) 采剥工程综合平面图, 1∶500～1∶2000;

(4) 工业场地平面图, 1∶500～1∶1000;

(5) 采场验收测量平、剖面图, 1∶200～1∶1000;

(6) 爆破工程平、剖面图, 1∶200～1∶1000;

(7) 排土场、尾矿坝平面图, 1∶1000～1∶2000;

(8) 边坡移动观测平、剖面图;

(9) 二级矿量计算平、剖面图。

**对图纸的基本要求**

凡属基本矿山测量图，其坐标格网线段长和控制点的展绘误差应不大于0.2mm，格网对角线和控制点间长度的展绘误差应不大于0.3mm。碎部点相对于测站点的展绘误差一般应不大于0.3～0.5mm；平剖面图转绘时，其横向或纵向误差均应不超过0.4mm。专用图应因地制宜，结合各矿具体条件绘制。

#### 4.10.3.2 记录计算资料及其基本要求

（1）各种控制测量、施工测量、碎部测量、验收测量及其他专门测量如岩层移动观测等的原始记录必须使用成册的记录簿，封面应写明记录簿名称、编号、测量单位和起用日期。每次作业之观测者、记录者、仪器、日期和地点均需填写齐全。记录字迹必须端正、清楚、不论读错或记错均不得涂改或擦拭，只能将记错的数字用铅笔划去，并在上方记上正确数字。不得撕去记录簿中的任何一页。应该勾绘的草图不得省略。

（2）各种平差计算及成果计算资料应装订成册，编目编页。地表和井下三角测量、导线测量及水准测量应有成果表。计算资料的检查可采取两人独立对算，一人用两种不同方法计算或一人用同样方法独立进行两次计算。计算者、检查者必须签名。

（3）对于大型测量工程如地表三、四等基本控制测量，重大贯通测量，岩层移动观测等应编写技术总结，妥善保存。

### 4.10.4 主要矿图的内容及用途

（1）矿区总图是矿区的一览资料，是矿山企业进行总体规划的依据，因此图上应全面反映矿区地形、地物及矿床开采情况；各生产车间及工业设施的布局；运输、电力及供排水系统；职工生活区及附近机关、厂矿及乡村等。一般每年修绘一次。

（2）阶段水平巷道平面图可表示阶段平面布置，各巷道的相互关系和开拓，采准进展情况。它可用于对该阶段进行回采设计，布设生产探矿和采准工程以及用于绘制阶段地质平面图、井上、下对照图和复合图，因此图上必须绘出该水平所有导线点并注明高程及该处巷道顶底板标高，所有采掘巷道、硐室及通往上下水平的竖井斜井，各种固定设备，各采场及矿块的划分和编号，矿坑边界，矿体界线及主要地质构造线，纵横剖面线投影线等。巷道支护形式也需按图例标示。应按月填绘。

（3）当矿体倾角很大时，应用一个与矿体平均走向平行的竖直面作为投影面，绘制纵投影图，图上应反映井筒、各阶段水平巷道，穿脉巷道以及采准切割工程的位置，采场回采情况，矿岩界线与主要地质构造线，保安矿柱界线等。可用来平衡、规划或调整采掘布局。

（4）露天开采采剥工程综合平面图，应表示各阶段坡顶线和坡底线并适当标注高程点，矿岩界线及地质构造线，运输线路，开采境界，地形地物，测量控制点，剖面线等；应按月或季编绘。

（5）采准、切割工程平面图及采场平、剖面图是反映采准、切割和回采工作面的进度、工程质量，并安排月进度计划、计算掘进工程量、采矿量及矿石贫化损失的依据。一般按旬或月用彩色填绘。锦屏磷矿对每个采场建立矿块图册，预先印制好绘制三面图的标准空白图，图的下部印有坐标成果表，矿量及采准工程量计算表，以便及时填绘。待采场或矿块回采结束后，同印好的矿块封面一起装订、归档。这种图册，不仅便于保存，而且查询方便、清楚。

### 4.10.5 井巷立体图的绘制

井巷立体图极为直观,立体感强,一看就能对井下巷道的空间关系得出明晰印象。它特别适于表示通风、排水等系统及供参观人员了解井下开采概貌之用。

井巷立体图的绘制方法通常有两种,即轴测投影法和相似投影法。

#### 4.10.5.1 用轴测投影绘制井巷立体图

**A 轴测投影的种类**

轴测投影具有平行投影的一般特性。其实质是将空间物体连同空间坐标轴投影于投影面,利用三个坐标轴确定物体的三个尺度。该投影的特点是平行于某一坐标轴的所有线段,其变形系数相同。

按变形系数不同,轴测投影可分为:等测投影、二测投影和三测投影。三个变形系数相等的称为等测投影。若两个相等而第三个不等称二测投影。若三个变形系数均不等则称三测投影。

按投影方向和投影面的关系,轴测投影又可分为直角轴测投影和斜角轴测投影。这两类投影都可以是等测、二测或三测的。因此轴测投影共有六种。

绘制井巷立体图时,应尽可能选择绘图简单、图像明显,立体感强和量度方便的方法。斜角二测投影或等测投影,就有上述优点。

**B 轴测投影图的做法**

首先选定轴测投影要素,并绘轴测比例尺。如图 4-89 所示,先作一竖直线 $OZ$ 作为 $Z$ 轴,然后作一水平线 $OY$ 作为 $Y$ 轴,最后按 45°角作斜线 $OX$ 作为 $X$ 轴。坐标轴定好后,选定变形系数。设 $Y$ 轴的变形系数 $q=1$,$X$ 轴的变形系数 $p=0.5$,$Z$ 轴 $r=1$。则某已知点 $M$ 的轴测投影坐标与直角坐标的关系为:

$$\Delta y = \Delta y', \quad \Delta x = 0.5\Delta x', \quad \Delta z = \Delta z'$$

这种变形系数相当于投影面平行于物空间 $Z'O'Y'$ 坐标面时的变形系数。

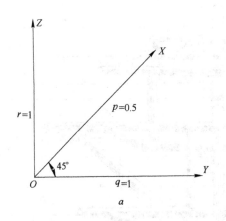 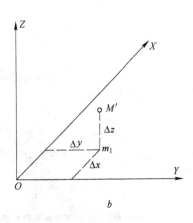

图 4-89 轴测投影

据此于轴测投影图上按 $\Delta x$ 和 $\Delta y$ 绘出该点在 $X'O'Y'$ 面上的投影 $m_1$。过 $m_1$ 点作竖直线,在此竖直线上按比例尺截取该点的标高 $\Delta z$,求得 $M'$ 点即为 $M$ 点的斜角二测投影。按此方法即可绘出轴测投影图。

具体作图步骤如下。

（1）绘偏缩平面图（图 4-90）。先绘偏缩坐标网。按上述方法先绘出 $OY$ 坐标轴，其偏缩系数 $q=1$。再绘出与 $Y$ 轴成 45°的 $OX$ 轴，其偏缩系数 $p=0.5$。偏缩坐标网绘好后，按巷道各特征点的坐标，将各点转绘到偏缩坐标网上。然后用双线勾绘出该水平巷道偏缩巷道图。

（2）绘下阶段偏缩图。上阶段偏缩平面图绘好后，将竖轴 $Z$ 向下延长，在延长线上按比例尺根据上、下两阶段的标高差得出下阶段原点的轴测投影。按上阶段方法，先绘出下阶段的偏缩坐标网，然后绘出下阶段的偏缩巷道图。

（3）绘轴测立体图。待各阶段轴测图绘制好后把阶段的竖井、斜井、上下阶段间天井等有关工程联结起来，用阴影加以修饰，即得出了该区的井巷轴测立体图（图 4-91）。

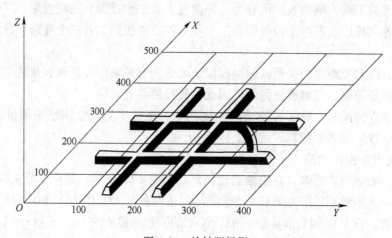

图 4-90　绘轴测投影

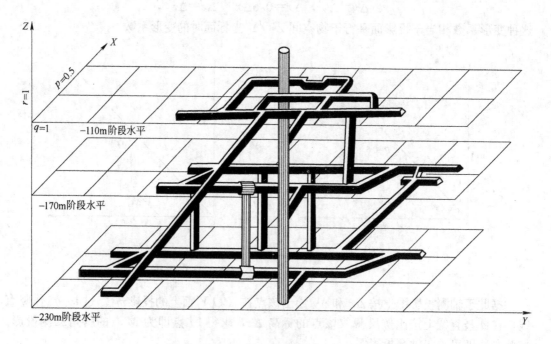

图 4-91　井巷轴测立体图

在绘轴测坐标网时，$X$ 轴与水平线的夹角可用 30°、45°、60°或任意值，一般以 45°为直观、自然、立体感强。但也可根据具体情况选择。各阶段水平之间的间距，即 $OZ$ 轴变形系数的选择，主要应考虑各阶段水平间巷道遮盖较少为准。

为使绘图简便，各阶段水平内之巷道不产生变形而可直接描绘，可采用图 4-92 所示之二测投影。此时，$X$、$Y$ 轴的变形系数均为 1，$Z$ 轴变形系数可取大于 1 以使图形减少重叠。$X$ 轴和 $Z$ 轴夹角可取 30°～60°。

#### 4.10.5.2　用相似投影法绘巷道立体图

物面 $M$ 和像面 $N$ 及投影方向线 $R$ 间的关系见图 4-93。$M$ 和 $N$ 的交线 $O$-$O$ 称为相似轴。一般投射方向线 $R$ 在物面 $M$ 上的投影与相似轴取正交。图 4-93 中 $\psi$ 和 $\varphi$ 角是相似投影的最基本参数，此外，如以 $X$ 轴表示相似轴，则 $X$ 轴与巷道的主要延伸方向的夹角 $\theta$ 也是影响图形好坏的重要参数。如物面上取 $X$ 轴为相似轴，与之正交的为 $Y$ 轴，则投影后，$X$、$Y$、$Z$ 轴方向的变形系数 $K_x$、$K_y$、$K_\eta$ 为

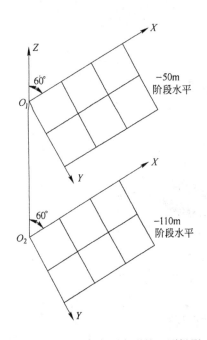

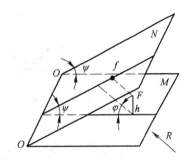

图 4-92　$X$、$Y$ 方向不变形的二测投影　　　　图 4-93　相似投影坐标变换关系

$$K_x = 1, \quad K_y = \frac{\sin\varphi}{\sin(\varphi+\psi)}, \quad K_\eta = \frac{\cos\varphi}{\sin(\varphi+\psi)} \tag{4-92}$$

相似投影的具体作图步骤如下。

（1）选投影要素。取投射方向与像面正交的直角相似投影，即 $\varphi+\psi=90°$，选 $\varphi=30°$，$\theta=30°$，则 $\psi=60°$，相应变形系数为 $K_x=1$，$K_y=0.5$，$K_\eta=0.87$。

（2）在图 4-94 中，在阶段巷道平面图上按 $\theta$ 角作出相似轴 $OX$，将巷道各特征点投影于该轴上。则各垂足点到 $O$ 的距离即物面上的 $x$ 坐标值，垂线长即各点在物面上的 $y$ 坐标值。

（3）以另一张纸作像面，作出相似轴 $O_1X_1$（图 4-95）。因 $K_x=1$，故直接将图 4-94 中的各垂足点的 $x$ 坐标在 $O_1X_1$ 上量出。因 $K_y=0.5$，故 $y$ 坐标应缩小一半，从而可作出 −230m 水平的相似投影图。

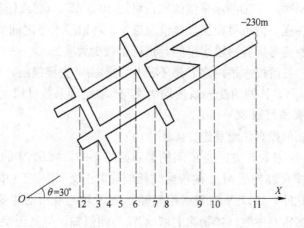

图 4-94　求投影坐标

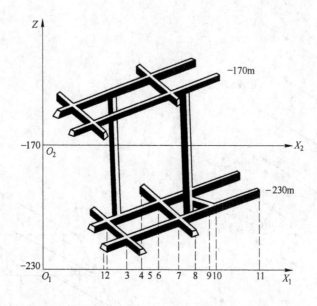

图 4-95　绘井巷相似立体投影图

（4）因 $K_\eta=0.87$，在像面 $Z$ 轴上，按两水平的高差 $h$ 及 $K_\eta$ 系数可作出$-170\text{m}$ 水平的相似轴 $O_2X_2$（图 4-95），并作出$-170\text{m}$ 水平的巷道相似投影。

（5）依同样方法作出其他各水平的巷道，再加绘上各水平之间的巷道，即得立体图。

### 4.10.6　微机系统在绘制矿图中的应用

采用微机系统绘制矿山图纸，可使绘图工作自动化、快速而又准确；绘制立体图还可改变投影参数，选取优化方案。此外，还可把数据及程序存储起来作为矿山地质测量数据库的一部分。

#### 4.10.6.1　微机绘制相似投影巷道立体图

由相似投影原理可知，像面上的投影坐标 $x''_i$、$y''_i$ 和物面上一点坐标 $x'_i$、$y'_i$、$h_i$ 间的关系为：

$$x''_i=x'_i \tag{4-93}$$

$$y_i'' = \frac{\sin\varphi}{\sin(\psi+\varphi)} y_i' + \frac{\cos\varphi}{\sin(\psi+\varphi)} h_i \qquad (4\text{-}94)$$

设相似轴 $X'$ 和物面上的 $X$ 轴相交成 $\theta$ 角（图 4-96），则由物面上任意点的坐标 $x_i$、$y_i$、$z_i$ 可求得绘制相似投影的坐标 $x_i''$ 和 $y_i''$ 为：

$$x_i'' = x_p' - x_i\cos\theta + y_i\sin\theta \qquad (4\text{-}95)$$

$$y_i'' = \frac{\sin\varphi}{\sin(\varphi+\psi)}(x_i\sin\theta + y_i\cos\theta) + \frac{\cos\varphi}{\sin(\varphi+\psi)}(z_i - z_0) \qquad (4\text{-}96)$$

式中　　$x_p'$——图幅原点 $O$ 在相似轴上的横坐标；

　　　　$z_0$——起始标高。

根据上式编制的"STE－Aff"绘图程序（框图见图 4-97），借助微机及 $X$-$Y$ 绘图仪，输入井巷系统各特征点的三维坐标值及各起始投影参数：常量 $x_p'$ 及 $z_0$，变量 $\theta$、$\varphi$、$\psi$，绘图笔即按指令在绘图台上运行，自动绘出巷道的立体双线条，并根据需要自动更换色笔，最后得出不同参数下，色调层次分明的巷道系统立体图（图 4-98）。

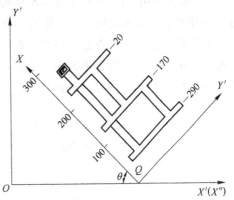

图 4-96　相似投影时坐标变换关系

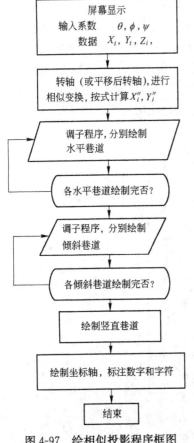

图 4-97　绘相似投影程序框图

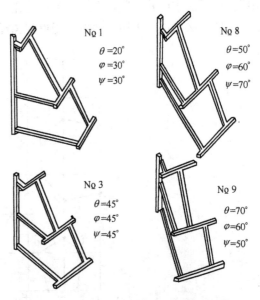

图 4-98　用微机和绘图仪绘制的相似图方案的比较

### 4.10.6.2　微机绘等值线图

在地质、采矿和矿山测量工作中经常要绘制各种等值线图。等值线图的种类很多，如描述地形高低变化的等高线图、矿床有用成分（如品位）和厚度的等值线图，等等。用微机及 $X\text{-}Y$ 绘图仪绘制等值线图的过程，是在数学处理的基础上把离散的数据点向连续图形变换的过程，它利用数据点间的内插和外推获得等值点，再用判别法连接各等值点后绘出等值线图；或者利用网格点值拟合一个曲面函数，跟踪该曲面函数值追踪等值线图。

等值线图的绘制，一般是先将不规则的离散点内插为规则的网格节点，也可根据需要进一步加密。再根据网格化的数据点绘制等值线图。

数据点内插有许多方法，多面函数内插法是较理想的一种。它是一种线性泛函，在某一域内采用多层次的简单函数面叠加组成一个高次曲面来拟合此地形式面并进行插值。插值点 $p$ 的内插值 $z_p$ 可通过域内点 $i$ 的数据值 $z_i$（$i=1\cdots n$）求得：

$$\hat{z}_p = (Q_{p1}, \ Q_{p2}, \ \cdots, \ Q_{pn}) \begin{bmatrix} Q_{11} & Q_{12} & \cdots & Q_{1n} \\ Q_{21} & Q_{22} & \cdots & Q_{2n} \\ \cdots & \cdots & \cdots & \cdots \\ Q_{n1} & Q_{n2} & \cdots & Q_{nn} \end{bmatrix}^{-1} \begin{bmatrix} z_1 \\ z_2 \\ \cdots \\ z_n \end{bmatrix} \tag{4-97}$$

式中　$Q_{ij}=1+d_{ij}^3$，而 $d_{ij}=\sqrt{(x_i-x_j)^2+(y_i-y_j)^2}$

即 $Q(d)=(1+d^3)$ 表示所选的单值面为三次曲面。

根据网格化数据，再绘制等值线，绘等值线的方法有：

（1）直接在网格边上作线性内插得到等值点，再按一定判别方式连接各等值点绘出等值线。如图 4-99 在矩形网格 $(i, \ j)$ 内，将纵边 $ny$ 等分成 6 个细分段，横边 $nx$ 等分成 5 个细分段，计算等分后每个单元节点的函数值 $z$，当 $z>w$（$w$ 为等值线值）时，用"$+$"表示，$z<w$ 时用"$-$"表示，这样在每个"$+$"、"$-$"节点间必存在一个等值线根，可用线性内插法求出其位置，再按有关规定连成等值线图。该法所绘等值线呈明显的折线形状，因此，必须进一步加密网格才能得到圆滑曲线。

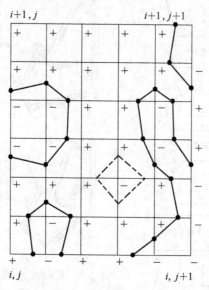

图 4-99　网格 $i$，$j$ 内分成单元后等值线连法示意图

（2）利用已有网格数据点拟合一个曲面函数，要求该曲面函数在各网格节点上的函数值等于网格节点值。然后跟踪该曲面函数值逐步追踪等值线。该法程序较复杂，但等值线连续光滑。绘等值线时一般分为从边界出发到边界结束的开口型及内部封闭型两种过程。

根据编制的"TOPOGRA"绘制等值线程序（框图见图4-100）。连接微机 IBMPC/XT 和 $X-Y$ 绘图仪，调入该程序，输入观测数据和有关参数后，即可绘出等值线图（图4-101）。该图也可在屏幕显示，以便及时调整有关参数。

### 4.10.6.3 用 AUTO CAD 绘制矿山测量图

AUTO CAD 是微机辅助绘图的应用程序包，开发和扩展其功能，能准确提供所需图形，如矿山总平面图、巷道系统立体图、土木和机械工程图、矿山地质测量图、岩移观测

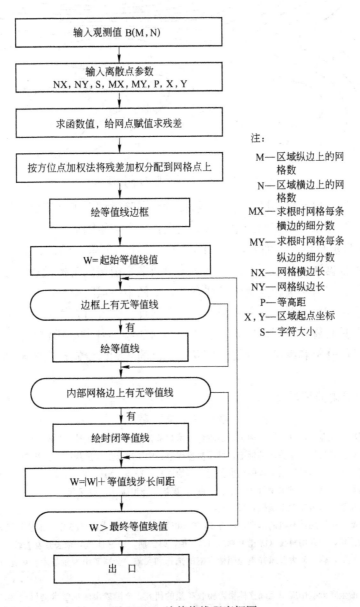

注：
M—区域纵边上的网格数
N—区域横边上的网格数
MX—求根时网格每条横边的细分数
MY—求根时网格每条纵边的细分数
NX—网格横边长
NY—网格纵边长
P—等高距
X，Y—区域起点坐标
S—字符大小

图 4-100　绘等值线程序框图

图 4-101 微机系统绘制的等值线图

曲线图、采矿设计图以及资料图表等。它需要的设备除微型电子计算机系统外，还有显示图形的监视器以及与系统联结而产生图形的绘图仪或打印绘图机。

AUTO CAD 能提供一种因素，如直线、圆、文字说明等。绘图命令可从键盘或从屏幕中选择，也可根据数字化图形输入板上的菜单或多个按钮的定标设备的按钮输入，然后回答屏幕上的提示，对所选图素提供某些参数，如图中各点的坐标、尺寸和旋转角等，便可生成图素并显示在监视器上。需要把绘制的图拷贝到纸上时，用简单的命令就能在绘图机上实现。它还具有修图功能。因此，上述功能对于绘制各种矿山测量图是非常适用的，特别适用于图纸的修补和编绘。开发 AUTO CAD 的功能以绘制矿山测量图是目前一个新的发展方向。

（4.10.6 由吴雨沛编写）

## 参 考 文 献

1 中华人民共和国冶金工业部制订，黑色冶金矿山测量技术规范，冶金工业出版社，1981 年

2 中华人民共和国城乡建设环境保护部部标准，城市测量规范，中国建筑工业出版社，1985 年

3 冯浩鉴，梁卫鸣，电磁波测距三角高程的精度分析，测绘通报，1985，No1，4～11 页

4 中国矿业学院测量教研室编，矿山测量学（上、下册），煤炭工业出版社，1977 年

5 刘延伯，工程测量学，冶金工业出版社，1983 年

6 李国华，在贯通测量中运用计算机的体会，南方 14 省（市）地测会议论文，1986 年，未公开发表著作

7 中条山有色金属公司，中条山科技（测量专辑），1978 年，第二期，19～31 页，未公开发表著作

8 淮北矿务局程杰礼等，杨庄矿大型风井贯通测量方案的选择和实施，全国矿山测量学术会议论文，1984 年，未公开发表著作

9 东北工学院等，冶金露天矿山应用地面立体摄影验收矿量的研究，全国矿山测量学术会议论文，1984 年，未公开发表著作

# 第5章　矿山地面总体布置

## 5.1　概　　述

本章所述内容是总图运输专业技术在矿山地面工程布置方面应用的一部分。它包括总体布置、工业场地总平面布置以及地面运输系统布置等的原则与要求，并列举一些实例与参考资料，供采矿工程师在实际工作中参考。

### 5.1.1　矿山地面总体布置的任务及其重要性

矿山地面[4]是由各个场地及其各种地面设施所组成。矿山地面总体布置是研究与解决矿山地面各个组成部分相互协调的布置问题[1]。

矿山地面总体布置是根据采矿工艺、矿岩运输和地面加工等使用要求，结合地形、地质、水文和气象等自然条件，按照卫生安全和环境保护等有关规定，对矿山地面各个组成部分进行全面规划与布置，使各个组成部分之间，互相联系，互相作用，形成彼此协调的综合有机总体。其主要任务是：

(1) 选择场地，进行总体布置，解决矿山地面总体布局问题；

(2) 根据总体布置规划的场地，进行场地的总平面布置，解决地面设施的具体位置问题；

(3) 总体解决矿山地面的内外运输系统的布置问题[1]。

矿山地面总体布置是矿床开发过程中的一项设计工作，在矿山基本建设中居于重要地位。无论是新建或改、扩建矿山，均需要有个完善的地面总体布置，为矿山建设和生产奠定良好的基础。因此，如何考虑地面总体布置在建设过程中能够符合建设要求、节约基建投资、便利施工、加快建设速度，以及在投产后，能为矿山生产、管理和生活创造良好的条件，以最合理的生产流程，最少量的劳动，取得最大的效益，达到矿山企业所要求的"以最小的投入获得最大的产出"这个总目标，因此合理的矿山地面总体布置具有重要作用。

矿山的总体布置不仅要实用，能满足生产的需要，而且要与环境相协调，符合美观和环境卫生的要求，以有利于人们的工作和生活；同时矿山还应有良好的群体建筑艺术，外观整洁的矿容，形成一个安全、卫生和优美的环境，这对于激发工人生产情绪，提高工作效率，丰富精神生活，亦有重要意义。

矿山总体布置是一项综合性工作，所涉及的因素很多。编制时要做好调查研究，弄清矿床分布、矿区地形、工程地质、水文地质、气象、地震等多方面的自然因素。地面总体布置与矿区的水、电、交通、城镇规划等方面的外部条件，也密切相关。这些因素与条件从不同程度，不同范围并以不同方式对矿山产生各种影响。如果总体布置工作做得细致，各种因素调查清楚，各种条件考虑周到，精心设计，就可以做到利用有利的因素，避免不利的影响，使地面总体布置更为合理，从而可以达到建设投资省，生产费用低，生产环境优美的效果。反之，如果布置失误或者忽视地面总体布置，盲目地建设，必然会造成布置的不合理，轻则对建设、生产和生活造成不方便；重则要改造和重建，甚至造成严重的后果、无法挽回的损失。这样的经验教训较多，应该引起重视。例如：石嘴子铜矿的"新大井"[17,4]位置在地面移动范围以内，距离矿体太近，因岩石位移使井筒遭到破坏；湖北鸡笼山金矿的居住区和选矿厂建筑在地下有矿的地表，过去建矿时未查明，现在开采该地下矿床，其地面已有的宿舍、住宅和厂房因受到影响而要拆迁；易门铜矿的工业场地靠近狮子山矿的山麓，山高坡陡，地形高差千余米，地下用高分段崩落法开采，岩移活动频繁，1971 年开始地面大量垮山滚石，尘埃飞扬，冲毁了公路、输电线与部分房屋，场地上有四万多平方米的工业和民用建筑受到危害；易门铜矿的河东居民区位于凤山矿陡崖下方的河岸，1984 年因陡崖自然垮落，大量岩石滚落到居住区，造成严重的灾害，死伤数十人，破坏了万余平方米的住宅；湖北盐池河磷矿的工业场地位置选择在陡峻的山坡下方，因为山体大滑坡，整个场地被摧毁，造成重大的损失和伤亡；攀枝花铁矿的主平硐口位于露天矿排土场的下方，由于岩土滑坡，平硐被堵塞，造成生产运输中断[10]；因民铜矿地面的工业和民用建筑在狭窄的山沟地带，1984 年发生一次特大暴雨泥石流，是近年来的最严重的矿山泥石流灾害，冲毁了大量房屋和造成很多人的伤亡。

**5.1.2 矿山场地与地面设施**

矿山地面设置有各类场地，在每个场地内建筑有各种需要的地面设施（建筑物、构筑物和设备等）。

5.1.2.1 矿山场地

各个矿山由于生产性质、规模、开采方法、产品种类以及建设条件的不同，场地的设置亦各有不同。一般矿山的场地如下：

A 生产工业场地

（1）根据需要，地下开采的采矿工业场地分别有竖井、斜井、平硐、通风井、充填井等以及支护设施和充填设施等；

（2）矿石破碎场地（当矿山需要在地面破碎时）；

（3）选矿厂或矿石加工厂（当选矿或加工需要设在矿山时）；

（4）矿石堆场和排土场。

B 辅助生产工业场地

（1）总降压变电站或发电厂；

（2）水源地；

（3）修理厂，如采掘机械、汽车、机车等修理厂；

（4）总仓库、总油库场地等；

（5）炸药库场地；

（6）运输设施场地，如站场、转装站。

C 生活服务场地

（1）居住区；

（2）公共建筑区；

（3）市镇区。

5.1.2.2 地面设施

根据矿山生产、管理和生活的需要，在地面修建的各类建筑物与构筑物以及其他设施，一般称为地面设施。

地面设施包括：生产建筑物和构筑物、行政福利建筑、运输、供电、供水、排水、供热、通讯、仓库等设施，并包括矿山住宅和公用建筑等。

各矿山地面设施，由于矿山生产规模、产品种类、开采方法和场地分布不同而有不同的组成。根据各种地面设施的性质与用途，一般分为以下几类：

*A　主要生产设施*

矿山地面的生产工艺设施有：矿石运输、装卸、贮存和取样化验的建筑物和构筑物；废石运输、装卸、贮存的建筑物和构筑物。

矿井还包括井架、提升机房和井口房以及矿仓和废石仓等。

*B　辅助生产设施*

矿山地面的辅助生产设施有下列建筑物和构筑物：

(1) 电力设施有配电所或自营发电厂，多数矿山是由所在地区内的国家电网供电；

(2) 压气设施，包括空气压缩机房和冷却设施，供应各种采矿和掘进巷道的机械所需要的压缩空气；

(3) 供热设施，有锅炉房、水池，供应冬季取暖及浴室之用；

(4) 采矿机械修理设施，包括锻钎、钻机、电铲、推土机等设备的保养和维修车间等建筑；

(5) 汽车修理设施，包括设备的保养和维修车间等建筑；

(6) 仓库设施，有材料仓库、液体燃料和润滑油库、汽车库、混凝土支护预制厂、木材加工厂以及炸药库等。

仓库有露天的、室内的和地下或半地下的。液体燃料库有设在地下或半地下的。炸药库单独设置，也可建成地下的；

(7) 供水、排水设施，有给水、排水系统、水泵房、水塔和水池、供水管道、排水管道和污水处理设施等；

(8) 地面运输系统，有铁路、公路、架空索道、带式运输机等线路及各种运输线路附属建筑物和构筑物等。

*C　生活服务设施*

(1) 行政福利建筑设施，有行政办公室、食堂、浴室（地下采矿还包括光浴）、洗衣室、医疗室等建筑物。此外还有矿山救护站、消防车库等建筑；

(2) 住宅与公用设施。矿山企业的住宅公用设施，除包括住宅、宿舍建筑外，还包括学校、医院、俱乐部、商店以及生活服务等公用建筑设施。

### 5.1.2.3　地面设施合并与改进

矿山地面设施配置目前一般存在的问题是数量多，用地面积大，与地面机械化和自动化的发展不相适应，特别是占用过多的劳动力。现代化的矿山在地面配置方面，已向整体建筑，联合建筑发展，以节省土地和投资，为全面实现机械化、自动化创造条件。

建筑物的合并或组合，主要是将生产过程中有联系的分散的建、构筑物予以合并，使成为大型同体建筑物。如为主要生产和辅助生产建筑服务的仓库、办公室、生活福利等房屋，尽可能合并在各自的建筑物内，以达到组合体的数量愈少愈好。目前，国内外在矿山地面设施的建筑组合方面，均有较大的发展，如苏联与美国的一些矿山地面所有的建筑物与构筑物被合并成为两座到四座同体建筑物。随着我国生产管理体制的改革，矿山地面设施的配置朝着这一方向发展。

A　建筑合并

采矿工业场地上的建筑物，可以合并成以下的组合体：

(1) 主井的井架、井口房和卸矿仓的组合，副井的井架和井口房的组合；

(2) 提升机房、变电所、扇风机房及其他与井口不直接相连的厂房联成组合体；

(3) 塔式井架（井塔）包括提升机、配电室、矿仓等构成同体建筑；

(4) 行政福利建筑的组合体包括全部行政管理和生活服务性的各类建筑；

(5) 矿石破碎厂房、卸矿仓、装矿仓等配置在一个厂房建筑内；

(6) 机修厂以及其他辅助性作业的建筑配置在一个厂房建筑内；

(7) 发放材料库和设备材料库配置在一个公共的库房内；

(8) 备用的重型设备库和金属材料库合并为一个露天材料库；

(9) 机修厂、自卸汽车修理厂（采用汽车运输时）和配电所等亦可以部分或全体组合；

(10) 电铲、推土机、钻机以及其他采掘机械等的修理厂房合并为一座建筑。

B　建筑合并的要求

(1) 矿山生产建筑一般应设计为单层厂房，对于工艺过程为竖向生产的建筑可以采用多层厂房建筑。如井塔，应研究单层或多层的设备配置的合理性和经济性；

(2) 组合体建筑物的构成和数量，应根据采矿工艺要求、合并的厂房尺寸和工业场地的地形条件综合确定；

(3) 组合体各单元的配置和结构，要便于任意组合，以适应场地地形变化和其他条件；

(4) 建筑合并应考虑有良好的劳动条件，和方便的内外联系，保持建筑整体艺术和美观；

(5) 组合体的建筑应保证符合卫生、防火和安全的规定；

(6) 建筑配置与工业场地布置协调，建筑物与构筑物的配置合乎直线和长方形的原则，并便于场地道路和绿化的布置；

(7) 应当考虑将来的发展，能够在原来的建、构筑物的基础上，进行改、扩建。

### 5.1.3　矿山地面总体布置依据的基础资料[6,7]

5.1.3.1　地理位置、地形资料

(1) 矿山企业建设所在地的名称及地理位置；

(2) 矿山企业建设所在地与附近城镇、交通干线，河流等的方向关系及距离；

(3) 矿山企业所在地区的最高和最低海拔标高、山系走向、地面坡向、坡度。

(4) 搜集矿山企业建设所在地区的地形图，1/25000～1/50000 的地形图，用来了解矿山地理位置关系，研究和选择场地与线路；1/5000～1/10000 的地形图，用来进行总体布置规划，编制场地与线路方案；1/1000～1/2000 的地形图，用来进行场地总平面布置和线路布置。

5.1.3.2　社会经济情况资料

(1) 当地工业生产情况，发展规划和企业协作的可能性；

(2) 矿山企业所在地区的农业生产、土地使用情况和居民分布等经济概况；

（3）当地地区规划和市镇建设情况。

5.1.3.3　交通运输资料

（1）矿山企业进出各种主要货物的来源、用户、地点及距离；

（2）矿山企业附近现有的或拟建的铁路、公路情况。如运输能力、设备配备、线路技术条件、等级、桥隧的界限、修理养护、装卸设施及运输装卸成本、运价等资料；

（3）矿山企业对外运输线路的资料，如接轨点的技术条件，厂外线路的地形图及地质资料等；

（4）矿山企业附近的航运条件、通航时间及运价，通航的船只吨位及吃水深度，当地使用的各种船只规格及性能；

（5）现有码头运输装卸能力及情况。可能建设企业码头地点的地形图及地质资料。

5.1.3.4　气象资料

（1）气象台站的位置、标高、资料记载的年数；

（2）矿山地区的小气候特征；

（3）风向频率及风玫瑰图，最大和平均风速，地区风的规律及特征；

（4）历年来最高、平均降雨量及降雪量，日最大降雨量及暴雨持续时间，一次最大暴雨降雨量及持续时间，雨季时间及年降雨天数，最大积雪厚度；

（5）年绝对最高、最低及平均气温、冰冻期及土壤冻结深度。

5.1.3.5　工程地质及水文地质资料

（1）地质构造、地层的稳定性及影响场地稳定性的不良地质现象，如断层、滑坡，崩塌、泥石流、岩溶等；

（2）土壤种类、性质及地基容许承载力等；

（3）地下水酸碱度、深度及其升降情况；

（4）历史上最高洪水位、汛期洪水位、洪水起始日期及持续时间，山洪情况；

（5）汇水面积、暴雨流量计算资料及原有排水设施；

（6）当地的地震基本烈度地震情况及对建筑物的破坏程度。

5.1.3.6　矿床地质资料

（1）矿床地形地质图：比例尺 1∶2000，该图应标出矿体分布界线，地质构造特征；

（2）矿床开采综合平面图：比例 1∶2000～1∶1000，图上应标出地下开采的平硐、竖井、斜井、通风井、充填井等位置，塌落界线，露天开采的主堑沟口和开采境界。

5.1.3.7　矿山企业改、扩建的补充资料

对于改、扩建矿山企业，除上述基础资料外尚应有原企业的总体布置图，总平面实测图、原有管线实测图、原有铁路、公路实测图。原企业的运输线路技术条件、运输和装卸设备的数量、规格、性能、生产能力以及修理设施等技术经济资料。

### 5.1.4　矿山地面总体布置的新发展

矿山总体布置与矿山管理体制密切相关，现在以矿山为主的自成体系的模式，地面布置项目多，场地分散，占地面积大。随着经济体制的改革，给矿山地面总体布置将带来新的发展和新的要求。主要内容是把生产、生产服务和生活服务设施从管理体制和布置上分开；合理地简化矿山工业场地设施，实行场地的组合与地面设施的合并，减少占地面积；集中辅助生产设施，改变机修、贮存自成体系的重复分散布置；居住区与城镇相结合，

实行集中或分片集中的布置；改进矿区交通运输和环境保护设施等。使矿山成为以生产经营为主的企业。生产服务、生活福利、文化教育、卫生和环境设施逐步走向专业化和社会化。

## 5.2  总体布置

### 5.2.1  总体布置主要内容

矿山总体布置是矿山各个组成部分的总布局，即在矿区范围内对矿山的工业场地、居住区以及运输、供电、供水排水和通讯等进行全面规划布置。

（1）根据矿产资源分布、开采规模和采矿工艺布置，结合矿区周围交通运输条件，自然条件，布置矿山主要生产工业场地，并以采矿工业场地为中心确定各场地之间的联系。

（2）根据矿山运输及当地交通运输条件，确定企业的内、外部运输方式，并布置公路路线，确定与地区公路干线连接的地点。采用铁路时，确定接轨站位置，布置铁路线路及站场；采用水运时，确定码头位置，布置码头至矿区的运输线路。采用其他运输方式时，相应地确定线路位置及线路走向。

（3）根据主要生产工业场地位置及运输线路，结合地形布置辅助生产工业场地、排土场；居住区及其他设施等。

（4）根据电源、水源、污水排放点等位置确定输电线路及供、排水线路位置和线路走向。

（5）考虑留有综合利用和多种经营场地。

（6）确定施工场地的位置及临时施工道路。

（7）确定必须的卫生防护林带，绿化地及苗圃用地。

（8）确定矿山建设用地规划。

### 5.2.2  矿山总体布置的特点[5]

（1）矿产资源条件是决定矿山总体布置的自然基础，矿山各个场地的布局与矿床分布有密切关系。在多数情况下，矿床分布面积大而分散，从而使矿山总体布置一般具有分散性的特点。同时矿产储量有一定的开采年限的限制，所以矿山总体布置还应与开采年限、规模以及矿区的开发阶段相适应。

（2）矿山的矿石、废石运输量大，生产需要的用电量和用水量大，运输管线及地面设施占地面积大，矿区还需要有大面积的用地堆积废石、废渣以及表外矿等。矿区地形复杂，排水防洪工程多，这些多方面的布置因素，反映了矿山各方面的特点，都要全面考虑，综合处理，互相协调，统一布置。

（3）矿产资源分散和分布面积大，往往影响居住区的布局，但居住区过于分散，不便组织生活，应做到集中与分片集中相结合。一般可选择条件较好、位置适中的地段作为整个矿区的中心居民区，将生活服务与文化设施集中在一起，作为全矿区的行政管理与公共服务的中心，并与其他的居民区有方便的交通联系，逐步发展，形成以矿区为中心的矿业市镇。例如：金川镍矿，是我国的镍矿基地，资源丰富分布面积很广，有四个矿区，东西长 5km，由于戈壁滩地形平坦、有集中建设居住区的条件，经过二十年来规划与建设，现已成为我国新兴的镍矿城，城市与矿区均有方便的交通联系。

在矿区特别分散情况下，要发展中心居住区，集中各矿区公用的附属设施、服务性设施和管理机构，同时在矿区地形条件的限制下，还应特别注意保留发展余地。

（4）矿区大多分布在山区，是地形、地质构造比较复杂的地方，因此矿山的总体布置要很好地考虑场地的稳定和安全问题。矿区范围大，但可供建筑的用地往往并不很多，排土场、尾矿库和居住区经常占用低平地带，需要占用的面积大，这些地方又往往是产量较高的农田，因此，合理用地，少占耕地特别重要。矿区各项用地的布置还要考虑到矿产分布的范围，避免压矿，以及防止在地下有矿尚未查清的地带建设。

（5）矿与农村的联系较为密切，在进行矿区总体布置的同时，应尽可能结合矿山所在地区的村镇规划，在道路、供电、居住区、公共服务设施等方面互相分工，统筹考虑，使矿区和村镇或城乡能互相促进，协调发展。

（6）随着我国经济建设的发展，全国中小城市蓬勃兴起，因此，矿山的总体布置应与城镇密切结合，一些住宅和福利设施在有条件的地方应设在城镇，以及利用城镇的设施问题。

### 5.2.3 主要场地位置的选择

5.2.3.1 场地一般要求

*A* 用地要求

（1）场地面积和外形应满足生产需要，并应有适当的发展余地，但不可过多预留用地，近期用地要布置紧凑；

（2）场地用地应尽量利用山地、坡地及其他不宜耕种的荒地，要少占或不占农田；

（3）减少用地，采取场地组合，建筑合并的措施；

（4）选择地形坡度、标高应满足生产工艺流程和物料运输要求；

（5）选择适宜的地形，以求平整场地的土石方工程量少并便于排水；

（6）场地的地形地势要有良好的通风、日照条件，严寒地区应避开阴湿地段，炎热地区应尽量避免西晒，山坡地段的居住区宜向阳。

*B* 场地地基的要求

（1）避开断层、滑坡、岩溶、泥石流、软土等不良地质地段；

（2）选择场地的建筑地基要有满足要求的承载力，对有重大设备和高大建、构筑物的场地尽量布置在挖方或岩石的地基上；

（3）在湿陷性黄土地区，尽量选在湿陷量小，土层薄的地段；

（4）地下水要低，并注意其对建、构筑物有无侵蚀性；

（5）工业及民用场地应不受洪水淹浸，山区建设应注意山洪危害。场地标高应高出计算洪水位。

*C* 卫生防护的要求

（1）场地布置必须防止因矿山废水的排放和废石的排弃所产生的污染；

（2）矿石、废石堆置场地应不致影响附近地区的农业生产和居住区及其他建、构筑物的安全；

（3）易燃、易爆及有放射性物质的储存场地，或放射性废料堆场，要与其他场地保持符合安全防护规定的距离；

（4）产生有害因素的矿山与居住区之间，应设置一定的卫生防护距离。卫生防护距离的宽度，应由建设主管部门商同环境保护主管部门根据具体情况确定。在卫生防护距离内不得设置经常居住的房屋，并应绿化。

### 5.2.3.2　采矿工业场地[6]

地下开采的工业场地的位置，大多数情况都决定于主矿井（硐）口的位置，所以工业场地常位于井（硐）口附近，根据开拓确定。

竖井、斜井或平硐口一般应选择在矿体的下盘地段上，地形平缓、岩性稳定、矿石和废石运输方便。场地应以井口为主体，并满足布置各项建、构筑物及堆场的要求。

工业场地为几个矿井（硐）或露天矿服务，则最佳的位置宜选择在一个适宜的中心地点，或者是物料运出运进的运输功最少的地点。

通风设施与充填设施的位置，应分别选定在通风井及充填井附近。

露天开采的工业场地一般宜选择在堑沟口附近，应在露天矿最终开采境界以外及爆破危险区范围以外。其他要求与地下开采基本相同。

### 5.2.3.3　炸药库场地

位置选择在比较隐蔽的山谷中，有可利用的山岭岗峦作为天然屏障的地方，以便尽量缩小对外安全影响范围。在满足安全的条件下，距离采矿场比较近，运输方便。

炸药库与工业场地、居住区、铁路、公路等的距离，应符合有关爆破安全规程的规定。

### 5.2.3.4　排土场

排土场应在不影响矿床近、远期开采和保证边坡稳定的条件下，尽量选择在位于露天采场、井口、硐口附近的沟谷或山坡、荒地上。有条件时，宜尽量利用采空区作排土场，以缩短运距，节约用地。

集中或分散的排土场的总容量，应与矿山采掘的岩土总量相适应。凡具有将来尚可利用的表外矿或其他矿物的排土场除具备分别堆置的容量外，并应考虑回收时装运方便。堆置含有有害物质（如含硫的岩土）的排土场址，应选择位于工厂、居住区的最小风频的上风侧和水源地的下游，并考虑留有增加处理措施的场地。

排土场应尽量避免选择在易被山洪或河水冲刷的河边，以免淤塞河道或产生泥石流而造成危害。在不可避免时，应严格采取截洪、排水、防冲刷的措施。

### 5.2.3.5　选矿厂

选矿厂的位置应根据矿石运输、尾矿输送、精矿输送、供水、供电和地形等多种因素和条件，综合比较选定。一般常靠近采矿场，以缩短矿石运输距离，降低运输成本。特别在确定出矿井（硐）口或堑沟口的位置时，应充分考虑选矿厂可能的厂址位置，金属和非金属矿的选矿厂，在大多数的情况下，选择在矿区附近，但应保持必需的安全距离。

选矿厂一般都利用山坡地形，坡度在 $10°\sim25°$ 之间[6]。历来认为山坡上建厂便于利用重力运矿，可以节省提升矿石费用。但现在有人认为在 $2°\sim4°$ 接近水平坡度的厂址为理想[4]，比山坡厂址更具有优点，厂区通行方便，利于人员作业、材料运输和设备维修。由于平土机械的改进，认为将厂址挖平虽然增加平地基土石方工程量，但在建筑结构以及将来改、扩建方面比山坡建厂更为经济。

### 5.2.3.6　尾矿库

尾矿库应靠近选矿厂，尽量利用地形，实现尾矿自流输送，库址的标高应低于选矿厂，如需要用动力扬送，应力求扬程最小。库址既需要有足够容积，又要少占耕地。应避免选择在村镇或居民区的上游，并与居民区保持必要的卫生防护距离。尾矿库根据地形条件也可以分为几个设置。从安全要求，库址下游在一定范围内不能有居民区和城镇。

#### 5.2.3.7 居住区

居住区位置的选择，应符合有利生产，方便生活的原则。当矿区邻近城镇时，居住区宜与城镇紧邻布置，便于共用文化、生活福利设施。如在矿区建设居住区，在符合防爆、卫生的要求下，居住区宜尽量结合矿区布置，可选择在工业场地附近的山坡、荒地上。居住区应位于露天采场、排土场和有烟尘、产生有害气体的车间最小风频的下风侧。

### 5.2.4 影响总体布置的主要因素

#### 5.2.4.1 自然因素

自然因素对矿山建设的影响主要是地质、地貌、气象和水文等。

##### A 地质因素

地质因素包括工程地质、水文地质和地震等三个部分，是矿山建设发展的基础条件之一。主要体现在矿山用地以及各项建筑物地基的稳定性和工程设施的经济性上。具体内容包括地层性质、地下水、地震和不良地质现象等。

（1）自然地基作为建筑地基时，其地层地质构造和地表物质的组成状况直接影响建筑物的稳定程度、建筑高度、施工难易和造价高低。地表组成物质对建筑物影响通常用地基承载力表示，见表5-1。

表 5-1  各种地表组成物质承载力

| 类别 | 碎 石 | 黏 土 | 粗、中砂 | 细 砂 | 大孔土 | 淤 泥 |
|------|------|------|--------|------|------|------|
| 承载力<br>(Pa) | $4 \times 10^5 \sim$<br>$7 \times 10^5$ | $2.5 \times 10^5 \sim$<br>$5 \times 10^5$ | $2.4 \times 10^5 \sim$<br>$3.4 \times 10^5$ | $1.2 \times 10^5 \sim$<br>$2.2 \times 10^5$ | $1.5 \times 10^5 \sim$<br>$2.5 \times 10^5$ | $0.4 \times 10^5 \sim$<br>$1 \times 10^5$ |

（2）地下水对矿山的建设和建筑物的稳定性影响很大，主要反映在水量、水质和埋藏深度等方面。地下水的水量和水质可作为矿山水源的取舍标准，往往在山区地表水取用困难时，地下水将成为工业与民用的主要水源。

地下水的埋藏深度影响建筑物的建设，一般要求见表5-2。

表 5-2  一般建筑物对地下水埋藏深度要求

| 建 筑 物 特 点 | 地下水埋深（m） |
|------|------|
| 三层以上建筑 | 1.0～1.5 |
| 有地下室的建筑 | 2.5～3.0 |
| 低层建筑 | 0.8～1.0 |
| 道　　路 | 1.0 |

（3）地震是一种灾害性地质现象。矿山建设主要了解当地是否属于地震区及其烈度和频率，确定建设项目及防设措施。在7度以上地震区，对强烈褶皱带、活动断裂带、矿山采空区、洪水淹没区、尾矿库下游、平原与山地接合部等地区，一般不宜用作建设用地或布置重要建、构筑物，特别不宜布置油库、炸药库。

（4）矿山多位于山区，地质构造较复杂，要特别注意滑坡、泥石流等不良工程地质现象。一般应尽量避免在这些地区建设，如无法避免时，应采取各种有效措施，保证建设场地的安全。见表 5-3、表 5-4。

**表 5-3　滑坡的一般防治措施**

| 防 治 措 施 | 措 施 内 容 |
| --- | --- |
| 地表排水 | 滑体外地表水应拦截或旁行，滑体内地表水应防渗和引出 |
| 地下排水 | 修筑支撑渗沟、截水渗沟或边坡渗沟将水排出。此外，也可用隧洞或垂直孔群，砂井与平硐等引走地下水 |
| 抗滑支撑构筑物 | 修筑抗滑挡土墙或抗滑桩 |
| 减　重 | 一般适用滑坡床上陡下缓，且滑坡后壁及两侧有稳定岩体 |

**表 5-4　泥石流的一般防治措施**

| 防 治 措 施 | 措 施 内 容 |
| --- | --- |
| 上游：水土保持 | 在上游流域范围内，植树造林，修建地面排水系统，稳定山坡 |
| 中游：拦截 | 在中游和支沟处设置拦截坝群，使泥石流流速降低，固体物质沉积下来 |
| 下游：排泄 | 在下游设置导流堤、急流槽、渡槽等排泄措施，使泥砂迅速排走 |
| 避　开 | 经常发生泥石流地段或近几十年来虽未发生，但有再次发生条件地段，一般应予避开 |
| 跨越、穿越 | 线路应避免穿过泥石流分布区，如必须穿过时，宜在沟口设桥跨越，或以隧道穿越 |

　　*B　地貌因素*

　　地貌是矿山建设的重要影响因素，不同的地貌类型、地表形态以及各种地貌现象对矿山建设发生影响见表 5-5。

　　山区的山间盆地和一般的平缓丘陵是理想的建设地点，而岭岗连绵的山区则将给场地建设带来巨大的工程费用。

　　地表形态影响各项建筑物的用地布局和工程难易。地面坡度过大，需进行大量开挖，增加土石方工程量，过缓则又不利于排水。地表过于破碎、切割密度过大，影响地基强度和场地平整，增加基础工程量和费用。

　　*C　气象因素*

　　工业场地布置、建筑物的结构、朝向、间距、排列方式以及道路走向、公用设施等都与气候条件密切相关。矿山总体布置要为职工创造良好的生产、生活环境，必须十分重视气候条件，其中主要是风象、气温和降水等。

　　风象包括风向和风速两个方面，可按当地一年中最大风频确定其盛行风向，并据此布置功能用地。一般把污染源布置在盛行风向的下方，风速对产生污染源的场地布置有很大影响，一般是风速越大，污染物越易扩散，污染程度低。风速越小，污染物越易集聚，污染程度越高。在风速小于 1m/s 的静风时，风速已失去了扩散烟气的作用，甚至可能造成逆温，因而相对地增加了污染程度，对总体布置非常不利。

　　山区地形变化大，常形成当地的风向和风速，不能完全套用城市气象站（台）的资料，要根据当地小气候的特征进行分析。

表 5-5　地貌特征及影响

| 地貌类型 | 一　般　影　响 |
|---|---|
| 山　地 | (1) 在断块山前缘建设时，应查明断层的位置，产状、破碎带宽度、断层的活动性以及滑坡，崩塌、危岩等不良地质现象<br>(2) 在褶皱山区建设时，应查明岩石的风化程度和边坡的稳定性<br>(3) 在沟槽地形或沟口建设时，应注意山洪、泥石流的危害 |
| 丘　陵 | (1) 地形起伏大，开拓场地时，土石方量较大<br>(2) 挖方地段岩石出露，填方地段土的含水量大，承载力低，有时还有淤泥出现<br>(3) 地层随地形起伏而变化，注意地基不均匀下沉对建、构筑物的影响 |
| 洪积扇 | (1) 场地宜建在洪积扇的中、上部<br>(2) 洪积扇上部地形狭窄，易受山洪泥石流的袭击。靠山太近时应注意边坡的稳定性<br>(3) 洪积扇的下部颗粒细，地下水位高，土的承载力低。有时还存在淤泥、沼泽等 |
| 坡积裙 | (1) 应注意地基土的不均匀性<br>(2) 应注意边坡的稳定性和滚石<br>(3) 应注意有无滑坡特征 |
| 山前平原<br>山间凹地 | (1) 与洪积扇要求相同<br>(2) 应注意两相邻洪积扇的边缘地带，局部可能出现淤泥 |
| 河　谷 | (1) 应考虑最大洪水流量以及因建设改变河床断面后的最高洪水位和冲刷深度，同时也要考虑河水对岸边及构筑物的冲刷，以及岸边本身的稳定性<br>(2) 河床中大块碎石、卵石层地基中可能有软土存在。靠山坡一侧还应考虑边坡的稳定性及新近堆积物结构强度低等特点 |
| 河漫滩 | 经常受洪水淹没，一般不宜建设 |
| 阶　地 | (1) 是建设适宜地区<br>(2) 场地不应靠近阶地前、后缘<br>(3) 高阶地较有利，但应注意山坡稳定、山洪袭击、坡脚堆积物承载力低等问题<br>(4) 低阶地应注意土的承载力较小，地下水位较低等特点 |
| 冲积平原 | 是建设适宜地区，但应位于地形稍高地段，并考虑洪水淹没问题 |
| 湖泊平原 | 主要是软土地基问题 |
| 沼泽地 | 不宜建设 |

　　我国幅员辽阔，南方夏季炎热，北方冰冻期又较长，山区小气候形成的辐射热和山坡地冷气流下沉的情况更为严重，总体布置中应采取一定措施调节气温，改善生产和生活条件。如控制建筑密度、调整空地面积、合理布置工业场地、发挥绿地及水面调节作用等。

　　日照条件对于确定建筑物的朝向、间距及建筑群的组织和布局，确定道路的方位和宽度都有一定的影响，在矿山环境条件较差的情况下，更应充分利用日照以改善生产和生活条件。建筑物布置一般以南和偏南向为宜。

　　*D　水文因素*

　　降水直接影响地表径流和引起积水，进而影响矿区的防洪和排水设施，也会影响企业用水，对矿山的给排水规划、道路规划和防排洪规划都有直接影响。

　　在靠近河川湖海的矿山尚应注意水文条件对场地的影响，设计洪水频率一般应按表 5-6 的规定，确定场地的标高。

**表 5-6 设计洪水频率**

| 企业性质及规模 | 洪 水 频 率 |
|---|---|
| 大型矿山 | 1/100 |
| 中型矿山 | 1/50 |
| 小型矿山 | 1/25 |

### 5.2.4.2 建设条件

影响总体布置的另一主要因素是建设条件。包括有：当地的地区规划，工业协作条件，交通运输条件，供水条件、供电条件和施工条件以及环境保护等。

(1) 矿区规划。矿山企业总体布置应以局部服从全局，要满足当地地区规划要求。很多矿山地处偏僻山区，没有地区规划，则应以矿山为主体，结合当地条件编制一个完整的矿区规划，征得当地政府同意后，即可在规划指导下进行建设。

(2) 协作条件。当地的工业基础和协作条件，对矿山的建设也有较大影响。矿山应最大限度地促进企业间的协作关系，以求节约本企业的基建投资，增加收益。协作项目包括有机修、汽修、动力供应、给排水设施、交通运输、消防设施、公共福利设施等。

(3) 交通运输条件。交通运输是矿山总体布置中极为重要的影响因素之一，特别是外部运输是决定矿山开发的先决条件。我国边远地区的一些矿山，由于交通运输条件困难，暂时不能开发。所以常常是选择一些交通运输条件方便的矿山，优先开发。交通运输条件方便不仅有利于企业的建设和对外联系，也利于企业内部运输的联结，降低生产成本，提高企业经济效益。

(4) 供水条件。水资源是矿山建设条件之一，应考虑矿区的地面水、地下水的供水能力，在水量、水质方面能否满足矿山生产和生活用水的需要，以及水源开发与利用的经济性与可靠性等问题。此外，还需考虑矿山用水与工业、农业用水分配方面的矛盾。

(5) 供电条件。矿山的能源主要是电能，在经济发达的地区，一般建立输电网络，取得较方便的供电条件。没有外部供电来源的矿山，往往需要投资建立新的电站，纳入区域输电网内，供给矿山用电。电厂的位置、规模以及高压输电线路和变电站对矿山建设起决定作用。

(6) 用地条件。矿山建设需要较多的土地。矿山生产性质不同，所需要的土地数量不同。建设一万吨规模的矿山约需要 2~5 千亩用地。地下开采矿山用地少，露天开采用地多。我国土地是全民所有，征用土地按国家土地法规定付给补偿费用，费用是以每亩耕地年产值的 3~6 倍计算，由矿山与当地各级政府主管机构根据现行法令协商作出决定。土地费用在矿山建设费用中所占的比例在 5%~10% 之间。解决土地问题，各地具体情况不同，需要矿山与地方商议解决。由于矿山建设引起的居民、城镇、公路、铁路、厂房等的搬迁，亦需要按规定赔偿。

(7) 施工条件。矿山企业建设必须考虑施工条件，当地的施工力量，施工用地的安排，施工道路与现有道路的结合等问题。这些都直接影响企业的基建投资、建设速度和施工质量。

### 5.2.4.3 环境因素[4]

矿山开采对当地环境所产生的影响，这是总体布置需要考虑的环境效益问题，特别是在选择场地与布置地面设施时应要仔细考虑以下因素。

（1）水体污染。矿山对环境产生的影响中，水所受影响范围最大。采矿、选矿、废石和尾矿所产生的废水，其中酸性水对河流的污染最为严重。酸性水不仅在矿山生产期间而且在闭坑以后长期继续下去，这是需要治理的问题。矿山开采对当地水流还有其他影响，如泥沙淤积、阻塞河流，破坏天然水系等。

（2）土地破坏与复垦。据不完全统计，我国矿山开采每年平均占用土地约 10 万亩，其中露天矿占用 85％以上。废石与尾矿的堆积占用土地面积最多。随着可采矿床的品位的降低，土地受破坏的数量将要逐年增加。生产 1 吨铜平均需采出 375 吨的废石[4]，其次铁矿、磷矿的开采也有大量的废石。我国开始制订有关矿业土地法规，要求对尾矿库、排土场进行复垦。

（3）地面移动。地下开采引起岩石移动，造成地形改变，地面塌陷，垮山滚石，对地面设施以及公路产生危害，有时造成严重的破坏，如云南冶金三矿、锡矿山、易门铜矿、东川因民矿等因矿山岩石移动影响，危害矿山地面工业及民用建筑场地，是应引起注意的重要问题。

（4）矿山景观。矿山所在地区如属自然保护区，有名胜古迹和历史文物，应采取保护措施。这些都是总体布置所要考虑的因素。

### 5.2.5 总体布置实例

矿山的总体布置因地制宜，各有特点，列举以下实例。

#### 5.2.5.1 德兴铜矿

德兴铜矿位于江西省德兴县，为特大型的斑岩铜矿，有铜厂、富家坞两个矿区，均位于山岭地区。山势崎岖，场地狭窄。现在矿山分期分区建设，先开采铜厂矿区，已建成日采矿石 3 万吨规模的露天矿，公路开拓运输，采用 154 t 的电动轮汽车运输矿石和废石，是我国最早用这类型汽车的矿山。采场设置破碎站，矿石破碎后经溜井下放至平硐，采用电机车窄轨铁路运输至第一、第二选矿厂，运输距离 5km。铁路经过重要技术改进，如采取双机牵引、重载列车等措施，日运输能力 3 万吨，最大可达 4 万吨，是目前世界上运输能力最大的窄轨铁路之一。铜厂矿区正继续扩建，增加日采矿石 6 万吨的规模，新建第三选矿厂，靠近采场境界 1.5km，破碎站设在采场边境，破碎后的矿石用带式输送机运至选矿厂。尾矿自流至尾矿库。精矿自流至第一、第二选矿厂场地，统一集中处理，脱水后精矿经铁路外运。

矿山的生产、辅助工业场地布置在采场主堑沟口处。排土场位于矿区两侧，面积 6km²。全矿区各个场地，均有公路相通。

居住区采取集中与分散相结合的布置，在矿区的适中地段泗洲庙适当集中住宅区，作为中心生活区。为满足生活、生产的需要，配置完善的公共服务设施，形成矿区的行政、文化中心。设有学校、医院、银行、邮电、商业等服务设施和矿部办公大楼等。分别在采场、选矿厂、机修厂区配置相应的居住区和生活服务设施，是既有集中又有分散的布局。

该矿的总体布置主要特点是第三选矿厂规模大，位置靠近矿山，矿石运输距离最短；尾矿、精矿自流输送；第一、第二选矿厂窄轨铁路运输矿石，重车下坡，节省运输功；全矿的总体布置，针对矿区占地面积大，地形复杂的条件，确定各个场地和居住区的位置和范围，采用集中与分散相结合的布局，既有利于节约用地和减少工程量，又为方便生活、生产和管理创造有利的条件（见图 5-1）。

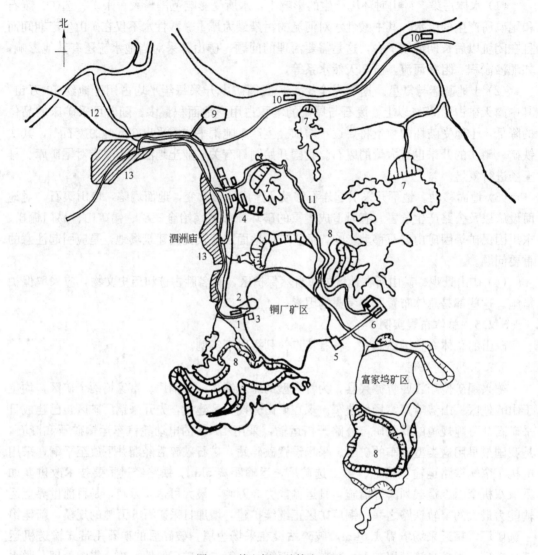

图 5-1　德兴铜矿总体布置图

1—采矿工业场地；2—窄轨铁路装矿站；3—西破碎站；4—第一、第二选矿厂场地；
5—东破碎站；6—第三选矿厂场地；7—尾矿库；8—排土场；9—炸药库场地；
10—水源地；11—上山公路；12—外部铁路；13—居住区

### 5.2.5.2　云浮硫铁矿

云浮硫铁矿在广东省云浮县，矿区内的地形复杂，山势陡峻，高差悬殊，沟谷切蚀剧烈。该矿矿体较集中，采场范围较小，长约 1860m，宽仅 700～800m。该矿为露天开采，分南北两个采区，汽车运输矿石和废石，矿石粗碎后分别以下坡带式输送机运至破碎厂、选矿厂，精矿运至成品仓再经铁路外运，铁路支线全长 34km。

该矿为一大型采选联合企业，由采矿工业场地、矿石破碎场地、选矿厂、汽车保养场地、炸药加工厂、机修厂、汽修厂和排土场、尾矿库、居住区以及行政与生活福利设施组成。

　　该矿总体布置（见图5-2）采取集中方式，基本特点是从采场至成品仓采用汽车与带式输送机联合运输矿石与精矿，既克服了该处工程地质条件差，高差较大等困难，又达到运输线路短捷的目的。对泥石流作了有效的防治；主要生产场地布置集中，其他场地布置

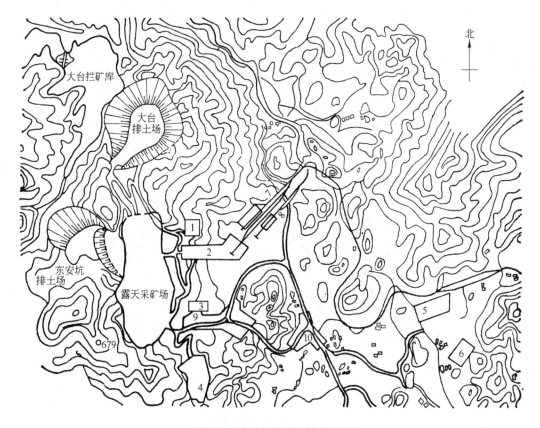

图 5-2　云浮硫铁矿总体布置图

1—采矿工业场地；2—破碎、选矿工业场地；3—汽车维修场地；4—炸药加工厂场地；

5—机修厂场地；6—汽修厂场地；7—准轨铁路车站及矿仓；8—窄轨车站及矿仓；

9—大降坪居住区；10—高峰居住区

在矿山附近地带，取得因地制宜的效果；该矿的行政与生活福利设施亦较集中，各项设施设在两个居住区中，在改善矿山生活条件和改变矿山形象方面获得好的效果。

　　5.2.5.3　新康石棉矿

　　新康石棉矿位于四川省石棉县。该矿为山坡露天矿，位于高山地区南桠河与过马河交会的三江口。山高谷深，矿床赋存标高1550～2250m，地形高差达千余米，地势陡峻。新康石棉矿是目前国内石棉产量最大的矿山，年产矿石159万t，系山坡露天开采。矿区高差400～500m。

　　该矿总体布置依山就势，因地制宜，采用分散建厂的布置，具有较多特点。分区开采，自上而下，优先采出易采的矿体。采用汽车、窄轨铁路、简易索道、斜坡道等多种运输方式，充分利用重力运输矿石。利用山坡地形分区设置选矿厂，利用山沟排土场就近溜放废石，不需动力。山沟的上游设置排洪隧道，减少泥石流危害。居住区山下集中，山上分散，方便了生活和生产。水源取自山沟上游，自流输送。电源设在山沟下游，建有水力

发电站，充分利用当地水力资源。矿区有完善的上山公路通达各个采区和选厂，外部公路可与铁路车站相通。该矿的总体布置利用地形地势，因地制宜，既有好的布置效果，又有明显的经济效益（见图 5-3）。

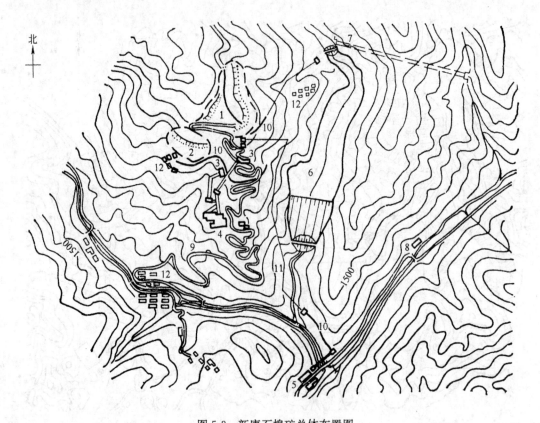

图 5-3　新康石棉矿总体布置图

1—凉山露天采矿场；2—苏家山露天采矿场；3—粗碎站；4—苏家山选矿厂；5—凉桥选矿厂；
6—排土场；7—排洪隧道；8—电厂；9—上山公路；10—窄轨铁路；
11—简易索道；12—居住区

### 5.2.5.4　昆阳磷矿

昆阳磷矿位于云南省昆阳县，矿区地貌属低山微丘，山坡平缓，交通方便。该矿矿藏分布面积较大，分四个采区开采，汽车运矿。矿区设东、西两个破碎站，破碎后的矿石分别用带式输送机输送至装车站的矿仓，经铁路运出。

总体布置根据分区开采的条件，以适宜的运输方式为纽带，把各项地面设施的场地位置集中布置在矿区适中的地方，见图 5-4。对于矿藏分布面积广的沉积矿床（如磷矿、铝土矿等），矿山分区开采，地面设施场地集中布置，有较多的优点。废石就近堆积，矿石集中外运，简化了内外运输系统。矿山的各项地面设施，集中合并，避免了重复建设，不仅减少了用地，也便于集中调度管理。

### 5.2.5.5　东鞍山铁矿

东鞍山铁矿位于辽宁省鞍山市。矿区属丘陵地带，地形平缓。该矿在地坪以上为山坡露天开采，开拓运输采用准轨铁路，排土场设在采场境界外的东面，矿山工业场地在采场境界的北面，选矿厂设在矿区附近，居住区亦紧邻矿区，组成采、选联合企业。矿区内外

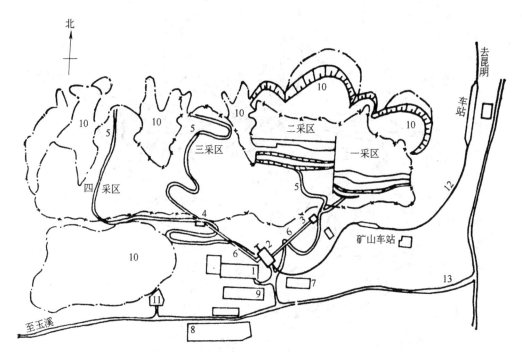

图 5-4 昆阳磷矿总体布置图

1—采矿工业场地；2—铁路装矿站；3—东破碎站；4—西破碎站；5—公路；

6—带式输送机；7—汽修厂；8—居住区；9—矿部；10—排土场；11—炸药库；

12—外部铁路；13—外部公路

交通均采用铁路运输。该矿总体布置具有场地集中，布置紧凑，内外联系方便的特点（见图 5-5）。

##### 5.2.5.6　白银厂铜矿

白银厂铜矿位于甘肃省白银市，是我国大型采、选、冶联合企业。该矿为露天开采，矿区外缘地形平坦，选、冶厂集中布置，距离露天矿 6km，矿石以准轨铁路运至选矿厂，以采、选、冶联合企业为基础，集中建设总的机修厂，总的公共设施、总的居住区和完善的生活福利设施以及开展综合利用多种经营工业。现在已发展成为新兴的工业城市。矿区逐步实现了城市化。其总体布置如图 5-6 所示。

##### 5.2.5.7　青海钾肥厂盐湖矿

青海察尔汗盐湖，位于柴达木盆地中部，面积 5856 $km^2$，是我国最大的钾镁盐矿床，也是世界大型盐湖矿床之一。开发盐湖资源以钾肥为主，综合利用。

青海钾肥厂先采达布逊湖富集区段卤水。采区东西宽 8km，南北长 12km，面积 96$km^2$。采用的工艺技术如下：

（1）采卤。浅层卤水采用渠道开采。深层卤水用井群开采。采卤渠两条总长 14608m；

（2）输卤。渠道输送，输卤渠道总长近 5km；

（3）盐田工艺。以晶间卤水为原料，利用太阳能经过盐田滩晒自然蒸发，生产成光卤石矿，再用采盐机采收，经管道输送至加工厂；

（4）老卤排放。排至南霍布逊湖；

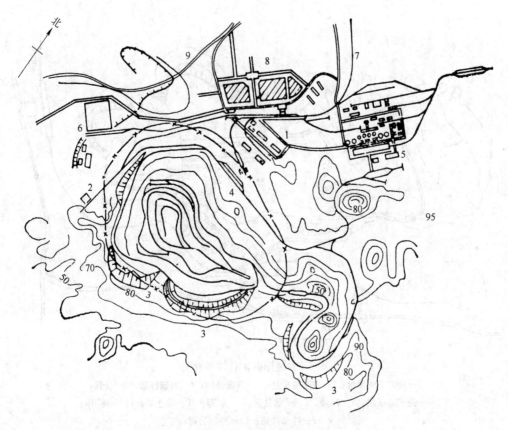

图 5-5　东鞍山铁矿总体布置图

1—采矿工业场地；2—炸药库；3—排土场；4—采矿场铁路；5—选矿厂；6—总降压变电所；
7—外部运输铁路；8—居住区；9—国家铁路干线

（5）加工工艺。采用冷分解浮选法。

青海钾肥厂由于地理、气候、矿区条件的限制，分两处建设。采选主体工程及部分辅助工程建在湖区，居住区与生活福利设施及机修厂、电厂等建在格尔木市区。

湖区生产设施为采卤区、盐田、选矿加工厂以及为采选服务的机汽修等，另设倒班宿舍、食堂、浴室、办公、化验等行政与生活服务设施。主要生产场地与设施如图5-7所示。

格尔木生产与生活设施为自备热电站、机汽修厂、汽车队、仓库、科研所、招待所、职工宿舍区、商业、医院、学校、俱乐部和办公区等，另有两个水源地。

察尔汗盐湖地处西北高原，风速大（平均4.3m/s），雨量少（平均为每年24.3mm），高寒干旱，荒漠无植被。湖区土壤属超氯型盐渍土，具腐蚀性，土质软，水位浅，因此需要按照盐湖地区特点处理工程建设问题。

5.2.5.8　寿王坟铜矿

寿王坟铜矿位于河北省兴隆县，矿区为山岭地形。老牛河横贯矿区东西，地形自然分割成南北谷地。矿床分布在北面山岭的深部，东西走向长2~3km。地下开采，根据矿体埋藏深度和地形条件，采用平硐竖井开拓，竖井自深部提升矿石和废石至平硐，利用窄轨铁路，电机车牵引分别运送至选矿厂与排土场，并自地面运送人员与材料至井下，地面与

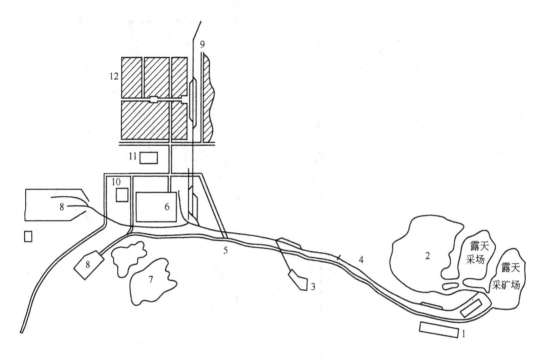

图 5-6　白银厂铜矿总体布置图

1—采矿工业场地；2—排土场；3—炸药库场地；4—矿石运输铁路；5—矿区公路；

6—选、冶厂场地；7—尾矿库；8—附属企业场地；9—外部运输铁路；

10—总降压变电站；11—供水总站；12—居住区

地下组成完整的运输系统。采矿工业场地紧靠平硐口，场地上集中布置采矿生产、辅助和生活服务建筑。竖井和通风井的场地分开设置，位于矿区的北部，距离平硐口约 1.5km。选矿厂场地选择在矿床的西部，因此，决定平硐方向与硐口位置选择在矿床的两端，两者的位置和标高均与矿石运输线路布置相适应，距离约 500m。尾矿库选择距选矿厂西方 4km 远的山沟，位于河流的下游，地形低，尾矿可部分自流。排土场布置在平硐口附近，利用废石场为坑木加工场地。

　　采选工业场地相邻很近，全矿的机修、总降压变电站、仓库等辅助设施统一布置在采选场地附近。外部运输的专用铁路，直达选矿厂的精矿仓库，与国家干线连接，长约 8km。矿区公路亦与地区公路干线衔接，交通方便。

　　全矿居住区位置选择在河沟南面，利用山前坡地和部分河滩阶地，集中成组布置，设置有学校、医院、生活服务各项公共设施，逐年发展，现已成为矿山城镇。

　　该矿为大型采选联合企业，总体布置的主要特点是采选工业场地以矿石运输系统为主干，决定各场地总的布局，矿石运输距离近，场地建、构筑物布置集中。全矿的总体布置结合矿区地形南北分割的特征，确定工业与民用分区的位置和范围，北部为工业区，南部为居民区，西部堆置尾矿。按功能分区，注意环境保护，达到较好的布置效果。该矿充分利用河滩阶地，采取防洪措施，有效节约建设用地。其总体布置见图 5-8。

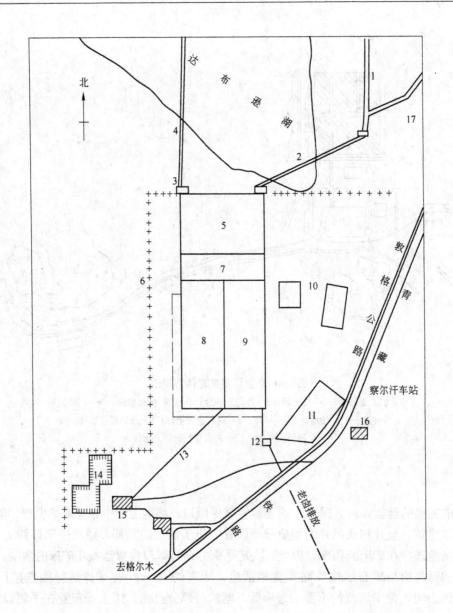

图 5-7   青海钾肥厂盐湖矿总体布置图

1—采卤渠；2—泵站；3—泵站；4—备用渠道；5—钠盐池导卤泵站；6—防洪堤坝；7—调节池；

8—光卤石池（西）；9—光卤石池（东）；10—盐田；11—试验盐田；12—老卤泵站；

13—矿浆管；14—采土场；15—加工厂；16—第一选厂；17—泵站

## 5.3   场地总平面布置

### 5.3.1   采矿工业场地

采矿工业场地总平面布置[3]是在总体布置确定的场地上综合考虑各种因素，研究建筑物、构筑物、铁路、道路、各种管线等的相互关系，并结合场地地形、地质、气象等条件进行具体布置。

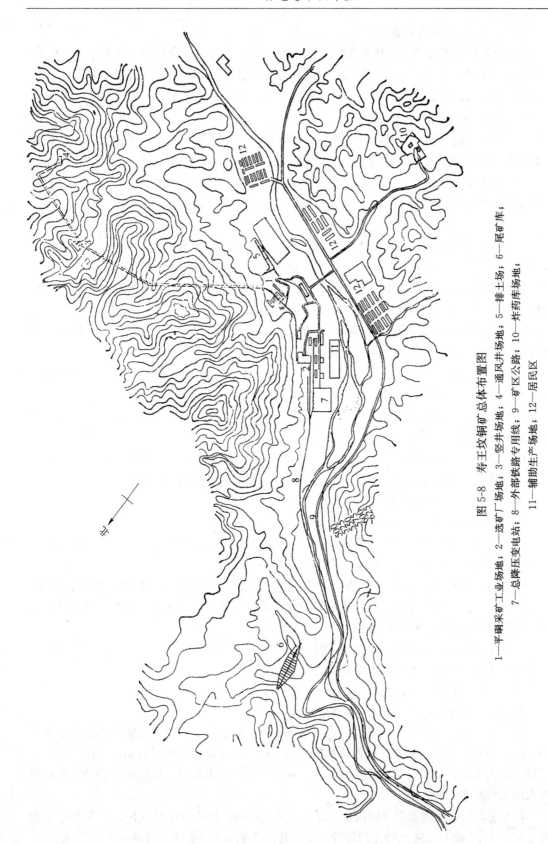

图 5-8 寿王坟铜矿总体布置图

1—平硐采矿工业场地；2—选矿厂场地；3—竖井场地；4—通风井场地；5—排土场；6—尾矿车；
7—总降压变电站；8—外部铁路专用线；9—矿区公路；10—炸药库场地；
11—辅助生产场地；12—居民区

5.3.1.1　一般布置要求[6,7]

(1) 总平面布置应符合总体布置的要求，统一确定场内建、构筑物的位置，综合处理平面与竖向关系，解决地上地下管线、交通运输的布置以及场地内部与外部的联系。

(2) 建、构筑物的布置应满足生产流程的要求，做到合理地布置生产作业线，为保证生产安全，管理方便创造条件。

(3) 节约用地。建、构筑物的布置力求紧凑合理，合理地组织建、构筑物的合并和管线共杆共沟的布置。建筑物之间采用适宜的通道宽度，有效地利用场地。

(4) 合理布置运输线路，采用有效的运输方式，使货流及人流线路短捷，作业方便，避免繁忙的货流与特种货流及主要人流的互相交叉，并要为运输装卸合理配套，减少货物倒运。

(5) 各类动力供应设施（如变电所、锅炉房，煤气站、空气压缩机房等）的布置，应接近负荷中心或主要负荷之一。动力输送距离应经济合理，减少动力输送的损失。

(6) 因地制宜，充分利用场地地形，平整场地应根据不同的地形选择适宜的标高，尽量使土石方及建筑工程量最小，并利于场地防洪与排水。

(7) 总平面布置应符合卫生、防火、防爆、防振、防噪、防腐等要求。建、构筑物的布置应保持良好的通风和采光条件，避免有害因素的干扰。

(8) 适用、经济、在可能条件下注意美观，创造良好的劳动环境，建、构筑物的布置与空间处理应相互协调。场地布置整齐，并为厂区绿化与美化创造条件。

(9) 处理企业近期建设与远期发展的关系，总平面布置应以近期为主，远近结合，全面考虑合理的预留发展用地。

(10) 对于改、扩建企业，场地总平面布置应尽量做到不影响或少影响原来企业的生产，不破坏或少破坏原来的生态环境，不拆除或少拆除原有的建、构筑物。

5.3.1.2　地下开采场地

A　地下开采场地建、构筑物布置关系[6]

平硐、竖井和斜井场地建、构筑物布置关系图（图5-9、图5-10、图5-11）分别表示各场地内建筑物、构筑物的组成和位置以及相互的关系。

图中箭头表示物流方向；建筑物、构筑物左上角所注的字表示其特性和要求，如烟、火、尘、噪、振、热等系该建、构筑物本身所产生的环境污染，怕火、安静、清洁等是该建、构筑物本身所要求的环境条件。

(1) 平硐场地建、构筑物布置关系图。

(2) 竖井场地建、构筑物布置关系图。

(3) 斜井场地建、构筑物布置关系图。

B　地下开采场地建、构筑物的布置要求[6,7]

(1) 井（硐）口的位置一般是结合开拓系统要求确定，宜布置在距主矿体较近的地方，以减少矿、岩运输距离，节省运输功。井（硐）口位置的标高，宜高于选矿厂卸矿仓或排土场的标高，使矿、岩运输重车下坡。井（硐）口标高应高于计算洪水位或历史最高洪水位的标高 1~3m 以上。

(2) 主、副井间应根据开拓需要，保持一定的间距。如中央通风式出、进风井在一起时，应大于 100m，以防止粉尘的污染。出风井应布置在入风井的最小风频的上风侧。

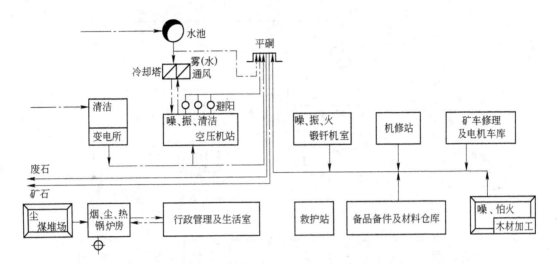

图 5-9 平硐场地建、构筑物布置关系图

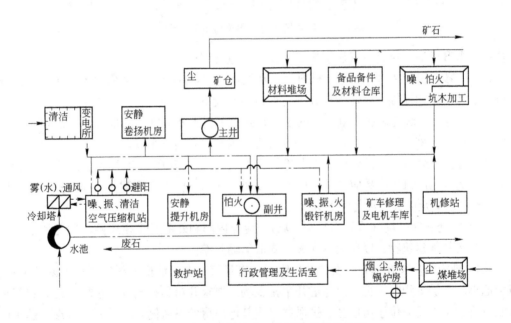

图 5-10 竖井场地建、构筑物布置关系图

（3）提升机房决定于提升机的配置。采用井架时，一般距离井口 20～40m，采用井塔时，提升机则配置在井塔的顶部。

（4）扇风机房应靠近井口，当为压入式通风时，必须与产生有害气体或尘埃的车间保持一定的距离，且在上风向侧。

（5）空气压缩机房应设在引入压气管道的井（硐）口附近的通风良好的地方。由于空气压缩机开动时的振动与噪声较大，应距办公室和提升机房远一些，以避免受噪声干扰。压气缸进气口应与产生尘埃的车间和排土场有一定的距离（大于150m）。储气罐应设在背阴面，防止西晒，以利散热。

（6）锻钎房应与井（硐）口的铁路连接，在同一水平标高设在机修厂内，应远离

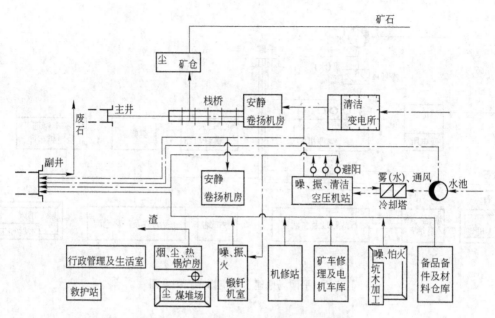

图 5-11 斜井场地建、构筑物布置关系图

化验室和提升机房，接近空气压缩机房，便于供应压缩空气。

（7）机修厂和备件库（成品、材料库）常设在一起，或合并为一个大的建筑，并应与井口的铁路运输相连接，以便于往井下运送材料与设备。

（8）变电所一般应设在用电负荷的中心，并易于引入外部电源的地方。矿山电力的主要用户是空气压缩机房、扇风机房、提升机房、水泵房和地下采场。

（9）为便于运输，材料仓库、油料仓库及堆木场，应设在靠近铁路或公路 15～20m 的地方，为了防火的需要应距井口 50m 以外，而木材加工场等加工设施应离仓库 30～50m，以满足防火距离的需要。

（10）矿仓和储矿场（露天临时储矿场），应与内部和外部运输相连接，避免用主要运矿线路联络其他建筑物，以免运输交叉，降低运输效率。

（11）排土场应设在提升废石的井口附近，有足够的空间堆积全部生产年限内的废石。当场地小，不够堆积时，也可以考虑几个排土场。要求井口到排土场的运输方便，重车尽可能下行。排土场应位于居住区、进风井口或其他厂房的下风侧，尽量利用地形，选用山谷、洼地不占和少占农田，防止废石流失，对下游地带产生危害。

（12）多矿井（硐）开采同一矿床或几个矿床同时开采时，应集中布置机修厂、锻钎房和材料库等，以供所有矿井（硐）使用。

（13）在严寒地区靠近井（硐）口的行政福利建筑宜设有通道，与井（硐）口连接。

（14）储量大、矿体集中、生产能力大、生产年限长的矿山，场地应尽量采取集中联合布置，将井口建筑组合成为主井、副井和行政福利三个大型建筑组合体，这是现代大、中型矿山井口建筑布置的新发展。

C 地下开采场地总平面布置示例

a 寿王坟铜矿平硐场地总平面布置

寿王坟铜矿为平硐竖井开拓，是 50 年代建设的一座大中型的典型矿山。采矿工业场地位于山沟前的山坡地形上，主要的特点是建、构筑物均按等高线平行布置。布置紧凑，地面设施合并，占地少，面对居住区方向有主要公路，便于工人上下班的交通连接，是比较典型的平硐场地的总平面布置（如图 5-12 所示）。

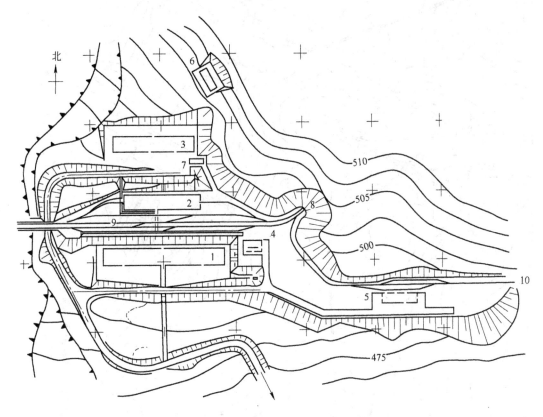

图 5-12　寿王坟铜矿平硐场地总平面布置图

1—行政生活福利室；2—锻钎机房及电机车库；3—空气压缩机房；4—材料库；5—木材加工场；

6—水池；7—沉淀池；8—平硐口；9—电机车铁路；10—排土场

*b*　金山店铁矿竖井场地总平面布置

金山店铁矿张福山矿床，采用竖井开拓。主井为箕斗井，副井为罐笼井，两井相距40m，集中布置（井口场地标高107m）。主井距选矿厂较近，提升的矿石直接用带式输送机送到选矿厂矿仓；副井东面紧邻107m排土场，废石排弃十分方便，井口场地、选矿厂、排土场三者互相配置得比较理想。但107m井口场地位于小儿山上，地势较高，人员、材料、设备如果要从107m井口下井十分不便。利用地形条件，在小儿山东北谷地开拓一条平硐连接主、副井，硐口标高选为54m，在硐口附近布置空气压缩机房、机车车辆库、综合检修站、井下支护材料加工站以及采矿车间办公室和其他生活福利设施。54m平硐口场地就形成采矿管理中心。矿井生产工人不必上山，材料、设备、管线等均由54m平硐下井，地下水也由54m平硐排出。由于54m平硐的开拓，使总平面布置达到了比较理想的要求，如图 5-13 所示。

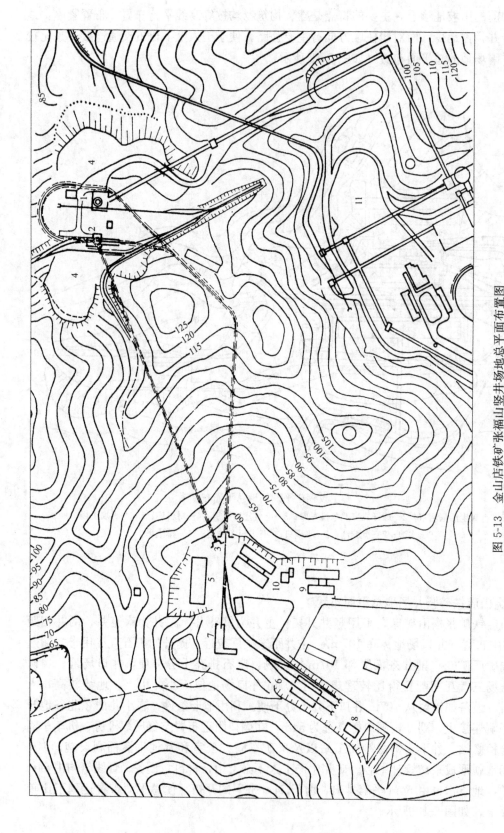

图 5-13　金山店铁矿张福山竖井场地总平面布置图

1—主井；2—副井；3—平硐；4—排土场；5—空气压缩机房；6—机车车辆库；7—综合修理店；8—支护材料加工站；9—采矿车间办公室；10—生活福利室；11—选矿厂

5.3.1.3　露天开采场地

*A*　露天开采场地主要建、构筑物布置关系[6]

各个场地的主要建、构筑物的组成和位置以及相互关系，用场地建、构筑物布置关系图表示，如图 5-14 所示。图例说明同 5.3.1.2。

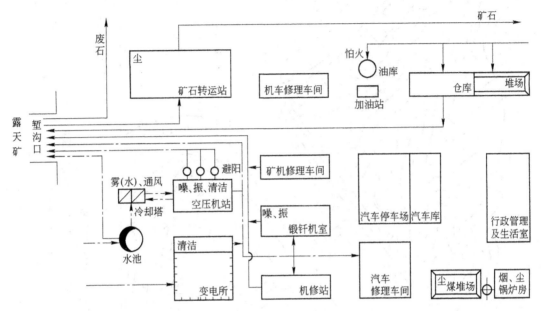

图 5-14　露天开采场地建、构筑物布置关系图

*B*　露天开采场地建、构筑物布置要求

（1）露天开采工业场地的总平面布置应以矿石和废石的生产运输作业方式和布置条件为主，结合地形和工程地质条件，按照生产性质和安全、卫生等规定，合理确定各建、构筑物的相互位置和标高。

（2）主要运输干线和设施都必须布置在露天采矿场的最终境界线以外的无矿地带。山坡露天矿的卷扬机道或箕斗道应布置在采矿场以外，正对箕斗道下方不应布置任何建筑物，以免箕斗跑车造成严重事故。

（3）建、构筑物均应布置在露天爆破区界限外的安全地带，各建、构筑物与露天爆破区界限的最小安全距离，应根据国家《爆破安全规程》的规定[8]结合所采用的爆破方法、矿山地形地势以及建、构筑物的不同性质具体选用。

（4）采矿设备和运输设备的检修设施场地，如矿机修理车间、机车矿车修理间、自卸汽车修理间、汽车停车场等要靠近露天采矿场或矿山铁路车站，并与采场的铁路或公路有便利的连接条件。大型采掘设备，如电铲，一般是在工作面就地检修。

（5）与露天采矿场有管线连接的建、构筑物应在保证安全防护距离的前提下，靠近露天最终境界线布置。空气压缩机房、变电所、水泵房在凹形露天矿则宜靠近堑沟口。

（6）矿石转装站、贮矿场、材料仓库要与采场和外部的铁路或公路相连接，并符合矿石和货物的运输流向。在凹形露天矿，则宜在堑沟口附近的地方。

（7）行政生活福利设施宜布置在对内、对外联系、生产管理和职工上下班方便的地段。建筑物的布置要求与地下开采的行政生活福利设施基本相同。

图 5-15 德兴铜矿露天开采工业场地总平面布置图

1—粗破碎站；2—装矿站及电机车牵制铁路；3—电动轮汽车修理车间；4—电动轮汽车保养车间；
5—电铲修理车间；6—推土机保养、修理车间；7—汽车修理间；8—汽车发动机修理间；
9—仓库；10—食堂、浴室；11—矿山办公室

*C　德兴铜矿露天开采工业场地总平面布置图*

德兴铜矿是特大型矿山，露天开采，汽车开拓，具有日采矿石 9 万吨的能力。大型采掘运输设备有 154t 的汽车、13t 和 17t 的电铲、R45 型牙轮钻机以及重型推土机等。工业场地位于东部主堑沟出口处，地面设有西破碎站，矿石经破碎后用电机车窄轨铁路运往第一、第二选矿厂。主要生产设备的保养、维修车间以及辅助生产设施等均集中在场地的两侧，布置紧凑，场地中间公路通过，内接露天采矿场，外联居住区，如图 5-15 所示。

### 5.3.2　辅助工业场地

#### 5.3.2.1　机修场地[6]

根据矿山规模、生产性质、备品备件制造分工以及当地协作条件等确定场地的总平面布置。

*A　车间组成*

如图 5-16 为金堆城钼矿的总机修厂，该矿系大型露天矿。

*B　布置要求*

（1）机修厂各车间应根据其工艺上的相互联系进行合理配置，使生产流程合理，布置紧凑，联系方便。

（2）机修厂各车间布置，宜尽量南北朝向，以利于自然采光和通风，创造良好的生产操作条件。

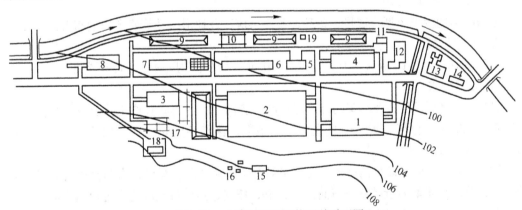

图 5-16　金堆城钼矿机修厂总平面图

1—金工车间；2—铸钢车间；3—铸铁车间；4—电修车间；5—材料仓库；6—木模车间；

7—铆焊车间；8—锻造车间；9—堆场；10—木工棚；11—汽车库；

12—办公室及试验室；13—食堂；14—浴室；15—空气压缩机站；16—冷却塔；

17—材料棚；18—氧气站；19—水泵房

（3）产生烟尘、热量或散发有害气体的铸造、锻压、热处理、锅炉房等车间，应尽量布置在厂区最小风频的上风侧。

车间纵向天窗中心线宜与夏季主导风向成 60°～90°交角，以利自然通风。

（4）铸造、铆焊、木模等车间的周围，设置必须的堆料场和操作场地。

（5）产生噪声的铆焊车间和露天操作场，应远离办公室、托儿哺乳室及生活间。

（6）锻造车间宜布置在厂区边缘地段，远离有防震要求的金工精密机床、铸造型砂间、中央试验室等，应有需要的防护距离。

（7）锻造车间当有专用锅炉房或空气压缩机站时，应尽量靠近布置，以减少动力损耗。

(8) 木模车间宜靠近铸造车间、木材堆场、锯木间等与邻近建筑物必须符合防火间距，并应注意锯木噪声对邻近的影响。

(9) 电修与仪表修理车间要有洁净的环境，应布置在产生烟尘与水雾的车间的最小风频的下风侧。

当车间内有较精密的仪器时，与震源之间应有必要的防护隔离。

(10) 易燃、可燃材料的露天、半露天堆场与建筑物的防火间距不应小于表 5-7 的规定。

**表 5-7　堆场与建筑物的防火间距**

| 堆场名称 | 每个堆场的总贮量 | 耐　火　等　级 | | |
|---|---|---|---|---|
| | | 一、二级 | 三　级 | 四　级 |
| 木材等可燃材料 | 50~1000 （m） | 10 | 15 | 20 |
| | 1001~10000 （m³） | 15 | 20 | 25 |
| 煤和焦炭 | 100~5000 （t） | 6 | 8 | 10 |
| | >5000 （t） | 8 | 10 | 12 |

### 5.3.2.2　汽修场地[7]

根据矿山的汽车类型、数量、备品、备件供应以及地形条件等确定场地布置。

*A*　车间组成

车间组成如图 5-17 所示，为 32t、100t 自卸汽车的修理厂的总平面布置图。

*B*　布置要求

(1) 汽车修理厂厂区及其车间外形尽可能整齐简单，各车间宜按工艺流程、生产性质和联系，采取成组分区布置。适当提高建筑系数，保养场建筑系数一般为 20%~25%。修理厂一般为 22%~30%。

(2) 厂区布置应保证车辆进出方便，尽量避免车流交叉，减少转弯和倒车等现象。辅助生产部分应尽可能靠近其服务车间。水、电、压气、蒸汽等设施应靠近负荷中心。

(3) 厂区布置尽可能使建筑物有良好的自然采光和自然通风条件，在炎热地区，厂房宜采用南北朝向布置，尽量避免西晒。

(4) 产生烟尘、有害气体及产生污水等车间（如电镀、喷漆、锅炉房、喷砂间）应布置在厂区的边缘地区，并位于厂区和居住区的最小风频的上风侧。

(5) 车辆停放场所，在北方采暖地区或高寒多风沙地区，宜采用停车库；在南方多雨地区，宜采用停车棚。

在寒冷地区的停车库大门，不宜朝向冬季盛行风向。

(6) 洗车台应布置在车辆停放场地入口一端，靠厂区边缘地段地势较低，排除污水污泥方便的地方。

(7) 汽车修理厂区附近应有存放破损车斗、轮胎等的堆场。

(8) 汽车加油站宜布置在汽车出库道路的附近，加油库与建、构筑物之间的防火间距见表 5-8。

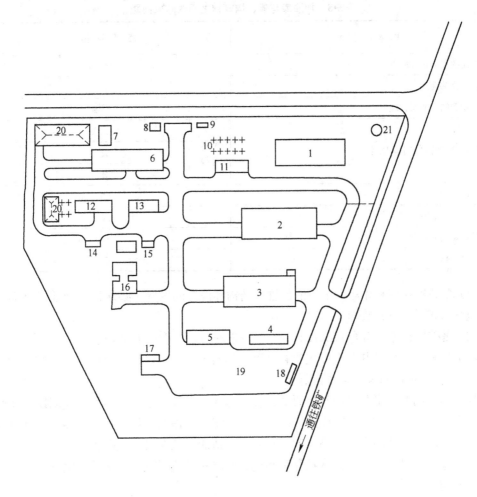

图 5-17　海南岛铁矿汽修厂总平面图

1—重型汽车修理间；2—修理间；3—加工发动机修理间；4—办公室；5—喷漆检验间；
6—钣金间；7—喷砂间；8—氧气瓶库；9—电石库；10—材料棚；11—配件库；
12—木工间；13—零件清洗间；14—充电间；15—锅炉房；16—食堂；17—油库；
18—洗车台；19—停车场；20—露天堆场；21—水塔

### 5.3.3　爆破器材库场地

#### 5.3.3.1　爆破器材库与炸药加工厂分类

矿山爆破器材库是矿山贮存爆破器材的要害部位，在加工、运输和贮存、装卸过程中必须遵守各项安全规定，以预防事故的发生。大型矿山一般均自建炸药加工厂以供应矿山采掘作业所需要的炸药。中小型矿山多采取外购爆破器材储存在炸药与起爆器材仓库中。近年来，由于装药机械化的迅速发展，有些矿山用混装炸药车在现场制造炸药。因此仅设立起爆器材仓库和原料制备设施。

矿山爆破器材库分为地面总库、地面分库和硐室式库。炸药加工厂分为铵油炸药、铵松蜡炸药、浆状炸药、乳化炸药等加工厂。

从布置形式上分为地面布置、半地下布置、硐室式布置，一般多采用地面布置形式。

#### 5.3.3.2　一般规定

表 5-8 加油库与建、构筑物之间的防火间距

| 建、构筑物名称 | | 最小间距 (m) |
|---|---|---|
| 明火或散发火花的地点 | | 30 |
| 居住和公共建筑 | | 25 |
| 独立建造的加油库管理室 | | 不限 |
| 其他建筑（特殊规定者除外） | 耐火等级 一、二级 | 10 |
| | 三级 | 12 |
| | 四级 | 14 |
| 场外铁路中心线 | | 30 |
| 厂内铁路中心线 | | 20 |
| 厂外道路路面边缘 | | 10 |
| 厂内道路路面边缘 | | 5 |

(1) 爆破器材库和炸药加工厂的位置、结构和设施的设置，必须报主管部门批准，并经当地县（市）公安局许可。

(2) 爆破器材库应符合 GB6722—86《爆破安全规程》[8] 的有关规定。

爆破器材加工厂及其总仓库应符合《民用爆破器材工厂设计安全规范》[9] 的有关规定。

5.3.3.3 爆破器材贮存量的规定

爆破器材的贮存量与矿山年需要炸药量、炸药有效贮存期、可能的供应周期与库区环境条件有关。在确定贮存量时应遵守国家有关规定，不得超过最大允许贮存量。其目的在于减少库房的内外部距离和提高仓库周转率避免造成爆破器材的积压和过期。

各类爆破器材库的最大允许贮存量和地面库单一库房最大允许容量应遵守表 5-9、表 5-10 的规定。

表 5-9 爆破器材最大允许贮存量[8]

| 器材名称 | 地面总库 | 地面分库 | 硐室式库 |
|---|---|---|---|
| 炸药 | 半年用量 | 三个月用量 | 100 t |
| 起爆器材 | 一年用量 | 半年用量 | |

表 5-10 地面库单一库房的最大允许量[8]

| 序号 | 爆破器材名称 | 单一库房最大允许容量 (t) |
|---|---|---|
| 1 | 硝化甘油炸药 | 20 |
| 2 | 黑索金 | 50 |
| 3 | 梯恩梯 | 150 |
| 4 | 硝铵类炸药 | 200 |
| 5 | 导爆索 | 15 |
| 6 | 黑火药、无烟火药 | 5 |
| 7 | 导火索、点火索 | 40 |
| 8 | 雷管、继爆管、导爆管起爆系统 | 6 |
| 9 | 硝酸铵、硝酸钠 | 400 |

5.3.3.4 安全距离的规定

A 库区外部安全距离

库区外部安全距离是爆破器材库同库区以外的保护对象之间必须保持的最小距离，目的在于万一库房爆炸对被保护对象如村庄、住宅区、城镇、交通线和工业设施等的破坏程度限制在允许的范围之内。

(1) 地面爆破器材库（或药堆）至住宅区或村庄边缘的最小外部距离按表 5-11 确定。

表 5-11　地面爆破器材库至住宅区或村庄边缘的最小外部距离[8]

| 存药量（t） | <200<br>≥150 | <150<br>≥100 | <100<br>≥50 | <50<br>≥30 | <30<br>≥20 | <20<br>≥10 | <10<br>≥5 | <5 |
|---|---|---|---|---|---|---|---|---|
| 最小外部距离（m） | 1000 | 900 | 800 | 700 | 600 | 500 | 400 | 300 |

注：表中距离适用于平坦地形，当遇到下列几种特定地形时，其数值可适当增减：

1. 当危险建筑物紧靠 20～30m 高的山脚下布置，山的坡度为 10°～25°时，危险建筑物与山背后建筑物之间的距离可适当减小 10%～30%；

2. 当危险建筑物紧靠 30～80m 高的山脚下布置，山的坡度为 25°～35°时，危险建筑物与山背后建筑物之间的距离可适当减小 30%～50%；

3. 在一个山沟中，一侧山高为 30～60m，坡度 10°～25°，另一侧山高 30～80m，坡度 25°～30°，沟宽 100m 左右，沿沟内两山坡脚下对称布置的两建筑物之间的距离，与平坦地形相比，应增加 10%～50%；

4. 在一个山沟中，一侧山高为 30～60m，坡度 10°～25°，另一侧山高 30～80m，坡度 25°～35°，沟宽 40～100m，沟的纵坡 4%～10%，沿沟纵深和沟的出口方向建筑物之间的距离，与平坦地形相比，应适当增加 10%～40%。

炸药加工厂所属爆破器材总库的最小外部距离，应遵照《民用爆破器材工厂设计安全规范》[9] 的有关规定。

(2) 硐室式库是一种隧道式硐库，由主硐及引硐构成。在主硐内存放炸药，引硐则为其出入口。这种硐库的外部安全距离按冲击波、地震和飞石三种效应的危险程度确定。冲击波的影响与地面库相同，地震波按质点振动速度 $v \leqslant 5 \sim 10 \mathrm{cm/s}$，飞石密度按每万平方米地面落下的飞石不多于 4 块。对于这种类型的硐库在硐口外沿硐轴线 $\pm 90°$ 范围内，飞石距离大于冲击波和地震距离，而硐口后方 $\pm 90° \sim \pm 180°$，则以地震距离为主，如图 5-18 所示。图中 I 区为飞石危险区，IV 区为地震危险区，II、III 区按表 5-12 作图确定。

硐室式库至住宅区或村庄边缘的最小外部距离按表 5-12 确定。

(3) 仓库或药堆至其他保护对象的距离，应先按表 5-13 确定每个应该保护对象的防护等级系数，并以规定的系数分别乘以表 5-11 或表 5-12 规定的距离来确定。

B 各爆破器材库间的殉爆安全距离[8]

各炸药库间的殉爆安全距离也称为内部安全距离，是爆破器材库之间必须保持的最小距离。目的在于一旦某一个库房发生偶然爆炸不致引爆相邻的库房，以避免扩大事故后果。内部安全距离必须考虑炸药的种类，不同炸药分别按表 5-14、表 5-15、表 5-16 确定。

炸药加工厂所属爆破器材总库、炸药仓库之间的最小距离，应遵照《民用爆破器材工厂设计安全规范》[9] 的有关规定。

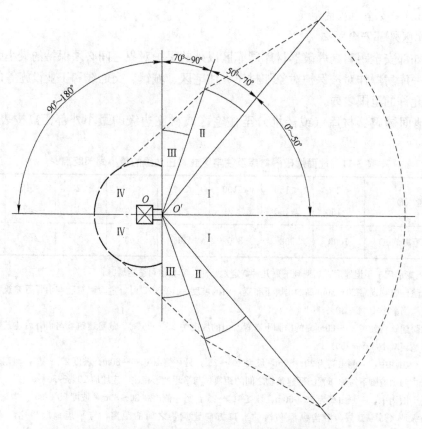

图 5-18   作图确定硐库与住宅区或村庄的距离图

**表 5-12   硐室式库至住宅区或村庄边缘的最小外部距离  (m)[8]**

| 与硐口轴线交角 α (°) | 存 药 量（t） | | | | | |
|---|---|---|---|---|---|---|
| | ≤100 ≥50 | <50 ≥30 | <30 ≥20 | <20 ≥10 | <10 ≥5 | <5 |
| 0<α≤50 | 1500 | 1250 | 1100 | 1000 | 850 | 250 |
| 50<α≤70 | 800 | 650 | 550 | 500 | 450 | 350 |
| 70<α≤90 | 450 | 400 | 350 | 300 | 250 | 250 |
| 90<α≤180 | 300 | 250 | 200 | 150 | 120 | 100 |

注：按表中距离确定时，应根据表中数据作图，如图 5-19 所示，并使被保护的住宅区或村庄位于图示虚线之外。

### 5.3.3.5   建筑物危险等级的规定[9]

划分建筑物危险等级的目的是为了确定建筑物安全距离、结构形式以及其他安全技术措施。主要考虑在建筑物中所制造、加工或贮存的危险品的分类，这取决于危险品的破坏能力（爆炸后冲击波特性）和影响事故发生率的因素。我国建筑物的危险等级共划分为 A1、A2、A3、B、D 五级。

A1 级——破坏能力和黑索金相当的炸药制造、加工工房和贮存仓库。

起爆药制造中作业较危险的工房。

贮存起爆药的仓库。

表 5-13　各种被保护对象的防护等级系数

| 序号 | 被保护对象 | 防护等级系数 | | |
|---|---|---|---|---|
| | | 地面库 | 碉 室 式 库 | |
| | | | 0°～90° | 90°～180° |
| 1 | 村庄边缘、企业住宅区边缘、其他单位的围墙、区域变电站的围墙 | 1.0 | 1.0 | 1.0 |
| 2 | 总人数不大于 50 人的零散住户边缘 | 0.6 | 0.6 | 0.7 |
| 3 | 地县级以下公路、通航、汽轮的河流航道、铁路支线 | 0.6 | 0.6 | 0.7 |
| 4 | 国家铁路线、省级及以上公路 | 0.8 | 0.8 | 0.9 |
| 5 | 高压输电线路 kV：500 | 1.5 | 2.0 | 1.5 |
| | 300 | 1.2 | 1.8 | 1.2 |
| | 220 | 1.0 | 1.5 | 1.0 |
| | 110 | 0.7 | 1.0 | 0.7 |
| | 35 | 0.4 | 0.6 | 0.4 |
| 6 | 油库 | 0.6 | 1.2 | 0.6 |
| 7 | 人口不小于 11 万人的城镇规划边缘、有重要意义的建筑物、铁路车站 | 2.0 | 2.5 | 2.0 |
| 8 | 人口大于 10 万人的城镇规划边缘 | 3.0 | 3.0 | 3.0 |

表 5-14　适用于黑索金、胶质炸药类仓库之间最小距离 (m)[8]

| 仓库类型 | 存 药 量（t） | | | | | | |
|---|---|---|---|---|---|---|---|
| | >30 ≤50 | >20 ≤30 | >10 ≤20 | >5 ≤10 | >2 ≤5 | >1 ≤2 | ≤1 |
| 无土堤地面库（药堆） | 110 | 90 | 80 | 65 | 50 | 40 | 30 |
| 有土堤地面库 | 80 | 70 | 60 | 50 | 40 | 35 | 25 |

表 5-15　适用于梯恩梯、雷管、导爆索类仓库之间最小距离 (m)[8]

| 仓库类型 | 存 药 量（t） | | | | | | |
|---|---|---|---|---|---|---|---|
| | >100 ≤150 | >50 ≤100 | >30 ≤50 | >20 ≤30 | >10 ≤20 | >5 ≤10 | ≤5 |
| 无土堤地面库（药堆） | 60 | 50 | 45 | 35 | 30 | 25 | 20 |
| 有土堤地面库 | 40 | 35 | 30 | 25 | 20 | 20 | 20 |

注：雷管和导爆索按其装药量计算存药量。

表 5-16　适用于硝铵类、黑火药炸药仓库之间最小距离 (m)[8]

| 仓库类型 | 存 药 量（t） | | | | | |
|---|---|---|---|---|---|---|
| | >150 ≤200 | >100 ≤150 | >50 ≤100 | >30 ≤50 | >20 ≤30 | ≤20 |
| 无土堤地面库（药堆） | 50 | 45 | 38 | 32 | 26 | 20 |
| 有土堤地面库 | 35 | 30 | 27 | 24 | 20 | 20 |

A2 级——破坏能力和梯恩梯相当的炸药的制造、加工工房和贮存仓库。

含有梯恩梯的混合炸药，虽然破坏能力比梯恩梯低，但事故发生率较高的加工工房。

贮存雷管起爆器材的仓库。

A3 级——破坏能力比梯恩梯低的炸药制造的加工工房和贮存仓库。

B 级——工序、工房或仓库属于下列情况之一者：

(1) 建筑物内有爆炸危险的危险品，但建筑物内可能同时爆炸的最大药量不应大于 200kg，且符合下列要求之一者：

1) 危险性作业或危险品暂存是在抗爆小室或装甲防护装置内者。

2) 建筑物内危险品量少且分散存放者（如导火索制造）。

3) 在特定操作条件下使作业的危险性显著降低者（如二硝基重氮酚制造，在水中作业部分，其危险性有显著降低）。

(2) 较钝感的炸药（如多孔粒状铵油炸药）的制造工房和成品转手贮存。

D 级——建筑物内的危险品有燃烧危险，在特定的条件下也可能爆炸者，如：

(1) 黑火药、炸药生产中使用的氧化剂或燃烧剂的加工工房和贮存仓库。

(2) 导火索成品的加工工房和贮存仓库。

(3) 黑火药、炸药和起爆药的理化试验室等。

工序和工房的危险等级表详见表 5-17。仓库的危险等级表详见表 5-18。

**表 5-17　生产工房或生产工序危险等级表[9]**

| 序号 | 生　产　分　类 | | 危险等级 | 工房或工序名称 | 备　注 |
|---|---|---|---|---|---|
| 1 | 铵油炸药 | (1) 铵油、铵松蜡、铵沥蜡炸药 | A3 | 混药、筛药、凉药、装药、包装 | 该炸药不能用单发8号雷管直接起爆，工房内最大存药量不应超过5 t |
| | | | D | 硝酸铵粉碎、干燥 | |
| | | (2) 多孔粒状铵油炸药 | B | 混药、包装（大包） | |
| 2 | 浆状炸药 | (1) 含梯恩梯（或黑索金）的浆状炸药 | A3 | 熔药、混药、凉药、包装 | 该炸药不能用单发8号雷管直接起爆，工序联建或单建时工房内最大存药量不超过5 t |
| | | | A2 | 梯恩梯粉碎 | |
| | | (2) 不含梯恩梯（或黑索金）的浆状炸药 | B | 熔药、混药、凉药、包装 | |
| | | | D | 硝酸铵粉碎 | |
| 3 | 乳化炸药 | (1) 含单质炸药组分的乳化炸药 | A3 | 乳化、凉药、掺和（混拌）装药、包装 | 工序联建或单建时工房内总存药量不大于2 t |
| | | | D | 硝酸铵、硝酸钠粉碎及氧化剂溶液的制备 | |
| | | (2) 不含单质炸药组分的乳化炸药 | B | 乳化、凉药、掺和（混拌） | |
| | | | A3 | 装药、包装 | |
| | | | D | 碳酸铵、硝酸钠粉碎及氧化剂溶液的制备 | |

5.3.3.6　布置要求

A　地面爆破器材库和炸药加工厂的布置

(1) 地表爆炸材料库和炸药加工厂的总平面，应在满足防爆、防火安全的有关规定下充分利用库区、厂区地形进行布置。

(2) 爆炸材料库和炸药加工厂，一般宜布置在山谷内的工程地质好、无滑坡、地下

**表 5-18 仓库危险等级表[9]**

| 序 号 | 仓 库 名 称 | 生产区危险品转手库 | 工厂危险品总仓库 |
|---|---|---|---|
| 1 | 黑索金、胶质炸药、黑梯药柱、铵梯黑炸药、奥克托金干或湿的二硝基重氮酚 | A1 | A1 |
| 2 | 梯恩梯，苦味酸，雷管，导爆索，非电导爆系统 | A2 | A2 |
| 3 | 硝铵炸药、铵油、铵松蜡、铵沥蜡炸药、水胶炸药（以硝酸甲胺为敏化剂）、含梯恩梯（或黑索金）的浆状炸药、含单质炸药组分的乳化炸药、不含单质炸药组分的乳化炸药、黑火药 | A3 | A3 |
| 4 | 多孔粒状铵油炸药（单发8号雷管不能直接起爆），不含梯恩梯（或黑索金）的浆状炸药（单发8号雷管不能直接起爆） | B | A3 |
| 5 | 延期药 | B | |
| 6 | 导火索 | D | D |
| 7 | 硝酸铵、硝酸钾、硝酸钠、氯酸钾 | D | D |

水位低、不受泥石流威胁和山洪淹没冲毁的地段，尽量利用山丘为天然屏障，以减少其安全距离。

（3）库、厂区场地上应有良好的排水系统。

（4）通往爆炸材料库地区内的道路或铁路支线，应保持良好状态和清洁。

（5）布置各库房应设有规定宽度的通道，如用汽车接近库房取送炸药时，应于适当地点设置汽车回车场与装卸站台。

（6）布置各库房位置，应符合库房之间的殉爆安全距离。多库房时，相邻库房不得长边相对布置。

（7）为了隐蔽工厂（库），改善环境和减少意外爆炸产生的空气冲击波对周围建筑物的影响，在厂区、库区内外，应广植阔叶树。有爆炸危险的工房（库房）周围40m内不得有针叶树，20m范围内的干草、枯枝、枯叶应及时清除。

（8）厂区、库区应设双层刺网或密实围墙，其高度不低于2m。距有爆炸危险的工房不小于40m，距库房墙脚距离不得小于25m。在草原或密林区应在刺网或围墙10m外设防火沟（沟宽1～3m，深度不小于1m）。

（9）库房土堤应高于房檐1m，工房土堤不应低于屋檐高度，多层建筑时至少高出爆炸物顶面1m。土堤上部宽度不小于1m，下部按土壤静止角确定。

工房（库房）的土堤与建筑墙壁的距离为1～3m，与套间一面的距离允许5m，建筑物与堤脚间应设有排水沟。

土堤只能用土壤填筑。

（10）应避免库区内使用的低压供电线路跨越库房或工房顶部，并须与库房保持规定的安全距离。

（11）厂区或库区设置防雷装置。

*B* 永久性硐室（或隧道）式库房地面设施的布置要求

（1）硐口距最近的爆破器材硐室超过15m时，应设两个出口，出口方向不得直接朝向居民区、厂房和重要的建、构筑物。

（2）平硐口前应修筑横堤高出平硐顶 1.5m，堤顶长度大于平硐宽，堤顶宽度不小于 1m。

（3）爆炸材料硐室上部覆盖层厚度超过 10m 时，可不设防雷装置。

5.3.3.7　总平面图实例

（1）爆破器材库和炸药加工厂的布置（图 5-19）

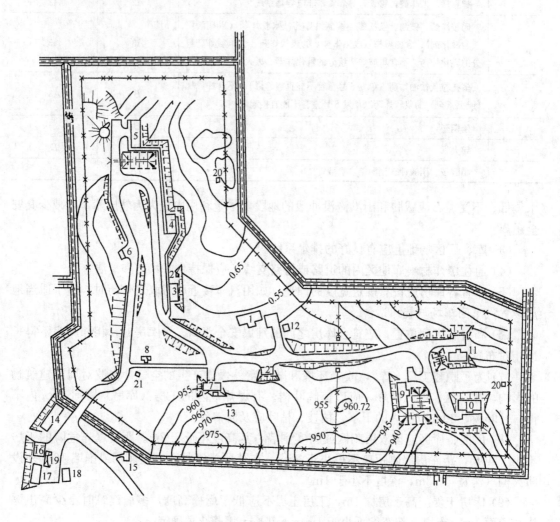

图 5-19　爆破器材库和炸药加工厂总平面图

1—硝酸铵库；2—烘干间；3—硝酸铵破碎室；4—轮碾机室；5—装药室；6—化验室；
7—切纸卷筒室；8—化沥青棚；9—铵油炸药库；10—硝铵炸药库；11—雷管导火线；
12—消防水池；13—贮水池；14—警卫室；15—办公室；16—锅炉房；17—食堂；
18—浴室；19—煤堆置场；20—岗楼；21—厕所

（2）硐室式爆破器材库总平面布置（图 2-20）

（3）爆破器材库土堤布置（图 2-21）

### 5.3.4　其他场地

5.3.4.1　供水、排水设施布置

A　给水建、构筑物布置要求[7]

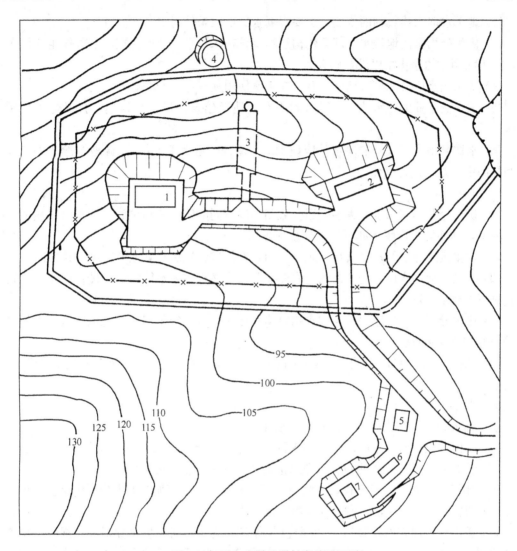

图 5-20 硐室式爆破器材库总平面图

1—导火索库；2—雷管库；3—硐室式炸药库；4—水池；5—警卫室；6—值班宿舍；7—生活用房

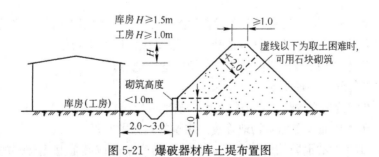

图 5-21 爆破器材库土堤布置图

（1）选择地表水取水构筑物时，应考虑位于水质较好的地带，具有稳定的河床及岸边，有良好的工程地质条件，靠近主流，有足够的水深。供生活用水的水源取水构筑物，应位于城镇和工业企业的上游。

（2）地下水取水构筑物的位置，主要根据水文地质条件而定。

（3）供生产用水的地表水，其净化构筑物以设在水源泵站邻近为宜，当兼作生活用水者，则生活用水的净化站以设在矿区为宜。

（4）矿山用水应考虑再次利用，并可在再次使用地点进一步净化。

（5）采、选企业的贮水池，应尽量利用有利地形建筑在厂区高地上，宜靠近主要用户区。

（6）水源泵站及厂区外的净水站应设围墙，墙高一般为 2.5m，水源地及净水站应充分利用周围空地，进行绿化。

*B　排水*

（1）矿山企业排水系统，大多采用分流制，以不同的管渠分别排放，雨水以采用明沟排除为主，洁净的生产废水亦可经雨水系统排除。

（2）含尘废水应经处理（沉淀、脱水、回收有用矿物）后与其他净废水一并排出。

（3）矿区生活污水应首先考虑用于农业灌溉。当必须排入水体时，应设置污水处理设施，进行处理后排除。

（4）排水管渠出水口应保持与取水构筑物及居住区有一定距离，并避免影响下游居住区的卫生和饮用条件。

（5）凡排出的废水应符合国家规定的排放标准及"工业企业设计卫生标准"的规定。

### 5.3.4.2　消防设施[7]

矿山需要设置消防设施，一般布置要求如下：

（1）矿山企业消防设施应结合所在地区情况，取得当地公安消防系统的同意下设置。一般在小型矿山企业，以考虑设置高压水消防供水管道和消火栓为宜。

大、中型矿山企业，可考虑设置消防汽车，其数量：远离城市的大型矿山企业一般为2 辆，中型矿山企业为 1 辆，设立专职消防站（队）。

（2）矿山企业消防站（队），应根据企业所在位置、周围消防设置条件、规模、生产重要性以及建筑物防火等级等因素确定。一般在符合规定服务半径范围内，应尽量与邻近企业联合设立或利用邻近城市消防机构的设施，否则应单独设立。两者均需取得当地公安消防系统的同意。

（3）矿山企业的消防站位置，宜布置在生产厂区、库区和职工居住区之间，应紧靠火险较大的地区，位于交通要道、环境清洁、位置适中便于出车的地方。

（4）联合设立的消防站，宜位于消防区域的适中地点。

（5）消防站的服务半径 1.5～3.0km。

（6）消防站宜建独立的房舍，消防车库门前地坪应保持2％～4％下坡并铺设路面，便于出车；在停车库后面设置练习场地等建、构筑物，见图 5-22。

（7）在矿山企业的消防站的停车库，有时可与汽车库或其他互无妨碍的建筑物（如备品、备件仓库等）合并，但须建防火墙隔开，且在不同方向设置独立进出口道路。

（8）消防车库应不低于三级耐火等级的建筑。

### 5.3.4.3　液体燃料库[7]

液体燃料库的布置，见图 5-23。布置要求如下：

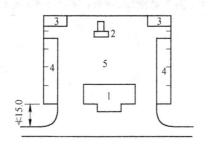

图 5-22 两辆消防车库平面图

1—消防站车库；2—练习塔；3—工具室；4—宿舍；5—训练场

（1）液体燃料库应布置在厂（矿）区的边缘，地势较低的地带。

（2）位于矿区附近的库区，应远离熔铁炉、铆焊、铸造、锻造、焙烧等有明火及散发火花的车间以及易于火灾蔓延的场所（如木材堆场、煤场等），并位于其最小风频的下风侧。

（3）库区应布置在其他建、构筑物的最小风频上风侧。

（4）库区四周应设有围墙，周围应留有宽度不小于 5m 的空旷地带。库区内要设有消防车道。

（5）易燃、可燃液体的贮罐区、堆场与建筑物的防火间距不应小于表 5-19 的规定。

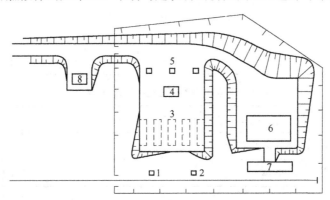

图 5-23 液体燃料库总平面布置图

1—柴油卸油槽；2—汽油卸油槽；3—地下贮油罐；4—油泵房；5—汽车加油柱；
6—润滑油库；7—卸车站台；8—办公室及警卫室

（6）易燃、可燃液体装卸设备与建筑物的防火间距见表 5-20 的规定。

（7）液体燃料库总平面布置如图 5-23 所示[6]。

### 5.3.5 附表

防护、卫生、安全等有关技术规定：

（1）矿山居住区的卫生防护距离如表 5-21 所示。

（2）建、构筑物与采空移动区的防护距离如表 5-22 所示。

（3）厂房的防火间距如表 5-23 所示。

（4）民用建筑的防火间距如表 5-24 所示。

**表 5-19  易燃、可燃液体的贮罐区、堆场与建筑物的防火间距**

| 名称 | 一个库区的总贮量（m³） | 最小间距（m） | | |
|---|---|---|---|---|
| | | 建筑物耐火等级 | | |
| | | 一、二级 | 三级 | 四级 |
| 易燃液体 | 1～50 | 12 | 15 | 20 |
| | 51～200 | 15 | 20 | 25 |
| | 201～1000 | 20 | 25 | 30 |
| | 1001～5000 | 25 | 30 | 40 |
| 可燃液体 | 5～250 | 12 | 15 | 20 |
| | 251～1000 | 15 | 20 | 25 |
| | 1001～5000 | 20 | 25 | 34 |
| | 5001～25000 | 25 | 30 | 40 |

**表 5-20  易燃、可燃液体装卸设备与建筑物的防火间距**

| 构筑物名称 | 最小防火间距（m） | |
|---|---|---|
| | 易燃液体贮罐 | 可燃液体贮罐 |
| 厂外铁路中心线 | 35 | 30 |
| 厂内铁路中心线 | 25 | 20 |
| 厂外道路路边 | 20 | 15 |
| 厂内主要道路路边 | 15 | 10 |
| 厂内次要道路路边 | 10 | 5 |
| 烟囱 | 30 | 30 |
| 架空电力线 | 杆高的 1.5 倍 | 杆高的 1.5 倍 |

**表 5-21  矿山居住区的卫生防护距离（m）**

| 生产类别 | 居住区 |
|---|---|
| 露天矿、排土场、露天矿仓 | ＞500 |
| 放射性矿山 | ＞1000 |

**表 5-22  建、构筑物与采空移动区的防护距离**

| 保护等级 | 建、构筑物名称 | 与最终移动区防护最小距离（m） |
|---|---|---|
| I | 设有提升装置的矿井井筒、井架、卷扬机房、中央变电所、中央机修厂、中央空气压缩机站、主扇风机房、索道转载站、锅炉房、发电厂、铁路干线路基、车站建筑物、无法排除或泄水的天然水池和人工水池、多层住宅和多次公用建筑物（戏院、学校、医院等） | 20 |
| II | 未设提升装备的井筒（充填井、木材运送井、次要井筒和通风井筒），架空索道支架，高压线电塔、矿山专用线、重要的排水构筑物、上水道、水塔、不大的水池和小河床，矿山行政生活室，单层和双层住宅以及公用建筑、公路 | 10 |

注：1. 在移动区边界扩展到小于上述距离之前即已达到服务年限的建、构筑物，可以布置在移动区以内。
2. 当建、构筑物布置在移动区以内时，应留保安矿柱或充填采空区加以保护。
3. 对移动区内的原有建、构筑物，在进行特殊加固或降低使用等级后，可以延长其使用期限。

**表 5-23 厂房防火间距（m）**

| 耐火等级 | 厂 房 防 火 间 距（m） | | |
|---|---|---|---|
| 一、二级 | 10 | 12 | 14 |
| 三级 | 12 | 14 | 16 |
| 四级 | 14 | 16 | 18 |

注：1. 防火间距应按相邻厂房外墙的最近距离计算，如外墙有凸出的燃烧构件，则应从其凸出部分外缘算起；
  2. 散发可燃气体，可燃蒸汽的甲类生产厂房的防火间距应按本表增加 2m；
  3. 两座厂房相邻两面的外墙为非燃烧体且无门窗洞口、无外露的燃烧体且无门窗洞口、无外露的燃烧体屋檐，其防火间距可按本表减少 25%；
  4. 两座厂房相邻较高一面的外墙如为防火墙时，其防火间距不限；
  5. 耐火等级低于四级的原有厂房，其防火间距可按四级考虑。

**表 5-24 民用建筑的防火间距（m）**

| 耐火等级 | 防 火 间 距 | | |
|---|---|---|---|
| 一、二级 | 6 | 7 | 9 |
| 三级 | 7 | 8 | 10 |
| 四级 | 9 | 10 | 12 |

注：1. 防火间距应按相邻建筑外墙的最近距离计算，如外墙有凸出的燃烧构件，则应以其凸出部分外缘算起；
  2. 两座建筑物相邻两面的外墙为非燃烧体且无门窗洞口，无外露的燃烧体屋檐，其防火间距可适当减少，但不应小于 3.5m；
  3. 两座建筑物相邻较高一面的外墙如为防火墙时，其防火间距不限；
  4. 耐火等级低于四级的原有建筑物，其防火间距可按四级考虑。

## 5.4 地面运输系统布置

地面运输详细内容见第 5 卷第 25 章。本节仅概要说明地面运输系统布置一般原则和系统与总平面布置的关系。

### 5.4.1 地面运输系统布置一般原则

（1）矿山地面运输是矿山地面总体布置的重要组成部分，应在矿山总体布置中统一规划与布置；

（2）运输方式的选择、线路系统的布置以及主要设备的确定，需要经过总体布置的方案比较，使基建投资和经营费用达到最佳的技术经济效果；

（3）总平面布置时应考虑地面运输和地下（露天）采场运输联系方便；运输功最小，工程量最小。当选矿厂位于矿区内，布置运输线路时，需要考虑最短的线路和最经济的运输方式向选矿厂运送矿石；

（4）完整的运输系统应包含运输、装卸、贮存、线路养护和设备维修的全部过程，不仅考虑生产时期的货物和人员的交通运输，还要考虑基建时期的运输；

（5）运输方式和过程应尽量简单，倒运或更换牵引种类次数要最少，使运输过程连续不断，减少中间环节，避免多次转运；

（6）选择线路尽量避开耕地和经济林区，应适当减少线路的占地宽度，节约占地面积。

### 5.4.2 矿山地面运输系统[7]

根据开拓运输方式，矿山地面运输系统有以下几种：

（1）竖井开拓的地面运输系统

竖井开拓运输系统，矿石和废石用罐笼或箕斗沿竖井提升至地面，然后经过各种运输方式分别运到转载站或排土场（见图5-24）。

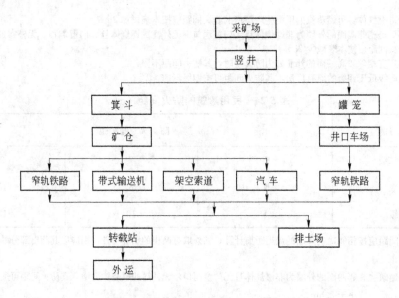

图 5-24 竖井开拓的地面运输系统图

（2）斜井开拓的地面运输系统

斜井开拓运输系统，采用矿车、箕斗或带式输送机提升矿石和废石到地面，再经各种运输方式分别运到转载站外运或运到排土场。见图5-25。

（3）平硐开拓的地面运输系统

平硐开拓运输系统比较简单，一般地下与地面采用同一运输方式，将矿石和废石分别运到转载站或排土场，普遍采用的是电机车窄轨铁路运输，但现代矿山中有的也采用无轨运输以及带式输送机。有的矿山采用架空索道运输。见图5-26。

（4）露天开采的运输系统

露天开采的矿山，地面运输采用汽车、铁路、带式输送机等运输方式，将矿石和废石分别运到转载站或排土场。见图5-27。

### 5.4.3 主要运输方式

确定矿山地面运输系统与方式，是矿山总体布置的一项重要任务。无论是场地之间的布置，还是场地内的各个设施的布置，它们的内联外延，均要通过各种运输方式来完成。

5.4.3.1 地面运输的分类

（1）按照运输的用途和运输与矿山相对位置，分为外部与内部运输。

矿山外部运输的任务是矿山企业向国家铁路或用户运送矿石或精矿，及由外部向矿山运送材料与设备等。

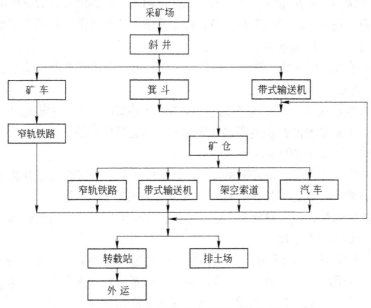

图 5-25  斜井开拓的地面运输系统图

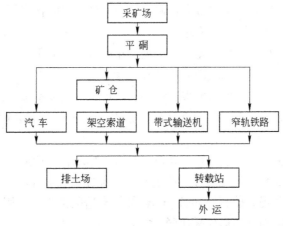

图 5-26  平硐开拓的地面运输系统图

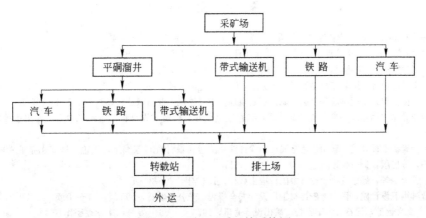

图 5-27  露天开采运输系统图

矿山内部运输的任务是由地下开采的矿山井（硐）口或露天开采的采矿场向破碎站和选矿厂运送矿石，向排土场运送废石，将材料、设备运往井（硐）口或采矿场以及场地内车间之间的设备、材料的运输等。

（2）按照运输方式可分为：铁路、公路、架空索道、带式输送机及其他运输等。

### 5.4.3.2　地面运输方式选择

选择运输方式取决于：采矿生产工艺的要求，运输量的大小，运输距离的远近以及矿区地形条件等。但最重要的是要使所选的运输方式具有最佳的技术经济综合效果。

**A　选择外部运输方式的条件**

（1）矿区交通条件。矿区临近国家铁路，如条件适合，可采用准轨铁路运输；边远地区的矿山，离开铁路干线远，修建铁路投资太多，常采用汽车运输。

（2）矿山的运输量。年运输量大、生产年限长的矿山，有条件采用铁路运输；运输量不大的矿山，一般以汽车运输为宜。

（3）地形、地质条件。不同的运输方式和不同的地形地质条件，适应性不一样。如在地形平缓地区，采用铁路，坡度缓，工程量小，比较适宜；如地形复杂，采用公路比铁路工程容易，如在山岭地区，地形地质变化大，采用架空索道可以克服地形上的困难，比较合适。

（4）矿山的精矿运输，当运输量大，矿区地形条件困难时，采用管道输送比较经济。

**B　选择内部运输方式的主要条件**

（1）矿山年产量大小与选择运输方式有关。年产量大的矿山，运输距离长，多采用铁路运输；运输距离短，在 3～6km 内采用汽车运输。

（2）矿山的地形条件。如地形平缓、线路长，可采用铁路运输；地形坡度大，运输距离又短，适于采用带式输送机；地形起伏变化很大，宜采用索道运输；汽车运输在平地、坡地和山地都可采用。

（3）决定地面运输方式，应与矿山开拓运输方式相结合。如地下矿采用平硐开拓，矿石可用窄轨铁路经地面直接运往破碎站或选矿厂；竖井罐笼提升矿石，地面运输可继续用窄轨铁路运输；箕斗井提升矿石卸入矿仓，则根据合适的条件，采用带式输送机或汽车运输。露天开采时，一般与开拓运输采用同一方式。

## 参 考 文 献

1　Я. Т. 兹斯曼诺维奇，工业场地总平面设计，重工业出版社，1954 年，1～4 页

2　П. И. 戈洛杰茨基，矿山企业设计原理，冶金工业出版社，1958 年，327～362 页

3　К. Н. 卡欠塔托夫，工业建筑设计手册，中国建筑工业出版社，1982 年，42～52 页

4　美国采矿工程师协会，采矿工程师手册第 1 分册，冶金工业出版社，1982 年，509～535 页

5　同济大学、重庆建筑工程学院等合编，城市规划原理，中国建筑工业出版社，1981 年，192～197 页

6　有色冶金企业总图运输设计参考资料编写组，有色冶金企业总图运输设计参考资料，冶金工业出版社，1981 年，1～95 页

7　长沙黑色金属矿山设计院、鞍山黑色金属矿山设计院总图运输设计资料汇编组，黑色金属矿山企业总图运输设计资料汇编，待出版，1～74 页

8　韦健实、徐天瑞等，爆破安全规程，中国标准出版社，1987 年，20～30 页

9　兵器工业部第五设计院，民用爆破器材工厂设计安全规程，未公开发行，1984 年，1～10 页

10　刘石桥、高文远等，泥石流考察报告，矿山设计通讯，1975 年，69～70 页，未发表著作

# 附录1 中华人民共和国矿产资源法

一九八六年三月十九日第六届全国人民代
表大会常务委员会第十五次会议通过

## 第一章 总 则

**第一条** 为了发展矿业，加强矿产资源的勘查、开发利用和保护工作，保障社会主义现代化建设的当前和长远的需要，根据中华人民共和国宪法，特制定本法。

**第二条** 在中华人民共和国领域及管辖海域勘查、开采矿产资源，必须遵守本法。

**第三条** 矿产资源属于国家所有，地表或者地下的矿产资源的国家所有权，不因其所依附的土地的所有权或者使用权的不同而改变。

国家保障矿产资源的合理开发利用。禁止任何组织或者个人用任何手段侵占或者破坏矿产资源。各级人民政府必须加强矿产资源的保护工作。

勘查矿产资源，必须依法登记。开采矿产资源，必须依法申请取得采矿权。国家保护合法的探矿权和采矿权不受侵犯，保障矿区和勘查作业区的生产秩序、工作秩序不受影响和破坏。

采矿权不得买卖、出租，不得用作抵押。

**第四条** 国营矿山企业是开采矿产资源的主体。国家保障国营矿山企业的巩固和发展。

国家鼓励、指导和帮助乡镇集体矿山企业的发展。

国家通过行政管理，指导、帮助和监督个人依法采矿。

**第五条** 国家对矿产资源实行有偿开采。开采矿产资源，必须按照国家有关规定缴纳资源税和资源补偿费。

**第六条** 国家对矿产资源的勘查、开发实行统一规划、合理布局、综合勘查、合理开采和综合利用的方针。

**第七条** 国家鼓励矿产资源勘查、开发的科学技术研究，推广先进技术，提高矿产资源勘查、开发的科学技术水平。

**第八条** 在勘查、开发、保护矿产资源和进行科学技术研究等方面成绩显著的单位和个人，由各级人民政府给予奖励。

**第九条** 国务院地质矿产主管部门主管全国矿产资源勘查、开采的监督管理工作。国务院有关主管部门协助国务院地质矿产主管部门进行矿产资源勘查、开采的监督管理工作。

省、自治区、直辖市人民政府地质矿产主管部门主管本行政区域内矿产资源勘查、开采的监督管理工作。省、自治区、直辖市人民政府有关主管部门协助同级地质矿产主管部门进行矿产资源勘查、开采的监督管理工作。

## 第二章 矿产资源勘查的
## 登记和开采的审批

**第十条** 国家对矿产资源勘查实行统一的登记制度。矿产资源勘查登记工作，由国务院地质矿产主管部门负责；特定矿种的矿产资源勘查登记工作，可以由国务院授权有关主管部门负责。矿产资源勘查登记的范围和办法由国务院制定。

**第十一条** 国务院矿产储量审批机构或省、自治区、直辖市矿产储量审批机构负责审查批准供矿山建设设计使用的勘探报告，并在规定的期限内批复报送单位。勘探报告未经批准，不得作为矿山建设设计的依据。

**第十二条** 矿产资源勘查成果档案资料和各类矿产储量的统计资料，实行统一的管理制度，按照国务院规定汇交或者填报。

**第十三条** 开办国营矿山企业，分别由国务院、国务院有关主管部门和省、自治区、直辖市人民政府审查批准。

国务院和国务院有关主管部门批准开办的国营矿山企业，由国务院地质矿产主管部门在批准前对其开采范围、综合利用方案进行复核并签署意见，在批准后根据批准文件颁发采矿许可证；特定矿种的采矿许可证，可以由国务院授权的有关主管部门颁发。省、自治区、直辖市人民政府批准开办的国营矿山企业，由省、自治区、直辖市人民政府地质矿产主管部门在批准前对其开采范围、综合利用方案进行复核并签署意见，在批准后根据批准文件颁发采矿许可证。

**第十四条** 开办乡镇集体矿山企业的审查批准、颁发采矿许可证的办法，个体采矿的管理办法，由省、自治区、直辖市人民代表大会常务委员会制定。

**第十五条** 国家对国家规划矿区、对国民经济具有重要价值的矿区和国家规定实行保护性开采的特定矿种，实行有计划的开采；未经国务院有关主管部门批准，任何单位和个人不得开采。

**第十六条** 国家规划矿区的范围、对国民经济具有重要价值的矿区的范围、矿山企业矿区的范围依法划定后，由划定矿区范围的主管机关通知有关县级人民政府予以公告。

矿山企业变更矿区范围，必须报请原审批机关批准，并报请原颁发采矿许可证的机关重新核发采矿许可证。

任何单位或者个人不得进入他人已取得采矿权的矿山企业矿区范围内采矿。

**第十七条** 非经国务院授权的有关主管部门同意，不得在下列地区开采矿产资源：

一、港口、机场、国防工程设施圈定地区以内；

二、重要工业区、大型水利工程设施、城镇市政工程设施附近一定距离以内；

三、铁路、重要公路两侧一定距离以内；

四、重要河流、堤坝两侧一定距离以内；

五、国家划定的自然保护区、重要风景区，国家重点保护的不能移动的历史文物和名胜古迹所在地；

六、国家规定不得开采矿产资源的其他地区。

**第十八条** 关闭矿山,必须提出矿山闭坑报告及有关采掘工程、不安全隐患、土地复垦利用、环境保护的资料,并按照国家规定报请审查批准。

**第十九条** 勘查、开采矿产资源时,发现具有重大科学文化价值的罕见地质现象以及文化古迹,应当加以保护并及时报告有关部门。

## 第三章　矿产资源的勘查

**第二十条** 区域地质调查按照国家统一规划进行。区域地质调查的报告和图件按照国家规定验收,提供有关部门使用。

**第二十一条** 矿产资源普查在完成主要矿种普查任务的同时,应当对工作区内包括共生或者伴生矿产的成矿地质条件和矿床工业远景作出初步综合评价。

**第二十二条** 矿床勘探必须对矿区内具有工业价值的共生和伴生矿产进行综合评价,并计算其储量。未作综合评价的勘探报告不予批准。但是,国务院计划部门另有规定的矿床勘探项目除外。

**第二十三条** 普查、勘探易损坏的特种非金属矿产、流体矿产、易燃易爆易溶矿产和含有放射性元素的矿产,必须采用省级以上人民政府有关主管部门规定的普查、勘探方法,并有必要的技术装备和安全措施。

**第二十四条** 矿产资源勘查的原始地质编录和图件,岩矿心、测试样品和其他实物标本资料,各种勘查标志,应当按照有关规定保护和保存。

**第二十五条** 矿床勘探报告及其他有价值的勘查资料,按照国务院规定实行有偿使用。

## 第四章　矿产资源的开采

**第二十六条** 开办矿山企业,由审批机关对其矿区范围、矿山设计或者开采方案、生产技术条件、安全措施和环境保护措施等,依照法律和国家有关规定进行审查;审查合格的,方予批准。

**第二十七条** 开采矿产资源,必须采取合理的开采顺序、开采方法和选矿工艺。矿山企业的开采回采率、采矿贫化率和选矿回收率应当达到设计要求。

**第二十八条** 在开采主要矿产的同时,对具有工业价值的共生和伴生矿产应当统一规划,综合开采,综合利用,防止浪费;对暂时不能综合开采或者必须同时采出而暂时还不能综合利用的矿产以及含有有用组分的尾矿,应当采取有效的保护措施,防止损失破坏。

**第二十九条** 开采矿产资源,必须遵守国家劳动安全卫生规定,具备保障安全生产的必要条件。

**第三十条** 开采矿产资源,必须遵守有关环境保护的法律规定,防止污染环境。

开采矿产资源,应当节约用地。耕地、草原、林地因采矿受到破坏的,矿山企业应当因地制宜地采取复垦利用、植树种草或者其他利用措施。

开采矿产资源给他人生产、生活造成损失的,应当负责赔偿,并采取必要的补救措施。

　　**第三十一条**　在建设铁路、工厂、水库、输油管道、输电线路和各种大型建筑物或者建筑群之前，建设单位必须向所在省、自治区、直辖市地质矿产主管部门了解拟建工程所在地区的矿产资源分布和开采情况。非经国务院授权的部门批准，不得压覆重要矿床。

　　**第三十二条**　国务院规定由指定的单位统一收购的矿产品，任何其他单位或者个人不得收购；开采者不得向非指定单位销售。

　　**第三十三条**　国家在民族自治地方开采矿产资源，应当照顾民族自治地方的利益，作出有利于民族自治地方经济建设的安排，照顾当地少数民族群众的生产和生活。

　　民族自治地方的自治机关根据法律规定和国家的统一规划，对可以由本地方开发的矿产资源，优先合理开发利用。

## 第五章　乡镇集体矿山企业和个体采矿

　　**第三十四条**　国家对乡镇集体矿山企业和个体采矿实行积极扶持、合理规划、正确引导、加强管理的方针，鼓励乡镇集体矿山企业开采国家指定范围内的矿产资源，允许个人采挖零星分散资源和只能用作普通建筑材料的砂、石、黏土以及为生活自用采挖少量矿产。

　　国家指导、帮助乡镇集体矿山企业和个体采矿不断提高技术水平、资源利用率和经济效益。

　　地质矿产主管部门、地质工作单位和国营矿山企业应当按照积极支持、有偿互惠的原则向乡镇集体矿山企业和个体采矿提供地质资料和技术服务。

　　**第三十五条**　国务院和国务院有关主管部门批准开办的矿山企业矿区范围内已有的乡镇集体矿山企业，应当关闭或者到指定的其他地点开采，由矿山建设单位给予合理的补偿，并妥善安置群众生活；也可以按照该矿山企业的统筹安排，实行联合经营。

　　**第三十六条**　在国营矿山企业的统筹安排下，经国营矿山企业上级主管部门批准，乡镇集体矿山企业可以开采该国营矿山企业矿区范围内的边缘零星矿产，但是必须按照规定申请办理采矿许可证。

　　**第三十七条**　乡镇集体矿山企业和个体采矿应当提高技术水平，提高矿产资源回收率。禁止乱挖滥采，破坏矿产资源。

　　乡镇集体矿山企业必须测绘井上、井下工程对照图。

　　**第三十八条**　县级以上人民政府应当指导、帮助乡镇集体矿山企业和个体采矿进行技术改造，改善经营管理，加强安全生产。

## 第六章　法　律　责　任

　　**第三十九条**　违反本法规定，未取得采矿许可证擅自采矿的，擅自进入国家规划矿区、对国民经济具有重要价值的矿区和他人矿区范围采矿的，擅自开采国家规定实行保护性开采的特定矿种的，责令停止开采、赔偿损失，没收采出的矿产品和违法所得，可以并处罚款；拒不停止开采，造成矿产资源破坏的，依照《刑法》第一百五十六条的规定对直接责任人员追究刑事责任。

**第四十条** 超越批准的矿区范围采矿的，责令退回本矿区范围内开采、赔偿损失，没收越界开采的矿产品和违法所得，可以并处罚款；拒不退回本矿区范围内开采，造成矿产资源破坏的，吊销采矿许可证，依照《刑法》第一百五十六条的规定对直接责任人员追究刑事责任。

**第四十一条** 盗窃、抢夺矿山企业和勘查单位的矿产品和其他财物的，破坏采矿、勘查设施的，扰乱矿区和勘查作业区的生产秩序、工作秩序的，分别依照《刑法》有关规定追究刑事责任；情节显著轻微的，依照《治安管理处罚条例》有关规定予以处罚。

**第四十二条** 买卖、出租或者以其他形式转让矿产资源的，没收违法所得，处以罚款。

买卖、出租采矿权或者将采矿权用作抵押的，没收违法所得，处以罚款，吊销采矿许可证。

**第四十三条** 违反本法规定收购和销售国家统一收购的矿产品的，没收矿产品和违法所得，可以并处罚款；情节严重的，依照《刑法》第一百一十七条、第一百一十八条的规定，追究刑事责任。

**第四十四条** 违反本法规定，采取破坏性的开采方法开采矿产资源，造成矿产资源严重破坏的，责令赔偿损失，处以罚款；情节严重的，可以吊销采矿许可证。

**第四十五条** 本法第三十九条、第四十条、第四十二条规定的行政处罚，由市、县人民政府决定。第四十三条规定的行政处罚，由工商行政管理部门决定。第四十四条规定的行政处罚，由省、自治区、直辖市人民政府地质矿产主管部门决定，对国务院和国务院有关主管部门批准开办的矿山企业给予吊销采矿许可证处罚的，须报省、自治区、直辖市人民政府批准。

**第四十六条** 当事人对行政处罚决定不服的，可以在收到处罚通知之日起十五日内，向人民法院起诉。对罚款和没收违法所得的行政处罚决定期满不起诉又不履行的，由作出处罚决定的机关申请人民法院强制执行。

**第四十七条** 矿山企业之间的矿区范围的争议，由当事人协商解决，协商不成的，由有关县级以上地方人民政府根据依法核定的矿区范围处理；跨省、自治区、直辖市的矿区范围的争议，由有关省、自治区、直辖市人民政府协商解决，协商不成的，由国务院处理。

## 第七章 附 则

**第四十八条** 本法实施细则由国务院制定。

**第四十九条** 本法自一九八六年十月一日起施行。

**第五十条** 本法施行以前，未办理批准手续、未划定矿区范围、未取得采矿许可证开采矿产资源的，应当依照本法有关规定申请补办手续。

**附：**

### 刑法有关条款

一、第三十九条、第四十条涉及的刑法条款

第一百五十六条　故意毁坏公私财物，情节严重的，处三年以下有期徒刑、拘役或者罚金。

二、第四十一条涉及的刑法条款

第一百五十一条　盗窃、诈骗、抢夺公私财物数额较大的，处五年以下有期徒刑、拘役或者管制。

第一百五十六条　故意毁坏公私财物，情节严重的，处三年以下有期徒刑，拘役或者罚金。

第一百五十八条　禁止任何人利用任何手段扰乱社会秩序。扰乱社会秩序情节严重，致使工作、生产、营业和教学、科研无法进行，国家和社会遭受严重损失的，对首要分子处五年以下有期徒刑、拘役、管制或者剥夺政治权利。

三、第四十三条涉及的刑法条款

第一百一十七条　违反金融、外汇、金银、工商管理法规，投机倒把，情节严重的，处三年以下有期徒刑或者拘役，可以并处、单处罚金或者没收财产。

第一百一十八条　以走私、投机倒把为常业的，走私、投机倒把数额巨大的或者走私、投机倒把集团的首要分子，处三年以上十年以下有期徒刑，可以并处没收财产。

# 附录2 矿产资源勘查登记管理暂行办法

（一九八七年四月二十九日国务院发布）

**第一条** 为加强对矿产资源勘查的管理，提高勘查效果和勘查工作的社会经济效益，保护合法的探矿权不受侵犯，根据《中华人民共和国矿产资源法》的有关规定，制定本办法。

**第二条** 在中华人民共和国领域及管辖海域内从事下列各项勘查工作，必须申请登记，取得探矿权：

一、1∶20万和大于1∶20万比例尺的区域地质调查；

二、金属矿产、非金属矿产、能源矿产的普查和勘探；

三、地下水、地热、矿泉水资源的勘查；

四、矿产的地球物理、地球化学的勘查；

五、航空遥感地质调查。

**第三条** 属于下列范围的勘查工作不进行登记：

一、矿山企业在划定或者核定的矿区范围内进行的生产勘探工作；

二、地质踏勘及不进行勘探工程施工的矿点检查。

**第四条** 国务院地质矿产主管部门和由其授权的各省、自治区、直辖市人民政府地质矿产主管部门是矿产资源勘查登记工作的管理机关。

国家地质勘查计划的一、二类勘查项目和我国领海及其他管辖海域勘查项目的登记工作，由国务院地质矿产主管部门负责。其他地质勘查项目的登记工作，由国务院地质矿产主管部门授权各省、自治区、直辖市人民政府地质矿产主管部门负责。

**第五条** 国务院有关主管部门对本部门的勘查项目，应当按照本办法的有关规定，在登记前进行审查、协调，在登记后组织实施并进行监督和检查。

**第六条** 申请勘查登记，由独立经济核算的勘查单位，凭批准的地质勘查计划或者承包合同的有关文件，分勘查项目填写勘查申请登记书，由该勘查单位或者由其主管部门，到登记管理机关办理登记手续，领取勘查许可证。

**第七条** 在办理登记手续时，勘查单位或其主管部门应当向登记管理机关提交下列文件和资料：

一、批准的地质勘查计划或者承包合同的有关文件；

二、勘查申请登记书；

三、以坐标标定的勘查工作区范围图。

**第八条** 登记管理机关对申请登记的勘查项目，应当按照本办法第十条、第十一条、第十二条、第十三条的规定进行复核，并应当在从办理登记手续之日起四十天内作出准予登记或者不予登记的决定，但有特殊情况的除外。

**第九条** 对不予登记的勘查项目，登记管理机关应当向有关部门或者单位提出调整或者撤销该项目的建议。对有争议的项目，适用本办法第二十二条的规定。

**第十条**　申请在具有共生或者伴生矿产地区进行勘查，应当遵循综合勘查的原则，但国务院计划部门另有规定的矿床勘探项目除外。

**第十一条**　申请登记的勘查项目，已经做过同一勘查阶段或者相同比例尺工作的，应当提出新的认识和科学论据，或者采用新的技术方法，并能够提高勘查程度。

**第十二条**　两个或两个以上单位申请登记同一地区的同一工作对象，登记管理机关应当根据下列原则进行审核，择优予以登记，但横向联合或者协作的项目除外：

一、国家地质勘查计划一、二类项目优先于其他项目的；

二、以往在该地区做过勘查工作，掌握的实际资料较多，研究程度比较深入的；

三、勘查项目较有利于建设和生产的；

四、勘查方案比较合理，投资少，预期效果好的；

五、申请登记在先的。

**第十三条**　勘查项目的工作范围，应当与勘查单位的技术、设备和资金等能力相适应。

**第十四条**　勘查单位应当将有关文件和勘查许可证提送有关建设银行据以办理拨款或者贷款手续，未登记的勘查项目，银行不予拨款或者贷款。

**第十五条**　本办法施行以前已经施工的勘查项目，应当从本办法发布之日起六个月内申请补办登记手续。

**第十六条**　勘查单位应当在勘查项目登记后六个月内（高寒地区八个月内）进行施工，但有特殊情况的，应当在申请登记时申报理由。

勘查单位应当将有关开工情况报告登记管理机关。

**第十七条**　勘查项目的工作范围在施工中应当达到核定的要求，对达不到核定要求的，登记管理机关应当会同有关部门核减其勘查工作范围。

**第十八条**　勘查单位变更批准的勘查项目有下列情形之一的，应当向登记管理机关办理变更登记手续，换领勘查许可证：

一、变更勘查工作范围；

二、变更勘查工作对象；

三、变更勘查工作阶段。

**第十九条**　勘查许可证有效期以勘查项目工作期为准，但最长不超过五年。需要延长工作时间的，应当在有效期满前三个月内办理延续登记手续。

**第二十条**　勘查单位因故要求撤销项目或者已经完成勘查项目任务的，应当向登记管理机关报告项目撤销原因或者填报项目完成报告，办理注销登记手续。

**第二十一条**　登记管理机关根据本办法第十六条、第十七条、第十八条的规定需要调查、了解有关情况的，勘查单位必须如实报告。

**第二十二条**　对有争议的勘查项目，登记管理机关应当会同有关部门协商解决；协商无效的，报国务院或者省、自治区、直辖市的计划部门裁决，由登记管理机关根据裁决执行。

**第二十三条**　矿产资源勘查许可证由国务院地质矿产主管部门统一印制。

任何单位或者个人不得转让、冒用、擅自印制或者伪造勘查许可证。

**第二十四条**　办理勘查登记手续，领取勘查许可证，应当按规定缴纳费用。收费的有关规定由国务院地质矿产主管部门会同财政部门另行制定。

第二十五条　国家保护取得勘查许可证的勘查单位合法的探矿权；对盗窃、抢夺勘查单位财物的，破坏勘查设施的，扰乱勘查作业区的生产秩序、工作秩序的，依照《矿产资源法》第四十一条的规定处理。

第二十六条　转让、冒用、擅自印制或者伪造勘查许可证的，由登记管理机关吊销其勘查许可证或者没收其印制、伪造的证件，并没收违法所得，可以并处违法所得 50％ 以下的罚款，情节严重构成犯罪的，依法追究刑事责任。

第二十七条　勘查单位违反本办法规定有下列情形之一的，登记管理机关可视情节轻重分别给予警告、金额为其自有资金三万元以下的罚款、通知银行停止拨款或者贷款、吊销勘查许可证的处罚：

一、未办理勘查登记手续擅自进行勘查的；

二、擅自进入他人勘查工作区进行勘查的；

三、已经施工的勘查项目，从本办法发布之日起期满六个月不申请补办登记手续的；

四、不按规定报告有关情况或者虚报、瞒报的；

五、已经登记的勘查项目，满六个月（高寒地区八个月）未开始施工，或者施工后无故停止工作满六个月（高寒地区八个月）的；

六、有本办法第十八条情形之一，不办理变更登记手续的；

七、勘查许可证有效期满，不办理延续登记手续继续施工的。

第二十八条　当事人对行政处罚决定不服的，可以在收到处罚通知之日起十五日内，向人民法院起诉。对罚款和没收违法所得的处罚决定期满不起诉又不履行的，由作出处罚决定的机关申请人民法院强制执行。

第二十九条　中外合资、合作的勘查项目及外资企业在我国领域及管辖海域的勘查项目，在签订合同前，应当由登记管理机关按照本办法的规定进行复核并签署意见，在签订合同后，由中方有关单位向登记管理机关办理登记手续。

第三十条　国务院石油工业、核工业主管部门分别负责石油、天然气、放射性矿产的勘查登记、发证工作，并向国务院地质矿产主管部门备案。

第三十一条　本办法由国务院地质矿产主管部门负责解释。

第三十二条　本办法自发布之日起施行。

# 附录3 全国所有制矿山企业采矿登记管理暂行办法

（一九八七年四月二十九日国务院发布）

**第一条** 为加强对全民所有制矿山企业开采矿产资源的管理，保护其合法的采矿权不受侵犯，根据《中华人民共和国矿产资源法》的有关规定，制定本办法。

**第二条** 开采矿产资源的全民所有制矿山企业（简称矿山企业，包括有矿山的全民所有制单位，下同），必须办理采矿登记手续，取得采矿权。

未取得采矿权的，不得进行采矿活动。

**第三条** 国务院和各省、自治区、直辖市人民政府地质矿产主管部门，是矿山企业办理采矿登记手续的管理机关。

国务院和国务院有关主管部门批准开办的矿山企业以及跨省、自治区、直辖市开办的矿山企业，由国务院地质矿产主管部门办理采矿登记手续，并颁发采矿许可证。

省、自治区、直辖市人民政府批准开办的矿山企业，由省、自治区、直辖市人民政府地质矿产主管部门办理采矿登记手续，并颁发采矿许可证。

**第四条** 开办矿山企业的单位，在向有关主管部门报送计划任务书前，应当向登记管理机关报送下列文件：

一、矿产储量审批机构对矿产地质勘探报告的正式批准文件；

二、矿山建设项目的可行性研究报告（对具有工业价值的共生、伴生矿产可行性研究报告中应当有综合利用的专题论证内容）和主管部门的审查意见书。

**第五条** 登记管理机关应当对可行性研究报告按照下列要求进行复核并签署意见：

一、开采范围的确定应当与企业开采能力、矿山服务年限相适应；

二、对具有工业价值的共生、伴生矿产，应当遵循综合开发，综合回收，综合利用的原则，对于暂时不能利用的，应当有必要的保护措施；

三、矿区范围应当明确，并妥善处理与毗邻者的权益关系。

**第六条** 登记管理机关应当在计划任务书批准之前，将签署意见转送有关主管部门，同时抄送原报送单位。

**第七条** 开办矿山企业的单位，凭批准的文件向登记管理机关填写采矿申请登记表，并领取采矿许可证。

**第八条** 正在建设和正在生产的矿山企业应当补办采矿登记手续。矿山企业在补办登记手续前，由有关主管部门会同地方人民政府核定或者划定其矿区范围。

**第九条** 核定矿山企业矿区范围，应当根据：

一、人民政权机关正式接收时的矿区范围；

二、国家批准的总体设计、初步设计或者改建、扩建的设计所确定的矿区范围。

**第十条** 划定矿山企业矿区范围，应当根据：

一、尊重历史、照顾现状的原则；

二、矿山企业的现有生产能力、服务年限、批准的发展规划、矿体自然界限和资源合理开采的情况。

第十一条　在核定或者划定矿区范围时，对《中华人民共和国矿产资源法》公布之前已在矿山企业矿区范围内采矿的单位，按照以下规定处理：

一、影响矿山企业正常生产和安全的，应当关闭或者搬迁，由当地人民政府会同有关部门妥善处理；

二、经协商可以采矿的，由矿山企业主管部门批准后，在矿山企业的统筹安排下，实行联合经营，或者开采矿山企业矿区范围内的边缘零星矿产，并划定开采界限。

第十二条　正在建设和正在生产的矿山企业，在补办采矿登记手续时，应当向登记管理机关报送下列资料：

一、有关主管部门会同地方人民政府签署的核定或者划定后的矿区范围意见书；

二、以坐标标定的含崩落区的矿区范围图；

三、矿产资源开发利用的有关资料。

第十三条　登记管理机关对矿山企业报送的补办登记手续的资料进行复核后，应当颁发采矿许可证。

第十四条　矿山企业凭采矿许可证和有关资料，按工商企业登记的有关规定，到工商行政管理部门核准登记，领取或者更换筹建许可证或者营业执照。

第十五条　领取采矿许可证的矿山企业，由有关主管部门会同省级登记管理机关具体标定矿区范围，并出具矿区范围图，书面通知矿山企业所在地的县级人民政府予以公告，由有关主管部门和地方人民政府负责埋设界桩或者设置地面标志。

第十六条　申请在国家规划矿区和对国民经济具有重要价值的矿区采矿，或者申请开采国家规定实行保护性开采的特定矿种，必须经国务院有关主管部门批准。

第十七条　各级登记管理机关应当逐级建立采矿登记档案。

第十八条　采矿许可证及采矿申请登记表，由国务院地质矿产主管部门统一印制；任何单位或者个人不得擅自印制或者伪造。

第十九条　除《中华人民共和国矿产资源法》规定的有关部门和登记管理机关外，任何单位和个人都不得收缴或者吊销采矿许可证，有关部门和登记管理机关收缴或者吊销采矿许可证，应当通知工商行政管理部门。

第二十条　采矿许可证有效期以国家批准的矿山设计服务年限为准；需要延长服务年限的，应当在有效期满前三个月内向登记管理机关办理延续登记手续。

第二十一条　矿山企业有下列情形之一的，应当经有关主管部门批准，并向登记管理机关办理变更登记手续，换领采矿许可证：

一、变更开采范围或者矿区范围；

二、变更开采矿种或者开采方式；

三、变更企业名称。

第二十二条　变更矿区范围的矿山企业在办理变更登记手续后，适用本办法第十五条的规定。

第二十三条　办理采矿登记手续，领取采矿许可证，应当按规定缴纳费用。收费的有关规定，由国务院地质矿产主管部门会同财政部门另行制定。

第二十四条　国家保护取得采矿许可证的矿山企业的合法采矿权。对擅自进入矿山企业矿区范围内采矿的，盗窃、抢夺矿山企业的矿产品和其他财物的，破坏矿山企业采矿设施和生产秩序的，依照《中华人民共和国矿产资源法》的有关规定处理，并可处以其违法所得 50％以下的罚款。

**第二十五条**　擅自破坏或移动矿山企业矿区范围界桩或者地面标志的，由当地人民政府或其授权的管理部门责令责任者限期恢复，并处以三千元以下的罚款。

**第二十六条**　擅自印制、伪造采矿许可证的，由登记管理机关没收其印制、伪造证件和违法所得，并处以一万元以下的罚款。情节严重构成犯罪的，依法追究刑事责任。

**第二十七条**　矿山企业违反本办法有下列情形之一的，登记管理机关应当根据不同情况，分别给予警告、罚款、通知银行停止拨款或者贷款，吊销采矿许可证的处罚：

一、开办矿山企业，未办理采矿登记手续擅自开工的；

二、正在建设或者正在生产的矿山企业，从本办法发布之日起满一年无正当理由不申请办理采矿登记手续的；

三、违反本办法第二十条、第二十一条的规定，不办理变更或者延续登记手续的；

四、领取采矿许可证满两年，无正当理由不进行建设或者生产的。

**第二十八条**　当事人对行政处罚决定不服的，可以在收到处罚通知之日起十五日内，向人民法院起诉。对罚款和没收违法所得的处罚决定期满不起诉又不履行的，由作出处罚决定的机关申请人民法院强制执行。

**第二十九条**　中外合资、合作开办的矿山企业和外国在我国投资开办的矿山企业，由中方有关单位按照本办法的有关规定到登记管理机关办理采矿登记手续。

**第三十条**　国务院石油工业、核工业主管部门分别负责石油、天然气、放射性矿产的采矿登记发证工作，并向国务院地质矿产主管部门备案。

**第三十一条**　本办法由国务院地质矿产主管部门负责解释。

**第三十二条**　各省、自治区、直辖市人民政府和国务院有关主管部门可以根据本办法的规定，制定具体实施办法。

**第三十三条**　本办法自发布之日起施行。

# 附录4 矿产资源监督管理暂行办法

（一九八七年四月二十九日国务院发布）

**第一条** 为加强对矿山企业的矿产资源开发利用和保护工作的监督管理，根据《中华人民共和国矿产资源法》的有关规定，制定本办法。

**第二条** 本办法适用于在中华人民共和国领域及管辖海域内从事采矿生产的矿山企业（包括有矿山的单位，下同），但本办法另有规定的除外。

**第三条** 国务院地质矿产主管部门对执行本办法负有下列职责：

一、制定有关矿产资源开发利用与保护的监督管理规章；

二、监督、检查矿产资源管理法规的执行情况；

三、会同有关部门建立矿产资源合理开发利用的考核指标体系及定期报表制度；

四、会同有关主管部门负责大型矿山企业的非正常储量报销的审批工作；

五、组织或者参与矿产资源开发利用与保护工作的调查研究，总结交流经验。

**第四条** 省、自治区、直辖市人民政府地质矿产主管部门对执行本办法负有下列职责：

一、根据本办法和有关法规，对本地区矿山企业的矿产资源开发利用与保护工作进行监督管理和指导；

二、根据需要向重点矿山企业派出矿产督察员，向矿山企业集中的地区派出巡回矿产督察员；

派出督察员的具体办法，由国务院地质矿产主管部门会同有关部门另行制定。

**第五条** 国务院和各省、自治区、直辖市人民政府的有关主管部门对贯彻执行本办法负有下列职责：

一、制定本部门矿产资源开发利用和保护工作的规章、规定，并报同级地质矿产主管部门备案；

二、根据本办法和有关法规，协助地质矿产主管部门对本部门矿山企业的矿产资源开发利用与保护工作进行监督管理；

三、负责所属矿山企业的矿产储量管理，严格执行矿产储量核减的审批规定；

四、总结和交流本部门矿山企业矿产资源合理开发利用和保护工作的经验。

**第六条** 矿山企业的地质测量机构是本企业矿产资源开发利用与保护工作的监督管理机构，对执行本办法负有以下职责：

一、做好生产勘探工作，提高矿产储量级别，为开采提供可靠地质依据；

二、对矿产资源开采的损失、贫化以及矿产资源综合开采利用进行监督；

三、对矿山企业的矿产储量进行管理；

四、对违反矿产资源管理法规的行为及其责任者提出处理意见并可越级上报。

**第七条** 矿山企业开发利用矿产资源，应当加强开采管理，选择合理的采矿方法和选矿方法，推广先进工艺技术，提高矿产资源利用水平。

**第八条**　矿山企业在基建施工至矿山关闭的生产全过程中，都应当加强矿产资源的保护工作。

**第九条**　矿山企业应当按照国家有关法规及其主管部门的有关规章、规定，建立、健全本企业开发利用和保护矿产资源的各项制度，并切实加以贯彻落实。

**第十条**　矿山开采设计要求的回采率、采矿贫化率和选矿回收率，应当列为考核矿山企业的重要年度计划指标。

**第十一条**　矿山企业应当加强生产勘探，提高矿床勘探程度，为开采设计提供可靠依据；对具有工业价值的共生、伴生矿产应当系统查定和评价。

**第十二条**　矿山企业的开采设计应当在可靠地质资料基础上进行。中段（或阶段）开采应当有总体设计，块段开采应当有采矿设计。

**第十三条**　矿山的开拓、采准及采矿工程，必须按照开采设计进行施工。应当建立严格的施工验收制度，防止资源丢失。

**第十四条**　矿山企业必须按照设计进行开采，不准任意丢掉矿体。对开采应当加强监督检查，严防不应有的开采损失。

**第十五条**　矿山企业在开采中必须加强对矿石损失、贫化的管理，建立定期检查制度，分析造成非正常损失、贫化的原因，制定措施，提高资源的回采率，降低贫化率。

**第十六条**　选矿（煤）厂应当根据设计要求定期进行选矿流程考察；对选矿回收率和精矿（洗精煤）质量没有达到设计指标的，应当查明原因，提出改进措施。

**第十七条**　在采、选主要矿产的同时，对具有工业价值的共生、伴生矿产，在技术可行、经济合理的条件下，必须综合回收；对暂时不能综合回收利用的矿产，应当采取有效的保护措施。

**第十八条**　矿山企业应当加强对滞销矿石、粉矿、中矿、尾矿、废石和煤矸石的管理，积极研究其利用途径；暂时不能利用的，应当在节约土地的原则下，妥善堆放保存，防止其流失及污染环境。

**第十九条**　矿山企业对矿产储量的圈定、计算及开采，必须以批准的计算矿产储量的工业指标为依据，不得随意变动。需要变动的，应当上报实际资料，经主管部门审核同意后，报原审批单位批准。

**第二十条**　报销矿产储量，应当经矿山企业地质测量机构检查鉴定后，向矿山企业的主管部门提出申请。

属正常报销的矿产储量，由矿山企业的主管部门审批。

属非正常报销和转出的矿产储量，由矿山企业的主管部门会同同级地质矿产主管部门审批。

同一采区应当一次申请报销的矿产储量，不得化整为零，分几次申请报销。

**第二十一条**　地下开采的中段（水平）或露天采矿场内尚有未采完的保有矿产储量，未经地质测量机构检查验收和报销申请尚未批准之前，不准擅自废除坑道和其他工程。

**第二十二条**　矿山企业应当向其上级主管部门和地质矿产主管部门上报矿产资源开发利用情况报表。

**第二十三条**　矿山企业有下列情形之一的，应当追究有关人员的责任，或者由地质矿产主管部门责令其限期改正，并可处以相当于矿石损失 50% 以下的罚款，情节严重的，应当责令停产整顿或者吊销采矿许可证：

一、因开采设计、采掘计划的决策错误，造成资源损失的；

二、开采回采率、采矿贫化率和选矿回收率长期达不到设计要求，造成资源破坏损失的；

三、违反本办法第十三条、第十四条、第十七条、第十九条、第二十一条的规定，造成资源破坏损失的。

**第二十四条** 当事人对行政处罚决定不服的，可以在收到处罚通知之日起十五日内，向人民法院起诉。对罚款的行政处罚决定期满不起诉又不履行的，由作出处罚决定的机关申请人民法院强制执行。

**第二十五条** 矿山企业上报的矿产资源开发利用资料数据必须准确可靠。虚报瞒报的，依照《中华人民共和国统计法》的有关规定追究责任。对保密资料，应当按照国家有关保密规定执行。

**第二十六条** 对乡镇集体矿山企业和个体采矿的矿产资源开发利用与保护工作的监督管理办法，由省、自治区、直辖市人民政府参照本办法制定。

**第二十七条** 本办法由国务院地质矿产主管部门负责解释。

**第二十八条** 本办法自发布之日起施行。

# 索 引

# 冶金工业出版社部分图书推荐

| 书　名 | 定价(元) |
|---|---|
| 选矿手册(1—8卷共14册) | 675.50 |
| 选矿设计手册 | 199.00 |
| 矿山地质手册(上、下) | 160.00 |
| 冶金矿山地质技术管理手册 | 58.00 |
| 非金属矿加工技术与应用手册 | 119.00 |
| 工程爆破实用手册(第2版) | 60.00 |
| 有色金属分析手册 | 149.00 |
| 中国冶金百科全书·采矿卷 | 180.00 |
| 中国冶金百科全书·选矿卷 | 140.00 |
| 中国冶金百科全书·安全环保卷 | 120.00 |
| 地下采掘与工程机械设备丛书 | |
| 　　地下铲运机 | 68.00 |
| 　　地下凿岩设备 | 48.00 |
| 　　地下辅助车辆 | 59.00 |
| 　　地下装载机——结构、设计与使用 | 55.00 |
| 矿山工程设备技术 | 79.00 |
| 中国黄金生产实用技术 | 80.00 |
| 有岩爆倾向硬岩矿床理论与技术 | 18.00 |
| 工程爆破名词术语 | 89.00 |
| 工程爆破实用技术 | 56.00 |
| 超细粉体设备及其应用 | 45.00 |
| 金属矿山尾矿综合利用与资源化 | 16.00 |
| 矿山事故分析及系统安全管理 | 28.00 |
| 中国矿产资源主要矿种开发利用水平与政策建议 | 90.00 |
| 矿山环境工程 | 22.00 |
| 钻孔工程 | 45.20 |
| 采掘机械与运输 | 34.00 |
| 采矿知识问答 | 35.00 |
| 选矿知识问答 | 22.00 |
| 矿山废料胶结充填 | 42.00 |
| 矿石学基础(第2版) | 32.00 |
| 工程地震勘探 | 22.00 |